高等职业教育园林类专业系列教材

植物与植物生理 第3版

ZHIWU YU ZHIWU SHENGLI

主　编　贾东坡　冯林剑

副主编　王宝库　柴冬梅　王　鹏

徐函兵　黄　萍

主　审　李明军

重庆大学出版社

内容提要

本书是高等职业教育园林类专业系列教材之一，以粮食作物、蔬菜、园林植物为例，介绍了植物的细胞学基础，植物营养器官、生殖器官的形态、构造和生理功能；植物分类的方法，植物主要类群的形态构造和用途；植物的生长发育、营养与代谢、环境生理和逆境生理；植物生长物质及其在生产中的应用。每章留有复习思考题，书后附有实验实训。本书配有电子课件，可扫描封底二维码查看，并在电脑上进入重庆大学出版社官网下载。书中含有33个微课视频，160个音频，可扫书中二维码学习。

本书可供高等职业院校种植类专业（种子、植保、园艺、土肥、园林技术）和生物技术专业的学生使用，也可供相关专业的学生和生产一线的农林技术人员参考。

图书在版编目（CIP）数据

植物与植物生理 / 贾东坡，冯林剑主编. -- 3版
. -- 重庆：重庆大学出版社，2023.1
高等职业教育园林类专业系列教材
ISBN 978-7-5624-9152-1

Ⅰ. ①植… Ⅱ. ①贾… ②冯… Ⅲ. ①植物学—高等职业教育—教材②植物生理学—高等职业教育—教材
Ⅳ. ①Q94

中国版本图书馆CIP数据核字（2022）第131787号

植物与植物生理
（第3版）
主 编 贾东坡 冯林剑
策划编辑：何 明
责任编辑：何 明 版式设计：莫 西 何 明
责任校对：刘志刚 责任印制：赵 晟
*
重庆大学出版社出版发行
出版人：饶帮华
社址：重庆市沙坪坝区大学城西路21号
邮编：401331
电话：（023）88617190 88617185（中小学）
传真：（023）88617186 88617166
网址：http://www.cqup.com.cn
邮箱：fxk@cqup.com.cn（营销中心）
全国新华书店经销
重庆升光电力印务有限公司印刷
*
开本：787mm×1092mm 1/16 印张：23 字数：590千
2015年9月第1版 2023年1月第3版 2023年1月第4次印刷
印数：8 001—11 000
ISBN 978-7-5624-9152-1 定价：53.00元

编委会名单

编写人员名单

主　编　贾东坡　河南农业职业学院

　　　　冯林剑　河南农业职业学院

副主编　王宝库　辽宁职业学院

　　　　柴冬梅　河南农业职业学院

　　　　王　鹏　河南牧业经济学院

　　　　徐函兵　信阳农林学院

　　　　黄　萍　河南农业职业学院

参　编　张清丽　黑龙江生物科技职业学院

　　　　徐明辉　河南农业职业学院

　　　　孙龙飞　河南农业职业学院

　　　　杨　倩　河南农业职业学院

主　审　李明军　河南师范大学生命科学学院

前　言

根据教高〔2006〕16号文件精神，为进一步推进高职院校教育教学改革，通过培养适应社会需求的合格人才，更好地为地方经济建设服务，全国各高职院校都在进行人才培养的转型升级，由过去培养生产第一线的应用型、技能型人才转型为培养技术型、管理型、复合型人才。在高职院校深化教育教学改革、加强内涵建设的攻坚时期，编写组按照教育部"十二五"规划教材的编写要求和高职教育教学的特点，围绕种植类专业人才培养目标的定位和相关职业岗位群的行业标准，吸收了全国高职示范院校、骨干院校教学改革的最新研究成果，参考了国内外同类教材的新内容，编写了本书。

参加编写的人员有高职院校的一线教师，也有企业的专业技术人员。他们不但有扎实的理论基础，而且还有丰富的生产实践经验。编写人员大部分有教授、研究员、副教授、高级实验师职称。本书在编写过程中本着"实用、够用、特色"的原则，努力体现以下特点：

(1)在教学过程中，采取工学交替的教学模式，把校内学习和校外学习相结合，"教、学、做"融为一体。

(2)突出实践教学，强化理论与实践相结合。实践教学包括实验、实习和生产实践三个环节，以利于学生的职业技能培养。

(3)内容丰富、文字精练、图文并茂，便于学生自学，能够激发学生的学习兴趣。

(4)在章节内容编排上与学生的认知规律相结合，内容由浅入深，循序渐进。每一章后面均附有复习思考题，作为课外作业的选择内容。

(5)本书后面附有23个实验实训项目，由任课教师根据实际情况进行选择。

(6)本书与网络课程建设同步。2011年8月由贾东坡教授主持的教学质量工程项目"园林植物"精品课程，被评为河南省精品课程，2012年开始进行精品课程共享教学资源库的转型升级建设。本课程目前已经开发有多媒体教学课件、电子教案、试题库，常见园林植物、地被植物、野生地被植物、农田杂草、藤本植物、盆景欣赏等植物资源库的相关内容。网络课程的构建，有利于学生利用校园网络进行自学和社会开放式学习。

(7)书中含193个二维码，内容包括音频、视频微课，可扫书中二维码学习。

本书由贾东坡教授、冯林剑副教授任主编。贾东坡编写绪论，第1章；柴冬梅编写第2章的2.1节、2.2节，杨倩编写第2章的2.3节；孙龙飞编写第3章；冯林剑编写第4章；张清丽编写第

5 章;王鹏编写第 6 章;王宝库编写第 7 章、第 8 章;黄萍编写第 9,10,12 章;徐函兵编写第 11 章;第 1—12 实验实训由柴冬梅编写;第 13—23 实验实训由徐明辉编写。本书由贾东坡教授统稿,河南师范大学生命科学学院李明军(博士)教授主审。

本书在编写过程中,得到了河南农业职业学院、河南牧业经济学院、信阳农林学院、辽宁职业学院、黑龙江生物科技职业学院领导的大力支持,并参考、引用了书后参考文献中的多幅插图,在此一并表示衷心感谢!

本书难免存在不足之处,敬请使用本书的读者批评指正,并提出修改意见,以便再版时进一步修改完善。

编　者

2022 年 10 月

目 录

绪 论

0.1 植物的多样性和我国的植物资源

0.1.1 植物的多样性

自然界的植物多种多样，总数达 50 余万种。地球上植物的多样性主要体现在以下几个方面：

(1)植物在地球上分布的多样性　植物在地球上分布十分广泛，从热带雨林到冻土高原，从南极到北极，从平原到高山，从海洋到陆地，甚至在极干旱的沙漠中都有植物的分布。即使是在裸露的岩石上也分布有先锋植物地衣：地衣可以分泌地衣酸，促进岩石的风化，形成土壤母质。

(2)植物形态结构的多样性　有的植物形体微小，是由单细胞组成的简单生物体，如螺旋藻、小球藻；有的是多细胞的叶状体，如水绵；有的植株仅有 2 ~ 3 cm，如苔藓植物；有的植物如巨杉，高达 142 m，被称为“世界爷”。我国南方的榕树能独木成林，庞大的树冠覆盖面积可与一个足球场相当。

(3)植物营养方式的多样性　在植物界，绝大部分植物都含有叶绿素，能进行光合作用，制造有机物质，被称为绿色植物或自养植物；但也有一部分非绿色植物，不能自制养料，称为异养植物，如菟丝子叶退化，不能进行光合作用，但它可寄生在大豆等植物体上，依靠“吸盘”直接汲取被寄生植物的汁液，称为寄生植物。

(4)植物生命周期的多样性　有的细菌仅能生活 30 min，就可以产生新个体。一年生和两年生的种子植物分别经过一年或跨两个生长季节才能完成生活周期，它们多为草本植物类型，如虞美人、石竹为一年生，小麦、甜菜为两年生。多年生草本植物有菊花、芍药、芦苇、白茅等，大多数树木为多年生木本植物。

(5)植物繁殖方式的多样性　植物的繁殖方式有 3 种基本类型：苔藓和蕨类植物产生孢子繁殖后代，称为孢子繁殖；裸子植物和被子植物依靠种子繁殖后代，称为种子繁殖；有一些植物则是依靠营养器官进行繁殖，称为营养繁殖，如月季枝条、甘薯茎蔓的扦插，石榴的压条等。

0.1.2 我国的植物资源

我国山川密布、河流众多、幅员辽阔，植物资源十分丰富，是世界上许多植物的原产地。我国有种子植物30 000余种，居世界第三位，仅次于巴西和哥伦比亚。我国有木本植物8 000种，占全世界木本植物的40%，特有植物占植物总数的30%左右，如金钱松、油松、红豆杉、福建柏等。全世界裸子植物有13科、约700种，我国就有12科、250种，是世界上裸子植物最多的国家，其中银杏、水杉、银杉、水松等是闻名世界的“活化石”。我国虽然植物种类繁多，但目前森林覆盖率仅为16.5%，而世界森林覆盖率平均为26.6%，远低于世界平均水平。

据不完全统计：全世界有栽培植物12 000余种，我国就有600多种，且是水稻、大豆、谷子等作物的原产地。我国用于观赏的湿地和陆生园林植物有近2 000种，在世界上素有“园林之母”之称。

0.2 植物在自然界和国民经济中的作用

(1)合成有机物质，提供能量　绿色植物是自然界的第一生产者，它们通过光合作用，利用太阳光能将简单的无机物合成为碳水化合物，不仅满足了绿色植物自身的营养需求，同时也维持了非绿色植物、动物和人的生存。

(2)植物在自然界物质循环中的作用　植物(主要是绿色植物)依靠光合作用将无机物合成有机物质，同时植物(主要是细菌、真菌等微生物)通过分解作用又将有机物变为无机物，维持了自然界的物质循环。据估计，地球上的自养植物每年约同化2×10^{11} t碳素，同时绿色植物在光合作用中还释放氧气，保持了大气层中氧气和二氧化碳的平衡。

(3)植物对环境的保护作用　植物的环保作用表现在许多方面，如具有净化作用：植物可通过叶片吸收大气中的毒物，减少大气中的毒物含量；植物也可通过根系或其他器官吸收土壤和水中的有毒物质，并将有毒物质在体内进行积累、分解或转化。

(4)为人类的生活直接提供必需的产品　我国是一个农业大国，农业是国民经济的基础，植物是人类生活和生产不可缺少的物质基础。农业生产的所有收获物，如粮食、水果、蔬菜、油料、棉花、茶叶、木材都是植物光合作用的产物，我们食用的肉、蛋、奶也是由植物间接转化而来。

除了上述作用外，植物还可以调节农田小气候，防风固沙、蓄水保土等。保护湿地、退耕还林、退耕还草、植树造林等举措，是营造和谐的人与自然关系、建设生态文明的重要组成部分。

0.3 植物及植物生理的研究历史、分科及研究内容

0.3.1 植物的研究历史

我国是世界闻名的农业古国，早在母系社会就有了原始农业：在黄河流域的河北武安磁山

新石器遗址出土的谷粟粉末,距今约 7 400 年;在长江流域的浙江余姚河姆渡遗址,出土了距今约 7 000 年的碳化稻谷。我国对植物的研究历史悠久。早在殷代人们就开始种植麦、黍、稻和粟。在春秋战国时的《诗经》中已记载了 200 余种植物。晋代嵇含著的《南方草木状》将植物分为草、木、果、谷 4 章,是我国最早的一本植物学专著。汉代的《神农本草经》也详细记载了 365 种药用植物。公元 6 世纪,北魏著名农学家贾思勰著的《齐民要术》一书中叙述了当时农、林、果树和野生植物的栽培利用概况。明代徐光启的《农政全书》共 60 卷,记载了很多救荒植物。李时珍著的药物学专著《本草纲目》,记载药用植物 1 892 种。清末状元吴其濬著的《植物名实图考》一书,记载了栽培和野生植物 1 714 种,是我国研究植物的重要文献。除此之外,唐代陆羽的《茶经》、宋代刘蒙的《菊谱》、蔡襄的《荔枝谱》,明代王象晋的《群芳谱》、陈淏子的《花镜》等,都是研究利用植物很有价值的重要文献。但是由于当时历史条件的局限性,人们对植物的记载仅限于外部形态描述,甚至有些形态描述还不够准确。为了更好保护、合理利用植物资源,我国各地都进行了详细的地方植物资源调查,并编写有地方植物志,其中《中国植物志》是世界上划时代的植物巨著之一,共 80 卷、125 册,记载了 301 科、3 408 属、31 142 种植物。

0.3.2 植物生理学的研究历史

植物生理学作为一门独立完善的学科,在其体系形成之前,经历了漫长的历程。早在公元前 14—公元前 11 世纪,在甲骨文拓片中就有"禾有及雨? 三月""雨不足辰、不佳、年祸"等记载,说明殷人已经认识到水分对植物生长的重要性及作物有一定的耐涝性。由此可知,植物生理的萌芽在我国已有 3 000 多年的历史,比古希腊要早 1 000 多年。在公元前 3 世纪,战国荀况著的《荀子 · 国富篇》中就记载了"多粪肥田";在韩非子著的《韩非子》中记载了"积力于田畴,必且粪灌",这反映了古人对作物施肥和灌溉非常重视。

公元前 1 世纪,西汉氾胜之著的《氾胜之书》,是我国最早的农书,已将施肥分为基肥、种肥和追肥。该书记载了"凡耕之本,在于趣时,和土,务粪泽,早锄草获",更是把肥水管理提高到了一个新的高度。公元 6 世纪,《齐民要术》一书中记载的"热入仓"储麦法,在民间至今沿用。

最早认识生物的气体代谢的是我国明末清初的学者宋应星。他在 1637 年著的《天工开物》一书中指出"由气而化形,形复返于气,百姓日习而不知也",这表明 300 多年前已经明确了植物生活中需要空气营养的观点。

世界上最早进行植物生理实验的是布鲁塞尔的 Jan Bapist Van Helmom(1580—1644),他通过柳树的盆栽实验推论出水是植物生长的物质来源。1779 年荷兰学者 J. Ingenhousz(1733—1799)证实:绿色植物只有在光下才能吸收二氧化碳,释放氧气。

在 1840 年,J. von Liebig(1803—1873)创立了植物矿质营养学说。1845 年德国学者 J. R. Mayer(1814—1878)提出植物光合作用中积累的化学能来自于太阳能。1859 年,德国 J. von Sachs,W. Knop 和 W. Pfeffer 等人创立了植物的无土栽培技术。J. von Sachs(1832—1897)于 1882 年撰写了《植物生理学讲义》,同时他的学生 W. Pfeffer 撰写的三卷本《植物生理学》巨著于 1904 年出版。因此,J. von Sachs 和 W. Pfeffer 被称为植物生理学的两大先驱。

1920 年,美国学者 W. W. Garner 和 H. A. Allard 发现了植物的光周期现象,使发育生理学有了新的进展。20 世纪 30 年代到 20 世纪 60 年代发现了 5 大类植物激素。20 世纪 50 年代,美国学者 M. Calvin 等利用同位素示踪技术和层析技术，揭示了植物的光合 C_3 循环。在 20 世纪 60 年代末期，M. D. Hatch 和 C. R. Slack 发现了 C_4 二羧酸途径。在发现这两种途径的同时，人们还发现了光呼吸和景天科植物酸代谢途径。特别是近 20 年来，随着分子生物学和基因工程技术的迅速发展，植物生理学的研究进入了一个崭新的阶段，使植物生理学逐渐成为一个更加完善的学科体系。

0.3.3 植物学的分科

植物学是研究植物的形态结构及生长发育规律、类群和分类，以及植物的生长分布与环境之间相互关系的科学。随着科学技术的发展，尤其是 20 世纪 80 年代电子显微镜的出现，人们能观察到细胞更细微的结构，对植物的研究也更加深入，从而形成了许多分支学科。

(1)植物生理学　植物生理学是研究植物生命活动及其规律的学科。研究内容包括植物体内的物质代谢和能量代谢，植物的生长发育以及植物对外界环境条件的反应等。

(2)植物形态学　植物形态学是研究植物的形态结构在个体发育或系统发育中的形成过程和形成规律的学科。广义的植物形态学包括植物解剖学、植物胚胎学和植物细胞学。

(3)植物遗传学　植物遗传学是研究植物的遗传变异规律以及人工选择理论和实践的学科。它又可以分为植物细胞遗传学和分子遗传学。

(4)植物生态学　植物生态学是研究植物与其周围环境之间相互关系的学科。植物生态学又派生出植物个体生态学、植物种群生态学、植物群落学和生态系统学等分支学科。

(5)植物分类学　植物分类学是研究植物的亲缘关系和进化发展规律，并对植物进行系统分类的学科。

(6)地植物学　地植物学是研究植物群落及其与环境间的相互关系，以及植物群落中植物间的相互关系，阐明植物群落的形成、种类组成、结构、生态、分类、动态演替及地理分布基本规律的学科。

0.3.4 植物学与农业科学

植物学与农业科学关系密切，植物学基础研究的重大突破，都会引起农业生产技术发生重大变革。植物营养理论研究的应用，使作物营养配肥、合理施肥更加规范化和科学化。植物光合作用研究成果的应用，促进了间作套种立体农业的开发实施，矮秆育种、高光效育种以及种植技术的革新，使 20 世纪的粮食产量大幅度增长，被称为第一次“绿色革命”。

植物资源、植物区系和植被的调查研究，可以为农业育种提供很多的原始材料，这些原始材料一般适应性广、抗病性强、有较好的抗逆性，作为亲本用于培育杂种后代，在杂种后代中就会发生一些优良的变异株。而要利用常规的杂交方法培育新品种，必须要了解植物的花器构造和开花习性等形态学理论。

对植物生长规律、植物生长环境条件等生理学的研究，可为人们控制植物生长发育、实施节水灌溉、合理配方施肥提供可靠的理论依据。特别是近代分子生物学的飞速发展，人们利用细胞的全能性，通过生物技术手段，如细胞培养、原生质体融合、组织培养、转基因等进行育种或繁育，更使农业生产出现了质的飞跃。科学家已经发现了一些和水稻品质、高光合效率等超高产因素相关的基因位点，为成功培育超级杂交水稻奠定了理论基础。袁隆平院士利用三系育种培育的杂交水稻无论是产量或品质都处于世界领先地位。另外对植物生长物质的研究和利用，使果实催熟，块根、块茎的安全储藏，促进种子萌发，防止作物的落花落果，化学调控植物生长成为可能。

0.3.5 植物及植物生理的研究内容

植物及植物生理包括细胞学、形态学、解剖学、分类学及生理学等方面的内容。通过对植物个体的细胞、组织和器官的研究，揭示植物生命活动的结构基础；通过对植物界各类群的研究，揭示植物生命演化的规律；通过对植物各种生命活动的研究，揭示植物个体生长发育的规律。

植物及植物生理既是一门基础理论学科，也是一门实践性很强的学科，它与人类的生活和生产关系密切，也是作物高产的理论基础。

0.4 学习植物及植物生理的目的和方法

0.4.1 学习植物及植物生理的目的

我们学习植物及植物生理的目的是认识植物，了解植物的形态结构，生活习性，生长、发育和繁殖的基本规律，从而控制、利用、改造植物，提高其生产力，合理开发和利用野生植物和种质资源，维持生态平衡，发展国民经济，改善人类生活，不断提高人们的物质、文化生活水平。

0.4.2 学习植物及植物生理的方法

学习植物及植物生理课程需要科学的学习方法，如观察、比较和实验，掌握这些学习方法就能更好地认识植物界，揭示生命现象的本质和规律。

(1)观察　正确地观察现象，提出问题、分析问题、巧妙地设计实验，利用先进的实验手段进行操作，对实验结果作出合理的解释，是从事植物及植物生理学习和研究应具备的基本素质。只有通过认真而细致的观察，才能了解植物的形态特征和生活习性。

(2)比较　通过对不同植物的整体或局部比较，才能发现它们的异同，如植物开花期的长短，叶色、树形的差异等。只有在观察和比较的基础上，才能进行分析和研究，最后揭示植物生命活动的内在规律。

(3)实验　它是在一定条件下，对植物的生活现象、生长发育和形态结构进行观测，通过借助于显微镜的观察比一般的观测更细微。如通过观察细胞的分裂，就能揭示植物生长的奥秘；通过观察营养器官的内部结构，才能深刻认识和理解植物的形态、结构和功能之间的相互联系。

比较、观察和实验都是学习这门课程的重要方法，这 3 种方法既可单独使用，又可相互结合。

植物及植物生理是一门实践性很强的专业基础课，在学习时必须理论与实践相结合，将课堂理论学习与实验实习紧密联系。不仅要从书本上学习，更要走出课堂、走出实验室，到大自然中去、到实践中去，丰富感性认识，了解一线农业生产的需求，从而加深对所学理论知识的理解，增强学好这门课程的责任感，并为以后学习专业课打下基础。

复习思考题

1. 植物的多样性包括哪几个方面？
2. 简述我国植物资源的主要特点。
3. 简述植物与人类的密切关系。
4. 简述植物学、植物生理学的发展历史。
5. 根据你学过的内容谈谈植物学与农业学科的联系。
6. 结合你所学的专业谈谈为什么要学好“植物与植物生理”这门课程？

1 植物的细胞和组织

【理论教学目标】

1. 了解植物细胞的亚显微结构和主要细胞器的功能。
2. 理解细胞有丝分裂、减数分裂各时期的主要特点。
3. 了解植物组织的类型、分布及功能。
4. 熟悉植物维管束的架构和类型。

【技能实训目标】

1. 能够正确、熟练地使用生物显微镜。
2. 掌握常用的临时装片制作方法。
3. 能够用生物绘图法进行绘图。
4. 能准确识别植物细胞的各显微结构和有丝分裂的各个时期。

细胞是能独立生存的生物有机体形态结构和生命活动的基本单位。

虽然自然界中生物种类繁多，在形态、大小、生活习性等方面差异很大，但它们都是由细胞构成的。不论是单细胞构成的生物，或是由多个细胞构成的生物，其生命活动都是在细胞内部完成的，如果细胞的完整性受到破坏，该细胞的生命活动就无法进行。病毒、类病毒属于非细胞结构的生物，它们是不能独立生存的，必须寄生到其他生物体内才能生存。

由多细胞构成的生物体，其细胞一般都能在生长和分化的基础上形成各种不同类型的组织，共同完成个体的各种生命活动。

植物细胞的
结构和功能

1.1 细胞概述

一般来说，细胞必须借助于显微镜才能观察到，因此人们对细胞的认识是随着显微技术的不断发展而逐步深入的。随着光学显微镜的进一步改进和电子显微镜的使用，人们不但能利用各种光学显微镜观察细胞的显微结构，更重要的是可广泛借助于电子显微镜来研究细胞的亚显微结构。特别是人们把电子显微技术与同位素示踪技术、层析技术、超速离心技术、转基因技术等结合起来，在分子水平上逐步认识细胞各部分的结构和功能，为人们认识细胞、认识生命，甚至人工合成细胞、创造生命提供了更广阔的空间。

1.1.1 植物细胞的形状和大小

1）植物细胞的形状

植物细胞的形状多种多样，如球形、多面体形、长方体形、星状体形等（图 1.1），这是植物在长期的进化过程中，其形状与细胞所处环境、所行使的功能相适应的结果。

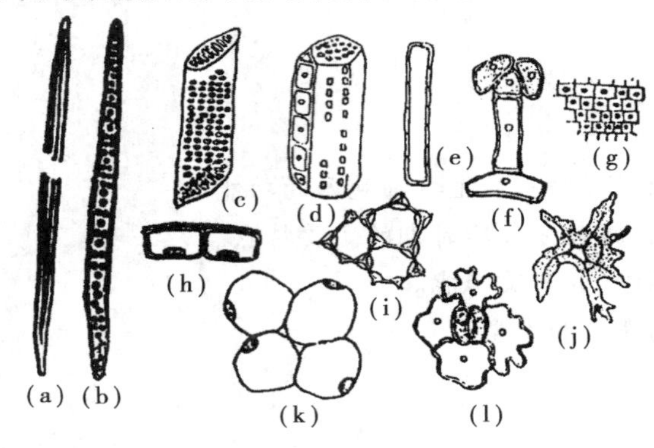

图 1.1 种子植物各种形状的体细胞

（a）纤维；（b）管胞；（c）导管分子；（d）筛管分子和伴胞；（e）木薄壁组织细胞；（f）分泌毛；（g）分生组织细胞；（h）表皮细胞；（i）厚角组织细胞；（j）分枝状石细胞；（k）薄壁组织细胞；（l）表皮和保卫细胞

单细胞的藻类植物，如小球藻、衣藻，因其游离生活在水中，各部分所受的压力基本相等，因此多为球形；多细胞的低等植物体，因细胞之间相互挤压，大部分呈多面体形。而种子植物的细胞，因分工精细，其形状常与细胞执行的功能相适应，如导管细胞和筛管细胞呈长筒状与其运输功能相适应，纤维细胞呈长梭形与其支持功能相适应，某些薄壁细胞疏松排列呈多面体形与其储藏功能相适应等。

细胞形状的多样性，除了与其环境、功能有关外，人为因素也会改变细胞的形状，如用苯并咪唑处理豌豆上胚轴皮层细胞后，其细胞就由椭圆变成了长形。

2）植物细胞的大小

植物细胞的大小差异很大。如支原体直径仅 0.1 μm，而西瓜、番茄的成熟果肉细胞直径可达 1 mm，苎麻的纤维细胞长度高达 550 mm，肉眼即可分辨出来。一般植物细胞的直径为 20 ~ 50 μm，需借助光学显微镜才能看到。

细胞的体积较小，其表面积就相对较大，这有利于细胞与周围环境进行物质交换和信息交流。一般来说，同一植物体不同部位的细胞，其体积越小，代谢就越活跃，如根尖、茎尖的分生组织细胞。而起储藏作用的某些薄壁组织细胞，因其体积较大，代谢强度就相对弱些。

植物细胞的大小是受细胞核制约的，因为细胞核所能控制的细胞质的量是有一定限度的，所以植物细胞的体积也是有一定限度的。不同类型的植物个体大小可能差异很大，但它们细胞

的大小与植物个体的大小并不成比例。

1.1.2　真核细胞和原核细胞

根据细胞结构的复杂程度,可将其分为两大类:真核细胞和原核细胞。真核细胞有被膜包围的细胞核和多种细胞器,结构复杂,生物界绝大多数细胞属于此类。少数低等植物,如细菌和蓝藻,虽有细胞结构,但在细胞内无典型的细胞核和膜包被的细胞器,结构简单,称为原核细胞。原核细胞和真核细胞的主要区别见表1.1。

表1.1　原核细胞和真核细胞的主要区别

特　征	原核细胞	真核细胞
细胞大小	较小(1~10 μm)	较大(10~100 μm)
细胞核	无成形的细胞核,核物质集中在核区。无核膜、核仁。一个细胞只有一条DNA,其DNA不与蛋白质结合	有成形的真正的细胞核。有核膜、核仁。一个细胞含多条DNA,其DNA与蛋白质结合成染色体
细胞器	除核糖体外,无其他细胞器	有线粒体、质体、高尔基体、内质网等多种细胞器
细胞分裂	出芽或二分体,无有丝分裂	能进行有丝分裂

1.2　植物真核细胞的结构和功能

植物细胞都是由原生质体和细胞壁两大部分构成的。

原生质体由原生质组成。原生质是细胞内的生命活性物质,包括水、无机盐、蛋白质、核酸、糖类、脂类。原生质体是指生活细胞中位于细胞壁以内、由原生质组成的各种结构的总称。细胞内的代谢活动主要是在原生质体中进行的。

细胞壁是植物细胞特有的结构,它位于植物细胞的最外层,主要起保护作用。同时细胞壁在原生质体的生命活动中也起一定的作用。

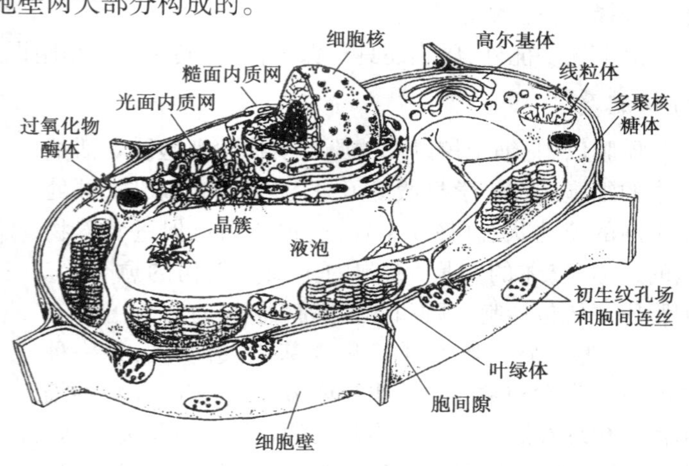

图1.2　植物细胞亚显微结构立体模式图

下面以真核细胞为例来介绍植物细胞的结构和功能(图1.2)。

1.2.1 原生质体

原生质体由质膜、细胞质和细胞核组成。

1)质膜

质膜也称为细胞膜,是包围原生质的一层界膜,位于原生质体的最外面,紧贴细胞壁,主要成分是蛋白质分子和脂类中的磷脂分子,另外还含有少量的糖类、无机离子和水。除质膜外,细胞内还存在着大量的膜结构,它们与质膜一起统称为生物膜。

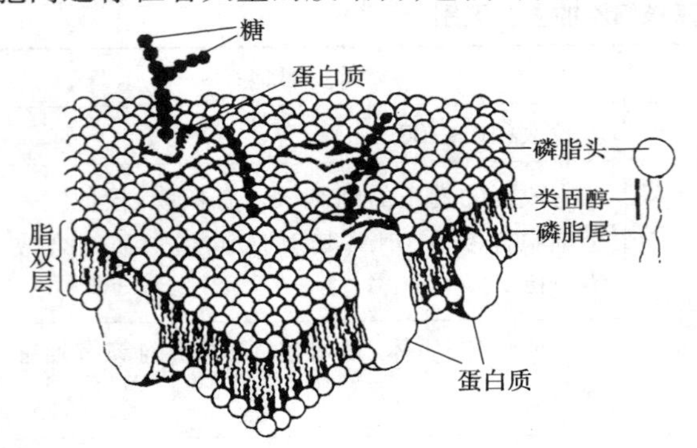

图1.3 生物膜结构的流动镶嵌模型

关于生物膜中蛋白质和磷脂分子的组合方式,目前多采用生物膜的"流动镶嵌模型"来解释:中间是两层磷脂分子构成的磷脂双分子层,形成生物膜的基本骨架,由它支撑着许多蛋白质分子。而组成膜的蛋白质分子有的附着在磷脂双分子层的两侧,有的镶嵌或贯穿在磷脂双分子层中(图1.3)。

构成生物膜的蛋白质分子和磷脂分子可在一定范围内自由移动,使膜的结构处于不断的变化状态,因此膜在结构上具有一定的流动性,这种特点对于生物膜(特别是质膜)进行各种生理活动十分重要。

质膜的主要功能是控制细胞与周围环境的物质交换,并起到一个屏障作用,维持细胞内环境的相对稳定。质膜对物质的出入具有选择透性,即水分子可以自由通过,细胞需要的离子和小分子也可以通过,而其他的离子、小分子以及大分子则不能通过,但大分子物质可通过质膜的内陷以胞饮或吞噬的方式进入细胞,或通过质膜的外凸以胞吐的方式排出细胞。细胞死亡后质膜的选择透性也随之丧失。

除上述功能外,质膜还具有保护作用,同时参与细胞识别、信号转换、分泌等生理活动。

2)细胞质

质膜以内、细胞核以外的原生质称为细胞质。活细胞中的细胞质在光学显微镜下呈均匀透明的胶体,并处于不断的流动状态(图1.4)。这种流动可促进营养物质的运输、气体的交换、细胞的生长和创伤的愈合等。细胞质主要包括胞基质和各种细胞器。

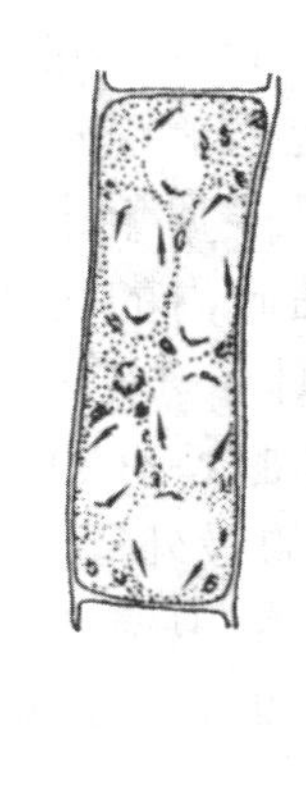
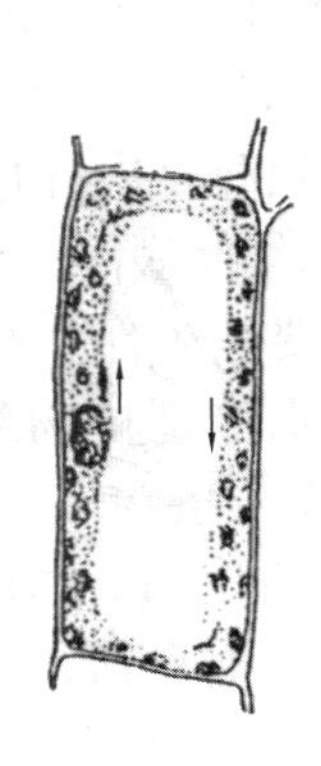
图1.4 细胞质的运动(箭头示运动方向)

(1)胞基质　胞基质又称为基质、透明质,是一种具有一定弹性和黏性的透明胶体溶液,细胞核及各种细胞器都包埋在胞基质中。胞基质的化学成分很复杂,含有水、溶于水中的气体、无机盐离子、葡萄糖、氨基酸、核苷酸等小分子,还含有蛋白质、核糖核酸(RNA)等生物大分子。胞基质为细胞器和细胞核提供一个细胞内的液态环境,同时许多生化反应,如蔗糖的

合成,就是在叶肉细胞的胞基质中进行的。

(2)细胞器　在细胞质的基质中,具有特定结构和功能的亚细胞单位,称为细胞器。它悬浮在胞基质中,有些在光学显微镜下就能看到,如质体、线粒体、液泡,但多数需借助电子显微镜才能观察到,如核糖体、内质网、高尔基体等。有的细胞器是由双层生物膜围成,如质体、线粒体;有的由单层生物膜围成,如液泡、内质网、高尔基体等;还有的是非膜结构,如核糖体。

①质体　质体是绿色植物特有的细胞器,与合成、积累同化产物有关,在光学显微镜下即可看到。根据其所含色素的不同,可分为叶绿体、有色体和白色体3种(图1.5)。

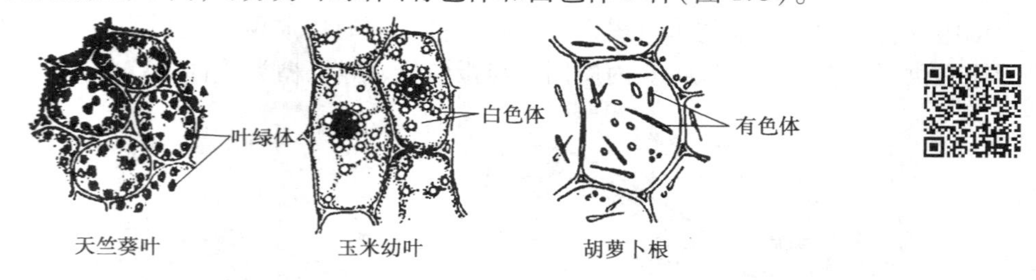

图1.5　3种质体

a. 叶绿体　叶绿体存在于植物体绿色部分的细胞中,含有绿色的叶绿素(叶绿素a和叶绿素b)和黄色、橙红色的类胡萝卜素(胡萝卜素和叶黄素),与植物的叶色直接相关。

光学显微镜下叶绿体一般呈扁平的球形或椭圆形。在电子显微镜下,可以看到叶绿体表面由双层膜包被,双层膜内是基质和分布在基质中的类囊体。类囊体是由单层膜围成的扁平小囊,通常10~100个垛叠在一起形成柱状的基粒,基粒与基粒之间也有类囊体相连。它们悬浮在液态的基质中,组成一个复杂的类囊体系统(图1.6),叶绿体的色素就分布在类囊体膜上。叶绿体的基质中含有DNA、核糖体及酶等。

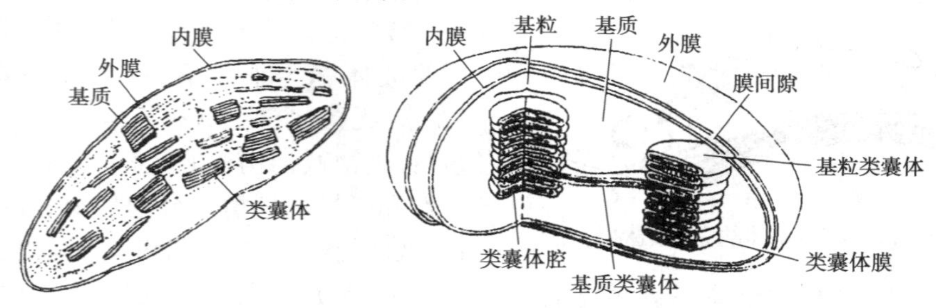

图1.6　叶绿体立体结构图解

叶绿体是高等植物进行光合作用的场所。在植物细胞内还有叶绿体基因组,因此叶绿体具有半自主性遗传。

b. 有色体　含有胡萝卜素和叶黄素,由于两者的比例不同,可分别呈现黄色、橙色或橙黄色,它主要存在于植物的花瓣、成熟的果实、衰老的叶片、地下的储藏根(如胡萝卜)等部位。有色体能积累淀粉和脂类,还能使花和果实呈现不同的颜色。

c. 白色体　不含色素,呈无色颗粒状,多存在于幼嫩细胞、储藏细胞、种子的胚和一些植物的表皮中。白色体的功能是合成和储藏营养物质,如淀粉、脂肪、蛋白质。

在一定条件下,3种质体可以相互转化。例如,萝卜的地下部分见光后由白变绿,番茄、辣椒、苹果等果实成熟时由绿变红,美洲的一种柑橘在冬季呈橙色、夏季又变为绿色。

②线粒体　除细菌、蓝藻及厌氧真菌外,线粒体普遍存在于植物细胞中。在光学显微镜下

经特殊染色,可看到它呈粒状、线形或杆形。在电子显微镜下观察,可看到线粒体是由双层膜围成的囊状结构(图1.7):外膜平展完整,内膜的某些部位向腔内折叠,形成许多隔板状或管状的突起——嵴,嵴的周围充满了液态的基质。在线粒体内,有许多与有氧呼吸有关的酶,还含有少量的DNA。和叶绿体一样,线粒体也属于半自主性遗传的细胞器。

线粒体是细胞有氧呼吸的主要场所,细胞生命活动所需的能量,大约95%来自线粒体。

③内质网　内质网是一种由单层膜围成的扁平囊、管、泡等交叉在一起的网状结构(图1.8)。内质网广泛分布在细胞质基质中,它增大了细胞内的膜面积,因膜上附着有许多酶,就为细胞内各种化学反应的进行提供了有利条件。同时内质网外连质膜,内连核膜,就为物质的运输提供了一个连续的通道。内质网还与蛋白质、脂类、糖类的合成有关。

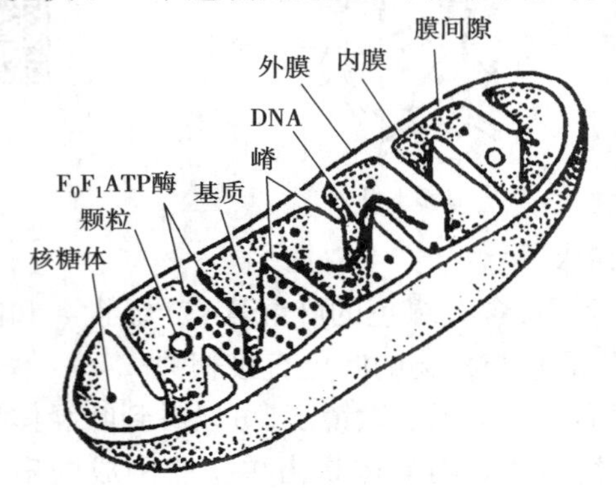

图1.7　线粒体立体结构图解

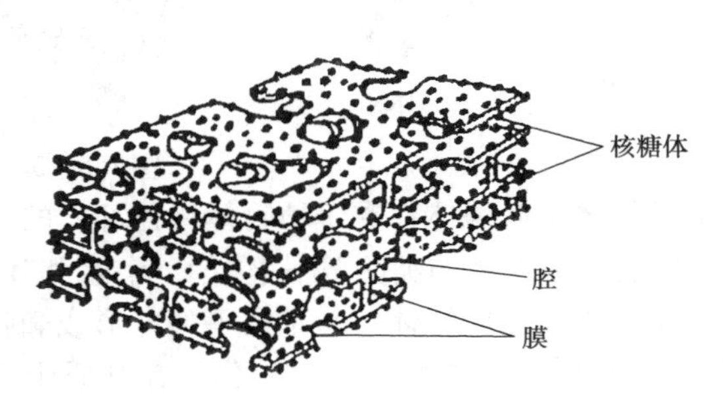

图1.8　内质网立体结构图解

④高尔基体　高尔基体是由许多单层膜围成的扁平囊叠集在一起形成的膜结构(图1.9),其主要作用是参与细胞壁的形成,并与蛋白质的加工、转运及细胞分泌物的形成有关。

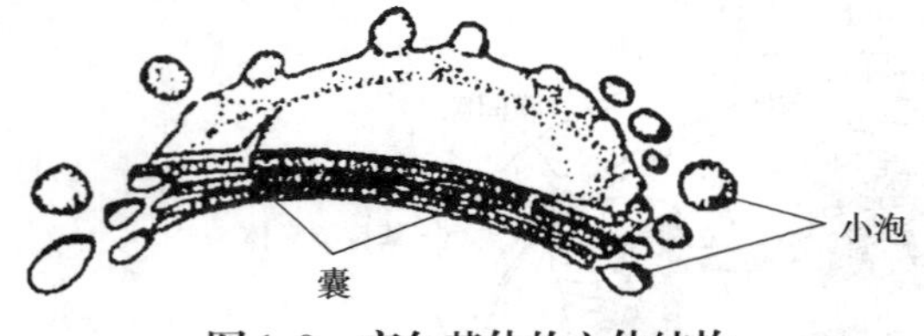

图1.9　高尔基体的立体结构

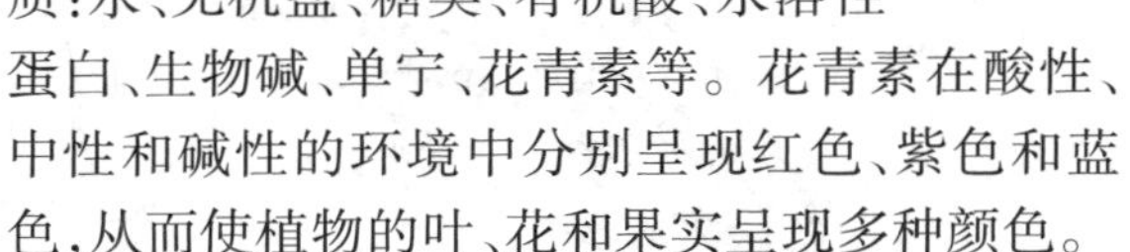

⑤液泡　液泡由单层膜围成,膜内的液体称为细胞液,内含多种物质:水、无机盐、糖类、有机酸、水溶性蛋白、生物碱、单宁、花青素等。花青素在酸性、中性和碱性的环境中分别呈现红色、紫色和蓝色,从而使植物的叶、花和果实呈现多种颜色。

具有一个大的中央液泡是成熟植物细胞的标志,也是动、植物细胞的显著区别之一。幼小的植物细胞具有小而分散的液泡,随着细胞的生长,小液泡逐渐合并成一个大的中央液泡(图1.10),中央液泡可占成熟细胞体积的90%以上。此时细胞质的其余部分,连同细胞核一起,被挤成薄薄的一层紧贴在细胞壁上,从而扩大了细胞质与环境的接触面,有利于新陈代谢的进行。

液泡具有许多重要的生理功能:液泡膜也具有选择透性,可通过控制物质的出入而使细胞维持一定的压力,与细胞的吸水有直接关系;液泡中含有多种水解酶,能分解液泡中的储藏物质以重新参加各种代谢活动,也能通过膜的内陷来“吞噬”“消化”细胞中的衰老部分;液泡还具有储藏作用,如甜菜根的细胞

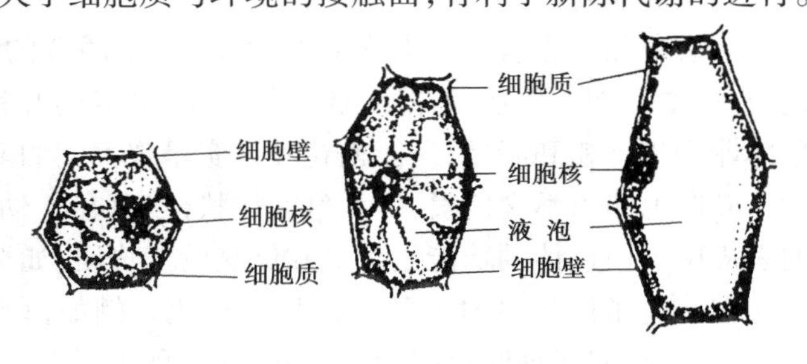

图1.10　细胞的生长和液泡的形成

液中含大量蔗糖，罂粟果实的细胞液中含有较多的吗啡等。

除上述细胞器外，胞基质中还含有许多其他结构和功能的细胞器：如为蛋白质合成提供场所的核糖体，与光呼吸有关的过氧化物酶体，与脂肪代谢有关的乙醛酸循环体，可分解多糖、蛋白质和核酸的溶酶体，合成、储藏油脂的圆球体，以及构成立体网状结构、在细胞内主要起支撑作用的细胞骨架等。

3）细胞核

细胞核通常呈球形或椭圆形，包埋在细胞质内。低等植物的细胞核较小，其直径一般为 1 ~ 4 μm，高等植物的细胞核直径为 5 ~ 20 μm。一般植物细胞只含一个细胞核，但在某些真菌和藻类细胞中常含两个或数个核，部分种子植物胚乳细胞发育的早期有多个细胞核。在光学显微镜下可看到细胞核由核膜、核仁和核质 3 部分构成（图 1.11），但细胞核的结构会随细胞分裂的不同时期而发生相应的变化。

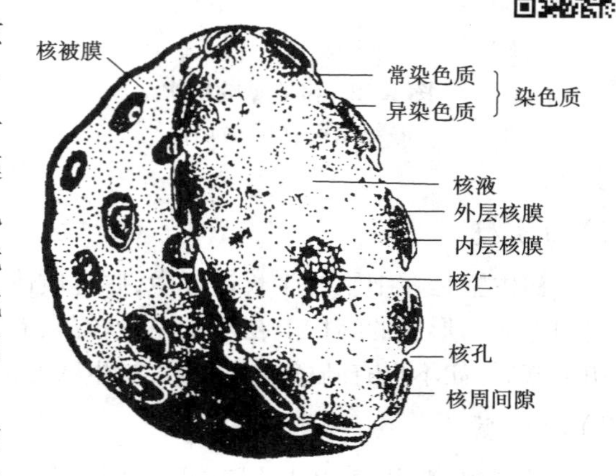

图 1.11　间期细胞核的超微结构

（1）核膜　核膜为双层膜，它包被在细胞核的外面，把细胞质与核内物质分开，稳定了细胞核的形状和化学成分。核膜有一定的透性，可让小分子物质，如氨基酸、葡萄糖等透过。核膜上有核孔，是细胞质和细胞核之间物质交换的通道，大分子物质，如 RNA，可通过核孔进出细胞质。

（2）核仁　核仁为细胞核中折光性很强的球体。核仁的主要功能是合成核糖体 RNA。活细胞中常含 1 个或几个核仁。

（3）核质　细胞核内核仁以外、核膜以内的物质称为核质，它包括染色质和核基质两部分。

染色质是核质中易被碱性染料染成深色的物质，它主要由 DNA 和蛋白质构成，也含少量的 RNA。在光学显微镜下，常呈细丝状或交织成网状，也可随细胞分裂而缩短、变粗，成为棒状的染色体。

核基质为核内无明显结构的液体，染色后不着色，它为核内各结构提供一个液态的环境。

由于细胞内的遗传物质（DNA）主要存在于细胞核内，因此细胞核的主要功能是储存和复制遗传物质，并通过控制蛋白质的合成来控制细胞的代谢和遗传。凡是无核的真核细胞，既不能生长也不能分裂，因此，细胞核是细胞遗传和代谢的控制中心。

1.2.2　细胞壁

细胞壁是具有一定弹性和硬度、包围在原生质体外的复杂结构，由原生质体分泌的物质形成，是植物细胞特有的结构。细胞壁的主要功能是支持和保护原生质体，防止细胞因吸水膨胀而破裂。在多细胞植物中，细胞壁能保持植物体正常的形态，同时细胞壁还参与植物体的吸收、分泌、蒸腾及细胞间运输等过程。和质膜相比，细胞壁对物质的出入没有选择性。

根据形成的先后和化学成分的不同，可将整个细胞壁分为 3 层：胞间层、初生壁和次生壁

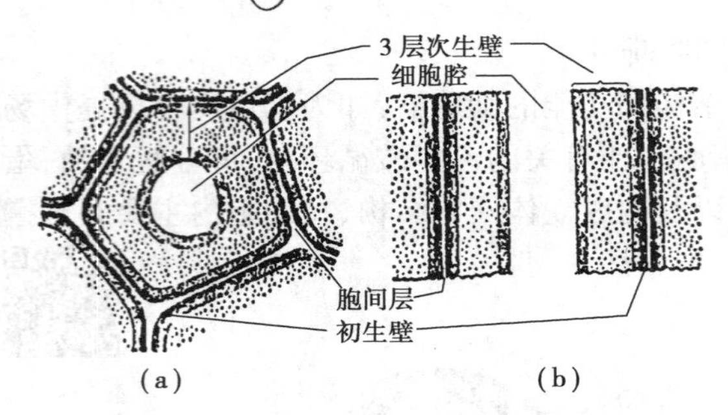

图1.12 细胞壁的层次
(a)纵切面;(b)横切面

(图1.12)。

1)胞间层

胞间层又称中层,位于细胞壁的最外侧,是两个细胞之间共有的一层,主要成分是果胶质。果胶质是一种无定形的胶质,具有很强的亲水性和黏性,能将相邻的细胞黏合在一起,并可缓冲细胞间的挤压。果胶质易被酸、碱或酶分解,使相邻细胞彼此分离,如番茄、西瓜的果实成熟时,依靠果胶酶将部分胞间层分解,使果肉变软。

2)初生壁

初生壁是在细胞的生长过程中,原生质体分泌少量的纤维素、半纤维素和果胶质,加在胞间层的外面而形成的结构。初生壁一般较薄、有弹性,可随细胞的生长而延伸。许多细胞在形成初生壁后,如不再有新壁层的积累,初生壁便成为它们永久的细胞壁。

3)次生壁

某些植物细胞在生长到一定程度时,会在初生壁内侧继续积累原生质体的分泌物而产生新的壁层,称为次生壁。次生壁的主要成分是纤维素及少量的半纤维素,硬度较大。次生壁越厚,细胞腔越小,支持和保护作用越强。次生壁常存在于起支持、输导、保护作用的细胞中,其他植物细胞的细胞壁中则无次生壁,终生只有初生壁,如叶肉细胞、分生组织细胞等。

在原生质体分泌到次生壁的分泌物中,常含有一些特殊的物质,这些物质的存在会改变细胞壁的理化特性,从而增强细胞壁的某些功能,称为细胞壁的特化。常见有以下4种。

(1)角质化　在叶和幼茎等的细胞壁中渗入一些角质(脂类化合物)的过程称为角质化。角质一般在细胞壁的外侧呈膜状或堆积成层称为角质层。角质化的细胞壁透水性降低,但可透光,因此既能降低植物的蒸腾作用,又不影响植物的光合作用,还能有效防止微生物的侵染。

(2)木质化　根、茎等器官内部有许多起输导作用的细胞,其细胞壁中渗入木质素(几种醇类化合物脱氢形成的高分子聚合物)的过程,称为木质化。木质素是亲水性的物质,并具有很强的硬度,因此,木质化后的细胞壁硬度加大,机械支持能力增强,但仍能透水、透气。

(3)栓质化　根、茎等器官的表面老化后,其表皮细胞的细胞壁中渗入木栓质(脂类化合物)而发生的一种变化称为栓质化。栓质化的细胞壁不透水、不透气,常导致原生质解体,仅剩下细胞壁,从而增强了对内部细胞的保护作用。老根、老茎的外表都有栓质化的细胞覆盖。

(4)矿质化　禾本科植物的茎、叶表皮细胞常渗入碳酸钙、二氧化硅等矿物质而引起的变化称为矿质化。细胞壁的矿质化,能增强植物的机械强度,提高植物抗倒伏和抗病虫害的能力。

另外,细胞壁的厚度往往是不均匀的,会形成许多较薄的区域,这些区域被称为纹孔。相邻细胞壁的纹孔往往相对而生,形成纹孔对(图1.13)。

两个细胞的原生质呈细丝状通过纹孔相连,这种细丝状的物质称为胞间连丝(图1.14)。胞间连丝是细胞原生质体之间物质和信息直接联系的桥梁。由于纹孔和胞间连丝的存在,细胞与细胞之间就有机联系在了一起,从而使一个植物个体在结构上成为了一个有机统一体。

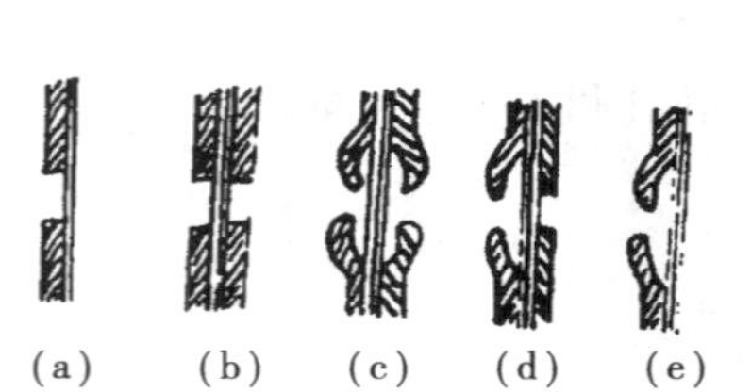

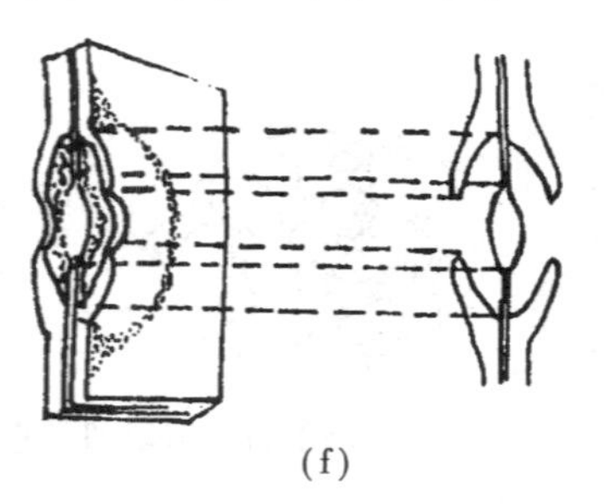

图 1.13 纹孔的类型及纹孔对

(a)单纹孔;(b)单纹孔对;(c)具缘纹孔对;
(d)半具缘纹孔对;(e)具缘纹孔;
(f)两个管胞相邻壁的一部分三维图解

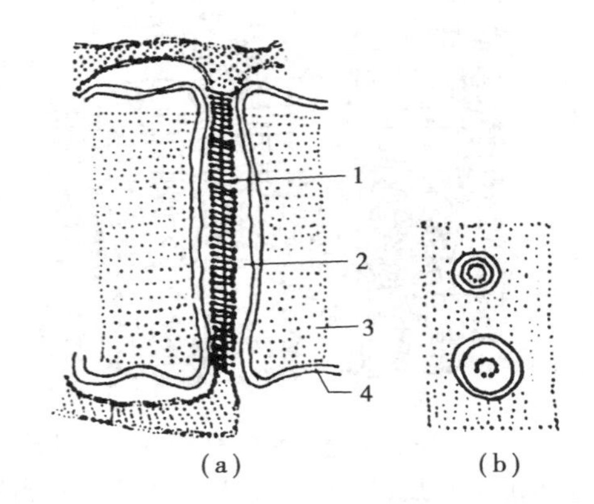

图 1.14 胞间连丝的超微结构

(a)纵切面;(b)横切面
1—连接管;2—胞间连丝腔;3—细胞壁;4—质膜

1.2.3 细胞后含物

细胞后含物是指植物细胞原生质体新陈代谢活动产生的物质,它包括储藏的营养物质、代谢废弃物和植物的次生物质。

1)储藏的营养物质

(1)淀粉 淀粉是植物细胞中最普遍的储藏物质,常呈颗粒状,称为淀粉粒。植物光合作用的产物,以蔗糖等形式运输到储藏组织后,合成淀粉而储藏起来。不同种类的植物,淀粉粒的形态、大小不同(图 1.15),可将其作为植物种类鉴别的依据之一。

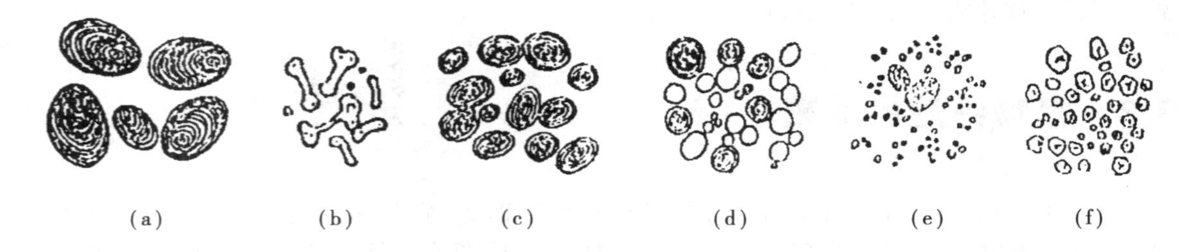

图 1.15 几种植物的淀粉粒

(a)马铃薯;(b)大戟;(c)菜豆;(d)小麦;(e)水稻;(f)玉米

(2)蛋白质 植物体内的储藏蛋白是结晶或无定形的固态物质。与原生质中呈胶体状态、有生命活性的蛋白质不同,储藏蛋白不表现出明显的生理活性,呈比较稳定的状态。无定形的储藏蛋白常被一层膜包裹成圆球形的颗粒,称为糊粉粒。有时糊粉粒集中分布在某些特殊的细胞层,如禾本科植物胚乳的最外层细胞中含有较多的糊粉粒,这些细胞层特称为糊粉层(图 1.16)。

(3)脂肪和油类 脂肪和油类是后含物中储能效果最高的物质。常温下呈固态的称为脂肪,呈液态的称为油类(图 1.17),在油料作物种子的胚、胚乳和子叶中含量较高。

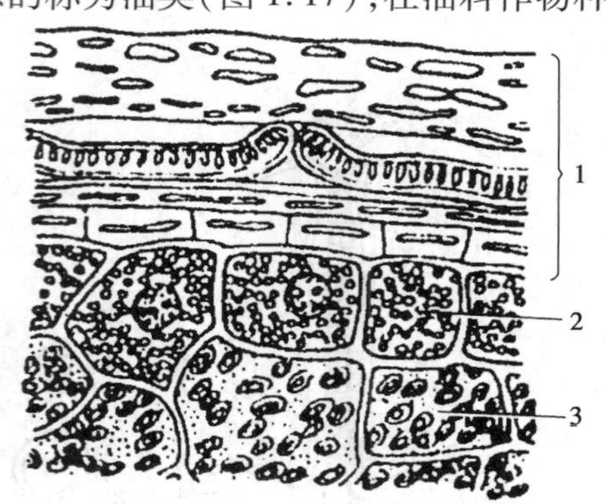

图 1.16　小麦颖果的横切面,示糊粉层

1—果皮和种皮;2—糊粉层;3—储藏淀粉的薄壁组织

图 1.17　含有油滴的椰子胚乳细胞图

2)代谢的废弃物

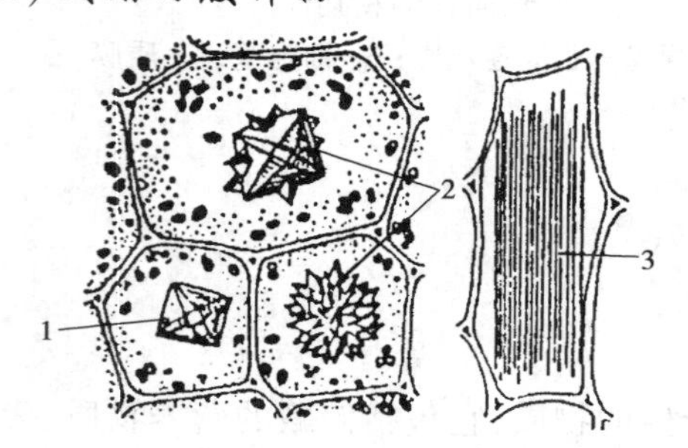

图 1.18　晶体的类型

1—单晶;2—簇晶;3—针晶

在植物细胞的液泡中,无机盐常因过多而形成各种晶体(图 1.18),其中以草酸钙晶体和碳酸钙晶体最为常见。它们一般被认为是代谢的废物,形成晶体后避免了对细胞的伤害。如草酸是代谢的产物,对细胞有害,形成草酸钙晶体后能解除草酸的毒害作用。

除上述两类后含物外,细胞内还可合成一些新的化合物,尽管这些物质在细胞的代谢中没有明显或直接的作用,但在特殊情况下可协助细胞完成某种功能,这些化合物被称为次生代谢物质。如酚类化合物(酚、单宁等)具有抑制病菌侵染、吸收紫外线的作用。生物碱(奎宁、尼古丁、吗啡、阿托品等)具有抗生长素、阻止叶绿素合成和驱虫等作用。

细胞的各部分虽然都具有特定的结构和功能,但细胞的各个部分又有着密切的联系,实际上一个细胞就是一个有机的统一体,细胞只有保持结构的完整性,各部分的功能才能实现,由它们组成的个体才能够正常完成各种生命活动。

1.3　植物细胞的繁殖

植物细胞的繁殖

植物的生长和发育是细胞数目的增多、体积的增大和功能分化的结果,而细胞数目的增多是通过细胞的繁殖,即细胞分裂来实现的。细胞分裂的类型包括有丝分裂、无丝分裂和减数分裂。

1.3.1　细胞周期

细胞周期是指具有连续分裂能力的细胞,从上一次细胞分裂结束时开始,到下一次细胞分裂完成为止所经历的时间,包括分裂间期和分裂期。

1）分裂间期

分裂间期是从上一次分裂结束到下一次分裂开始的时期，它是细胞分裂的准备阶段，这一阶段主要是完成遗传物质（DNA）的复制和有关蛋白质的合成，以及能量的储备等。在光学显微镜下可观察到细胞核的体积明显变大。间期完成后，细胞核内的染色质仍呈细丝状，但其组成（主要是DNA）已经加倍，每一条染色质丝都含两个相同的组成部分。

2）分裂期

间期结束后，即进入分裂期。分裂期的主要变化是将间期已经复制的遗传物质平均分配到子细胞中。分裂期包括细胞核分裂和细胞质分裂两个过程。

一般情况下，新的细胞核形成后，就进行细胞质分裂，形成两个新的子细胞。但有些情况下，细胞核在经过多次分裂后才开始进行细胞质分裂，最后形成多个完整的细胞，如苹果、胡桃胚乳的发育。也有的只进行细胞核分裂而不产生新的细胞壁，即不进行细胞质分裂，从而形成多核细胞，如某些低等植物和被子植物的无节乳汁管的发育。

植物细胞的一个细胞周期所经历的时间，一般在十几到几十小时不等，其中分裂间期所经历的时间较长，而分裂期较短，如有人测得蚕豆根尖细胞的细胞周期共30 h，其中分裂间期为26 h，而分裂期仅为4 h。

细胞周期的长短与细胞中DNA含量和环境条件有关：DNA含量越高，细胞周期所经历的时间越长；环境条件适宜，细胞分裂快，细胞周期所经历的时间就短。

1.3.2 有丝分裂

有丝分裂也称为间接分裂，是植物细胞最常见、最普遍的一种分裂方式。因在其分裂过程中出纺锤丝，所以称其为有丝分裂。植物营养器官的生长，如根茎的伸长和增粗都是靠这种分裂方式实现的。

有丝分裂的整个过程是连续进行的，为研究方便，人为将其分为间期、前期、中期、后期和末期（图1.19）。间期的变化同细胞周期中的间期，其他几个时期的主要变化如下：

（1）前期　前期的主要变化是染色质细丝通过螺旋化缩短变粗，呈染色体的形态。此时的每一条染色体因和间期的染色质细丝相对应，故也含有两个相同的组成部分，我们将其称为染色单体。一条染色体上的两个染色单体，除了在着丝点区域外，它们之间在结构上不相联系。着丝点是染色体上一个染色较浅的缢痕，在光学显微镜下可明显看到。

在前期末，核膜、核仁溶解消失，并开始从两极出现纺锤丝。

（2）中期　中期细胞内所有的纺锤丝形成纺锤体，一些纺锤丝牵引着每条染色体的着丝点，移向细胞中央与纺锤体垂直的平面——赤道面，同时染色体进一步缩短变粗，最后染色体的着丝点整齐地排列在赤道面上。此期是观察染色体形态、数目和结构的最佳时期。

（3）后期　后期每条染色体的着丝点一分为二，两条染色单体分开而成为染色体，并在纺锤丝的牵引下分别移向细胞两极。此时细胞内的染色体平均分成完全相同的两组，并且染色体的数目只有原来的一半。

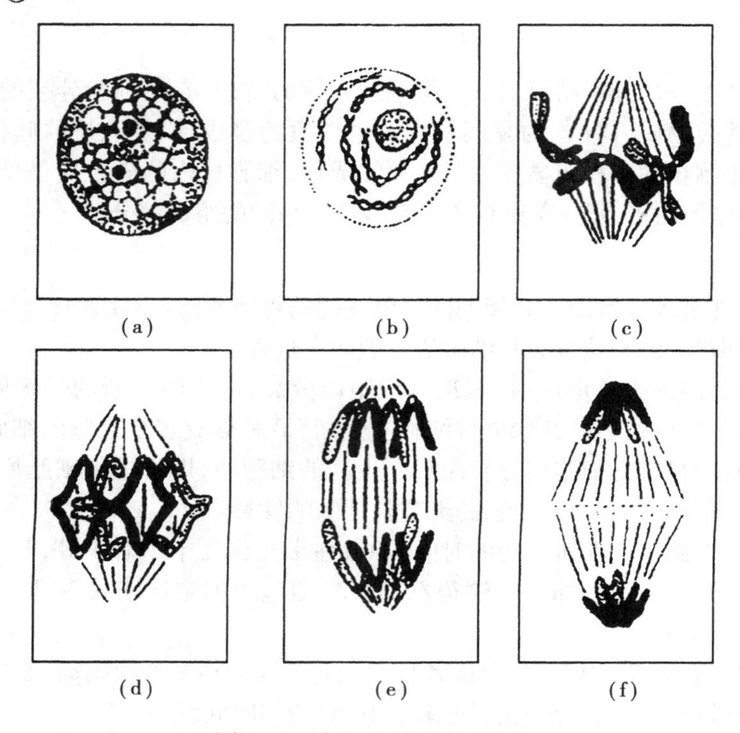

图 1.19　有丝分裂的过程图解

(a)间期;(b)前期;(c)中期;(d)、(e)后期;(f)末期(赤道板处的虚线表示成膜体)

(4)末期　末期和前期的变化相反:染色体到达两极后,解螺旋变成细丝状的染色质;纺锤体消失;核仁、核膜重新形成,与染色质共同组成新的细胞核。

子核的形成标志着细胞核分裂的结束,然后可通过产生新的细胞壁,完成细胞质分裂而形成两个子细胞,再进入下一个细胞周期。子细胞也可脱离细胞周期进行生长和分化,直至衰老、死亡。

通过有丝分裂的过程可以看出:有丝分裂产生的子细胞,其染色体数目与结构,同母细胞是完全一致的。由于染色体是遗传物质的载体,因此通过有丝分裂,子细胞就获得了与母细胞相同的遗传物质,从而保证了子细胞与母细胞之间遗传的稳定性。

1.3.3　无丝分裂

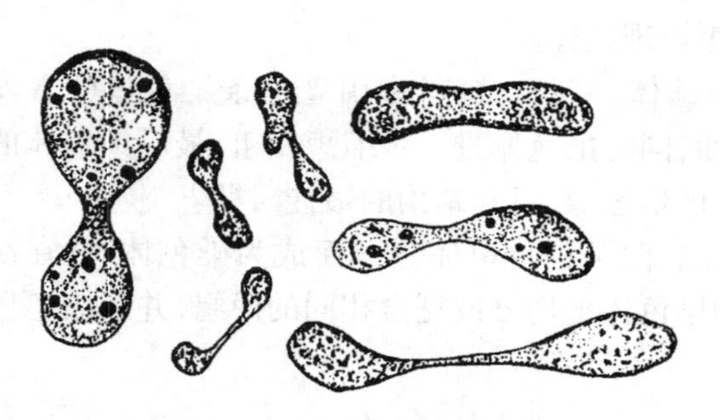

图 1.20　棉花胚乳游离核时期细胞核的无丝分裂

无丝分裂又称为直接分裂,其过程比较简单,遗传物质经过复制后,一般是核仁首先伸长。中间发生缢裂后分开,随后细胞核一分为二,细胞也随之分裂成两个子细胞(图 1.20)。无丝分裂分裂过程中不出现纺锤丝,也没有染色质和染色体的形态转化。

无丝分裂的特点是分裂过程简单、分裂速度快、消耗能量少,但由于不出现纺锤丝,遗传物质不能均等地分配到两个子细胞中，因此，其遗传性不太稳定。

无丝分裂不但在低等植物中比较常见，高等植物中未发育到成熟状态的细胞，如甘薯的块根、马铃薯的块茎、胚乳细胞的发育、愈伤组织的形成等均有无丝分裂发生。

1.3.4　减数分裂

减数分裂又称为成熟分裂，是植物有性生殖过程中一种特殊的有丝分裂。被子植物中雌、雄配子的形成，都要经过减数分裂。

减数分裂也有间期，称为减数分裂前的间期，其主要变化和有丝分裂的间期相同。经过间期的复制及其他变化后，细胞即开始进行两次连续的分裂（图 1.21）。

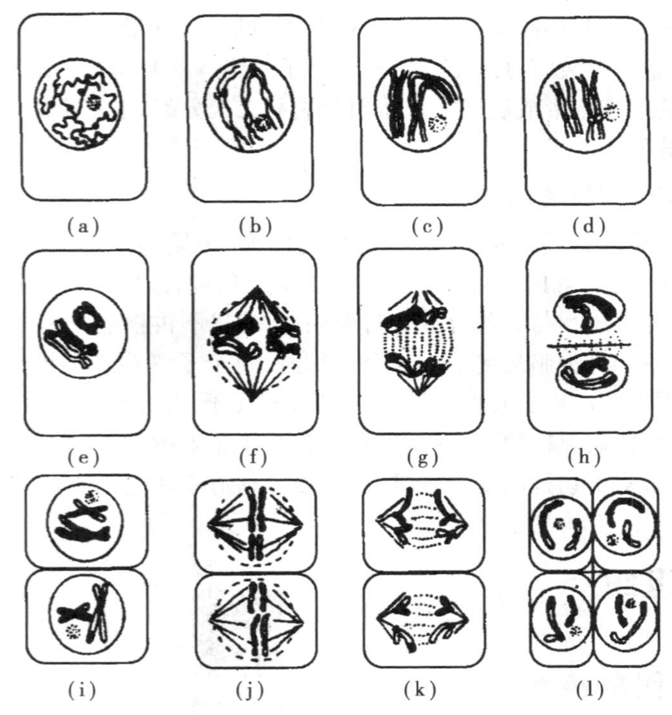

图 1.21　减数分裂各期模式图

（a）细线期；（b）偶线期；（c）粗线期；（d）双线期；（e）终变期；（f）中期Ⅰ；（g）后期Ⅰ；（h）末期Ⅰ；（i）前期Ⅱ；（j）中期Ⅱ；（k）后期Ⅱ；（l）末期Ⅱ

1）减数分裂第一次分裂（分裂Ⅰ）

（1）前期Ⅰ　和有丝分裂的前期相比，减数分裂前期Ⅰ的变化比较复杂，且经历的时间较长，根据其变化特点，又可分为以下 5 个时期：

①细线期　细胞核内出现细长、线状的染色体，细胞核与核仁增大。

②偶线期　偶线期（又称合线期）同源染色体（一条来自父方、一条来自母方，形态、大小相似的两条染色体）两两靠拢配对，称为联会。

③粗线期　粗线期染色体进一步螺旋化、缩短、变粗，这时的每一条染色体都含有两个相同

的组成部分,它们仅在着丝点处相连。联会的两条同源染色体间的染色单体间可发生横断及片段的交换,交换后染色单体,含有同源染色体中对应染色体的染色单体上的部分遗传物质,这种交换现象对生物的变异具有重要意义。

④双线期　染色体继续缩短变粗,同时联会的同源染色体开始分离,但在染色单体交叉处仍然相连,从而使染色体呈现"X""V""O""S"等形状。

⑤终变期　染色体进一步缩短变粗,此期是观察与计算染色体数目的最佳时期。以后核仁、核膜消失,开始出现纺锤丝。

(2)中期Ⅰ　在纺锤丝的牵引下,配对的同源染色体的着丝点等距分布于赤道板的两侧,同时由纺锤丝形成纺锤体。

(3)后期Ⅰ　纺锤丝牵引着染色体的着丝点,使成对的同源染色体各自发生分离,分别向两极移动。此时每一极染色体的数目只有原来的一半。

(4)末期Ⅰ　染色体到达细胞两极后,恢复染色质形态,并形成新的核膜、核仁,组成两个新细胞核,并通过细胞质分裂将母细胞分裂成两个子细胞。此时每个子细胞中的染色体数目是母细胞的一半。新的子细胞形成后即进入减数分裂第二次分裂,也有不进行细胞质分裂而直接进入第二次细胞核分裂的。

2)减数分裂第二次分裂(分裂Ⅱ)

其变化和有丝分裂的分裂期基本相同,也分为前期、中期、后期、末期,分别称为前期Ⅱ、中期Ⅱ、后期Ⅱ、末期Ⅱ。在减数分裂第二次分裂前,细胞不再进行 DNA 分子的复制,染色体也不加倍,其分裂过程与有丝分裂各时期相似,这里不再叙述。

经过减数分裂,一个母细胞最终形成 4 个子细胞,每个子细胞中的染色体数只有母细胞的一半。通过这种分裂方式产生的有性生殖细胞(雌、雄配子)相结合成合子后,恢复了原有染色体倍数,使物种的染色体数保持稳定,保证了物种遗传上的相对稳定性。同时由于染色单体片段的互换和重组,又丰富了物种的变异性,这对增强生物适应环境的能力、物种进化十分重要。

1.4 植物的组织

植物的组织

1.4.1 植物组织的概念

细胞经过分裂、生长和分化,最后成为具有稳定形态结构和相应功能的成熟细胞。人们一般把在植物的个体发育中,具有相同来源的(即由同一个或同一群分生细胞生长、分化而来的)同一类型或不同类型的细胞群所组成的结构和功能单位称为组织。

植物的每种器官都含有一定种类的组织,各种组织之间既相对独立,又相互协调,共同完成某种生命活动。

1.4.2 植物组织的类型

根据植物组织是否具有分裂能力分为分生组织和成熟组织两大类型。

1)分生组织

(1)分生组织的概念 分生组织是指种子植物中具有持续性或周期性分裂能力的细胞群,植物的其他组织都是由分生组织产生的。

(2)分生组织的类型 依据分生组织在植物体内存在的位置,可将其分为顶端分生组织、侧生分生组织和居间分生组织3种类型(图1.22)。

①顶端分生组织 顶端分生组织位于根、茎及其分枝的尖端,如根尖、茎尖。该部位细胞的分裂活动可使根和茎不断伸长,并在茎上形成侧枝和叶。茎的顶端分生组织还将产生生殖器官。

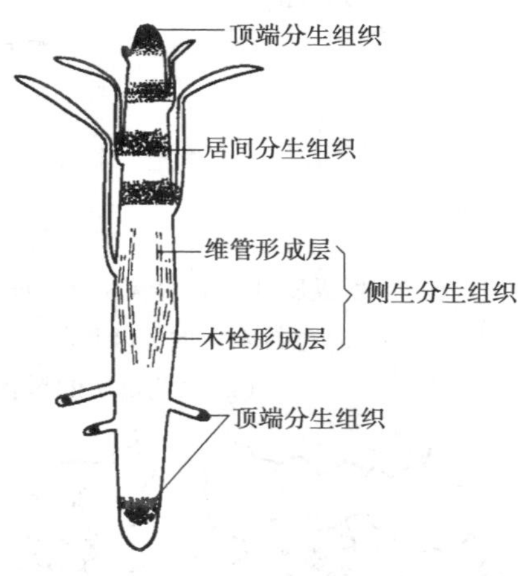

图1.22 分生组织在植物体中的分布

②侧生分生组织 侧生分生组织主要存在于裸子植物及木本双子叶植物中,它位于根和茎外周的侧面、靠近器官的边缘部分。侧生分生组织包括微管形成层和木栓形成层。微管形成层的活动使根和茎不断加粗,木栓形成层的活动可使增粗的根、茎表面或受伤器官的表面形成新的保护组织。

③居间分生组织 居间分生组织分布在成熟组织之间,是顶端分生组织在某些器官的局部区域保留下来的、在一定时间内仍保持有分裂能力的分生组织,如许多单子叶植物依靠茎节间基部的居间分生组织活动,使节间伸长。

居间分生组织的细胞分裂持续活动时间较短,分裂一段时间后即转变为成熟组织。

2)成熟组织

分生组织产生的大部分细胞,经过生长分化,逐渐丧失分裂能力,形成各种具有特定形态结构和生理功能的组织称为成熟组织。某些分化程度较低的成熟组织仍具有细胞分裂的潜力,在适当的条件下,可恢复分裂能力转变成分生组织。根据生理功能的不同,可将成熟组织分为以下5种:

(1)保护组织 保护组织是覆盖在植物体表面起保护作用的组织,它能减少植物体内水分的蒸腾、抵抗病菌的侵入及控制植物体与外界的气体交换。保护组织包括表皮和周皮。

①表皮 位于幼嫩的根、茎、叶及花和果实的表面,由一层或几层排列紧密的生活细胞构成,一般不含叶绿体。表皮细胞的细胞壁外侧常角质化、蜡质化(图1.23),有些植物的表皮上还具有表皮毛或腺毛(图1.24),以增强表皮的保护作用或具有分泌功能。

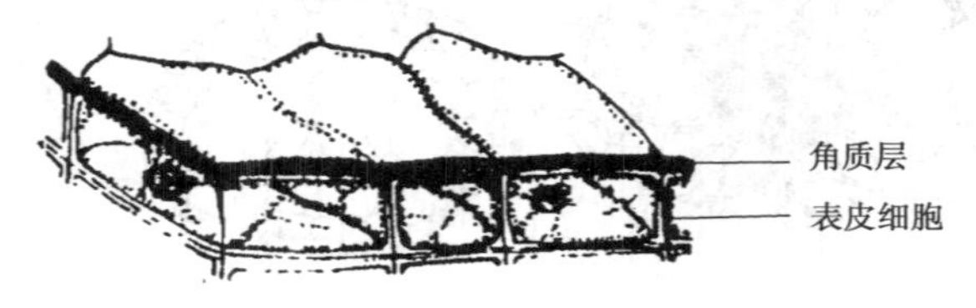

图1.23 表皮细胞及角质层

根的部分区域其表皮细胞的外壁常向外延伸,形成许多管状的突起,称为根毛。根毛的作用主要是吸收水和无机盐,因此该区域的表皮属于吸收组织。

在植物体的地上部分(主要是叶),其表皮上具有气孔器(图1.25)。气孔的开放或关闭,可调节水分蒸腾和气体交换。

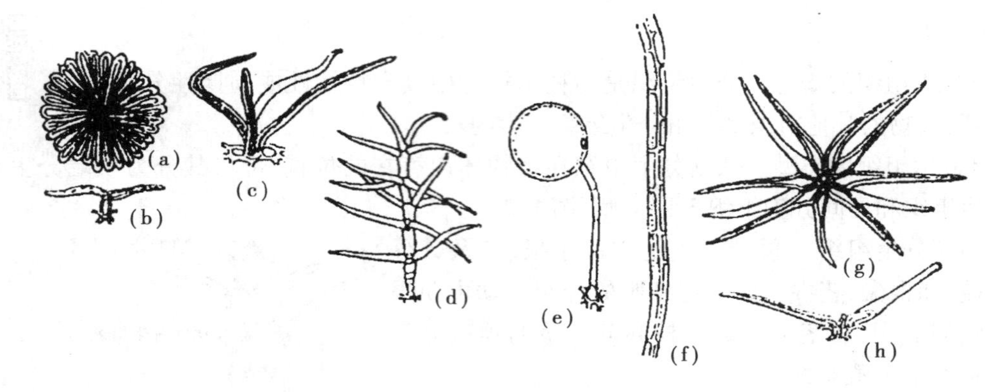

图 1.24 表皮毛上的各种毛状物

(a)齐墩果属叶上的盾状鳞片正面观;(b)齐墩果属叶上的盾状鳞片切面观;(c)栎属的簇生毛;(d)悬铃木属的分枝星状毛;(e)藜属的泡状毛;(f)马齿苋属多细胞的粗毛一部分;(g)黄花稔属的星状毛的表面观;(h)黄花稔属的星状毛的侧面观

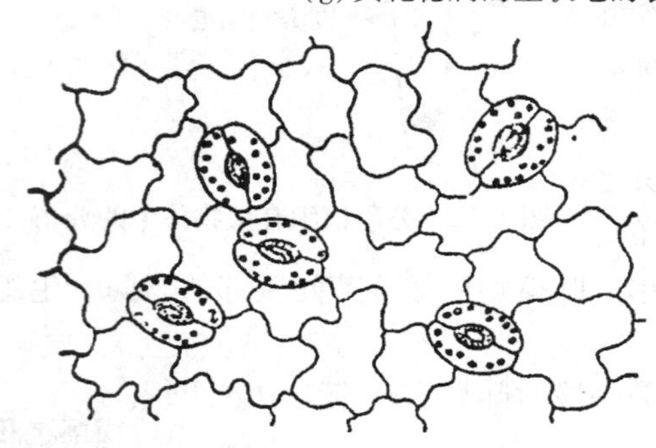

图 1.25 双子叶植物叶的表皮细胞和气孔器

②周皮　随着植物根、茎的增粗,原有的表皮被撑破,产生新的保护组织——周皮。周皮包括木栓层、木栓形成层和栓内层 3 部分。其中木栓层细胞排列紧密且高度栓质化,原生质解体、细胞死亡。木栓层不透水、不透气、硬度高,能起到很好的保护作用。

(2)薄壁组织　薄壁组织又称为基本组织,分布广、数量多,有些部位的薄壁组织细胞分化程度较低,易恢复分裂能力而成为分生组织,这对扦插、嫁接、离体植物组织培养及愈伤组织形成具有重要作用。

根据薄壁组织的主要生理功能,可将其分为以下 5 种类型(图 1.26):

①吸收组织　根部产生根毛的表皮具有吸收水分和无机盐的能力,称为吸收组织。

②同化组织　叶肉的薄壁组织富含叶绿体,能进行光合作用,合成有机物,称为同化组织。

③储藏组织　块根、块茎、种子的胚乳和子叶等处的薄壁组织,储藏有大量的营养物质,如淀粉、脂类、蛋白质等,称为储藏组织。旱生肉质植物,如仙人掌的茎、景天和芦荟的叶中,其薄壁组织含有大量的水分,特称为储水组织。

④通气组织　水生或湿生植物,如莲、水稻、金鱼藻等的根、茎、叶中的薄壁组织,细胞间隙特别发达,形成较大的气腔或连贯的气道,称为通气组织。

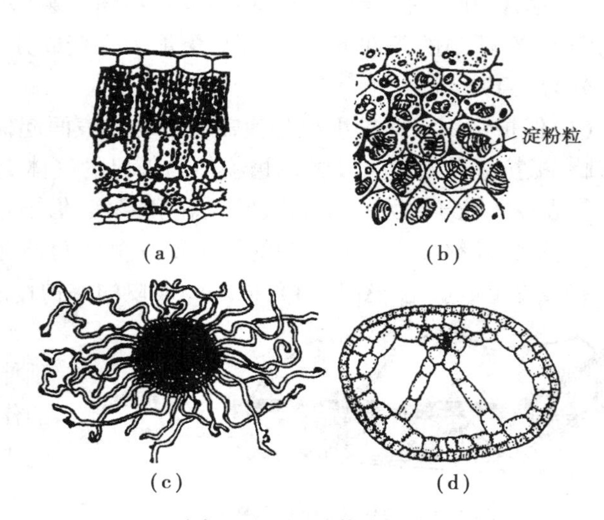

图 1.26 几种薄壁组织

(a)糖槭叶片中的同化组织;(b)马铃薯块茎中的储藏组织;(c)根表皮层的吸收组织;(d)金鱼藻叶中的通气组织

⑤传递细胞　有一类薄壁细胞,其细胞壁内突形成许多指状或鹿角状的突起,胞间连丝特别发达,与物质快速传递有关,称为传递细胞(图1.27)。

(3)机械组织　机械组织在植物体内主要起支持和加固作用,包括厚角组织和厚壁组织两种类型。

①厚角组织　细胞多为长棱柱形,含叶绿体,为生活细胞,通常在细胞的角隅处加厚(图1.28),但加厚的部分为初生壁性质,因此厚角组织既有一定的支持作用,又有一定的可塑性。它常存在于幼嫩植物的茎和叶柄中。

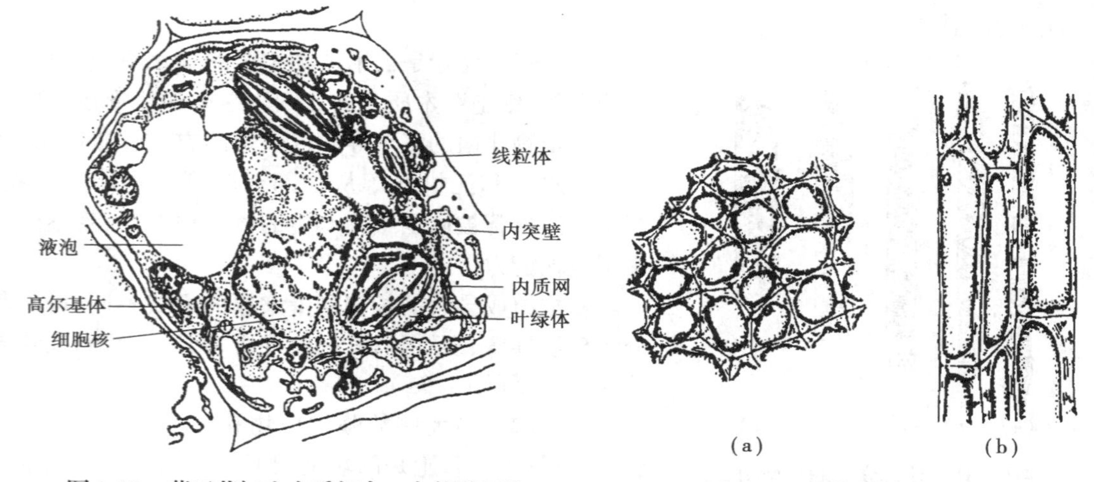

图1.27　菜豆茎初生木质部中一个传递细胞

图1.28　薄荷茎的厚角组织
(a)横切面;(b)纵切面

②厚壁组织　厚壁组织和厚角组织不同,厚壁组织的细胞具均匀增厚的次生壁并木质化,成熟时为死细胞。它包括石细胞和纤维两种类型。

a.石细胞　有的厚壁组织细胞形状不规则,细胞壁木质化程度高,腔极小,常单个或成簇包埋在薄壁组织中,称为石细胞(图1.29)。石细胞主要存在于植物果实和种子中,如梨果肉中坚硬的颗粒就是成团的石细胞。核桃、桃果实中坚硬的核,也是由多层连续的石细胞组成的。

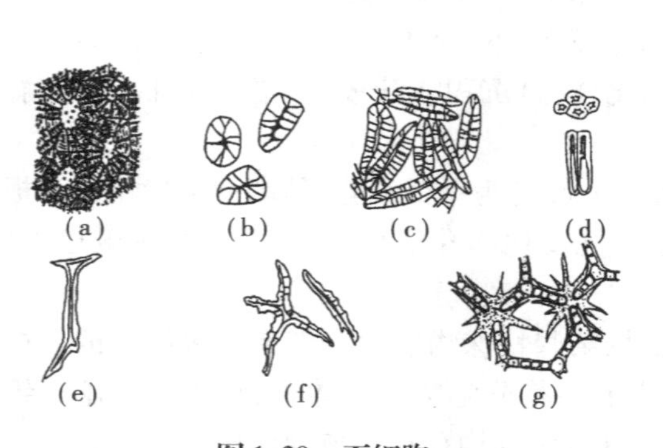

图1.29　石细胞
(a)桃内果皮的石细胞;(b)梨果肉中的石细胞;
(c)椰子内果皮的石细胞;(d)菜豆种皮的表皮层石细胞;
(e)茶叶片中的石细胞;(f)山茶属叶柄中的石细胞;
(g)萍蓬草属叶柄中的星状石细胞

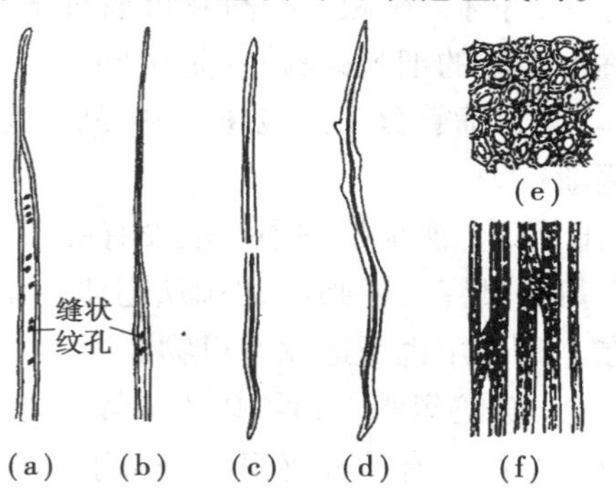

图1.30　纤维
(a)苹果的木纤维;(b)白栎的木纤维;
(c)黑柳的韧皮纤维;(d)苹果的韧皮纤维;
(e)向日葵的韧皮纤维(横切面);
(f)向日葵的韧皮纤维(纵切面)

b. 纤维　有的厚壁组织细胞呈梭形,常相互重叠、成束排列,称为纤维,它包括木质化程度较高的木纤维和木质化程度较低的韧皮纤维(图 1.30)。纤维广泛分布于成熟植物体的各部分,其成束的排列方式增强了植物体的硬度、弹性及抗压能力,是成熟植物体中主要的支持组织。

(4)输导组织　输导组织是植物体内长距离运输的组织,其细胞呈管状并上下连接,形成一个连续的运输通道。它包括运输水分及无机盐的导管和管胞,以及运输有机物的筛管和伴胞。

①导管和管胞

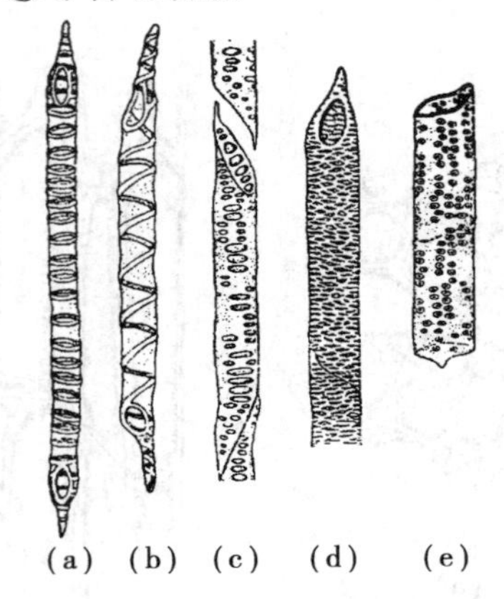

图 1.31　导管分子的类型图

(a)环纹导管;(b)螺纹导管;(c)梯纹导管;(d)网纹导管;(e)孔纹导管

a. 导管　导管是被子植物主要的输水组织,由许多长管形的、细胞壁木质化的死细胞纵向连接形成的中空管道。植物体内的多个导管以一定的方式连接起来,就可以将水分和无机盐等从根部运输到植物体的顶端。当中空的导管被周围细胞产生的物质填充后,就逐渐失去了运输能力。

根据组成导管的细胞侧壁增厚的方式不同,可将其分为环纹导管、螺纹导管、梯纹导管、网纹导管和孔纹导管 5 种类型(图 1.31)。

b. 管胞　绝大多数蕨类植物和裸子植物中没有导管,只有管胞。管胞是两端呈楔形、壁厚腔小、横向壁不具穿孔的长棱柱形死细胞。管胞间以楔形的端部紧贴在一起而上下相连,水溶液主要通过相邻细胞侧壁的纹孔对而传输。和导管相比,管胞的运输能力较差。管胞侧壁的增厚方式及类型同导管(图 1.32)。

②筛管和筛胞

a. 筛管:主要存在于被子植物中,是由一些管状的活细胞纵向连接而成。筛管的横向壁上有穿孔,特称为筛板。有机物可通过筛板上的穿孔(筛孔)进行运输。筛板周围有一个或多个被称为伴胞的细胞,与筛管是由同一个母细胞分裂而来,两者共同协作,完成输导作用(图 1.33)。随着筛管分子的老化,一些黏性物质(碳水化合物)沉积在筛板上,堵塞筛孔,其运输能力也逐渐丧失。

b. 筛胞:裸子植物中一般没有筛管而只有筛胞。筛胞为单个细胞,其端壁不特化为筛板,纵壁上虽有具穿孔的筛域,但筛域上原生质丝通过的孔要比筛孔细小得多,并且其旁侧也无伴胞存在。其作用也是运输有机物。

(5)分泌组织　植物体表或体内能分泌或积累某些特殊物质的单细胞或多细胞的结构,称为分泌组织。有的分泌组织分布于植物体的外表面并将分泌物排出体外,称为外分泌组织,如腺毛、蜜腺,排水器等(图 1.34);有的分泌组织及其分泌物均存在于植物体内部,如储藏分泌物的分泌腔、分泌道,能分泌乳汁的乳汁管等(图 1.35)。

分泌组织的分泌物种类繁多,如糖类、有机酸、生物碱、单宁、脂、酶、杀菌素、生长素、维生素等。这些物质对植物的生活作用重大:有的能吸引昆虫传粉;有的能杀死或抑制病菌。另外许多植物的分泌物具有重要的经济价值,如橡胶、生漆等。

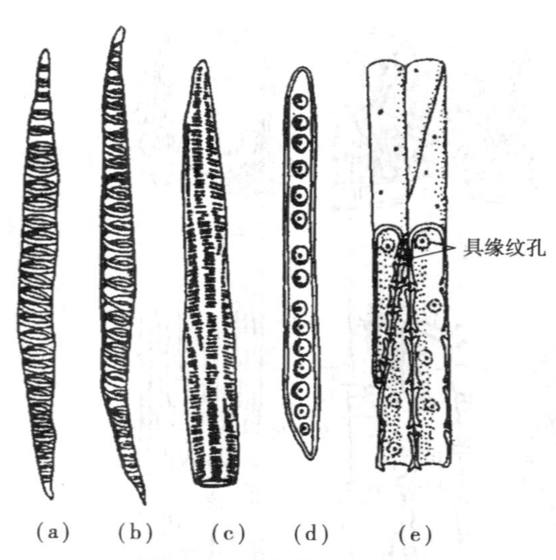

图 1.32 管胞的主要类型

(a)环纹管胞;(b)螺纹管胞;(c)梯纹管胞;(d)孔纹管胞;(e)4 个毗邻孔纹管胞的一部分(其中 3 个管胞纵切,示纹孔的分布与管胞间的连接方式)

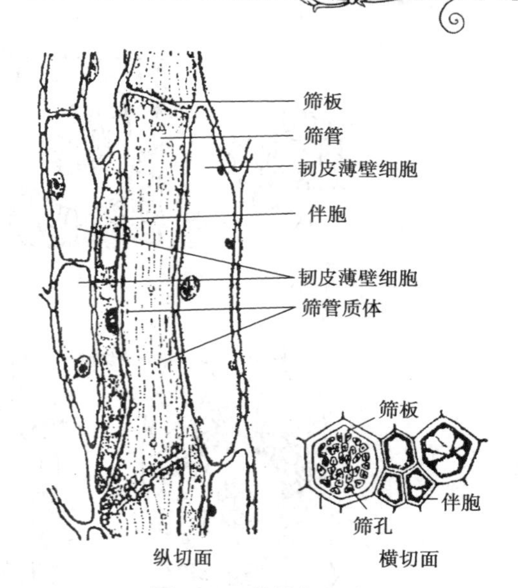

图 1.33 筛管与伴胞

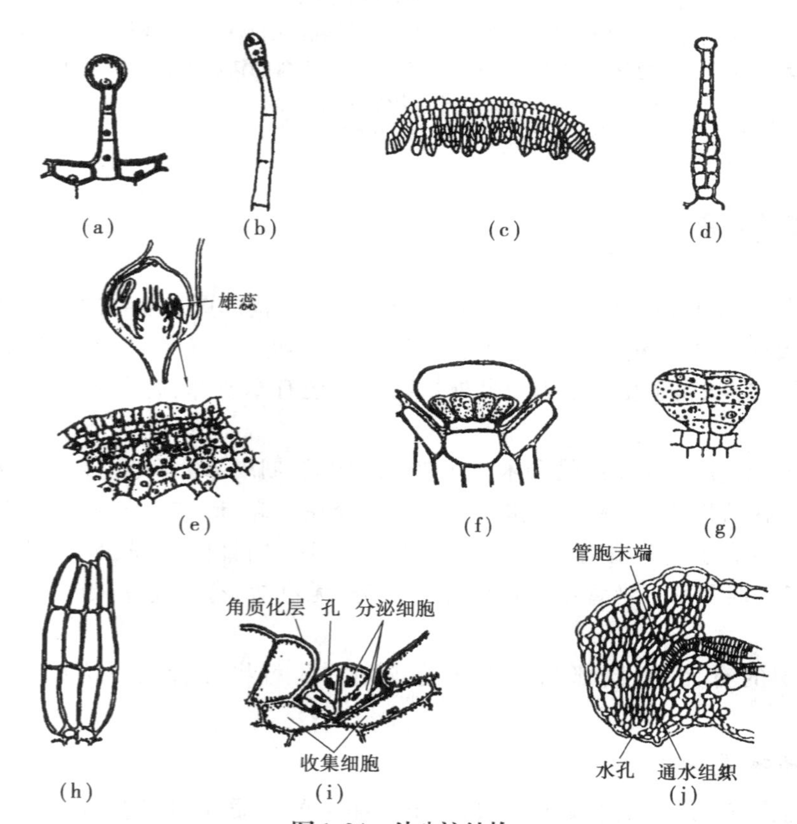

图 1.34 外分泌结构

(a)天竺葵茎上的腺毛;(b)烟草具多细胞头部的腺毛;(c)棉叶中脉上的蜜腺;(d)荨麻属花萼的蜜腺毛;(e)草莓的花蜜腺;(f)百里香叶表皮上的球状腺鳞;(g)薄荷属的腺鳞;(h)大酸模的黏液分泌毛;(i)柽柳属叶上的盐腺;(j)番茄叶缘的排水器

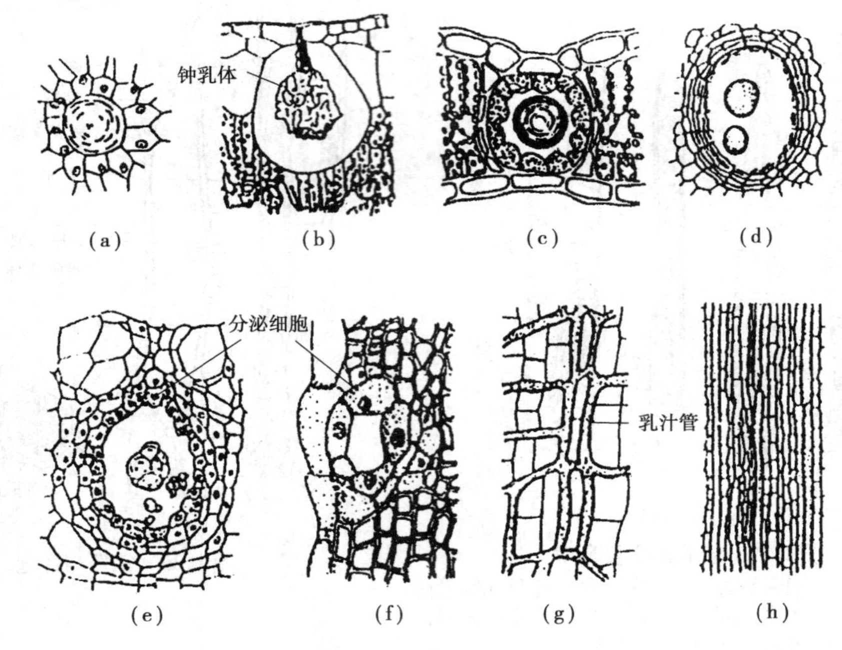

图1.35 内分泌结构

(a)鹅掌楸芽鳞中的分泌细胞;(b)三叶橡胶叶中的含钟乳体细胞;(c)金丝桃叶中的裂生分泌腔;(d)柑橘属中果皮中的分泌腔;(e)漆树的漆汁道;(f)松树的树脂道;(g)蒲公英的乳汁管;(h)大蒜叶中的有节乳汁管

1.4.3 复合组织

在植物体内,许多种成分单一的组织有机组合在一起,构成更加复杂的结构,功能也更加多元化,这样的组织称为复合组织。如前面提到的周皮,实际上含有保护组织(木栓层)和分生组织(木栓形成层),应该属于复合组织。另外植物体内还有木质部、韧皮部、维管束等许多复合组织。

木质部由导管、管胞、木质纤维和木质薄壁细胞构成,韧皮部由筛管、伴胞、韧皮纤维和韧皮薄壁细胞构成。在植物体内,木质部和韧皮部常结合在一起,形成纵向的束状结构,称为维管束。维管束连续贯穿于整个植物体中,如切开白菜、芹菜、向日葵、甘蔗的茎,看到里面丝状的"筋",就是许多个维管束。维管束不但能输导水分、无机盐、有机物,并起一定的支持和储藏作用。

根据形成层的有无,木质部和韧皮部的排列方式可将维管束分为以下几种类型(图1.36)。

1)按形成层的有无分类

(1)有限维管束　维管束中无形成层,不能产生新的木质部和韧皮部,因而植物的器官增粗有限。单子叶植物茎中的维管束属于此类。

(2)无限维管束　维管束中有形成层,能持续产生新的木质部和韧皮部,因而植物的器官能不断增粗,这种维管束称为无限维管束,如裸子植物和大多数双子叶植物茎中的维管束属于无限维管束。

2)根据木质部和韧皮部的排列方式分类

(1)外韧维管束　韧皮部在外,木质部在内,呈内外并生排列。一般种子植物茎中具有这种维管束。

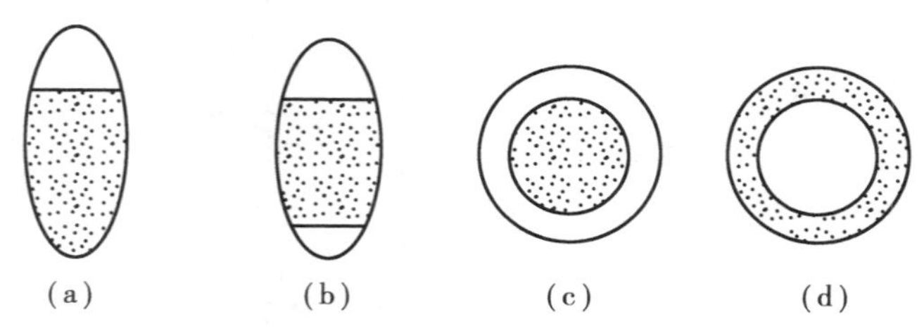

图1.36　维管束的类型

(a)外韧维管束;(b)双韧维管束;(c)周韧维管束;(d)周木韧维管束

(图中黑点部分为木质部)

(2)双韧维管束　韧皮部在木质部的两侧,中间夹着木质部,如瓜类、马铃薯、甘薯等茎的维管束属于此类。

(3)同心维管束　这种维管束是韧皮部环绕着木质部,或木质部环绕着韧皮部,呈同心排列,它包括周韧维管束和周木维管束。

①周韧维管束　中心为木质部,韧皮部环绕在木质部的外侧包围着木质部,这种类型在蕨类植物中较为常见。

②周木维管束　中心为韧皮部,木质部位于外侧包围着韧皮部。如单子叶植物中莎草、铃兰地下茎内的维管束,双子叶植物中蓼科、胡椒科植物茎的维管束属于此类。

尽管植物的组织有各种单一或复杂的结构,能执行一种或多种功能,但它们总是共同存在于同一个植物个体中,并有机组合在一起,共同构成植物的根、茎、叶、花、果实和种子,既相对独立,又相互依存,通过分工协作、密切配合,共同完成植物体的各项生命活动。

复习思考题

1. 名词解释:原生质体、胞间连丝、原核细胞、有丝分裂、减数分裂、细胞周期、同源染色体、组织、分生组织、无限维管束。
2. 简要说明原生质体各部分的主要结构及其功能。
3. 植物体中每个细胞所含有的细胞器的种类是否相同?为什么?试举例说明。
4. 在电子显微镜下观察,细胞壁可分哪几层?各层的主要成分及特点是什么?
5. 根据液泡和后含物中所含的化学成分,举例说明其对人们生产实践及日常生活的作用。
6. 试从细胞的结构和功能两方面来说明植物体是一个有机的统一体。
7. 植物体各部分的颜色及其变化主要与细胞中的哪些物质有关?举例说明。
8. 简述植物细胞有丝分裂和减数分裂的主要过程、特点及意义。

9. 什么叫组织？植物体有哪些主要的组织？
10. 分生组织可分为哪些类型？
11. 薄壁组织有什么特点？它对植物生活有什么意义？
12. 输导组织有何特点？它由哪几部分组成？
13. 你是如何理解一个植物体内各种组织之间既分工又协作的。

2 植物的营养器官

【理论教学目标】

1. 熟悉植物营养器官的生理功能和用途。
2. 了解根的形态、构造和变态类型。
3. 掌握茎的形态、类型和分枝方式。
4. 了解单、双子叶植物,裸子植物茎的构造。
5. 掌握叶的组成、叶形、叶脉以及复叶的类型。
6. 了解叶的构造和叶的变态。

【技能实训目标】

1. 熟练掌握显微镜的使用方法。
2. 掌握生物绘图技术,能正确绘出植物器官的解剖图。
3. 能用专业术语正确描述叶和茎的形态特征。
4. 能正确识别植物营养器官的变态类型。

在高等植物体(除苔藓植物外)中,由多种组织构成,具有显著形态特征和特定功能,易于区分的结构,称为器官。植物的器官分为营养器官和生殖器官,营养器官包括根、茎和叶 3 部分,生殖器官是指植物的花、果实和种子。营养器官担负着植物体的营养生长,并为生殖器官的分化形成提供物质基础。

2.1 根

根是植物位于地下部分的营养器官,是种子植物和大多数蕨类植物特有的营养器官。除少数根之外,根一般向地下生长,并能在主根上发生很多侧根,最后形成庞大的根系。根系是植物生长的基础,"根深叶茂,本固枝荣"就充分说明根在植物生命活动中的重要作用。

2.1.1 根的生理功能

根的形态及生理功能

根生长在土壤中,具有吸收、固定、合成、储藏和繁殖等生理功能。

(1)吸收和输导　植物体内所需要的物质,除一部分由叶或幼嫩的茎自空气中吸收外,大部分是由根从土壤中获得的。根吸收土壤中的水分和溶解在水中的 CO_2、无机盐等。水是细胞原生质的重要组成成分,是制造有机物的原料,CO_2 是光合作用的重要原料,除靠叶从空气中吸收外,根也从土壤中吸收溶解状态的 CO_2 或碳酸盐,供植物光合作用利用。无机盐是植物生活中不可缺少的,其中氮、磷、钾是植物需要量最大的无机盐离子,土壤中的无机盐都是在水解后呈离子状态被根吸收的。土壤中的水分和无机盐通过根毛和表皮细胞吸收之后,经过根的维管组织输送到茎、叶,叶合成的有机养料经过茎输送到根,再经过根的维管组织输送到根的各部分,以维持根的正常生长。

(2)固定和支持作用　植物的地上部分之所以能够稳固地直立在地面上,主要是因为根在土壤中具有固定和支持作用。一般而言,植物的树冠和地下根系所占的范围大致相同。植物的主根多次分枝、深入土壤形成庞大的根系,把植物体固定在土壤中,使茎叶挺立于地表之上,并能经受风雨、冰雪以及其他机械力量的冲击。

(3)储藏和繁殖作用　根内的皮层薄壁组织一般比较发达,常常作为物质储藏的场所。叶制成的有机养料,除了一部分被利用消耗外,其余的就运输到根部,在根内储存起来。储存的形式,有的形成淀粉,有的形成糖分,有的形成生物碱等。有些植物的变态根特别发达,成了专门储藏营养物质的器官,即为"储藏根",如大丽花、萝卜等。

许多植物的根能产生不定芽,然后由不定芽长成新的植物体,因此植物的根具有繁殖作用。在营养繁殖中,人们常常利用植物的根进行扦插繁殖,如泡桐、樟树、刺槐、枣树等。

(4)合成和分泌作用　根不仅是吸收水分和无机盐的器官,也是一个重要的合成和分泌器官。它所吸收的物质通过根细胞的代谢作用,合成氨基酸、蛋白质等有机氮和有机磷化合物,供给植物代谢活动的需要。大量研究证明根能合成糖类、有机酸、激素和生物碱,这些物质的形成对植物地上部分及根的生长有重要作用。

2.1.2 根的形态

1)根的种类

(1)按来源分类　按来源根可分为主根和侧根。种子萌发时,胚根先突出种皮,向下生长,这种由胚根直接生长形成的根,称为主根。主根上产生的各级大小分枝称为侧根。

(2)按发生部位分类　按发生部位可分为定根和不定根。主根和侧根都从植物固定的部位生长出来,均属于定根。许多植物除产生定根外还能从茎、叶、老根或胚轴上生出根,这类根因发生位置不固定,统称为不定根。生产上常利用植物产生不定根的特性,利用扦插、压条等方法进行营养繁殖。

2)根系的类型

一株植物地下部分所有根的总体称为根系。植物的根系有直根系和须根系两种基本类型。

(1)直根系　是指植物主根粗壮发达,主根与侧根有明显区别的根系。如松、杨、苹果、黄麻、向日葵、白菜、大豆、棉花等植物的根系(图 2.1)。大多数双子叶植物的根系为直根系。

(2)须根系　是指主根不发达或早期停止生长,由茎的基部生出许多粗细相似的不定根组成的根系。如玉米、小麦、葱、大蒜、韭菜等植物的根系(图 2.1)。大多数单子叶植物的根系为须根系。

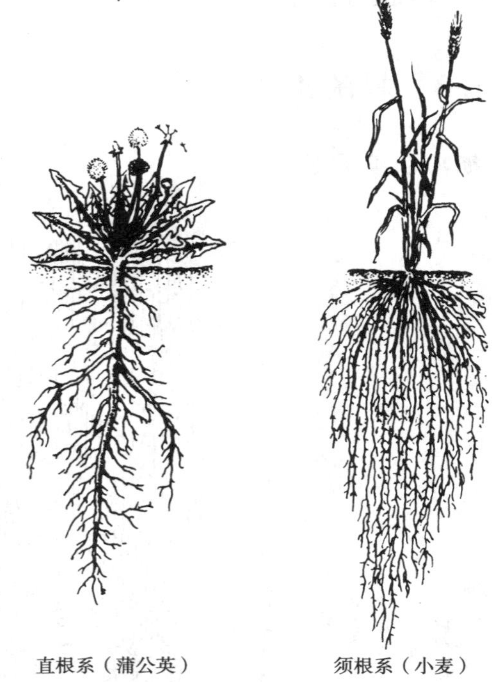

图 2.1　根系的类型

3)根系分布与环境的关系

根系在土壤中的分布状态,因植物种类、生长发育状况、土壤条件等因素的不同而有差别。一般来说,具有发达主根的直根系,垂直向下生长,在土壤的深度可达 2 ~5 m,甚至 10 m 以上,常分布在较深的土层中,属于深根系;而须根系的主根不发达,不定根发达,并以水平方向朝四周扩展,多分布在土壤浅层,属于浅根系。其实,深根系和浅根系是相对的,根的深度在植物不同生育期是不同的,植物根系和地上部分具有一定的相关性,植物苗期的根均很浅,到成株后根系发达,入土深(图 2.2)。

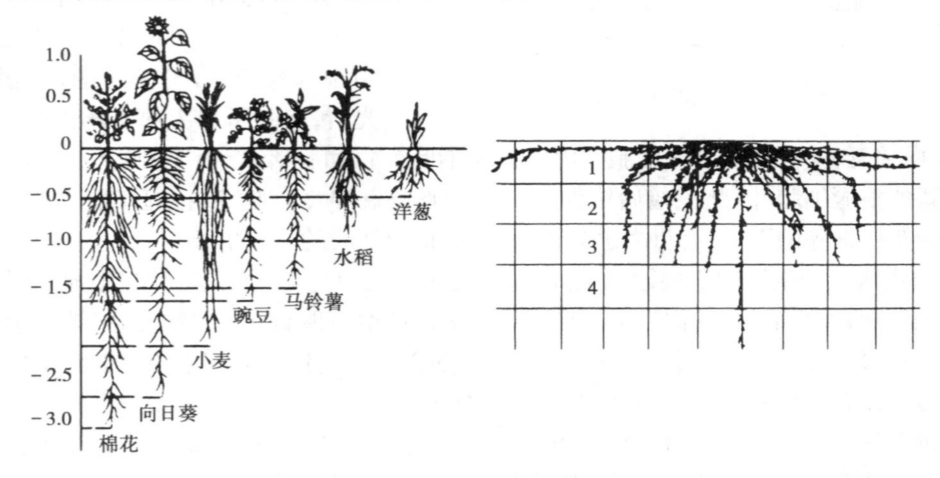

图 2.2　几种作物的根系在土壤中分布的深度与广度

根系的分布往往受外界条件的影响,同一种植物,如果生长在雨水较少、地下水位较低,土壤排水和通气良好、土壤肥沃和光照充足的地方,其根系就比较发达,入土较深。反之,根系入土较浅。人为因素也能改变根系的深浅,如苗木的移栽、压条和扦插等易形成浅根系,种子繁殖、深层施肥能形成深根系。不同植物进行间作套种、绿化配置时,要考虑植物的根系在土层中的分布情况，将深根系和浅根系的植物互相搭配，使植物能吸收利用土壤中不同深度的养分和水分，可以充分发挥水肥的作用，使根系发育良好。

2.1.3 根的构造

根尖及分区

1）根尖及其分区

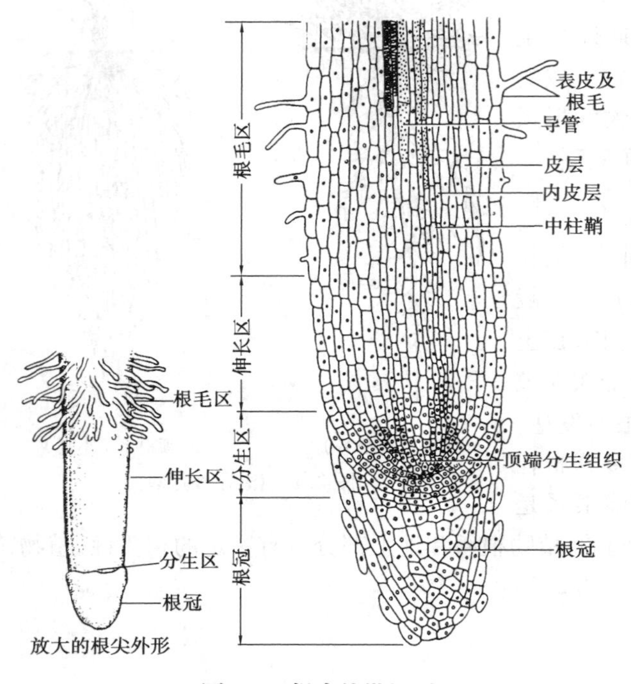

图2.3 根尖的纵切面

根尖是指从根的顶端到着生根毛的部分。无论主根、侧根和不定根都具有根尖，它是根的生命活动最活跃的部分，根的伸长、水分和养料的吸收以及根内的组织分化都是在根尖进行的。因此根尖损伤后会影响根的生长和发育。根据根尖细胞生长、分化及生理功能不同，可将根尖分为根冠、分生区、伸长区和成熟区4个部分（图2.3）。

（1）根冠　根冠是根特有的一种结构，位于根尖的顶端，一般呈圆锥形，如帽状套在分生区的外面，因此称为根冠。绝大多数植物的根尖都有根冠，但寄生植物和有菌根共生的植物通常无根冠。根冠由多层不规则排列的薄壁细胞组成，具有保护作用。根冠外层细胞排列疏松，常分泌黏液，使根冠表面光滑，有利于根尖向土壤中推进。当根不断生长向前延伸时，根冠外层细胞常因磨损而不断死亡和脱落，但由于分生区细胞的不断分裂，产生新的根冠细胞，因此根冠始终保持一定的形态和厚度。此外，根冠细胞内常含有淀粉粒，集中分布在细胞的下方，有重力感应作用，控制根向地心的方向生长。

（2）分生区　分生区位于根冠的上方，呈圆锥状，全长1～2 mm，大部分被根冠包围着，是分裂产生新细胞的主要部位，又称为生长点。分生区是典型的顶端分生组织，细胞排列紧密，细胞壁薄、细胞质浓、细胞核大、液泡小，具有较强的分裂能力。它们分裂产生的新细胞，除一部分向前发展，形成根冠细胞外，大部分向后发展进入伸长区。

（3）伸长区　伸长区位于分生区上方至出现根毛的地方。一般长2～5 mm，外观上透明而光滑，与分生区有明显的区别。此区细胞为长圆筒状，中央具有明显的液泡，多数细胞已逐渐停止分裂，但细胞体积却不断扩大，并迅速伸长，沿着根的纵轴方向显著延伸，使根尖不断向土壤深处推进。同时，伸长区细胞已开始分化，相继出现导管和筛管。

根的分生区细胞的分裂能增加细胞的数量，伸长区细胞的延伸能增加根的长度，因此，根的生长是分生区细胞分裂、增大和延伸共同活动的结果。尤其是伸长区细胞的延伸，使得根能显著地伸长，因而在土壤中能不断向前推进，不断转移到新的环境，吸取更多的水分和养料。

(4)成熟区　位于伸长区的上方,长约几毫米至几厘米。在这个区内,根的各种细胞已停止伸长,并且已分化成熟,形成各种初生组织。成熟区一个突出特点是表皮密生根毛,故又称为根毛区(图2.4)。根毛是由表皮细胞向外突起而形成的,是根的特有结构。根毛呈管状,不分枝,长度为1～10 mm,其细胞壁薄而柔软,具有黏性和可塑性,易与土粒紧贴在一起,能有效地吸收土壤中的水分和无机盐。

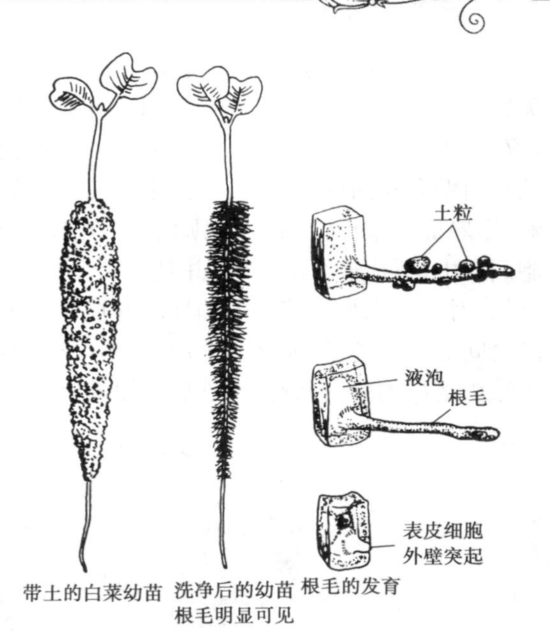

图2.4　根毛的形成过程

根毛的数目很多(几百个/mm^2),但因植物的种类和所处的环境条件不同也有差异。根毛的生长速度较快,但生存期很短,一般10～20 d即死亡。然而幼根在向前生长的过程中,伸长区上部又能不断产生新的根毛替代枯死的根毛,以维持根毛区的一定长度,因此具有根毛的成熟区是根中吸收能力最强的部位。一旦失去根毛,成熟区就不具备吸收能力,而主要进行输导和支持作用。在农、林生产实践中,当植物进行移栽时,纤细的根毛和幼根难免受损,因而吸收水分的能力大大下降。因此,移栽后必须充分灌溉和修剪部分枝叶,以减少植株体内水分的散失,提高植株的成活率。

2)双子叶植物根的初生构造

由根尖的分生区,即顶端分生组织,经过细胞分裂、生长和分化而形成根的成熟结构,这种生长过程称为初生生长。由根的初生分生组织经细胞分裂,分化所形成的构造称为根的初生构造。通过根尖的成熟区做一横切面,就能看到根的全部初生构造,由外至内可划分为表皮、皮层和维管柱(中柱)3个部分(图2.5)。

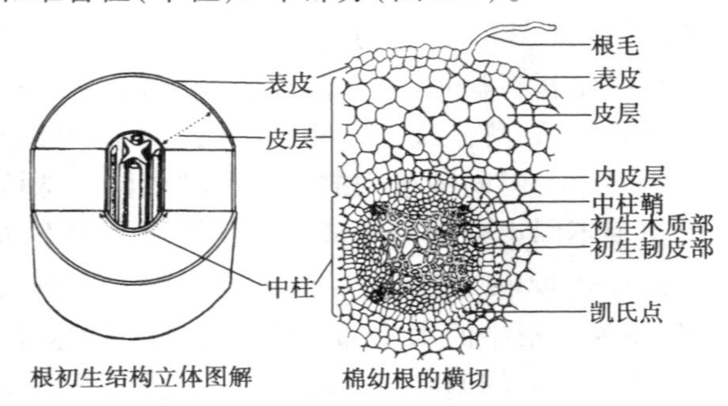

图2.5　棉根的初生结构

(1)表皮　位于根的最外层,由原表皮发育而来,由一层薄壁细胞组成。表皮细胞呈长方柱形,其长轴与根的纵轴平行,细胞排列紧密,无细胞间隙,外壁不角质化,无气孔。大多数细胞可形成根毛,扩大根的吸收面积,因此根毛区表皮细胞的吸收作用较其保护作用更为重要。

(2)皮层　位于表皮和维管柱之间,由分生组织分化而来,由多层薄壁细胞组成,在幼根中占有相当大的比例。皮层薄壁细胞的体积比较大,排列疏松,有明显的细胞间隙,是水分和溶质从根毛到维管柱的横向输导途径,也是幼根储藏营养物质的场所,并有一定的通气作用。另外,皮层还是根进行合成、分泌的主要场所。

皮层的最外一层或数层细胞形状较小,细胞排列紧密,称为外皮层。当根毛枯死,表皮细胞破坏后,此层细胞壁增厚并栓质化,代替表皮细胞起保护作用。

皮层最内的一层细胞为内皮层(图2.6),它把皮层与维管柱隔开。内皮层细胞排列紧密,无细胞间隙,各细胞的径向壁(又称为侧壁,即与该细胞所在部位的半径相平行的壁)和横向壁(又称为横壁,即与生长点的横切面相平行的壁)有木质化和栓质化的带状加厚,并环绕在细胞的径向壁和横向壁上,称为凯氏带。凯氏带宽度不一,但远比其所在的细胞壁狭窄,从横切面上看,增厚部分呈点状,故称为凯氏点。电镜下显示的凯氏带加厚,是木质和栓质沉积在初生壁及胞间层中,形成连续的环带,并且凯氏带与质膜无孔隙地紧紧附着在一起。凯氏带的这种特殊结构,对根内水分和溶质的输导起着控制作用,它阻断了水分和溶质通过细胞间隙、细胞壁或质膜之间的运输途径,而必须全部经过内皮层的质膜及原生质体才能进入维管柱。这种结构特点可减少溶质的散失,维持维管柱内溶液有一定的浓度,使水和溶质源源不断地进入导管。

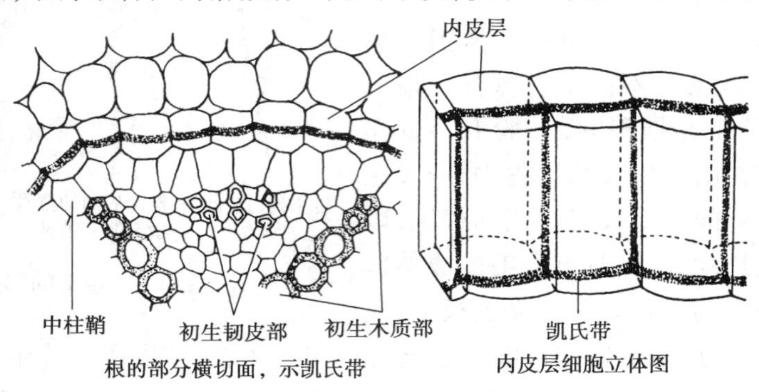

图2.6　内皮层的结构

(3)维管柱　又称中柱,是内皮层以内的所有部分,由原形成层分化而来。包括中柱鞘、初生木质部、初生韧皮部和薄壁组织4部分,有的植物在根的中心还有髓。

①中柱鞘　位于维管柱的最外层,通常由1层薄壁细胞组成,有些植物的中柱鞘也可由数层细胞组成。中柱鞘细胞个体较大,排列紧密,但其分化水平低,具有潜在的分裂能力,侧根、不定根、根上的不定芽、维管形成层的一部分及木栓形成层等均起源于此。

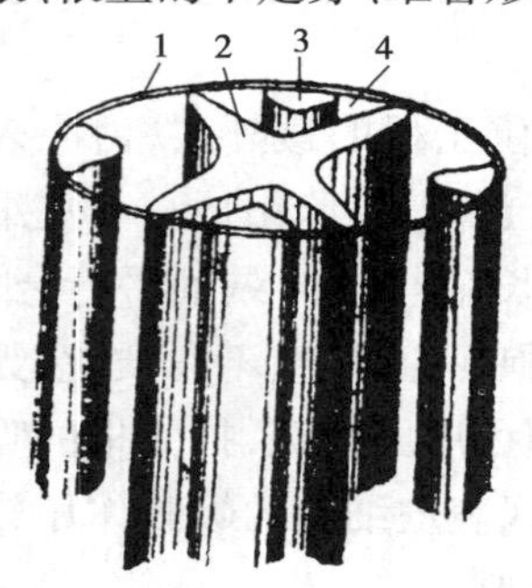

图2.7　根的维管柱初生结构

1—中柱鞘;2—初生木质部;3—初生韧皮部;4—薄壁组织

②初生木质部　位于根的中央,在横切面上呈星芒状或辐射状,其尖端称为辐射角(图2.7)。初生木质部的束数因植物而异,在同种植物根中是相对稳定的,一般双子叶植物束数少,多为2~7束,分别称为二原型、三原型、四原型等。而单子叶植物至少是6束,常为多束。但同种植物的不同品种或同一株植物的不同根上,可出现不同束数的木质部。如茶树因品种不同而有5束、6束、8束甚至12束之分;花生的主根为四原型,侧根则为二原型。一般认为主根中的木质部束数较多,其形成侧根的能力较强。初生木质部的细胞组成比较简单,主要是导管和管胞,其主要功能是输导水分和无机盐。

根的初生木质部是向心分化成熟的,紧接中柱鞘内侧的辐射角端较早分化成熟,由管腔较小的环纹、螺纹导管组成,称为原生木质部;接近中心部分的木质部,分化成熟较晚,由管腔较大的梯纹、网纹和孔纹导管组成,称为后生木质部。根的初生木质部这种由外向内逐渐分化成熟的发育方式称为外始式。这是根发育上的一个重要特点,在生理上有其适应意义:最先形成的原生木质部的导管与中柱鞘相接,缩短了运输距离,有利于从皮层输入的溶液迅速进入导管而运向地上部分；而后形成的后生木质部的导管管腔大，提高了输导效率，更能满足植株生长时对水分供应量增加的需求。

③初生韧皮部　位于初生木质部束之间，束数与初生木质部相同。其分化成熟的发育方式也是外始式，即原生韧皮部在外方，后生韧皮部在内方。初生韧皮部主要由筛管和伴胞组成，其主要功能是输导有机物。

在初生木质部与初生韧皮部之间有一至多层薄壁细胞。在双子叶植物根中，这部分细胞可以进一步转化为维管形成层的一部分，由此产生次生结构。

④髓　有些双子叶植物的主根直径较大，后生木质部没有分化至维管柱的中央就形成了髓，如花生和蚕豆等的主根。在木质部的分化成熟过程中，如果后生木质部分化至维管柱的中央，便没有髓的存在。

双子叶植物中具有初生结构、尚未进行次生生长的根称为幼根。幼根中的维管柱所占比例小，机械组织亦不甚发达，这与此时植株尚幼小相适应。随着地上部分的长大，先形成的一部分幼根将进行次生生长，各部分结构比例也发生相应变化，形成次生结构。

3）双子叶植物根的次生结构

大多数双子叶植物的根在完成初生生长之后，由于维管形成层和木栓形成层的发生及分裂活动，分别产生次生维管组织和周皮，使根不断加粗。这种生长过程称为次生生长，次生生长所产生的结构称为次生结构。

(1)维管形成层的产生及活动　根部维管形成层产生于初生韧皮部内侧保留下来的一部分原形成层未分化的薄壁细胞和部分中柱鞘恢复分裂能力的细胞。维管形成层活动的结果是产生次生维管组织。

当次生生长开始时，保留在初生韧皮部内侧的一层原形成层细胞开始进行分裂活动，它们先进行切向分裂（新细胞壁与切向壁平行，即与细胞所在部位同侧外周切线平行，又称平周分裂），向内、向外产生新的细胞，因此，在根的横切面上，可观察到一条条弧形的片段（图2.8），即维管形成层片段。接着，每个形成层片段继续向左右两侧扩展，并向外移，直至与初生木质部辐射角端的中柱鞘细胞相接。之后，相接处的中柱鞘细胞也恢复了分裂能力，并分别与最初的维管形成层相联合，成为一个连续的、呈波浪状的形成层环，包围着初生木质部。

维管形成层细胞不断进行切向分裂，向内产

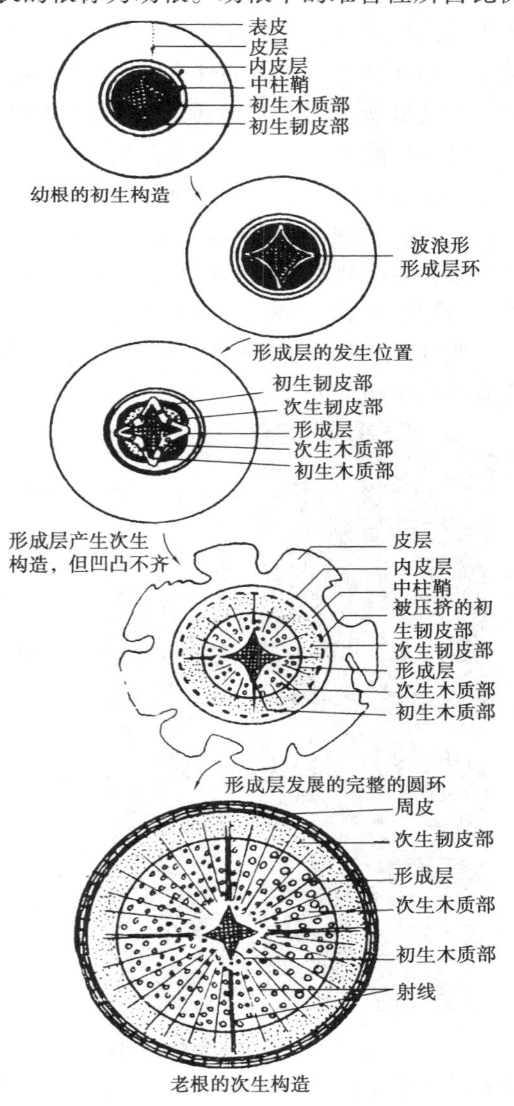

图2.8　根由初生结构到次生结构的转变

生的细胞分化为新的木质部，位于初生木质部的外方，称为次生木质部，包括导管、管胞、木薄壁细胞和木纤维；向外产生的细胞分化为新的韧皮部，位于初生韧皮部的内方，称为次生韧皮部，包括筛管、伴胞、韧皮薄壁细胞和韧皮纤维。由于初生韧皮部内侧的形成层分裂活动比较早、分裂速度快，同时向内分裂增加的次生木质部数量多于向外分裂产生的次生韧皮部的数量，这样，初生韧皮部内侧的形成层被新形成的组织推向外方，最后使波浪形的形成层环发展为圆环状的形成层环。以后，形成层环的各部分等速地进行分裂，不断地增生次生木质部和次生韧皮部。此时，木质部和韧皮部已由初生构造的相间排列转变为内外排列。次生木质部和次生韧皮部合称为次生维管组织，是次生构造的主要部分。

需要说明的是，形成层的原始细胞只有一层，但在生长季节，由于刚分裂出来的尚未分化的细胞与原始细胞相似，而成多层细胞，合称为形成层区。通常讲的形成层就是指形成层区，其横切面观，多为数层排列整齐的扁平细胞。由于形成层向内产生的次生木质部的成分较多，向外产生的次生韧皮部少，同时，初生韧皮部由于承受内方生长的较大压力而受到破坏，而次生木质部总是加在初生木质部的外方，使初生木质部能在根的中央保存下来，因此在根的次生结构中，次生木质部所占的比例远远大于次生韧皮部。

形成层除了产生次生木质部和次生韧皮部以外，在初生木质部辐射角处，由中柱鞘发生的形成层分裂产生一些薄壁细胞，这些薄壁细胞沿径向延长，呈辐射状排列，贯穿在次生维管组织中，称为次生射线。位于木质部的称为木射线，位于韧皮部的称为韧皮射线，两者合称为维管射线。维管射线具有横向运输水分和养料的功能。维管射线组成根的维管组织内的径向系统，而导管、管胞、筛管、伴胞、纤维等组成维管组织的轴向系统，它们一起组成根内的运输网络。

此外，维管形成层在进行切向分裂，使根直径增大的同时，也进行径向分裂，扩大其周径，以适应根径增粗的变化。

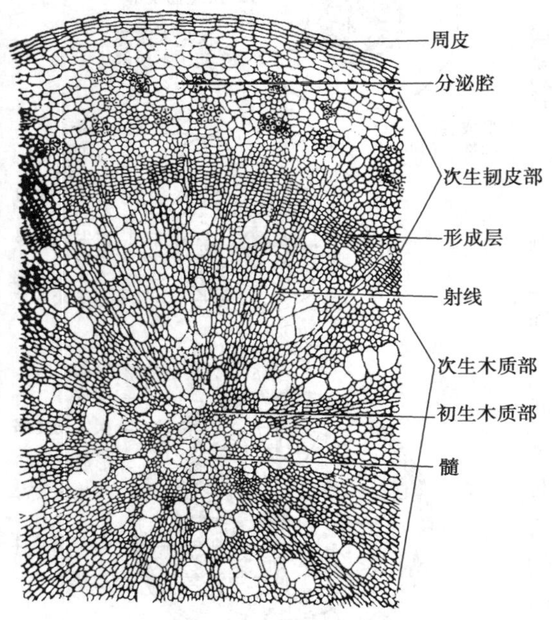

图2.9　棉根次生结构图解

(2)木栓形成层的产生和活动　由于形成层的活动，根不断加粗，外面的表皮及部分皮层因受压挤而遭到破坏。与此同时，根的中柱鞘细胞恢复分裂能力，形成木栓形成层。木栓形成层进行切向分裂，向外产生多层木栓细胞，形成木栓层；内向产生数层薄壁细胞组成栓内层。木栓层、木栓形成层和栓内层合称为周皮(图2.9)。因木栓层细胞高度栓质化，不透水，不透气，所以在周皮外面的表皮和皮层因得不到水分和营养而死亡脱落，于是周皮代替表皮和皮层，对老根起保护作用。周皮是根增粗过程中形成的次生保护组织。

在多年生植物的根中，维管形成层随季节进行周期性活动，有的可持续活动多年，而木栓形成层则每年都要重新产生，因此木栓形成层的发生位置，逐年向根的内部推移。最后可深入次生韧皮部的薄壁细胞或韧皮射线中。多年生植物的根部由于周皮逐年产生，死亡后逐渐积累，使根具有较厚的根皮。

综上所述，维管形成层和木栓形成层活动的结果产生了次生木质部、次生韧皮部和周皮，它们组成了根的次生结构。根由外到内的结构是：周皮（外方的表皮、皮层已脱落）、初生韧皮部、次生韧皮部、维管形成层、次生木质部、初生木质部等部分，其中，次生木质部所占的比例最大（图 2.10）。

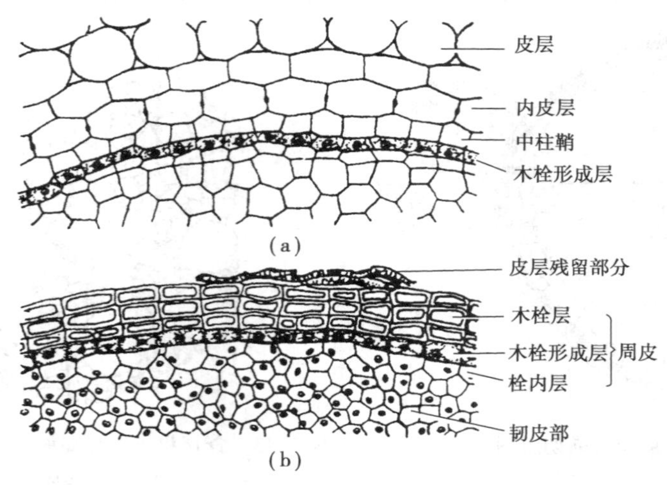

侧根，单子叶植物根、根瘤和菌根

图 2.10　木栓形成层及其相关结构

（贺学礼《植物学》,2004）

（a）葡萄根中的木栓形成层由中柱鞘发生；（b）橡胶树根中的木栓形成层活动产生周皮

4）禾本科植物根的构造特点

禾本科植物属于单子叶植物，其根的结构也可分为表皮、皮层、维管柱 3 部分（图 2.11）。但各部分结构与双子叶植物存在着一定的差异。

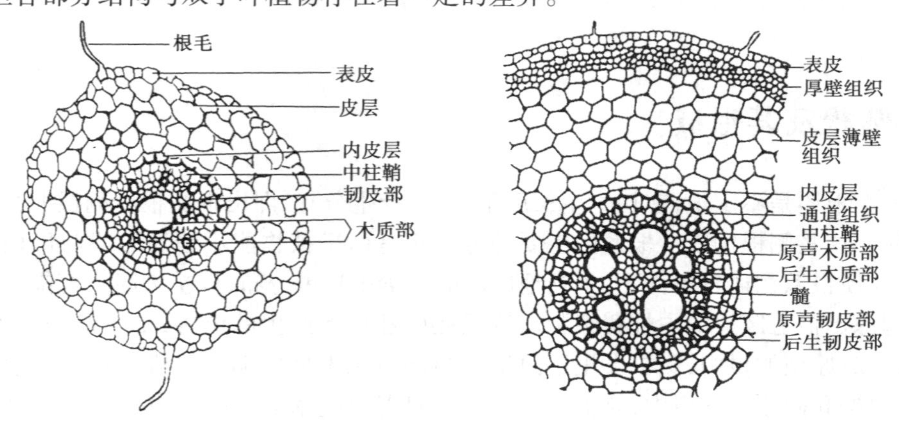

图 2.11　小麦幼根和老根横切面

（1）禾本科植物的根不能进行次生生长，不产生次生结构，因而根中只具有初生结构，根的外形也不再加粗。

禾本科植物根的皮层中，靠近表皮的一层至数层细胞较小，排列紧密，称为外皮层，在根发育后期往往转变为厚壁的机械组织，起支持和保护作用。皮层薄壁组织中，细胞多呈明显的同心辐射状排列，细胞间隙大。在一些植物的老根中，部分皮层薄壁细胞互相分离，并解体形成大的气腔，该气腔与茎、叶中的气腔相连通，有利于通气（图 2.12）。

(2)禾本科植物的内皮层加厚和双子叶植物内皮层加厚明显不同。在根发育后期,其内皮层的大部分细胞呈五面加厚,即两侧径向壁、上下横壁和内切向壁都进一步加厚并栓质化,只有外切向壁没有加厚。在横切面上,增厚的部分呈"马蹄形"(图 2.13)。在增厚的内切向壁上有小孔存在,以便使通过细胞质的某些溶质能穿越内皮层,进入维管柱。

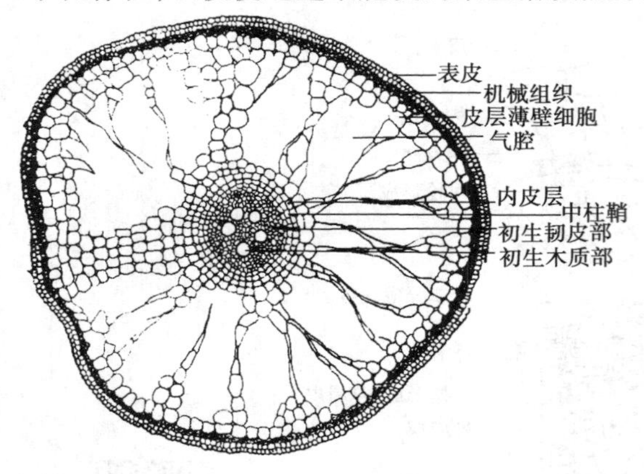

图 2.12 水稻老根横切面图

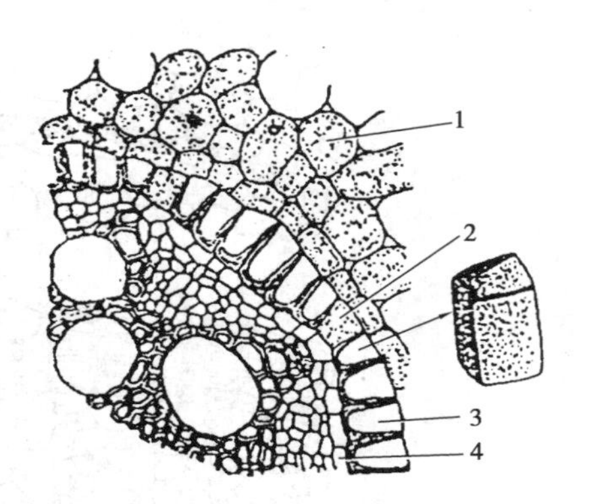

图 2.13 鸢尾根维管柱局部,示内皮层细胞五面加厚

(贺学礼《植物学》,2004)

1—皮层薄壁细胞;2—通道细胞;3—内皮层;4—中柱鞘

另外,少数位于初生木质部辐射角处的内皮层细胞,仍停留在具有凯氏带的阶段,称为通道细胞,它是内皮层与维管柱之间进行物质运输的唯一途径。

(3)禾本科植物的初生木质部为多原型,束数多为 7 束以上。大多数植物维管柱中央有发达的髓。有些植物的维管柱在发育后期,除韧皮部外,所有的组织都木质化增厚,整个维管柱既保持输导功能,又具有较强的支持作用。

2.1.4 侧根及其形成

不论是主根还是不定根,在初生生长后不久,便产生分支,即出现侧根。侧根上又能依次长出各级侧根。这些侧根构成了根系的主要部分。正是由于植物能不断地形成与母根有同样结构的侧根,才使根系在适宜条件下,不断地向新的土壤中扩展分布,以扩大吸收范围。

侧根起源于根毛区内的中柱鞘细胞。侧根在中柱鞘上产生的位置,常随植物种类而不同,一般情况,在二原型的根中,侧根发生于原生木质部与原生韧皮部之间或正对着原生木质部的地方;在三原型和四原型的根中,侧根多发生于正对着原生木质部的地方;在多原型的根中,侧根常产生于正对着原生韧皮部或原生木质部的地方(图 2.14)。由于侧根发生的位置一定,因而在母根的表面上,侧根常较规则地纵列成行。

当侧根开始发生时,中柱鞘相应部位的细胞发生变化,细胞质变浓,液泡变小,细胞重新恢复分裂能力。这部分细胞最初进行几次切向分裂,结果使细胞层数增加,因而新生的组织就产生向外的突起。之后这些细胞又进行包括切向分裂和径向分裂在内的多方向的分裂,使原有的突起继续生长,形成侧根的根原基,这是侧根最早的分化阶段。以后根原基细胞经过分裂、生长,逐渐分化出生长点和根冠。生长点的细胞继续分裂、增大和分化,并以根冠为先导逐渐深入皮层。此时,根冠细胞能够分泌含酶的物质,将部分皮层和表皮细胞溶解,并在新生根尖不断生长时所产生的机械压力的共同作用下,使新生根尖逐渐突破外围组织,顺利地伸入土壤之中,形成侧根。

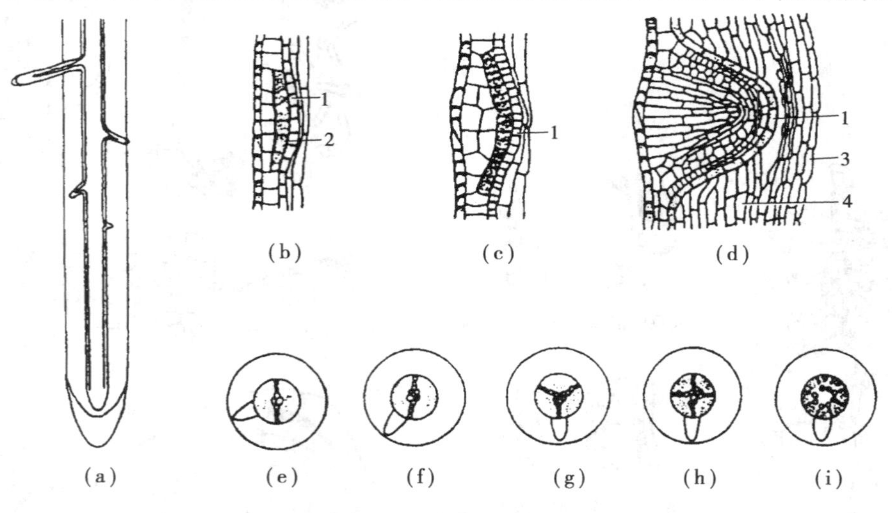

图 2.14　侧根的发生

(贺学礼《植物学》,2004)

(a)侧根发生的位置;(b)—(d)侧根发生的 3 个阶段;(b)中柱鞘细胞转变为分生细胞;
(c)分生细胞进行平周分裂;(d)侧根发育后期;(e)—(i)侧根发生的位置与根原型的关系;
(e)—(f)二原型;(g)三原型;(h)四原型;(i)多原型
1—内皮层;2—中柱鞘;3—表皮;4—皮层

侧根的发生,在根毛区就已经开始,但突破表皮、伸出母根之外,是在根毛区以后的部位,这样,侧根的发生便不会破坏根毛而影响其吸收的功能。同时,由于侧根起源于中柱鞘,因而和母根的维管组织紧密地靠在一起。当侧根的维管组织分化后,就与母根的维管组织直接相连,形成一个连续的系统。

主根与侧根的生长存在着一定的相关性,当主根被切断或损伤时,常可促进侧根的发生。因此,在农、林、园艺实践中,利用这一特性,在移栽苗木时常切断主根,以引起更多侧根的发生,保证植株根系的旺盛发育,从而促使整个植株更好地生长。

2.1.5　根瘤与菌根

植物的根系与土壤中的微生物有着密切关系。土壤中的某些微生物能够侵入一部分植物的根部,与植物建立互助互利的共生关系。高等植物根部与微生物共生的现象通常有两种类型,即根瘤和菌根。

1)根瘤及其意义

(1)根瘤的概念　在豆科植物的根上,常常生存着各种形状的瘤状突起物,称为根瘤(图 2.15)。根瘤是土壤中的根瘤菌侵入根部细胞而形成的瘤状共生结构。根瘤菌自根毛侵入,存在于根的皮层薄壁细胞中,一方面在皮层细胞内大量繁殖,另一方面通过其分泌物刺激皮层细胞迅速分裂,产生大量的新细胞,结果使该部分皮层的体积膨大,向外突出而形成根瘤(图 2.16)。

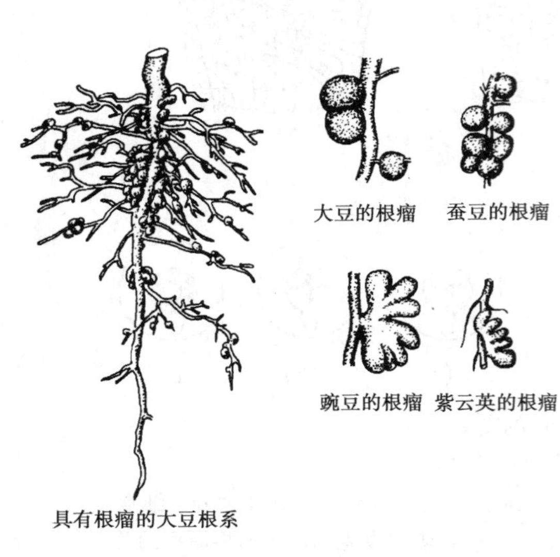

图 2.15 几种豆科植物的根瘤

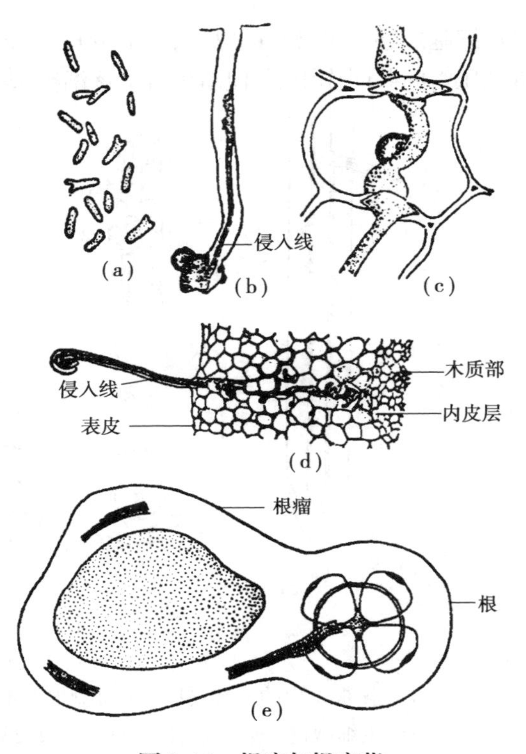

图 2.16 根瘤与根瘤菌

(a)根瘤;(b)根瘤菌侵入根毛;(c)根瘤菌侵入皮层细胞;(d)根横切面的一部分,示根瘤菌进入根内;(e)蚕豆根通过根瘤的切面

(2)根瘤的作用　根瘤的作用主要有两个方面:一是根瘤菌的细胞内含有固氮酶,能把空气中游离的氮转变为可以被植物吸收的含氮化合物,因此具有固氮作用。当根瘤菌和豆科植物共生时,根瘤菌可以从根的皮层细胞中吸取其生长所需要的水分和养料,同时也将固定的氮素供给豆科植物所利用。二是根瘤菌固定的一部分含氮化合物还可以从豆科植物的根分泌到土壤中,为其他植物提供氮元素。可见,这种共生效益还可以增加土壤中的氮肥,因此在农、林生产中,常栽种豆科植物作为绿肥,以达到增产效果。除豆科植物外,现已发现自然界有 100 多种非豆科植物也能形成能固氮的根瘤或叶瘤。如桦木科、木麻黄科、蔷薇科、胡颓子科、禾本科的许多植物以及裸子植物的苏铁、罗汉松等。目前,利用遗传工程的手段使谷类作物和牧草等植物具备固氮能力,已成为世界性的研究目标。

2)菌根及其意义

菌根是高等植物的根与某些真菌形成的共生体。根据菌丝在根中生存的部位不同,可将菌根分为 3 种类型。

(1)外生菌根　与根共生的真菌菌丝大部分包被在植物幼根的表面,形成白色丝状物覆盖层,只有少数菌丝侵入根的表皮和皮层的细胞间隙中,但不侵入细胞内。菌丝代替了根毛的功能,增加了根系的吸收面积。因此,具有外生菌根的根,根毛不发达,甚至完全消失;根尖变粗或成二叉分支(图 2.17)。外生菌根多见于木本植物的根,如马尾松、油松、冷杉、白杨等树种都能形成外生菌根。

(2)内生菌根 真菌的菌丝穿过细胞壁,进入幼根的生活细胞内。在显微镜下,可以看到表皮细胞和皮层细胞内散布着菌丝。具有内生菌丝的根尖仍具根毛,很多草本植物如禾本科、兰科和部分木本植物如银杏、侧柏、五角枫、杜鹃、胡桃、桑等植物可形成内生菌根(图 2.18)。

(3)内外生菌根 它是外生菌根和内生菌根的混合型,即真菌的菌丝不仅从外面包围根尖,而且还深入皮层细胞间隙和细胞内部。如桦木属、柳属、苹果、草莓等植物具有内外生菌根。

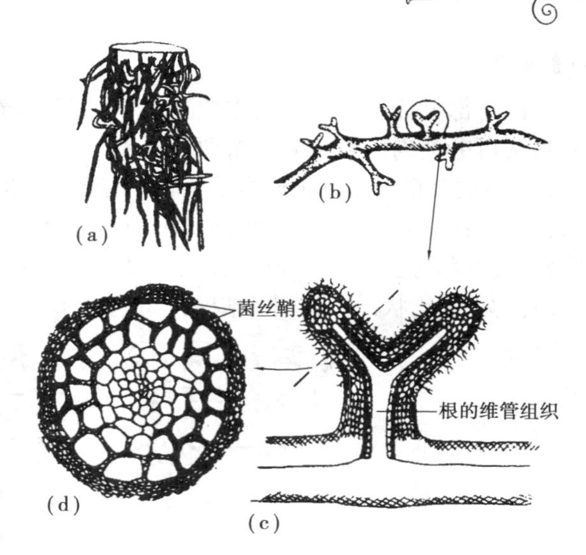

图 2.17 外生菌根
(陈忠辉《植物与植物生理》,2007)
(a)树根的外生菌根外形;(b)成为菌根的一些侧根端部成分叉状;(c)为(b)的部分放大;(d)外生菌根的横剖面

真菌是低等的异养生物,当其与高等植物的根共生在一起时,即可从根细胞中吸收所需的营养物质,而菌丝如同根毛一样,可以从土壤中吸收水分和无机盐,并供给绿色植物利用;菌丝还能分泌多种水解酶类,促进根系周围有机物的分解;菌丝还可产生一些生物活性物质,如维生素 B_1(硫胺素)、维生素 B_6(吡哆类)等,促进根系发育。此外,有些真菌还有固氮作用,为植物的生长及周围土壤提供可被利用的氮素。有些树种,如马尾松、南亚松、栎等,如果缺乏菌根,就会生长缓慢甚至死亡。因此,在林业生产上,可根据造林树种,预先在根部接种适宜的真菌或事先让种子感染真菌,以使这些植物菌根发达,保证树木生长良好。

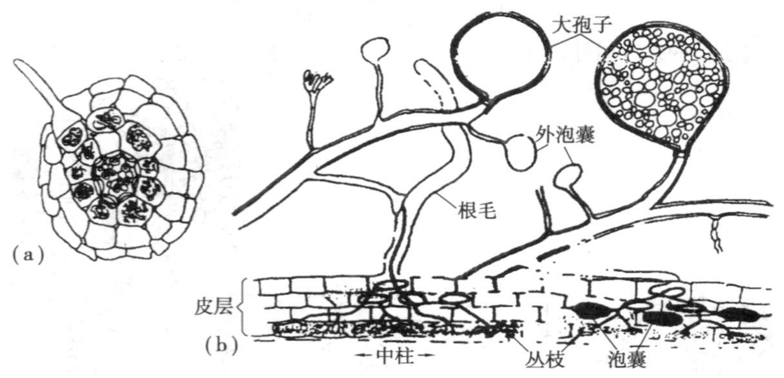

图 2.18 内生菌根(VA 菌根)
(a)小麦根横剖面示内生真菌;(b)泡囊——丛枝状的真菌在宿主根中的分布

2.1.6 根的变态

根和植物其他器官一样,在长期的进化过程中,由于适应生活环境的变化,其外部形态和内部结构常发生一些变态,这些变态的特性形成后,能作为遗传性状一代代遗传下去,成为变态根。常见的变态根主要有储藏根、气生根和寄生根 3 种类型。

1)储藏根

根的一部分或全部呈肥大肉质状,其内储藏营养物质,这种根称为储藏根。根据来源不同,储藏根又可分为肉质直根和块根两种类型。

(1)肉质直根　由主根或由下胚轴参与发育而形成的肉质肥大的储藏根,称为肉质直根。一株植物上只有一个肉质直根。肉质直根的上部为下胚轴和节间极短的茎发育而成,这部分没有侧根的发生;下部为主根发育而成,具有二纵列或四纵列侧根(图 2.19、图 2.20)。肉质直根的形态多样,有的呈圆锥状,如胡萝卜、桔梗;有的呈圆柱形,如萝卜、丹参;有的肥大成圆球形,如芜青根。

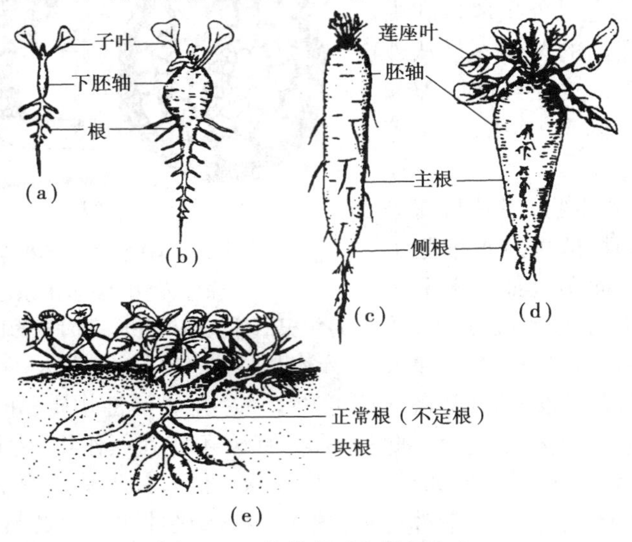

图 2.19　几种肉质直根的变态

(贺学礼《植物学》,2004)

(a),(b)萝卜肉质根的发育与外形;(c)胡萝卜肉质根;(d)甜菜的肉质根;(e)甘薯的块根与正常根

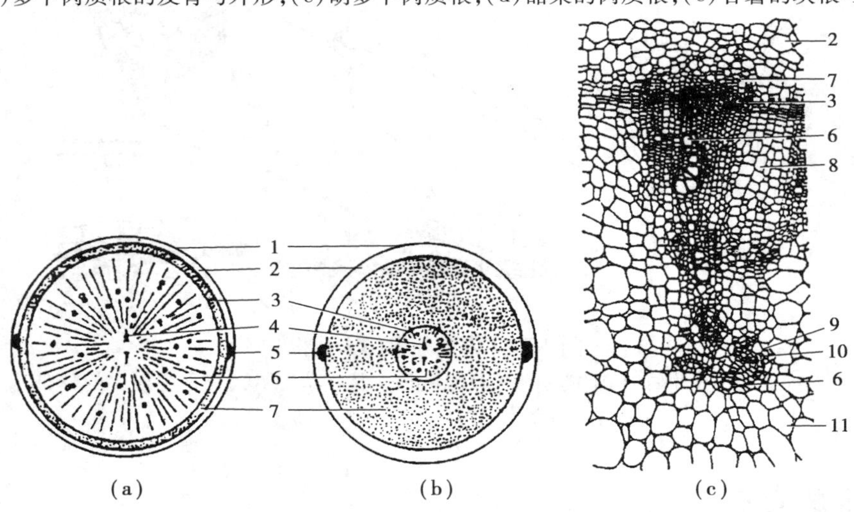

图 2.20　萝卜、胡萝卜储藏根的构造

(贺学礼《植物学》,2004)

(a)萝卜肉质根横切面结构图;(b)胡萝卜肉质根横切面结构图;(c)萝卜肉质根横剖面部分细胞图

1—周皮;2—皮层;3—形成层;4—初生木质部;5—初生韧皮部;6—次生木质部;

7—次生韧皮部;8—射线;9—副形成层;10—三生韧皮部;11—三生木质部

肉质直根的肥大部位可以是木质部，也可以是韧皮部。胡萝卜的肉质直根大部分是由次生韧皮部组成。在次生韧皮部中，薄壁组织非常发达，占主要部分，储藏大量的营养物质，而次生木质部形成较少，构成通常所谓“芯”的部分。萝卜的肉质直根大部分是由次生木质部组成。在次生木质部中，薄壁组织非常发达，储藏着大量的营养物质，且不木质化。此外，萝卜的肉质直根中，除一般形成层外，木薄壁组织中的某些细胞，可以恢复分裂能力，转变为额外形成层。由额外形成层再产生三生木质部和三生韧皮部，而发育很弱的次生韧皮部则与外面的周皮构成萝卜的皮部。

(2)块根　由不定根或侧根发育而形成的肥厚块状的根，称为块根。一株植物上可形成多个块根。块根的组成不含下胚轴和茎的部分，而是完全由根的部分构成。如大丽花、花毛茛、甘薯等。

甘薯块根的形成过程可分为两个阶段：第一阶段是正常的次生生长，所产生的次生木质部由木薄壁组织和分散排列的导管组成；第二阶段是异常生长，出现额外形成层的活动。额外形成层可以由许多分散的导管周围的薄壁细胞恢复分裂能力而形成，也可在距离导管较远的薄壁细胞中出现。额外形成层分裂活动的结果，向外产生富含薄壁组织的三生韧皮部和乳汁管，向内产生富含薄壁组织的三生木质部。同时，块根的维管形成层不断地产生次生木质部，为额外形成层的发生创造条件。许多额外形成层的同时发生与分裂活动，就能产生更多的储藏薄壁组织和其他组织，从而使块根迅速增粗膨大。可见甘薯块根的增粗过程是维管形成层和许多额外形成层互相配合活动的结果。

2)气生根

由茎上产生，不深扎土壤而暴露在空气中的根，称为气生根。气生根因担负的生理功能不同，又可分为支持根、攀缘根和呼吸根(图2.21)。

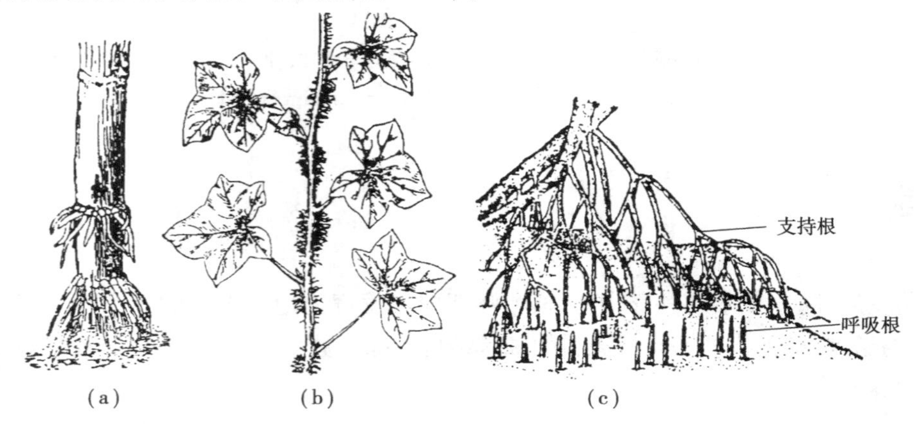

图2.21　几种植物的气生根

(陈忠辉《植物与植物生理》,2002)

(a)玉米的支持根；(b)常春藤的攀缘根；(c)红树的支持和呼吸根

(1)支持根　有些植物为了支持植株的地上部分，常会从茎上产生一些具有支持作用的不定根，称为支持根。如玉米等植物茎节上产生的一些不定根，向下生长而伸入土壤，具有加固植株、吸收水分和无机盐的功能，也有人认为，玉米的支持根对氨基酸合成起主要作用。榕树等热带植物，常常从枝上产生很多须状的气生根，垂直向下生长，到达地面后，插入土壤，并进行次生生长，成为木质的支持根，犹如树干，起支撑作用。支持根伸入土壤之后，可再产生侧根。

(2)攀缘根　一些藤本植物,如常春藤[图 2.21(b)]、络石、凌霄等植物从茎的一侧产生许多不定根,借以固着在其他树干、山石或墙壁等表面上,这样的根称为攀缘根。这些根顶端扁平,易于附着攀缘。

(3)呼吸根　有些生长于沼泽或热带海滩地带的植物,如红树[图 2.21(c)]、水松等产生许多向上生长伸出地面的根,挺立于淤泥外的空气中,称为呼吸根。呼吸根通气组织发达,根外有呼吸孔,有利于通气和储藏气体,以适应土壤中缺氧的环境。

3)寄生根

有些寄生植物如菟丝子(图 2.22)、桑寄生等,它们的茎上能够产生不定根,伸入寄主茎的组织内,吸取寄主体内的水分和营养物质,以维持自身的生活,这种根称为寄生根。

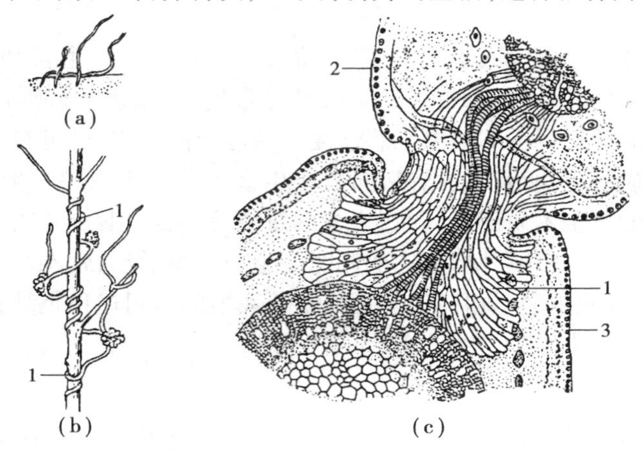

图 2.22　菟丝子

(胡宝忠《植物学》,2002)

(a)菟丝子幼苗;(b)菟丝子寄生在柳枝上;(c)菟丝子的根伸入寄主茎内的横切面

1—寄生根;2—菟丝子根横切面;3—寄主茎横切面

2.2　茎

种子萌发后,随着根系的发育,上胚轴和胚芽向上发育为地上部分的茎和叶。茎是联系根和叶,以及输送水分、无机盐和有机养料的轴状结构。除少数生于地下外,茎一般是植物体生长于地上的营养器官。

茎的概述及芽

2.2.1　茎的生理功能

(1)支持作用　大多数被子植物的主茎直立生长于地面,上面着生有枝条和叶。枝、叶有规律地分布并在空间保持适当的位置,以便充分接受阳光和空气,有利于进行光合作用制造营养物质和蒸腾作用散失水分;枝条又支持着大量的花,使它们在适宜的位置上开放,利于传粉以及果实、种子的生长、传播;茎还能抵抗外界风、雨、雪等对植株的压力。

(2)输导作用　茎是植物体内物质运输的主要通道。茎能将根系从土壤中吸收的水分、矿质元素以及在根中合成或储藏的有机营养物质输送到地上各部分,同时又将叶光合作用所制造的有机物质输送到根、花、果、种子等部位加以利用或储藏。

(3)储藏和繁殖作用　有些植物的茎还有储藏和繁殖的功能,二年生、多年生植物,其储藏物成为休眠芽于春季萌动的营养物质。生产上常根据某些植物的茎、枝容易产生不定根和不定芽的特性,采用扦插、压条、嫁接等方法来繁殖植物。

另外,绿色幼茎、绿色扁平的变态茎,还能进行光合作用;有的植物茎具有攀缘、缠绕功能;有的还具有保护功能。茎在经济上的利用价值是多方面的,除提供木材外,还有供食用的如马铃薯、莴笋、甘蔗、甘蓝等;供药用的如天麻、杜仲、金鸡纳树等;作为重要工业原料的纤维、橡胶等也是植物茎提供的。随着对茎研究的不断深入,还将会有更多的经济价值被开发、利用。

2.2.2 茎的形态

茎的外形一般多为圆柱体。这种形状与其生理功能及所处环境有关:在同样体积下圆柱形以最小的表面与空气相接触(表面积越小,蒸腾量越小)。也有少数植物的茎有着其他的形状,如莎草科植物的茎呈三棱形、唇形科植物的茎为四棱形,有些仙人掌科植物的茎为扁圆形或多棱形,这对加强机械支持作用有适应意义。

茎是植物地上部分的主干。茎上着生许多侧枝,侧枝上有叶和芽(在生殖生长时期还有花与果),称为枝条。叶与枝条之间所形成的夹角称为叶腋。

1)节与节间

枝条上着生叶的部位称为节,相邻两节之间的无叶部分称为节间。这些形态特征可以与根相区别:根没有节和节间之分,其上也不着生叶和芽。

茎上节的明显程度,各种植物不同。例如,玉米、小麦、竹等禾本科植物和蓼科植物,节膨大成一圈,非常明显。也有少数植物,例如,佛肚竹、藕等,节间膨大而节缩小。一般植物只是叶柄着生的部位稍微膨大,节并不明显。节间的长短往往随植物的种类、部位、生育期和生长条件不同而有差异。例如,玉米、甘蔗等植株中部的节间较长,茎端的节间较短;水稻、小麦、萝卜、甜菜、油菜等在幼苗期,各节密集于基部,使其上着生的叶如丛生状或成为“莲座叶”,抽穗或抽薹后,节间才伸长。

图2.23　长枝和短枝

(a)银杏的长枝;(b)银杏的短枝;
(c)苹果的长枝;(d)苹果的短枝

2)长枝与短枝

苹果、梨、银杏等果树的植株上有两种节间长短不一的枝——长枝与短枝。枝条节与节之间距离较远的称为长枝,节与节之间相距很近的称为短枝。短枝是开花结果的枝条，故又称为花枝或果枝（图 2.23）。苹果、梨长枝上多着生枝芽，又称为营养枝。在果树栽培上常采取一些措施来调控果枝的生长发育，以达到高产、稳产的目的。

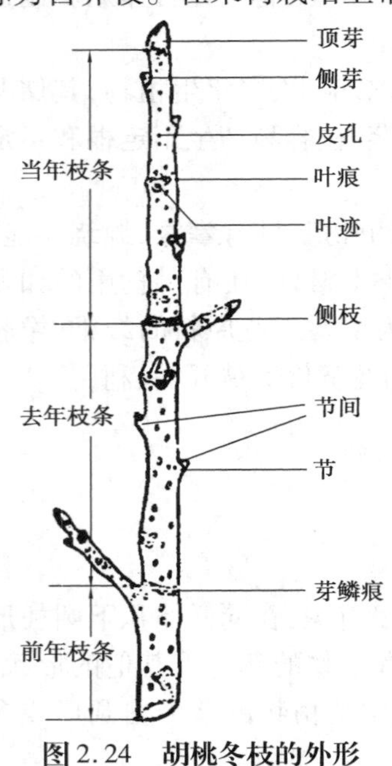

图 2.24 胡桃冬枝的外形

在木本植物枝条节间的表面往往可以看到一些稍稍隆起的疤痕状结构，称为皮孔，这是枝条内部组织与外界进行气体交换的通道。皮孔常因枝条不断加粗而胀破，因此通常在老茎上看不到皮孔。

3）叶痕、叶迹、枝痕、芽鳞痕

木本植物的枝条，其叶片脱落后留下的痕迹，称为叶痕。叶痕中的点状突起是枝条与叶柄间维管束断离后留下的痕迹，称为维管束痕或叶迹。花枝或一些植物的小营养枝脱落后留下的痕迹称为枝痕。枝条上，顶芽开放后留下的痕迹称为芽鳞痕，这是由于鳞芽在生长季节展开、生长时，其芽鳞片脱落后形成的。顶芽开放后抽出的新枝上又生有顶芽。在温带、寒温带，顶芽每年春季开放一次就形成一个芽鳞痕，因此根据芽鳞痕的数目和相邻芽鳞痕的距离，可以判断枝条的生长年龄和生长速度。根据如图 2.24所示中芽鳞痕的数目可推测该枝条已生长了 3 年，或者说最下方的一段枝条已生长了 3 年，依次向上为生长 2 年和 1 年的茎段，这在果树栽培中扦插或嫁接时枝条的选择具有实践意义。

2.2.3 芽的构造及类型

植物体上所有枝条、花或花序都是由芽发育来的，因此芽是处于幼态而未伸展的枝、花或花序，也就是枝条、花或花序尚未发育的原始体。

1）芽的构造

以枝芽为例，说明芽的一般结构（图 2.25）。

把枝芽作一个纵切，从上到下可以看到生长锥、叶原基、幼叶、腋芽原基和芽轴等部分。生长锥是芽中央顶端的分生组织；叶原基是分布在近生长点下部周围的一些小突起，以后发育为叶。由于芽的逐渐生长和分化，叶原基越向下者发育越早，较下面的已长成为幼叶，包围茎尖。叶腋内的小突起是腋芽原基，将来形成腋芽，进而发育为侧枝，它相当于一个更小的枝芽。在枝芽内，生长锥、叶原基、幼叶等部分着生的中央轴，称为芽轴。芽轴实际上是节间没有伸长的短缩茎。

随着芽进一步生长，节间伸长，幼叶长大展开，便形成枝条。如果是花芽，其顶端的周围产生花各组成部分的原始体或花序的原始体。花芽中，没有叶原基和腋芽原基，顶端也不能进行无限生长。在有些木本植物中，无论是枝芽或花芽，都有芽鳞包在外面。

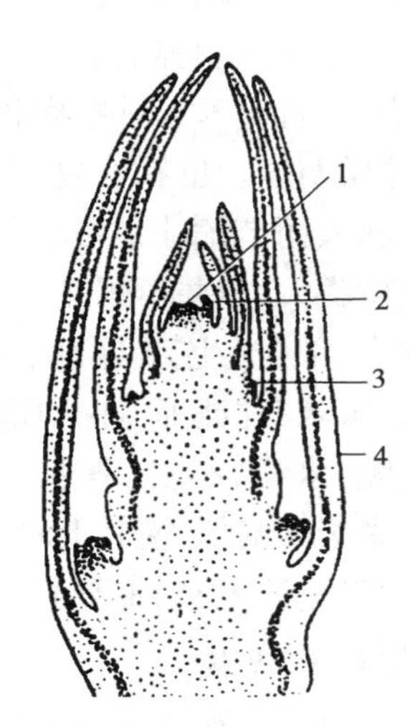

图 2.25 枝芽的纵切面
1—顶端分生组织；2—叶原基；
3—枝原基；4—幼叶

2)芽的类型

按照芽的性质、生长的位置、结构、生理状态,可将芽分为下列几种类型:

(1)枝芽、花芽、混合芽　根据芽发育后所形成的器官类型,可把芽分为枝芽、花芽、混合芽。发育后形成茎和叶的芽称为枝芽。枝芽是枝条的原始体,由生长锥、幼叶、叶原基和腋芽原基构成;发育后形成花或花序的芽称为花芽。花芽是花或花序的原始体。发育成一朵花的花芽由花萼原基、花瓣原基、雄蕊原基和雌蕊原基构成;如果展开后既生枝叶又生花(或花序)的芽,称为混合芽。混合芽是枝和花或花序的原始体,如梨和苹果短枝上的顶芽即为混合芽。丁香的芽在春天既开花又长叶,几乎同时进行,就是混合芽活动的结果。花芽和混合芽通常较枝芽肥大,容易与枝芽相区别(图2.26)。

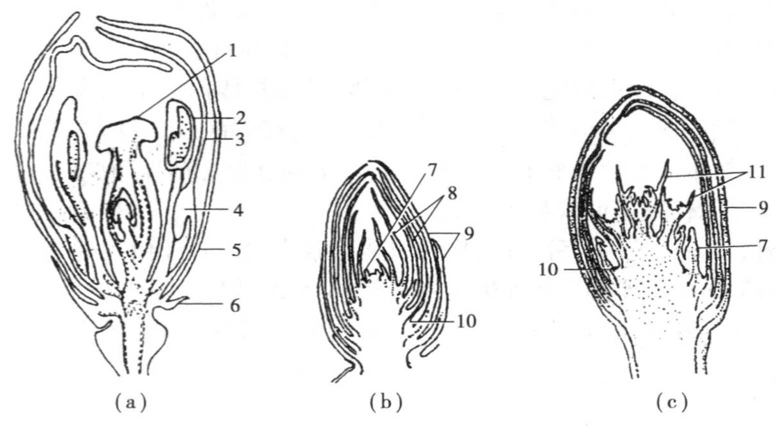

图2.26　芽的类型

(a)小檗的花芽;(b)榆的枝芽;(c)苹果的混合芽

1—雌蕊;2—雄蕊;3—花瓣;4—蜜腺;5—萼片;6—苞片;

7—叶原基;8—幼叶;9—芽鳞;10—枝原体;11—花原基

(2)定芽和不定芽　按芽在枝上的着生位置分为定芽和不定芽。在茎、枝条上有固定着生位置的芽(包括胚芽),称为定芽。定芽可分为顶芽和腋芽:枝条顶端着生的芽称为顶芽,叶腋处着生的芽称为腋芽(又称为侧芽)。大多数植物每个叶腋处只有一个腋芽,但有些植物生长有两个或两个以上的芽(先形成的一个为正芽,其他的芽称为副芽),如忍冬、桃等[图2.27(a)、(b)]。有些植物的芽为叶柄基部所覆盖,称为柄下芽,如悬铃木[图2.27(c)]。着生位置不在枝顶或叶腋内的芽,称为不定芽。如甘薯、大丽花的块根,杨、柳、桑等植物的老茎,秋海棠、橡皮树、落地生根的叶,以及植物受创伤部位,均可生出不定芽。由于不定芽可以发育成新植株,生产上常利用植物形成不定芽的特性进行营养繁殖。

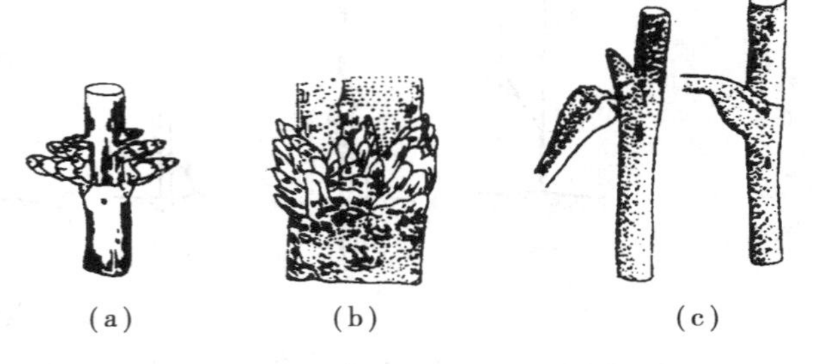

图2.27　几种着生位置不同的芽

(a)忍冬的叠生芽;(b)桃的并生芽;

(c)法国梧桐的柄下芽,腋芽被膨大的叶柄基部覆盖(左),叶脱落后芽方露出(右)

(3)鳞芽和裸芽　鳞芽和裸芽是按芽鳞的有无来划分的。大多数生长在温带、寒温带和寒带的木本植物如榆、杨等，秋天形成的芽需要越冬，芽外的幼叶常常变成鳞片（称为芽鳞）包被在芽的外面，保护幼芽越冬，这种芽称为鳞芽或被芽。芽鳞外层细胞常角质化或栓质化或具蜡层，有的被以茸毛，有的分泌黏液或树脂，以减少蒸腾和提高抗寒性。

一般草本植物和生长在热带潮湿气候的木本植物的芽没有芽鳞包被，这种芽称为裸芽，如油菜、棉花、蓖麻和核桃的雄花芽。有些树木的裸芽上常常具有绒毛，如枫杨。

(4)活动芽和休眠芽　按生理活动状态可将芽分为活动芽和休眠芽。通常认为能在当年生长季节中萌发生长为枝条或花和花序的芽，称为活动芽。一年生草本植物的芽多数是活动芽。温带、寒带的多年生木本植物，在秋末所有的芽都进入长达数月的季节性休眠，在翌年春天通常只有顶芽及距顶芽较近的腋芽萌发，这些芽为活动芽。而近下部的许多腋芽即使在生长季节里也不活动，暂时保持休眠状态，这些芽称为休眠芽或潜伏芽。

休眠芽仍具有生长活动的潜能。当植物顶芽被摘除时，体内的生理代谢状况发生了改变，休眠芽往往可以萌发而成为活动芽。相反，当高温干旱突然降临时，也会促使一些植物的活动芽转变为休眠芽。树木砍伐后树桩上所产生的枝条，是由休眠芽萌发而成的。这些都说明在不同的条件下，活动芽和休眠芽可以互相转变。

芽的休眠是植物对逆境的一种适应，也与遗传因素有关。对任何一种植物的一个具体芽，由于分类依据不同，名称也不同。例如杨树的顶芽，是活跃地生长着的，可称为活动芽；它将来能发育成花序，可称为花芽；它有芽鳞包被，又可称为鳞芽。同样，梨的鳞芽可以是顶芽或侧芽，又可以是混合芽。

2.2.4　茎的生长习性

不同植物的茎在长期进化过程中，有其各自不同的生长习性，以适应不同的环境。比较常见的茎有直立茎、缠绕茎、攀援茎、匍匐茎4种类型（图2.28）。

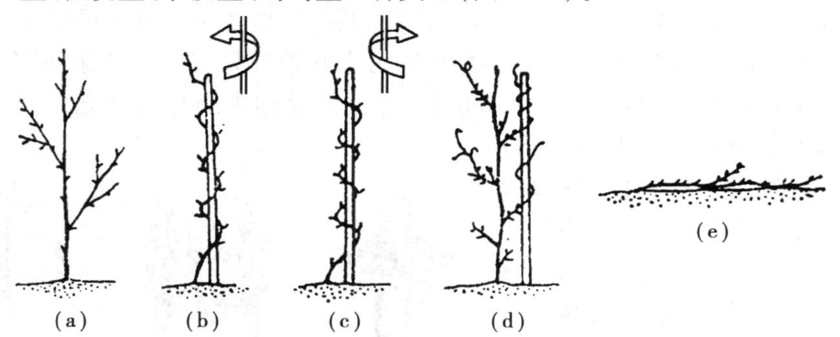

图2.28　茎的生长习性

(a)直立茎；(b)左旋缠绕茎；(c)右旋缠绕茎；(d)攀援茎；(e)匍匐茎

(1)直立茎　大多数植物茎的生长方向与根相反，是背地性的，茎内机械组织发达，茎本身能直立生长，如杨、柳、松、杉等。

(2)缠绕茎　有些植物茎内机械组织较少，因此茎细长而柔软，不能直立，只能缠绕于其他物体上才能向上生长，称为缠绕茎。缠绕茎的缠绕方向，分为右旋和左旋：按顺时针方向缠绕的为右旋缠绕茎,按逆时针方向缠绕的为左旋缠绕茎。

(3)攀援茎　此类茎也是细弱类型,柔软,不能直立,必须借助他物才能向上生长。与缠绕茎不同之处是这种茎常常发育有适应的器官,用以攀援他物上升:葡萄、黄瓜、香豌豆以卷须攀援,地锦、爬山虎以卷须顶端的吸盘附着于墙壁或岩石上,常春藤、薜荔以气生根攀援,葎草、猪殃殃的茎以钩刺攀援,旱金莲的茎以叶柄攀援等。有些植物的茎同时具有攀援茎和缠绕茎的特征,像葎草既以茎本身缠绕于他物,同时又有钩刺附于他物之上。

具有缠绕茎和攀援茎的植物,统称为藤本植物。藤本植物又可分为木质藤本(葡萄、猕猴桃等)和草质藤本(菜豆、瓜类)两种类型。

(4)匍匐茎　此类植物的茎细长柔弱,沿地表蔓延生长,如虎耳草、草莓、吊兰等。匍匐茎一般节间较长,节上还能产生不定根和芽。扦插吊兰、栽培草莓就是利用匍匐茎的这一习性进行营养繁殖的。

2.2.5 茎的分枝方式

茎通常是由种子萌发所形成的地上部分。主茎是由胚芽发育来的,以后由主茎上的腋芽形成侧枝,侧枝上形成的顶芽和腋芽又继续生长,最后形成庞大的分枝系统。植物的顶芽和侧芽存在着一定的生长相关性:当顶芽活跃生长时,侧芽的生长则受到一定的抑制;如果顶芽因某些原因而停止生长时,侧芽就会迅速生长。由于上述关系,以及植物的遗传特征,每种植物常常具有一定的分枝方式,这是植物的基本特性之一,也是植物生长的普遍现象(棕榈科植物通常不分枝)。植物常见的分枝方式有单轴分枝、合轴分枝、假二叉分枝(图 2.29)和禾本科植物的分蘖。

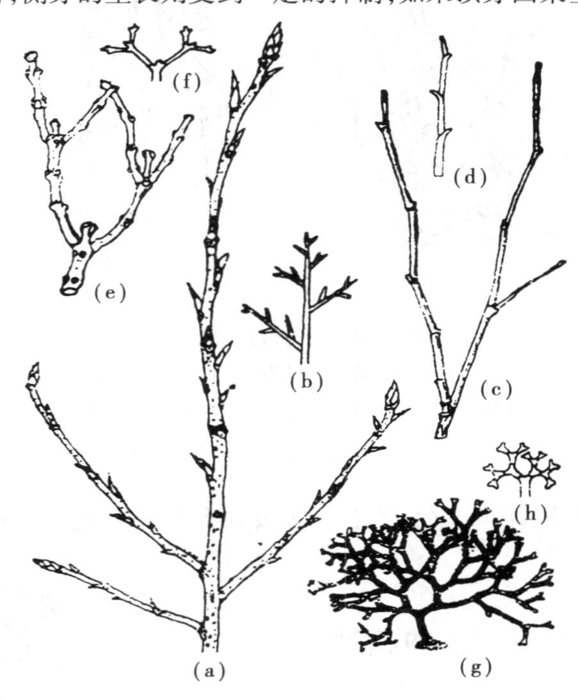

图 2.29　分枝的类型

(a)、(b)单轴分枝;(c)、(d)合轴分枝;(e)、(f)假二叉分枝;(g)、(h)二叉分枝;(g)网地藻;(h)一种苔藓

(1)单轴分枝　单轴分枝又称为总状分枝,具有明显的顶端优势。从幼苗开始,主茎的顶芽活动始终占优势,可持续一生,因而形成一个直立而粗壮的主轴,而侧枝则较不发达。以后侧枝又以同样方式形成次级分枝,但各级侧枝的生长均不如主茎的发达。这种分枝方式,主轴生长迅速而明显,称为单轴分枝。这种分枝出材率最高。松柏类、杨、桦、银杏、山毛榉等森林植物的分枝方式均是单轴分枝。栽培时要注意保持其顶端优势,以提高木材的产量和质量。

(2)合轴分枝　这种分枝的特点是主干或侧枝的顶芽经过一段时间生长以后,停止生长或分化成花芽,由靠近顶芽的腋芽代替顶芽,发育成新枝,继续主干的生长。经过一段时

间,新枝的顶芽又同样停止生长,依次为下部的腋芽所代替而向上生长,因此,这种分枝其主干或侧枝均由每年形成的新侧枝相继接替而成。在年幼的枝条上,可看到接替的曲折情况,而较老的枝条上则不明显,如榆、柳、槭、核桃、苹果、梨等。大多数被子植物都是合轴分枝。合轴分枝的主轴,实际上是一段很短的枝与其各级侧枝分段连接而成,因此呈曲折形状,节间很短,而花芽往往较多。树冠呈开展状态,更利于通风透光,合轴分枝是一种进化的性状。

有些植物,在同一植株上有两种不同的分枝方式,如玉兰、木莲、棉花,既有单轴分枝,又有合轴分枝。有些树木,在苗期为单轴分枝,生长到一定时期变为合轴分枝。

(3)假二叉分枝　假二叉分枝是合轴分枝的一种特殊形式。具有对生叶的植物,当顶芽停止生长后,或顶芽为花芽、开花后,由顶芽下的两侧腋芽同时发育成叉状的侧枝,这种分枝方式称为假二叉分枝。如泡桐、丁香、梓树、接骨木、石竹、茉莉、槲寄生等。

植物的合理分枝,使其地上部分在空间协调分布,以提高充分利用周围环境中物质的能力。各种植物特有的分枝规律常常反映了植物在进化中的适应。单轴分枝在裸子植物中占优势,而合轴分枝和假二叉分枝却是被子植物主要的分枝方式,是一种进化的性状,由于顶芽停止活动(死亡、开花、形成花序、变成茎卷须或茎刺等),促进了大量侧芽的生长,从而使地上部有更大的开阔性,为枝繁叶茂,扩大光合面积提供了有利条件,因此被称为丰产的分枝形式。

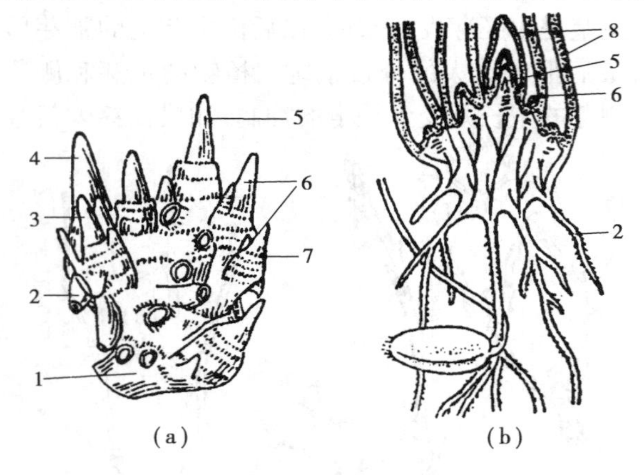

图 2.30　小麦的分蘖节

(a)外形(外部叶鞘已剥去);(b)纵剖面

1—根茎;2—不定根;3—二级分蘖;4——级分蘖;5—主茎;6—分蘖芽;7—叶痕;8—叶

(4)禾本科植物的分蘖　禾本科植物,如小麦、水稻等的分枝方式与双子叶植物不同(图 2.30)。这类植物茎上部的节上很少产生分枝,其分枝集中发生在接近地面或地面以下的茎节(分蘖节)上。分蘖节包括几个节和节间,节与节间密集在一起。由分蘖节上产生不定根和腋芽,以后腋芽形成分枝,这种分枝方式称为分蘖。分蘖有高蘖位和低蘖位之分,所谓蘖位就是发生分蘖的节位。蘖位高低与分蘖的成穗密切相关。蘖位越低,分蘖发生越早,生长期越长,成为有效分蘖的可能性越大。反之高蘖位的分蘖生长期较短,一般不能抽穗结实,常为无效分蘖。根据分蘖成穗的规律,农业生产上常采用合理密植、控制水肥、适时早播等措施,来促进有效分蘖的生长发育,控制无效分蘖的发生,使营养集中,保证穗多、粒重、增加产量。

2.2.6　茎的构造

茎的构造

除少数植物外,大多数植物的茎与根一样,都是呈辐射对称的圆柱形器官,在形态建成过程中同样经历伸长、分枝过程,裸子植物和双子叶植物茎还有加粗过程。茎的伸长通过茎的初生生长进行,茎的初生生长分为茎尖的顶端生长和单子叶植物的居间生长。

1)茎尖各区的结构与功能

茎尖与根尖一样也可分为分生区、伸长区和成熟区3个部分(图2.31)。但是由于茎尖所处的环境以及所担负的生理功能不同,相应地在形态结构上有着不同的表现。茎尖没有类似根冠的结构,顶端分生组织由芽鳞和幼叶保护,分生区的基部形成了一些叶原基突起,增加了茎尖结构的复杂性。

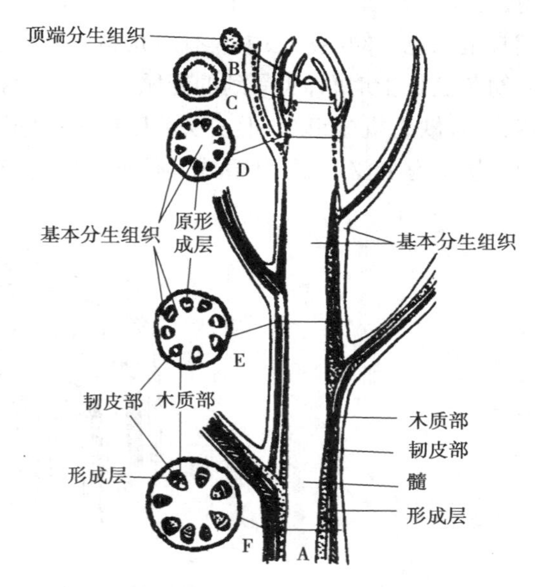

图2.31 茎尖各区的大致结构

A—茎尖(全图);B—分生区;C,D—伸长区;E,F—成熟区

(1)分生区 位于茎的顶端,与根尖分生区相似,即茎尖的生长锥也由顶端分生组织构成。被叶原基、芽原基和幼叶包围。它的最主要特点是细胞具有强烈的分裂能力,茎的各种组织均由此分裂而来,茎上的侧生器官也是由茎尖分生组织产生。

(2)伸长区 位于分生区的下方。茎尖的伸长区较长,可以包括几个节和节间。该区特点是细胞迅速伸长,是使茎伸长生长的主要部分。同时,初生分生组织开始形成初生结构,如表皮、皮层、髓和维管束。因此伸长区可视为顶端分生组织发展为成熟组织的过渡区域。

单子叶植物的茎,除了茎尖的伸长区以外,在每一节间的基部都存在居间分生组织。这些细胞有正常分生组织的特征,具有细胞分裂和细胞伸长的能力。促使居间分生组织分裂活动的细胞分裂素来自茎尖的叶,如果切去茎尖,居间分生组织就会停止生长。

(3)成熟区 位于伸长区下方,其特点是细胞伸长生长停止,各种成熟组织的分化基本完成,已形成幼茎的初生结构。

在生长季节里,茎尖的顶端分生组织不断分裂(在分生区内)、伸长生长(在伸长区内)和分化(在成熟区内),结果使节数增加,节间伸长,同时产生新的叶原基和腋芽原基。

2)双子叶植物茎的初生构造

茎的顶端分生组织经过细胞分裂、伸长和分化所形成的结构,称为初生构造,双子叶植物茎的初生结构由表皮、皮层和维管柱3大部分组成(图2.32)。与根相比,茎的皮层和维管柱之比较小,且具有较大的髓部。

(1)表皮 表皮是幼茎最外面的一层生活细胞,是茎的初生保护组织。在横切面上表皮细胞形状规则,多近于长方形,排列紧密,没有间隙,细胞外壁较厚,常形成角质层。有些植物茎上还有表皮毛或腺毛,具有分泌和加强保护的功能。表皮这种结构上的特点,既能防止茎内水分过度散失和病虫的入侵,又不影响通风和透光,使幼茎内的绿色组织正常地进行光合作用。表皮具有少数气孔,是内外气体交换的通道。

(2)皮层 皮层位于表皮内方,主要由薄壁组织组成。细胞较大,排列疏松,有明显的胞间隙。靠近表皮的几层细胞常分化为厚角组织,增强幼茎的支持作用。有的木本植物茎的皮层内,往往有石细胞群的分布。薄壁组织和厚角组织细胞中常含有叶绿体,能进行光合作用,故幼茎常呈绿色。幼茎皮层中具有厚角组织和绿色组织的这种特点,在幼根中是不存在的。这是因为幼茎生长于地面,所受到的光照、重力等条件与生长在土壤中的幼根完全不同。水生植物的茎,一般缺乏机械组织,但皮层薄壁组织的细胞间隙却很发达,常常形成通气组织。有些植物茎的皮层中有分泌腔、乳汁管或其他分泌结构,有些则具有含晶体和单宁的细胞。

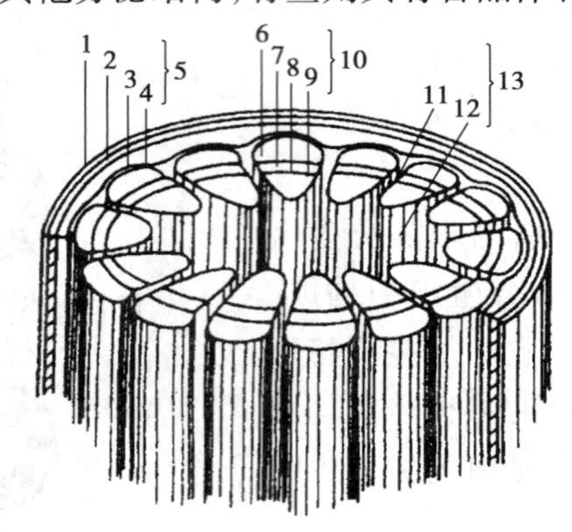

图 2.32 双子叶植物茎初生结构的立体图解

1—表皮;2—厚角组织;3—含叶绿体的薄壁组织;4—无色的薄壁组织;5—皮层;6—韧皮纤维;7—初生韧皮部;8—形成层;9—初生木质部;10—维管束;11—髓射线;12—髓;13—维管柱

茎的内皮层分化不明显,皮层与维管柱没有明显的界线,少数植物如蚕豆,茎的内皮层细胞富含淀粉粒,被称为淀粉鞘。

(3)维管柱 皮层以内的中央柱状部分称为维管柱,由维管束、髓和髓射线 3 部分组成。

①维管束 维管束指由初生木质部和初生韧皮部共同组成的分离的束状结构。多数植物的维管束是韧皮部在外方(向茎周的一方),由筛管、伴胞、韧皮薄壁细胞和韧皮纤维组成,主要功能是输导有机物。木质部在维管束的内方(向中心的一方),由导管、管胞、木质薄壁细胞和木质纤维组成,主要功能是输送水分和无机盐,并有支持作用。木纤维的数量随维管束的成熟而增加。在初生韧皮部和初生木质部之间保留的一层具有分裂能力的细胞,称为束中形成层,是进行次生生长的基础,它能不断分裂,产生次生结构,因此属于无限维管束。夹竹桃、甘薯、马铃薯、南瓜等的茎,其维管束的外侧和内侧都是韧皮部,中间是木质部,在外侧的韧皮部和木质部之间有形成层,属于双韧维管束。

②髓 髓位于幼茎中央,由薄壁组织组成,通常储藏各种物质,如淀粉、晶体或单宁等。有些植物的髓发育成厚壁细胞(如栓皮栎)或石细胞(如樟树);有些植物的髓在发育时破裂,致使节间中空(如连翘)或成薄片状(如胡桃、枫杨)。椴树属的髓部外围细胞小而壁厚,与内方的细胞差异很大,特称为髓鞘。

③髓射线 维管束之间的薄壁组织称为髓射线。它位于皮层和髓之间,在横切面上呈放射状,外连皮层内通髓,有横向运输的作用,同时也是茎内储藏营养物质的组织。大多数的木本植物,由于维管束排列相互较近,因而髓射线很窄,仅为 1 ~ 2 行薄壁细胞,而双子叶草本植物则有较宽的髓射线。木本植物的髓射线可随着茎的增粗而增长(图 2.33、图 2.34)。

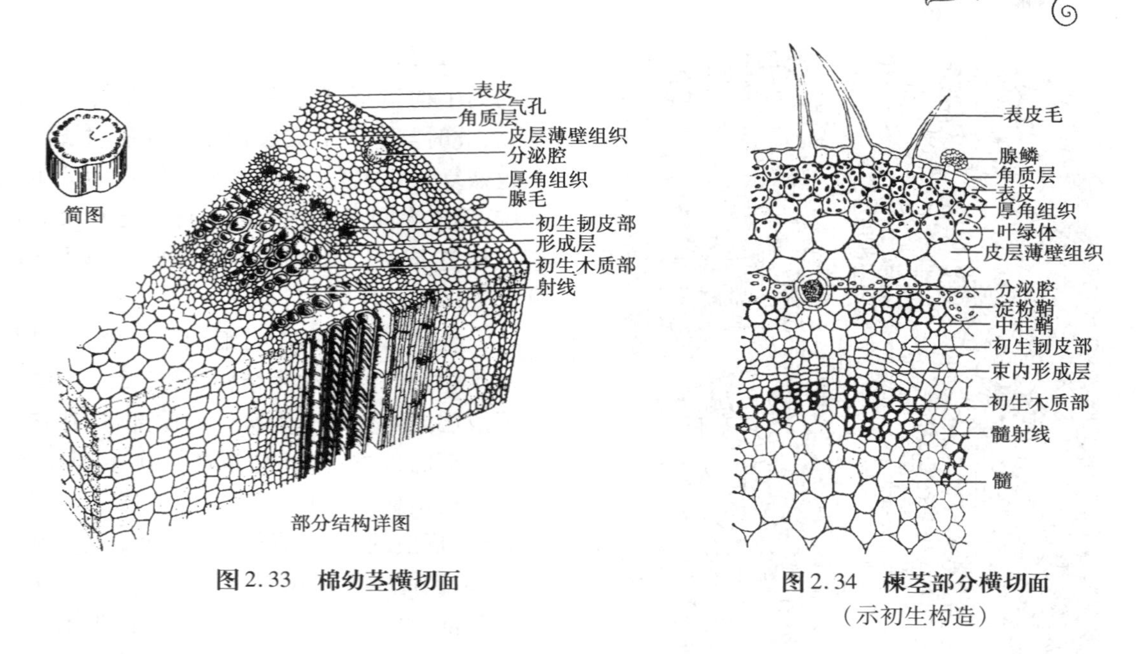

图 2.33 棉幼茎横切面

图 2.34 棟茎部分横切面
（示初生构造）

3）双子叶植物茎的次生生长和次生结构

一般草本植物的茎，由于生活期短，不具形成层或形成层活动很弱，因而只有初生构造或仅有不发达的次生构造。而多年生双子叶植物茎和裸子植物茎，在初生构造形成以后，产生形成层与木栓形成层。形成层和木栓形成层每年周期性活动，形成了发达的次生构造。由次生分生组织——形成层和木栓形成层的细胞经分裂、生长和分化，产生次生结构的过程称为次生生长，由此产生的结构称为次生构造。木本植物茎的次生生长过程如图 2.35 所示。

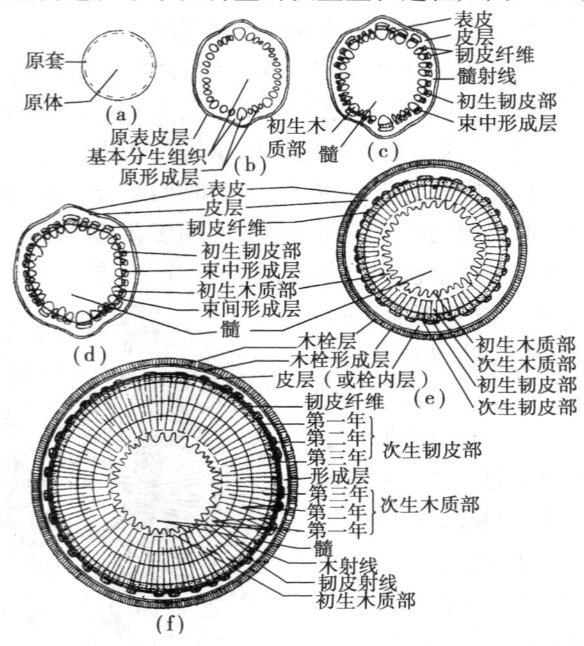

图 2.35 多年生双子叶植物茎的初生与次生生长图解
(a)茎生长锥原分生组织部分的横切面；(b)生长锥下方初生分生组织的部分；
(c)初生结构；(d)形成层环形层；(e)、(f)次生生长和次生结构

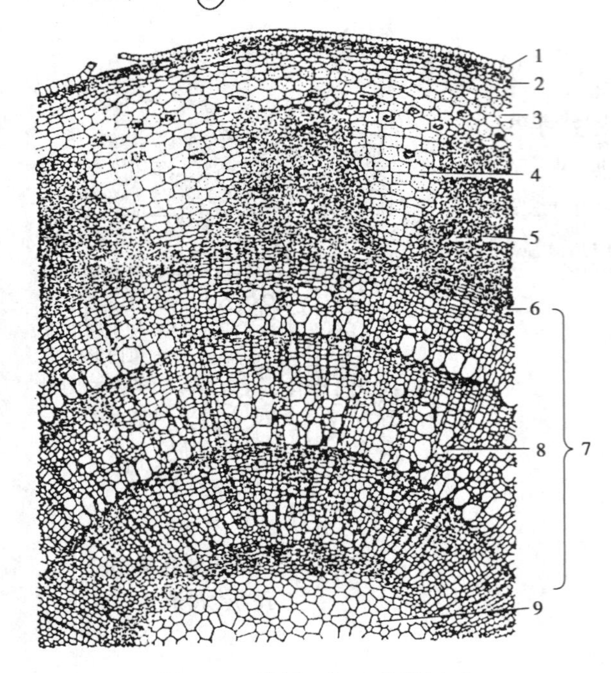

图 2.36 椴树3年生茎横切面

1—表皮;2—木栓组织;3—皮层;4—韧皮射线;5—韧皮纤维及筛管;6—形成层;7—木质部

(1)维管形成层的产生及活动　当茎的初生构造形成之后,束中形成层开始活动,此时与束中形成层相接连的髓射线细胞也恢复分裂能力,由薄壁细胞转变为分生细胞,形成束间形成层。束中形成层和束间形成层连成一环,共同构成维管形成层(图2.36)。

维管形成层产生后细胞不断分裂,进行次生生长而形成次生结构(图2.35)。维管形成层向内分裂产生次生木质部,加在初生木质部的外方;向外分裂产生次生韧皮部,加在初生韧皮部内方。在形成层的分裂过程中,形成的次生木质部的量远比次生韧皮部多,因此木本植物的茎的组成主要是次生木质部。树木生长的年数越多,次生木质部所占的比例越大,而次生韧皮部分布在茎的周边参与形成树皮而逐渐脱落。束中形成层还能在次生韧皮部和次生木质部内形成数列薄壁细胞,在茎横切面上呈辐射状排列,称为微管射线。微管射线具有横向运输与储藏养料的功能。

次生韧皮部和次生木质部的组成与其初生构造基本相同。韧皮部以韧皮薄壁细胞及筛管为主要成分,木质部中以木纤维及导管为主要成分。在茎的次生构造中,一般木薄壁组织较少,木纤维较多。木纤维是木材中主要的机械组织,茎中木纤维的多少影响木材的硬度。

在多年生木本植物茎横切面的次生木质部中,具有许多同心圆环,称为年轮。年轮的产生是形成层每年季节性活动的结果。在有四季气候变化的温带和寒温带,春季温度逐渐升高,形成层解除休眠恢复分裂能力,这个时期水分充足,形成层活动旺盛,细胞分裂快,生长也快,形成的次生木质部中导管大而多,管壁较薄,木质化程度低,颜色浅,质地疏松,构成早材或春材。由夏末秋初始,气温逐渐降低,形成层活动逐渐减弱,直至停止,产生的导管少而小,细胞壁较厚,颜色深而质密,构成晚材或秋材。同一年的早材和晚材之间没有明显的界线,但经过冬季的休眠,当年的晚材和第二年的早材之间形成了明显的界线,称为年轮界线,同一年内产生的春材和秋材构成一个年轮(图2.37)。温带和寒温带的树木,通常每年只形成一个年轮。因此,根据年轮的数目,可推出树木年龄。但生长在没有季节性变化的热带、亚热带地区的树木无明显的年轮,或由于干湿季节交替而形成多个年轮。在同一树种中,年轮的宽度可以反映植物的生长状况,

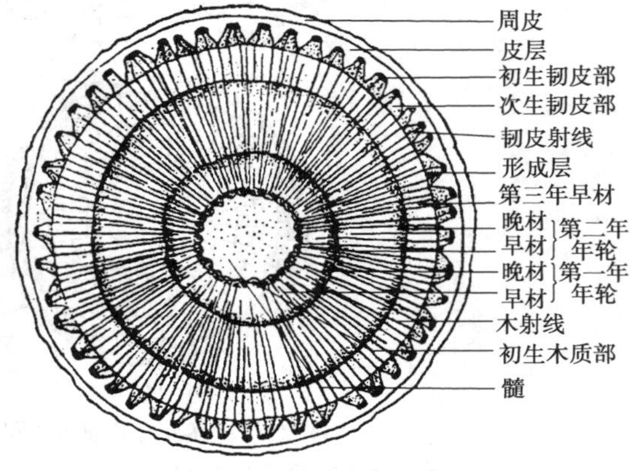

图 2.37 木本植物三年生茎横切面图解(示年轮)

例如，通常在向阳的一侧年轮较宽，而背阳的一侧年轮较窄，这种情况在速生树种中反应更明显。

很多树木，随着年轮的增多，茎干不断增粗，靠茎周的次生木质部颜色浅，导管有输导功能，质地柔软，材质较差，称为边材（图2.38）。木材的中心部分，是较早形成的木质部，导管被树胶、树脂及色素等物质所填充，失去了输导功能，薄壁细胞死亡，质地坚硬，颜色较深，材质较好，称为心材。心材的数量随着茎的增粗而逐年由边材转变增加。随着形成层不断形成新的次生木质部，增大了木材的边材部分，同时，内方的边材也逐渐变为心材，因此心材的直径逐渐加宽，边材则相对地保持一定的宽度。各树种边材与心材的宽度及比例都不同，例如，榉树、檫木、刺槐、桑树的边材都较窄，而马尾松、白蜡树的边材比较宽。有些树种没有明显的心材，称为隐心材树种。

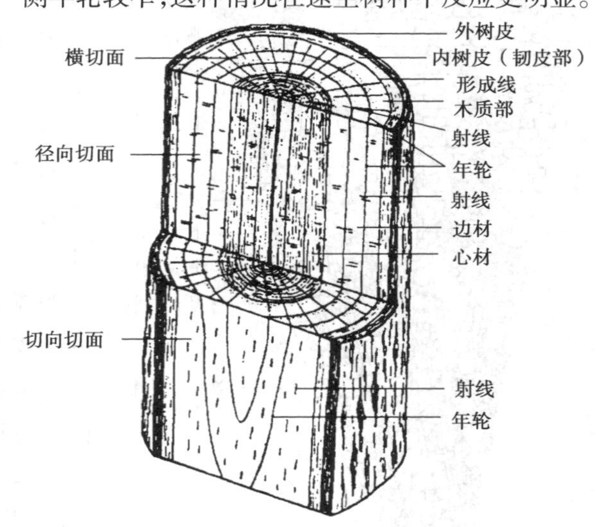

图2.38 木材的3种切面（示边材和心材）

（2）木栓形成层的产生及活动　双子叶植物和裸子植物的茎在适应内部直径增大的情况下，外周出现了木栓形成层，并由它产生新的保护组织。茎中的木栓形成层在不同的植物中，来源不同。多数植物（如杨树、榆树）茎的木栓形成层是由紧接表皮的皮层薄壁细胞恢复分裂能力而形成的，但也有些植物由表皮细胞（夹竹桃、柳等）或厚角组织（花生、大豆）转变而成，有的则在初生韧皮部发生（如茶树）。木栓形成层向外分裂形成木栓层，向内分裂形成栓内层。木栓层层数多，细胞排列紧密，成熟时为死细胞，不透水、不透气；栓内层层数少，多为1～3层细胞，有些植物甚至没有栓内层。木栓层、木栓形成层和栓内层三者合称周皮，是茎的次生保护结构。

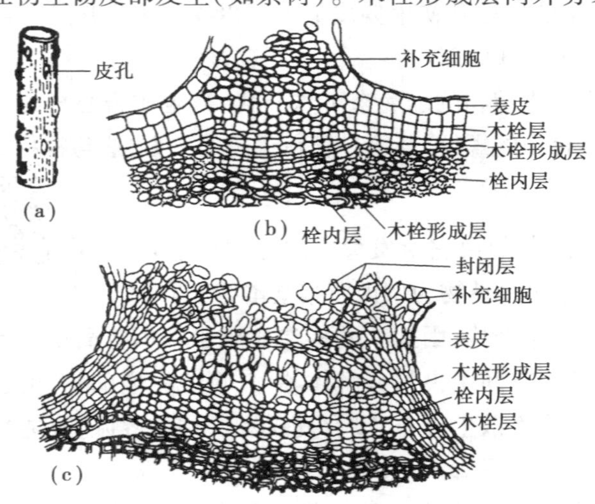

图2.39 皮孔的结构

（a）一段茎，示皮孔的外形与分布；（b）皮孔的剖面示结构；（c）李属植物茎的外周横剖面，示封闭层

当木栓层形成后，它外面的组织因水分及营养物质的隔绝而死亡并逐渐脱落，木栓层便代替表皮起保护作用。在表皮上原来气孔的位置，由于木栓形成层的分裂，产生一团疏松的薄壁细胞，向外突出，形成裂口，称为皮孔，具有代替气孔的作用，是茎进行气体交换的通道（图2.39）。

木栓形成层的活动期较短，一般只有一个生长季节，第二年由其里面的细胞再转变成木栓形成层。这样，木栓形成层的位置就逐渐内移。在老茎中，木栓形成层可以延伸到次生韧皮部中发生，新形成的木栓层及其以外的死亡组织共同构成树皮。在林业生产中，习惯将木材以外的部分称为树皮，它实际上包括两部

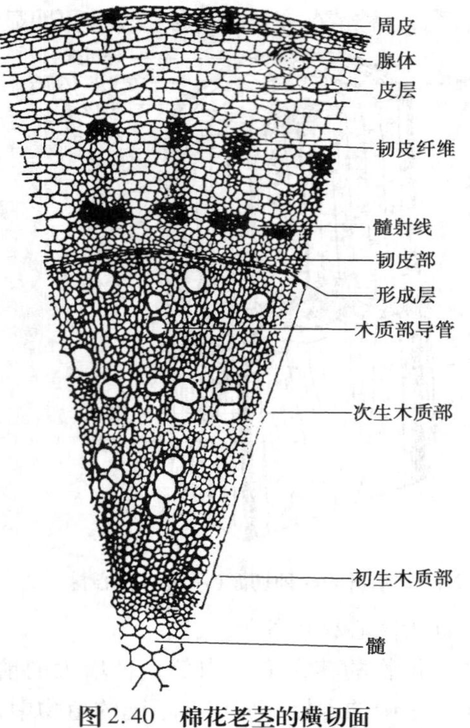

图2.40　棉花老茎的横切面

分：一部分是最新形成的木栓形成层以外的真正的树皮；另一部分则是形成层以外的所有组织（包括生活的韧皮部）。树皮极为坚硬，能更好地起保护作用。树皮的特征常成为鉴定树种的依据之一。如洋槐、榆的树皮上有许多纵裂深沟，洋梨、雪松的树皮为鳞状，金银花、葡萄的树皮呈环状，而悬铃木属和一些桉属植物的树皮常大片脱落，现出鳞片状光滑的斑痕。树皮有重要的工业价值，如栓皮栎所产的栓皮是工业上的绝缘材料，栎属、柳属植物的树皮可提取单宁，桑及构树的树皮可以造纸，厚朴和杜仲的树皮可供药用等。

双子叶植物茎的次生结构自外向内依次是周皮（木栓层、木栓形成层、栓内层）、皮层（有或无）、初生韧皮部、次生韧皮部、形成层、次生木质部、初生木质部、髓。在维管束之间还有髓射线，维管柱内有维管射线（图2.40）。

综上所述，双子叶植物茎的次生结构与根的次生结构基本相似，仅在下列方面不同：

①茎的次生结构中经常可见保留的皮层和初生韧皮部，根由于第一个木栓形成层常由中柱鞘发生而不保留有皮层（少数例外）。但茎中的皮层和初生韧皮部也可以在次生生长某个阶段减少甚至消失，这因木栓形成层相继向内发生的部位而定。

②茎的次生结构中央仍保留髓（多年生木本植物的髓后来可木质化，甚至成为心材的一部分）或髓腔；初生木质部的发育为内始式，口径小的螺纹、环纹导管在近髓的一方，这与根相反。

4）单子叶植物茎的构造

单子叶植物茎尖的构造与双子叶植物相同，但由它所发育成的茎的构造则是不同的。单子叶植物茎构造的类型较多，现以禾本科植物为例说明其基本特征。

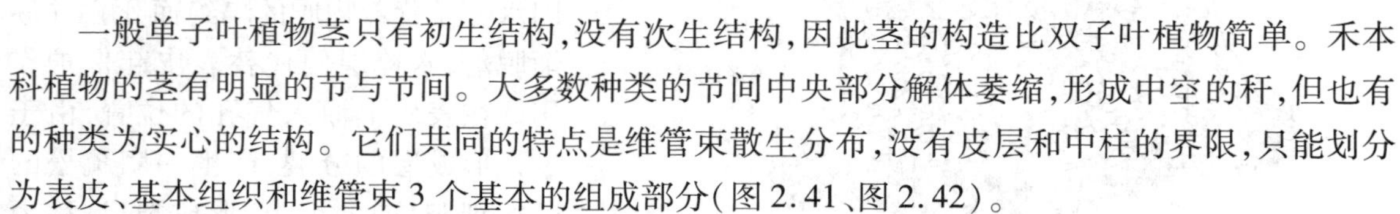

一般单子叶植物茎只有初生结构，没有次生结构，因此茎的构造比双子叶植物简单。禾本科植物的茎有明显的节与节间。大多数种类的节间中央部分解体萎缩，形成中空的秆，但也有的种类为实心的结构。它们共同的特点是维管束散生分布，没有皮层和中柱的界限，只能划分为表皮、基本组织和维管束3个基本的组成部分（图2.41、图2.42）。

（1）表皮　表皮由长细胞、短细胞和气孔器有规律地排列而成。长细胞的细胞壁厚且角质化，其纵向壁常呈波状，长细胞是构成表皮的主要成分。短细胞位于两个长细胞之间，一种是细胞壁栓质化的栓细胞，另一种是含有大量二氧化硅的硅细胞。硅酸盐沉积于细胞壁上的多少，与茎秆的挺立强度和对病虫害抵抗力的强弱有关。禾本科植物表皮上的气孔，结构特殊，由一对哑铃形的保卫细胞构成，保卫细胞的旁侧还各有一个副卫细胞。

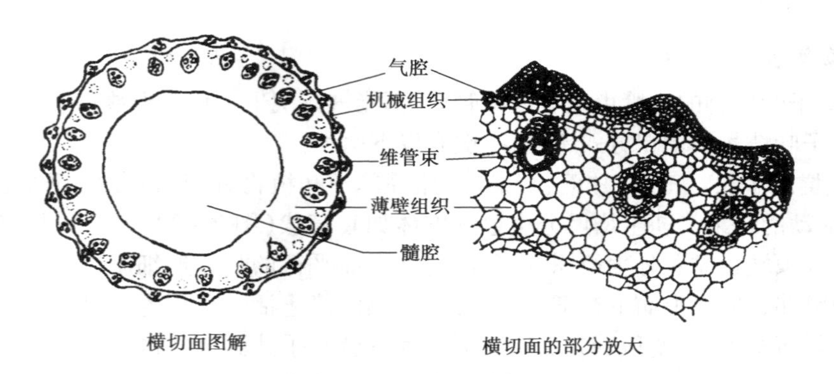

图 2.41　水稻茎横面

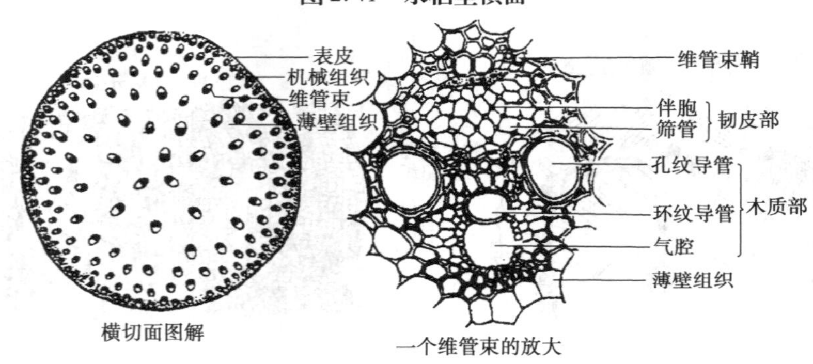

图 2.42　玉米茎横切面

(2)基本组织　基本组织主要是由薄壁细胞组成。玉米、高粱、甘蔗等的茎内为基本组织所充满;而水稻、小麦、竹等茎内的中央薄壁细胞解体,形成中空的髓腔。水稻长期浸没在水中的基部节间,在两环维管束之间的基本组织中有大型的气腔,形成发达的通气组织。离地面越远的节间,通气组织越不发达。紧连着表皮内侧的基本组织中,常有几层厚壁细胞存在。有的植物如水稻、玉米茎中的厚壁细胞连成一环,形成牢固的机械组织。小麦茎内也有机械组织环,但被绿色薄壁组织带隔开。这些绿色薄壁组织的细胞内含有叶绿体,若用肉眼观察小麦茎秆,可以看到相间排列的无色条纹和绿色条纹。位于机械组织以内的基本组织细胞,则不含叶绿体。

(3)维管束　许多维管束分散在基本组织中。它们排列的方式分为两类:一类以水稻、小麦等为代表,各维管束大体上排列为内、外两环。外环的维管束较小,位于茎的边缘,大部分埋藏于机械组织中;内环的维管束较大,周围为基本组织所包围。另一类如玉米、甘蔗、高粱等,它们的维管束分散排列于基本组织中,近边缘的维管束小而密,靠中央的维管束大而疏。每个维管束的外周由厚壁组织组成的维管束鞘所包围,维管束鞘内为初生韧皮部和初生木质部,没有束中形成层,不能进行次生生长,这是单子叶植物的主要特征之一。初生木质部位于维管束的近轴部分,呈 V 字形。其基部为原生木质部,包括一至几个环纹和螺纹导管及少量木薄壁细胞。在分化成熟过程中,这些导管常遭破坏,其四周的薄壁细胞互相分离,形成一个气腔或称原生木质部腔隙。在 V 形的两臂上,各有一个后生的大型孔纹导管。在这两个导管之间充满薄壁细胞,有时也有小型的管胞。初生韧皮部位于初生木质部的外方,其中的原生韧皮部已被挤毁,后生韧皮部由筛管和伴胞组成。

5)单子叶植物茎的增粗

大多数单子叶植物的维管束是有限维管束,不能进行次生生长。少数单子叶植物茎有增粗过程,但与双子叶植物的增粗方式不同,一般有以下两种:

(1)初生增厚生长　玉米、甘蔗、高粱、香蕉等单子叶植物有相当粗的茎秆,是由于初生增厚分生组织活动的结果。初生增厚分生组织整体如套筒状(图2.43),位于叶原基和幼叶着生区域的内部,其顶端紧靠着分生组织,由几层与茎表面平行的长方形细胞组成。细胞作平周分裂,分裂能力沿伸长区由上而下逐渐减弱,常于成熟区停止活动。初生增厚分生组织的快速分裂,衍生出大量薄壁组织,使顶端分生组织下方附近就几乎达到成熟区的粗度。初生增厚分生组织由顶端分生组织衍生,属初生分生组织,因此这种加粗生长属于初生生长,形成的是初生结构。

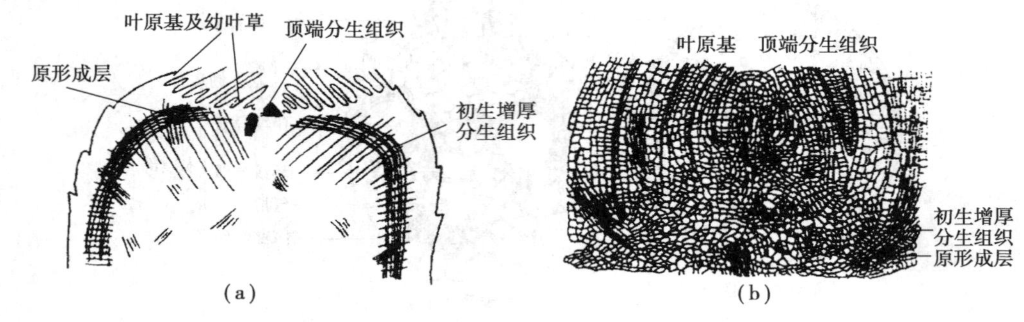

图2.43　玉米枝端纵切图(示初生增厚分生组织)

(a)图解;(b)细胞

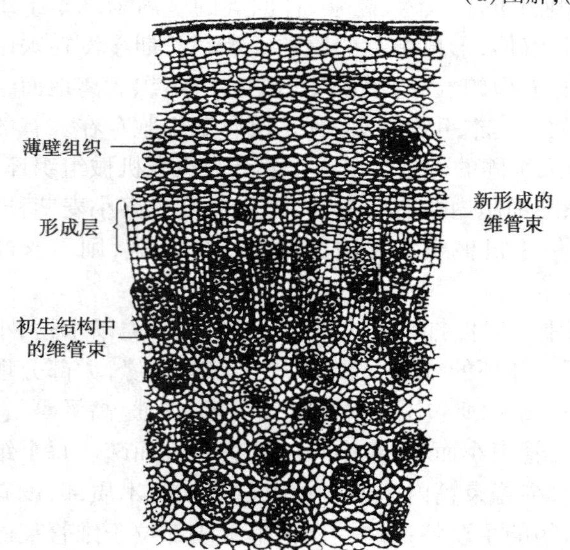

图2.44　龙血树茎的横切面(示次生加厚)

(2)异常的次生生长　单子叶植物中的一些植物如龙血树、朱蕉等的茎也产生形成层,但其起源和活动情况与双子叶植物有很大不同。如龙血树的形成层是从初生维管束群外方的薄壁组织产生,它向内产生次生的周木维管束和薄壁组织,向外仅产生少量的薄壁组织(图2.44)。

6)裸子植物茎的构造

裸子植物绝大多数是高大的木本植物,叶片多为针形或鳞片形,统称为针叶树。现以松柏类植物为代表,说明裸子植物茎的构造特点(图2.45)。

松柏类植物茎的解剖构造与木本双子叶植物相似,也是由表皮、皮层、维管柱所组成,也有形成层,能进行次生生长,使茎逐渐加粗,产生发达的次生构造,形成木材和树皮。但其木质部和韧皮部的组成成分与木本双子叶植物有差别。

裸子植物的木质部,一般没有导管(只有麻黄属、买麻藤属、百岁兰属有导管)而以管胞输导水分。在木材的横切面上,管胞呈四边形或多边形,排列整齐。由于缺乏导管,因此在木材的横切面上没有大而圆的导管腔，故称为无孔材。因此木材结构比较均匀，和双子叶植物的木材很容易区分。根据管胞腔的大小，仍可区分出早材与晚材，年轮也清晰可见。年轮的形成，早材和晚材的划分，边材和心材的分化，裸子植物和木本双子叶植物一样。另外，裸子植物木薄壁组织很少，一般无木纤维。

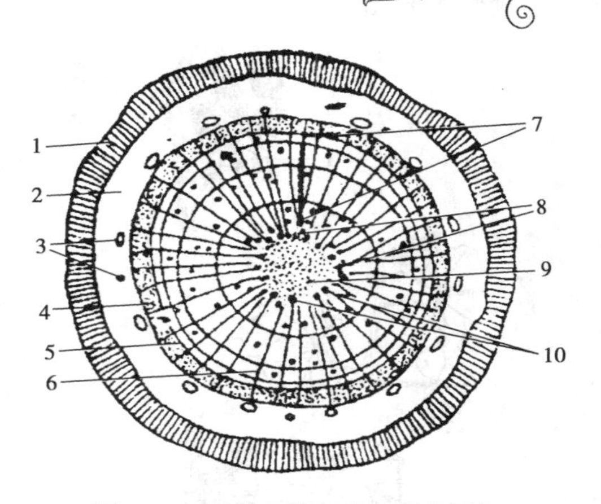

图2.45 油松幼茎的次生结构图解

1—周皮；2—皮层；3—树脂道；4—韧皮部；5—微管形成层；6—髓射线；7—次生木质部；8—叶隙；9—髓；10—初生木质部

针叶树木材的木射线，通常是单列的，很少有二列，因此在横切面上射线很窄。针叶树无异型射线（仅有横卧而无直立射线细胞），但除射线薄壁细胞外，常有射线管胞存在，如松属、云杉属、落叶松属、铁杉属、黄杉属的射线。射线管胞是厚壁长形的死细胞，壁上具纹孔，在射线中成横卧排列。松属射线管胞的次生壁常增厚成齿状。

管胞是裸子植物木材的输导组织并兼有机械支持作用，因此针叶树木材的机械强度决定于管胞的大小及胞壁的厚度。

裸子植物的韧皮部主要由筛胞组成，无伴胞，韧皮薄壁组织较少，常含有淀粉、单宁、树脂等物质。韧皮纤维有（侧柏）或无（白松），而铁杉及冷杉属的韧皮部则有石细胞。

大多数裸子植物具有树脂道，由一圈称为上皮细胞的分泌细胞以及由它们所围成的细胞间隙所组成，分布在各器官中。上皮细胞向胞间隙形成的管道分泌树脂。在茎的横切面上常成大而圆的管腔，散生在管胞之间。树脂道纵向排列，也有存在于射线中成横向排列的。云杉属树脂道的上皮细胞具木质化的厚壁，而松属则是薄壁的。

2.2.7 茎的变态

图2.46 肉质茎（球茎甘蓝）

茎的变态，可分为地上茎的变态和地下茎的变态两种类型。

1）地上茎的变态

（1）肉质茎　茎肥厚多汁，常为绿色，不仅可以储藏水分和养料，还可以进行光合作用，如仙人掌、莴苣、球茎甘蓝等（图2.46）。

（2）叶状茎　有些植物的叶退化，茎变态成叶片状，扁平，绿色，能代替叶行使生理功能，称为叶状茎或叶状枝。如蟹爪兰、昙花、假叶树、竹节蓼等。假叶树的侧枝变为叶状枝，叶退化为鳞片状，叶腋可生小花（图2.47）。

（3）茎卷须　许多攀缘植物的茎细长柔软，不能直立，部分枝条变成卷须，以适应攀缘功能，这类茎称为茎卷须或

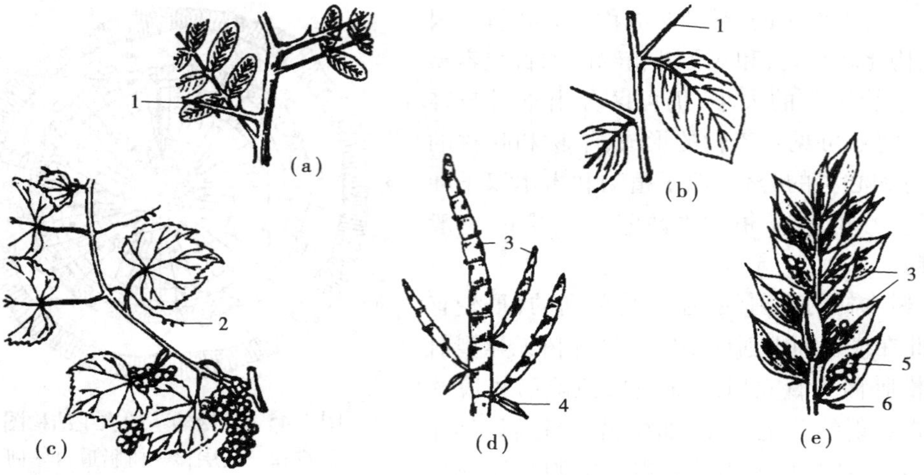

图 2.47 茎的变态(地上茎)

(a)、(b)茎刺(皂荚 山楂);(c)茎卷须(葡萄);(d)、(e)叶状茎(竹节蓼、假叶竹)

1—茎刺;2—茎卷须;3—叶状须;4—叶;5—花;6—鳞叶

枝卷须。有些植物(如黄瓜和南瓜)的茎卷须由腋芽发育形成,有的(如葡萄)则由顶芽发育而成。

(4)茎刺　由茎变态形成具有保护功能的刺,称为茎刺或枝刺。常位于叶腋,由腋芽发育而来,不易剥落。茎刺有分枝的,称为分枝刺,如皂荚;也有不分枝的,称为单刺,如山楂、柑橘、酸橙。蔷薇、月季上的皮刺是茎表皮突出形成的,数目较多,分布不规则,与维管组织没有联系,与茎刺有显著区别。

2)地下茎的变态

(1)根状茎　生长于地下与根相似的茎称为根状茎。许多单子叶植物具有根状茎,如白茅、芦苇、竹类、黄精、玉竹、鸢尾、莲等(图 2.48)。根状茎蔓生于土壤中,具有明显的节和节间,节上有小而退化的鳞片状叶,叶腋内有腋芽,由此发育为地上枝,并产生不定根。根状茎顶端有顶芽,能进行顶端生长。根状茎储藏有丰富的营养物质,繁殖能力很强,因此这些根状茎既是储藏器官又是营养繁殖器官。

(2)鳞茎　由许多肥厚的肉质鳞叶包围的扁平或圆盘状的地下茎,称为鳞茎,是单子叶植物常见的一种营养繁殖器官。洋葱鳞茎中央的基部为一个扁平而节间极短的鳞茎盘,其上生有顶芽,将来发育为花序。四周由肉质鳞片叶包围,肉质鳞片叶之外还有几片膜质的鳞片叶。叶腋有腋芽,鳞茎盘下端产生不定根,可见鳞茎也是一个节间极短的地下茎的变态。此外,蒜、百合、水仙等的地下茎也是鳞茎。

(3)球茎　球茎是肥而短的地下茎,节和节间明显,节上有退化的鳞片状叶和腋芽,基部可产生不定根。球茎内储藏大量的淀粉等营养物质,为特殊的营养繁殖器官,如荸荠、慈姑和芋等。

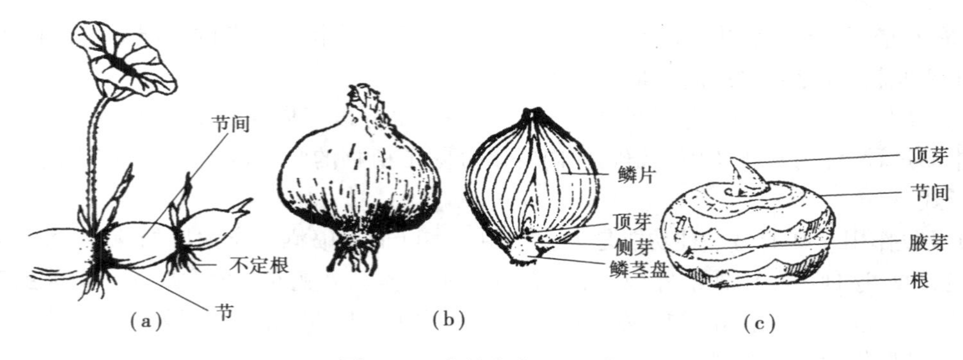

图2.48 茎的变态(地下茎)

(a)莲的根状茎;(b)洋葱的鳞茎;(c)荸荠的球茎

(4)块茎 马铃薯的薯块是最常见的一种块茎,其茎节不明显,为一形状不规则的肉质茎,储藏着大量淀粉。马铃薯的块茎是由植株基部叶腋处的匐匍枝顶端,经过增粗生长而成。它的顶端有顶芽,四周有许多"芽眼",作螺旋排列。每个"芽眼"内有几个芽,每一芽眼所在处相当于茎节,两个芽眼之间即为节间。成熟块茎的结构,由外至内为周皮、皮层、维管束环、髓环区及髓等部分(图2.49)。因此,块茎实际上是节间缩短的变态茎。菊芋的地下茎也是块茎。

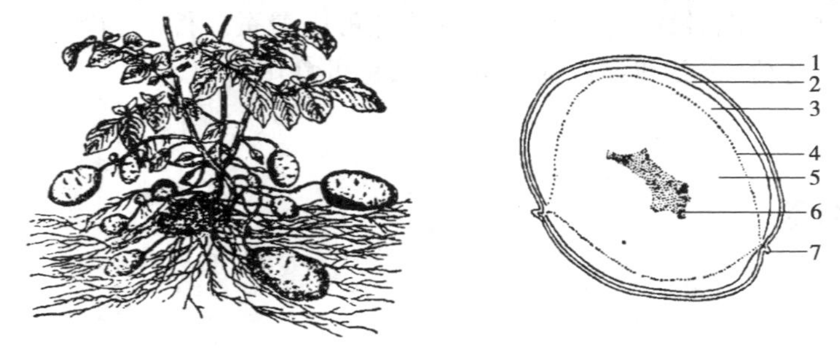

图2.49 马铃薯的块茎及其横切面

1—周皮;2—皮层;3—外韧皮部及储藏薄壁组织;4—木质部束环;

5—内韧皮部及储藏薄壁组织;6—髓;7—芽

2.3 叶

叶是植物光合作用制造有机物的主要场所,植物叶的光合作用是农林生产的基础。叶片对其个体和整个生物圈都有重要的生理功能,为了行使其生理功能,植物的叶形成了与其功能相适应的形态和解剖学特征。

叶的概述

2.3.1 叶的生理功能和经济用途

叶的主要生理功能是行使光合作用和蒸腾作用,同时还具有吸收、繁殖和运输等功能。

(1)光合作用 绿色植物的叶绿体吸收光能,利用二氧化碳和水合成有机物,并释放氧气的过程,称为光合作用。叶是植物光合作用的主要器官,光合作用合成的有机物质主要是碳水化合物,能量储存在有机物中,光合作用的产物是人类和动物赖以生存的物质基础,动物的食物和某些工业原料,都是直接或间接地来自光合作用。

(2)蒸腾作用　蒸腾作用是叶的主要功能之一。水分以气体状态通过植物体的表面散失到大气中的过程,称为蒸腾作用。植物体内的水分除了植物的吐水以外,蒸腾作用是水分散失的主要形式。

(3)吸收作用　叶的另一种功能是吸收作用。在叶面上喷洒一定浓度的速效性肥料,叶片表面就能吸收,这种方法称为根外施肥,又称为叶面营养。喷施农药时(如有机磷杀虫剂),也是通过叶表面吸收到植物体内的。双子叶植物在作物生长后期,常要用根外追肥的方法补充营养,从而满足作物后期对肥料的需求。

(4)繁殖作用　有少数植物的叶片有繁殖作用,如落地生根,在叶的边缘生出许多不定芽或小植株,脱落后掉在土壤表面,就可以生成一个新个体。

此外,叶有多种经济价值,可食用、药用以及其他用途。如可食用的叶菜有青菜、卷心菜、菠菜、大白菜、生菜、芹菜、韭菜、十香菜、荆芥、木耳菜等。甜叶菊可以从叶中提取较蔗糖甜度高300倍的糖苷。毛地黄含有强心苷,为著名的强心药。颠茄叶含有莨菪碱生物成分为著名的抗胆碱药,用于治疗平滑肌痉挛等。香叶天竺葵和富兰香的叶可提取香精。剑麻的叶可用来造纸。茶叶、柳叶和竹叶可以做饮料。桑叶、蓖麻的叶可以养蚕。棕榈的叶鞘所形成的棕衣可制绳索、毛刷和床垫。薄荷、香薷和枸杞的叶可入药,也可食用。

2.3.2　叶的形态

1)叶的组成

植物的叶一般由叶片、叶柄和托叶3部分组成(图2.50)。叶片是叶的重要组成部分,大多数呈绿色扁平体,也有少数为针状或管状,如马尾松、洋葱和大葱。还有少数的叶变态成刺状,如仙人掌。叶柄是细长的柄状部分,上端与叶片相接,下端与枝相连。托叶是叶柄基部的附属物,常成对而生。托叶的种类很多,如刺槐的托叶成刺状,棉花的托叶为三角形,梨树的托叶为线条形,豌豆的托叶大而绿,荞麦的托叶二片合生成鞘,齿果酸模有膜质的托叶鞘等。不同植物的叶片,叶柄和托叶的形态是多种多样的。具有叶片、叶柄和托叶3部分的叶称为完全叶,如梨、桃、月季等植物的叶。有些叶仅有其中的一或两部分,称为不完全叶。其中无托叶的植物最为普遍,如茶、甘薯、白菜、油菜、丁香等植物的叶。不完全叶中,同时无托叶又无叶柄的有莴苣、苣菜、荠菜等植物的叶,又称为无柄叶。烟草叶缺叶柄;台湾相思树除幼苗期外全树的叶无叶片,叶柄扩展成片状,能行使光合作用,称为叶状柄。

禾本科植物的叶由叶片和叶鞘两部分组成(图2.51),有些植物还有叶舌和叶耳。叶鞘包裹着茎秆,具有保护和加强茎的支持作用;叶舌是叶片与叶鞘交界处内侧的膜状突起物;叶耳是叶舌两边,叶片基部边缘处伸出的两片耳状的小突起。叶舌和叶耳的有无、形状、大小和色泽等特征,是鉴别禾本科植物的依据,如水稻与稗草在幼苗期很难分辨,但水稻的叶有叶耳与叶舌,而稗草的叶没有叶耳与叶舌。

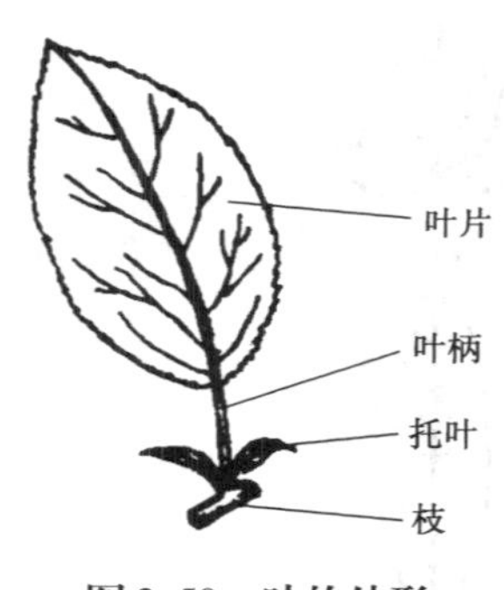

图 2.50　叶的外形

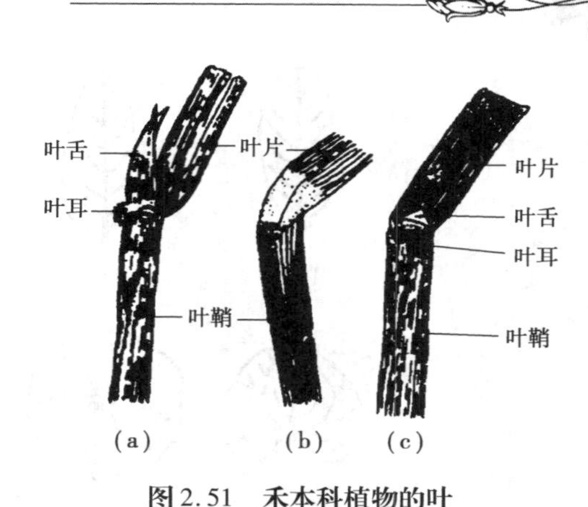

图 2.51　禾本科植物的叶

(a)A 水稻叶;(b)稗叶;(c)小麦叶

2)叶质

根据构成叶片的细胞层次的多少,表皮细胞的细胞壁的性质、加厚程度和叶脉在叶片中的分布情况,叶片含水量的多少等因素,叶质可分为 4 种类型。

(1)草质叶　叶质地柔软,叶片比较薄,含水分多。大多数草本植物是草质叶,如棉花、大豆等植物的叶。

(2)纸质叶　叶较草质叶坚实,叶柔软性及含水量均不如草质叶。大多数落叶树木的叶是纸质叶,如杨树、泡桐的叶。

(3)革质叶　叶片较厚,表皮细胞壁明显角质化。大多数常绿树的叶是革质叶,如印度橡皮树、广玉兰的叶。

(4)肉质叶　叶片厚实,含有大量的水分,如瓦松、景天、芦荟、松叶菊等植物的叶。

3)叶片的形态

对一种植物而言,叶的形态是比较稳定的。因此,叶的形态可作为植物分类的依据。叶片的大小,因植物种类不同或生态环境的变化有很大差异。如柏的鳞叶仅有 2 ~3 mm,芭蕉的叶片长达 1 ~2 m,王莲的叶片直径可达 1.8 ~2.5 m,而亚马孙酒椰的叶片长达 22 m,宽达 12 m。

(1) 叶形　叶形一般是指整个单叶叶片的形状,但有时也可指叶尖、叶基或叶缘的形状。常见的叶形如图 2.52 所示。

在叙述叶形时也常用“长”“广”“倒”等字眼冠在前面。如椭圆形而较长的叶称为长椭圆形叶;卵形而较宽的叶,称为广卵形叶;卵形而先端圆阔与基部稍狭像卵形倒置的叶,称为倒卵形叶。还有倒披针形、倒心形、长卵形、倒长卵形、广椭圆形、广披针形等。除几种基本形状外,其他形状的叶还有圆形(莲)、扇形(银杏)、三角形(杠板归)、剑形(鸢尾)等。凡叶柄着生在叶片背面的中央或边缘内,无论叶形如何,均称为盾形叶,如莲、蓖麻的叶。叶片的形状主要是以叶片的长阔比例(即长阔比)和最阔处的位置来决定的。就长阔比而言,圆形为 1:1,广椭圆形为 1.5:1,长椭圆形为3:1,线形为 10:1,带形或剑形为 6:1。以上长阔比是大概数字,因具体植物的叶片可略有出入。

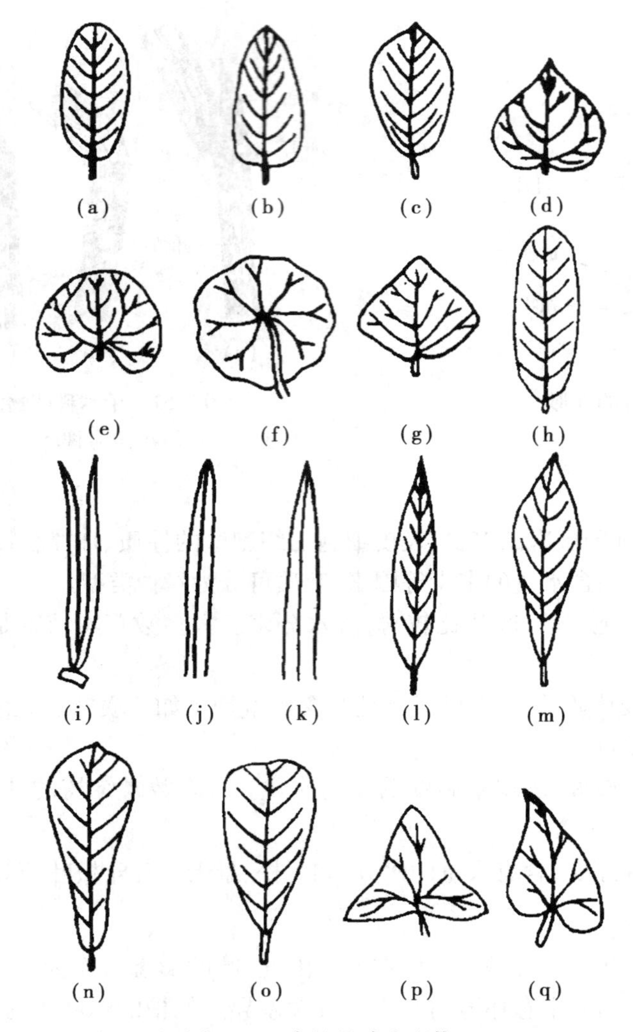

图 2.52 常见的叶片形状

(a)椭圆形;(b)卵形;(c)倒卵形;(d)心形;(e)肾形;(f)圆形(盾形);(g)菱形;(h)长椭圆形;(i)针形;(j)线形;(k)剑形;(l)披针形;(m)倒披针形;(n)匙形;(o)楔形;(p)三角形;(q)斜形

(2)叶尖　叶尖的主要形状如图 2.53 所示。

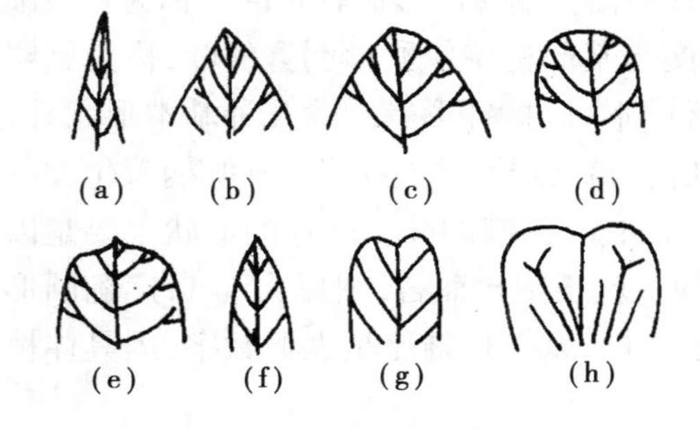

图 2.53 叶尖的类型

(a)渐尖;(b)急尖;(c)钝形;(d)截形;(e)具短尖;(f)具骤尖;(g)微缺形;(h)倒心形

(3)叶基　叶基的主要形状有渐尖、急尖、钝形、心形、截形等,与叶尖的形态相似,只是在叶基部出现。此外,还有耳形、箭形、戟形、匙形、偏斜形等(图 2.54)。

(4)叶缘　叶缘的形态如图 2.55 所示。全缘(叶缘平整,如女贞、玉兰、紫荆等植物的叶)。波状(叶缘稍显凸凹而成波纹状,如胡颓子的叶)。皱缩状(叶缘波状曲折,较波状更大,如羽衣甘蓝的叶)。齿状(叶片边缘凹凸不齐,裂成细齿状,称为齿状缘),其中又有锯齿、牙齿、重锯齿、圆齿各种类型。锯齿是指齿尖锐而齿尖朝向叶先端，如月季的叶。细锯齿是指锯齿较细小，如猕猴桃的叶。牙齿是指齿尖直向外方，如茨藻的叶。牙齿缘中，凡齿基成圆钝形的，称为圆缺缘。重锯齿是锯齿上又出现小锯齿，如樱草的叶。圆齿是齿不尖锐而成钝圆的，如山毛榉的叶。

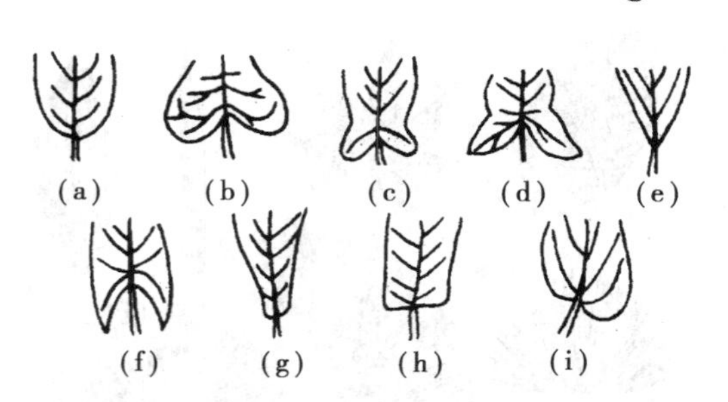

图 2.54　叶基的类型

(a)钝形；(b)心形；(c)耳形；(d)戟形；(e)渐尖；(f)箭尖；(g)匙形；(h)截形；(i)偏斜形

(5)叶裂　植物的叶片常有缺刻，叶片边缘凹凸不齐，凹入和凸出的程度较齿状缘大而深，称为缺刻。缺刻的形式和深浅有很大区别(图 2.56)。一般有以下两种情况：一种裂片呈羽状，称为羽状缺刻，如蒲公英、茑萝等植物的叶。另一种裂片呈掌状排列，称为掌状缺刻，如梧桐、悬铃木等植物的叶。依裂入的深浅，又有浅裂、深裂、全裂 3 种情况：浅裂也称为半裂，缺刻很浅，最深达到叶片的 1/2，如梧桐叶；深裂超过 1/2，缺刻较深，如荠菜的叶；全裂，也称为全缺，缺刻深达中脉或叶片基部，如茑萝、铁树等植物的叶。

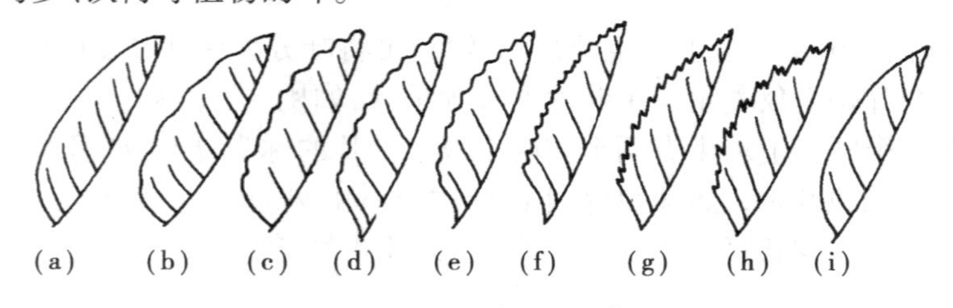

图 2.55　叶缘的类型

(a)全缘；(b)波状缘；(c)皱缩状缘；(d)圆齿状；(e)圆缺；(f)牙齿状；(g)锯齿；(h)重锯齿；(i)细锯齿

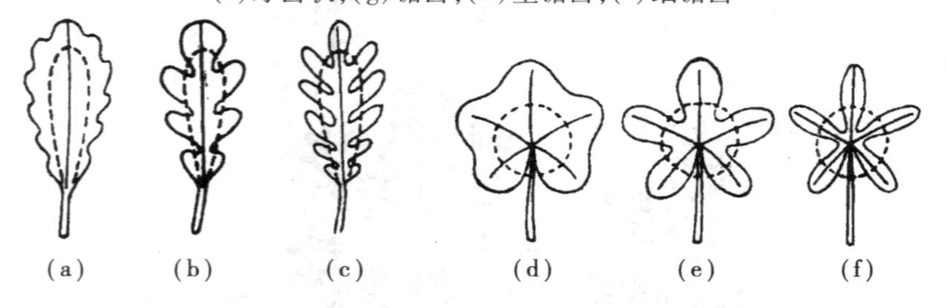

图 2.56　叶裂的类型

(a)羽状浅裂；(b)羽状深裂；(c)羽状全裂；(d)掌状浅裂；(e)掌状深裂；(f)掌状全裂

4)叶脉

叶片上分布的粗细不等的脉纹称为叶脉。实际上叶脉是叶肉中维管束形成的隆起线，其中粗大的是主脉，主脉上的分枝称为侧脉。叶脉在叶片上呈现出各种有规律的脉纹称为脉序。脉序主要有网状脉序、平行脉序和叉状脉序(图 2.57)。

(1)网状脉序　叶片上有一条或数条明显主脉，由主脉分出较细的侧细脉，由侧细脉分出更细的小脉。各小脉交错连接成网状，称为网状脉序(网状脉)。网状脉为双子叶植物所特有，又分为羽状网脉和掌状网脉。叶具有一条明显的主脉，细脉分生出平行侧脉为羽状网脉，如桃、苹果等大部分双子叶植物的叶。由叶基分出多条主脉，主脉间又继续分枝，形成细脉，称为掌状

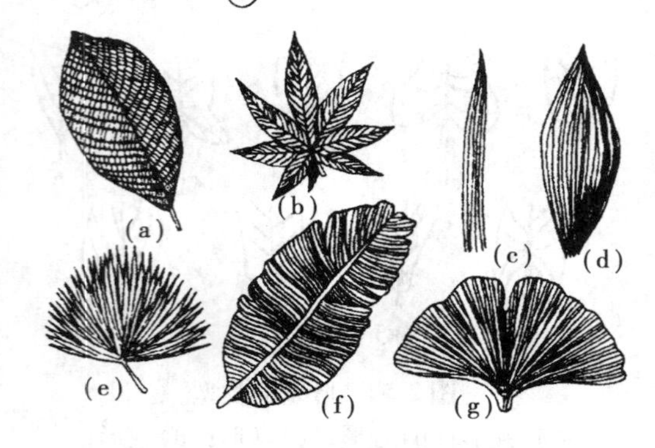

图 2.57 叶脉的类型

(a)、(b)网状脉(a 为羽状网脉,b 为掌状网脉);(c)、(d)、(e)、(f)平行脉(c 为直出脉,d 为弧形脉,e 为射出脉,f 为侧出脉);(g)叉状脉

网脉,如蓖麻、向日葵、瓜类等植物的叶。

(2)平行脉序　平行脉序(平行脉)是各叶脉平行排列,多见于单子叶植物,其中各脉由基部平行直达叶尖,称为直出平行脉,如水稻、小麦;中央主脉明显,侧脉垂直于主脉,彼此平行,直达叶缘,称为侧出平行脉,又称为横生脉,如芭蕉、美人蕉等;各叶脉由基部呈辐射状分出,称为辐射平行脉或射出脉,如蒲葵、棕榈等;各脉由基部平行发出,但彼此逐渐远离,稍作弧状,最后集中在叶尖汇合,称为弧状平行脉或弧形脉,如车前、平车前等。

(3)叉状脉序　叉状脉序(叉状脉)是各脉作二叉分枝,如银杏。叉状脉在蕨类植物中比较常见,是较原始的脉序。

5)单叶和复叶

根据不同植物在一个单叶柄上着生叶片的数目,可将叶分为单叶和复叶两大类。

(1)单叶　一个叶柄上仅着生一个叶片的称为单叶,如桃、棉花等。

(2)复叶　在一个叶柄上着生有两个或两个以上叶片的称为复叶,如月季、刺槐、南天竹等。复叶的叶柄称为总叶柄或叶轴,总叶柄上着生的叶称为小叶,小叶的叶柄,称为小叶柄。复叶根据小叶的排列方式可以分为羽状复叶、掌状复叶、三出复叶和单身复叶 4 种类型(图 2.58)。

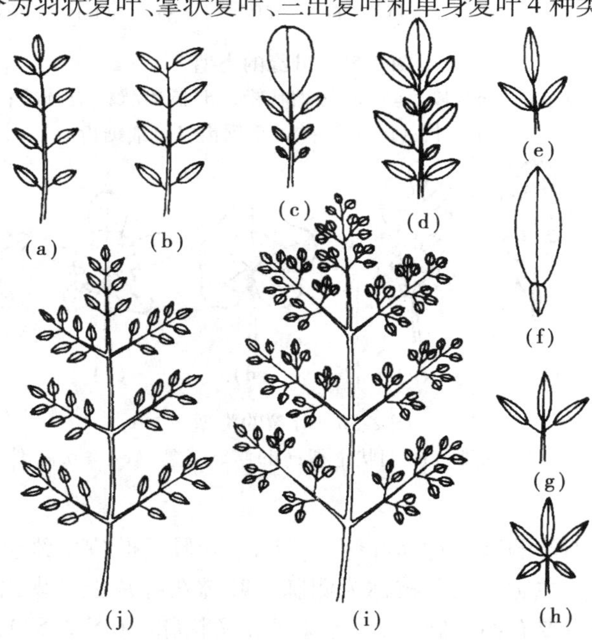

图 2.58 复叶的主要类型

(a)奇数羽状复叶;(b)偶数羽状复叶;(c)大头羽状复叶;(d)参差羽状复叶;(e)三出羽状复叶;(f)单身复叶;(g)三出掌状复叶;(h)掌状复叶;(i)三回羽状复叶;(j)二回羽状复叶

6）叶序和叶镶嵌

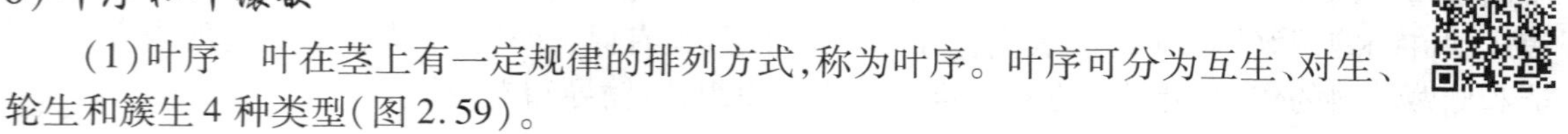

（1）叶序　叶在茎上有一定规律的排列方式，称为叶序。叶序可分为互生、对生、轮生和簇生4种类型（图2.59）。

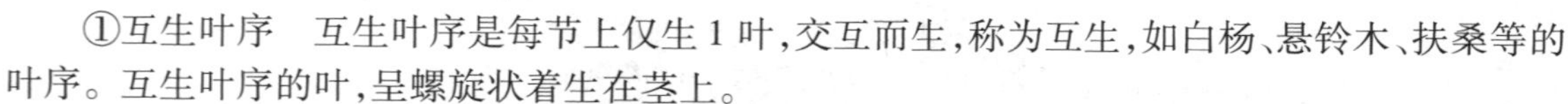

①互生叶序　互生叶序是每节上仅生1叶，交互而生，称为互生，如白杨、悬铃木、扶桑等的叶序。互生叶序的叶，呈螺旋状着生在茎上。

②对生叶序　对生叶序是每节上着生两片叶，相对排列，如丁香、女贞、石竹等。在对生叶序中，一节上的两片叶，与上下相邻一节的叶交叉成十字形排列，称为交互对生。

③轮生叶序　在每节上着生3片或以上的叶，呈辐射状排列称为轮生叶序，如夹竹桃、百合、茜草等。

④簇生叶序　枝的节间短缩密集，叶成簇着生，称为簇生叶序，如银杏、枸杞、落叶松等。

有少数植物的叶在茎基部簇生称为基生叶序，如平车前、车前等。

（2）叶镶嵌　叶在茎上的排列，不论是哪一种叶序，相邻两节的叶，总是不相重叠而成镶嵌状态，这种在同一枝上的叶，镶嵌排列而不重叠的现象称为叶镶嵌（图2.60）。叶镶嵌的形成主要是由于叶柄的长短、扭曲和叶片的排列角度不同，形成了叶片互不遮蔽。从植株顶部看去，叶镶嵌现象十分明显，如烟草、蒲公英等。在园林绿化中，爬墙虎、常春藤的叶片，能均匀分布在墙壁上，就是由于叶镶嵌的结果。叶镶嵌使茎上的叶片互不遮蔽，有利于植物进行光合作用。

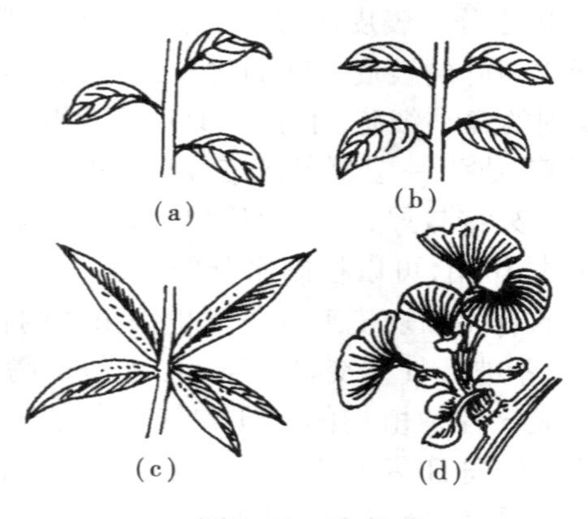

图2.59　叶序
（a）互生叶序；（b）对生叶序；
（c）轮生叶序；（d）簇生叶序

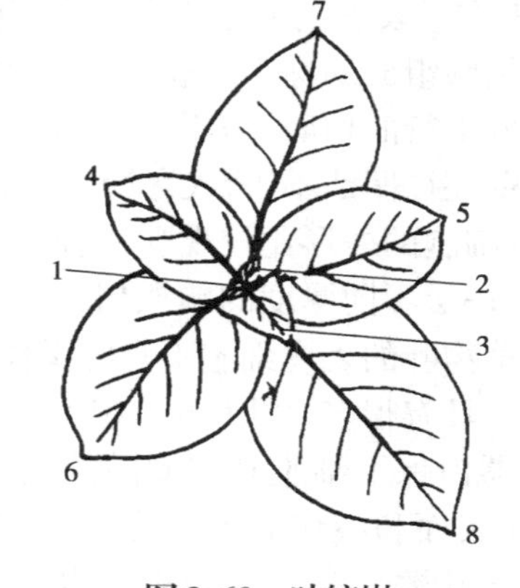

图2.60　叶镶嵌
（幼小烟草植株的俯视图，
图中数字显示叶的顺序）

2.3.3　叶的结构

叶的结构

1）双子叶植物叶的结构

一般被子植物的叶有上下面的区别，上面（即腹面或近轴面）深绿色，下面（即背面或远轴面）淡绿色。由于叶片两面受光照情况不同，因此两面的内部结构也不相同，即组成叶肉的组织有较大的分化，形成栅栏组织和海绵组织，这种叶称为异面叶。有些植物的叶和枝的长轴平行而与地面垂直，叶片两面的光照情况基本一致，因而叶片两面的内部结构也就相似，即组成叶肉的组织分化不大，称为等面叶。也有一些植物的叶上下面都具有栅栏组织，中间加着海绵组织，也称为等面叶。无论异面叶还是等面叶，就叶片而言，都有3种基本结构：表皮、叶肉和叶脉（图2.61）。表皮包在叶的最外层，具有保护作用；叶肉位于表皮的内方，有制造和储藏养料的作用；叶脉是埋在叶肉中的维管组织，有输导和支持作用。

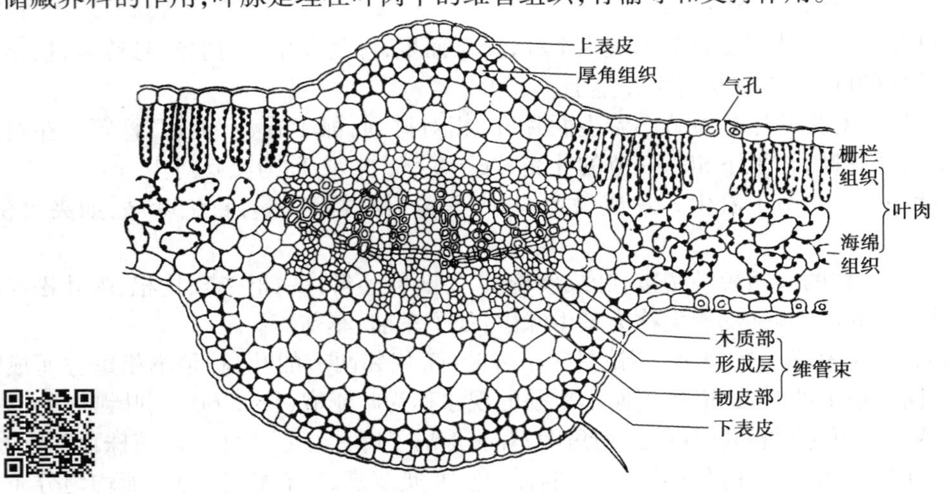

图2.61 双子叶植物叶片通过主脉的横切面

（1）表皮 表皮包被着整个叶片，有上、下表皮之分。表皮通常由一层生活的细胞组成，但也有多层细胞组成的称为复表皮，如夹竹桃和橡皮树叶的表皮。叶的表皮细胞在平面切面（与叶片表皮成平行的切面上）看，一般是形状不规则的扁平细胞，也有不少双子叶植物的表皮细胞的径向壁往往凹凸不平，犬牙交错地彼此镶嵌着，成为一层紧密而结合牢固的组织。在横切面上，表皮细胞的外形比较规则，呈长方形或方形，外壁较厚，常具角质层。有些植物在角质层外，往往有一层不同厚度的蜡质层。角质层起保护作用，可以控制水分的蒸腾，防止病菌的侵入。一般植物叶的表皮细胞不具叶绿体，表皮毛的有无和表皮毛的类型也因植物的种类而异。叶的表皮上具有很多气孔（图2.61），气孔是与外界进行气体交换的通道，也是蒸腾作用的通道。气孔器由保卫细胞和它们间的孔口共同组成。各种植物的气孔和气孔器由于形态和结构不同，在表面和各切面上存在着显著的差异。如向日葵等植物的叶上、下表皮都有气孔，但下表皮气孔数目多于上表皮。也有一些植物气孔仅分布于下表皮，如苹果、旱金莲；有的仅分布于上表皮，如睡莲、莲；个别植物的气孔仅分布于下表皮的某些区域，如夹竹桃的气孔仅在凹陷的气孔窝部位。沉水植物的叶一般无气孔，如眼子菜等。植物叶片气孔的分布，一般在阳光充足处较多，阴湿处较少。总之，不同植物的气孔数目、形态结构和分布有着明显的差异（表2.1）。

表2.1 植物叶片表皮上的气孔数目（个/cm^2）和大小

植物名称	上表皮	下表皮	下表皮上气孔全张开时孔的大小（长×阔，μm×μm）
小 麦	3 300	1 400	38×7
玉 米	5 200	6 800	19×5
向日葵	8 500	15 600	22×8

续表

植物名称	上表皮	下表皮	下表皮上气孔全张开时 孔的大小(长×阔,μm×μm)
菜　豆	4 000	28 000	7×3
大花天竺葵	1 900	5 900	19×12
旱金莲	0	13 000	12×16
野燕麦	2 500	2 300	38×8
番　茄	1 200	13 000	13×6

注:引自胡宝忠《植物学》,2002。

双子叶植物的气孔由两个肾形的保卫细胞组成(图 2.62)。保卫细胞内含有叶绿体,当保卫细胞从邻近细胞吸水膨胀时,气孔就张开;当保卫细胞失水收缩时,气孔就关闭。

在叶尖和叶缘的表皮上,还有一种类似气孔的结构,其保卫细胞长期开张,称为水孔(图 2.63)。水孔是气孔的变形,是植物向外排水的通道,在晴天早上植物叶尖和叶缘上的小水珠就是通过水孔排出的。

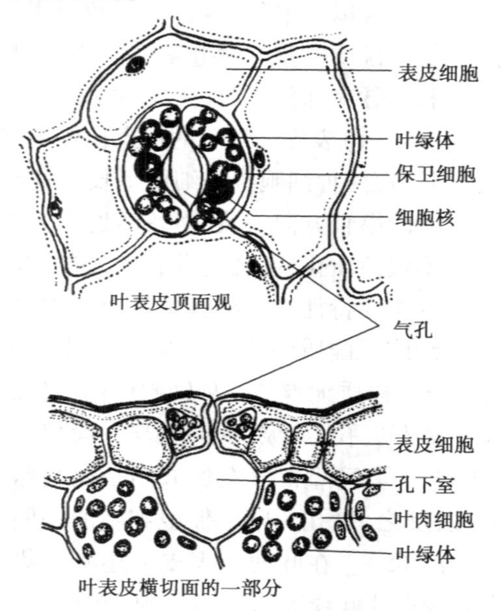

图 2.62　双子叶植物叶的下表皮的一部分(示气孔)

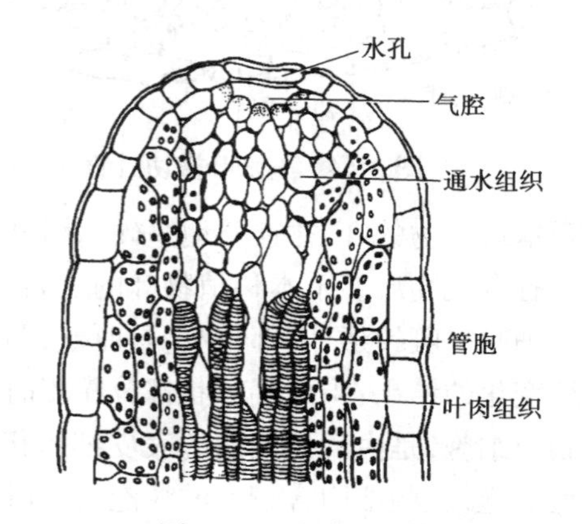

图 2.63　水孔的结构

(2)叶肉　叶肉是上、下表皮之间的绿色组织的总称,是叶的主要部分。叶肉通常由薄壁细胞组成,内含叶绿体。在异面叶中,上表皮下方的绿色组织排列整齐,细胞呈长柱状,细胞的长轴和叶表面相垂直,形似栅栏,称为栅栏组织。在栅栏组织的下方,靠近下表皮部分的绿色组织,形状不规则,排列疏松,有很多间隙,形如海绵状,称为海绵组织。栅栏组织含有丰富的叶绿体,而海绵组织含叶绿体比较少,因此,叶片上面绿色较深,下面较浅。

(3)叶脉　叶脉是叶肉内的维管束,它的内部结构,因叶脉的大小而不同。中脉比较粗大,由维管束和机械组织组合而成。叶片中的维管束通过叶脉和茎的维管束相连接,通过茎向叶运输水和无机盐。双子叶植物叶的维管束和茎的维管束有明显区别，它的木质部在上方（近轴面），而韧皮部在下方（远轴面），这是由于维管束从茎中向外方，侧向进入叶的结果。维管束中，还有由薄壁组织组成的维管束鞘。在大叶脉的横切面上，维管束的上下方均有大量的机械组织，直接和上下表皮相连接。在叶中叶脉越细，结构越简化：首先是形成层消失，其次是机械组织逐渐消失，再次是木质部和韧皮部的结构简化。

叶脉分布于叶肉中，可运输水和无机盐，同时也可以运输光合产物；叶脉还有支撑作用，使叶片在空中伸展，接受阳光，有利于叶片进行光合作用。

（4）叶柄　叶柄的结构比叶片简单，它类似于茎的结构，是由表皮、基本组织和维管束组成。叶柄的横切面一般为半月形、圆形、三角形等。表皮内是基本组织，基本组织近外方的部分往往是厚角组织，内方为薄壁组织；基本组织以内为维管束，其数目和大小不定，常排列成弧形、环形、平列形。维管束的结构和幼茎中的维管束相似，但木质部和韧皮部的排列方式和双子叶植物叶相似，木质部在上，韧皮部在下。每个维管束外，常有厚壁的细胞包围。在双子叶植物的叶柄中，木质部和韧皮部之间有一层形成层，但形成层仅有短期活动。在叶柄中，由于维管束的分离和联合，会使维管束的数目和排列发生变化，从而使叶柄的结构随之变化。

2）**单子叶植物叶的结构**

现以禾本科植物为例，就叶片内部结构加以说明。禾本科植物的叶片由表皮、叶肉和叶脉3部分组成（图2.64）。

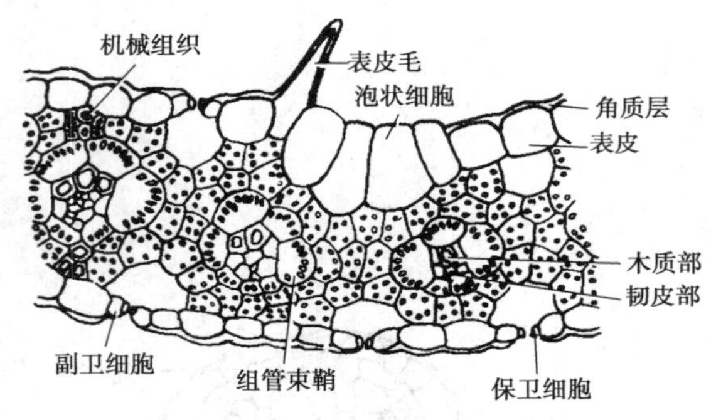

图2.64　玉米叶横切面的一部分

（1）表皮　细胞的形态比较规则，常包括长、短两种细胞。长细胞呈长方柱形，长径与叶的纵轴方向一致，横切面近于方形，细胞壁不仅角质化，而且充满硅质，这是禾本科植物的主要特征。短细胞又分为硅质细胞和栓质细胞。硅质细胞常为单个的硅质体所充满，禾本科植物的叶，往往质地坚硬，就是因为含有硅质。栓质细胞是一种细胞壁栓质化的细胞，常含有有机物质。禾本科植物叶的上表皮和下表皮都有气孔，成纵行排列，与一般植物不同。保卫细胞呈哑铃形，中部狭窄，具厚壁，两端膨大成球状，具薄壁。气孔的开闭是两端球状部分胀缩变化的结果：当两端球状部分膨胀时，气孔开放；反之，气孔关闭。保卫细胞的外侧各有一个副卫细胞，是由气孔侧面的表皮细胞衍生而来（图2.65）。在叶的上表皮中还有一些特殊的大型细胞，这些细胞含较大的液泡，无叶绿素或含有少量的叶绿素，其径向细胞壁薄，外壁较厚，在横切面上，常由几个细胞一起排列成扇形称为泡状细胞。一般认为，泡状细胞和叶片的伸展和卷缩有关：在水分缺失时，泡状细胞失水较快，细胞外壁向内收缩引起整个叶面上卷成筒状，减少蒸腾；水分充足时，泡状细胞膨胀，叶片伸展。因此泡状细胞又称为运动细胞。

（2）叶肉　禾本科植物的叶肉，没有栅栏组织和海绵组织的分化，为等面叶。叶肉细胞排列紧密，细胞间隙小，在气孔的内方有较大的间隙，即孔下室。叶肉细胞形状不规则，如水稻、小麦等植物的叶肉细胞壁向内皱褶，形成具有“峰、谷、腰、环”的结构。这种特点有利于更多的叶绿体排列在细胞的边缘，便于叶片吸收二氧化碳和接受光能，进行光合作用（图2.66）。

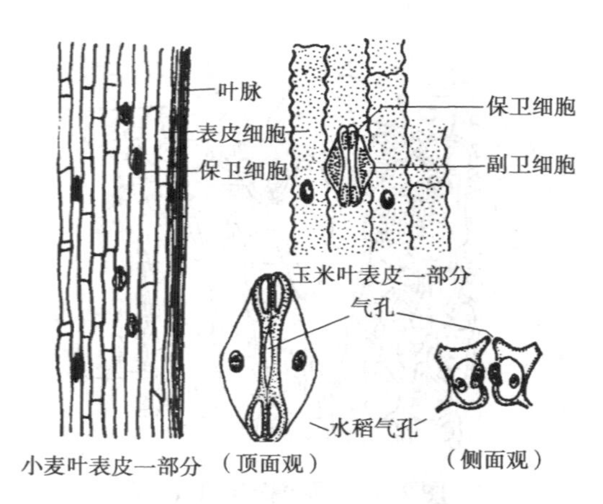

图 2.65　小麦和玉米叶气孔器的结构

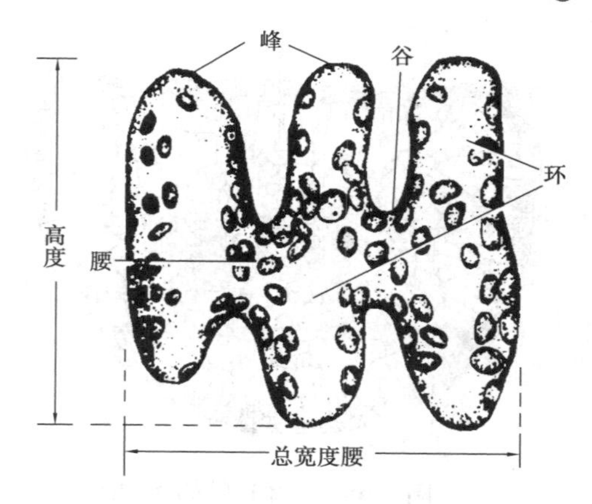

图 2.66　小麦叶肉细胞

(3)叶脉　叶脉由木质部、韧皮部和维管束组成,木质部在上,韧皮部在下,维管束内无形成层,属于有限维管束,在维管束外面有一层或两层维管束鞘包围。维管束鞘有两种类型:一是以玉米、高粱、甘蔗为代表,由单层维管束鞘组成,其细胞较大,排列整齐,含叶绿体大而多,在维管束鞘的周围毗接着一圈排列很规则的叶肉细胞组成"花环形"结构,这种结构有利于固定还原叶内产生的二氧化碳,提高光合速率;二是以小麦、大麦、水稻为代表,维管束鞘有两层细胞:外层细胞薄而大,叶绿体比叶肉细胞小而少;内层细胞壁厚而小,无叶绿体。禾本科植物叶脉的上下方,常有成片的厚壁组织把叶肉隔开,而与表皮相接。水稻的中脉,向叶片背面突出,结构比较复杂,它是由多个维管束和薄壁组织组成,大维管束和小维管束相间排列,中央部分有大而分隔的空腔 3 ~ 4 个,与根、茎的通气组织相连接。

3)裸子植物叶的结构

裸子植物中松属是常绿树,叶为针叶,又称为松针。针叶植物呈旱生形态,大大缩小了蒸腾面积。松叶发生在短枝上,多数是两针或多针一束,一束中的针叶数目不同,因而在横切面形状各异。马尾松和黄山松的针叶是两针一束,横切面是半圆形;而云南松是三针一束,华山松是五针一束,它们的横切面呈三角形(图 2.67)。现以马尾松为例,说明针叶的内部结构(图 2.68)。

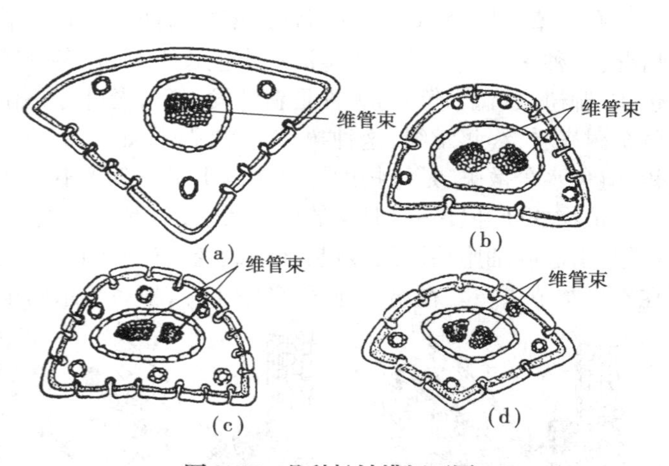

图 2.67　几种松针横切面图

(a)华山松;(b)马尾松;(c)黄山松;(d)云南松

马尾松叶的表皮细胞壁较厚,角质层发达,表皮下有多层厚壁组织,称为下皮,气孔内陷(图 2.29),这些都是旱生的形态特征。叶肉细胞的细胞壁,向内凹陷,形成许多褶壁,叶绿体沿褶壁面分布,这就使细胞扩大了光合面积,叶肉细胞实际就是绿色折叠的薄壁细胞。叶肉内有若干树脂通道和明显的内皮层。维管组织两束,位于叶的中央。松属的其他种类叶中,仅有一束维管组织。松针叶小,表皮壁厚,叶肉细胞壁内褶叠,具树脂道,内皮层显著,维管束排列在叶的中心部分,都是松属针叶的特点,也表明它具有能适应低温和干旱的形态结构。

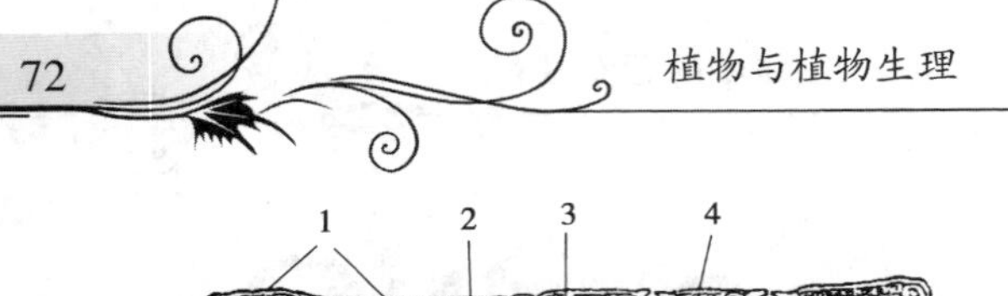

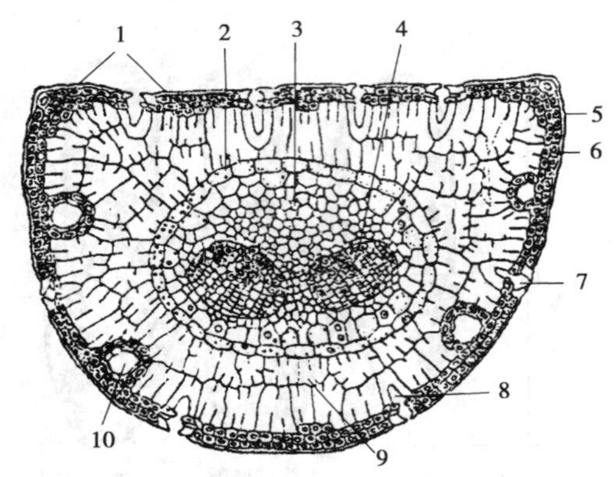

图 2.68　马尾松叶的横切面

1—下表皮;2—内表皮;3—薄壁组织;4—维管束;
5—角质层;6—表皮;7—下陷气孔;8—孔下室;
9—叶肉细胞;10—树脂道

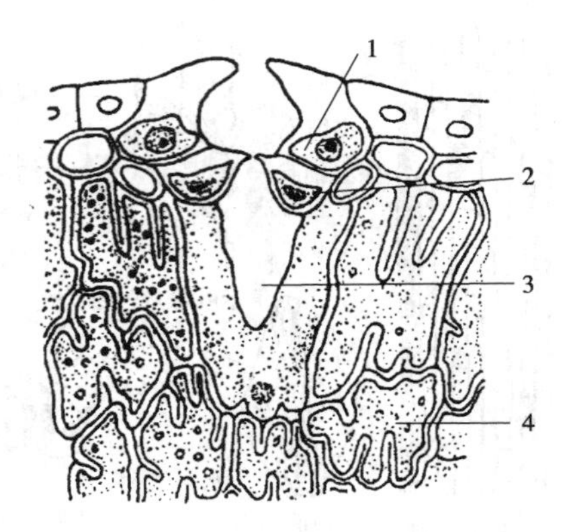

图 2.69　马尾松叶的气孔器

1—副卫细胞;2—保卫细胞;3—孔下室;
4—叶肉细胞(绿色折叠薄壁细胞)

2.3.4　落叶与离层

植物的叶有一定的生活期(即寿命)。不同植物叶的生活期有长有短,在一定的生活期终结时,叶就枯死。一般植物的叶,生活期仅有几个月,但也有个别植物的在一年以上。一年生植物的叶随着果实的成熟而枯萎凋落。常绿植物的叶,生活期一般较长,如女贞的叶可活1~3年,松叶可活3~5年,罗汉松叶可活2~8年,冷杉叶可活3~10年。

有些草本植物的叶枯死后常残留在植株上,如麦、稻、豌豆等草本植物。树木的落叶有两种情况:一种是植物的叶只能生活一个生长季节,在冬季寒冷时全部脱落,这种树称为落叶树,如杨树、柳树、悬铃木等;另一种是新叶发生后,老叶才逐渐枯落,而不是集中在一个时期内脱落,就全树来看,终年常绿,这种树称为常绿树,如茶、广玉兰、松、柏、黄杨等。落叶能减少蒸腾面积,避免水分散失,是植物度过寒冷或干旱季节等不良环境的一种适应。

植物的叶经过一定时期的生理活动,细胞内产生大量的代谢产物,尤其是一些矿物元素的积累,引起叶细胞功能的衰退,渐渐衰老,直至死亡,这是落叶的内在因素。落叶树的落叶总是在不良季节进行。在温带地区,冬季干冷,根系吸水困难而蒸腾作用并不降低,这时缺水也引起脱落。在季节干旱时也会发生叶发黄脱落的现象。在热带地区,夏季到来时引起大气干旱,环境缺水,也同样会促进落叶。

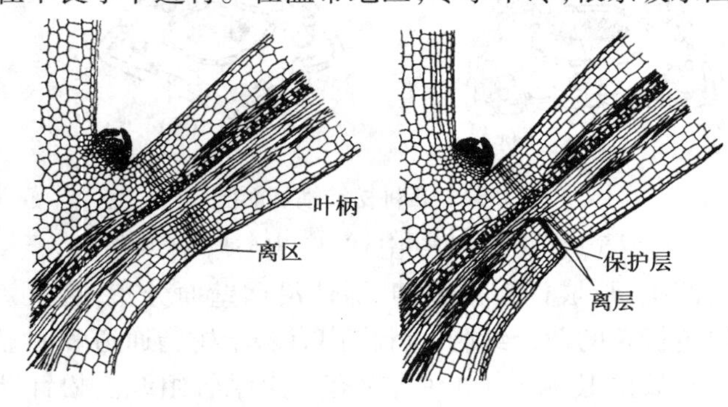

图 2.70　棉叶柄基部纵切面(示离区结构)

植物的叶为什么会脱落?脱落后的叶痕为什么会那样光滑?这是因为在叶柄基部或靠近叶柄基部的某些细胞,由于细胞生物化学性质的变化,落叶之前在叶柄基部分裂出数层较为扁平的薄壁细胞,形成离区(图 2.70)。离区包括离层和保护层两个部分。这一区域内的薄壁细胞细胞壁胶化，细胞呈游离状态，支持力量变得异常薄弱，这个区域称为离层。紧接在离层下，就是保护层。保护层的形成，能避免水的散失和昆虫、真菌、细菌的浸染。

2.3.5　叶的变态

营养器官的变态

叶的可塑性最大，最易受外界环境的影响，发生的变态种类较多。常见叶的变态有以下6种类型（图2.71）。

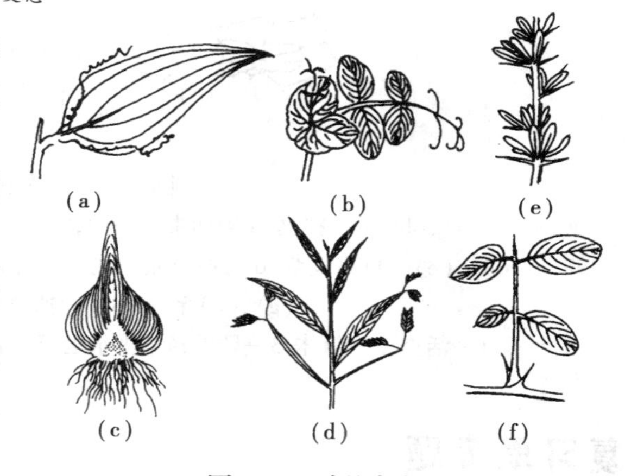

图2.71　叶的变态

（a）、（b）叶卷须（a为菝葜，b为豌豆）；
（c）鳞叶（风信子）；（d）叶状柄（金合欢属）；
（e）、（f）叶刺（e为小檗，f为刺槐）

（1）苞片和总苞　苞片是着生在花下面的变态叶。苞片一般较小，绿色，但有的较大，呈现各种不同的颜色。棉花的花最外层的苞片（副萼）有3个。苞片多聚生在花序的外围，称为总苞。总苞有保护花和果实的作用。如菊科植物向日葵的总苞在花序的外围，它的形态大小、色泽和排列轮数，可作为鉴定植物种类的依据之一。蕺菜（鱼腥草）、珙桐有白色花瓣状总苞，有吸引昆虫帮助传粉的作用。苍耳的总苞成束状，包住果实，上生细刺，可附着在动物体上，有利于果实的传播。

（2）叶卷须　由叶的一部分变成卷须状，称为叶卷须。豌豆羽状复叶顶端的叶片变成卷须，菝葜的托叶变成卷须。叶卷须具有攀缘作用。

（3）鳞叶　叶的功能特化或退化成鳞片状，称为鳞叶。鳞叶的存在有以下两种情况：一是木本植物的鳞芽外的鳞叶，常呈褐色，有茸毛或有黏液，如杨树的叶，有保护芽的作用，又称为芽鳞。二是地下变态茎上的鳞叶，有肉质和膜质两类。肉质叶出现在鳞茎上，鳞叶肥厚多汁，营养丰富。有些可以食用，如洋葱、百合等。洋葱除肉质鳞叶外，还有呈膜质的鳞叶包被，膜质的鳞叶呈褐色，干膜状，是退化的叶，如球茎（荸荠、慈姑）、根茎（藕、竹鞭）上的叶。

（4）叶状柄　有些植物的叶片不发达，而叶柄转变为扁平的片状，并具有叶的功能，称为叶柄状。我国广东、台湾的台湾相思树，仅在幼苗时出现几片正常的羽状复叶，以后产生的叶，其小叶完全退化，仅具叶状柄。

（5）叶刺　由叶或叶的部分（如托叶）变成刺，称为叶刺。叶刺腋（即叶腋）中有芽，以后发展成短枝，枝上有正常的叶。如小檗长枝上的叶变成刺，刺槐的托叶变成刺。

（6）捕虫叶　有些植物具有能捕食昆虫的变态叶，称为捕虫叶。具有捕虫叶的植物，称为食虫植物或肉食植物。捕虫叶有囊状（如狸藻）、盘状（如茅膏菜）、瓶状（猪笼草）。狸藻是多年生水生植物，长在池沟中，它的捕虫叶膨大成囊状，每囊有一个开口，并由一活瓣保护，活瓣只能向内开启，外表面具硬毛。小虫触及硬毛时，活瓣开启，小虫随水流入，活瓣又关闭（图2.72）。

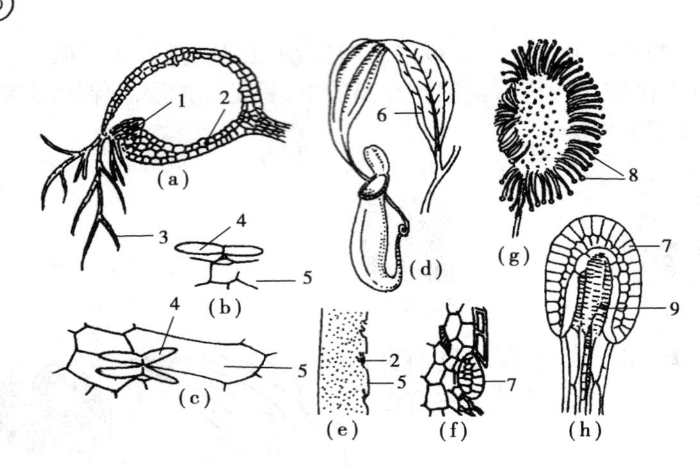

图2.72 几种植物的捕虫叶

(a)、(b)、(c)狸藻(a为捕虫囊切面,b为囊内四分裂的毛侧面观,c为毛的顶面观);
(d)、(e)、(f)猪笼草(d为捕虫瓶外观,e为瓶内下部分的壁,具腺体,f为壁的部分放大);
(g)、(h)茅膏菜(g为捕虫叶外观,h为触毛放大);
1—活瓣;2—腺体;3—硬毛;4—吸水毛;5—表皮;6—叶;7—分泌层;8—触毛;9—管胞

复习思考题

1. 名词解释:主根、侧根、初生木质部、初生韧皮部、芽、枝条、叶痕、叶迹、边材、心材、叶序、复叶、叶镶嵌、等面叶和异面叶、栅栏组织、海面组织、运动细胞。
2. 根尖分为几个区？各区的特征及功能是什么？
3. 列表说明单、双子叶植物根的初生结构,各部分结构的细胞特征和组织类型。
4. 说明双子叶植物根的次生生长及次生结构。
5. 什么叫根瘤？什么叫菌根？菌根分为哪几种类型？
6. 何为器官的变态？储藏根有哪些变态？简述它与人们生活的关系。
7. 说明茎的生理功能。
8. 芽有哪些类型？叶芽和花芽在形态结构上有何区别？
9. 绘制双子叶植物初生构造的简图,说明各部分的结构。
10. 试比较双子叶植物叶和双子植物茎初生构造在横切面上的区别。
11. 什么叫年轮？年轮是怎么形成的？
12. 简要说明叶的生理功能和经济用途。
13. 简述叶质是如何划分的？叶质有哪些类型？
14. 简述双子叶植物叶在横切面上的构造特点。
15. 禾本科植物的叶在横切面上有哪些主要特点？
16. 离层是怎样形成的？落叶有何意义？
17. 叶的变态有哪些主要类型？如何区分叶刺和茎刺？

3 植物的生殖器官

【理论教学目标】

1. 掌握花的概念和组成，花程式和花图式的含义，花序的类型。
2. 了解花药和花粉粒、胚珠和胚囊的发育与构造。
3. 熟悉植物的开花、传粉和受精过程，种子和果实的发育与构造。
4. 了解植物果实的类型以及果实和种子的传播。
5. 了解种子的构造、种子的萌发过程和幼苗的类型。

【技能实训目标】

1. 能用专业术语正确描述花的形态特征、子房的位置和花序的类型。
2. 能正确识别植物花冠、雄蕊和果实的类型。
3. 掌握花药、子房和果实的显微观察和生物绘图技术。
4. 了解种子萌发需要的内外条件，正确识别幼苗的类型。

3.1 花的组成

花的组成与花序的类型

3.1.1 花的概念

花是由花芽发育而来的。多数植物经过幼年期达到一定的生理状态时，植物体的某些部分接受外界信号的刺激，主要是叶片感受光周期、茎的生长锥感受低温后，就不再形成叶原基和腋芽原基，而是分化出花原基或花序原基，最后形成花或花序的各个部分，这个过程称为花芽分化。

花是被子植物所特有的有性生殖器官，是形成雌性生殖细胞和雄性生殖细胞的场所。从形态发生和解剖结构来看，花是适应于生殖的缩短的变态枝条。

3.1.2 花的组成

一朵完全花由花柄(花梗)、花托、花被(包括花萼、花冠)、雄蕊群和雌蕊群(图3.1)组成。从植物形态学角度来看,花梗是枝条的一部分,花萼、花冠、雄蕊、雌蕊是变态叶,着生在花梗顶部膨大的花托上。

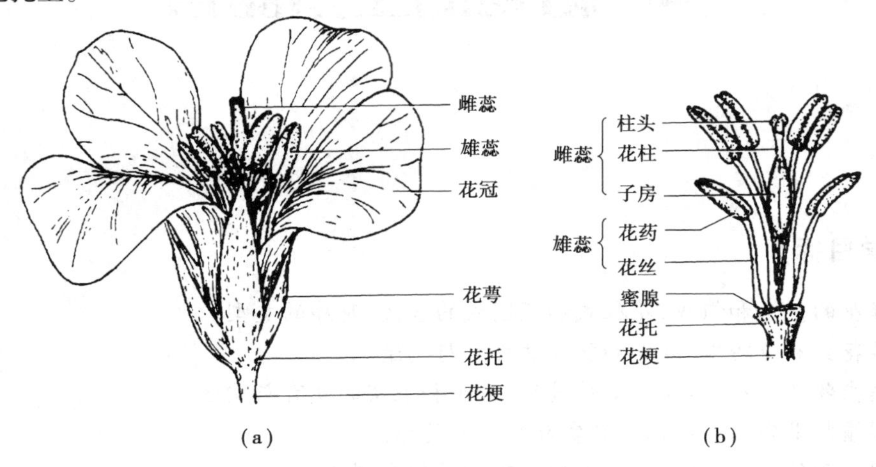

图3.1 油菜花的组成

(引自李扬汉,1984)

(a)花的全貌;(b)除去花萼和花冠,表示雄蕊和雌蕊

1)花柄和花托

花柄(花梗)是着生花的长轴状结构,可以把花展布于一定的空间位置,其内部结构和茎相似,并与枝条相连,起支持作用,同时又是茎向花输送营养物质的通道。花柄有长有短,随植物种类不同而有差异,长的有1 m左右,短的有1~2 mm,甚至形成无柄花。

花柄的顶端膨大的部分为花托。花托的形状因植物种类的不同有多种:有的呈圆柱状,如木兰、含笑;有凸起呈圆锥形的,如草莓;也有凹陷呈杯状的,如月季、蔷薇;还有膨大呈倒圆锥形的,如莲。

2)花被

花被是花萼和花冠的总称。花被着生在花托边缘或外围,对雄蕊和雌蕊起保护作用,有些植物的花被还有助于传粉。很多植物的花被分化成内外两轮:外轮花被多为绿色,称为花萼;内轮花被有鲜艳的颜色,称为花冠。既有花萼又有花冠的花称为双被花,如油菜、豌豆、番茄等。有些植物的花只有一层花被,即只有花萼或花冠,称为单被花,如甜菜、大麻、桑。有的完全没有花被,称为无被花,如杨、柳等。有的花萼、花瓣不易区分,统称为花被片,如木兰科植物。

(1)花萼 花萼位于花的外侧,由若干萼片组成,一般呈绿色。花萼是第一轮变态叶,能行使光合作用,同时具有保护幼花的作用。棉花的花有两层花萼:第一轮为副萼,第二轮是花萼。花萼萼片完全分离的,称为离萼,如油菜、茶等;彼此连合的称为合萼,如丁香、棉等。合萼下端连合的部分称为萼筒,上段分离的是花萼的裂片。有些植物萼筒伸长成细长中空状,称为距,如凤仙花、旱金莲等。花萼通常在开花后脱落,称为落萼。但也有随果实一起发育而宿存的,称为宿萼,如番茄、茄子、辣椒、柿子等。有的花萼萼片变成冠毛,如蒲公英、小蓟等。

（2）花冠　花冠位于花萼的内侧，是花的第二轮变态叶，由若干花瓣组成，排列成一轮或数轮。多数植物的花瓣，由于其细胞内含有花青素或有色体而呈现不同颜色。有的花瓣有香味，还能分泌蜜汁。由于花冠颜色鲜艳和分泌挥发油类，可吸引昆虫帮助传粉。花冠还有保护雌、雄蕊的作用。常见花冠类型如图3.2所示。

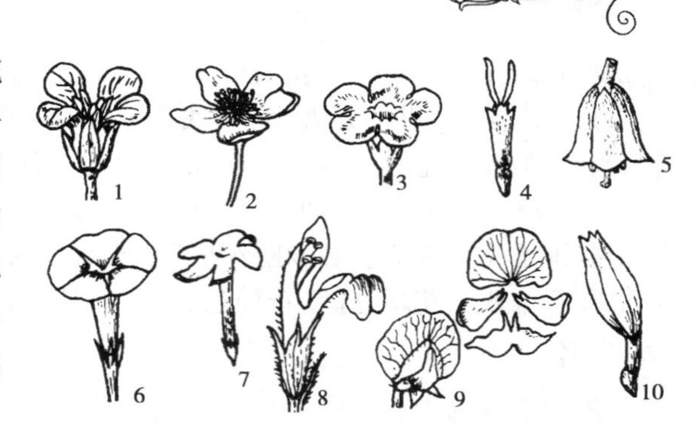

图3.2　花冠的类型

1—十字花冠；2—蔷薇状花冠；3—轮状花冠；4—筒状花冠；5—钟状花冠；6—漏斗状花冠；7—高脚杯状花冠；8—唇形花冠；9—蝶形花冠；10—舌形花冠

①离瓣花冠　花瓣基部彼此完全分离，这种花冠称为离瓣花冠，常见有以下几种：

a. 蔷薇花冠　由5个（或5的倍数）分离的花瓣排列成五星辐射状，如桃、李、苹果等。

b. 十字花冠　由4个分离的花瓣排列成十字形，如油菜、白菜、萝卜等。

c. 蝶形花冠　花瓣5片，离生，花形似蝶。最外面的一片最大，称为旗瓣，两侧的两瓣称为翼瓣，最里面的两瓣，顶部稍连合或不连合，称为龙骨瓣，如大豆、花生、蚕豆等。

②合瓣花冠　花瓣全部或部分连合的花冠称为合瓣花冠，常见有以下几种：

a. 漏斗状花冠　花瓣连合成漏斗状，如牵牛、甘薯、打碗花等。

b. 钟状花冠　花冠较短而广，上部扩大成一钟形，如南瓜、桔梗等。

c. 唇形花冠　花冠裂片呈上下两唇形，如芝麻、薄荷等。

d. 筒状花冠　花冠大部分成一管状或圆筒状，花冠裂片向上伸展，如向日葵花序中部的花。

e. 舌状花冠　花冠筒较短，花冠裂片向一侧延伸成舌状，如向日葵花序的边花、蒲公英的花。

f. 轮状花冠　花冠筒短，裂片由基部向四周扩展，如茄、常春藤等。

3）雄蕊群

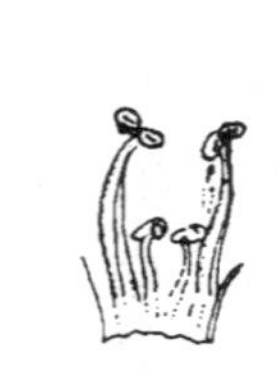

二强雄蕊

单体雄蕊

多体雄蕊

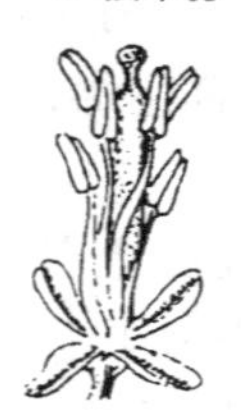

四强雄蕊

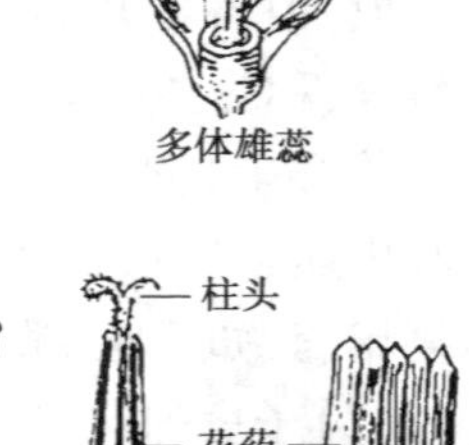

二体雄蕊

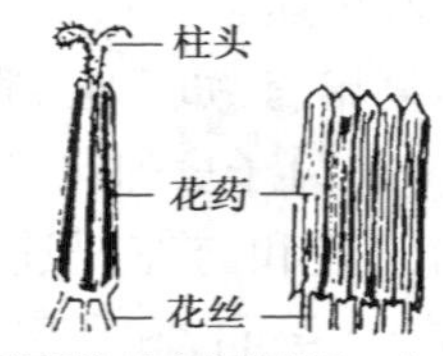

聚药雄蕊（花药相连，包围花柱，下部花丝分离）

图3.3　雄蕊的类型

雄蕊群是一朵花中雄蕊的总称，由多数或一定数目的雄蕊组成，是花的重要组成部分，也是鉴别植物种类的标志之一。雄蕊由花丝和花药两部分组成。花丝细长呈柄状，具有支持花药的作用，同时具有运输作用。花丝长短因植物种类而异。花药是雄蕊的主要部分，能产生花粉。

雄蕊分为离生雄蕊和合生雄蕊（图3.3）。

（1）离生雄蕊　花中各雄蕊分离，如蔷薇、石竹等。其中特殊的雄蕊，数目固定，有长短之分，典型的有：

①二强雄蕊　花中有雄蕊4枚，2长2短，如芝麻、益母草等。

②四强雄蕊　花中有雄蕊6枚,4长2短,如萝卜、油菜等。

(2)合生雄蕊　花中雄蕊,全部或部分连合。常见的有以下4种类型:

①单体雄蕊　花丝下部连合成筒状,花丝上部或花药仍分离,如棉花、木槿等。

②二体雄蕊　花丝分为两组,其中9个连合,一个单生,如大豆、紫荆等。

③多体雄蕊　雄蕊多数,花丝基部连合成多束,如蓖麻、金丝桃等。

④聚药雄蕊　花丝分离,花药连合,如向日葵、菊花等。

4)*雌蕊群*

雌蕊位于花的中央部分,由柱头、花柱和子房3部分组成。一朵花中所有的雌蕊称为雌蕊群。雌蕊是由心皮构成的。心皮是具有生殖作用的变态叶,由心皮卷合后构成雌蕊(图3.4)。心皮的边缘互相连接处,称为腹缝线。在心皮背面的中肋(相当于叶的中脉)处,也有一条缝线,称为背缝线。

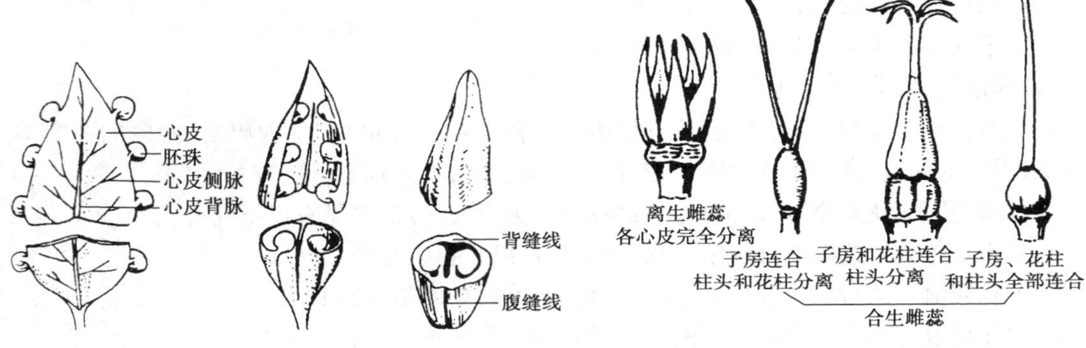

图3.4　心皮卷合成雌蕊的过程示意图

图3.5　雌蕊的类型

柱头位于雌蕊的顶部,是接受花粉粒的地方。花柱位于柱头和子房之间,是花粉萌发后花粉管进入子房的通道。子房是雌蕊下部膨大的部位,外部为子房壁,内具一至多个子房室,子房内着生胚珠。受精后,子房发育成果实,子房壁发育成果皮,胚珠发育成种子。

植物种类不同,其雌蕊的类型、子房的位置、胎座的类型也各不相同。

(1)雌蕊的类型　根据雌蕊中心皮的数目和离合情况,可分为3种类型(图3.5)。

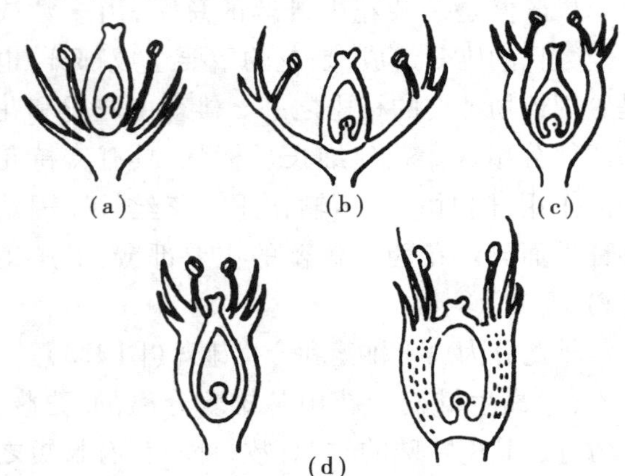

图3.6　子房的位置

(a)上位子房(下位花);(b)上位子房(周位花);(c)半下位子房(周位花);(d)下位子房(上位花)

①单雌蕊　一朵花中的雌蕊仅由1个心皮组成,称为单雌蕊,如大豆、豌豆、蚕豆等。

②离生雌蕊　一朵花中的雌蕊由几个心皮组成,但各心皮彼此分离,每一心皮成为1个雌蕊,称为离生雌蕊,如莲、草莓、八角等。

③合生雌蕊　一朵花中由两个或两个以上心皮连合组成的1个雌蕊,称为合生雌蕊,属复雌蕊,如棉花、番茄等。

(2)子房的位置　根据子房在花托上着生的位置和与花托连合情况,将其分为子房上位、子房下位和子房半下位3种类型(图3.6)。

①子房上位　子房仅以底部与花托相连,称为子房上位。子房上位分为两种情况:如果

子房仅以底部与花托相连，而花被、雄蕊着生位置低于子房，称为上位子房下位花，如油菜、玉兰等；如果子房仅以底部和杯状花托的底部相连，花被与雄蕊着生于杯状花托的边缘，称为上位子房周位花，如桃、李等。

②子房下位　子房位于下陷的花托中，并与花托愈合，称子房下位。花的其余部分着生在子房的上面、花托的边缘，其花称为上位花，如苹果、南瓜、向日葵等。

③子房半下位　又称子房中位，子房的下半部陷于杯状花托中，并与花托愈合，上半部仍露在外，花被和雄蕊着生于花托的边缘，称为子房半下位，其花称为周位花，如甜菜、马齿苋等。

3.1.3　禾本科植物的花

禾本科植物是被子植物中的单子叶植物，农作物中的水稻、小麦、玉米、高粱、谷子都属于此类。禾本科植物的花通常由鳞片（浆片）两枚、雄蕊3枚或6枚、雌蕊1枚组成，在花的两侧还有1枚外稃和1枚内稃。鳞片是花被片的变态。外稃为花苞片的变态，其中脉常外延成芒。开花时，鳞片吸水膨胀，撑开外稃、内稃，露出花药和柱头以利于传粉。

禾本科植物的花与内稃、外稃组成小花，再由1至数朵小花与两枚颖片组成小穗。颖片位于小穗的基部，下面的一片称第一颖（外颖），上面的一片称第二颖（内颖）。不同的禾本科植物可由许多小穗集合成不同的花序，如小麦为复穗状花序（图3.7），每小穗有2～5朵或更多的小花，小穗基部有明显的两枚颖片，每小花有内稃、外稃各1片，鳞片两个，雄蕊3枚，雌蕊1枚。

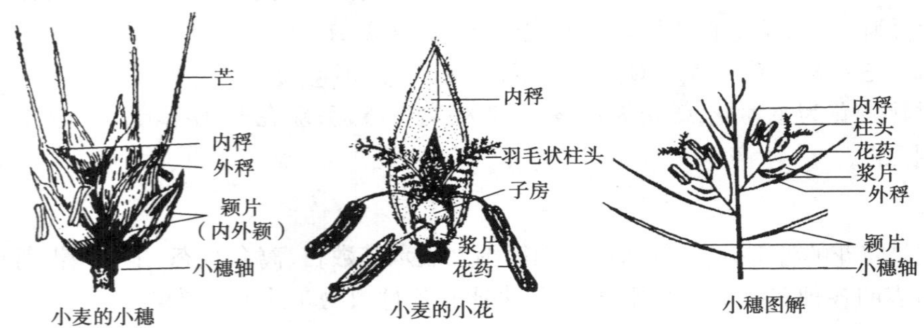

图3.7　小麦小穗的组成

水稻为圆锥花序（图3.8），小穗有柄，每个小穗有3朵小花，但只有上部1朵小花能结实，下部的两朵小花退化，各剩下1枚外稃。结实小花有外稃、内稃各1片，鳞片两个，雄蕊6枚，雌蕊1枚。

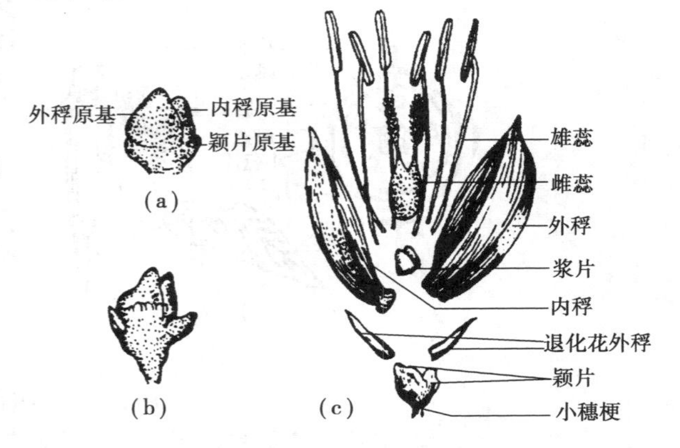

图3.8　水稻小穗组成

(a)、(b)幼期的小穗；(c)成熟小穗的组成

3.1.4　花程式和花图式

1）*花程式*

用一些字母、符号、数字，按照一定顺

序列成公式，以表述花的特征，称为花程式。

(1)花程式的书写规则

①花的各部以拉丁文或其他拼音文字的首位或者两位字母表示：P 表示花被，Ca 或 K 表示花萼，Co 或 C 表示花冠，A 表示雄蕊群，G 表示雌蕊群。

在花程式中，将花的各部代号由外向内按次序排列。

②以数字表明花的各部分数目，写于字母的右下角："∞"表示该部分数多而不定，"0"表示缺少某一部分。"＊"表示整齐花，辐射对称，"↑"表示不整齐花，两侧对称。"⚥"表示两性花，"♀"表示雌花，"♂"表示雄花。在数字外加上括弧"( )"表示联合，不用括弧"( )"者为分离；"←"表示箭头后面部分贴生在箭头前面的部分。2－3 表示该部分有 2 个或 3 个，2＋3 表示该部分共有 5 个，分两轮排列，第一轮 2 个，第二轮 3 个。$\underline{G}$ 表示子房上位，$\overline{G}$表示子房半下位，$\overline{G}$ 表示子房下位。G 的右下角 3 组数字，如 $G_{(5:5:2)}$，依次表示一朵花中组成雌蕊的心皮数、每个雌蕊的子房室数、每室的胚珠数。3 组数字之间用"："号隔开。

(2)花程式举例

①白玉兰 ＊ ⚥ P_{3+3+3} A_{∞} $\underline{G}_{\infty:1}$

表示白玉兰花为整齐花；两性花；单被花，由 9 枚花瓣组成花被，分 3 轮着生，每轮 3 枚；雄蕊多数；雌蕊为多数，离生心皮构成，子房上位。

②紫藤 ↑ ⚥ $K_{(5)}$ C_5 $A_{(9)+1}$$\underline{G}_{1:1:\infty}$

表示紫藤的花为不整齐花；两性花；花萼 5 枚合生；花瓣 5 枚离生；雄蕊 10 枚，其中 9 枚连合，1 枚离生，为二体雄蕊；子房上位，1 心皮，1 室，胚珠多数。

③垂柳 ♂ K_0 C_0 A_2 G_0 ♀ K_0 C_0 A_0 $G_{(2:1:\infty)}$

表示垂柳的花为单性花，雄花无花被，为 2 枚离生雄蕊；雌花亦无花被，2 心皮合生，子房 1 室，具多数胚珠。

2)花图式

花图式是将花的各部分，用其横切面的简图来表示其数目、离合状态、排列情况等(图 3.9)。花图式不但表明各种花的基本特征，也可用来比较各种植物花的形态异同。

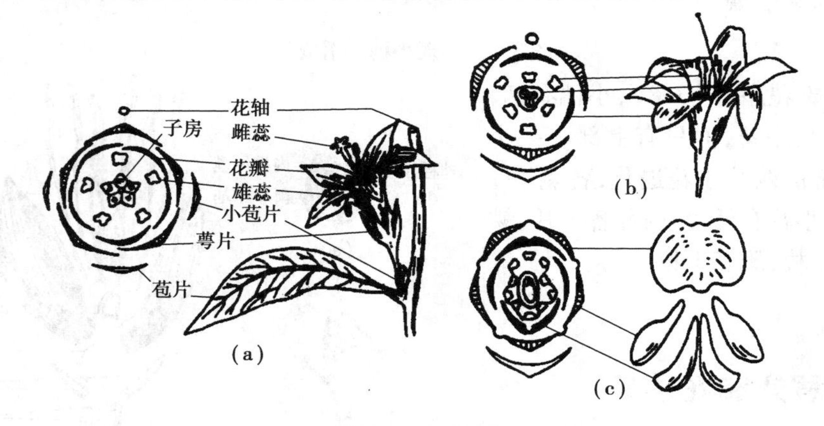

图 3.9 花图式

(a)花图式绘制模式图；(b)百合的花图式；(c)蚕豆的花图式

在花图式中，花轴以"O"表示，画在图解的上方，以背面有突起的新月形空心弧线表示苞

片，画于花轴的对方和两侧；以新月形而背面有突起的弧线（新月形内画有横线）表示萼片；以背面没有突起的新月形弧线（实线）表示花瓣。如果花萼、花冠是离生的，则各弧线彼此不相连；如为合生则把弧线连起来。此外还要表示出花萼、花冠各轮的排列方式，如螺旋状、镊合状、覆瓦状排列，以及各轮的相对位置（对生或互生）。雄蕊以花药横切面表示，雌蕊以子房的横切面表示，并表示心皮的数目、合生或离生、子房室数、胎座类型以及胚珠着生情况等。

3.1.5 花序

一朵花单独着生于叶腋或枝顶，称为单生花，如桃、芍药、荷花等。许多花着生在一个分枝或不分枝的总花柄（花轴）上，就形成花序。花在花轴上有规律的排列方式，称为花序。

根据花序上小花的开花顺序及开花时花轴能否继续进行顶端生长，可将其分为无限花序和有限花序。

（1）无限花序　又称为向心花序。花由花序轴的下部先开，渐及上部，花序轴顶端可以继续生长；或花序轴较短时，花自外向内逐渐开放。无限花序常见类型有8种（图3.10）。

①总状花序　花轴较长，自下而上依次着生有近等长花柄的两性花，如油菜、萝卜、甘蓝、白菜等。

②穗状花序　花序长，花轴直立，其上着生许多无柄或短柄的两性花，如车前、马鞭草等。

③伞房花序　花有柄但不等长，下部的花柄长，上部的花柄渐短，全部花排列近于一个平面，如梨、苹果、山楂等。

④伞形花序　花轴顶端集生很多花柄近于等长的花，全部花排列成圆顶状，形如张开的伞，开花顺序是由外向内，如葱、韭等。

⑤柔荑花序　单性花排列于一细长而柔软下垂的花轴上，开花后整个花序一起脱落，如杨、柳、胡桃的雄花序。

⑥头状花序　花轴极度缩短而膨大，扁形铺展或隆起，各苞叶常集成总苞，如菊科植物。

⑦隐头花序　花序轴顶端膨大，中央凹陷状，许多无柄或短柄花，全部隐藏于囊内，如无花果。

⑧肉穗花序　穗状花序的花轴膨大呈棒状，花序基部常为总苞所包围，如玉米的雌花序。

以上所述的花序，花轴不分枝。有些植物的花序轴具分枝，每一分枝相当于上述的某一种花序，称为复合花序。复合花序又有以下几种常见类型：复总状花序（南天竹、丁香、丝兰、燕麦等）、复穗状花序（小麦、大麦等）、复伞形花序（胡萝卜、小茴香等）、复伞房花序（花楸等）、复头状花序（合头菊等）等。

（2）有限花序　也称为聚伞花序，花轴顶端的花先开放，且不再向上产生新的花芽，而是由顶花下部分化形成新的花芽，开花顺序是从上向下或从内向外。有限花序可分为3种类型。

①单歧聚伞花序　主轴顶端先生一花，其下形成一侧枝，在枝端又生一花，如此反复，形成一合轴分枝的花序轴。根据分枝排列的方式，分为蝎尾状聚伞花序（如唐菖蒲）和螺旋状聚伞花序（如勿忘草）。

②二歧聚伞花序(歧伞花序)　是主轴顶端花下分出两个分枝,如此反复分枝,如石竹、卷耳、王不留行等。

③多歧聚伞花序　主轴顶花下分出3个以上的分枝,各分枝又形成一小的聚伞花序,如藜、大戟、猫眼草等。

图3.10　花序的类型

(a)花序图式;(b)花序

1—总状花序;2—穗状花序;3—肉穗花序;4—柔荑花序;5—圆锥花序;6—伞房花序;7—伞形花序;8—复伞形花序;9—头状花序;10—隐头花序;11,12,13,14—聚伞花序;15—稠李;16—梨;17—早熟禾;18—车前;19—黑麦草;20—水芋;21—樱桃;22—胡萝卜;23—三叶草;24—牛蒡;25—石竹;26—委陵菜;27—勿忘草

3.2 花药和花粉粒的发育和构造

雌雄蕊发育及
开花传粉受精

3.2.1 花药的发育与结构

(1)花药的发育　幼小的花药是一团具有分裂能力的细胞,随着花药的发育,形成四棱形花药。其外为一层表皮细胞,在4个角隅处的表皮以内形成4组孢原细胞。孢原细胞细胞核较大,细胞质浓。孢原细胞进行平周分裂,形成两层细胞:外层为周缘细胞(也称为壁细胞),内层为造孢细胞。周缘细胞再经分裂,由外向内形成纤维层、中层和绒毡层,与表皮共同组成花粉囊的壁(图3.11)。随着花粉母细胞和花粉粒的进一步发育,中层和绒毡层逐渐解体,解体后的成分作为营养物质被吸收。

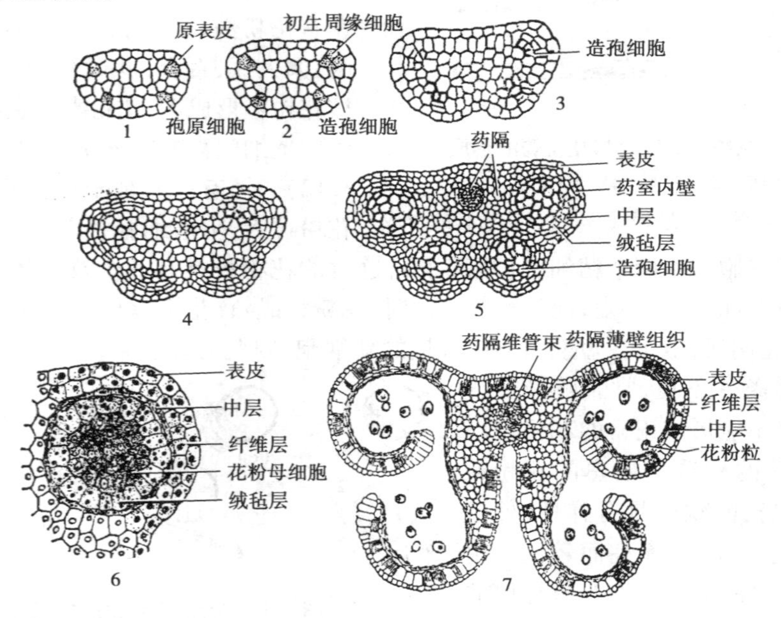

图3.11　花药的发育与结构

1,2,3,4,5—花药的发育过程;6——一个花粉囊的放大(示花粉母细胞);
7—开裂的花药(示花药的结构及成熟的花粉粒)

在周缘细胞分化的同时,造孢细胞也进行分裂,形成大量花粉母细胞(又称为小孢子母细胞)。花粉母细胞经减数分裂产生4个子细胞。这4个子细胞,起初是连在一起的,称为四分体。不久,这4个细胞分离,最后发育成单核花粉粒(小孢子)。单核花粉粒进一步发育为成熟的花粉粒。

(2)花药的结构　花药是雄蕊的主要部分,通常有4个花粉囊,分为左右两半。花药中间由药隔相连,药隔由药隔基本组织和维管束组成,药隔维管束与花丝维管束相通,并向花药转运营养物质。花粉囊由花粉囊壁,花粉囊室组成(图3.11)。花粉囊壁由表皮、纤维层、中层组成,花粉囊有大量的花粉粒,花粉粒发育成熟后,花粉囊壁开裂,散出花粉粒。

3.2.2 花粉粒的发育和构造

(1)花粉粒的发育　经过减数分裂产生的单核花粉粒,壁薄、质浓,核位于中央。它们从绒毡层细胞中不断吸取营养而增大体积,随着体积逐渐增大,细胞中产生液泡并逐渐形成中央大液泡,使核由中央移向一侧。接着进行一次有丝分裂,形成大小不同的两个细胞,大的为营养细胞,小的为生殖细胞。生殖细胞为纺锤形,核大,只有少量的细胞质,游离在营养细胞的细胞质中。被子植物有 70% 左右花粉粒成熟时只有营养细胞和生殖细胞,如大豆、百合,此时称为两核花粉粒。两核花粉粒形成后,花粉囊开裂散粉,在花粉管中生殖细胞再经有丝分裂产生两个精子(图 3.12)。还有一些被子植物的花粉形成二核花粉粒后,生殖细胞接着又进行一次有丝分裂,由一个生殖细胞产生两个精细胞(雄配子),这时的花粉粒具有一个营养核和两个精细胞,称为三核花粉粒,如玉米、小麦、向日葵等。此时,花粉粒成熟,花粉囊开裂散粉。

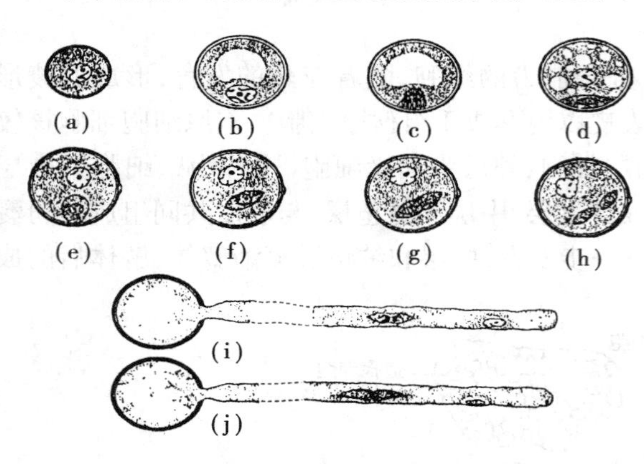

图 3.12　花粉粒的发育与花粉管的形成

(傅承新《植物学》,2002)

(a)—(h)花粉粒的发育过程;(i)—(j)花粉管的形成

在减数分裂期间,由于在短期内形成大量的新细胞,因此对环境条件很敏感,如遇低温、干旱、光照和营养条件不良,常影响减数分裂的进行,甚至不能形成正常的花粉粒。

(2)花粉粒的构造　成熟的花粉粒有两层壁:内壁较薄软而具有弹性;外壁较厚,一般不透明,缺乏弹性而较硬。由于花粉粒外壁增厚不均匀,在没有加厚的地方常形成萌发孔或萌发沟。当花粉粒萌发时,花粉管便从萌发孔伸长,形成花粉管(图 3.13)。

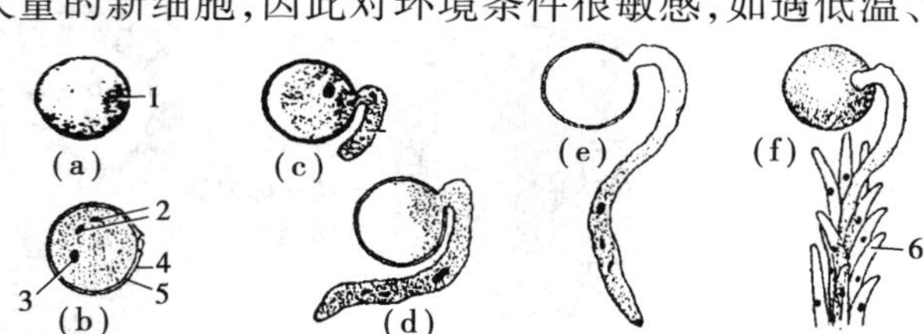

图 3.13　水稻花粉粒的构造及萌发

(傅承新《植物学》,2002)

1—萌发孔;2—精子;3—营养细胞核;

4—花粉外壁;5—花粉内壁;6—柱头

花粉粒外壁表层常有一定的形状和花纹。花粉粒的形状、大小、颜色、花纹和萌发孔的数目因植物种类而异。如水稻、玉米等禾谷类作物的花粉粒为圆形,一般具有 1 个萌发孔;棉花花粉粒为球形,乳白色,其上有 8 ~ 10 个萌发孔,外壁具有钝刺状突起等。

(3)花粉粒的生活力　指花粉粒能够萌发长出花粉管的能力。花粉粒生活力的大小,既取决于植物的遗传性,又受环境因素的影响。粉粒保持生活时力的时间称为花粉粒的寿命,花粉的寿命有长有短。多数植物的花粉从花粉囊散出后只能存活几小时、几天或几周。一般木本植物花粉的寿命较草本植物长。如在干燥、凉爽的条件下,苹果的花粉能存活 10 ~ 70 d,柑橘的花粉可存活 40 ~ 50 d,麻栎的花粉可存活 1 年。

花粉粒的生活力也与花粉粒的类型有关，通常三核花粉粒的生活力较二核花粉粒的生活力低，不易储存，对外界不良环境的抵抗力差。

3.2.3　花粉败育和雄性不育

成熟的花药在低温、干旱的条件下花粉不能正常发育，起不到生殖的作用，这一现象称为花粉败育。花粉败育有的是由于花粉母细胞不能正常进行减数分裂，因而不能形成正常发育的花粉；有的是由于减数分裂后，花粉停留在单核或双核阶段，不能产生精细胞；也有的因营养不良，导致花粉不能正常发育。

另外，由于内部生理或遗传原因，在自然条件下，个别植物的花药或花粉不能正常发育，成为畸形或完全退化，这一现象称为雄性不育。雄性不育可表现为 3 种类型：一是花药退化，花药全部干瘪，仅花丝部分残存；二是花药内不产生花粉；三是产生的花粉败育。

雄性不育在作物育种上有重要意义，利用这一特性，在杂交育种时可免去人工去雄，节省大量的人力物力。

花药与花粉发育的过程如图 3.14 所示。

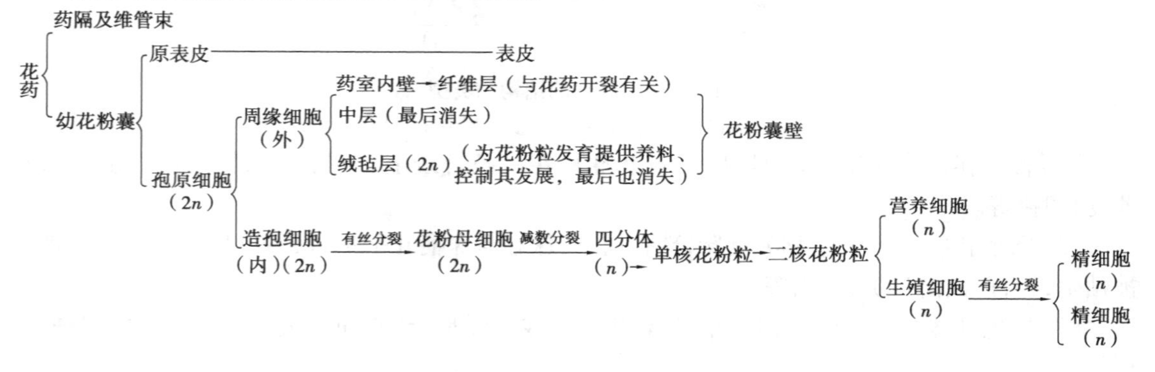

图 3.14　花药与花粉的发育过程

3.3　胚珠和胚囊的发育与构造

3.3.1　胚珠的发育和结构

雌蕊的主要部分是子房，子房是由子房壁和胚珠组成的。

胚珠着生在子房内壁的胎座上，受精后的胚珠发育成种子。一个成熟的胚珠由珠被、珠孔、珠柄、珠心及合点等部分组成。随着雌蕊的发育，在子房内壁的胎座上产生一团突起，称为胚珠原基，其前端发育形成珠心，基部发育成珠柄。由于珠心基部外围细胞分裂快，后来珠心基部很快形成了包围珠心的珠被。珠被一层或两层，如向日葵、胡桃、辣椒等仅具有一层珠被，而小麦、水稻、油菜、百合等为两层珠被。在珠被形成过程中，珠心最前端留下一条未愈合的孔道即珠孔。与珠孔相对的一端，珠柄、珠被与珠心结合的部位称为合点。在胚珠的发育过程中，由于珠柄和其他各部分的生长速度不均等,使胚珠在珠柄上着生方式也不同,形成直生、倒生、弯生、横生等类型(图3.15)。

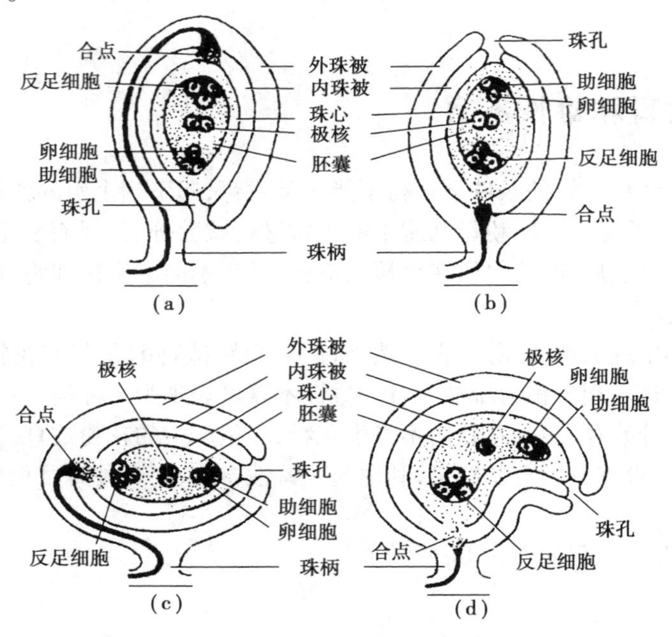

图3.15 胚珠的结构和类型

(a)倒生胚珠;(b)直生胚珠;(c)横生胚珠;(d)弯生胚珠

(1)直生胚珠　胚珠直立,珠孔、合点和珠柄在一条直线上,珠孔位于珠柄对立的一端,如荞麦、胡桃等。

(2)倒生胚珠　胚珠呈180°倒转,珠孔向下,珠心与珠柄几乎平行,并且珠柄与靠近它的珠被贴生,如百合、向日葵、水稻等。

(3)弯生胚珠　珠孔向下,但合点和珠孔的连线呈弧形,珠心和珠被弯曲,如油菜、柑橘、蚕豆等。

(4)横生胚珠　胚珠全部横向弯曲,合点与珠孔在一条直线上,两者的连接线与珠柄垂直,如锦葵。

3.3.2 胚囊的发育与构造

胚囊发生于珠心组织中,在胚珠发育的同时,珠心内部也发生变化。最初珠心是一团相似的薄壁细胞,随后,在靠近珠孔端的珠心表皮下,分化出一个体积较大、细胞质较浓、核也较大的细胞,称为孢原细胞。孢原细胞的发育形式随植物而异。水稻、小麦、百合等植物的孢原细胞直接长大形成胚囊母细胞,棉花等大多数被子植物的孢原细胞分裂为两个细胞:靠近珠孔的一个是周缘细胞,内侧的一个称为造孢细胞。周缘细胞进行平周分裂,形成多层珠心细胞;而造孢细胞发育成胚囊母细胞(又称为大孢子母细胞)。

胚囊母细胞进行减数分裂,形成四分体。四分体排成一纵行,其中靠近珠孔的3个子细胞逐渐退化消失,仅合点端的1个发育为单核胚囊。然后单核胚囊连续进行3次有丝分裂:第一次分裂形成两个子核，分别移向胚囊细胞的两端，再各自分裂两次，结果胚囊两端各有 4 个核。接着，各有 1 个核向胚囊中部靠拢，这两个核称为极核。近珠孔端的 3 个核，形成 3 个细胞，中间较大的 1 个是卵细胞（雌配子），两边较小的两个是助细胞。靠近合点端的 3 个核也形成 3 个细胞，称为反足细胞。至此，由单核胚囊发育成为具有 7 个细胞或 8 核的成熟胚囊（雌配子体）（图 3.16）。

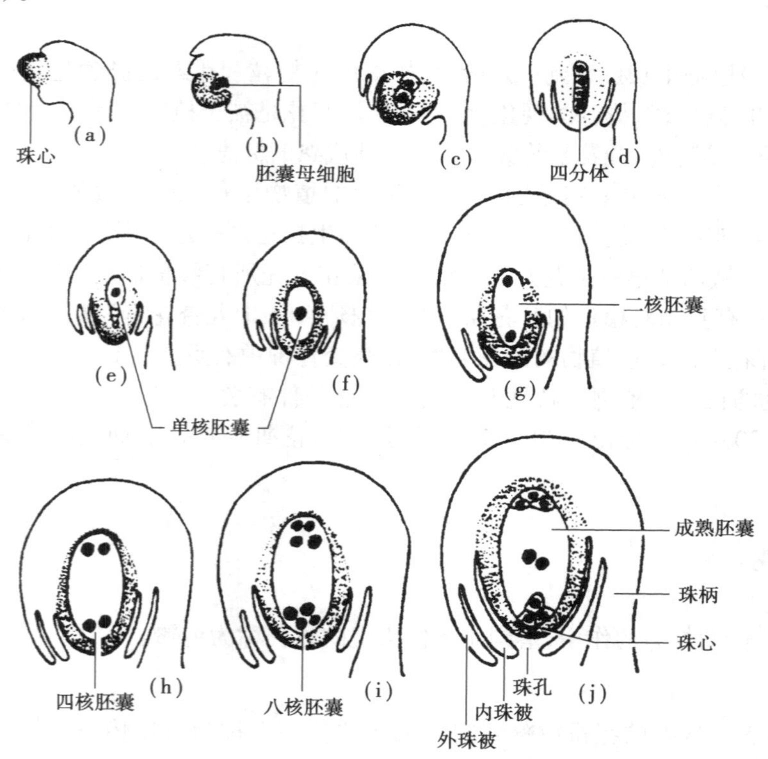

图 3.16　胚珠和胚囊的发育过程模式图

胚囊的发育过程如图 3.17 所示。

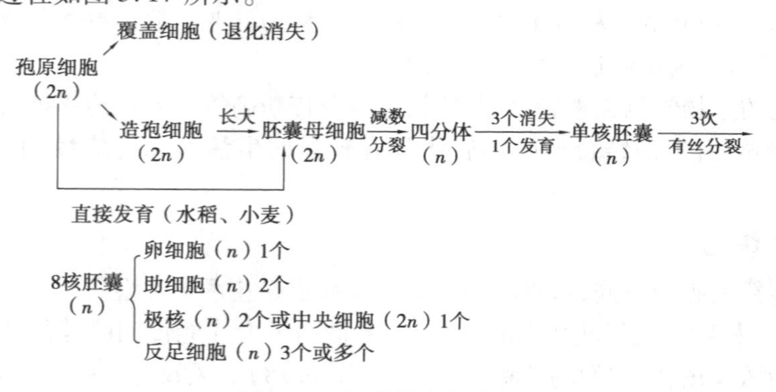

图 3.17　胚囊的发育过程

3.4 开花、传粉和受精

3.4.1 开花

(1)开花　当植物生长发育到一定阶段,雄蕊的花粉粒和雌蕊的胚囊达到成熟或两者之一成熟时,花被展开,露出雌、雄蕊的现象,称为开花。开花是被子植物生活史上的一个重要阶段,除少数闭花授粉的植物外,开花是绝大多数植物性成熟的标志。

不同植物的开花年龄有一定差别。一、二年生的植物生长几个月就能开花,有些植物一生中仅开一次花,如剑麻、竹类。多年生的植物当营养生长达到一定年限后,每年都能开花。

(2)开花期　植株从第一朵花开放到最后一朵花开完所持续的时间,称为开花期。在同一地区,各种植物都有其相对稳定的开花期。"九九杨落地,十九杏花开"就是指黄河中下游地区杨树和杏树的开花期。掌握植物的开花期性,在杂交育种中有重要指导意义。

植物开花期的长短与植物的特性及所处的环境条件有关。一般小麦为3~6 d,苹果、梨为6~12 d,油菜为20~40 d,棉花为90~120 d,月季、棣棠花期半年左右,而花烛(红掌)可全年开花。

3.4.2 传粉

成熟的花粉借助外力的作用,落到雌蕊柱头上的过程称为传粉。

1)传粉方式

(1)自花传粉　成熟的花粉粒落到同一朵花的柱头上称为自花传粉。但在生产上常把同株(异花)间的传粉也称为自花传粉。闭花传粉是自花传粉的一种特例,即花被尚未展开之前已完成了传粉过程。如凤仙花属、酢浆草属、堇菜属等植物,以及农作物中的大麦、豌豆等。

(2)异花传粉　异花传粉是指一朵花的花粉,落到同株的另一朵花的柱头上的过程。但在生产上,常将不同植株间的传粉或不同品种间的传粉称为异花传粉。单性花及两性花中雌雄蕊异长、雌雄蕊异熟等均为植物适应异花传粉的特性。

从植物进化的生物学意义来看,异花传粉比自花传粉高等。异花传粉植物的雌雄配子的遗传性具有很大差异,由它们结合产生的后代具有较强的生活力和适应性,而自花传粉植物正相反。

2)风媒花和虫媒花

根据异花传粉的媒介不同,可将花分为风媒花和虫媒花两种类型。

(1)风媒花　植物进行异花传粉时,花粉需要借助风力才能传到雌蕊的柱头上。借助风力传粉的植物称为风媒植物,它们的花称为风媒花(图3.18)。风媒花一般不具鲜艳的色彩、香味及蜜腺。花粉粒数量多而体积小,表面常光滑,以便借助风力传播。风媒花的柱头往往扩展成羽毛状,以便有较大的表面积从风中捕获花粉,如小麦、稻等。

(2)虫媒花　利用昆虫(蜜蜂、蝴蝶、蛾和蚁)进行传粉的植物称为虫媒植物,它们的花称为虫媒花(图 3.19)。虫媒花常以其鲜艳的色彩,特殊的香味、甜味,或内分泌腺分泌糖类等方式诱引昆虫。虫媒花的花粉较大,表面粗糙,具各种沟纹、突起或刺,甚至黏着成块,便于附着在昆虫上。在花的构造上,也常有适应于某种昆虫传粉的一些特殊结构。一般来说,每种虫媒植物对于传粉的昆虫都具有选择性,表现出植物与昆虫之间的生态适应。

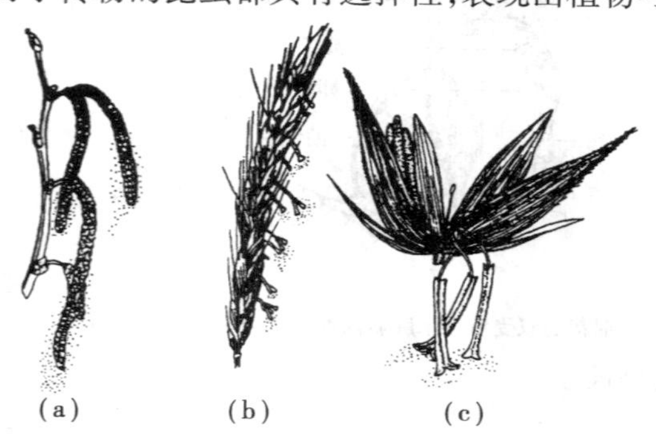

图 3.18　风媒传粉

(a)榛属花枝,雄花序散出花粉;(b)黑麦开花期的复穗状花序;(c)雄蕊从小花中伸出散粉

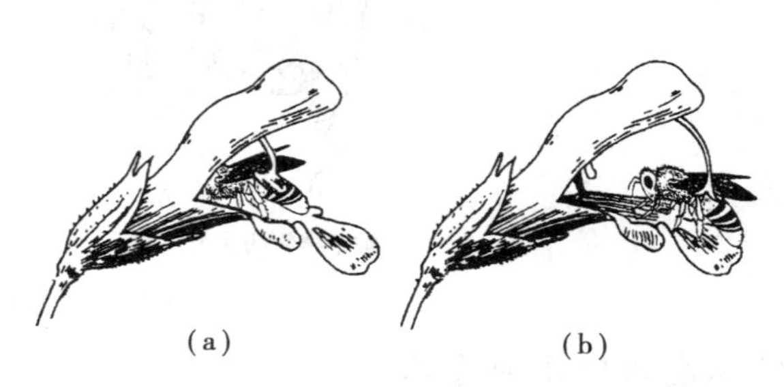

图 3.19　虫媒传粉

(a)蜜蜂进入鼠尾草属的花冠中,背部接触花药;(b)开花后,花柱与柱头下垂,蜜蜂进入花中

除风媒和虫媒外,还有借流水或特殊的鸟类进行传粉的。

3.4.3　受精

精细胞和卵细胞互相融合的过程称为受精。被子植物的卵细胞位于胚囊内,传到柱头上的花粉,经萌发产生花粉管,通过花粉管把精子送到胚囊中,完成受精过程。

1)花粉粒的萌发和花粉管的伸长

成熟的花粉粒落在雌蕊的柱头上,柱头分泌液有激活花粉的作用。花粉被激活后吸水膨胀,呼吸作用加强,花粉粒的内压升高,内壁从萌发孔内突出,并继续生长成为花粉管。萌发后的花粉管进入柱头,穿过花柱组织而到达子房。

当花粉粒萌发和花粉管生长时,如为三核花粉粒,则 1 个营养核和两个精子都进入花粉管内。如为二核花粉粒,则营养核和生殖细胞进入花粉管内,生殖细胞在花粉管内分裂 1 次,形成两个精子。花粉管到达子房后沿子房内壁向 1 个胚珠伸进,通常是从珠孔经过珠心而进到胚囊。

2)受精过程

当花粉管进入胚囊后,花粉管顶端的壁溶解,管内的内含物包括营养核和两个精子进入胚囊。进入胚囊的营养核很快解体,两个精子中一个与卵细胞融合成为合子(受精卵),将来发育成胚;另一个与两个极核融合成为初生胚乳核,将来发育成胚乳。同时,珠被逐渐发育成种皮,这样胚珠就逐渐发育成种子。受精后胚囊内的反足细胞和助细胞消失。

被子植物的两个精子分别与卵细胞和极核结合的过程,称为双受精作用(图 3.20)。双受精作用是被子植物有性生殖所特有的现象。

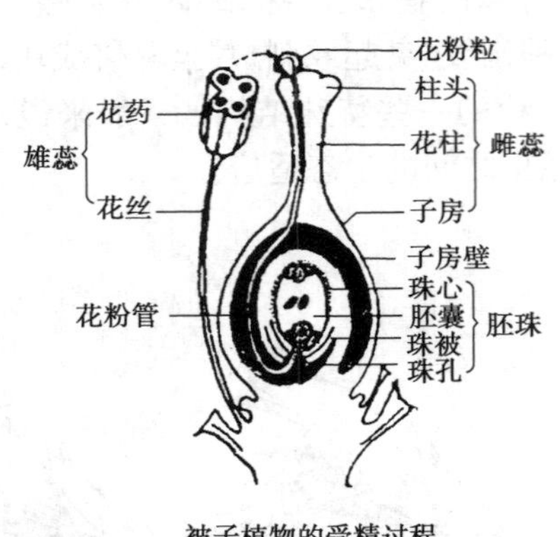

被子植物的受精过程

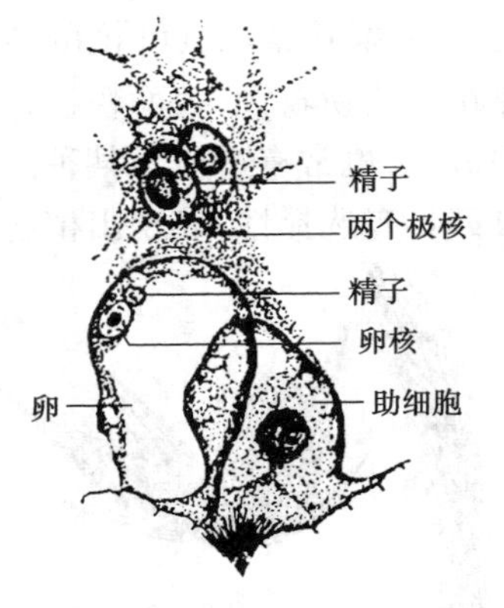

棉花的双受精（示胚囊内的一部分）

图 3.20　双受精过程

3）双受精作用的意义

双受精作用在遗传上具有重要意义：

①由于精子和卵细胞的融合，就把两个单倍体的配子形成了二倍体的合子，恢复了各种植物体原有的染色体数目，保持了物种在遗传上的稳定性。

②精子和卵细胞的融合，将父母本具有一定差异的遗传物质重新组合，就可形成具有双亲遗传性的合子，从而丰富了后代的遗传性和变异性。

③精子与极核融合，形成三倍体的胚乳，同样具有父母本双亲的遗传特性，生理活性强，作为营养物质将在胚的发育中被吸收，会使子代的生活力更强，适应性更广。

被子植物的花经过传粉受精以后，子房发育成果实，胚珠逐渐发育成种子，珠被发育成种皮。花至果实和种子的形成过程如图 3.21 所示。

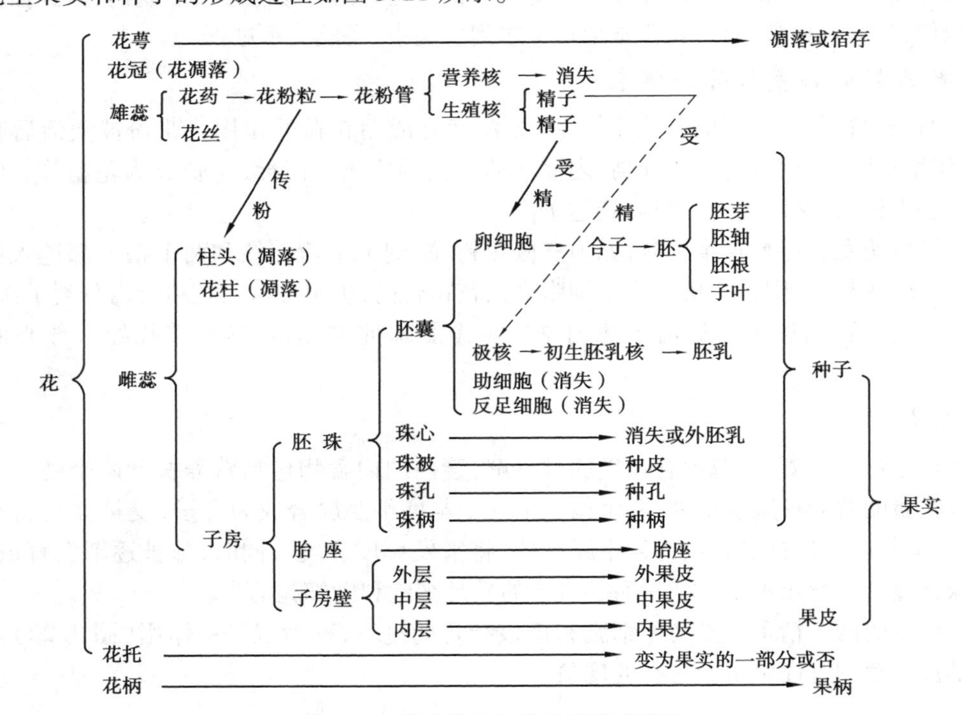

图 3.21　花至果实和种子的形成过程

3.4.4 无融合生殖和多胚现象

(1)无融合生殖 在正常情况下,被子植物的有性生殖是经过卵细胞和精子的融合,以发育成胚。但有些植物,不经过精卵细胞的融合也能直接发育成胚,这类现象称为无融合生殖。无融合生殖可以是卵细胞不经过受精,直接发育成胚,如蒲公英、早熟禾等,这类现象称为孤雌生殖。有的是由助细胞、反足细胞或极核等非生殖细胞发育成胚,如葱、鸢尾、含羞草等,称为无配子生殖。也有的是由珠心或珠被细胞直接发育成胚,如柑属植物,称为无孢子生殖。

(2)多胚现象 一般被子植物的胚珠中只产生一个胚囊,种子内也只有一个胚。但有的植物种子中有一个以上的胚,称为多胚现象。产生多胚现象的原因很多,可能是胚珠中产生多个胚囊,或由珠心、助细胞、反足细胞等产生不定胚,这些不定胚还可与合子胚同时存在。此外受精卵也可能分裂成为几个胚。在柑橘中,多胚现象常见,多由珠心形成不定胚。

3.5 果实的结构与类型

果实和种子

3.5.1 果实的结构

果实由子房发育而来。油菜、柑橘、桃、茶等多数植物的果实是单纯由子房发育而成的,这类果实称为真果。但有些植物,除子房壁外,还有花托、花筒甚至花序轴也参加果实的形成,如梨、苹果、瓜类、无花果和凤梨等,这类果实称为假果。

下面以桃、柑橘、苹果为例,说明几种常见真果与假果的构造。

1)真果的结构

真果的结构比较简单,外为果皮,内含种子。

果皮是由子房壁发育而成的,可分外果皮、中果皮和内果皮。这3层果皮的组成及其结构,因植物不同而有很大的差异。桃的果实由1个心皮的子房发育而成,其果皮能明显地分为外、中、内3层。外果皮由一层表皮细胞和数层厚角组织组成,表皮上还能见到气孔、角质,以及大量的表皮毛;中果皮由大型的薄壁细胞和维管束构成,肉质,是食用的主要部分;内果皮细胞由许多木质化的石细胞构成,成为坚硬的核,里面含有1枚种子(图3.22)。

柑橘的果实,外果皮坚韧、革质,由表皮层及其下面的厚角组织和薄壁组织组成,外果皮中有很多油腔分布;中果皮比较疏松,橘络就是中果皮内的维管束;内果皮膜质,由内表皮层和数层薄壁组织组成,可分为多个子房室,子房室中充满许多具柄的、纺锤形的汁囊。汁囊由子房内壁的表皮层发生,是果实的食用部分(图3.23)。

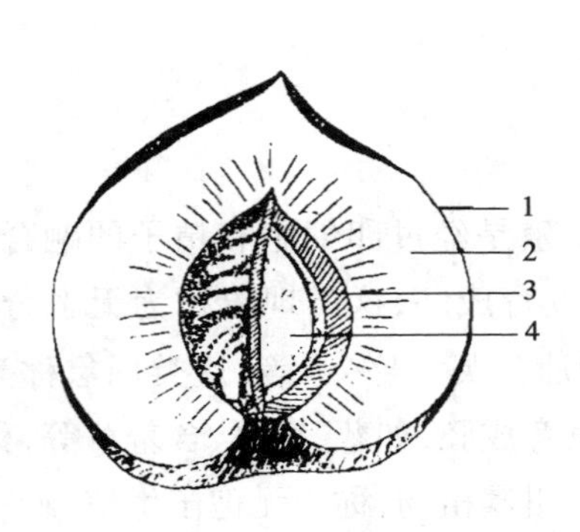

图 3.22 桃果实的纵切面

1—外果皮；2—中果皮；

3—内果皮；4—种子

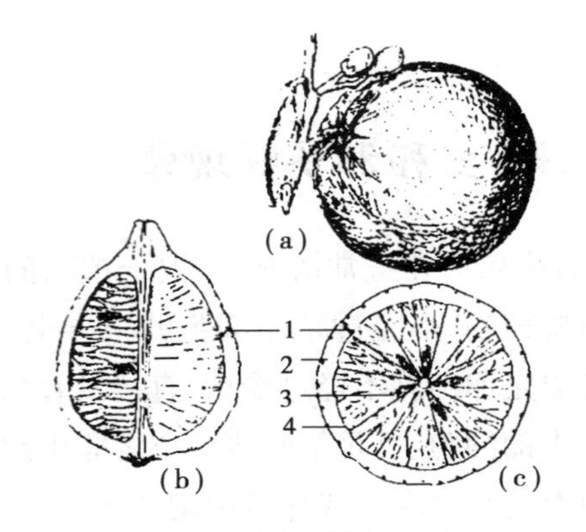

图 3.23 橘类的柑果(酸橙)

(a)果实外形；(b)果实的纵切面；(c)果实的横切面

1—外果皮与中果皮；2—分泌囊；3—种子；4—内果皮

2)假果的结构

假果的结构比较复杂，除由子房发育成果皮外，还有花的其他部分参与果实的形成。梨和苹果等的果实主要是由花筒发育而成，果皮包括外、中、内3层。果皮位于果实中央托杯内，仅占果实的很少部分，其内为种子，称为梨果(图3.24)。在横切面上可区分为由子果皮和内果皮，内果皮由厚壁细胞组成。黄瓜、南瓜等的果实也有花托成分参与，属假果。

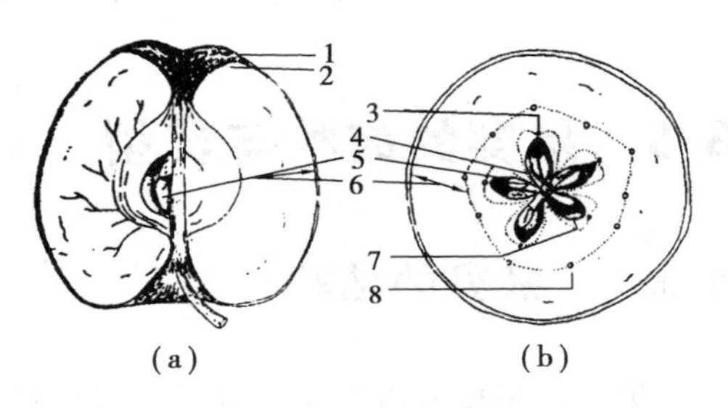

图 3.24 苹果果实的切面

(胡宝忠《植物学》,2002)

(a)纵切面；(b)横切面

1—花萼遗迹；2—雄蕊和花柱遗迹；

3—心皮维管束；4—外果皮；5—种子；

6—花筒(杯托)；7—内果皮；8—萼筒维管束

3.5.2 果实的类型

根据构成雌蕊的心皮数目和心皮离合的情况，以及果皮发育程度的不同，可将果实分为单果、聚合果、聚花果(复果)。

1)单果

单果是由单心皮雌蕊或合生的多心皮雌蕊所形成的果实。按照单果成熟时果皮的质地，又可分为肉质果和干果两类。

(1)肉质果 果实成熟后果皮肉质多汁。依果皮变化的情况不同，又可分为许多类型(图3.25)。

①浆果 外果皮薄，中、内果皮肉质多汁，如葡萄、番茄、柿等的果实。番茄的浆果胎座发达，肉质化，也是食用的部分。

②柑果 外果皮革质，有许多挥发油囊；中果皮疏松，有的与外果皮结合不易分离；内果皮呈囊瓣状，其壁上长有许多肉质的汁囊，是食用部分，如柑橘、柚等的果实。柑果为芸香科植物所特有。

③核果　外果皮薄，中果皮肉质，内果皮坚硬木质化成果核，多由单心皮雌蕊形成，如桃、李、杏、梅等的果实；也有的由2～3个心皮发育而成，如枣、橄榄等的果实；有的核果成熟后，中果皮干燥无汁，如椰子的果实。

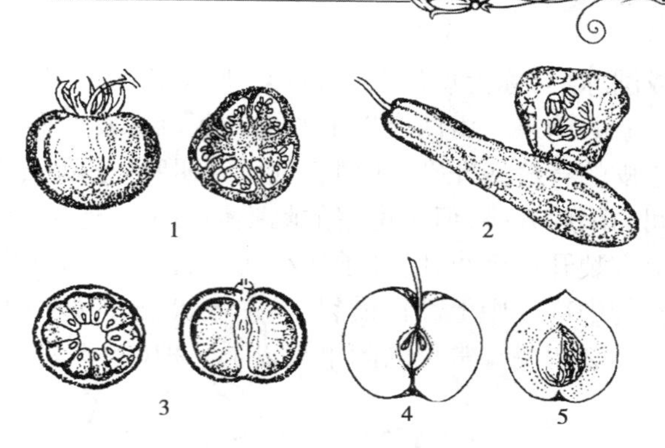

图3.25　果实类型（肉质果的类型）
1—浆果；2—瓠果；3—柑果；4—梨果；5—核果

④瓠果　由下位子房的复雌蕊和花托共同发育而成。果实外层（花托和外果皮）坚硬，中果皮和内果皮肉质化，胎座也肉质化，如南瓜、西瓜、冬瓜等瓜类的果实，其中西瓜的胎座特别发达，是食用的主要部分。瓠果为葫芦科植物所特有。

⑤梨果　由下位子房的复雌蕊和花托发育而成。肉质食用的大部分“果”肉是花托形成的，只有中央的很少部分为子房壁形成的果皮。果皮薄，外果皮、中果皮不易区分，内果皮由木化的厚壁细胞组成，如梨、苹果、枇杷、山楂等的果实。梨果为蔷薇科梨亚科植物所特有。

（2）干果　果实成熟后，果皮干燥，这样的果实称为干果。成熟后果皮开裂的干果，又称为裂果；成熟后果皮不开裂的干果，称为闭果。

①裂果　常见的有以下几种（图3.26）：

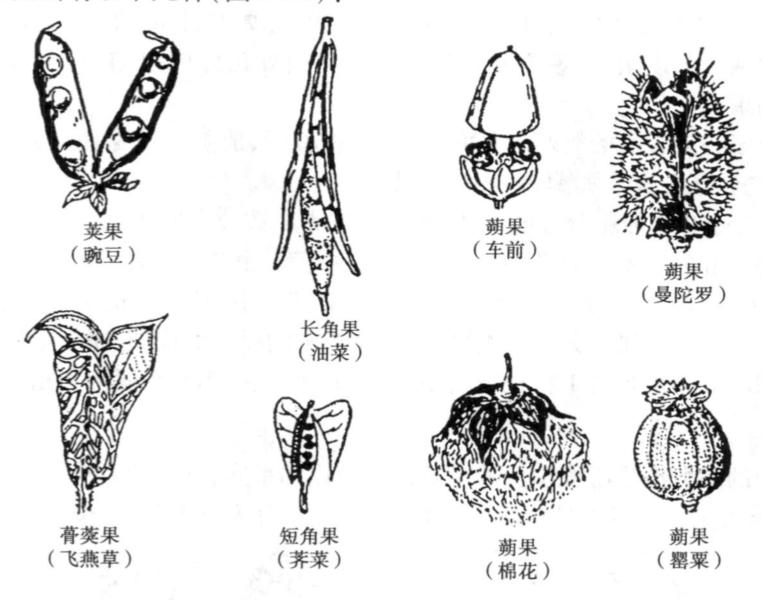

图3.26　果实类型（裂果的类型）

a. 荚果　由单心皮的雌蕊发育而成。成熟时背缝线和腹缝线同时开裂，如大豆、豌豆、蚕豆等的果实；也有不开裂的，如落花生的果实。荚果为豆科植物所特有。

b. 蓇葖果　由单心皮雌蕊发育而成。果实成熟后常在腹缝线一侧开裂（有的在背缝线开裂），如飞燕草的果实。

c. 角果　由两个心皮的复雌蕊发育而成，子房常因假隔膜分成两室，果实成熟后多沿两条腹缝线自下而上开裂。角果有的细长，称为长角果，如油菜、甘蓝等的果实；有的角果呈三角形或圆球形,称为短角果,如荠菜、风花菜的果实。但长角果也有不开裂的,如萝卜的果实。

d.蒴果　由两个以上心皮的复雌蕊发育而成,果实成熟后有不同开裂方式:室背开裂,即沿心皮的背缝线开裂,如棉、三色堇、胡麻(芝麻)、鸢尾等的果实;室间开裂,即沿心皮(或子房室)间的隔膜开裂,但子房室的隔膜仍与中轴连接,如牵牛等的果实;孔裂,果实成熟后,在每一心皮上方裂开一个小孔,种子从小孔中随风散出,如虞美人、金鱼草的果实;盖裂,果实成熟后,沿果实的中部或中上部作横裂,成一盖状脱落,如马齿苋、车前等的果实。

②闭果　常见的闭果有以下几种(图3.27):

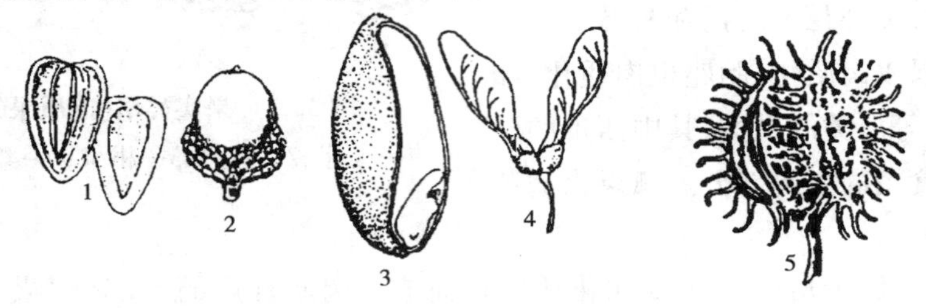

图3.27　果实类型(闭果的主要类型)

1—向日葵的瘦果;2—栎的坚果;3—小麦的颖果;4—槭的翅果;5—胡萝卜的分果

a.瘦果　由1~3个心皮组成,内含1粒种子,果皮与种皮分离,如向日葵、荞麦等果实。

b.颖果　似瘦果,由2~3个心皮组成,含1粒种子,但果皮和种皮合生,不能分离,如稻、小麦、玉米等的果实。

c.坚果　由2~3个心皮组成,只有1粒种子,果皮坚硬,常木化,如麻栎等的果实。

d.翅果　由两个心皮组成,瘦果状,果皮坚硬,常向外延伸成翅,有利于果实的传播,如枫杨、榆、槭树等的果实。

e.胞果　由多心皮合生的雌蕊发育而成,具1枚种子,成熟时干燥而不开裂,果皮薄,疏松地包围种子,易与种子分离。如藜、地肤等的果实。

f.分果　由合生心皮的雌蕊形成,果实成熟时按心皮数分离成2至多数各含1粒种子的分果瓣,如锦葵、蜀葵等的果实。双悬果是分果的一种类型,由2心皮的下位子房发育而成,果熟时,分离成2悬果(小坚果),分悬于中央的细柄上,如胡萝卜、芹菜等的果实。双悬果为伞形科植物所特有。小坚果是分果的另一种类型,由两个心皮的雌蕊组成,在果实形成之前或形成中,子房分离或深凹陷成4个各含1粒种子的小坚果,如薄荷、一串红等唇形科植物的果实。

2)聚合果

由一朵花中的多数离生心皮构成的雌蕊发育而成的果实,称为聚合果。每个心皮形成1个小果,许多小果聚生在花托上(图3.28)。因小果不同可分为以下几种:聚合蓇葖果,如牡丹、玉

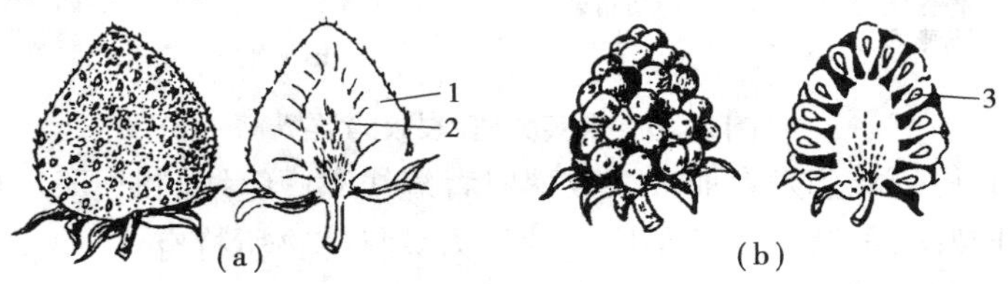

图3.28　果实类型(聚合果)

(a)草莓的聚合果(有膨大的花托转化成可食的肉质部分,每一个小果为瘦果);

(b)悬钩子的聚合果(由许多核果聚合而成)

1—瘦果;2—肉质花托;3—核果

兰、绣线菊、八角等的果实;聚合瘦果:如草莓、毛茛、蛇莓等的果实。在蔷薇科植物中,有许多瘦果聚生在凹陷的花托中,称为蔷薇果,如金缨子、蔷薇等;聚合核果,如悬钩子的果实;聚合浆果:如五味子的果实;聚合翅果,如鹅掌楸的果实;聚合坚果,如莲的果实。

3)复果

由整个花序形成的果实称为复果,又称为花序果或聚花果,如桑、无花果及菠萝(凤梨)等植物的果实(图3.29)。

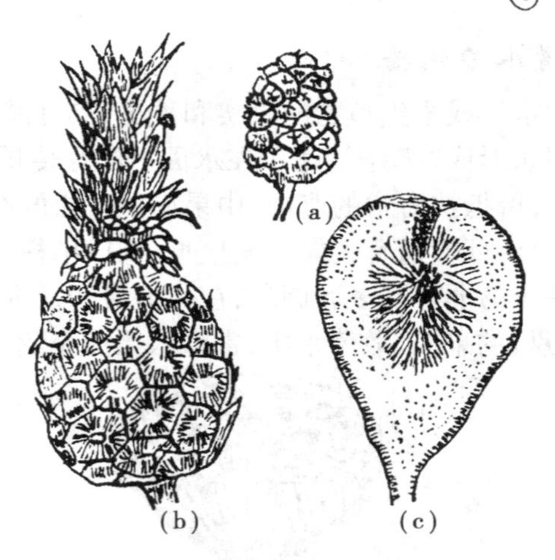

图3.29 果实类型(复果)
(a)桑葚,为多数单花所成的果实、集于花轴上,形成一个果实的单位;
(b)凤梨的果实,多汁的花轴成为果实的食用部分;
(c)无花果果实的剖面,隐头花序膨大的花序轴成为果实的可食部分

3.5.3 单性结实和无籽果实

一般而言,被子植物在双受精后,子房才能发育成果实。但也有些植物不经过受精子房就发育成果实,这种现象称为单性结实。单性结实的果实内不含种子或含不具胚的种子,这类果实称为无籽果实。通常单性结实是产生无籽果实的原因,但也有些植物虽然能完成受精作用,却因为胚珠的发育受到阻碍,不能产生种子,也可以形成无籽果实。

3.6 果实和种子的传播

图3.30 借风力传播的果实和种子
(a)蒲公英的果实;(b)棉花的种子;(c)马利筋的种子;
(d)铁钱莲的果实;(e)酸浆的果实(外边包有萼片);
(f)槭树的果实(翅果)

果实和种子成熟后,通过一定的方式传播到各处,以利于种族的繁衍。传播果实和种子的主要因素是风、水、动物及其本身的力量。在长期自然选择过程中,成熟的果实和种子往往具备各种适应传播的特征。植物果实和种子常见的传播方式有4种。

1)借风力传播

适应风力传播的果实或种子,大多小而轻,或具絮毛、果翅等附属物,有利于随风飘散。如蒲公英、莴苣的果实有冠毛(图3.30),柳的种子外面有绒毛(俗称柳絮),槭树、榆树、枫杨等的果实有翅,兰科植物的种子小而轻,酸浆的果实有薄膜状的气囊,都是适合风力传播的特殊结构。

2)借水力传播

水生或沼生植物的果实和种子,具有漂浮的结构,能借水力传播。如莲的花托组织疏松呈海绵状形成“莲蓬”,适于在水面上漂浮传播(图3.31)。生长在热带海边的椰子,果实的外果皮坚实,可抵抗海水的腐蚀,中果皮呈疏松的纤维状,能借海水漂浮至远方,一旦被冲至海岛沙滩上,只要环境适宜就能萌发生长,长成植株,因此椰子树(图3.32)常成片分布于热带海边。南太平洋岛上有许多珊瑚岛,在岛上最初发现的树种就是椰子树。生长在沟渠边的很多杂草(如苋、藜)的果实,散落水中,常随水漂流至潮湿土壤上萌发生长,这是杂草传播的一种方式。

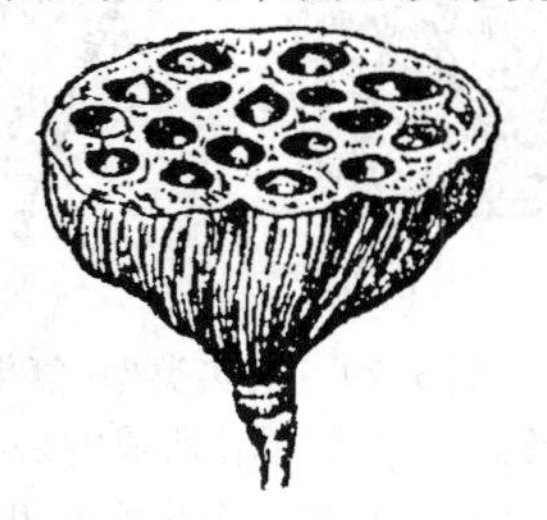

图3.31 借水力传播的莲的果实和种子

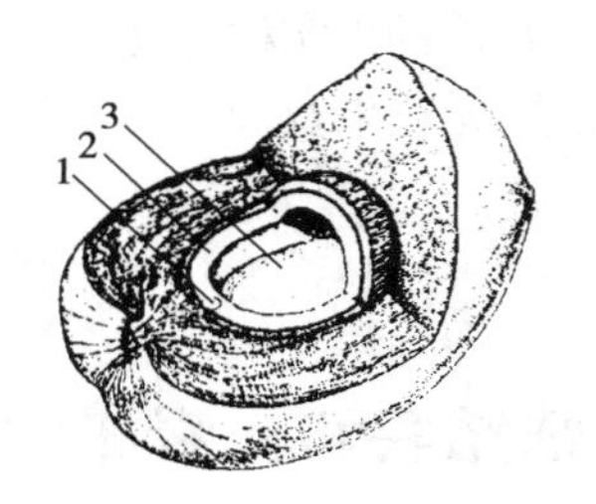

图3.32 对水力传播的适应——椰子

1—胚;2—液态胚乳;3—固态胚乳

3)借人和动物的活动传播

不少植物的果实,成熟后色泽鲜艳,果肉甘美,能吸引人和动物食用,但种子往往具有坚硬的种皮,难以被动物消化,故种子会随粪便排出而散布到其他各处。这些被排出散播的种子,只要有适宜的条件仍能萌发。有些植物的果实或种子常具刺、钩或腺毛,当人和动物接触它们时,便附着于衣服或皮毛上而被携带到各处。如小槐花的果实上有刺,苜蓿的果实上有钩(图3.33),鬼针草、窃衣、苍耳等植物的果实具钩或刺。另外,有些杂草的果实和种子,常与栽培植物同时成熟,借人类收获作物和播种活动而传播,如稻田恶性杂草——稗,往往随稻收获,随稻播种,这也是这种杂草很难防除的原因之一。

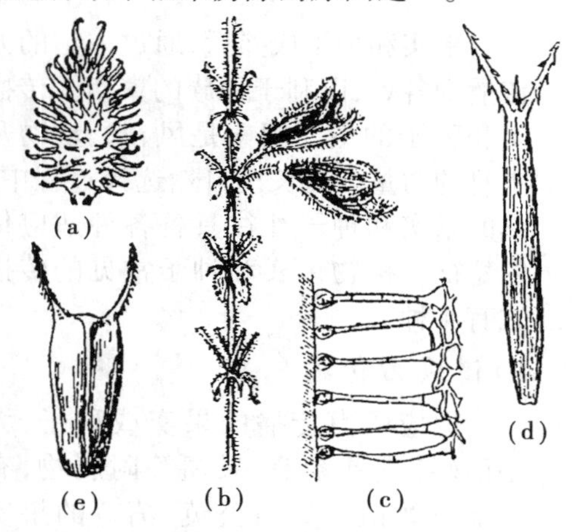

图3.33 借人类和动物传播的果实

(a)苍耳的果实;
(b)鼠尾草属的一种,萼片上有黏液腺;
(c)为(b)图黏液腺的放大;
(d)、(e)两种鬼针草的果实

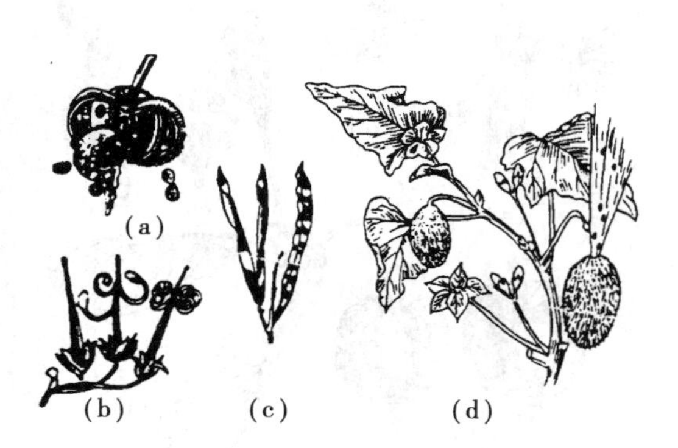

图3.34 借果实自身机械力量传播种子

(a)凤仙花果实自裂,散出种子;
(b)老鹳草果皮翻卷卷,散出种子;
(c)菜豆果皮开裂散出种子;
(d)喷瓜果熟后喷出浆液和种子

4）借果实弹力传播

有些植物的果实，由于果皮各层细胞的含水量不同，当果实成熟干燥后，果皮各层的收缩程度也不相同，因此，果实可发生爆裂而将种子弹出，如大豆、油菜等的果实。凤仙花的蒴果裂开时果皮内卷、老鹳草果实裂开时果皮向外反卷，从而将种子弹出（图3.34）。喷瓜的果实成熟时，在顶端形成一个裂孔，当果实收缩时，可将种子喷到6 m远的地方。

种子与幼苗

3.7　种子和幼苗

3.7.1　种子的构造

植物种类不同，它们的种子在大小、形状、色泽、硬度等方面，都存在着很大的差异。种子的形态特征虽然各不相同，但它们的基本结构却是相似的，一般由种皮、胚和胚乳3部分组成，有些种子仅有种皮和胚两部分，如大豆。

1）种皮

种皮是种子最外面的保护层，具有保护种子不受外力机械损伤和防止病虫害入侵的作用。有些植物的种皮仅一层，有些有两层，即内种皮和外种皮。内种皮一般薄而软，外种皮厚、硬，通常有光泽，有的还有花纹或其他附属物。如橡胶树的种皮有花纹，乌桕的种皮附着有蜡层。

成熟的种子，在种皮上常具有种脐、种孔、种脊等部分。种脐是种子从果实上脱落时留下的痕迹，种脐一端有一个细孔称为种孔，是种子萌发时吸收水分和胚根伸出的孔道。蓖麻的种子，种皮上有海绵状隆起物，可将种孔、种脐覆盖，称为种阜。种阜具有帮助种子吸收水分的功能。种脐和种孔是每种植物种子都具有的构造，而种脊、种阜等则不是每种植物种子都具有的。

2）胚

胚是种子的最重要部分，是包在种子中的幼小植物体，新植物体就是由胚发育而成的。一粒种子是否能正常萌发，关键在于胚是否正常、有没有生活力。

胚由胚芽、胚轴、胚根和子叶组成。胚轴上端连着胚芽，下端连着胚根，子叶着生在胚轴上段两侧或周围。种子萌发时，胚芽发育成地上部分的主茎和叶，胚根发育成初生根，而胚轴大多参与茎的形成，子叶的功能是储藏养料或从胚乳中吸收养料，供胚生长时利用。

子叶的数目是植物一个比较稳定的遗传性状，因此，根据子叶的数目，种子植物可分为3大类：具有两个子叶的植物称为双子叶植物；具有一个子叶的植物称为单子叶植物；裸子植物的子叶数目不确定，通常在两个以上，称为多子叶植物。

3）胚乳

胚乳位于种皮和胚之间，是种子内储藏营养物质的部分，养分供种子萌发时胚生长之用。有些种子的胚乳在种子形成过程中被胚吸收后在子叶中储藏，这类种子在成熟后无胚乳，如豆类植物。有些种子内虽无胚乳，但在成熟种子中，形成类似胚乳的组织，称为外胚乳，其功能与胚乳相同，如苹果、梨等的种子。

许多植物种子的胚乳和子叶所储藏的营养物质是人类食物的主要来源。如大豆的子叶富含蛋白质；麻栎、板栗种子的子叶及梧桐的胚乳中含有大量的淀粉；核桃科植物种子的子叶中含大量的脂肪等。

3.7.2 种子的类型

根据种子成熟后有无胚乳,可将种子分为有胚乳种子和无胚乳种子两类。

1)有胚乳种子

这类种子由种皮、胚和胚乳3部分组成。胚乳占有较大比例,胚较小。大多数单子叶植物、许多双子叶植物和裸子植物的种子都是有胚乳种子。

(1)双子叶植物有胚乳种子 油桐、柿、蓖麻(图3.35)、番茄等属于双子叶植物的有胚乳种子。

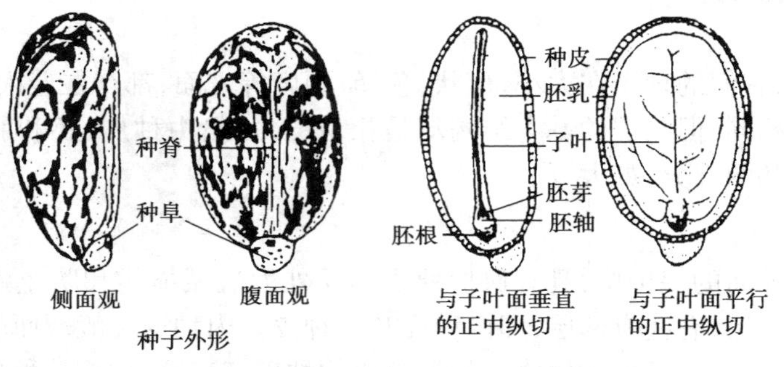

图3.35 蓖麻的种子

蓖麻种子椭圆形,略侧扁,外种皮坚硬、光滑,具花纹,内种皮薄。种子的一端有种阜,种孔被种阜覆盖,种脐紧靠种阜而不明显,有种脊。胚乳发达,呈乳白色,内含丰富的油脂。胚包埋于胚乳中,两片子叶大而薄,上面有明显的脉纹。子叶的基部与较短的胚轴相连,胚轴下方是胚根,上方是胚芽,胚芽夹在两片子叶的中间。

(2)单子叶植物有胚乳种子 常见的稻、小麦及其他禾本科植物的种子,都是有胚乳种子。以小麦为例说明(图3.36)。

小麦的"种子",实际上是颖果。颖果的果皮由4~5层栓化细胞组成,种皮为一层薄壁细胞。胚乳占据果实的大部分,内含大量淀粉粒和糊粉粒。胚小并紧贴胚乳。在胚根及胚芽先端分别有胚根鞘和胚芽鞘。胚轴的一侧生有一肉质肥厚的子叶,形如盾状,称为盾片或内子叶,位于胚乳与胚之间,并与两者紧贴在一起。胚轴在与盾片相对的一侧,有一小突起,有人认为是退化的子叶,称为外子叶。

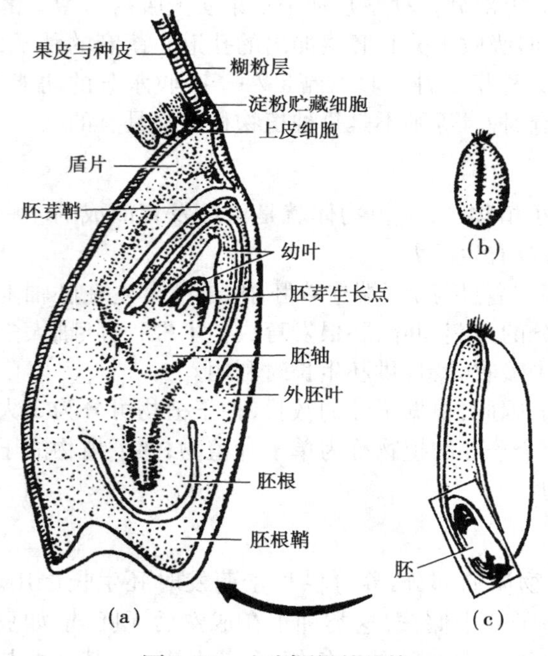

图3.36 小麦颖果的结构

(a)胚的纵切面;(b)颖果的外形;(c)颖果的纵切面

(3)裸子植物有胚乳种子 以松属种子为例说明(图3.37)。

松属种子具两层种皮。外种皮由4~5层木化的石细胞和外面一层栓化的厚壁细胞组成,内种皮膜质化。许多松属植物种子脱落时还连着一片很薄的称为翅的膜质状组织。胚棒状,被白色胚乳包被,胚根尖端带有一丝状物,是胚柄的残留物。胚轴上轮生着 4 ~ 16 片子叶。

2)无胚乳种子

这类植物的种子只有种皮和胚两部分,没有胚乳,肥厚的子叶储存了丰富的营养物质,代替了胚乳的功能。多见于大部分双子叶植物和部分单子叶植物。

(1)双子叶植物无胚乳种子 双子叶植物中的大豆、蚕豆、刺槐、梨、核桃等的种子是无胚乳种子。以蚕豆为例说明(图 3.38)。

蚕豆种子的形态呈肾状,有明显的种脐、种脊。种皮内,胚由两片子叶、胚芽及胚根构成。子叶发达,几乎占据了种子的全部。

(2)单子叶植物无胚乳种子 此类种子较少见,稻田杂草中的慈姑、泽泻、眼子菜等单子叶植物的种子是无胚乳种子。以慈姑为例说明(图 3.39)。

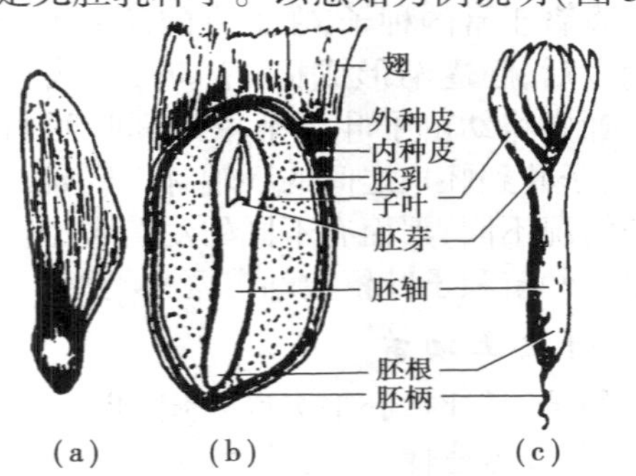

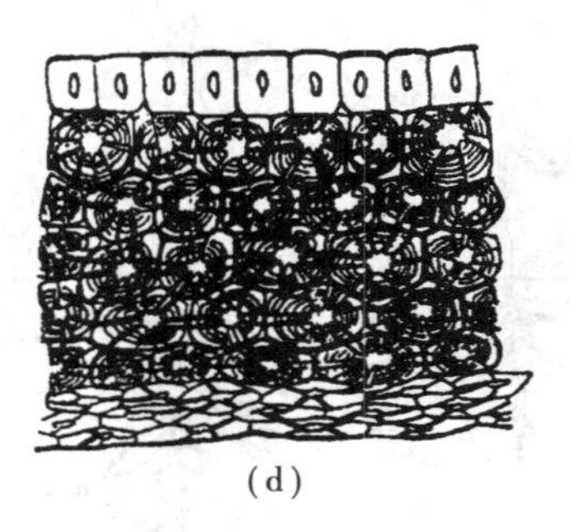

图 3.37 松属的种子

(a)外形;(b)纵切的一部分;(c)取出的胚;(d)种皮横切面

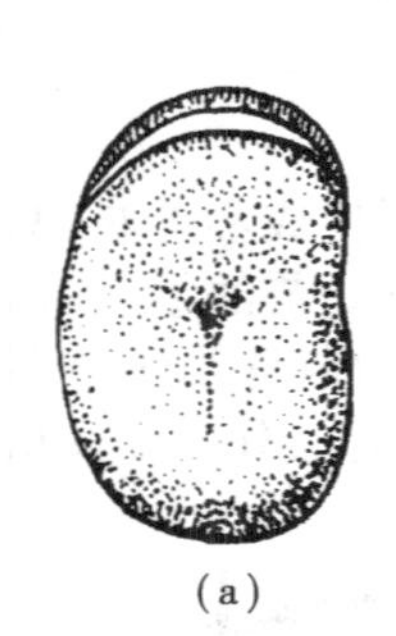

1
2
3
4
5
(b)

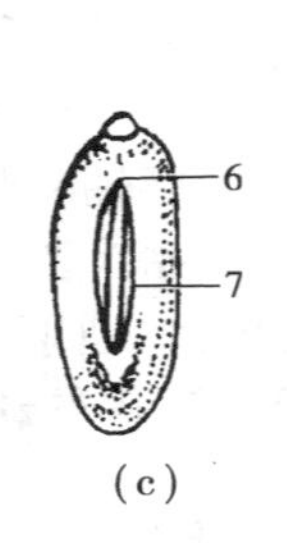

图 3.38 蚕豆的种子

(a)种子外形的侧面观;
(b)切去一半子叶显示内部结构;
(c)种子外形的顶面观
1—胚根;2—胚轴;3—胚芽;4—子叶;
5—种皮;6—种孔;7—种脐

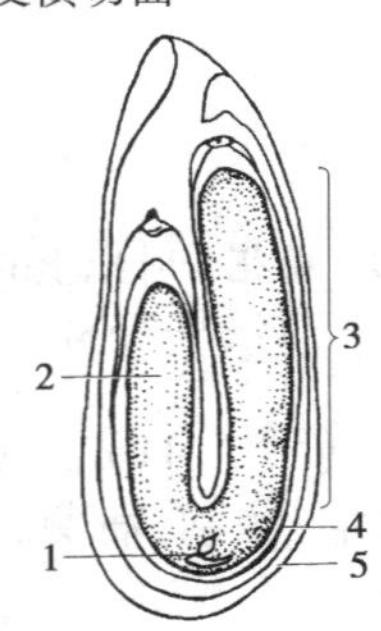

图 3.39 慈姑胚的结构

1—生长点和初生叶;2—子叶;
3—由胚根和下胚轴合成的短轴;
4—种皮;5—果皮

慈姑的种子由种皮和胚组成。种皮极薄,仅一层细胞,胚弯曲。子叶一片,呈长柱形。胚芽着生在胚轴上方,由生长点和幼叶组成。胚轴下端为胚根,胚根和下胚轴连在一起组成胚的一段短轴。

3.7.3 种子的寿命

种子寿命是指种子在一定条件下保持生活力的期限,超过这个期限。种子的生活力就会丧失,失去萌发能力。根据种子寿命的长短可把种子分为短寿命种子、中寿命种子和长寿命种子 3 类。

（1）短寿命种子　这类种子的寿命为几个小时至几周。如柳树种子成熟后在 12 h 以内有发芽能力，杨树种子寿命一般不超过几周。

（2）中寿命种子　这类种子的寿命在几年到十几年。大多数栽培植物如水稻、小麦、大豆的种子寿命为两年；玉米 2 ~ 3 年；油菜 3 年；蚕豆、绿豆、豇豆、紫云英 5 ~ 11 年。

（3）长寿命种子　种子寿命在几十年以上。北京植物园曾对泥炭土层中挖出的沉睡千年的莲子进行催芽萌发，还能开花结果。由此可见，莲的种子寿命可达千年以上。

3.7.4 幼苗的类型

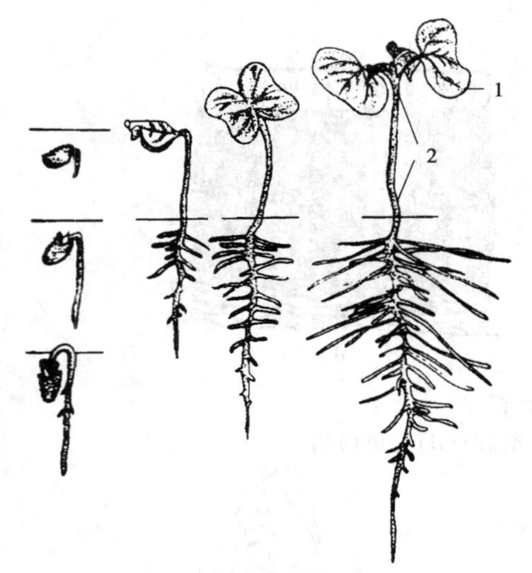

图 3.40　棉花子叶出土的幼苗
1—子叶；2—下胚轴

发育正常的种子，在适宜的条件下开始萌发。种子萌发后，胚逐渐形成根、茎、叶，变成独立生活的幼苗。通常将幼苗子叶至第一片真叶间的胚轴称为上胚轴，子叶到胚根之间的胚轴称下胚轴。由于胚轴的生长情况不同，因而有不同的幼苗类型。常见的有子叶出土幼苗和子叶留土幼苗两种类型。

1）子叶出土幼苗

种子萌发时，胚根突破种皮，伸入土中，形成主根后，下胚轴迅速伸长，把子叶、上胚轴和胚芽一起推出土面，这样形成的幼苗称为子叶出土幼苗。大多数裸子植物和双子叶植物的幼苗都是这种类型。如蓖麻、棉花（图 3.40）、刺槐等。

2）子叶留土幼苗

种子萌发时，下胚轴发育不良或不伸长，只是上胚轴和胚芽迅速向上生长，形成幼苗的主茎，而子叶始终留在土壤中。这样形成的幼苗称为子叶留土幼苗。蚕豆、豌豆（图 3.41）、荔枝、柑橘、核桃、油茶等一部分双子叶植物和大部分单子叶植物如小麦、玉米、水稻、棕榈、蒲葵、毛竹（图3.42）等的幼苗都属此类型。

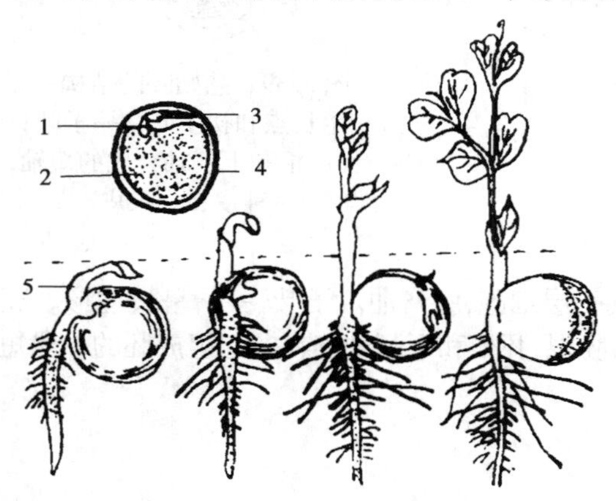

图 3.41　豌豆种子的萌发过程（示子叶留土）
1—胚芽；2—子叶；3—胚根；4—种皮；5—上胚轴

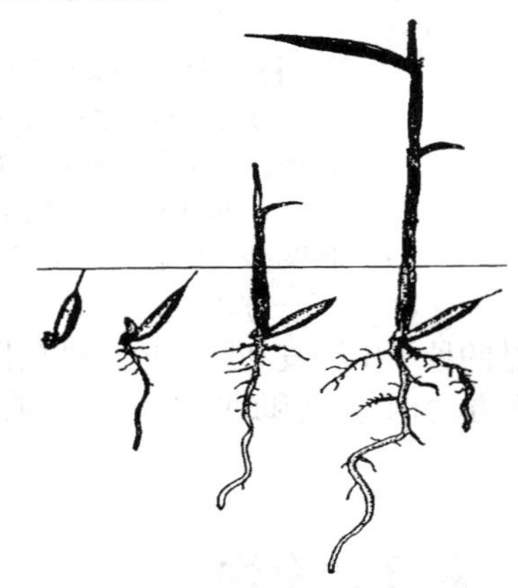
图 3.42　毛竹留土萌发的幼苗

花生种子的萌发,兼有子叶出土和子叶留土的特性,因此称它为子叶半出土幼苗。它的上胚轴和胚芽生长较快,同时下胚轴也相应生长。因此播种较深时,则不见子叶出土;播种较浅时,则可见子叶露出地面(图3.43)。

图3.43 花生种子萌发过程
1—上胚轴;2—下胚轴

子叶出土与留土,是植物对外界环境的不同适应。了解子叶出土和子叶留土两类幼苗的特点,在农、林生产上都有一定的指导意义,可作为正确掌握种子播种深度的依据。一般情况下,子叶留土幼苗的种子播种可以稍深一些;子叶出土幼苗的种子播种可浅一些。此外,还要考虑种子的大小、土壤湿度等条件,最后决定播种的实际深度,以提高出苗率。

复习思考题

1. 名词解释:花、完全花、两性花、无性花、雄株、雌雄同株、杂性花、花程式、花图式、花序、有限花序、自花传粉、无融合生殖、多胚现象、真果、种子、胚 、种子寿命、幼苗。
2. 被子植物典型的花的结构有哪些部分?各部分有什么作用?
3. 简述花冠和雄蕊的类型。
4. 说明小麦或水稻花的构造特点。
5. 用花程表述棉花、苹果花的组成。
6. 无限花序有哪些基本类型?各有什么特点?
7. 简述成熟花药的基本结构。
8. 绘图并说明花粉粒的发育和构造。
9. 试述胚珠的发育过程和胚珠的结构。
10. 举例说明植物的开花期和开花习性。
11. 被子植物有哪几种传粉方式?各有什么特点?
12. 试述被子植物双受精的过程及其生物学意义。
13. 试述被子植物肉质果实的主要类型。
14. 聚合果和聚花果有哪些主要区别?
15. 果实和种子的传播有哪几种形式?果实和种子有哪些与传播相适应的形态特征?
16. 种子由哪几部分组成?各部分有什么作用?
17. 胚由哪几部分组成?各部分有什么作用?
18. 幼苗有哪几种类型?了解这些在农林生产上有何意义?

4 植物的分类

【理论教学目标】

1. 了解植物分类的方法、分类单位及命名法则。
2. 了解植物检索表的编制及其类型。
3. 掌握植物主要类群的形态结构和用途。
4. 了解双子叶植物和单子叶植物主要科的特征和代表植物。

【技能实训目标】

1. 掌握植物检索表的使用方法。
2. 能根据植物的形态结构特点判断其类别。
3. 能正确识别当地常见的植物。
4. 学会植物标本的采集、压制和鉴定命名方法。

植物分类基础知识

4.1 植物分类的基础知识

4.1.1 植物分类的方法

1)人为分类法

人为分类法是人们为了使用方便,根据植物的某些特征、特性而对植物进行分类的方法。早在晋朝嵇含所著的我国最早的植物学专著《南方草木状》,就将书中记载的植物分为草、木、果、谷4章。我国明朝李时珍(1518—1593)所著《本草纲目》,将收集记载的1 000余种植物分为草、木、果、谷、菜5部30类;为了应用起来方便,人为地将植物分为水生植物、陆生植物、木本植物、草本植物、栽培植物、野生植物等。栽培的作物又可分为粮食作物、油料作物和纤维作物。虽然人为分类法在实际应用中比较方便,但不符合植物的自然发生和发展规律,不能反映植物间的亲缘关系。

2)自然分类法

自然分类法是按照植物间在形态、结构、生理上的相似程度,判断其亲缘关系,再将它们分门别类成系统的分类方法。按自然分类法分类,可以明确植物在分类系统上所处的位置,以及和其他植物在亲缘关系上的远近。在达尔文进化论的影响下出现了一些比较完善的系统,如恩格勒(Engler)分类系统(1897)、哈钦松(J. Hutchinson)分类系统(1962)、塔赫他间(A. Taxtaujqh)系统(1954)和克朗奎斯特(Cronquist)系统(1958)。尽管这些系统还是在初级阶段,但与人为分类相比,显然是一个质的飞跃。由于我们对全部植物的遗传和进化的证据知之甚少,依植物的亲缘关系建立一个完全符合系统发育的自然系统目前还是难以实现的。

4.1.2 植物分类的各级单位

为了建立自然分类系统,更好地认识植物,人们根据植物之间相异的程度与亲缘关系的远近,将植物分为不同的若干类群,或各级大小不同的单位,即界、门、纲、目、科、属、种。种是植物分类的基本单位,由相近的种集合为属,由相近的属集合为科,以此类推。有时根据实际需要,划分出更细的单位,如亚门、亚纲、亚目、亚科、族、亚族、亚属、组,在种的下面又可分出亚种、变种、变型。每一种植物通过系统的分类,既可以表示出它在植物界的地位,又可以表示出它和其他种植物的关系。植物分类的各级单位见表4.1。

现以水稻为例,说明分类学上的各类单位。

界植物界 Regnum vegetable
门被子植物门 Angiospermae
纲单子叶植物纲 Monocotyledoneae
亚纲颖花亚纲 Glunmifiorae
目禾本目 Graminales
科禾本科 Gramineae
属稻属 *Oryza*
种稻 *Oryza sativa* L.

表4.1 植物分类的基本单位

分类单位		分类举例(小麦)	
中文名	拉丁名	中文名	拉丁名
界	Regnum	植物界	Plantae
门	Diviso	被子植物	Angiospermae
纲	Classis	单子叶植物纲	Monocotyledoneae
目	Ordo	莎草目	Cyperales
科	Familia	禾本科	Poaceae
属	Genus	小麦属	*Triticum*
种	Species	小麦	*Triticum aestivum* L.

(植物学,胡宝忠,2002)

一个种的所有个体具有基本相同的形态特征，各个体间能进行自然交配，产生能育的正常后代；具有相对稳定的遗传特性；占有一定的分布区和适合该种生存的一定的生态条件。种的一方面是适当稳定的，而另一方面又是继续发展的。

亚种是指某种植物分布在不同地区的种群，由于受所在地区生活环境的影响，它们在形态构造或生理机能上发生了某些变化，这个种群就称为某种植物的一个亚种。

变种，在同一个生态环境的同一个种群内，如果某个个体或由某些个体组成的小种群，在形态、分布、生态或季节上，发生了一些细微的变异，并有了稳定的遗传特性，这个个体或小种群，即称为原来种（又称为模式种）的变种。

变型有形态变异，但看不出有一定的分布区，仅是零星分布的个体。

品种是属于栽培学上的变异类型，不属于植物自然分类系统的分类单位。在农作物和园艺植物中，通常把经过人工选择而形成的有经济价值的变异（色、香、味、形状、大小等）列为品种，品种常具备一定的经济价值。

4.1.3 植物命名的方法

每种植物都有它自己的名称，同一种植物在不同地区叫法也不尽相同，例如番茄，在我国南方称番茄，北方称西红柿、洋柿子，这种现象称为同物异名。我国叫白头翁的植物就有 10 余种，其实它们分属于 4 科 6 属植物，这种现象称为同名异物。植物名称的混乱，对研究植物的利用和分类，会造成混乱或误会，也不利于进行国内和国际的交流。因此，有一个统一的名称是非常必要的。国际上对植物给定的统一名称叫学名。

1753 年瑞典分类学家林奈首创了植物双名法。将植物的学名用拉丁文命名。一个植物的学名是由两个拉丁单词组成，第一个单词是属名，第一个字母必须大写；第二个单词为种加词，一律小写，这种命名的方法称为“双名法”，学名的末尾必须附有定名人的名字缩写，在缩写后要加一个“.”，这才成为一个完整的学名。如稻的学名是 *Oryza sativa* L.，其中 *Oryza* 为属名，*sativa* 为种加词，后边的“L.”是定名人林奈（Linnaeus）的缩写。如果是亚种、变种和变型的命名，则在种加词后加上它们的缩写 subsp.，var. 和 f.，再加上亚种、变种和变型名，同样后边附以定名人的姓氏或姓氏缩写。例如蟠桃是桃的变种，可写为 *Prunus persica* var. *compressa* Bean. 每种植物只有 1 个学名（scientific name）。需要注意的是，中文名不能称为学名。双名法经国际植物学大会讨论并通过，已成为统一的国际命名法规。

4.1.4 植物检索表的编制及其应用

植物检索表是植物分类学中识别鉴定植物不可缺少的工具。将特征不同的植物，用对比的方法，逐项排列，进行分类，这是法国拉马克（Lamarch）提倡使用的二歧分类法。根据二歧分类法，可制成植物分类检索表。常用的检索表有以下两种形式：

1)定距检索表

定距检索表又称等距检索表。在这种检索表中,相对立的特征,编为同样号码,且在书页左边同样距离处开始描写。如此继续下去,描写行越来越短,直至追寻到检索表的最低单位为止。它的优点是将相对性质的特征都排列在同样距离,一目了然,便于应用;缺点是如果编排的种类过多,检索表势必偏斜而浪费很多篇幅。现将植物分门等距检索表举例如下:

1. 植物体无根、茎、叶分化,不产生胚。
  2. 植物体不为藻、菌共生体。
    3. 有叶绿素,自养植物……………………………………………………藻类(Algae)
    3. 无叶绿素,异养植物……………………………………………………菌类(Fungi)
  2. 植物体为藻、菌共生体……………………………………………………地衣门(Lichens)
1. 植物体有根、茎、叶分化,产生胚。
  4. 有茎、叶分化,无真正根……………………………… 苔藓植物门(Bryophyta)
  4. 有茎、叶分化,并出现真正根。
    5. 不产生种子,用孢子繁殖……………………………………蕨类植物门(Pteridophyta)
    5. 产生种子,用种子繁殖。
      6. 种子或胚珠裸露…………………………………………裸子植物门(Gymnospermae)
      6. 种子或胚珠包被在果皮或子房中……………………被子植物门(Angiospermae)

2)平行检索表

在平行检索表中,每一相对性状的描写紧紧相接,便于比较,在每一行之末,或为一学名,或为一数字。如为数字,则另起一行重新写,与另一相对性状平行排列。如此直至终了为止。左边数字均平齐写,为平行检索表特点。举例如下:

1. 植物无花,无种子,以孢子繁殖…………………………………………………………2
1. 植物有花,以种子繁殖……………………………………………………………………3
2. 小型绿色植物,结构简单,仅有茎、叶之分,有时仅为扁平的叶状体;不具真正的根和维管束……………………………………………………………………苔藓植物门(Bryophyta)
2. 通常为中型或大型草本,很少为木本植物,分化为根、茎、叶,并有维管束…………………………………………………………………… ………………蕨类植物门(Pteridophyta)
3. 胚珠裸露,不包于子房内………………………………………裸子植物门(Gymnospermae)
3. 胚珠包于子房内…………………………………………………被子植物门(Angiospermae)

植物检索表是鉴定植物的重要工具。当鉴定一种不知名的植物时,先找一本检索表。运用植物学的术语正确使用分科和分属检索表,查出该植物所属的属和种,在检索时必须同时核对是否符合该科、属、种的特征描述,若发现有不符之处,应反复检索,直至完全符合时为止。

利用检索表鉴定植物时,要从科一直检索到种,不但要有完整的分科分属检索表,而且还要有性状完整的检索植物标本。另外,对检索表中使用的各种形态学术语及检索对象形态特征,应该比较熟悉,否则,就容易出现错误。

4.2 植物的主要类群

按照两界生物系统，植物主要包括藻类植物、菌类植物、地衣植物、苔藓植物、蕨类植物、裸子植物和被子植物，根据植物的形态结构、生活习性和亲缘关系，又可将植物分为两大类16个门(图4.1)。

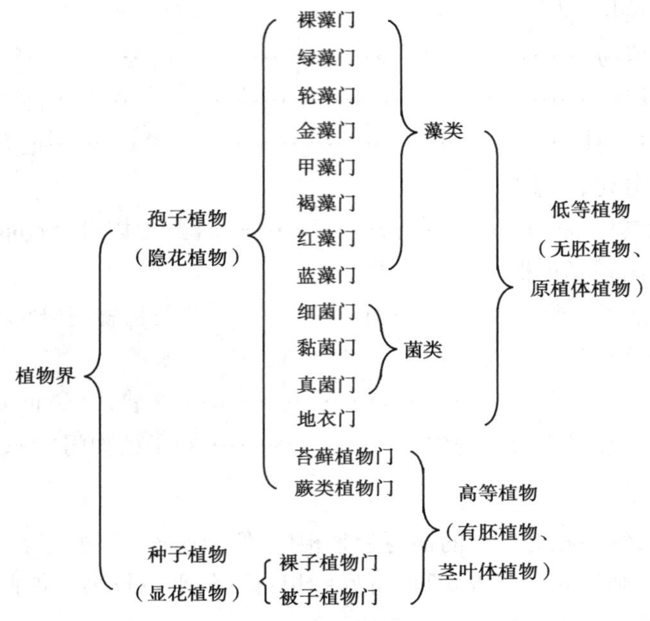

图4.1 植物的主要门

16门植物中，藻类、菌类、地衣称为低等植物，由于它们在生殖过程中不产生胚，故又称无胚植物。苔藓、蕨类、裸子植物和被子植物合称为高等植物，它们在生殖过程中产生胚，故称为有胚植物。凡是用种子繁殖的植物统称为种子植物，种子植物开花结果又称为显花植物。蕨类植物和种子植物具有维管束，因此把它们称为维管束植物，藻类、菌类、地衣、苔藓植物无维管束，称为非维管束植物。苔藓、蕨类植物的雌性生殖器官为颈卵器，裸子植物中也有不退化的颈卵器，因此，三者合称为颈卵器植物。

4.2.1 低等植物

低等植物常生活在水中和阴湿的地方，是地球上出现最早最原始的类群。低等植物无根、茎、叶的分化，没有维管组织，结构简单。生殖器官常是单细胞的。有性生殖的合子，不形成胚而直接发育成新个体。

1) 藻类植物

藻类植物有3万种以上，在整个自然界分布十分广泛，包括蓝藻、绿藻、红藻等8

门。藻类植物主要区别见表4.2。

表4.2 主要的藻类植物

名 称	储藏物	含有色素	藻体颜色	生 境	植物体结构	生殖方式	代表植物
蓝藻门	蓝藻 淀粉	叶绿素a 藻蓝素 藻红素	蓝绿色	海水 淡水	单细胞、多细胞群体,无核结构	裂殖、营养、孢子	念珠藻 颤藻
绿藻门	淀粉油	叶绿素a,b 叶黄素 胡萝卜素	绿色	以淡水为主,兼有海水	单细胞群体,丝状、叶状体、有核	无性孢子、有性配子卵式结合	衣藻 水绵
红藻门	红藻 淀粉	叶绿素a,b 叶黄素 胡萝卜素 藻红素	红色或紫色	绝大多数在海水,淡水中约50种	丝状、片状、树状,多细胞,有核	无性、有性为卵配	紫菜 海罗 石花菜
褐藻门	褐藻 淀粉 甘露醇	叶绿素a,b 胡萝卜素 6种叶黄素	褐色	多淡水 1/4海水	多细胞分枝,丝状体、假薄壁组织体,薄壁组织体	营养、无性、有性有配子、卵式	海带 鹿角菜
金藻门	金藻淀粉油	叶绿素a,b 胡萝卜素 叶黄素	黄绿色 黄色 金黄色		单细胞,定形群体,或不定形群体,丝状体	无性、有性为配子、卵式	硅藻 无隔藻

注:引自胡宝忠《植物学》,2002。

(1)一般特征　藻类植物是一群具有光合作用色素,能独立生活的自养原植体植物。藻类植物绝大多数生活在淡水或海洋中,少部分生活在陆地,如土壤、树皮、岩石上。藻类植物差异很大:小球藻、衣藻等必须借助显微镜才能看到,而海洋中的巨藻长达400 m以上。藻类对环境条件要求较宽,适应能力很强,能耐极度高温和低温,某些蓝藻、硅藻可生长在50~80 ℃的温泉中,衣藻可生长在雪峰、极地等地区,称为冰雪藻。

藻类植物体有多种类型,有单细胞、群体和多细胞个体。多细胞的种类中又有丝状、片状和较复杂的构造等,但没有根、茎、叶的分化,称为叶状体植物(图4.2)。

藻类植物含有的叶绿体色素,包括叶绿素a、叶绿素b、胡萝卜素和叶黄素4种。还有一些特殊的藻类含有藻红素和藻蓝素等。由于叶绿素和其他色素比例不同,使藻体呈现不同的颜色。藻类植物的繁殖方式有营养繁殖、无性繁殖和有性生殖。以植物体的片段发育成新个体称为营养繁殖,由孢子发育成新个体称为无性繁殖或孢子繁殖。有性生殖是借配子结合后形成新个体。

(2)经济用途　藻类植物可食用,如发菜、地木耳、江蓠、石花菜、海带菜、裙带菜、鹿角菜等。海带中碘的含量为干重的0.08%~0.78%,可有效预防和治疗甲状腺肿大。蓝藻有固氮作用,有些褐藻可用作饲料和肥料。

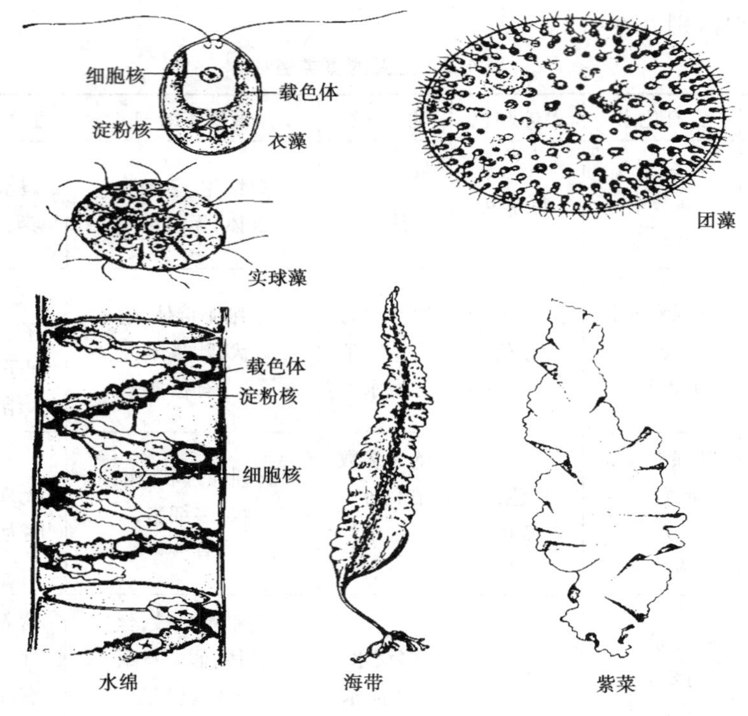

图4.2　各种主要藻类植物

2)菌类植物

据不完全统计,菌类植物有10万多种,可分为细菌门、黏菌门和真菌门。3门植物在形态、特征、繁殖和生活史上差异很大,分别介绍如下:

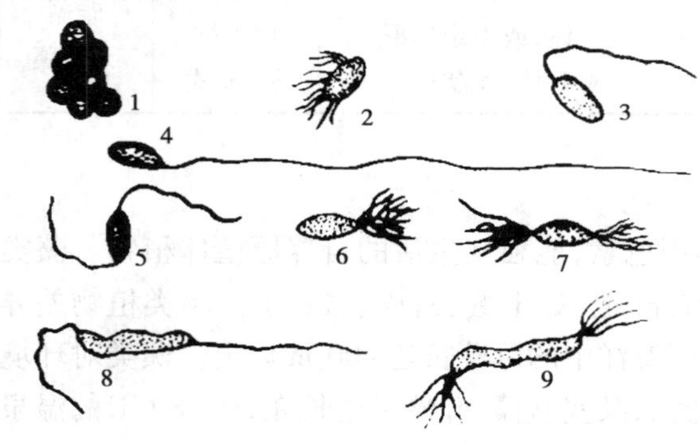

图4.3　细菌的3种类型

(胡宝忠《植物学》,2002)

1—球菌;2—7—杆菌;8—9—螺旋菌

(1)细菌门

①一般特征　细菌是一类单细胞的原核生物。已发现的种类有2 000种以上,除少数为自养外,大多为异养。细菌大小一般在1 μm左右,故必须染色后在显微镜下才能观察到。因为细菌微小,所以它的分布十分广泛,无论是在水中、空气、土壤以及动植物体内,都有细菌的存在。

细菌的形态有3种,即球状、杆状、螺旋状,对应有球菌、杆菌、螺旋菌3种类型(图4.3)。

细菌的结构简单,具有细胞壁、细胞膜、细胞质、核质等(图4.4)。细菌没有真正的细胞核,只有由核酸构成的核质粒,分散在细胞质中,故细菌和蓝藻一样,均属原核生物。有些细菌分泌黏性物质,累积在细胞壁外,称为荚膜,对细菌本身有保护作用。有的细菌长有鞭毛,能够运动。绝大多数细菌不含色素,为异养生活方式。

②经济用途　大多数细菌对人类是有益的,在自然界中大量的腐生细菌和腐生真菌一起,把动、植物残体分解成简单的无机物,维持了自然界的物质循环。细菌在工业上用途也很广,如

枯草杆菌产生的蛋白酶和淀粉酶用于皮革脱毛、丝绸脱胶、酿造啤酒等，我们日常生活中食用的酱油、醋、泡菜和酸菜等食品都是利用细菌的作用制成的。

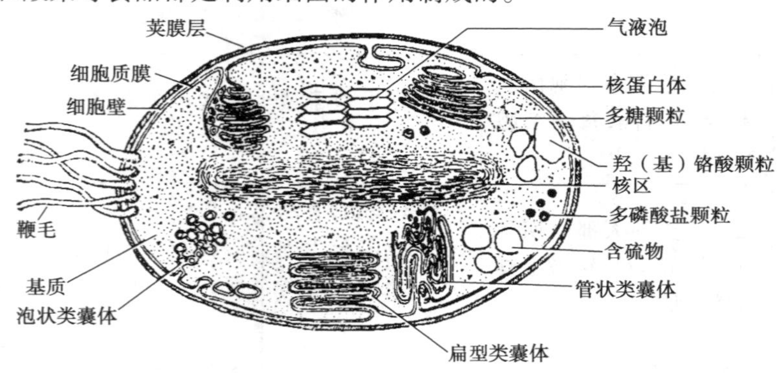

图4.4 细菌的超微结构

（胡宝忠《植物学》,2002）

细菌对人类也有有害的一面，如痢疾、伤寒、破伤风等病原菌侵入人体可发生疾病，甚至危及生命。

由于细菌的活动也会引发很多植物的病害，如大白菜和甘薯的软腐病，水稻的白叶枯病，棉花的角斑病，花生的青枯病等。

(2)黏菌门 黏菌是介于动物和植物之间的生物，它们的生活史中一段是动物性的，另一段是植物性的。营养体无叶绿素，为裸露的无细胞壁多核的原生质团，称为变形体，其构造、行动和摄食方式与原生动物中的变形虫相似。在繁殖时期产生孢子，孢子具有纤维素的壁，这是植物的性状。

黏菌大多数为腐生，也有少数寄生。它可使植物发生病害，例如寄生在白菜、芥菜、甘蓝根部组织内的黏菌，使寄生根膨大，植物生长不良，甚至死亡。

(3)真菌门

①一般特征 真菌的种类很多，在植物界中位居第二位。约有3 800属，10万多种，在陆地、水中、土壤、大气及动植物体内均有分布。

真菌除少数原始种类是单细胞的，如酵母菌，大多数发展为分枝或不分枝的丝状体，组成植物体的丝状体称为菌丝体。菌丝体在生殖时形成各种各样的形状，如伞形、球形等，称为子实体。

大多数真菌具有细胞壁、细胞核。真菌不含叶绿体，不能进行光合作用，营寄生或腐生生活。真菌的繁殖方式多种多样，水生真菌产生流动孢子，陆生真菌产生空气传播的孢子，有性生殖有同配、异配、卵式生殖等。

根据真菌的形态和生殖方法不同，可分为四类，它们的主要特征见表4.3。

表4.3 4种真菌的主要特征

特征 种类	植物体	无性生殖	有性生殖	代表植物
藻状菌	大多为分枝的菌丝体，菌丝常无横隔壁，多核	产生不动孢子和游动孢子	同配、异配、卵配或接合生殖	黑根霉 白锈菌

续表

种类＼特征	植物体	无性生殖	有性生殖	代表植物
子囊菌	绝大多数为多细胞菌丝体,菌丝有隔,每一细胞有1核	产生分生孢子或出芽繁殖	形成子囊和子囊孢子	酵母菌 黄曲霉
担子菌	在生活史的大部时期具有双核菌丝体,菌丝上具有锁状联合	一般不发达,有的具芽孢子、分生孢子、粉孢子、厚壁孢子	形成担子和担孢子	银耳 猴头菌
半知菌	有隔菌丝体	分生孢子	尚未发现	稻瘟病菌

注:引自陈忠辉《植物与植物生理》,2001。

②代表植物

a. 黑根霉(*Rhizopus nigricans* Her.)　黑根霉属藻菌纲,又称为面包霉、葡枝根霉,分布极广,在腐烂的果实、蔬菜、面食及其他暴露在空气中或潮湿地方的动植物体上,都能迅速生长出来(图4.5),其表面有白色的菌丝出现,是由空气中降落的孢子萌发所产生。

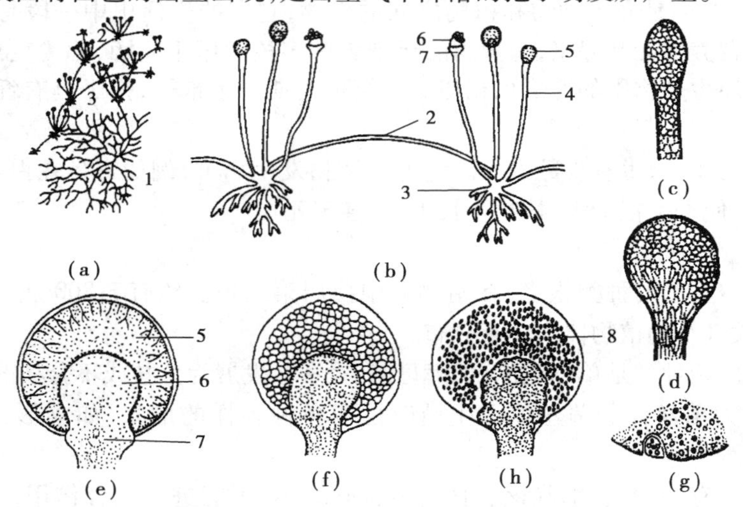

图4.5　黑根霉的无性生殖

(胡宝忠《植物学》,2002)

(a)生长示意图;(b)匍匐菌丝和孢子囊;(c)—(e)孢囊梗顶端膨大成孢子囊;(f)—(h)孢囊孢子的形成

1—营养菌丝;2—匍匐菌丝;3—假根;4—孢囊梗;5—孢子囊;6—囊轴;7—囊托;8—孢囊孢子

b. 蘑菇(*Agaricus campestris* L. ex Fr.)　蘑菇属担子菌纲,为广泛野生及栽培的伞菌。多为腐生菌,土壤中、厩肥上、枯枝烂叶及朽木上均可发生,高山草甸、草原及山坡林下尤为常见(图4.6)。

蘑菇系多细胞的菌丝体,菌丝具横隔壁,细胞有双核,具多数分枝,许多菌丝交接在一起形成子实体,幼小时球形,埋藏于基质内,以后幼子实体逐渐长大伸出基质外。成熟的子实体伞

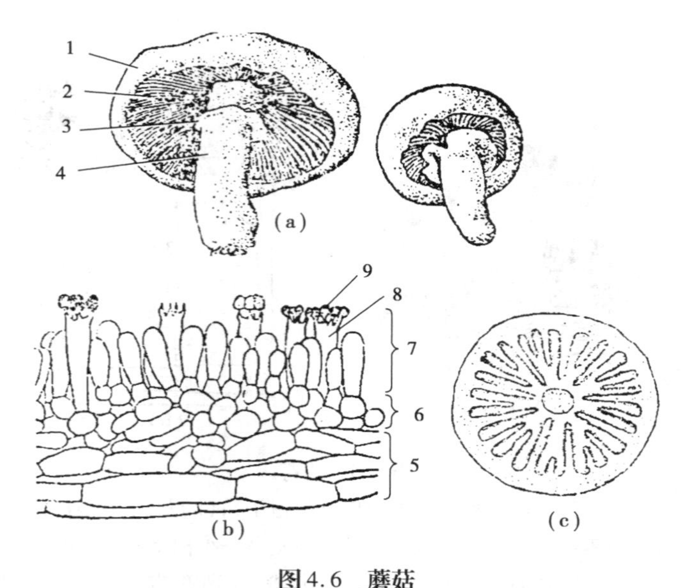

图4.6 蘑菇

（胡宝忠《植物学》，2002）

（a）蘑菇；（b）菌褶断面的一部分；（c）菌盖横切（示辐射排列的菌褶）

1—菌盖；2—菌褶；3—菌环；4—菌柄；5—菌肉；

6—子实层基；7—子实层；8—担子；9—担孢子

状，单生或丛生。

蘑菇、香菇、木耳、银耳、猴头菌等可食用的真菌有300多种。真菌在医药方面应用很广，如冬虫夏草、茯苓及多孔菌均为药用菌，茯苓中含有锗、硒具有抗肿瘤作用。毛木耳的水浸液含有阻止血小板凝聚的物质，可预防血栓形成。

c. 酵母菌（*Saccharomyes*） 酵母菌属担子菌纲，是本纲种最原始的种类，常用于啤酒发酵。菌体为单细胞，卵形，有一个大液泡，细胞核较小，有时多个细胞连成一串，形成假菌丝（图4.7），其繁殖方式是出芽繁殖。

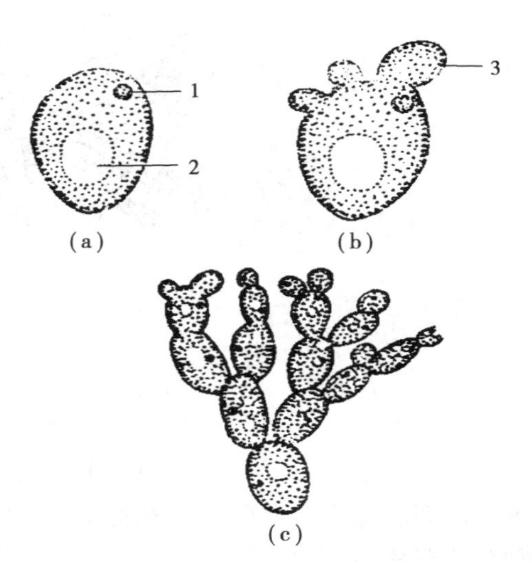

图4.7 酵母菌的出芽繁殖

（a）单个细胞；（b）出芽；

（c）芽细胞相连，形成拟菌丝

1—核；2—液泡；3—芽孢子

d. 青霉（*Penicillium*） 青霉属于子囊菌纲，在自然界分布很广，多生于水果、蔬菜、淀粉类食品和衣服上。菌丝体淡绿色，以分生孢子进行繁殖。在菌丝上产生很多分生孢子梗，从小梗上生出一串灰绿色或深绿色的分生孢子。孢子成熟后，随风飘落在基质上，在适宜的条件下萌发形成菌丝（图4.8）。

（4）地衣植物

① 一般特征 地衣是真菌和藻类的共生体，在植物界中为一独立的门。地衣有500余属，26 000余种。构成地衣的藻类为蓝藻和绿藻，真菌主要是子囊菌，少数为担子菌，在共生体中藻类进行光合作用制造有机物质供给菌类养料，真菌吸收水和无机盐供给藻类生长，彼此间形成

特殊的共生关系。

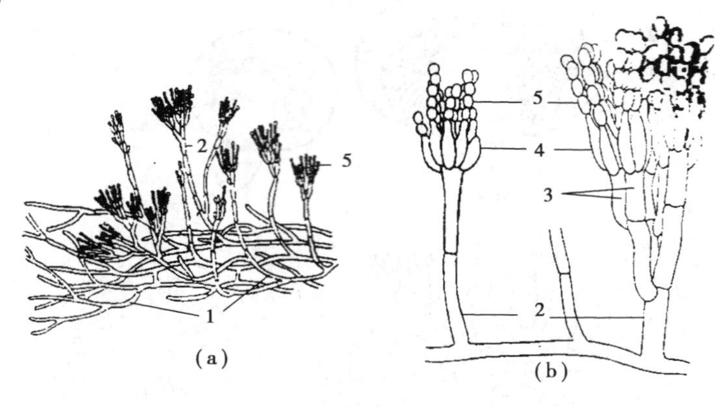

图4.8 青霉

(a)青霉属菌株(从营养菌丝上长出分生孢子);(b)放大的分生孢子梗

1—营养菌丝;2—分生孢子梗;3—梗基;4—小梗;5—分生孢子

地衣分布很广,适应能力很强,从平原到山区,从热带到寒带,它生长在土壤表层和沙漠上,在山区多生长在树皮和裸露的岩石上。根据生长形态,可将地衣分为以下3种类型(图4.9):

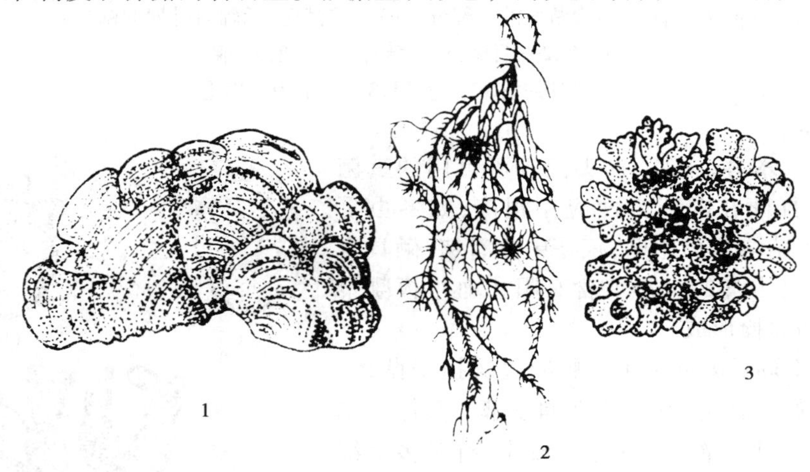

图4.9 地衣的形态和结构

1—叶状地衣;2—枝状地衣;3—壳状地衣

a.壳状地衣 呈扁平状的地衣体以髓层菌丝紧贴基物(岩石、树皮、砖瓦、地表)上,形成薄层的壳状物,难以分开。

b.叶状地衣 地衣体扁平呈叶状,植物体的一部分黏附于基质上,容易剥离。如生长在草地的地卷属和生长在岩石或树皮上的梅花衣属等。

c.枝状地衣 地衣直立呈枝状,或下垂如丝,倒悬在空中,多具分枝,形状类似高等植物的植株。

地衣的主要繁殖方式是营养繁殖和粉芽繁殖。地衣植物通过断裂进行营养繁殖,也可以以粉芽或珊瑚芽进行繁殖。地衣中的真菌可以单独进行无性生殖产生孢子,或进行有性生殖后产生子囊孢子或担孢子。孢子在适宜的条件下遇到适当的藻类细胞,就可以萌发成菌丝,并缠绕藻类细胞,形成新的植物体。

②经济用途　地衣能分泌地衣酸使岩石风化形成土壤，而后在这种土壤上生长苔藓和种子植物，因此，称地衣是先锋植物。冰岛衣、松萝、石蕊、石耳可做中药。石耳可以食用。地衣茶和石蕊还可做饮料。产于北极草原的驯鹿苔地衣，是北极鹿的常年饲料。

海石蕊地衣可以提取色素制造染料、石蕊试纸或酸碱指示剂等。在地衣中的扁枝衣属、梅衣属的一些种类，含有芳香油，是配制香水和化妆品的原料。

在环境保护方面，利用地衣对大气中 SO_2 的敏感度，作为监测大气中 SO_2 污染的指示植物。

4.2.2　高等植物

高等植物具有以下特征：植物体结构复杂，除苔藓植物以外都具有根、茎、叶的分化。生殖器官由多细胞构成，卵受精先形成胚，再由胚形成新个体。高等植物分为 4 个门：苔藓植物门、蕨类植物门、裸子植物门和被子植物门。

1）苔藓植物门

苔藓植物约 900 属，23 000 种，我国有 2 800 种。根据营养体的形态结构，分为苔纲和藓纲，主要区别见表 4.4。

表 4.4　苔纲和藓纲的主要区别

	苔　纲	藓　纲
植物体	多为背腹式	无背腹之分，有类似根茎叶分化
孢　蒴	多无蒴轴，具弹丝	有蒴轴，无弹丝
孢子萌发	原丝体阶段不发达	原丝体阶段发达
代表植物	地钱、浮苔、角苔	葫芦藓、泥炭藓、黑藓

注：引自胡宝忠《植物学》，2002。

苔藓是一群小型的绿色植物，多生于比较阴湿的环境中，喜生于湿润的石面、土壤表面，树皮和朽木上，少数生于急流水中的岩石上或干燥严寒的两极地带，有的生在墙根外距地面 20 cm 的墙面或井旁。苔藓植物是高等植物中脱离水生进入陆地生活的原始类型之一。

（1）一般特征　苔藓植物都很矮小，简单的类型呈扁平的叶状体（地钱）。比较高级的苔藓植物已有茎、叶的区别，但无真正的根，结构简单，没有维管束结构，因此输导作用不强。苔藓植物的生殖器官是由多细胞构成的，在生活中有明显的世代交替。常见的植物体是其有性世代的配子体，配子体发达，能独立生活，在世代交替中占优势。孢子体不发达，不能独立生活，寄生在配子体上，依靠配子体提供营养。孢子体通常分为 3 部分：上部为孢子囊，又称为孢蒴；孢蒴下面有柄，称为蒴柄；蒴柄最下面有基足。孢子囊成熟后将孢子散布于体外，在适宜的环境条件下萌发，形成片状和丝状体的构造，称为原丝体，而后在原丝体上产生假根和芽体，由芽体发育成具有片状或茎叶的配子体。

（2）代表植物

a. 地钱（*Marchantia polymorpha* L.）　地钱分布于我国南北地区，喜阴湿的环境，常生于阴湿的土壤表面、林下、井边、墙隅等处。地钱的配子体发达，具有叉状分枝的叶状体，生长点位于

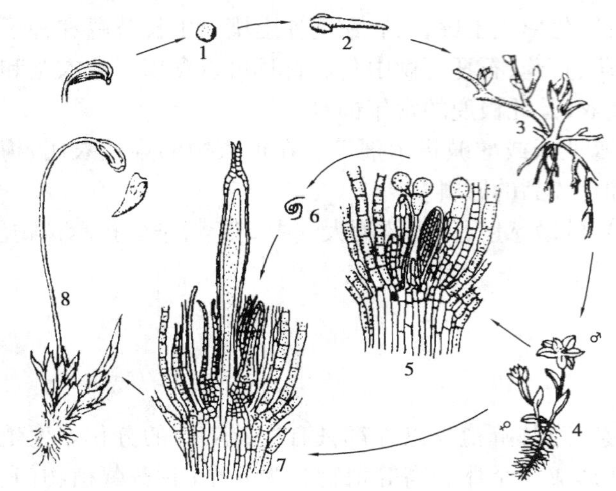

图4.10 葫芦藓的生活史

1—孢子;2—孢子萌发;3—具芽的原丝体;
4—成熟的植物体具有雌雄配子体;
5—雄器的纵切面;6—精子;7—雌器苞的纵切面;
8—成熟的孢子体仍着生在配子体上,苞蒴的蒴盖脱落后,孢子散发出蒴外

分叉凹陷处。叶状体分背腹两面,背面有气孔,腹面有多细胞的鳞片和单细胞的假根。我们看到的地钱是它的配子体。

b.葫芦藓[*Funaria hygrometrica*（L.）sibth] 常分布于阴湿的泥地、林下或树干上。葫芦藓为雌雄同株的植物,植物体矮小,有类似根、茎、叶的分化。葫芦藓在颈卵器中发育成胚,胚发育成为具有足、柄、蒴3个部分的孢子体。其生活史如图4.10所示。

(3)经济用途 苔藓植物在森林中常有大面积生长,构成地表覆盖物,可起到保持水土的作用。许多苔藓植物生活在荒漠、冻原和岩石上,能分泌出一种酸性溶液,可溶解岩石,有利于土壤母质的形成。

苔藓植物也是常见的药用植物,如金发藓有清热解毒、乌发、活血、止血等功效,大叶藓对治疗心血管病有较好的疗效等。泥炭藓能吸收大量水分,可用于包裹鲜花和苗木。泥炭藓又是形成泥炭的主要植物,泥炭可作为燃料。

2)蕨类植物门

世界上现有蕨类植物12 000种,我国有2 600种。以云南、贵州、华南地区最为丰富,仅云南就有1 000余种,称为蕨类王国。蕨类植物又称为羊齿植物,现代蕨类植物广布全球,寒带、温带、热带都有分布。但以热带、亚热带为多。多生于井下、山野、溪边、沼泽等阴湿的环境。

(1)一般特征 蕨类植物孢子体占优势,习见的植物体为孢子体,孢子体和配子体都能独立生活。孢子体为多年生,有根、茎、叶的分化,能进行光合作用。茎内分化为维管组织,在木质部中只有管胞而无导管,韧皮部仅由筛胞组成,是原始的维管植物。蕨类植物的配子体为微小的原叶体,是一种具有背腹分化的叶状体,呈绿色,能独立生活,腹面有精子器和颈卵器。精子大多具有鞭毛,受精作用离不开水。受精卵在配子体颈卵器中发育成胚,由胚发育成能独立生活的孢子体。

(2)代表植物 肾蕨[*Nephrolepis auriculata*（L.）Trimen] 肾蕨又称为蜈蚣草,有两种茎:一种是根状茎,呈二叉分枝状,横卧地下,向上丛生大型羽状复叶,幼小的叶顶端呈拳头状,在生长中逐渐展开;另一种是匍匐茎,位于地表层,顶端深入土壤中形成球茎。在茎的内部分化成同心维管束,其木质部中有管胞,韧皮部中有筛胞,没有伴胞。叶片结构与双子叶的结构相似,有叶肉和维管束,叶肉分化为栅栏组织和海绵组织。

肾蕨的植物体是孢子体(图4.11),在叶的背面有肾形的孢子囊囊群,孢子囊有一细长的柄,近柄的一端有几个薄壁大细胞,孢子囊内的每个孢子母细胞经过减数分裂形成4分体,孢子成熟后,于薄壁细胞处裂开散落。孢子散出后在适宜的土壤上,萌发形成雌雄同体的配子体(图4.12),也称为原叶体。精卵器生于原叶体的凹陷处,精子器产生有数十个螺旋形具有鞭毛的精子,在有水的情况下,精子从精子器散出,游向颈卵器与卵受精。

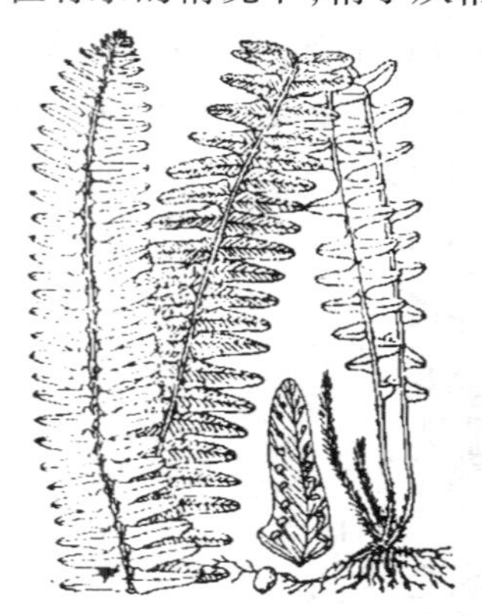

图 4.11 肾蕨的孢子体

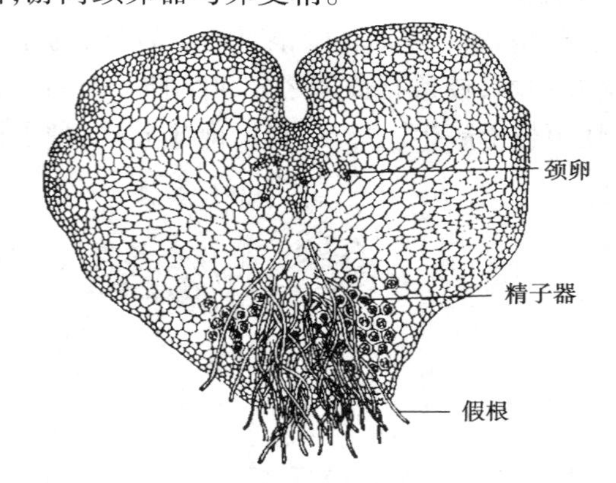

图 4.12 肾蕨的配子体

(3)经济用途 蕨类植物用途很广,现代开采的煤炭,大部分是古代蕨类植物遗体所形成的,煤炭已经成为工业上的主要燃料。有些蕨类植物的根茎中富含淀粉,可提取蕨粉供食用,食蕨在我国历史悠久。蕨和紫萁等种类的幼叶可食用,制成干品称为拳菜,清香味美,为著名山珍。蕨类植物作为药用的有 100 多种,海金沙治尿道感染;卷柏治刀伤出血;贯众的根可治虫积腹痛、流感等症。肾蕨、铁线蕨、鹿角蕨、卷柏、水龙骨可作为庭院居室的观赏植物,肾蕨常用于插花。一般水生蕨类可作绿肥,如满江红,其含氮量高于苜蓿。槐叶萍、四叶萍、满江红常用作鱼类或家畜的饲料。

3)裸子植物门

裸子植物在生活史上既保留着颈卵器,又能产生种子,因此是介于蕨类植物和被子植物之间的一类高等植物。裸子植物的繁盛期是在中生代,后因地史变迁,很多植物已经绝迹,全世界现存的裸子植物仅有 700 多种,我国现有裸子植物 41 属,250 种。

(1)裸子植物的一般特征

①种子裸露,不形成果实 裸子植物的孢子叶常聚生呈球果状,称为孢子叶球,孢子叶球单性同株或异株。小孢子叶球由多数小孢子叶(相当于被子植物的雄蕊)聚生而成;大孢子叶的腹面生有胚珠,胚珠裸露,不为大孢子叶包被,因而胚珠形成种子后,种子裸露,不形成果实。裸子植物因此而得名。

②孢子体发达 孢子体都是多年生木本植物,绝大多数为高大乔木。枝条常有长枝和短枝之分。茎具形成层和次生生长,木质部大多数只有管胞,韧皮部主要含筛胞而无筛管和伴胞。叶多为针形、鳞片或条形。叶在长枝上呈螺旋状生长,在短枝上常簇生。

③配子体简化,而且寄生于孢子体上 由小孢子发育而成的成熟雄配子体,通常只有 4 个细胞,2 个退化的原叶细胞,1 个管细胞和 1 个生殖细胞。由大孢子发育成雌配子体,在雌配子体的前端分化出二至多个颈卵器,配子体不能独立生活,必须寄生于孢子体上。

④雄配子体产生花粉管 花粉粒(幼雄配子体)由风力传播到达胚珠,经珠孔进入并在珠心上方萌发形成花粉管,将精子送入颈卵器内与卵受精。因此,受精作用摆脱了对水的依赖,从而更能适应陆生生活。

⑤产生种子,并以种子进行繁殖 裸露的胚珠发育为种子。种子由胚、胚乳和种皮组成。

⑥种子有胚 具二至多个子叶,主要代表植物有苏铁、银杏、雪松、水杉、云南松等。

(2)代表植物

①银杏(*Ginkgo biloba*)　银杏属银杏纲,为孑遗种,被称为活化石,我国特产,国内外广为栽培。落叶乔木,枝条有长短之分,叶扇形,先端二裂或波状缺刻,具分叉的脉序,在长枝上螺旋状散生,在短枝上簇生。球花单性,雌雄异株,种子核果状(图4.13)。

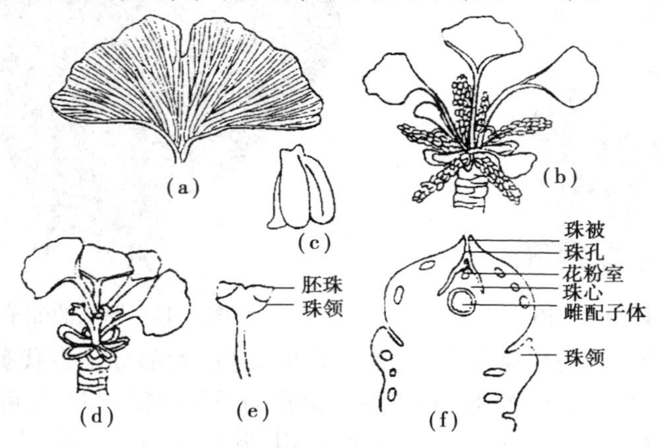

图4.13　银杏

(胡宝忠《植物学》,2002)

(a)叶;(b)生小孢子叶球的短枝;(c)小孢子叶;(d)生大孢子叶球的短枝;

(e)大孢子叶球;(f)胚珠和珠领的纵切面

②松属(*Pinus*)　松属植物属松柏纲,其孢子体枝系和根系发达。春天顶芽长成枝,枝有长枝和短枝的区别。长枝上生有螺旋状排列的鳞片叶,在鳞片叶的腋部生一短枝。短枝极矮小,顶端生有成束的2~5条针形叶。针形叶在第2年以后才随短枝逐渐脱落。生殖器官分为雄球果和雌球果,雌雄同株。

(3)经济意义　在自然界中的大森林中,80%以上都是裸子植物。很多针叶树是优美的常绿树种,用于城市的行道树和公园绿化,如桧柏、水杉、雪松、云南松、南洋杉、马尾松等。裸子植物还有保持水土、涵养水分、吸收有毒气体、滞尘等重要作用。

我国在建筑、家具上使用的大量木材,大部分是松柏类,如东北的红松、白松,南方的杉木等。森林的副产品如松节油、松香、树脂等,在人们生活中也有重要用途。如银杏、华山松、香榧的种子可供食用,麻黄、银杏种子是著名的药材。我国特产的水杉、水松、银杏等,是地史上留下的"活化石",在研究植物界演化方面有重要意义。

4)被子植物门

被子植物有10 000多属、约250 000种,约占植物界总数的一半。我国有2 700多属,约30 000种。它们是植物界种类最多、进化地位最高的类群,与人类生活有着密切关系。

(1)主要特征

①具有真正的花　被子植物的花由花梗与花托、花被、雄蕊群和雌蕊群4部分组成,这4部分在数量上、形态上变化很大,以适应于虫媒、鸟媒、风媒或水媒传粉的条件。

②具雌蕊　胚珠包藏在子房(心皮)内,受精之后,胚珠发育成种子的同时,子房发育成果实。果实对保护种子成熟,帮助种子传播有重要作用。

③具有双受精作用　被子植物精卵细胞结合形成胚,精细胞和两个极核结合形成胚乳。被

子植物所特有的双受精现象，使胚获得了双亲的遗传性，因此，后代具有更强的生活力和广泛的适应性。

④孢子体高度发达　孢子体在形态、结构、生活型等方面，比其他种类植物更完善、更多样化：从乔木、灌木到草本，从自养到寄生、腐生均有。生长环境也多样化，除正常环境外，还有水生、石生、砂生和盐碱地的植物。在解剖构造上，木质部具导管和管胞，韧皮部具筛管和伴胞，增强了物质运输和机械支持能力。

⑤配子体极为简化　雌、雄配子体均无独立生活能力，终生寄生在孢子体上，结构上比裸子植物更简化。雄配子体即为 2 细胞或 3 细胞的花粉粒。雌配子体即胚囊，仅有 7 细胞或 8 个核，卵细胞和两个助细胞合称卵器，是颈卵器的残余，是高度退化简化的结果。

(2)代表植物

普通小麦(*Triricum stivum* L.)　两年生草本植物，复穗状花序，直立，每个小穗有 3～8 朵小花，外稃顶端常具芒，每朵小花有浆片两枚，雄蕊 3 枚，雌蕊 1 枚，两枚柱头呈羽状，颖果。小麦为我国北方主要的粮食作物之一，和其他被子植物一样，小麦具有双受精作用，通过世代交替来完成生活史(图 4.14)。

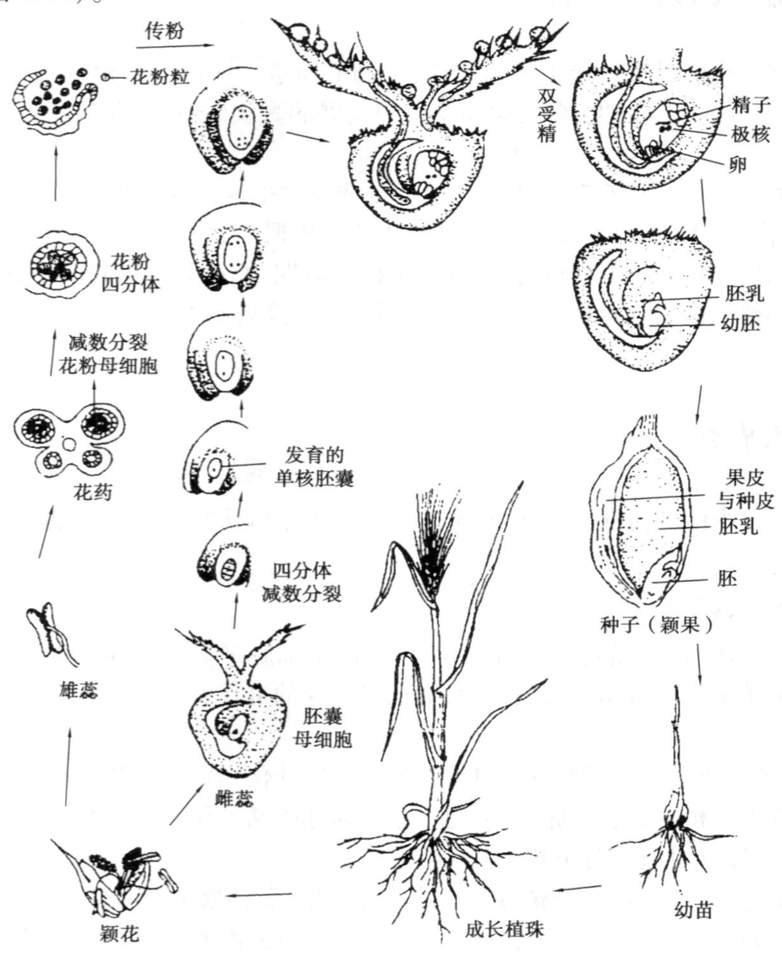

图 4.14　小麦的生活史

(贾东坡《园林植物》,2014)

(3)经济用途　被子植物与人们的生活关系十分密切,是人类衣、食、住、行不可缺少的物质基础。人们食用的小麦、水稻、玉米、大豆、蔬菜和水果,都是被子植物。被子植物中还有一些很重要的经济作物如烟草、麻类、棉花等。被子植物中有1 000余种是药用植物,还有一些是十分重要的工业原料,有2 000多种被子植物可用于城市行道绿化和庭院绿化。

4.3 植物界的发生和演化

植物界的发生和演化历史漫长,我们可以从地质年代中,研究不同代、纪地层中存在的植物化石,获得植物界发生与演化的可靠证据。由于发现的化石不完全,故植物界发生演化中的问题,专家们有着许多不同看法。但活化石对人们理解植物界的发生与演化是十分重要的依据。

4.3.1 植物界的发生阶段

化石是保存在地层中的古代生物的遗体、遗物或遗迹。从不同的地质年代发现的不同化石,就是在地球演变的不同时期,各类生物发生和发展的真实记录,因此,化石是生物进化的历史证据。

地球自形成到现在已有近50亿年的历史。地质学家把地球度过的漫长岁月划分为5个地质年代,即新生代、中生代、古生代、元古代和太古代。依据史学上的年代和植物类型的发展,可将植物界的发生划分为原始植物时期、高等藻类植物时期、原始陆生植物时期、蕨类植物时期、裸子植物时期和被子植物时期6个时期。植物界发生阶段与地质年代的关系见表4.5。

4.3.2 植物界的演化

植物界和宇宙中的任何事物一样,总是处在不断变化和发展之中,这是自然规律,也是植物界的基本规律。

1) 植物界的进化规律

(1)在形态结构方面　植物是由简单到复杂,由单细胞进化至群体,再发展到多细胞的个体。如首先出现单细胞的蓝藻和细菌,继而出现多细胞的群体类型,最后演化成多细胞的初级和高级类型。

(2)生态习性方面　生命发生于水中,植物由水生进化到陆生。从水生的藻类植物,进化到湿生的苔藓和蕨类植物,最后到陆生植物。适应陆地生活的结果是植物器官分工明确,保护组织、机械组织和输导组织逐渐完善。

(3)繁殖方式方面　植物在繁殖方式上从营养繁殖、无性繁殖到有性繁殖。营养繁殖是依靠营养体进行繁殖,无性繁殖依靠细胞分生孢子囊产生孢子繁殖,如真菌。在有性繁殖中,又由同配生殖到异配生殖,继而进化到卵式生殖;由简单的卵囊到复杂的颈卵器,从无胚到有胚,最后发展到高级阶段的种子繁殖。

(4)生活史方面　在生活史方面,从无性世代到有性世代,孢子体逐渐占优势,配子体逐渐退化,最后完全寄生在孢子体上。

表4.5　地质年代和不同时期占优势的植物和进化情况

代	纪	离今大概年数 (×百万年)	进化情况	优势植物
新生代	第四纪	现代	被子植物占绝对优势,草本植物进一步发展	被子植物
		更新世2.5		
	第三纪	后期　25	经过几次冰期之后,森林衰落,由于气候原因,造成地方植物隔离,草本植物发生,植物界面貌与现代相似	
		早期　65	被子植物进一步发展,占优势。世界各地出现了大范围的森林	
中生代	白垩纪	上　90	被子植物得到发展	
		下　136	裸子植物衰退。被子植物逐渐代替了裸子植物	裸子植物
	侏罗纪	190	裸子植物中的松柏类占优势,原始的裸子植物逐渐消逝。被子植物出现	
	三叠纪	225	木本乔木状蕨类继续衰退,真蕨类繁茂。裸子植物继续发展,繁盛	
古生代	二叠纪	上　260	裸子植物中的苏铁类、银杏类、针叶类生长繁茂	
		下　208	木本乔木状蕨类继续衰退	蕨类植物
	石炭纪	345	气候温暖湿润,巨大的乔木状蕨类植物如鳞木类、芦木类、木贼类、石松类等,遍布各地,形成森林。同时,出现了许多矮小的真蕨植物。种子蕨类进一步发展	
	泥盆纪	上　360	裸蕨类逐渐消逝	
		中　370	裸蕨类植物繁盛,种子蕨出现,但为数较少。苔藓植物出现	
		下　390	为植物由水生向陆生演化的时期,在陆地上出现了裸蕨类植物。有可能在此时期出现了原始维管束植物。藻类植物仍占优势	藻类植物
	志留纪	435		
	奥陶纪	500	海产藻类占优势。其他类型植物群继续发展	
	寒武纪	570	初期出现了真核细胞藻类,后期出现了与现代藻类相似的藻类群	
元古代		570~1 500		
太古代		1 500~5 000	生命开始,细菌、蓝藻出现	

2)**植物界的演化路线**

植物界的形成及其各大类群的演化,经历了长期的发展过程。地球上首先从简单的无生命物质,演化到原始生命的出现。这些原始生命与周围环境不断地相互影响进一步发展到一些结构很简单的低等植物——鞭毛有机体、细菌和蓝藻。通过鞭毛有机体发展为高等藻类植物,进而演化为蕨类、裸子植物以至被子植物,这是植物界演化中的一条主干;而菌类和苔藓植物则是进化系统中的旁支。菌类植物在形态、结构、营养和生殖等方面都与高等植物差别很大,难以看出它们和高等植物有直接的联系。苔藓植物虽有某些进化的特征,但孢子体尚不能独立生活,不能脱离水生环境,从而限制了它们向前发展。

4.4 被子植物分科概述

被子植物是目前地球上最占优势的一个类群,约有25万种,占植物界的一半以上,我国约有30 000种。被子植物分为双子叶植物纲和单子叶植物纲。两个纲的主要区别见表4.6。

表4.6 双子叶植物纲和单子叶植物纲的比较

双子叶植物纲(木兰纲)	单子叶植物纲(百合纲)
1. 胚具两片子叶(极少1,3或4)	1. 胚内仅含1片子叶(或有时胚不分化)
2. 主根发达,多为直根系	2. 主根不发达,由多数不定根形成须根系
3. 茎内维管束作环状排列,具形成层	3. 茎内维管束散生,无形成层,通常不能加粗
4. 叶具网状脉	4. 叶具平行脉或弧形脉
5. 花部通常5或4基数,极少3基数	5. 花部常3基数,极少4基数,无5基数
6. 花粉具3个萌发孔	6. 花粉具单个萌发孔

注:引自胡宝忠《植物学》,2002。

4.4.1 双子叶植物纲(Dicotyledoneae)

双子叶植物分科

1)**木兰科**(Magnolialceae)

本科约15属,250多种,多分布于热带和亚热带,主要产于我国西南部、南部及中南半岛,我国有11属,130余种。

花程式:$♂♀ * P_{6-15} C_{3+3} A_{\infty} \underline{G}_{\infty}$

识别要点:木本,单叶互生,花两性,有环状托叶痕,花单生,雌雄蕊多数,离生,螺旋排列于伸长的花托上,聚合蓇葖果。

代表植物:

(1)木兰属(*Mangnolia* L.) 玉兰(白玉兰 木兰)(*M. denudata* Desr),落叶乔木,高15 m。叶倒卵形至倒卵状长椭圆形,长10~15 cm,先端为短尖头。花被9片,椭圆状倒卵形,带肉质,无花萼和花冠的区别。原产我国中部,各地均有栽培,为驰名中外的庭园观赏树种(图4.15)。

(2)含笑属(*Michelia* L.) 含笑[*M. figo*(Lour.) Spreng.],常绿灌木,小枝有棕色毛。叶倒卵形或卵状长椭圆形,钝头,革质。花腋生。产于福建和广东一带。花常不满开,以此而得名(图4.16)。花被片拌入茶叶,制成花茶。栽培供观赏。

图4.15 玉兰

1—叶枝;2—花枝;3—去花被后的花

图4.16 含笑

1—果枝;2—花

本科还有叶形奇特为马褂形的鹅掌楸(也称为马褂木)[*Liriodendron chinensis*(Hemsl.) Sarg.]、厚朴(*Magnolia officinalis* Rdhd. et Wils.)。木兰科常见植物有玉兰、紫玉兰(辛夷)、荷花玉兰(洋玉兰)、含笑等。五味子果实入药可敛肺止咳,生津止汗,并用于治疗神经衰弱症。厚朴树皮、根皮、花、种子皆可入药。八角的果实为调味佳品。

2)毛莨科(Ranunculaceae)

本科有40余属,1 500多种,主产于北温带。我国有36属,600多种。

花程式:♂♀ * ↑ $K_{3\text{-}\infty}$ $C_{3\text{-}\infty}$ $A\infty$ $\underline{G}_{1\text{-}\infty}$

识别要点:草本,叶分裂或复叶,无托叶。花两性,为5基数;花萼花瓣均离生;雄蕊、雌蕊多数。聚合果或聚合蓇葖果。

代表植物:

(1)芍药属(*Paeonia* L.) 牡丹(木芍药、洛阳花、富贵花)(*Paeonia suffruticosa* Andr.),灌木,花大美丽,为名贵观赏花卉(图4.17)。根入药称丹皮,有清热、凉血、散瘀之功能。

(2)芍药属(*Paeonia* L.) 芍药(*P. lactiflora* Pall.),多年生草本,根入药,称为赤芍、白芍,有柔肝、养血、止痛之功效。花大美丽,为观赏花卉(图4.18)。

(3)毛莨属(*Ranunculus*) 毛莨(*R. japonicus* Thunb.),多年生草本,花瓣较大,长达11 mm,鲜黄色,有光泽(图4.19)。全草为外用药,可治疟疾、关节炎。

牡丹、芍药是庭院观赏花卉。铁线莲属中的木质藤本植物常用作垂直绿化植物。农田杂草有毛莨、石龙芮、回回蒜、水葫芦苗等,喜湿润环境。

毛莨科为药用植物大科,毛莨、乌头、芍药、牡丹、黄连、升麻、白头翁等都可入药。升麻的根茎为解毒、祛热药,可治麻疹和痘疮;白头翁根可入药,清热,凉血,治痢疾。

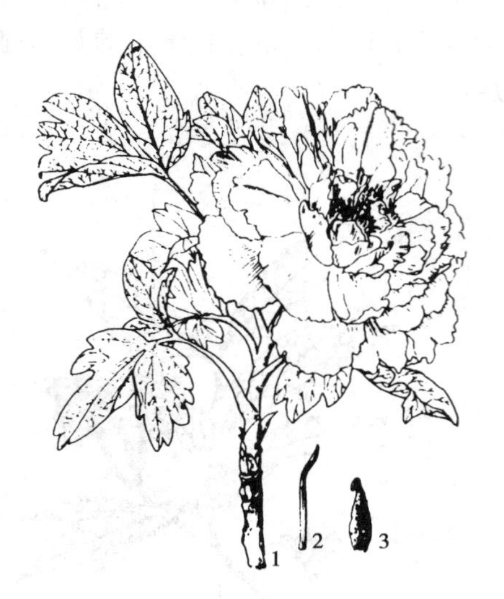

图 4.17 牡丹
1—花枝;2—雄蕊;3—雌蕊

图 4.18 芍药

图 4.19 毛茛
1—植株;2—萼片;3—花瓣;
4—花图式; 5—雄蕊;6—果实

3)十字花科(Cruciferae)

本科有 375 属,3 000 种。分布于世界各地,我国有 96 属,411 种。

花程式:♂♀ $* \ K_4 \ C_4 \ A_{2+4} \underline{G}_{(2:2:\infty)}$

识别要点:草本,十字花冠,4 强雄蕊,角果,侧膜胎座,具假隔膜。

代表植物:

(1)芸薹属(*Brassica*) 油菜(*B. campestris* L.),一年生草本,茎常被白粉。基生叶大头羽裂,茎生叶基部扩展抱茎,上部茎生叶提琴形或披针形,基部心形,抱茎。花黄色,长角果(图4.20),种子含油 40% 左右,供食用。

(2)荠属(*Capella*) 荠[*C. Bursa-pastoris* (L.) Medic],花小而白色,短角果倒三角形(图 4.21),嫩苗可作蔬菜。全草药用,能凉血、止血、降压、清湿热等。

十字花科植物蔬菜较多,如大白菜、青菜(小白菜)、萝卜、花椰菜(花菜)、甘蓝、芥菜、雪里红等。农作物中油菜属于本科。

本科常见的农田杂草有:独行菜、北美独行菜、马康草、小花糖芥、遏蓝菜、风花菜、碎米荠、臭荠菜、小果亚麻荠、葶苈、播娘蒿等。药用植物有大青、板蓝根,均有清热解毒作用。竹桂香、紫罗兰为庭院栽培花卉。

图4.20 油菜

1—花果枝;2—茎生叶;3—花;
4—花的俯视图;5—裂开的长角果

图4.21 荠菜

1—植株;2—萼片;3—花瓣;4—雄蕊;
5—雌蕊;6—果实;7—短角果

4)**石竹科**(Carophyllaceae)

本科有55属,1 300种,分布于全球,尤其北温带最多。我国有32属,近400种。

花程式:♂♀ $* K_{4\text{-}5}\ C_{4\text{-}5}\ A_{5\text{-}10}\ \underline{G}_{(5\text{-}2:1\text{-}\infty)}$

识别要点:节膨大,叶全缘对生,雄蕊是花瓣的两倍,特立中央胎座,蒴果。

代表植物:

(1)石竹属(*Dianthus*) 石竹(*D. chinensis* L.),多年生草本。叶条形或宽披针形。萼下有4苞片,叶状开展;花瓣5枚,外缘齿状浅裂,花红色、白色或粉红色,喉部有深红斑纹和疏生茸毛,基部有长爪;雄蕊10个;蒴果(图4.22)。原产我国,栽培供观赏,全草可以作药用,有清热、利尿之功能。

(2)王不留行属(*Vacciria*) 王不留行(麦兰子)[*Vacciria segetalis*(Neck) Garcke.],一年生草本植物,单叶对生,全缘。多花组成聚伞花序,顶生或腋生,花梗常1~4 cm,花萼5齿裂,花瓣5个,粉红色,雄蕊10枚,藏在筒内,蒴果卵形,花期4—5月(图4.23)。

除华南地区以外,全国各地均有分布,为常见的麦田杂草。种子有通经活血、消炎利尿、催乳止痛作用。

(3)蝇子草属(*Silene*) 米瓦罐(麦瓶草、面条棵、瓶嘴)(*Silene conoidea* L.),一年生草本植物,茎直立,单叶对生,茎生叶矩形或披针形,全缘,长5~8 cm。茎成假二叉状分支,全株密被腺毛。聚伞花序顶生,具少数花,花萼5齿裂,花瓣5个,粉红色,倒卵形,雄蕊10枚,蒴果卵形,中部以上变细,种子螺旋形,有成行的瘤状突起。花期4—5月,果实成熟期5月(图4.24)。

分布于我国西北和华北地区,湖北、云南也有分布。全草有止血、助消化功能。

图4.22 石竹

1—植株上部;2—花瓣;3—带萼果实;4—种子

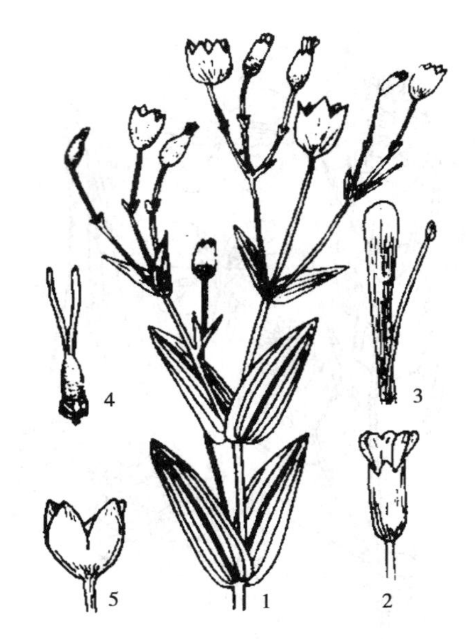

图4.23 王不留行

(4)繁缕属(*Stellaria*) 繁缕[*S. media* (L.)Cyr],草本。叶卵形。花小,白色;花瓣5,每片2深裂;雄蕊10(图4.25)。为田间常见杂草。

图4.24 麦瓶草

1—植株下部;2—植株上部;3—雌蕊的纵切面

图4.25 繁缕

1—植株全形;2—花;3—蒴果

本科常见的农田杂草有卷耳、簇生卷耳、牛繁缕、鹅肠菜、蚤缀等。瞿麦常生于山野,可入药,有清热、利尿之功能。香石竹(康乃馨)、五彩石竹是常见的栽培花卉。

5)蓼科(Polygonaceae)

本科有32属,1 200余种,主要分布于北温带。我国有14属,228种。

花程式:♂♀ * $K_{3\text{-}6}C_0A_{6\text{-}9}\underline{G}_{(2\text{-}4:1)}$

识别要点:草本、茎节膨大。单叶,全缘,互生。膜质托叶鞘抱茎。单被花,两性花,子房上位,常为三棱形瘦果。

代表植物：

(1)荞麦属(*Faogopyrum*)　荞麦(*F. esculentum* Moench.)，一年生草本。茎直立，绿色或红色，光滑。单叶互生，三角形或卵状三角形，基部心形。花白色或淡红色。瘦果三棱形(图4.26)。种子含淀粉60%～70%，食用或用作饲料。我国各地均有栽培。

(2)蓼属(*Polygonum*)　何首乌(*P. multiflorum* Thund.)，多年生缠绕草本，具块根。花被片5深裂；花柱3个，瘦果三棱形(图4.27)。分布于华北、西南、西北、华东、华南各省。块根入药，具补肝益肾、养血祛风之效；藤茎入药，具养血安神、通经祛风之效。

图4.26　荞麦

1—花枝的部分；2—花；3—花的纵切；
4—雌蕊；5—花图式；6—瘦果

图4.27　何首乌

1—花枝；2—果枝；3—花的正、反面；
4—雌蕊；5—坚果；6—坚果外的宿存花被；7—块根

本科农田杂草有：水蓼、荭草、酸模叶蓼、柳叶蓼、两栖蓼、大黄、酸模、齿果酸模、皱叶酸模、扁蓄等。杠板归(蛇倒退)、何首乌(夜交藤)，块根和藤蔓可入药；酸模根可入药，有清热凉血、利尿的功效，嫩叶有酸味，可作蔬菜食用。

6)豆科(Leguminosae, Fabacae)

豆科有690属，17 600种，广布于全世界。我国有103属，1 200多种。本科是一个大科，根据花冠的形态，雄蕊的数目，花丝的离合情况等形态特征，可将豆科分为以下3个亚科，即含羞草亚科(Mlmosoideae)，云实亚科(Caesalpinioideae)和蝶形花亚科(Papilionoideae)。

豆科的花程式：$♂ ♀ \uparrow K_{(5)} C_5 A_{(9)+1} \underline{G}_{1:1}$

识别要点：叶为羽状复叶或三出复叶，有叶枕。花冠为蝶形或假蝶形；二体雄蕊，也有单体或分离，荚果。

代表植物：

(1) 大豆属(*Glycine*)　大豆[*Glycine max* (L) Merr.]，一年生草本，全株有毛。茎直立。叶为三出复叶，小叶卵形。总状花序，腋生，有2～10朵小花；花白色或紫色，萼片5枚，形成蝶形花冠；雄蕊10枚，连合成二体雄蕊；雌蕊1心皮，上位子房；边缘胎座。荚果密生粗毛。种子椭圆形，黄色、稀绿色或黑色(图4.28)。

(2)落花生属(*Arachis*)　花生(*Arachis hypogaeas* L.)，一年草本。叶为偶数羽状复叶，小叶4个。花小，黄色，单生于叶腋，或2朵簇生。受精后子房柄迅速伸长，向地面弯曲，使子房插入土中，膨大而成荚果(图4.29)。花生是重要的油料作物，种子含油量达50%左右，并含有丰富的蛋白质和维生素。油可食用，又是重要的工业用油。

图4.28　大豆
1—植株；2—花；3—花的纵切；
4—雌蕊；5—果实

图4.29　花生
1—花枝；2—花；3—雄蕊；4—旗瓣；5—翼瓣；
6—龙骨瓣；7—雄蕊及雌蕊；8—子房

本科大部分是栽培的农作物和蔬菜，有豌豆、绿豆、豆薯、豇豆、豆角等。可作绿肥的有苜蓿、草本犀、紫云英。农田杂草有野大豆、大巢菜、多花米口袋、天蓝苜蓿、胡枝子等。药用植物有甘草、黄芪等。黄芪有补气、固表止汗、利尿等功能。甘草能清热解毒、补脾胃、润肺。决明种子能解热、清肝明目，降压、利尿。还有苦参、补骨脂、鸡骨草、鱼藤、密花豆等都是名贵中药。

合欢、山合欢、紫荆是观赏园林植物，是常见的行道树种。紫檀的心材可作乐器、优质家具，俗称“红木”。

7) 杨柳科(Salicaceae)

杨柳科有3属，约450种，主产于北温带，我国有3属，2 000余种，遍及全国。

花程式：$* \ ♂ \ K_0 \ A_{2\text{-}\infty} \ ♀ \ K_0 \ C_0 \ \underline{G}_{(2:1:\infty)}$

识别要点：木本。单叶互生，雌雄异株，柔荑花序，无花被，果为蒴果，种子有毛。

代表植物：

(1)杨属(*Populus*)　毛白杨(*P. tomentosa* Carr.)，乔木，树皮灰白色；叶三角状，卵形，基部近叶柄处常有2个腺体，背面密生灰色绵毛；雄蕊8个，蒴果2裂(图4.30)。木材供建筑、造纸用，又为防护林及庭院、行道树种。

（2）柳属（*Salix*） 旱柳（*S. matsudana* Koidz.），乔木，枝直立。叶披针形，苞片三角形。雌花和雄花均有 2 个腺体。蒴果 2 裂（图 4.31）。为庭院、行道、固堤树种。

图 4.30 毛白杨

1—叶与芽；2—雄蕊；3—雌蕊；
4—雄花花图式；5—雌花花图式

图 4.31 旱柳

1—叶枝；2—雌花枝；3—雄花枝；4—雌花花图式；
5—雌花；6—雄花；7—雄花图式

本科植物有毛白杨、银白杨、山杨、旱柳、龙爪柳等，大多是林木树种或行道绿化树种，如毛白杨、河柳、垂柳等是护堤、固沙、防风的良好树种。

8）**蔷薇科**（Rosaceae）

本科是一个大科，它有 4 个亚科，约 124 属，3 300 种。广布于全世界，主产于北温带。我国有 55 属，1 000 种，分布于全国各地。

花程式：♂♀ $* \ K_5 \ C_{5,0} \ A_{5-\infty} \ \underline{G}_{\infty-1} \ \overline{\underline{G}}_{(5-2)}$

识别要点：有托叶。花为 5 基数，雄蕊多样，离生或轮生，心皮合生或离生，子房上位和下位，果为核果、梨果、瘦果或蓇葖果。

代表植物：

（1）苹果属（*Malus* Mill.） 苹果（*Malus pumila* Mill.），乔木。叶椭圆形或卵形，两面有毛。花白色或粉红色，花柱基部合生。果为梨果，果梗短（图 4.32），为我国北方栽培的主要果树之一，与苹果同属的还有花红、海棠果等。

（2）梅属（*Prunus* L.） 桃［*Prunus persica*（L.） Batsch］，叶卵状披针形，花粉红色，与叶同时开放。果实为核果，是我国北方的重要果树之一，原产于我国中部和华北地区，今遍布全世界。品种较多，分为食用品种和观赏品种。食用品种果实大，多液（图 4.33）。桃仁可作为药用。

（3）梅属 李（*Prunus salicina* Lindl.），高大乔木，叶多为倒卵形、椭圆形，长6 ~ 10 cm，叶缘有细锯齿，叶背脉腋有簇生毛；叶柄长 1 ~ 1.5 cm，近端处有 2 ~ 3 腺体。花白色，直径 1.5 ~ 2 cm，常 2 朵簇生；花梗长 1 ~ 1.5 cm，无毛，花萼筒钟状，裂片有细齿。果实卵球形，直径 4 ~ 7 cm，黄绿色至紫色。花期 3—4 月（图 4.34），为我国北方的常见果树。

（4）梅属 紫叶李（*Prunus cerasife-ra* Ehrh. cv. Atropuypureajacp.），落叶小乔木，小枝条光滑。叶卵形至倒卵形，长 3 ~ 4 cm，先端急尖，重牙齿，尖细，紫红色。背面中脉基部有柔毛。花淡红色，直径约 2.5 cm，常单生，花梗长 1.5 ~ 2 cm。果球形，暗红色。花期 4—5 月（图 4.35）。

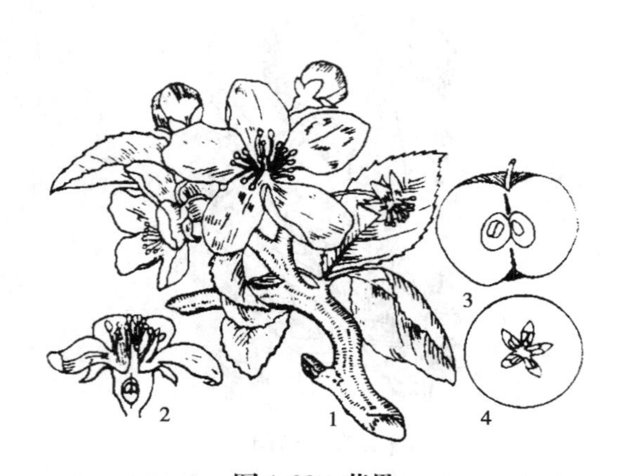

图4.32 苹果
1—花枝;2—花的纵切;
3—果的纵切;4—果的横切

图4.33 桃
1—花枝;2—果枝;3—花的纵切;
4—花药;5—果核

图4.34 李
1—花枝;2—果枝

图4.35 紫叶李

(5)梅属 东京樱花(日本樱花、江户樱花)(*Prunus yedoensis* Matsum.),落叶乔木,树皮暗褐色,平滑,小枝幼时有毛。叶卵形、椭圆形至倒卵形,长5~12 cm,叶端渐尖,基部圆形,叶缘有细尖重锯齿,叶背脉上及叶柄有柔毛。花白色,粉红色,直径2~3 cm;花梗长2 cm,有短柔毛,常3~6朵簇生成总状花序。核果近球形,黑色。花期4月(图4.36),叶前或花与叶同时开放。

(6)梅属 樱桃(*Prunus pseudocerasus* Lindi.),落叶小乔木,叶卵形至卵状椭圆形,长7~12 cm,先端渐尖,基部圆形,叶缘有大小不等的重锯齿,上面无毛或微有毛。花白色、粉红色,直径1.5~2.5 cm,先端渐尖,萼筒有毛,常3~6朵簇生成总状花序。核果球形,直径1~1.5 cm,花期4月(图4.37)。花先叶开放,果实5—6月成熟。

图4.36　东京樱花

图4.37　樱桃

(7)蔷薇属(*Rosa* L.)　月季花(月月红、常春花)(*R. chinensis* Jacq.),常绿或半常绿直立灌木,枝具倒钩皮刺。小叶3～7枚,宽卵形至卵状椭圆形,缘有锯齿,两面无毛,表面有光泽,叶柄和叶轴散生皮刺和短腺毛,托叶大部分和叶柄合生。花数朵簇生,少数单生,重瓣,微香,有紫红、粉红、白色等。果卵形或梨形。萼宿存(图4.38)。花期4—11月。

常见变种、变型:

紫月季(月月红)(var. *semperflorens* Koehne.),茎枝纤细,有刺或近无刺。叶较薄,常带紫晕。花多单生,紫红至深粉红色,花梗细长下垂,花期长。

绿月季(var. *viridifiora* Dipp.),花大,淡绿色,花瓣狭绿叶状。

小月季(var. *minima* Voss.),植株矮小,一般不超过25 cm,多分枝。花较小,直径约3 cm,玫瑰红色。单瓣或重瓣。宜作盆景材料。

变色月季(*f. mutabilis* Rehd.),花单瓣,初开时为黄色,继变橙色、红色,最后呈暗红色,直径4.5～6 cm。

(8)蔷薇属　玫瑰(徘徊花)(*Rosa rugosa* Thunb.),落叶直立丛生灌木,高2 m。枝粗壮,灰褐色,密生刚毛与皮刺。小叶5～9枚,椭圆形至椭圆状倒卵形,叶质厚,叶面皱褶,背面有柔毛及刺毛;托叶大部与叶轴基部合生。花单生或数朵聚生,常为紫红色,芳香。果扁球形,紫砖红色,花萼宿存。花期5—6月,果期9—10月(图4.39)。

常见以下变种:

紫玫瑰(var. *typica* Reg.),花玫瑰紫色。

红玫瑰(var. *rosea* Rehd.), 花玫瑰红色。

白玫瑰(var. *alba* W. Robins.),花白色。

重瓣紫玫瑰(var. *plena* Reg.),花重瓣,玫瑰紫色,浓香,品质优良,多不结实或种子瘦小,各地栽培最广。

重瓣白玫瑰(var. *albo-plena* Rehd.),花白色,重瓣。

图4.38 月季

1—花枝;2—果

图4.39 玫瑰

1—花枝;2—果

(9)棣棠属(*Kerria* DC.) 棣棠[*Kerriajaponica* (L.)DC.],落叶丛生小灌木,高1.5~2 m。小枝绿色有棱,细长、光滑。单叶互生,卵形至卵状披针形,长4~8 cm,先端长尖,基部楔形或近圆形,叶缘具不规则重锯齿,叶面皱褶,背面略有短柔毛。花金黄色,直径3~4.5 cm,单生侧枝顶端;萼片5,花瓣5,雄蕊多数,心皮5~8、离生。瘦果黑褐色,生于盘状花托上,外包宿存萼片。花期4—5月,果期7—8月(图4.40)。

(10)火棘属(*Pyracantha* Roem.) 火棘(火把果、救兵粮)(*Pyracantha* Roe. *fortuneane* Maxim.),常绿灌木,高约3 m,有枝刺。嫩枝有锈色柔毛。叶倒卵形或倒卵状长圆形,长1.5~6 cm,先端圆钝或微凹,有时有短尖头,基部渐狭,叶缘有细钝锯齿。花白色,复伞房花序。梨果近球形,深红或橘红色。花期3—5月,果熟期8—11月(图4.41)。

图4.40 棣棠

图4.41 火棘

(11)枇杷属(*Eriobotry* Lindl.) 枇杷(卢橘)[*Eriobotry Lindl japonica*(Thunb.) Lindl.],常绿小乔木,高达10 m。小枝、叶背、叶柄、花序均密被锈色绒毛。叶大,厚革质,倒卵状披针形至长圆形,长12~30 cm,先端尖,基部楔形,叶缘具粗锯齿,叶面褶皱、有光泽。圆锥花序顶生,花白色,芳香。梨果近球形或倒卵形,橙黄色或黄色。花期10—12月,果翌年5—6月成熟(图4.42)。

图 4.42 枇杷

1—花枝;2—花纵剖面;3—子房纵剖面;4—果实;5—种子

(12)草莓属(*Fragaria*) 草莓(*Fragaria ananassa* Duchesnea.),多年生草本植物,全株有被毛,匍匐枝细长,后生花。基生掌状三出叶,小叶较大,卵形或菱形,长 3 ~ 7 cm,宽 2 ~ 6 cm,先端钝圆,基部楔形,具粗锯齿缘,表面绿色,散生长柔毛,叶柄长 2 ~ 86 cm,托叶附于叶柄上。伞房花序,一般有 5 ~ 15 朵花,花萼裂片披针形,先端渐尖,花瓣 5 个,花白色,椭圆形,直径 1.5 ~ 3 cm,鲜红色,果实为聚合果(图 4.43)。花期 4 月,果熟期 5 月。

(13)委陵菜属(*Potentilla* L.) 朝天委陵菜(*Potentilla* supine.),一年生或两年生草本植物,茎平卧或斜上,多分枝,疏生柔毛。奇数羽状复叶,基生叶小叶 7 ~ 13 个,长 0.6 ~ 3 cm,宽 0.4 ~ 1.5 cm,先端钝圆形或截形,基部楔形,边缘有缺刻状锯齿,表面暗绿色,无毛,背面微生柔毛或近无毛,茎生叶与基生叶相似,有时为三出复叶。花单生于叶腋,花梗长 8 ~ 15 cm,有柔毛;花萼两轮,萼片与花萼各 5 个,花瓣 5 个,黄色;瘦果卵形,黄褐色,花期 4—10 月(图 4.44),果熟期 5 月。

图 4.43 草莓

1—植株;2—聚合果

图 4.44 朝天委陵菜

1—花枝;2—花

本科多为常见栽培果树，如苹果、山楂、白梨、桃、李、杏、梅等。农田杂草有委陵菜、多茎委陵菜、朝天委陵菜、蛇莓、龙芽草等。药用植物如金樱子、地榆、翻白草、委陵菜等。草莓为常见栽培种，果实作水果食用。观赏花木有月季、玫瑰、红叶李、碧桃、枇杷等。枇杷叶可入药，能利尿、清热、止渴。玫瑰、月季花、根都可入药。龙芽草（仙鹤草）、棣棠、珍珠梅花、果可入药。

9）**锦葵科**（Malvaceae）

本科有 50 属，1 000 多种，分布于温带和热带。我国有 15 属，80 多种。

花程式：♂ ♀ ＊ $k_5\ C_5\ A_{(\infty)}\ \underline{G}_{(3\text{-}\infty)}\ \overline{G}_{(3:1)}$

识别要点：单叶互生。单体雄蕊，花药 1 室。蒴果或分果。

代表植物：

（1）棉属（*Gossypium*）　棉花（陆地棉）（*Gossypium hirsutum* L.），一年生草本，高达 1.5 cm。单叶互生，掌状裂。萼片 5，杯状；外有 3 个副萼，叶状，边缘有不规则的尖裂。花瓣 5，乳白色，后变成淡紫色，旋转排列；单体雄蕊，花药 1 室；心皮 3～5 合生，中轴胎座。蒴果，室背开裂，种子有长毛（图 4.45）。

（2）木槿属（*Hibiscus*）　木槿（*Hibiscus syriacus* L.），叶常具裂，无毛，叶脉基出叶，3 裂，具不规则的齿。花粉红或白紫色，雄蕊不超出花冠，为观赏纤维植物（图 4.46）。全株入药，可治疗皮肤癣疮。花可食用。为常见观赏花卉，全国各地均有栽培。

图 4.45　棉花

1—花枝；2—果实；3—花的纵剖面；4—花图式；5—花的纵切

图 4.46　木槿

1—花枝；2—果实；3—花的纵剖面

（3）木槿属　扶桑（朱槿）（*Hibiscus-sinensis* L.），落叶灌木或小乔木，具星状毛及短柔毛。叶片宽卵形或近卵圆形，长 4～9 cm，宽 2～5 cm，先端渐尖，不分裂，基部楔形，具粗锯齿缘，两面光滑或背面脉上有毛；叶柄长 0.5～2 cm，有托叶，卵形，边缘具齿。花单生于上部叶腋，花梗近顶端有节。花萼钟状，裂片 5 个，长 2 cm，具星状毛，花冠漏斗状，直径 6～10 cm，红色、淡红色或淡黄色，单瓣或重瓣，蒴果卵形，长 2.5 cm，有喙，花期 5—10 月（图 4.47）。

(4)蜀葵属(*Althaea* L.) 蜀葵(竹竿花、秫秸花)[*Althaea* (L.) Cavan.],多年生草本,植株高2~3 m,茎直立,上部有分枝,具柔毛。单叶互生,圆心形,长5~15 cm,先端尖,基部心形、有不规则的圆齿缘,两面密生柔毛。叶柄长6~15 cm,花单生于叶腋,花梗长1~3 cm,花萼5裂。花黄色,花瓣倒卵形,5个,果实半球形,种子肾形、黑色。花期5—7月,果熟期7—8月(图4.48)。

种子有利尿、通乳之效,根及全草能祛风解毒。

本科中有著名的纤维植物,如棉花(陆地棉)、红麻、苘麻等。供栽培观赏的花卉有木芙蓉、蜀葵、扶桑、木槿、锦葵、红秋葵等。常见的农田杂草有磨盘草、野葵和野西瓜苗。

药用植物有苘麻、蜀葵和木芙蓉。木芙蓉叶、花和根入药能清热、凉血、解毒;蜀葵根、花、种子入药可清热、镇咳、利尿;苘麻种子药用,能润肠、通便、利尿、通乳等。

图4.47 扶桑

图4.48 蜀葵

10)芸香科(Rutaceae)

本科约有100属,1 000种,分布于亚热带和温带。我国有29属,150种。

花程式:♂♀ $* \uparrow K_{(5-4)}\ C_{5-4}\ A_{10-8}\ \underline{G}_{(5-4)}$

识别要点:茎常具刺,叶上常见透明油点,无托叶。萼片与花瓣同数,常4~5片,花盘明显,子房上位,果多为柑果或浆果。

代表植物:

(1)柑橘属(*Citrus*) 橘(柑、宽皮橘)(*C. reticulata Blanco*),叶为单身复叶,叶柄有翅;果扁球形,果皮易剥离(图4.49)。我国长江以南各省、区均有栽培,著名品种有蕉柑、温州蜜橘、黄岩蜜橘等。

(2)柑橘属(*Citrus*) 酸橙(*C. aurantium* L.),常绿小乔木,小枝三棱状,有长刺。叶互生,草质,卵状矩形至倒卵形,叶柄有明显的叶翼。花白色,芳香。柑果近球形,橙黄色,果皮粗糙(图4.50)。产于我国南方各省区。

本科植物多为栽培果树,如柑、甜橙、柚、金橘、柠檬等。常见的还有花椒,果皮作调味品,种子可榨油。药用植物有黄柏、白藓、云香、柑、酸橙、黄皮等。黄皮根、叶、果可入药,能解毒行气、健胃、止痛。柑的果皮入药称“陈皮”,有理气健脾、化痰之功效。

图 4.49 柑橘

1—花枝；2—花；3—雄蕊；4—果实

图 4.50 酸橙

1—花枝；2—花的纵切；3—果实的纵切；4—种子

11）菊科（Compostae，Asteraceae）

菊科植物是被子植物中最大的一科，约 1 000 属，25 000～30 000 种，我国有 230 属，2 300 多种。分布于全国各地。根据花冠的类型及植物体是否含乳汁，可分为管状花亚科和舌状花亚科。

花程式：♂♀ * ↑ $K_{0-\infty}$ $C_{(5)}A_{(5)}\overline{G}_{(2:1)}$

识别要点：草本，叶互生，头状花序，聚药雄蕊。瘦果顶端常有冠毛或鳞片。

代表植物：

（1）向日葵属（*Helianthus*） 向日葵（*H. annuus* L.），一年生高大草本，常不分枝。单叶卵圆形，具长柄。头状花序大，总苞片绿色叶状；边缘小花舌状、黄色、中性，中央花管状、黄色、花冠 5 裂、两性；每 1 小花基部有 1 小苞片，萼片退化为两个鳞片，常早落；雄蕊 5 枚，聚药雄蕊；雌蕊由 2 心皮合生，子房下位。瘦果较大（图 4.51）。

（2）向日葵属 *H.* 菊芋（洋姜）（*H. tuberosus* L.），有块茎，多分枝，叶卵状矩圆形，头状花序直径约 10 cm；块茎含淀粉和菊糖（图 4.52），可腌食或用作饲料。

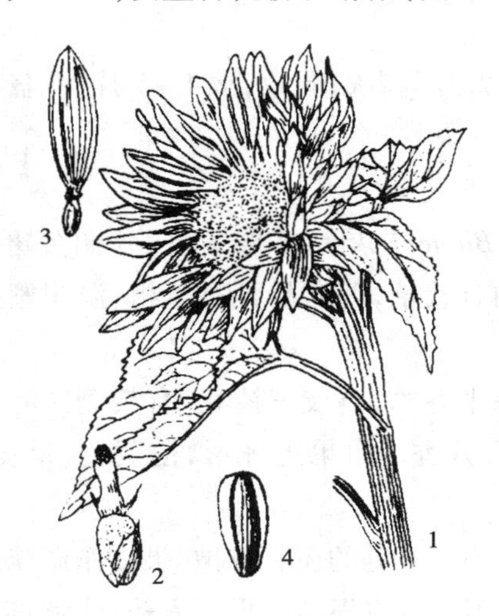

图 4.51 向日葵

1—植株和花序；2—管状花；3—舌状花；4—果实

图 4.52 菊芋

1—地下块茎；2—花枝；3—管状花；4—舌状花

（3）大丽花属（*Dahlia*）　大丽花（大理菊）（*Dahlia pinnata* Car.），多年生草本。块根纺锤状；茎直立，株高 1 ~ 2 m，有分枝。叶对生，1 ~ 3 回羽状全裂，上部叶有时不裂，裂片卵形或矩圆状卵形。头状花序较大，水平开展或下垂，有长花序梗，直径 6 ~ 12 cm，总苞片外层约 5 片，卵状椭圆形，舌状花一般 8 朵，白色、红色或紫色，中央有多数管状花，常 5 裂，黄色；瘦果矩圆形，长 9 ~ 12 mm，宽 3 ~ 4 mm，黑色。花期 6—10 月，果熟期 9—10 月（图 4.53）。

（4）蒲公英属（*Taraxacu*）　蒲公英（黄花苗）（*Taraxacu mongolium Hand*-Mazz.），多年生草本。植株高 20 ~ 50 cm，具横走的地下匍匐茎，白色。地上茎直立，下部常带紫红色，通常不分枝。单叶互生，基生叶披针形或长圆状披针形，灰绿色，长 10 ~ 20 cm，宽 2 ~ 5 cm，先端钝或锐尖，茎生叶无柄，基部耳状抱茎，两面无毛。头状花序较大，在顶端呈伞房状，直径 2.5 cm，花黄色，长 1.9 cm，两性，瘦果矩圆形，长大约 3 mm，褐色，花果期 6—9 月（图 4.54）。

图 4.53　大丽花

1—花枝；2—块根；3—叶；4—管状花

图 4.54　蒲公英

1—植株；2—舌状花；3—果实

本科植物多为栽培的花卉，如百日菊、孔雀草、万寿菊、波斯菊、瓜叶菊等。主要农田杂草有蒲公英、苍耳、刺儿菜、旱莲草（鳢肠）、飞廉、鬼针草、阿尔泰紫苑、黄蒿、苣荬菜、黄鼠草、黄鹌菜等。

药用植物有牛蒡，有疏散风热，利咽消肿之功效；根、茎、叶有清热解毒，活血止痛之功能。款冬的花蕾可入药，能润肺下气、止咳化痰。茵陈蒿嫩茎叶入药，主治黄疸肝炎。艾蒿叶子有散寒除湿，温经止痛之功效。红花可入药，有活血化瘀通经之功能。蒲公英有清热解毒，消肿散结的作用。栽培的蔬菜有生菜、莴笋。在农田杂草中苦苣菜、白蒿、艾蒿均可食用。

12）**茄科**（Solanaceae）

本科有 85 属，2 500 种。主要分布在热带及温带。我国有 26 属，约 170 种，全国各地均有分布。

花程式：♂♀ ＊ $K_{(5)}$ $C_{(5)}$ A_5 $\underline{G}_{(2:2)}$

形态特征：草本或灌木，茎中有双韧维管束。叶互生，无托叶。花两性，常辐射对称，单生或成聚伞花序；花萼常 5 裂，宿存；花冠常 5 裂，轮状；雄蕊常与花冠裂片同数而互生，着生于花冠筒上,花药2室,纵裂或孔裂;雌蕊由2心皮合生,子房上位,2室,中轴胎座,胚珠多数。浆果或蒴果。

识别要点:茎直立,单叶互生,花萼合生,宿存,花冠轮状,雄蕊5个,着生于花冠基部与花冠裂片互生,浆果或蒴果。

代表植物:

(1)茄属(*Solanum*)　茄(*S. melongena* L.),一年生草本,具星状毛。花蓝紫色,浆果紫色、白色或淡绿色(图4.55)。为重要蔬菜之一。原产印度、泰国。

(2)茄属 *S.*　马铃薯(*S. tuberosum* L.),草本,具块茎,叶为不整齐羽状复叶,小叶大小相间排列;花两性,白色或淡紫色,聚伞花序圆锥状;浆果球形,熟时蓝色(图4.56)。块茎富含淀粉。为粮食作物之一,并可作蔬菜。

图4.55　茄

1—植株的一部分;2—花冠及雄蕊;3—花萼及雌蕊;4—果实

图4.56　马铃薯

1—花枝;2—块茎;3—花;4—花图式

(3)茄属　龙葵(*S. nigrum* L.),一年生草本植物。株高达1.5 m,植株近无毛或具微柔毛。茎直立,多分枝。叶为单叶,卵形或椭圆形,长2.5~10 cm,宽1.5~5.5 cm,叶全缘或有不规则波状粗齿,幼苗光滑或被疏短柔毛,叶柄长1~10 cm。伞形花序腋生,花冠白色,轮状,5深裂,裂片卵圆形,雄蕊5个,浆果球形,直径约8 mm,成熟时黑色;花期7—9月,果熟期8—10月(图4.57)。

全草有清热解毒、散瘀消肿、利尿之效。

(4)枸杞属(*Lycium*)　枸杞(野辣椒、甜甜芽)(*Lycium chinense* Mill.),落叶小灌木。植株高1~2 m,枝条细长,弯曲或俯垂,植物体具刺。叶互生或簇生于短枝上,叶片卵形或卵状披针形,全缘,叶柄长3~10 mm。花常簇生,有1~4朵,花萼钟状,花冠漏斗状,淡紫色,5深裂,裂片卵形,雄蕊5个,柱头两浅裂。浆果,卵形或矩圆形,红色,种子黄色,长2.5~30 mm。花期6—9月,果熟期8—11月(图4.58)。

图4.57 龙葵

1—植株下部;2—植株上部

图4.58 枸杞

1—花枝;2—果枝

(5)番茄属(*Lycopersicom*) 番茄(*L. esculentum* Mill.),为一年生草本。不整齐羽状复叶,聚伞花序,花黄色。浆果球形、扁圆形,红或黄色(图4.59)。可生食或熟食。栽培品种很多,为重要蔬菜之一。

(6)烟草属(*Nicotiana*) 烟草(*Nicotiana tabacum* L.),一年生草本。株高50~150 cm。茎直立,粗壮,多分枝,有腺毛,基部稍木质化。叶片长椭圆形、披针形或矩圆形,长10~30 cm,宽8~15 cm,全缘或微波状,叶柄不明显或呈翅状柄。圆锥花序顶生,花萼筒状,花冠漏斗状,粉红色或白色,稍弯曲,雄蕊5个,花丝基部被毛。蒴果卵形或矩圆形,种子褐色。花期7—9月,果熟期8—10月(图4.60)。

烟草原产于南美洲,我国各地均有栽培,可作为工业原料,也可作麻醉、发汗、镇静和催吐剂。

图4.59 番茄

1—花枝;2—花;3—花冠和雄蕊;
4—去花冠和雄蕊的花;5—果实

图4.60 烟草

1—花枝;2—叶枝;3—去花冠和雄蕊的花;
4—花的纵切;5—果实

本科有许多栽培的作物和蔬菜。烟草叶为烤烟原料,马铃薯和茄子、番茄、辣椒为主要蔬菜。农田杂草有龙葵、苦藤、酸浆、白英、刺天茄。枸杞为著名的中药,叶为天精,根皮为地骨皮,果为枸杞子,可滋补壮阳,补肝肾,有益精明目之功效。洋金花(白花曼陀罗)叶、种子、花可入药，花有麻醉、镇痛、止咳的功能，具有大毒。茄科植物作为观赏花卉的有夜来香，五色茉莉、朝天椒、珊瑚樱、碧冬茄（矮牵牛）等。

13）**葫芦科**（Cucurbitaceae）

本科约有100属，800种。我国有22属，100多种，南北各省区都有分布。

花程式：$♂♀ \quad * \quad ♂\ K_{(5)}C_{(5)};A_{1(2)(2)} \qquad ♀\ K_{(5)}\ C_{(5)}\overline{G}_{(3:1)}$

形态特征：一年生或多年生草质藤本，植株被毛，粗糙，常有卷须。单叶，互生，常掌状裂。花单性，同株或异株；萼片、花瓣各为5枚，合瓣或离瓣；雄蕊5枚，常两两连合，一条单独，成为3组，或完全联合；花药常折叠弯曲，呈S形；雌蕊3心皮合成，子房下位。瓠果。

识别要点：具卷须的草质藤本。叶掌状裂。花单性，花药折叠；子房下位，侧膜胎座，瓠果。

代表植物：

（1）甜瓜属（*Cucumis* Linn.）　黄瓜（*C. sativus* L.），一年生草质藤本，卷须不分叉，叶心状广卵形或三角形，掌状3～5浅裂，两面有糙毛。花单性，雌雄同株；花萼狭钟形，裂钻形；花冠黄色，合瓣，辐射状5裂；雄花常簇生于叶腋，雄蕊5枚，其中两两连合，另一分离，花药折叠；雌蕊3心皮合生，子房下位，侧膜胎座肉质。瓠果圆柱形，有刺或无刺（图4.61）。

（2）甜瓜属（香瓜）（*C. melo* L.）　茎平卧地面，被短刚毛。叶掌状3～7浅裂，果实椭圆形、光滑，成熟后有香味，可生食或加工罐头。

（3）西瓜属（*Citrullus* Neck.）　西瓜（寒瓜）[*C. lanatud*（Thunb）Mansfeld.]，一年生蔓生草本。全株被柔毛，卷须分两叉，叶片宽卵形或卵椭圆形，长8～20 cm，宽5～15 cm，3～5深裂，叶柄长6～12 cm，被长柔毛。花单性，雌雄同株，单生；雄花花萼宽钟形，花冠黄色，5深裂，雄蕊3个，花丝极短，相互分离。瓠果较大，圆形或椭圆形，长50 cm，直径通常3 0 cm，表面平滑，绿色、淡绿色、墨绿色，果熟期7—9月（图4.62）。

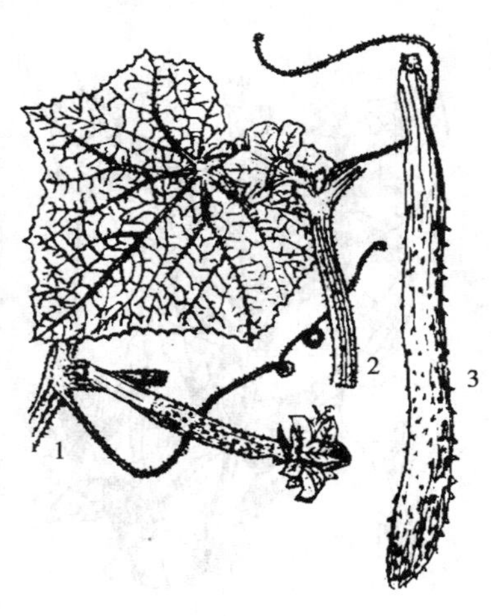

图4.61　黄瓜

1—雌花枝；2—雄花枝；3—果实

图4.62　西瓜

1—花枝；2—叶；3—果实

（4）赤瓜属（*Thladiantha*）　赤瓜（*T. dubia* Bunge.），果实卵圆形，红色，可供观赏。块根及果实入药，主治跌打损伤、扭腰岔气、胸肋疼痛、肠炎、痢疾等。

本科是重要的蔬菜，也有较多的药用植物。常见的栽培瓜类蔬菜有南瓜、冬瓜、甜瓜（香瓜）、丝瓜、瓠子、笋瓜、西葫芦，西瓜是栽培的主要农作物。

药用植物有南瓜，南瓜种子能食用和制油，入药有驱虫、健脾、下乳等功能。块根入药，称“天花粉”，能止渴生津、降火润燥、润肠通便。绞股蓝的根状茎入药，对于治疗冠心病、动脉硬化有显著的疗效，并具有抗癌功能。本科植物农田杂草较少，仅有马泡（马交儿、小香瓜）一种，对作物危害不大。

14）**苋科**（Amaranthaceae）

本科约有 65 属，850 种，分布于热带和温带。我国有 13 属，50 种，南北各省均有分布。

花程式：♂♀ ＊ $K_{5\text{-}3}\ C_0\ A_{5\text{-}3}\ \underline{G}_{(2\text{-}3:1:1)}$

形态特征：一年生或多年生草本，有时为小灌木或攀缘植物。单叶互生或对生，无托叶。花小，两性或单性，单被，辐射对称，常密集簇生。萼片 3 ~5 枚，干膜质。雄蕊 1 ~5 枚，与萼片对生，基部连合成管。子房上位，由 2 ~3 皮组成，1 室，胚珠 1 枚，稀多数，花柱 2 ~3 裂。果为胞果，盖裂或不裂。

识别要点：草本。无托叶。花小，单被；萼片膜质，雄蕊与之对生。胞果常盖裂。

代表植物：

（1）千日红属（*Gomphrena* L.）　千日红（*Gomphrena globosa* L.），一年生直立草本。茎粗硬，圆筒状，叉状分枝，节部常膨大。叶对生，全缘，长椭圆形或矩圆状倒卵形，长 3.5 ~13 cm，宽 1.5 ~5 cm，先端渐尖，基部渐狭，两面均有白色长柔毛；叶柄长 1 ~1.5 cm，头状花序球形，顶生，直径 2 ~2.5 cm，基部有两个对生绿叶状总苞；花紫红色、深红色、粉红色或白色，雄蕊 5 个，花丝合生成管状，顶端 5 裂；花柱近线形，柱头 2 裂。胞果近球形，不开裂；种子肾形，棕色。花期 6—10 月，果熟期 8—11 月（图 4.63）。

（2）鸡冠花属（*Celosia*）　鸡冠花（*Celosia cristata* L.），一年生草本。植株无毛。茎直立，粗壮，上部稍扁。单叶互生，卵形披针形或披针形，长 5 ~13 cm，宽 2 ~6 cm，先端渐尖，基部渐狭，全缘。花多数，密集成扁平肉质鸡冠状花序，顶生，小苞片与花被片紫红色、黄色或淡红色，干膜质，宿存，雄蕊 5 个，花药两室。胞果卵形，种子直立，有光泽，花期 7—10 月，果熟期 8—9 月（图 4.64）。

图 4.63　千日红

1—花枝；2—花；3—雌蕊和剖开花丝管雄蕊；4—花被；5—小苞片

图 4.64　鸡冠花

1—植株全形；2—具花苞的花；3—去花苞后的花

(3)苋属(*Amaranthus*)　苋(*A . tricolor* L.),又称为雁来红,一年生,高达 1.5 m;叶卵状椭圆形至披针形,绿、紫或绿紫相间;穗状花序,花杂性,萼片与雄蕊各 3 个;胞果盖裂(图 4.65)。嫩茎叶可作蔬菜,叶色不同的品种可供观赏。

(4)苋属　刺苋(*A. spinosus* L.),一年生,高 0.3 ~1 m。茎多分枝,无毛。单叶对生,叶菱形或披针形,长 3 ~13 cm,宽 1 ~5.5 cm,两端渐狭,先端有刺尖,无毛,叶柄长 1 ~8 cm,基部两侧各有 1 刺,刺长 0.5 ~1 cm,花单性或杂性,圆锥花序顶生或腋生;花被片 5 个,绿色;雄蕊 5 个,花柱 3 个。胞果矩圆形,盖裂,直立,球形。花期 7—10 月,果实 6 月逐渐成熟(图 4.66)。

图 4.65　苋

1—植株上部;2—雌花;3—雄花

图 4.66　刺苋

1—植株上部;2—雌花;3—雄花

本科植物常见的观赏花卉有千日红、鸡冠花。栽培的蔬菜有苋,红叶品种常作为观赏植物。农田杂草有反枝苋、皱果苋、紫穗苋、凹头苋、刺苋、青葙(狗尾巴花)、空心莲子草(水花生)等。

药用植物青葙的种子可入药,有清肝消炎、祛风热、明目降压之功效。牛膝根全草入药,有活血引瘀,利关节,强腰膝,补肝肾之功效。

15)**藜科**(Chenopodiaceae)

本科有 102 属,1 400 种,分布于世界各地。我国有 48 属,170 多种。

花程式:♂♀ * $K_{5\text{-}3}\ C_0\ A_{5\text{-}3}\ \underline{G}_{(2\text{-}3:1)}$

形态特征:一年或多年生草本,体表有白粉泡状毛。单叶互生少对生,无托叶。花两性或单性,单被花,辐射对称,单生或数朵集生于叶腋,或成稠密间断的穗状花序。花萼 3 ~5 裂,宿存,果为胞果,果皮易与种子分离。

识别要点:草本,单叶互生。花小,单被,花无花冠,雄蕊与萼片同数而对生,胞果。

代表植物:

(1)菠菜属(*Spinacia*)　菠菜(*S. oleracea* L.),一年生或多年生草本,全株光滑无毛,主根圆锥状,带红色(图 4.67)。茎中空,直立。叶幼期基生,抽茎后茎叶互生,具长柄,叶戟形或卵形,肥厚,肉质。花单性,雌雄异株。胞果包于花后增大具刺状物的 2 苞片中。为栽培的蔬菜,营养丰富(含蛋白质、维生素、铁)。

(2)甜菜属(*Beta*)　甜菜(*B. vulgaris* L.),一年生或二年生草本。根肥厚,纺锤形。茎直立,分枝或单一;叶大,具长柄,光滑无毛;茎生叶小,柄短。花两性,生于叶腋,每 2 至数花成簇,形成大圆锥形复穗状花序；花被片5，基部与子房合生；雄蕊5，着生于具体的花盘上；雌蕊3心皮合生，子房半下位，花柱3；种子包于坚硬的花被内（图4.68）。原产欧洲，我国北方有栽培。根为制糖原料。

图4.67　菠菜
1—雄花枝；2—雄花（开放）；
3—雄花（将开）；4—雌蕊

图4.68　甜菜
1—根；2—花枝；3—花簇；4—花的正面

（3）藜属（*Chenopodium*）　灰绿藜（*C. glaucum* L.），叶肉质，背面有较厚的白粉，中脉显著，黄褐色。

本科植物栽培的蔬菜有菠菜、君达菜、甜菜。农田杂草有藜（灰灰菜）、灰绿藜、猪毛菜、碱蓬、轴藜、绿珠藜、盐角草等。

药用植物有藜，嫩苗可作野菜食用，入药有清热，利湿，杀虫之功效。地肤（扫帚苗），嫩茎叶可食用，成熟时茎枝可作扫帚，果实为中药“地肤子”，能利尿，清湿热。

16）唇形科（Labiatae，Lamiaceae）

本科有220属，3 500种，分布于世界各地。我国有99属，800余种。本科植物几乎都含有芳香油，有很多是著名的中草药和香料。

花程式：♂♀　↑　$K_{(5)}$ $C_{(4\text{-}5)}$ $A_{4,2}$ $\underline{G}_{(2:4)}$

形态特征：花轮生于叶腋，形成轮伞花序，常再组成穗状或总状花序。花两性；花萼4～5或二唇裂，宿存；花冠唇形，上唇2裂，下唇3裂；二强雄蕊，或退化成2枚，生于花冠管上；雌蕊由2心皮组成，裂为4室，每室1胚珠，子房上位，花柱1枚。果实为4枚小坚果。

识别要点：茎四棱，单叶对生，唇形花冠，二强雄蕊，4枚小坚果。

代表植物：

（1）鼠尾草属（*Salvia*）　一串红（西洋红、爆竹红、墙下红）（*S. Salvia* splendens.），一年生草本，株高90 cm，茎直立，四棱形，具浅沟，无毛。叶卵圆形或三角形，叶缘有锯齿，茎生叶柄长3～4.5 cm。轮伞花序，具2～6朵花，组成总状花序，有时分枝达5～8 cm，花冠唇形筒状伸出花萼外，长达5 cm，花色多样。成熟种子卵形，浅褐色。花期7—10月（图4.69）。

（2）夏至草属（*Lagopis Bunje*）　夏至草（*Lagopis Bunje supine* Steph. IK.-Gal.），多年生草本。株高15～60 cm。茎密被微柔毛。叶轮廓为半圆形、圆形或倒卵形，掌状3浅裂至3深裂，裂片具疏圆齿，两面密被柔毛。轮伞花序，小苞片弯曲，刺状，花萼管状钟形，萼齿近整齐，三角形；花冠白色，长约6 mm，外密被柔毛，二唇形；雄蕊4个，不伸出，花盘平顶。小坚果4个，长卵形具3棱，褐色。花期3—5月，果熟期5—6月（图4.70）。

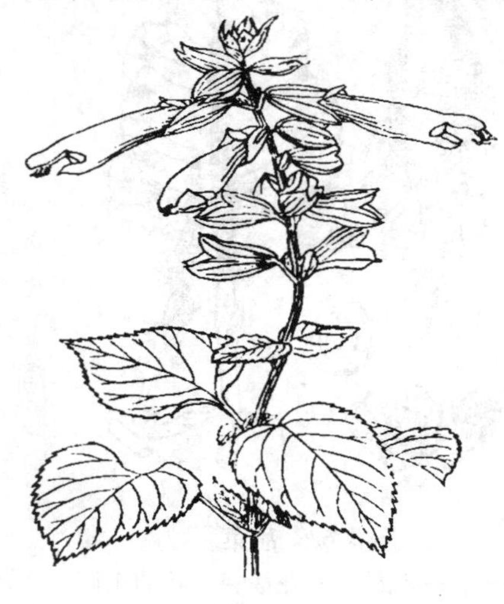

图4.69　一串红

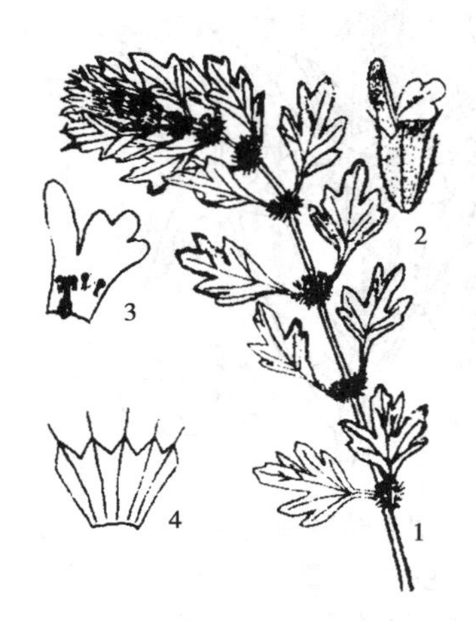

图4.70　夏至草

1—花枝；2—花；3—展开的花冠；4—展开的花萼

（3）藿香属（*Ageastache*）　藿香[*A. rugosus*（Fisch et Mey.）O. Ktze.]，多年生草本，具香气。叶心状卵形至长圆状披针形，散生透明腺点，下面多生短柔毛。轮伞花序集成顶生的假穗状花序（图4.71）。

（4）薄荷属（*Mentha*）　薄荷（*M. haplocayr* Briq.），多年生草本，具根状茎。全株含留兰香油或绿薄荷油，可制作香料（图4.72）。全草有疏散风热、清利明目、理气解郁之功效，全国各地均有栽培。

图4.71　藿香

1—花枝；2—花；3—雄蕊和雌蕊；4—解剖的花萼

图4.72　薄荷

1—花枝；2—花

本科植物栽培的蔬菜有草石蚕(甘露子),根茎和块茎凉拌后食用。十香菜常用来做凉拌菜。荆芥是广泛栽培的调味蔬菜。农田杂草有野薄荷、宝盖草、夏枯草、夏至草、水苏、益母草等。紫苏是栽培的油料作物,地瓜儿苗的根可作凉拌菜食用。一串红、朱唇、芝麻花、薰衣草、五彩苏是常栽培的观赏花卉。

本科大多是著名的中草药,如筋骨草、白毛枯草,全草入药,清热解毒,凉血降压。藿香全草入药可健胃、化湿、止呕、清暑热。夏枯草有利尿明目作用。丹参根入药,可活血化瘀、凉血安神。野薄荷全草有疏散风热,理气解郁之功效。黄芩根有清热燥湿、泻火解毒,止血安胎之功效。益母草的果实称为茺蔚子,能清肝明目,全草入药,可活血、祛瘀、调经。

17)旋花科(Convolvulaceae)

本科约有 56 属,1 800 种,分布热带和温带。我国有 22 属,128 种,分布于全国各地。

花程式:♂♀ ＊ $K_5\ C_{(5)}\ \underline{G}_{(2\text{-}3:2\text{-}3)}$

形态特征:多缠绕草本,常具双韧维管束。单叶互生,无托叶。花两性,辐射对称,单生叶腋或成聚伞花序;萼片 5,常宿存;花冠常漏斗状;雄蕊 5,着生于花冠筒基部,与花冠裂片互生;雌蕊多由 2 心皮合生,子房上位,常 2 室,基部常具环状或杯状花盘。常为蒴果。

识别要点:蔓生草本,茎缠绕,常具乳汁,花冠漏斗状、钟状,花 5 基数,蒴果。

代表植物:

(1)番薯属(*Ipomoea*)　甘薯(番薯、红薯、白薯)[*Ipomoeabatas*(L.)Lam.],一年生草本,具白色乳汁。茎匍匐,节常生不定根,并膨大成块根。单叶互生,叶形变化大,有心形、戟形或掌状裂。花紫色、淡红色或白色,单生,或几朵组成聚伞花序。果为蒴果(图 4.73)。原产热带,我国各地有栽培。温带及寒带地区很少开花,常用块根繁殖。块根富含淀粉,为主要杂粮。茎、叶可作饲料。

(2)番薯属　雍菜(*I. aquatica* Forsk.),又称空心菜,一年生水生或陆生草本,茎中空蔓生,或浮于水中,节处生根。单叶三角形,或箭形、戟形。花淡粉红至白色,蒴果(图 4.74)。为长江以南地区的重要叶菜类蔬菜。

图 4.73　甘薯

1—花枝;2—花的纵切面;3—雌蕊;4—块根

图 4.74　雍菜

(3)打碗花属(*Calystegia* R. Br.)　打碗花(*Calystegia* R. B *hederacea* wall.),多年生草本,全株无毛,茎缠绕或平卧分枝。叶有长柄,基部叶全缘,茎生叶近三角形、戟形。花单生于叶腋,花冠漏斗状,粉红色,长 2 ~2.5 cm。子房2室,柱头2裂,蒴果卵状球形,花期5—8月(图4.75),遍布南北各省区。

(4)茑萝属(*Quamoclit*)　茑萝(羽叶茑萝、绕龙草、锦屏封)[*Quamoclit pennata* (Lam.) Bojer.],一年生草本。柔软缠绕,无毛,叶互生,羽状细深裂,长4 ~7 cm,裂片条形,叶柄长0.8 ~4 cm,聚伞花序腋生,有花2 ~5朵,萼片5个;花冠高脚蝶形,深红色,无毛;雄蕊5个,不等长,外伸;子房4室,柱头2裂。蒴果卵圆形,种子黑褐色。花期7—9月,果熟期8—10月(图4.76)。

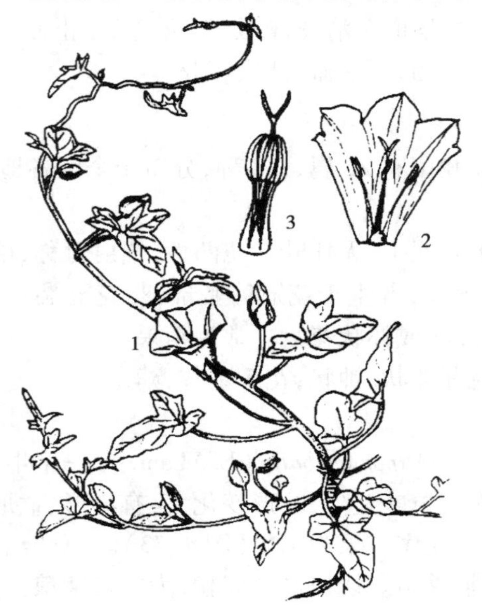

图4.75　打碗花

1—植株;2—花的解剖;3—雄蕊和雌蕊

图4.76　茑萝

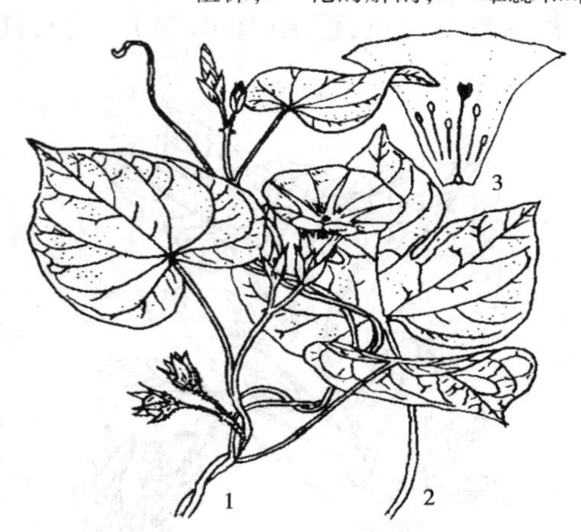

图4.77　圆叶牵牛

1—花、果枝;2—叶;3—花冠纵剖面,示雌雄蕊

(5)牵牛属(*Pharbitis*)　圆叶牵牛[*Pharbitis purpurea* (L.) Voigt.],一年生草本。茎缠绕,多分枝。叶互生,圆心形,全缘,长5 ~12 cm,具掌状网脉,叶柄长4 ~9 cm。花单生或数朵组成聚伞花序,长3 ~9 cm,苞片线形,长0.6 ~0.7 cm。萼片5个,花冠漏斗状,直径4 ~5 cm,紫红色或粉红色,花冠筒近白色;雄蕊5个,不等长;子房3室。蒴果近球形,无毛。花期6—9月,果熟期9—10月(图4.77)。

全草入药,有调经活血、滋阴补虚,健脾益胃之功效。

本科植物栽培的农作物有甘薯,蔬菜有蕹菜。牵牛、矮牵牛、马蹄金(黄疸草)、金鱼花、茑萝是栽培的观赏花卉。

常见的农田杂草有打碗花、田旋花(箭叶旋花)、菟丝子、小碗花(小旋花)等。菟丝子寄生于豆科和菊科植物,对寄生植物危害很大。药用植物有牵牛、圆叶牵牛,种子入药称为牵牛子,治水肿腹胀,大小便不利等病症。马蹄金(黄疸草),全草入药能清热利湿,解毒消肿。

18)大戟科(Euphorbiaceae)

本科300属,8 000多种。主要分布于热带。我国有60多属,300多种。

花程式:$K_{0\text{-}5}\ C_{0\text{-}5}\ A_{1\text{-}\infty}$ $K_{0\text{-}5}\ C_{0\text{-}5}\ \underline{G}_{(3:3:1\text{-}2)}$

形态特征:草本、灌木或乔木,多含乳汁。单叶互生,少复叶,常有托叶,叶基部常有腺体。花单性,同株,稀异株。聚伞花序,或杯状聚伞花序。萼片3~5枚,常无花瓣,有花盘或腺体。雄蕊1至多数;雌蕊由3心皮合成,子房上位,3室。中轴胎座,果为蒴果,稀核果。种子具胚乳。

识别要点:常具乳汁。单叶互生,基部常有两个腺体。花单性,子房上位,3心皮,3室,中轴胎座。蒴果。

代表植物:

(1)蓖麻属(*Ricinus*) 蓖麻(*Ricinus communis* L.),一年生草本,在热带地区呈小乔木状。单叶,掌状5~11深裂,盾状着生。圆锥花序顶生。花单性,雌雄同株,无花瓣,雌花位于上部。雄花具多数雄蕊,花丝多分枝,多体雄蕊。蒴果有刺,子房3室(图4.78)。原产非洲,我国各地有栽培,种仁含油达55%~70%。蓖麻油为重要工业原料,是高级润滑油,又是医药上的缓泻剂。叶可养蚕。

(2)大戟属(*Euphorbia*) 一品红(圣诞花、象牙红、猩猩木、老来娇)(*Euphorbia* pulcherrima.),小灌木,株高1~3 m。小枝绿色,无毛。叶有柄,无托叶,单叶互生,叶片卵形椭圆形,长7~15 cm,宽2~8 cm,背面有柔毛;开花时鲜红色。杯状聚伞花序,多数,顶生于枝端;总苞坛状,边缘有齿状分裂。雄花和1个雌花生于总苞内,雌花位于中央,子房3室,花柱3裂(图4.79),常见温室冬季开花。

图4.78 蓖麻

1—花枝;2—雄花;3—雌花;4—子房的横切;5—叶;6—种子

图4.79 一品红

1—花枝;2—杯状花序示雌花和雄花;3—雄花

(3)大戟属 铁海棠(虎刺)(*Euphoria milli* Ch. des Moulins.),直立或攀缘性灌木,株高1 m,有白色汁液。刺硬成锥状,长1~2.5 cm。叶片倒卵形或矩圆状匙形,长2.5~5 cm,宽1~2 cm,先端突尖,基部渐狭,无柄;杯状聚伞花序,似一单生的花;雄花仅有雄蕊1个;雌花子房有柄,3 室,花柱 3 个,顶端 2 浅裂。蒴果扁球形。花期 6—7 月(图 4.80)。

(4)铁苋菜属(*Acalypha*)　铁苋菜(红叶苗、血布袋棵、海蚌含珠)(*Acalypha australis* L.),一年生草本植物。株高 2 ~8 cm,茎直立,多分枝,有棱,具毛。叶为卵形、棱形、披针形,长 2 ~8 cm,宽 1.5 ~3.5 cm,3 出脉。雌雄花在同一花序上,花单性,成腋生穗状花序;花常生于叶状苞片内,苞片三角形,长约 1 cm,合时如蚌。蒴果近球形,种子卵形。花期 8—10 月,果熟期 9—11 月(图 4.81)。

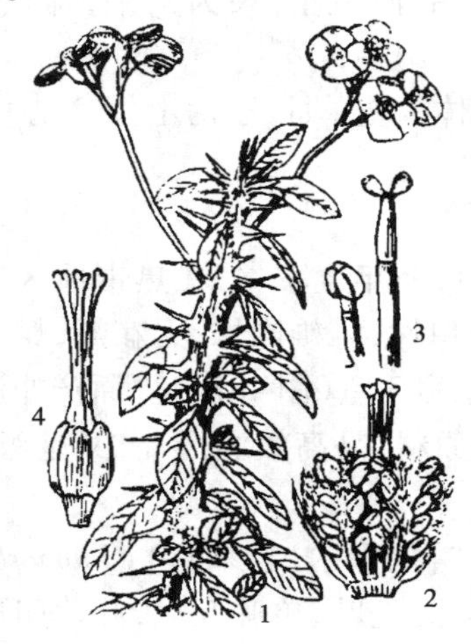

图 4.80　铁海棠

1—花枝;2—杯状花序;3—雄花;4—雌花

图 4.81　铁苋菜

1—花枝;2—雄花;3—雌花

全草入药,能清热解毒、利水消肿。

本科植物有些是栽培的油料作物,如蓖麻、油桐,种仁含油量 46% ~70%,乌桕种子可榨油,是我国南方重要的工业油料植物。常见的农田杂草有泽漆(猫儿眼)、甘遂(假猫眼)、地锦、铁苋菜、大戟等。可入药的有大戟、地锦、铁苋菜、巴豆等。

重阳木、霸王鞭可作行道树及观赏树,铁海棠(虎刺)、一品红是常见的观赏植物。

19)伞形科(Umbelliferae)

本科有 250 属,2 000 种,多产于北温带。我国有 57 属,500 种。

花程式:♂♀ $*\ K_{(5)}\ C_5\ A_5\ \overline{\underline{G}}_{(2:2)}$

一年生或多年生草本,茎常中空,有纵条棱。叶互生,多为掌状裂或 1 至多回羽状复叶,叶柄基部扩大成鞘状抱茎,花两性,辐射对称;多呈伞形或复伞形花序,花序基部有总苞片;花萼与子房结合,萼齿 5 或不明显;花瓣 5;雄蕊与花瓣同数而互生;子房下位,2 心皮构成 2 室,每室有 1 胚株,花柱 2,基部常膨大成上位花盘。双悬果。

识别要点:草本。叶柄基部成鞘状抱茎。伞形或复伞形花序。子房下位。双悬果。

代表植物:

(1)胡萝卜属(*Daucus*)　胡萝卜(*D. carota* var. *sativa* DC.),二年生草本,根圆锥形,肥厚肉质,橙黄色或橙红色。叶 2 ~3 回羽状全裂,最终裂片线状披针形。总苞片及小苞片羽状全裂。复伞形花序,果实为双悬果,狭椭圆形,被以皮刺及钩状刺毛(图 4.82)。根作蔬菜,含有丰富的胡萝卜素。

(2)芹属(*Apium*)　芹菜(*A. graeolens* L.),一年或二年生草本。茎直立,高 50 cm 以上,具纵棱,绿色。叶单羽裂或 2 回羽裂,小叶有柄或无柄,边缘有缺刻,具齿牙。伞形花序几乎无柄,果球形(图 4.83)。为常见栽培蔬菜。

图 4.82　胡萝卜

1—幼株;2—花枝;3—花序中间的花;
4—果实的纵切;5—果实的横切;6—肥大直根

图 4.83　芹菜

1—植株下部;2—植株上部;3—花序;
4—花;5—果实

(3)芫荽属(*Coriangrum* L.)　芫荽(香菜)(*Coriangrum sativum* L.),一年生草本,光滑无毛。株高 30 ~ 80 cm,有香气。茎直立,有条纹,疏分枝。基生叶和下部茎生叶具长柄,叶片 1 ~ 2 回羽状全裂。复伞形花序,具长梗,顶生或与叶对生;小伞形花序具 10 ~ 20 朵花;花瓣倒卵形,白色或粉红色;边花有辐射瓣。双悬果球形,光滑,淡褐色,花果期 5—7 月(图 4.84)。

(4)水芹属(*Oenanthe*)　水芹[*Oenanthe javanica* (BI.) DC.],多年生草本植物。株高 15 ~ 80 cm,无毛;具匍匐根状茎,有簇生须根,茎中空,节间有横隔。基生叶有长柄,长 3 ~ 6 cm。顶部小叶菱状卵形。复伞形花序,直径 4 ~ 6 cm,伞辐 8 ~ 17 个,不等长;双悬果椭圆形,花果期 6—7 月(图 4.85)。

图 4.84　芫荽

1—根和叶;2—花、果枝;3—花;4—果

图 4.85　水芹

1—植株;2—花;3—果实

本科植物栽培的蔬菜有胡萝卜、芫荽(香菜)、茴香(小茴香)、芹菜(旱芹)等。农田杂草有破子草、蛇床、破铜钱、积雪草、水芹菜、野胡萝卜、窃衣、天胡荽等。

药用植物有隔山香、白芷、柴胡、川芎、茴香、芫荽、独活(毛当归)、当归、柴胡、防风、蛇床、硬阿魏、前胡、水芹、毒芹等。当归根入药有补血、活血、调经之功能;川芎能活血行气,祛风止痛。防风根入药,有发汗解表、祛风止痛的功效。

20)**木樨科**(Oleaceae)

本科约30属,600种,广布温带和热带地区。我国有12属,200种。

花程式:♂♀ * $K_{(4)}$稀$_{(3\text{-}10)}$ $C_{(4)}$ A_2稀$_{3\text{-}5}$ $\underline{G}_{(2:2)}$

形态特征:直立,攀缘灌木或乔木。单叶或复叶,常对生,无托叶。花两性或单性,辐射对称,常组成圆锥、聚伞花序或簇生。花萼常4裂,稀3~10裂;花冠合瓣,稀离瓣或无花瓣;裂片4~9;雄蕊2,稀3~5;子房上位,2室,每室有胚珠2个。果实为浆果、核果、蒴果或翅果。

识别要点:木本,叶常对生,花被常4裂,雄蕊2;子房上位,2室,每室有胚珠2个。

代表植物:

(1)木樨属(*Osmanthus*) 桂花(木樨)[*O. fragrns*(Thunb)Lour.],常绿灌木或小乔木。叶对生,椭圆形,革质。花簇生叶腋,花冠淡黄色,极芳香。核果紫色(图4.86)。原产我国西南部,各地均有栽培,为名贵的观赏芳香植物。花可作香料或食用。其变种较多,常见有金桂、银桂等。

(2)连翘属(*Forsythis* Vahl.) 连翘[*F. suspen-se* (Thunb.)Vahl.],落叶灌木,枝中空。单叶或三出复叶。花先叶开放,黄色,单生,蒴果(图4.87)。各地广为栽培,为常见庭园观赏植物。果入药,可清热解毒,消肿散结。

同属金钟连翘(金钟花)(*F. virid-issma* Lindl.),与连翘相似,但枝具片状髓。

图4.86 桂花

1—花枝;2—果枝;3—花冠;4—去雄蕊和花冠的花

图4.87 连翘

1—花枝;2—展开的花冠;3—叶枝;4—果实

(3)丁香属(*Syringa* L.) 紫丁香(*S. oblata* Lindl.),为栽培观赏灌木。花紫色,早春开放,花冠管长。叶广卵形,为北方常见栽培花木(图4.88)。

(4)女贞属(*Ligustrum*) 女贞(大叶女贞)(*Ligustrum lucidun* Alt.),常绿小乔木,株高达10 m以上。枝开展,无毛,有皮孔。单叶对生,叶片暗绿色,卵形或披针形,长6~12 cm,宽4~6 cm,基部圆形,无毛。圆锥花序顶生,直立,长6~12 cm,花白色;雄蕊两个,与4个花冠裂片近等长。核果浆果状,长圆形,紫蓝色(图4.89)。花期6—8月,果熟期9—10月。

图4.88 紫丁香

1—果枝;2—果;3—花;4—展开的花冠示雄蕊

图4.89 女贞

1—果枝;2—花

本科植物中引种栽培的有油橄榄(齐墩果),果实可食用、榨油和药用。用材树有水曲柳、白蜡树等。观赏植物有桂花、水蜡树、小叶白蜡树、小蜡、连翘、金钟花(黄金条)、迎春花、迎夏、紫丁香、茉莉花等。

药用植物有女贞,果为"女贞子",能补肾养肝明目。连翘果实入药,可清热解毒,消肿散结。茉莉花根、叶、花可入药,能理气开郁,清热解毒。探春花叶、花入药,可消肿解毒,解热利尿。

单子叶植物分科

4.4.2 单子叶植物纲(Monocotyledoneae)

1)泽泻科(Alismataceac)

本科有13属,90种,分布全球。我国有5属,13种,分布全国。

花程式:♂♀ * $P_{3+3}\ A_{\infty-6}\ \underline{G}_{\infty-6}$

形态特征:水生或沼生草本,有根状茎。叶常基生,基部有开裂的鞘,叶形变化较大。花两性或单性,辐射对称,常轮生于花茎上;呈总状或圆锥状花序;花被2轮,外轮3片绿色萼片状、宿存,内轮3片花瓣状、脱落;雄蕊6至多数,稀3枚,分离;子房上位,1室,胚珠1个至多个。果为聚合瘦果,稀为基部开裂的蓇葖果。

识别要点:草本,常为水生或沼生,叶常基生,花在花轴上轮状排列,雌蕊和雄蕊均6至多数,果为聚合瘦果。

代表植物:

(1)泽泻属(*Alisma*) 泽泻[*Alisma orientable*(Samss)Juzepcz.],多年生沼生草本,具球茎。叶基生,有长柄,长椭圆形,先端尖。花白色,排列成大型轮状分枝的圆锥花序,在分枝处有3个苞叶;雄蕊6枚;雌蕊心皮多数,离生;果为聚合瘦果(图4.90)。我国各地均有分布,为常见的水田杂草之一。

泽泻茎、叶可作饲料。球茎入药,有利尿渗湿之功能。

(2)慈姑属(*Sagittaria*)　慈姑(*Sagittariasagittifolia* L.),多年生水生草本,有纤匐枝,枝端膨大成球。叶基生,箭形,具长柄,粗而有棱,沉水叶狭带形。花单性,总状花序下部为雌花,上部为雄花;雄蕊多数;雌蕊心皮多数,密集成球状,着生在花序下部。瘦果倒卵形,种子无胚乳,花果期6—10月(图4.91)。

慈姑为稻田常见杂草,但现已广泛应用于湿地种植,也有良好的景观效果。慈姑球茎富含淀粉,可食用或制淀粉。药用有清热解毒之功能。

图4.90　泽泻

1—植株;2—花;3—花序

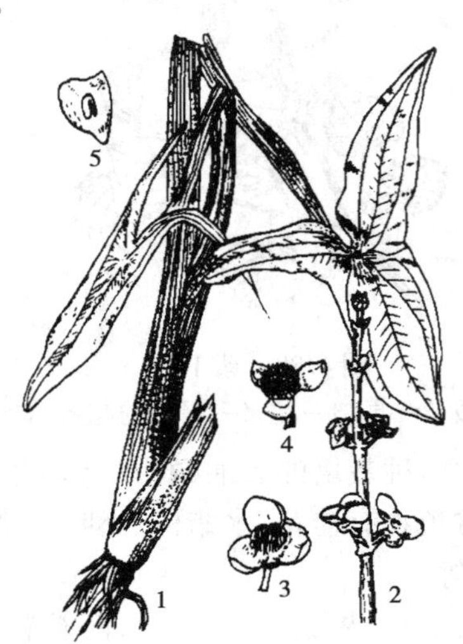

图4.91　慈姑

1—植物;2—花序;3—花;4—果实;5—种子

2)**百合科**(Liliace)

本科有175属,2 000种,广布于全球。我国有54属,334种,分布于全国。

花程式:♂♀ $* \ P_{3+3}\ A_{3+3}\ \underline{G}_{(3)}$

形态特征:多为草本,有根茎、球茎或鳞茎。叶互生、对生或轮生。花两性,少单性,辐射对称;花被花瓣状,花被6片,稀4片或更多;雄蕊常6枚,2轮,与花被片对生;子房上位,稀半下位,3室,常为中轴胎座。蒴果或浆果。种子有胚乳。

识别要点:具根茎、球茎或鳞茎。花3基数,子房上位,中轴胎座。蒴果或浆果。

代表植物:

(1)葱属(*Allium*)　蒜(大蒜)(*Allium sativum* L.),多年生草本植物,鳞茎分为数瓣,成球形;鳞茎外皮白色或带紫色,膜质,叶基生,宽条状,扁平,比花葶短,花葶圆柱状实心。伞房花序,密生珠芽,间有数花;花被片6个,淡红色,卵形或披针形;雄蕊6个,子房球形。蒴果,花期6—10月(图4.92)。

大蒜的鳞茎含挥发性的大蒜蒜辣素,有健胃、止痢、止咳、杀菌、驱虫等作用。

(2)葱属　葱(*Allium fistulosum* L.),叶管状,中空,被有白粉。花葶粗壮中空,中部膨大。伞形花序,总苞片膜质,白色,开花前破裂。鳞茎棒状。果为蒴果(图4.93),为常见栽培蔬菜。

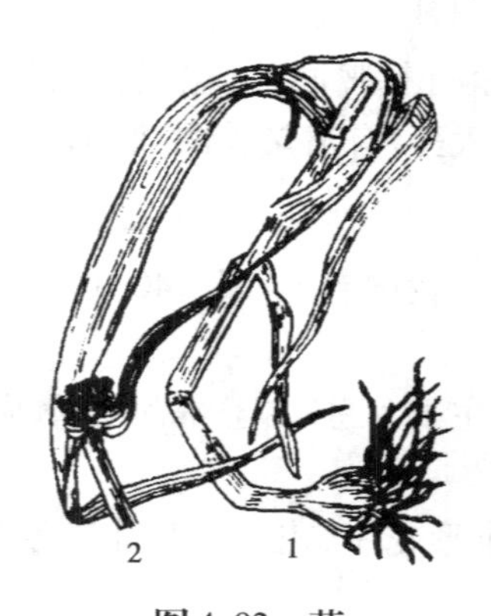

图4.92 蒜
1—植株下部;2—花葶及花序

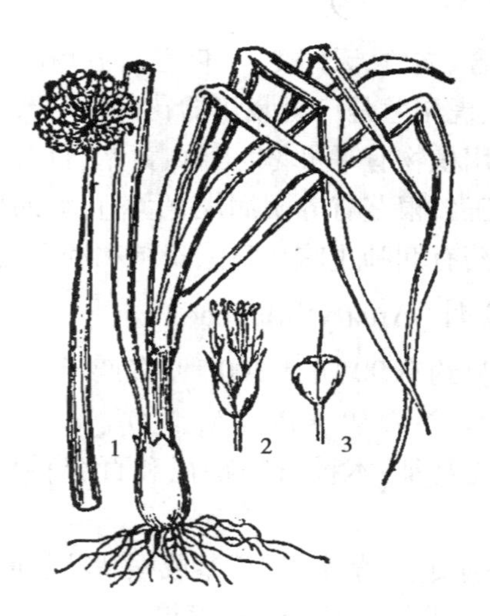

图4.93 葱
1—植株;2—花;3—果实

(3)百合属(*Lilium*) 百合(*LiLium brownii* var. *uiridulum* Baker.),多年生草本,单叶互生;花大,白色,长15 cm;鳞茎由肉质肥厚的鳞叶组成,直径约5 cm(图4.94)。常栽培,供观赏。鳞茎也可食用,有润肺止咳、清热、安神和利尿之效。

(4)郁金香属(*Tulipa*) 郁金香(*Tulipa gesneriana* L.),多年生草本,全株呈白粉状,平滑无毛。鳞茎皮纸质,外被淡黄色纤维状皮膜。叶线状披针形或卵状披针形,长10~21 cm,宽2~6.5 cm,基部抱茎。花单生于茎顶,花被片6个,常为鲜黄色、白色、红色。雄蕊6个,生于花被片基部。子房长椭圆形,3室,花期4—5月(图4.95)。

图4.94 百合
1—地下部鳞茎及植株;2—雄蕊

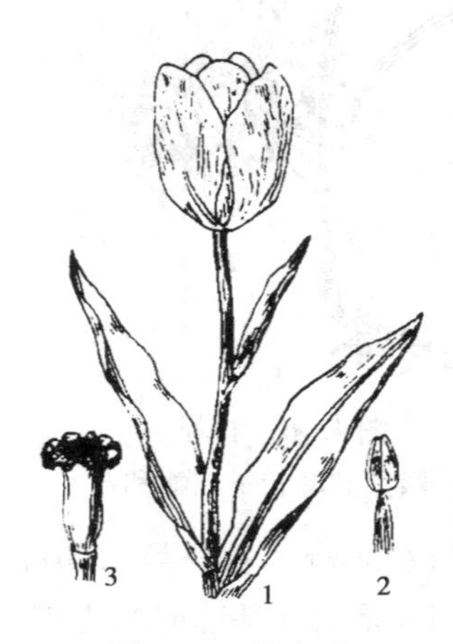

图4.95 郁金香
1—地上部分;2—雄蕊;3—去花被后的花

本科中可食用的有石刁柏、金针菜。金针菜又称为黄花菜,花黄色,芳香,供食用,为名贵蔬菜。

百合、文竹、天门冬、一叶兰、假叶树、玉簪、凤尾兰、郁金香、卷丹、山丹、麦冬、万年青、芦荟、风信子、虎尾兰是广为栽培的花卉。

药用植物有平贝母、玉竹、黄精、百合、知母等。平贝母鳞茎入药,有清热润肺、止咳化痰的作用。玉竹根茎有养阴润燥、生津止渴的作用。黄精根茎有补脾润肺、益气养阴的功能。百合鳞茎入药有润肺止咳、清热、安神和利尿之效。知母根茎入药,有清热养阴、润肺生津的功效。

3)**石蒜科**(Amaryllidaceae)

本科约有90属,1 300种,多产于南美和地中海一带。我国有14属,140种。

花程式:♂♀ $* P_{3+3}\ A_{3+3}\ \overline{G}_{(3:1)}$

形态特征:本科植物特征和百合科植物特征相似,主要区别在于本科为伞形花序,子房下位。

识别要点:草本,有鳞茎或根状茎。叶线形,花序为伞形花序,花被片及雄蕊各6个,排列成2轮,子房下位,子房3室,蒴果。

代表植物:

(1)石蒜属(*Lycoris*)　石蒜[*Lycoris radiata* (L'Her) Herb.],又称龙爪花,为多年生宿根花卉,叶基生,线形,花葶枝萎才抽出,全缘,钝头,叶色翠绿,夏秋季枯死。鳞茎椭圆形或球形,花茎抽出呈伞形花序(图4.96),红花怒放,故又名"平地一声雷",是布置花镜的好材料。

(2)水仙属(*Narcissus*)　水仙(*Narcissus tazetta* var. *chinensis* Roem.),多年生草本,鳞茎卵圆形,叶狭长线形,扁平全缘。花葶中空与叶等长。伞形花序,具花4至多朵,花白色,有鲜黄杯状的副花冠,雄蕊6个,子房3室。蒴果,花期1—4月(图4.97)。

原产浙江和福建,各地多栽培作盆景。鳞茎可供药用。

图4.96　石蒜

1—鳞茎和叶;2—花葶和花

图4.97　水仙

1—鳞茎和叶;2—花

(3)君子兰属(*Clivia*)　君子兰(*Clivia miniata* Regel.),多年生常绿草本,叶片革质,根肉质。基部鳞状茎部分是由叶基部向两边扩大互抱形成的。基生叶多数,半革质,深绿色。花葶扁平,肉质,实心。伞形花序,花钟状,外面黄红色,内部下面黄色。花直立。浆果宽卵形,紫红色。花期4—7月(图4.98)。

(4)朱顶红属(*Hippeastrum*)　花朱顶红[*Hippeastrum vittatum* (L. Her) Herb.],多年生草本。鳞茎近球形,叶6~8枚,宽带形,稍肉质,稍短于花葶。伞形花序有2至数朵花,花长10~

18 cm,花被裂片红色,腹部中间和边缘常具白色条纹,长倒卵形,雄蕊短于花冠裂片;花柱与花被裂片等长或稍长,蒴果近球形,在春夏季开花,秋季果实成熟(图 4.99)。

图 4.98 君子兰

1—植株;2—花的纵剖面;3—花序

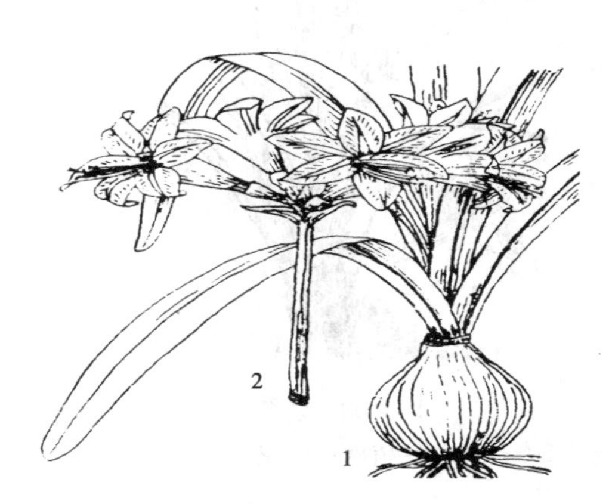

图 4.99 花朱顶红

1—植株下部的鳞茎;2—花葶与花序

本科有许多是名贵的观赏花卉,如石蒜、水仙、君子兰、朱顶红、晚香玉、网球花、菖蒲莲(葱莲)、韭莲、龙舌兰等。水仙、石蒜也可作药用:石蒜的鳞茎含有石蒜碱,可作杀虫剂。农田杂草有小根蒜,可食用。

4)***兰科***(Orchidaceae)

本科为大科之一,约 750 属,近 20 000 种,分布于热带、亚热带与温带地区。我国有 166 多属,1 100 余种,主要分布于长江以南各省区。

花程式:$♂♀\ \uparrow\ P_{3+3}\ A_{2\text{-}1}\ \overline{G}_{(3:1)}$

形态特征:陆生、附生或腐生草本,亚灌木或攀缘藤本。常具根状茎或块茎,具气生根。茎直立、悬垂或攀缘,常在基部或全部膨大为假鳞茎。叶互生、对生或轮生,常为肉质或退化为鳞片状。花两性或单性,两侧对称;花被片 6,外轮 3 片,萼片状,内轮 3 片花瓣状,其中间向轴的一片特化为唇瓣,其基部常成囊状或有距;雄蕊与花柱通常合生成合蕊柱;雄蕊 1 个,稀为 2 个,极少为 3 枚,子房下位,3 心皮 1 室,稀为 3 室,蒴果,侧膜胎座。种子小而多,具一个未分化胚,无胚乳。

识别要点:陆生、附生或腐生草本。叶常退化成鳞片,花两性,两侧对称,花被片 6,2 轮排列,雄蕊 2 个或 1 个,与花柱、柱头连合成合蕊柱,下位子房 1 室,侧膜胎座,蒴果。

代表植物:

(1)兰属(*Cymbidium*) 建兰[*Cymbidium ensifolium*(L.)sw.],有假鳞茎,叶带形,长 30 ~ 50 cm,宽 1 ~ 1.7 cm,弯曲下垂,2 ~ 6 枚丛生。花葶直立,常短于叶。花 4 ~ 7 朵生于直立的花葶上,苞片比子房短,浅黄绿色,花浅黄绿色,夏季开花(图 4.100)。

(2)蝴蝶兰属(*Phalaenopsis*) 蝴蝶兰(*Phalaenopsis* amabilis.),原产于菲律宾、印度尼西亚和澳大利亚,茎短,叶 3 ~ 5 片,长卵形,长 30 ~ 50 cm,宽 10 cm,肉质;总状花序,长达 80 ~ 100 cm,有花 5 ~ 10 朵,花白色、红色、粉红色,唇瓣尖端二叉状,基部有换色斑纹,春夏季开花(图 4.101)。

图 4.100 建兰
1—植株;2—花

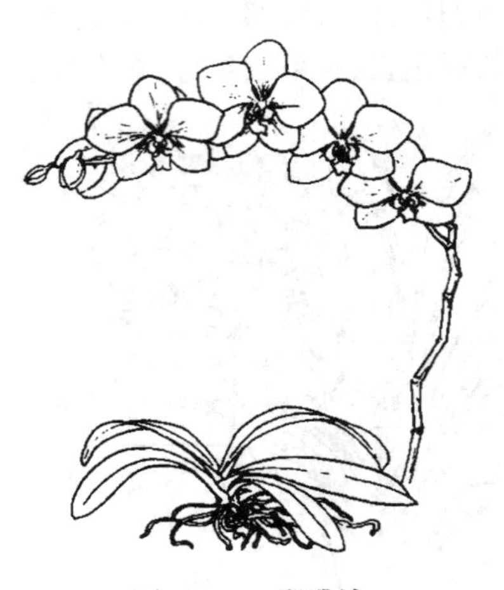

图 4.101 蝴蝶兰

(3)白芨属(*Bletilla*) 白芨[*Bletillastriata* (Thunb.) Rchb.],球茎常为连接的扁平三角形状厚块,上面有类似荸荠的环纹。叶披针形至长椭圆形。花大,紫色或淡红色,总状花序顶生,花被片 6,2 轮,唇瓣 3 裂。蒴果圆柱形。

生于山谷地带或林下湿地。分布于长江流域至南部和西南各省。

本科的药用植物有白芨、手掌参等,白芨块茎可收敛止血、消肿生肌,手掌参的块根能补肾益精、理气止痛。本科的观赏植物有白芨、建兰、寒兰、春兰、墨兰、独蒜兰、文心兰等。

兰科植物被植物学家认为是单子叶植物最进化的类群,为百合亚纲进化的顶峰,花的高度特化,对昆虫传粉适应性最好。

5)莎草科(Cyperaceae)

本科有 800 多属,4 000 多种,广布全球,以北温带最多,多生于潮湿沼泽环境。我国有 31 属,670 种,广布于全国各地。

花程式:♂♀ $P_0\ A_{1\text{-}3}\ \underline{G}_{(2\text{-}3)}$ ♂ $P_0\ A_{1\text{-}3}$ ♀ $P_0\ \underline{G}_{(2\text{-}3)}$

形态特征:多年生草本,稀为一年生。常具根状茎,少有块茎和球茎。茎常三棱形,少圆柱形,实心,花序以下不分枝。叶常 3 列,狭长,有时退化为仅有叶鞘,叶鞘闭合;花小,两性,少有单性;雌雄同株或异株,排列成很小的穗状花序,称为穗;每一朵花具 1 苞片,称为鳞片或颖片;花被完全退化,或为鳞片状、刚毛状、毛状,少有花瓣状;有时雌花为囊苞所包被;雄蕊 1 ~ 3 枚,通常为 3 枚,雌蕊 1 个,子房上位,柱头 2 ~ 3 裂。果为小坚果。

识别要点:茎常三棱形,实心;叶常 3 列,或仅有叶鞘,叶鞘闭合;小穗组成各种花序;小坚果。

代表植物:

(1)莎草属(*Cyperus*) 莎草(香附子)(*Cyperus rutundus* L.),多年生草本,根状茎匍匐细长,先端生有多数长圆形黑褐色块茎;叶片狭条形,鞘棕色,常裂成纤维状。秆顶有 2 ~ 3 枚叶状苞片,与数个长短不同的伞梗相杂,伞梗末梢各生 5 ~ 9 线形小穗,有花 10 ~ 36 朵;内含香附油(图 4.102)。

干燥的块茎称香附子,可提取香附油,入药有理气解郁、调经止痛作用。

(2)碎米莎草(*C. iria* L.) 一年生草本,秆丛生,扁三棱状。叶状苞3~5片。雄蕊3枚,柱头3裂。小坚果具3棱。水田杂草。

(3)异型莎草(*C. difforumis* L.) 叶状苞常2片,少有3片,长于花序,辐射枝顶端由多数小穗密集成球形头状花序,种子繁殖。常生于水田中。

(4)荸荠属(*Eleocharis*) 荸荠[*Eleocharisdulcis*(Bu- rm. f.)Trin. ex Henschel.],匍匐根状茎细长,顶端膨大成球茎,为食用荸荠。秆丛生,圆柱状,有多数横膈膜(图4.103)。

球茎除供食用外,也供药用,清热、止渴、明目、化痰、消积。

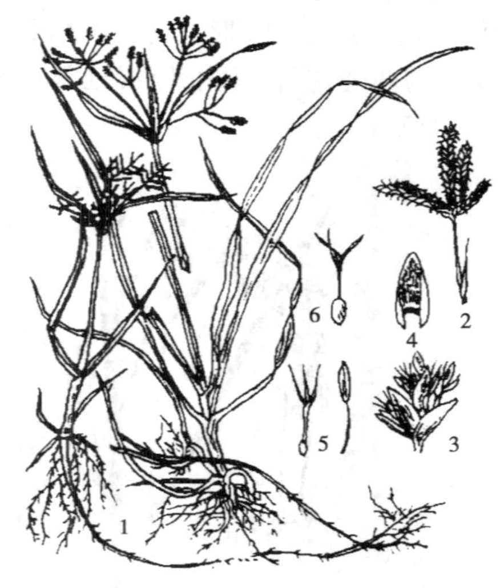

图4.102 香附子

1—植株;2—穗状花序;

3—小穗顶端的一部分(示鳞片内发育的两性花);

4—鳞片正面观;5—雌雄及雄蕊;6—未成熟的果实

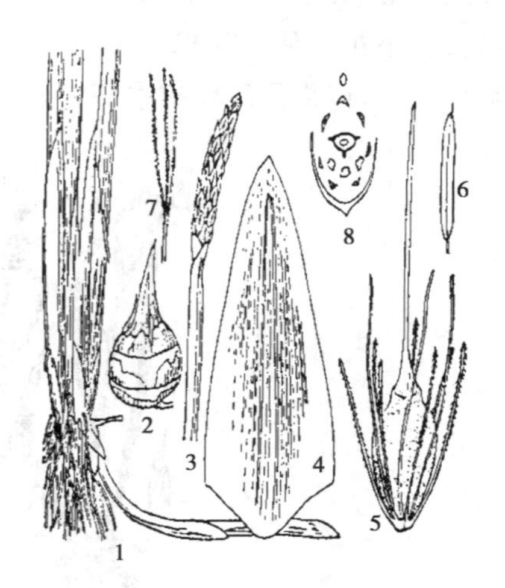

图4.103 荸荠

1—植株;2—球茎;3—花序;4—颖片;

5—小坚果;6—花药;7—柱头;8—花图式

莎草科常见的农田杂草有莎草、异型莎草、伞莎草、碎米莎草、矮红颖莎草、水莎草、扁秆、扁穗莎草、水葱、水蜈蚣、牛毛毡、荆三棱等。用于栽培的有荸荠(马蹄、地梨)、油莎豆等。荸荠球茎可以生食、熟食或药用。油莎豆块茎含油量高达27%。

本科中具有经济价值的有乌拉草、咸水草、高秆莎草等,均可作为造纸和编织的原料。风车草(旱伞草、伞草)是南北方栽培的观赏植物。

6)禾本科(Gramineae)

禾本科是被子植物中的大科之一,约有660属,10 000余种,广布全球。我国有255属,1 200种,分布于全国各地。

花程式:$♂♀\ P_{2-3}\ A_{3-3+3}\ \underline{G}_{(2-3-1)}$

形态特征:一年生、越年生或多年生草本,少有木本(竹类)。通常具有根状茎,地上茎称为秆,常于基部分枝,节明显,节间常中空。单叶互生,排成2列;叶鞘包围茎秆,边缘常分离而覆盖,少有闭合;叶舌膜质,叶耳位于叶片基部的两侧或缺;叶片常狭长,叶脉平行。花两性,稀单性,由1至多朵花组成穗状花序,称为小穗;由许多小穗再排成穗状、总状、圆锥状等花序。小穗由1至数个小花或两个颖片组成;雄蕊3枚或6枚,稀1至2枚。雌蕊由2心皮组成,上位子房,柱头常为羽毛状。果实多为颖果。

识别要点：茎秆圆柱形，有节，节间常中空。叶常 2 列互生，叶由叶片、叶鞘和叶舌组成，叶片带形，叶鞘包围秆，边缘常分离而覆盖。每个小穗由小穗轴、颖片和小花组成。由小穗组成各种花序，颖果。

代表植物：

(1)小麦属(*Triricum*)　普通小麦(*Triricum aestivum* L.)，两年生草本植物，复穗状花序，直立，每个小穗有 3 ~8 朵小花，每朵小花有浆片 2 枚，雄蕊 3 枚，雌蕊 1 枚，2 枚柱头呈羽状，颖果(图 4.104)。小麦为我北方主要的粮食作物之一，品种极多。

(2)稻属(*Oryza*)　稻(*Oryza sativa* L.)，一年生草本。小穗长圆形；圆锥花序顶生，小穗两侧压扁，有小花 3 朵，其中 2 朵不孕小花退化，1 朵小花为两性花，花具内外稃，雄蕊 6 枚，雌蕊 1 枚，浆片 1 个，柱头 2 裂成羽毛状，果实为颖果(图 4.105)。

图 4.104　小麦

1—植株；2—有芒的麦穗；3—小穗；4—小花

图 4.105　水稻

1—植株；2—小穗

(3)燕麦属(*Auena*)　野燕麦(*Auena satua* L.)，一年生草本。茎直立，高 40 ~ 120 cm，光滑。叶片扁平，宽线形，长 10 ~30 cm，宽 0.4 ~1.2 cm。圆锥花序开散，分枝纤细，长 10 ~25 cm。小穗下垂，长 1.8 ~2 cm；小穗有 2 ~3 朵小花；第一外颖长 1.5 ~2 cm，第二外颖与第一外颖近等长，具芒。颖果有淡棕色柔毛，长 0.6 ~0.8 cm。花、果期 4—9 月(图 4.106)。

(4)稗属(Echinochloa)　光头稗(芒稗)[*Echinochloa colomun* (L.) Link.]，一年生草本。茎秆细弱，直立，基部各节有分枝，株高 15 ~40 cm，无毛。叶片扁平，长 3 ~20 cm，宽 0.3 ~0.8 cm，无毛。圆锥花序，由数枚偏于一侧的穗形成总状花序，长 3 ~6 cm，主轴细弱，三棱，无毛；小穗卵圆形，有小花两个，第一小花的内颖稍短于其外颖，膜质；第二小花长约 0.2 cm，光滑无毛，有雄蕊 3 枚。花、果期 7—9 月(图 4.107)。

光头稗的籽粒含淀粉 45% ~52%，是工业上制糖或酿酒的原料。

禾本科植物大多是人们栽培的粮食作物，如小麦、大麦、稻、玉米、高粱、粟等。此外，还是重要的牧草、糖料、纺织和造纸工业原料。有些禾本科植物如竹、佛肚竹、慈竹、斑竹、凤尾竹是园林植物。

农田杂草有野燕麦、稗草、早熟禾、雀麦、无芒雀麦、看麦娘、画眉草、鹅观草、假稻、假李氏禾、马唐、红茎马唐、狗牙根、牛筋草、千金子、狗尾草、金狗尾草、芦苇、白茅、荩草、棒头草、毛笔草等。其中野燕麦、白茅、狗牙根为田间恶性杂草。

图 4.106　**野燕麦**

1—植株;2—花序;3—小花

图 4.107　**光头稗**

1—植株;2—小穗

复习思考题

1. 名词解释:人为分类法、自然分类法、种、世代交替、低等植物、高等植物、种子植物。

2. 植物分类的单位有哪些? 为什么说种是分类的基本单位?

3. 低等植物和高等植物的主要区别有哪些?

4. 简述藻类植物的主要特征。

5. 常见的细菌和真菌有哪些? 举例说明它和人类生产、生活的关系。

6. 地衣有什么特点? 同层地衣和异层地衣有什么区别?

7. 简要说明苔藓植物在形态、结构、生态分布与生殖方式等方面的主要特征。

8. 被子植物和裸子植物的主要区别有哪些? 为什么说被子植物是地球上最进化的类群?

9. 植物界演化的基本规律是什么? 举例说明。

10. 双子叶植物纲和单子叶植物纲的主要区别是什么?

11. 简要说明十字花科、蝶形花科、蔷薇科、茄科、菊科、葫芦科、锦葵科和木樨科的代表植物及其主要特征。

5 植物的水分代谢

【理论教学目标】

1. 了解水对植物生长发育的重要性。
2. 理解植物细胞吸水、植物根系吸水的原理。
3. 了解蒸腾作用的意义及其调控。
4. 了解水分在植物体内的运输、传导途径,以及水分沿导管上升的动力。
5. 掌握作物的需水规律、合理灌溉的生理指标和合理灌溉增产的生理原因。

【技能实训目标】

1. 学会观察植物细胞质壁分离现象和质壁分离的复原,并进行生物绘图。
2. 学会用小液流法测定植物组织的水势。
3. 掌握用称重法测定植物蒸腾速率的方法。

人类的生活离不开水,植物的一切生命活动也离不开水,因此说水是生命之源。农谚说:“有收无收在于水,收多收少在于肥”,充分说明了水在植物生命活动中的重要性。

植物对水分的吸收、运输、利用和散失的整个过程称为植物的水分代谢。陆生植物一方面不断从土壤中吸收水分,以满足其正常生命活动的需求;另一方面它的地上部分(主要是叶片)又不可避免地向大气中散失水分。在农林生产上,作物常常面临着水分的吸收和散失的矛盾,并直接影响作物的产量。因此,研究植物的水分代谢,对作物优质、高产具有重要意义。

5.1 水分在植物生活中的重要性

水分的重要性与水分的吸收

5.1.1 植物的含水量

不同植物的含水量差异很大。水生植物(浮萍、满江红、轮藻等)的含水量可达鲜重的90%以上,在干旱地区生长的植物(地衣、藓类)含水量仅占6%,草本植物的含水量占其鲜重的70%~80%。木本植物的根尖、嫩梢、幼苗和肉质果实(番茄、桃)含水量可达60%~90%;树干

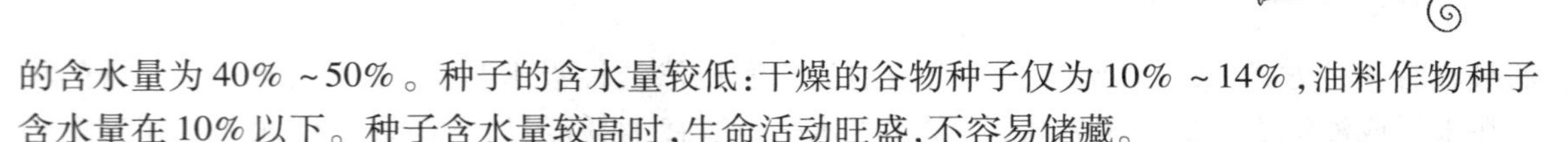

的含水量为40% ~50%。种子的含水量较低:干燥的谷物种子仅为10% ~14%,油料作物种子含水量在10%以下。种子含水量较高时,生命活动旺盛,不容易储藏。

同一植物在不同环境中,含水量也有明显区别:生长在荫蔽、潮湿环境中,其含水量就比生长在向阳、干燥的环境中高一些。另外,生长旺盛的器官比衰老的器官含水量高。

5.1.2　水分在植物生命活动中的作用

水分在植物生命活动中的作用是多方面的,主要表现如下:

(1)水分是细胞质的主要成分　细胞质的含水量一般为70% ~80%,使细胞质呈溶胶状态,有利于新陈代谢正常进行,如根尖、茎尖中。在含水量减少的情况下,细胞质变成凝胶状态,生命活动就大大减弱,如休眠的种子中。

(2)水分是代谢作用过程的反应物质　在光合作用、呼吸作用、有机物质合成和分解过程中,都有水分子参与。植物细胞的正常分裂和生长都必须有充足的水分。

(3)水分是植物对物质吸收和运输的溶剂　一般来说,植物不能直接吸收固态的无机物质和有机物质,这些物质只有溶解在水中才能被植物吸收。各种物质在植物体内的运输、分解、合成都需水作为介质。

(4)水分可以保持植物的固有姿态　由于细胞含有大量水分,维持了细胞的紧张度(即膨压),才使植物枝叶挺立,便于充分接受光照和交换气体。同时,在植物开花时能使花瓣展开,有利于传粉和受精。

(5)水分可以调节植物的体温　水分有较高的汽化热,有利于通过蒸腾作用散热,保持植物适当的体温,避免在烈日下灼伤。

5.1.3　植物体内水分的存在状态

水分在植物生命活动中的作用,不但与数量有关,而且和存在状态有密切关系。植物细胞的原生质、膜系统和细胞壁,由蛋白质、核酸和纤维素等大分子组成,它们有大量的亲水基(如—NH_2,—COOH,—OH等),这些亲水基有很大的亲和力,容易起水合作用。凡是被植物细胞的胶体颗粒或渗透物质吸附、不能自由移动的水分称为束缚水,干燥的种子中含的水分就是束缚水。而不被胶体颗粒或渗透物质所吸附,或吸附力很小,可以自由移动的水分称为自由水。

植物细胞内的水分存在状态经常处在动态变化之中,随着代谢的变化,自由水/束缚水的比值也相应发生变化。自由水可直接参与植物的生理代谢过程。自由水/束缚水比值高时,植物代谢旺盛,生长速度快,但抗逆性差;反之,生长速度缓慢,抗逆性强。

5.2　植物对水分的吸收

植物的蒸腾作用与合理灌溉

植物的生命活动是以细胞为基础的,一切生命活动都是在细胞内进行的。植物细胞对水分的吸收有3种方式:渗透性吸水——有液泡的细胞以渗透性吸水为主;吸胀吸水——干燥的种子在未形成液泡之前的吸水方式;代谢性吸水——直接消耗能量,与渗透作用无关。在这3种吸水方式中,渗透吸水是细胞吸水的主要方式。

5.2.1 植物细胞的吸水

1)植物细胞的渗透吸水

(1)水的化学势和水势　根据热力学原理,系统中物质的总能量可分为束缚能和自由能两部分。束缚能是不能转化为用于做功的能量,而自由能是在温度恒定的条件下用于做功的能量,用ΔG^0表示。已知任何物质的自由能决定于物质的数量,我们在研究水分移动时所说的自由能,是指存在于指定数目分子内的自由能。任何物质每摩尔的自由能,称为该物质的化学势,水的化学势用μ_w表示,其热力学含义为:当温度、压力及物质数量(水分以外)一定时,体积中1 mol水分的自由能。当温度、压力及物质数量(水分以外)一定时,由水(摩尔)量变化引起的体系自由能的改变量,称为水的化学势。水的化学势是随着温度、压力、水以外的物质以及其他因素(如吸附力、张力、重力等)的变化而变化。

水的化学势与其他热力学量一样,不用其绝对值,而是用其相对值($\Delta\mu_w$)来衡量。在一定条件下的纯自由水的化学势作为参比状态,把纯水在当时温度与大气压力下的化学势指定为零,则其他状态的水的化学势偏离这一零值的情况则能够确定。并且,为了突出水的化学势在水分生理中的物理意义,通常把水的化学势除以水的偏摩尔体积$V_{w,m}$使其具有压力的单位,即在植物生理学中被广泛应用的概念——水势。因此,水势就是偏摩尔体积的水在一个系统中的化学势与纯水在相同温度压力下的化学势之间的差,通常表示为:

$$\Psi_w=\frac{\mu_w-\mu_w^0}{V_{w,m}}=\frac{\Delta\mu_w}{V_{w,m}}$$

式中,Ψ_w代表水势;$\mu_w-\mu_w^0$为化学势差($\Delta\mu_w$),单位为J/mol,J=N·m(牛顿·米);$V_{w,m}$为水的偏摩尔体积,单位为m^3/mol。

则水势:

$$\Psi_w=\frac{\mu_w-\mu_w^0}{V_{w,m}}=\frac{J\cdot mol^{-1}}{m^3\cdot mol^{-1}}=\frac{J}{m^3}=\frac{N}{m^2}=Pa$$

水势单位为帕(Pa),一般用兆帕(MPa,$1\ MPa=10^6\ Pa$)来表示。过去曾用大气压(atm)或巴(bar)作为水势单位,它们之间的换算关系是:1 bar=0.1 MPa=0.987 atm,1标准atm=1.013×10^5 Pa=1.013 bar。

偏摩尔体积($V_{w,m}$)是指在恒温恒压、其他组分浓度不变的情况下,混合体系中1 mol该物质所占据的有效体积。在纯的水溶液中,水的偏摩尔体积与纯水的摩尔体积(V_w=18.00 cm^3/mol)相差不大,在实际应用时往往用纯水的摩尔体积代替偏摩尔体积。我们把纯水的水势定为零,由于溶液中溶质颗粒会降低水的自由能,因此任何溶液的水势都是负值。

(2)细胞的渗透作用　把溶质在溶剂中均匀分散的趋势称为扩散作用。先做一个试验:把种子的种皮紧缚在漏斗上,注入蔗糖溶液,然后把整个装置浸入盛有清水的烧杯中,漏斗内外液面相等。由于种皮是半透膜(水分子能通过而蔗糖分子不能透过),因此整个装置就成为一个

渗透系统。在一个渗透系统中,水的移动方向决定于半透膜两侧溶液的水势高低。水势高的溶液流向水势低的溶液。实质上,半透膜两侧的水分子是可以自由通过的,可是清水的水势高,蔗糖溶液的水势低,从清水到蔗糖溶液的水分子比从蔗糖溶液到清水的水分子多,因此在外观上,烧杯中的水流入漏斗内,使漏斗玻璃管内的液面上升,静水压也开始升高。随着水分逐渐进入玻璃管内,液面逐渐上升,静水压力不断增大,压迫水分从玻璃管内向烧杯移动的速度加快,膜内外水分进出速度越来越接近。最后,液面不再上升,停滞不动,实质是水分进出的速度相等,呈动态平衡(图 5.1)。水分从水势高的系统通过半透膜向水势低的系统移动的现象,称为渗透作用。

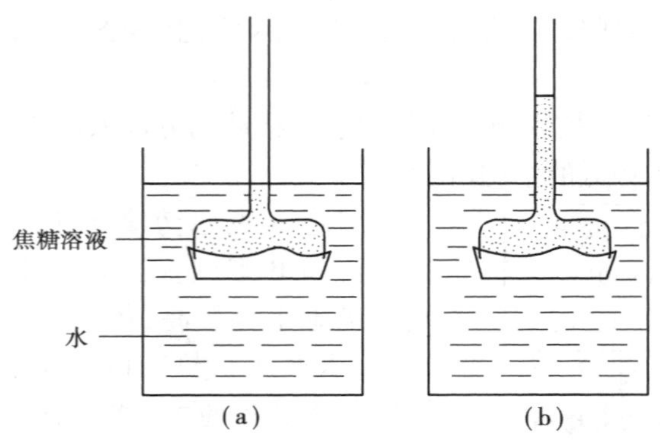

图 5.1 渗透现象

(潘瑞炽《植物生理学》,2002)

(a)实验开始时;(b)经过一段时间

具有液泡的细胞,主要靠细胞的渗透作用吸水。当它与外界溶液接触时,细胞能否吸水,取决于两者的水势差:当外界溶液的水势大于植物细胞的水势时,细胞正常吸水;当外界溶液的水势小于植物细胞的水势时,植物细胞失水;当植物细胞和外界溶液的水势相等时,植物细胞既不吸水也不失水,暂时达到动态平衡。

当外界溶液的浓度很大细胞严重失水时,液泡体积变小,原生质体和细胞壁跟着收缩,但由于细胞壁的伸缩性有限,当原生质体继续收缩而细胞壁已停止收缩时,原生质体便慢慢脱离细胞壁,这种现象称为质壁分离(图 5.2)。把发生质壁分离的细胞放在水势较高的清水中,外面的水分便进入细胞,液泡变大,使整个原生质体慢慢恢复原来的状态,这种现象称为质壁分离复原。

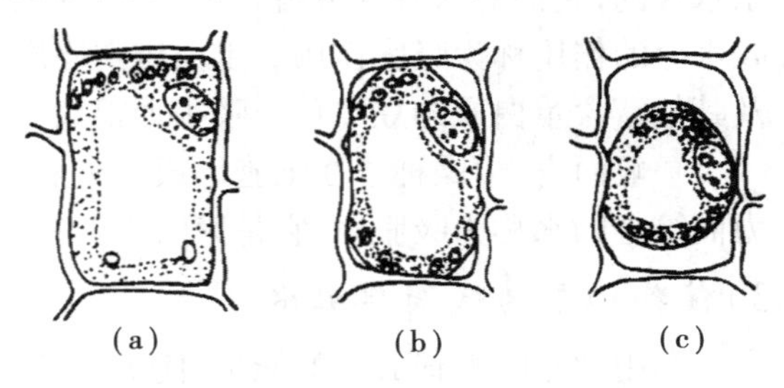

图 5.2 植物细胞的质壁分离现象

(王保山《植物生理学》,2004)

(a)正常细胞;(b)初始质壁分离;

(c)原生质体与壁完全分离

(3)植物细胞的水势 典型的细胞 Ψ_W 是由 3 部分组成的:

$$\Psi_W = \Psi_s + \Psi_p + \Psi_m$$

式中,Ψ_W 为细胞的水势,Ψ_s 为渗透势,Ψ_p 为压力势,Ψ_m 为衬质势。

①上式中细胞的渗透势(Ψ_s) 渗透势也称为溶质势,是由于溶质颗粒的存在,降低了水的自由能,因而使水势低于纯水的水势。溶液的渗透势等于溶液的水势,因为细胞的压力势为 0 MPa。植物细胞的渗透势值因内外条件不同而异。一般来说,温带生长的大多数植物叶组织的

渗透势在 -2 ~ -1 MPa。旱生植物叶片的渗透势很低,仅有 -10 MPa。

②压力势(Ψ_p) 压力势是指细胞的原生质体吸水膨胀,对细胞壁产生一种作用力,从而引起富有弹性的细胞壁产生一种限制原生质体膨胀的反作用力。压力势是由于细胞壁压力的存在而增加的水势。压力势是正值,草本植物细胞的压力势,在温暖的午后为 0.3 ~0.5 MPa,晚上下降到 1.5 MPa,在质壁分离的情况下为零。

③衬质势(Ψ_m) 细胞的衬质势是指细胞胶体物质(蛋白质、淀粉和纤维素等)的亲水性和毛细管对自由水的束缚而引起的水势降低的值,以负值表示。未形成液泡的细胞具有一定的衬质势,干燥的种子衬质势可达 -100 MPa 左右,但已形成液泡的细胞,其衬质势仅有 -0.01 MPa 左右,占整个水势的很少一部分,通常可省略不计。因此,上述公式可简化为:

$$\Psi_W = \Psi_s + \Psi_p$$

(4)细胞间的水分移动 植物相邻细胞间水分移动的方向取决于细胞之间的水势差,水总是从水势高的细胞流向水势低的细胞(图 5.3)。

A 细胞	B 细胞
$\Psi_s = -13\times10^5$ Pa	$\Psi_s = -12\times10^5$ Pa
$\Psi_p = +7\times10^5$ Pa	$\Psi_p = +4\times10^5$ Pa
$\Psi_w = -6\times10^5$ Pa	$\Psi_w = -8\times10^5$ Pa

A 细胞——→B 细胞

图 5.3 相邻两细胞之间水分移动

细胞 A 的水势高于细胞 B 的水势,因此水从 A 细胞流向 B 细胞。当多个细胞连在一起时,如果一端的细胞水势较高,依次逐渐降低,则形成一个水势梯度,水便从水势高的一端移向水势低的一端。两细胞间水势差越大,水分移动越快。植物叶片由于蒸腾作用不断散失水分,水势较低;根部细胞因不断从土壤中吸水,水势较高。一般情况下植物体内的水分总是从根输送到叶。

2)植物细胞的吸胀吸水

在干燥种子的细胞中,组成细胞壁成分的纤维素和原生质成分的蛋白质等生物大分子都是亲水性的,它们对水分的吸引力很强,这种吸引水分子的力量称为吸胀力,因吸胀力的存在而吸收水分的作用称为吸胀作用。蛋白质类物质吸胀力量最大,淀粉次之,纤维素较小。因此,大豆及其他富含蛋白质的豆类种子吸胀力很大,禾谷类淀粉质种子的吸胀力较小。

一般而言,干燥种子在细胞形成中央液泡之前主要靠吸胀吸水。细胞内亲水物质通过吸胀力而结合的水称为吸胀水,它是束缚水的一部分,高温时不蒸发、低温时不结冰。

3)植物细胞的代谢性吸水

利用细胞呼吸释放出的能量,使水分经过质膜进入细胞的过程称为代谢性吸水。不少试验证明:当通气良好引起细胞呼吸速率增强时,细胞吸水加快;相反,减小 O_2 或用呼吸抑制剂处理时,细胞呼吸速率降低,细胞吸水减少。由此可知,原生质的代谢与细胞吸水有着密切关系,但这种吸收方式的机制还有待于研究。

5.2.2 植物根系对水分的吸收

植物根系吸水是陆生植物吸水的主要途径。根系在地下形成一个庞大的网络结构,在土壤中分布范围比较广,因此,根系在土壤中吸水能力很强。

1）植物根系吸水的部位

根系吸水主要在根尖进行。根尖可分为根冠、分生区、伸长区和根毛区4部分，由于前3个区域细胞原生质浓，对水分移动阻力大，吸水能力较弱。根毛区已分化的输导组织发达，对水分的移动阻力小，因此根毛区吸水能力最强。

2）植物根系吸水的方式

植物根系吸水有被动吸水和主动吸水两种方式。

（1）被动吸水　当植物进行蒸腾作用时，水分便从叶子的气孔和表皮细胞表面蒸发到大气中去，其水势降低，失水的细胞便从邻近水势较高的叶肉细胞吸水，接近叶脉导管的叶肉细胞向叶脉导管、茎的导管、根的导管和根毛区细胞吸水，最后根毛区细胞从土壤中吸水，这样便形成了一个由低到高的水势梯度。这种因蒸腾作用所产生的吸水力量，称为“蒸腾拉力”。由于吸水的动力来源于叶的蒸腾作用，故把这种吸水称为根的被动吸水。在蒸腾旺盛的季节被动吸水是植物吸水的主要动力。

（2）主动吸水　根的主动吸水可以由“吐水”和“伤流”现象证明。

小麦、油菜等植物在土壤水分充足、土温较高、空气湿度大的早晨，从叶尖或叶缘水孔溢出水珠的种现象称为“吐水”（图5.4）。在夏天晴天的早晨，经常看到作物叶尖和叶缘有吐水现象。吐水的多少可作为判断作物苗期是否健壮的依据。

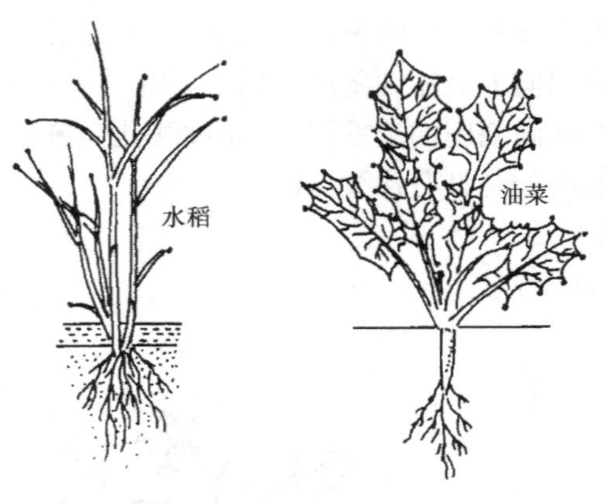

图5.4　水稻、油菜的吐水现象
（李合生《现代植物生理学》，2004）

又如葡萄在发芽前有伤流期，表现为有大量的溶液从伤口流出（修剪时留下的剪、锯口或枝蔓受伤处）。这种从受伤或剪断的植物组织茎基部伤口溢出液体的现象称为伤流，流出的汁液称为伤流液。若在切口处连接一压力计，可测出一定的压力，这是由根部活动引起的，与地上部分无关。这种靠根系的生理活动，产生使液流由根部上升的压力称为根压。以根压为动力引起根系的吸水现象，称为主动吸水。

3）影响根系吸水的因素

根系通常分布于土壤中，因此土壤条件和根系自身因素都影响植物根系的吸水。

（1）根系自身因素　根系的有效性决定于根系密度及根表面的透性。根系密度通常指每立方厘米土壤内根长的厘米数（cm/cm^3）。根系密度越大，占土壤体积越大，吸收的水分就越多。根系的透性也影响根系对水分的吸收，一般初生根的尖端透水能力强。

（2）土壤条件

①土壤水分状况　土壤中的水分可分为束缚水、毛管水和重力水3种类型。束缚水是吸附在土壤颗粒外围的水，植物不能利用；毛管水是植物能够利用的有效水；重力水在干旱的农田为无效水，在稻田则是可以利用的水分。根部有吸水的能力，而土壤也有保水的能力，假如前者大于后者时植物就吸水，否则植物则失水。

②土壤通气状况　在通气良好的土壤中，根系吸水性很强。若土壤透气性差，则吸水受影响。试验证明：用 CO_2 处理根部以降低呼吸代谢，则小麦、玉米和水稻幼苗的吸水量降低

14% ~15%,尤以水稻最为显著;如通气良好,则吸水量增大。

③土壤温度　土壤温度不但影响根系的生理生化活性,也影响土壤水分的移动。因此,在一定的温度范围内,随着温度的升高,根系中水分运输加快;反之,则减弱。温度过高或过低,都不利于根系的吸水。

④土壤溶液的浓度　一般情况下,土壤溶液浓度较低,水势较高,植物能够从土壤中吸收水分。当土壤溶液浓度增高时,其水势就降低。若土壤溶液水势低于根系水势,植物不但不能吸水,反而造成水分外渗。如盐碱地由于土壤溶液浓度过高,造成植物吸水困难,常导致植物体内因缺水生长不良甚至死亡。如果水的含盐量超过0.2%,就不能用于灌溉作物。

4)植物体内水分的运输

陆生植物根系从土壤中吸收的水分,必须运到茎、叶和其他器官,供植物生理活动的需要或蒸腾到大气中。

(1)植物体内水分运输的途径　水分从被植物吸收到蒸腾到体外,需要经过下列途径:首先水分从土壤溶液进入根部,经根皮层薄壁细胞,到达木质部的导管和管胞中;然后水分沿着木质部向上运输到茎或叶的木质部(叶脉);最后,水分从叶的木质部末端细胞进入气孔下腔附近的叶肉细胞的蒸发部位,通过气孔蒸腾出去(图5.5)。由此可知,土壤—植物—空气三者之间的水分是具有连续性的。

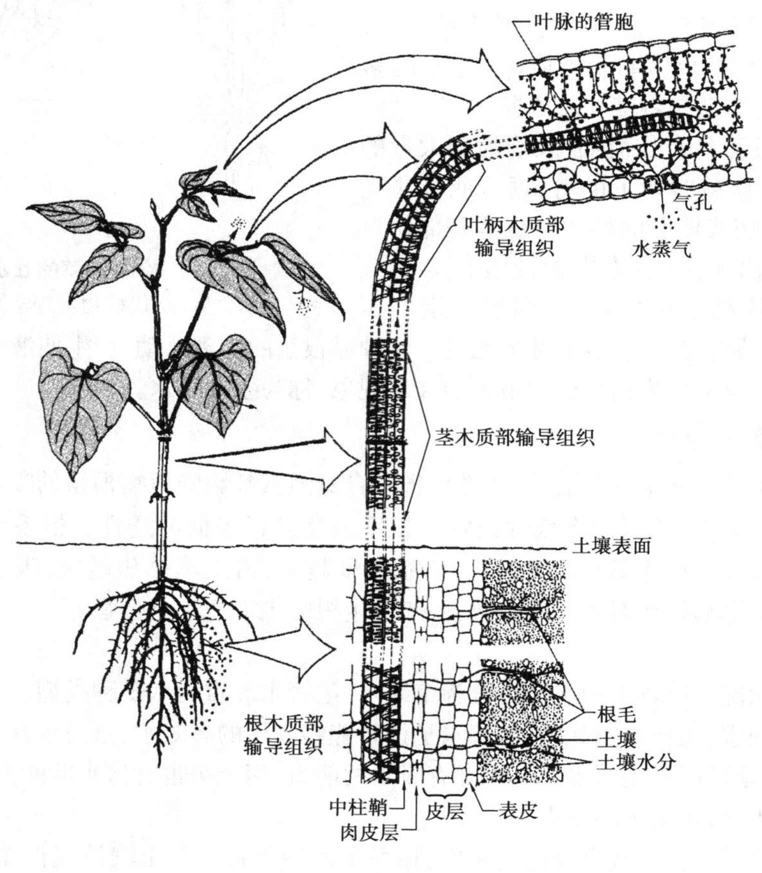

图5.5　植物体内水分运输的途径

水分在茎、叶细胞内的运输有两种途径：

①经过死细胞　导管和管胞都是中空无原生质体的长形死细胞，细胞和细胞之间都有孔，特别是导管细胞的横壁几乎消失殆尽，对水分运输的阻力很小，适于长距离的运输。裸子植物的水分运输途径是管胞，被子植物是导管和管胞。管胞和导管的水分运输距离依植株高度而定，有几厘米到几百米。

②经过活细胞　水分由叶脉到气孔下腔附近的叶肉细胞，是经过活细胞的渗透作用进行运输的。尽管这部分在植物体内的间距不过几毫米，但因为细胞内有原生质体，所以阻力很大，不适于长距离运输。没有真正输导系统的植物(如苔藓和地衣)株高仅几厘米 。在进化过程中出现了管胞(蕨类植物和裸子植物)和导管(被子植物)，才有可能出现高达几米甚至上百米的植物。

(2)植物体内水分运输的速度　水分通过活细胞的运输速度较慢，一般只有 10^{-3} cm/h。另一部分运输是通过维管束中的死细胞(导管或管胞)和细胞间隙进行的长距离运输，速度较快，一般为 3～45 m/h。

管胞和导管相比，由于上下相邻两管胞分子的横向细胞壁未打通，水分要经过纵向壁的纹孔才能在管胞间移动，因此运输速度比导管慢得多，一般不到 0.6 m/h。水分在木质部导管或管胞中的运输占水分运输全部途径的 99.5% 以上。

(3)水分运输的动力　水分沿导管或管胞上升的动力有蒸腾拉力和根压两种。

①蒸腾拉力　蒸腾拉力是由于叶片的蒸腾失水而使导管中水分上升的力量。对于高大的乔木而言，蒸腾拉力是水分上升的主要动力。如果蒸腾作用减弱或停止，根系的这种吸水就会随之减慢或停止。

在导管中的水流，一方面受蒸腾拉力的牵引，向上运动；另一方面本身具有重力，有下降的趋势。当蒸腾作用强烈时所产生的蒸腾拉力是否会将导管中的水柱拉断？我们把相同分子之间相互吸引的力量称为内聚力。由于水分子之间有较强的内聚力，水分子与导管壁之间也有较强的附着力，因此导管中的水柱能忍受较强的张力不会断裂，也不会与管壁脱离。据测定，水分子的内聚力可达到 30 MPa 以上，而水柱的张力一般为 0.5～3.0 MPa，可见水分子的内聚力远远大于张力，可以保证水柱连续不断，水分能不断沿导管上升。这种由于水分子蒸腾作用和分子间内聚力大于张力，使水分在导管内连续不断向上运输的理论，称为蒸腾—内聚力—张力学说，也称内聚力学说。

②根压　由于根系的生理活动，使液流从根部上升的压力，称为根压。不同植物的根压大小不同，大多数植物的根压一般不超过 0.2 MPa(0.2 MPa 的根压可使水分沿导管上升到 20.4 m 的高度)。在蒸腾作用比较旺盛时根压很小，只在早春树木刚发芽，叶子尚未展开时，根压对水分上升才起主要作用。

5.3　植物的蒸腾作用

植物吸收的水分除少部分用于植物代谢之外，大部分通过蒸腾作用而散失掉。水分从植物体散失到外界有两种形式：一种是以液态形式散失到体外(如通过伤流、吐水)；一种是通过蒸腾作用以气态形式散失掉，后者是植物水分散失的主要形式。

蒸腾作用是指水分以气态通过植物体表面(主要是叶片),从体内散失到大气中的过程。蒸腾作用和水分的蒸发有着本质的区别,这是因为蒸腾作用受植物代谢和气孔的调节。

5.3.1 蒸腾作用的部位和方式

幼小的植物地上部分都能进行蒸腾作用。木本植物长成以后,其茎杆与枝条表面发生栓质化,只有茎枝上的皮孔可以进行蒸腾作用,称为皮孔蒸腾。皮孔蒸腾仅占全部蒸腾的0.1%,因此,植物的蒸腾作用主要通过叶片进行。叶片蒸腾有两种方式:一是通过角质层进行蒸腾作用;另一种是通过气孔进行蒸腾作用。这两种蒸腾方式在蒸腾中所占的比重,与植物种类、生长环境、叶片年龄有关。如生长在潮湿环境中的植物,其角质蒸腾往往超过气孔蒸腾,幼嫩叶子的角质蒸腾可占总蒸腾量的1/3~1/2。但一般植物的功能叶片,角质蒸腾量很小,只占总蒸腾量的5%~10%,因此,气孔蒸腾是一般中生植物和旱生植物叶片蒸腾的主要形式。

5.3.2 蒸腾作用的生理意义

蒸腾作用尽管是散失水分的过程,但它对植物正常的生命活动具有积极的意义。

(1)蒸腾作用是植物吸水和水分运输的主要动力　如果没有蒸腾作用产生的拉力,植物较高部位就得不到水分的供应,矿质盐类也不可能随蒸腾液流而分布到植物体的各个部位,蒸腾拉力对高大乔木尤其重要。

(2)蒸腾作用能降低植物的温度　据测定,夏天在直射光下,叶面温度可达50~60 ℃。由于水的汽化热比较高,在蒸腾过程中把大量的热量带走,从而降低了叶面的温度,使植物免受高温的伤害。

(3)蒸腾作用有利于促进木质部汁液中物质的运输　蒸腾作用有助于根部吸收的无机离子以及根中合成的有机物转运到植物体的地上部分,满足植物生命活动的需要。

(4)蒸腾作用使气孔张开,有利于气体交换　气孔张开有利于光合原料二氧化碳的进入和呼吸作用对氧的吸收。

5.3.3 蒸腾作用的数量指标

常用的蒸腾作用的数量指标有3种。

(1)蒸腾速率　植物在一定时间内单位叶面积上散失的水量称为蒸腾速率,又称为蒸腾强度,常用g/(dm^2·h)来表示。大多数植物通常白天的蒸腾速率是0.15~2.5 g/(dm^2·h),晚上是0.01~0.2 g/(dm^2·h)。

(2)蒸腾比率　植物每消耗1 kg水所形成干物质的量(g),或者说在一定时间内干物质的累积量与同期所消耗的水量之比,称为蒸腾比率,也称为蒸腾效率。野生植物的蒸腾比率是1~8 g/1 kg水,而大部分作物的蒸腾比率是2~10 g/1 kg水。

(3)蒸腾系数 植物制造1 g干物质所消耗的水量(g)称为蒸腾系数(或需水量)。一般野生植物的蒸腾系数是125～1 000,而大部分作物的蒸腾系数是120～700,植物不同蒸腾系数也有一定差异(表5.1)。

表5.1 几种主要农作物的蒸腾系数(需水量)

作 物	蒸腾系数	作 物	蒸腾系数
水稻	211～300	油菜	277
小麦	257～774	大豆	307～368
大麦	217～755	蚕豆	230
玉米	174～406	马铃薯	167～659
高粱	204～298	甘薯	248～264

注:引自李合生《现代植物生理学》,2004。

植物在不同生育期的蒸腾系数是不同的。在旺盛生长期,干重增加快,蒸腾系数小;在生长较慢、温度较高时,蒸腾系数变大。研究植物的蒸腾系数或需水量,可以有计划地对作物进行合理灌溉。

5.3.4 蒸腾作用的过程和机理

1)气孔的大小、数目及分布

气孔是植物叶表皮上由保卫细胞所围成的小孔。它是植物叶片与外界进行气体交换的通道,直接影响光合、呼吸、蒸腾作用等生理过程。不同植物气孔的大小、数目和分布有明显差异(表5.2)。气孔一般长0～10 μm,宽4～7 μm,每立方毫米叶面积上有几百个气孔,最高可达2 230个。大部分植物的叶上、下表面都有气孔。如禾谷类作物上、下表面气孔数目较为接近;双子叶植物如棉花、蚕豆、番茄等,下表面比上表面气孔多;浮水植物气孔仅分布在上表面。近期研究证明,气孔数目对环境中CO_2浓度很敏感,CO_2浓度高时,气孔密度低。

表5.2 不同植物气孔的数目、大小和分布

植物种类	1 mm^2 叶面气孔数		下表皮气孔大小(长/nm)×(宽/nm)
	上表皮	下表皮	
小麦	33	14	38×7
野燕麦	25	23	38×8
玉米	52	68	19×5
向日葵	58	156	22×8
番茄	12	130	13×6
苹果	0	400	14×12

注:引自王宝山《植物生理学》,2004。

2)气孔蒸腾过程

气孔蒸腾分两步进行:第一步是水分在叶肉细胞壁表面进行蒸发,水汽扩散到细胞间隙和气室中;第二步是这些水汽从细胞间隙、气室扩散到大气中。

叶片上气孔的数目虽然很多,但是所占面积比较小,一般只有叶面积的1%～2%,但蒸腾量比同面积的自由水面高出50倍。因为气孔的孔隙很小,而水分子的直径只有0.000 454 μm,比它更小。根据小孔扩散原理,即气体通过小孔扩散的速度不与小孔的面积成正比,而与小孔的周长成正比,所以孔越小,其相对周长越长,水分子扩散速度越快。这是因为在小孔周缘处扩散出去的水分子相互碰撞的机会少,所以扩散速度就比小孔中央水分子扩散的速度快,这种现象称为边缘效应(图5.6)。

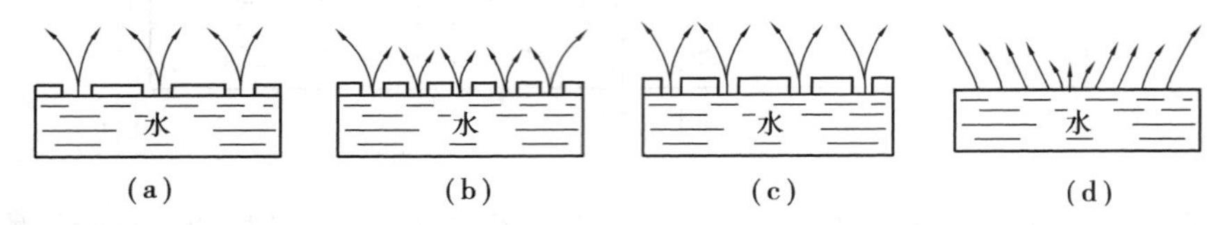

图5.6 水分通过多孔的表面和自由水面蒸发情况的图解

(a)小孔分布很稀;(b)小孔分布很密;(c)小孔分布适当;(d)自由水面

3)气孔开闭的机理

关于气孔开闭的机理主要有3种学说。

(1)淀粉与糖转化学说 保卫细胞中有一种淀粉磷酸化酶,在pH值小于7时,催化淀粉分解为葡萄糖;当pH等于或大于7时,催化葡萄糖合成淀粉。

在光照下,光合作用消耗了CO_2,于是保卫细胞质的pH值增高到7,淀粉磷酸化酶催化保卫细胞中的淀粉水解为葡萄糖,溶质颗粒数增多,引起渗透势下降,保卫细胞从周围细胞吸水膨大,因而气孔张开。在黑暗中,保卫细胞光合作用停止,而呼吸作用仍进行,产生的CO_2积累使保卫细胞pH下降,淀粉磷酸化酶催化葡萄糖转化成淀粉,溶质颗粒数目减少,使保卫细胞的渗透势升高,细胞失水而导致气孔关闭。

该学说可以解释光和CO_2对气孔开闭的影响,也符合观察到的淀粉白天消失、晚上出现的现象。然而近几年来的研究发现,在一部分植物保卫细胞中并未检测到糖的累积。这些研究表明,用这个学说解释气孔运动还有一定的局限性。

(2)K^+积累学说 在20世纪70年代,人们发现当气孔保卫细胞内含有大量的K^+时,气孔张开,气孔关闭后K^+消失。由此人们提出了K^+积累学说,即在光照下保卫细胞的叶绿体通过光合磷酸化作用合成ATP,活化了质膜H^+—ATP酶,把K^+吸收到保卫细胞中,K^+浓度增高,水势降低,促进保卫细胞吸水,气孔张开。相反,在黑暗条件下K^+从保卫细胞扩散出去,细胞水势提高,水分流出细胞,气孔关闭。

(3)苹果酸代谢学说 20世纪70年代初以来,人们发现苹果酸在气孔开闭中起着某种作用,便提出了苹果酸代谢学说:在光照下,保卫细胞内的部分CO_2被利用时,pH值就上升到8.0～8.5,从而活化了PEPC(磷酸烯醇化丙酮酸羧化酶),它可催化由淀粉降解产生的PEP(磷酸烯醇式丙酮酸)与HCO_3^-结合形成草酰乙酸,并进一步被NADPH(苹果酸还原酶)还原为苹果酸。

$$\text{PEP} + HCO_3^- \xrightarrow{\text{PEP羧化酶}} \text{草酰乙酸} + \text{磷酸} +$$

$$草酰乙酸 + NADPH(或 NADH) \xrightarrow{苹果酸还原酶} 苹果酸 + NADP^+(或 NAD^+)$$

苹果酸解离为两个 H^+ 与 K^+ 交换,保卫细胞内 K^+ 浓度增加,水势降低;苹果酸根进入液泡和 Cl^- 共同与 K^+ 保持电中性。同时,苹果酸也可作为渗透物质降低水势,促使保卫细胞吸水,气孔张开(图 5.7),当叶片由光下转入暗处时过程逆转。近期研究证明,保卫细胞内淀粉和苹果酸之间存在一定的数量关系,即淀粉、苹果酸与气孔开闭有关,与糖无关。

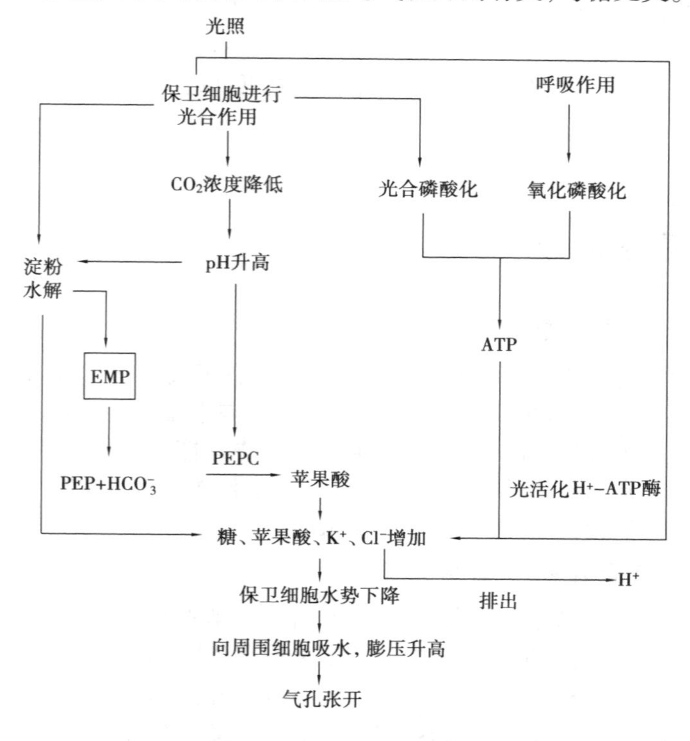

图 5.7 气孔运动机理图解

5.3.5 影响蒸腾作用的因素

(1)温度　在一定范围内温度升高蒸腾加快,因为在较高的温度下,水分子汽化及扩散加快。

(2)大气湿度　大气湿度对蒸腾的强弱影响极大。大气湿度越小,叶内外蒸汽压差越大,叶内水分子很容易扩散到大气中去,蒸腾越快。反之,大气湿度大,叶内外蒸汽压差小,蒸腾受抑制。

(3)光照　光照加强,蒸腾加快,因为光可促进气孔的开放,并提高大气与叶面的温度,加速水分的扩散。

(4)风　风对蒸腾的影响比较复杂:微风能把叶面附近的水汽吹散,并摇动枝叶,加快叶内水分子向外扩散,从而促进蒸腾作用;但强风会使气孔关闭和降低叶温,减少蒸腾。

(5)土壤条件　因植物地上部的蒸腾与根系吸水有密切关系,因此,各种影响根系吸水的土壤条件,如土壤温度、土壤通气状况、土壤溶液的浓度等,均可间接影响蒸腾作用。

5.4 合理灌溉的生理基础

植物根系从土壤中不断吸收水分,叶片通过气孔蒸腾失水,这样就在植物生命活动中形成了吸水与失水的连续运动过程。一般把植物吸水、用水、失水三者之间的和谐动态关系称为水分平衡。

在农业生产中,应根据不同作物的需水规律合理灌溉,以保持作物体内的水分平衡,达到作物高产、稳产的目的。

5.4.1 作物的需水规律

1)不同作物对水分的需要量不同

植物的蒸腾系数就是需水量,作物种类不同需水量有很大差异。如小麦和大豆需水量较大,高粱和玉米需水量较小。以生产等量的干物质而言,需水量小的作物比需水量大的作物水分利用率高。或者说在水分较少的情况下,需水量小的作物能制造较多的干物质,因而受干旱影响比较小。在生产上常以作物的生物产量乘以蒸腾系数作为理论最低需水量。但作物实际需要的灌溉量要比理论值大得多,因为土壤有保水能力。

2)同一作物不同生育期对水分的需求量不同

植物在整个生育期中对水分的需求有一定的规律:一般在苗期需水较少,在开花前旺盛生长期需水较多,开花结果后需水量逐渐减少。例如早稻在苗期,由于蒸腾面积较小,水分消耗量不大;进入分蘖期后,蒸腾面积扩大,气温也逐渐转高,水分消耗量也明显加大;到孕穗开花期耗水量达最大值;进入成熟期后,叶片逐渐衰老脱落,耗水量又逐渐减小。

3)作物的水分临界期

作物一生中对水分缺乏最敏感、最易受害的时期,称为水分临界期。一般而言,植物水分临界期处于花粉母细胞四分体形成期。这个时期如缺水,就会使生殖器官的发育不正常。禾谷类作物一生中有两个水分临界期:一个是拔节到抽穗期,如缺水影响植物性器官的发育,降低产量;一个是灌浆到乳熟末期,这时缺水,会阻碍有机物质的运输,导致籽粒糠秕,粒重下降。

作物水分临界期的生理特点是原生质的黏性和弹性都显著降低,因此,忍受和抵抗干旱的能力减弱,此时,原生质必须有充足的水分,代谢才能顺利进行。因此,在农业生产上必须采取有效措施,满足作物水分临界期对水分的需求。

5.4.2 合理灌溉的生理指标

1)土壤含水量指标

一般作物生长较好的土壤含水量为田间持水量的60% ~80%,如果低于此含水量,就应及时进行灌溉。但这个值不固定,常随许多因素的改变而变化。

2)作物的形态指标

作物缺水时,其形态表现为:幼嫩的茎叶在中午发生暂时萎蔫,导致生长速度下降,茎、叶变暗、发红。这是因为干旱时生长缓慢,叶绿素浓度相对增大,使叶色变深。另外,在干旱时糖的分解大于合成,细胞中积累较多的可溶性糖并转化成花青素,使茎叶变红。

形态指标虽然易于观察,但当植物在形态上表现出受旱或缺水症状时,其体内的生理生化过程已经受到水分亏缺的危害,因此,更为可靠的灌溉指标是生理指标。

3)合理灌溉的生理指标

(1)叶水势　叶水势是一个能灵敏反映植物水分状况的生理指标。当植物缺水时,叶水势下降。当水势下降到一定程度时,就应及时灌溉。对不同作物,发生干旱危害的叶水势临界值不同。表5.3列出了几种作物光合速率开始下降时的叶水势临界值。

(2)植物细胞汁液的浓度　干旱情况下植物细胞汁液浓度比水分供应正常情况下高。当细胞汁液浓度超过一定值时,就应灌溉,否则会阻碍植株生长。

(3)气孔开度　水分充足时气孔开度较大,随着水分的减少,气孔开度逐渐缩小;当土壤可利用水耗尽时,气孔完全关闭。因此,气孔开度缩小到一定程度时就要灌溉。

(4)叶温—气温差　缺水时叶温—气温差加大,可以用红外测温仪测定作物群体温度,计算叶温—气温差确定灌溉指标。目前已可利用红外遥感技术测定作物群体温度,指导大面积作物灌溉。

表5.3　光合速率开始下降时的叶水势值

作　物	引起光合下降的叶水势值/MPa	气孔开始关闭的叶水势值/MPa
小麦	-1.25	—
高粱	-1.40	—
玉米	-0.80	-0.48
豇豆	-0.40	-0.40
早稻	-1.40	-1.20
棉花	-0.80	-1.20

注:引自王宝山《植物生理学》,2004。

作物灌溉的生理指标因栽培地区、时间、作物种类、作物生育期的不同而异,甚至同一植株不同部位的叶片也有差异。因此,在实际运用时,应结合实际情况,测出不同作物的生理指标临界值,为合理灌溉提供客观依据。另外,在灌溉时,还要注意看天、看地、看作物苗情,不能用某一项生理指标生搬硬套。

5.4.3　合理灌溉增产的原因

(1)扩大光合面积　合理灌水能显著促进作物生长,尤其是扩大了光合面积,光合面积主要是指叶面积,叶面积通常用叶面积系数来表示,即在一定地段上作物的叶面积与土地面积的比值。在生产实际当中作物的实际光合面积要比叶面积大一些,作物的幼茎、果实,如黄瓜、豆角等都能进行光合作用。棉花的苞叶、玉米的苞叶、小麦的穗和穗下节间都能进行光合作用。在一定的范围内作物的叶面积越大光合速率就越高。

(2)增强光合速率　水是光合作物的主要原料,大量试验证明,作物在水分接近饱和状态下,光合速率最高。暂时萎蔫导致光合速率显著下降,因为在接近饱和状态下,叶片能充分接受光能，气孔张开，有利于 CO_2 的吸收，CO_2 是光合作用的主要原料之一。

(3)延长光合时间　合理灌水能延长叶片的功能期，延缓衰老，从而延长了光合时间。小麦在灌浆期保证水分供应十分重要，合理灌水可使叶片落黄好，合理灌水可以降低呼吸强度，减少午休现象，提高千粒重，也为下茬作物的播种奠定了基础。

(4)促进有机物质运输　合理灌水有利于有机物质的运输，光合作用合成的有机物质都是在水溶状态下运输的，尤其是在作物后期灌水，能显著促进有机物运向结实器官，提高作物产量和经济系数。

(5)改善作物生长环境　合理灌水不但能满足作物各生育期对水分的需求，而且还能满足作物需要的农田土壤条件和气候条件，如降低作物株间气温，提高相对湿度等。合理灌水可以改善农田小气候，对作物的生长发育十分有利。

复习思考题

1. 名词解释：自由水、束缚水、水势、渗透势、压力势、衬质势、扩散作用、渗透作用、吸胀作用、质壁分离、蒸腾速率、蒸腾效率、根压，蒸腾拉力、水分平衡、内聚力学说。

2. 简述水分对植物的生理作用和生态作用。

3. 植物体内的水分存在状态有哪两种形式？不同水分的存在状态对植物代谢有何影响？

4. 了解质壁分离及质壁分离的复原在农业生产上有何指导意义？

5. 根系吸水和细胞吸水的方式有哪些？解释吐水、伤流产生的原因。

6. 解释下列现象：

(1)作物在盐碱地生长不好。

(2)为什么作物苗期化肥施用过多，会产生“烧苗”现象？

(3)烟草育苗移栽时要带苗床土。

(4)农谚“麦收八、十、三场雨，麦盖三床被，头枕馍馍睡”。

7. 蒸腾作用有哪些形式？蒸腾的数量指标如何表示？

8. 简述水分在植物体内运输的途径和水分沿导管上升的动力。

9. 简述气孔开闭的机理。

10. 何为水分临界期？了解水分临界期在农业生产上有何意义？

11. 合理灌溉的形态、生理指标有哪些？

12. 调查当地灌溉的现状及节水灌溉技术的应用情况。

植物的矿质营养

【理论教学目标】

1. 了解植物生长发育必需的矿质元素的生理功能及缺素症状。
2. 掌握植物吸收矿质元素的原理和形式。
3. 了解矿质元素在植物体内的运输、传导和利用。
4. 了解氨的同化途径和同化过程。
5. 掌握合理施肥增产的原因和施肥技术。

【技能实训目标】

1. 能够识别常见必需元素的缺素症。
2. 掌握植物溶液培养的技术。
3. 根据不同作物生长情况学会看苗施肥。

高等植物是自养的有机体,能从周围环境中摄取无机养分,在体内合成它们所需的有机物。植物除了从土壤中吸收水分外,还要从中吸收各种矿质元素和氮素,来维持正常的生命活动。植物吸收的营养元素,有的作为植物体的组成成分;有的参与调节生命活动;也有的兼备这两种功能。通常把植物对矿质元素的吸收、运转和同化,称为矿质营养。了解矿质元素和氮素的生理作用,植物对矿质元素和氮素的吸收、运输以及氮素的同化规律,对于指导合理施肥,提高作物的品质和产量具有重要意义。

由于矿质元素对植物的生命活动影响非常大,而土壤又往往不能完全及时满足作物的需要,因此施肥就成为提高产量和改进品质的主要措施之一。"庄稼一枝花,全靠肥当家"的农谚充分说明了肥料对植物的重要性。

6.1 植物体内的必需元素

植物必需元素与缺素症

在自然界有100多种元素。植物体内有哪些元素?哪些元素是植物生命活动所必需的?它们又有什么样的生理功能?

6.1.1 植物的必需元素及其确定方法

将植物材料放在105 ℃的环境中烘干,失去的水分占植物组织的90%~95%,剩下的干物质占5%~10%。干物质中包括无机物质和有机物质。若将干物质放在160 ℃高温下充分燃烧,有机物中碳、氢、氧、氮分别以二氧化碳、水、分子态氮和氮的氧化物形式挥发掉,剩下的白色灰烬中的元素,统称为灰分元素或矿质元素。虽然,灰分中并不包括氮,然而,氮与钾、磷等元素一样,通常以硝酸盐(NO_3^-)和铵盐(NH_4^+)的形式被吸收,因此把氮归并于矿质元素一起讨论。一般来说,植物体中含有5%~90%的干物质,10%~95%的水分,而干物质中有机化合物占90%~95%,无机化合物仅占5%~10%。

通过灰分分析,在不同的植物中至少有70多种矿质元素,其中在植物体内存在较为普遍且量较大的有10余种。植物体内的矿质元素含量因植物种类、器官或部位不同而有很大差异(表6.1),年龄和生境的不同也影响植物体内矿质元素的含量。禾谷类作物中含有很多Si;十字花科和伞形科植物富有S,豆科植物中含有Ca和S,马铃薯块茎中含有K,盐生植物含有Na,海藻中含有大量的I、Br等。

表6.1 植物体内的含灰量

植物(或器官、部位)	植物干重中灰分质量分数/%	植物(或器官、部位)	植物干重中灰分质量分数/%
水生植物	1左右	中生植物	5~15
盐生植物	最高可达45以上	树叶	3~4
细菌	8~10	树皮	3~8
真菌	7~8	木材	0.5~1
海藻	10~20	种子	约为3
苔藓	2~4	茎和根	4~5
蕨类植物	6~10	叶	10~15

1)植物体内的必需元素

植物体内的矿物质元素种类很多,据分析,地壳中存在的元素几乎都能在不同植物中找到。虽然现在已发现植物中含有70多种元素,但并不是每一种元素都是植物必需的。

所谓必需元素是指植物生长发育必不可少的元素。鉴定矿质元素是否为必需元素,可根据Arnon和Stout(1939)提出的3项标准:第一,没有这种元素,植物一定不能够正常生长或完成它的生活史;第二,这种元素必须是专一的,不能用别的元素来代替;第三,这种元素必须直接影响植物而且参加到植物的代谢中去。根据以上标准,现已确定植物必需的矿质(含氮)元素有13种,它们是氮(N)、磷(P)、钾(K)、钙(Ca)、镁(Mg)、硫(S)、铁(Fe)、铜(Cu)、硼(B)、锌(Zn)、锰(Mn)、钼(Mo)、氯(Cl);加上从空气中和水中得到的碳(C)、氢(H)、氧(O)一共16种。根据植物对这些元素的需求量,把它们分为两大类:

(1)大量元素 植物对此类元素需要较多,它们约占植物干重的0.1%以上,有碳、氢、氧、氮、磷、钾、钙、镁、硫等。

(2)微量元素　植物对此类元素的需要量极少,占干重的 0.01% 以下,有铁、硼、锰、锌、铜、钼、氯等。虽然植物对这类元素的需要量很少,但缺乏时植物不能正常生长;若稍有余量,反而对植物有害,甚至导致植物死亡。

有些元素按照上述标准,并非必需元素,但对于某些植物或在特定的条件下对植物生长有益,如 Na,Co,Si 等,故称为有益元素。

2)确定植物必需元素的方法

确定某元素是否是植物必需元素,仅仅分析灰分是不够的,因为灰分中大量存在的元素,不一定是植物生活所必需的,而含量很少的却可能是植物体内所必需的。由于土壤条件较为复杂,其中的元素成分无法控制,因此,用土培法无法正确地确定必需元素。目前常用溶液培养法、砂培法和气培法等来确定植物必需的矿质元素(图 6.1)。

(1)溶液培养法　溶液培养法也称为水培法,或砂基培法。水培法是指植物部分根系直接浸在营养液液层中的方法,营养液中含有植物生长所需的全部或部分营养元素。砂培法是在溶液中放入洗净的石英砂或玻璃球等基质来固定植株并保持营养供应和通气的方法[图 6.1(a)、图 6.1(b)]。

无论是溶液培养还是砂基培养,首先必须保证所加溶液是平衡溶液,同时要注意它的总盐浓度和 pH 必须符合植物的要求。在水培时还要注意通气和防止光线对根系的直接照射。

近年来发展起来的营养膜技术,是将植株直接种植在槽底,根系在槽底生长,而营养液以一浅层在槽底流动(图 6.1(d))。

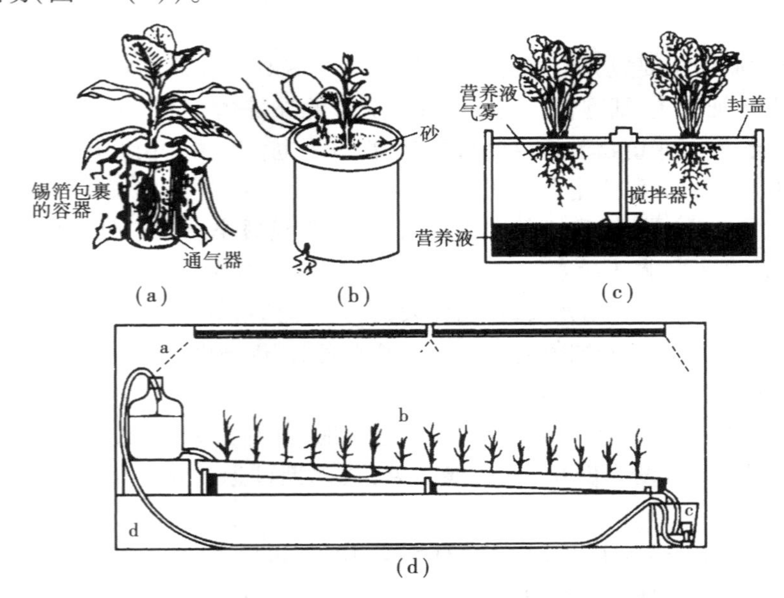

图 6.1　几种营养液培养法

(Salisbury Ross《Plant Physiology》,1992)

(a)水培法:使用不透明的容器(或以锡箔包裹容器),以防止光照及避免藻类繁殖,并经常通气;(b)砂培法;(c)气培法:根悬于营养液上方,营养液被搅起成雾状;(d)营养膜法:营养液从容器 a 流进长着植株的浅槽 b,未被吸收的营养液流进容器 c,并经管 d 泵回 a。营养液 pH 及成分可自动调控

(2)气培法　将根系置于营养液气雾中培养植物的方法称为气培法[图6.1(c)],可用硬塑料箱作培养容器,容器内放入一块与塑料箱底面积差不多的塑料纤维板,仅在箱底存有培养液。培养液在箱内蒸发,或通过雾化器雾化,或经纤维板吸附后蒸发,形成气雾。将所培养植物的基部固定在纤维板上,由于根系在箱内沿纤维板扁平生长,因而很容易观察或拍摄到根系的生长状况。

在研究植物必需的矿质元素时,可在配制的营养液中除去和加入某种元素,如在除去某一元素时,植物生长发育不正常,不能完成其生活史,并出现特有的病症,而加入该元素后,症状就消失,则说明该元素为植物的必需元素。反之,若减去某一元素时,对生长发育无不良影响,即表示该元素为非必需元素。

6.1.2　必需元素的生理作用及其缺素症

必需元素在植物体内的作用有3个方面:是细胞结构物质的组成成分;是植物生命活动的调节者,参与酶的活动;起电化学作用,即离子浓度的平衡、胶体的稳定和电荷中和等。有些大量元素同时具备上述3个作用,大多数微量元素只具有酶促功能。以下介绍必需元素的生理功能和植物元素丰缺的病症。

1)大量元素

(1)氮　植物所吸收的氮素主要是无机态氮,即铵态氮和硝态氮,也可以吸收利用有机态氮,如尿素等。

氮是构成蛋白质的主要成分,占蛋白质含量的16%～18%。而细胞质、细胞核和酶都含有蛋白质,因此氮也是细胞质、细胞核和酶的组成成分。此外,核酸、核苷酸、辅酶、磷脂、叶绿素等化合物中都含有氮,而某些植物激素、维生素和生物碱等也含有氮。由此可知,氮在植物生命活动中占有首要的地位,故又称为生命元素。

植株缺氮时,蛋白质、核酸、磷脂的合成受阻,植株生长矮小,分枝、分蘖少;叶片小而薄,花果少,易脱落;因缺氮而影响叶绿素的合成,会使叶色淡,叶片早衰甚至干枯,从而导致产量降低。氮在植物体内属于可再利用元素,移动性大,当氮缺乏时,老叶中的氮化合物分解移动到幼嫩组织而被重复利用,因此植株缺氮时往往是老叶先发黄,逐渐由下部叶片向上部叶片扩展。

当氮肥供应充分时,植物叶大而绿,叶片功能期延长,分枝(分蘖)多,营养体健壮,花多,产量高,生产上常施用氮肥促进植物生长。但氮肥过多时,叶片深绿,导致植株旺长,细胞质丰富而壁薄,易感染病虫害,常发生倒伏,抗逆能力差,成熟期延迟。对叶菜类作物可以多施一些氮肥。

(2)磷　通常植物对磷的吸收是以 $H_2PO_4^-$ 或 HPO_4^{2-} 的形式进行的,以这两种形式吸收的多少取决于土壤pH。当 $pH<7$ 时,以 $H_2PO_4^-$ 的形式居多;$pH>7$ 时,以 HPO_4^{2-} 的形式居多。

当磷进入植物体后,大部分成为有机物,有一部分仍保持无机物形式。磷存在于磷脂、核酸和核蛋白中,磷脂是细胞质和生物膜的主要成分,核酸和核蛋白是细胞质和细胞核的组成成分之一,因此磷是细胞质和细胞核的组成成分。磷是核苷酸的组成成分。核苷酸的衍生物(如ATP,FMN,NAD^+,$NADP^+$ 和CoA等)在新陈代谢中占有极其重要的地位。磷在糖类的代谢、蛋白质代谢和脂肪代谢中起着重要的作用。

缺磷时,蛋白质合成受阻,新的细胞质和细胞核形成较少,影响细胞分裂,生长缓慢,叶小,分枝或分蘖减少,植株矮小。叶色暗绿,细胞生长慢,叶绿素含量相对升高。某些植物(如油菜)叶有时呈红色或紫色,因为缺磷阻碍了糖分的运输,在叶片中积累了大量的糖分,有利于花色素的形成。缺磷时,开花期和成熟期都延迟,产量降低,抗性减弱。磷在植物体内也属于可再利用元素,易被移动,当缺磷时老叶中的磷能大部分转移到正在生长着的幼嫩组织,因此,植株缺磷时也常常是老叶先出现症状,并逐渐由下部叶片向上部叶片扩展。

磷能促进各种代谢正常进行,植株生长发育良好,同时提高作物的抗寒性及抗旱性,提早成熟。由于磷与糖类、蛋白质和脂肪的代谢关系密切,因此不论种植什么作物都需要磷肥。当磷素过多时,叶上会出现小焦斑,这是由于磷酸钙沉淀所致;磷过多还会阻碍植株对硅的吸收,引起水稻感病;土壤中水溶性磷酸盐过多,能减少锌的有效性,易引起缺锌病。

(3)钾　钾在土壤中以 KCl,K_2SO_4 等盐类形式存在,在水中解离成 K^+ 而被根系吸收。在植物中几乎都呈离子状态存在,部分在原生质中处于吸附状态。与氮、磷相反,钾不参与重要有机物的组成。钾主要集中在植物生命活动最活跃的部位,如生长点、幼叶、形成层等。

钾在细胞内可作为 60 多种酶的活化剂,如丙酮酸激酶、果糖激酶、苹果酸脱氢酶、琥珀酸脱氢酶、淀粉合成酶、琥珀酰 CoA 合成酶等。因此钾在碳水化合物代谢、呼吸作用及蛋白质代谢中起重要作用。钾能促进蛋白质的合成,钾充足时,形成的蛋白质较多,从而使可溶性氮减少。钾与糖类的合成有关。此外,K^+ 对气孔开放有直接作用,故施钾肥能提高作物的抗旱性。

缺钾时,植株茎秆柔弱,易倒伏,抗旱、抗寒性降低,叶片细胞失水,蛋白质解体,叶绿素破坏,叶色变黄而逐渐坏死。缺钾时还会出现叶缘焦枯,生长缓慢等现象,整个叶子会形成杯状卷弯,或发生皱缩。钾也是易移动而被重复利用的元素,故钾缺素病症首先出现在下部老叶。

在农业生产上,钾供应充分时,糖类合成加强,纤维素和木质素含量提高,茎秆坚韧,抗倒伏。由于钾能促进糖分转化和运输,使光合产物迅速运到块茎、块根或种子,促进块茎、块根膨大,种子饱满,故栽培马铃薯、甘薯、甜菜等作物时施用钾肥,增产显著。植物对钾具有奢侈吸收的特性,钾供应过量,虽不直接表现出中毒症状,但会影响各种离子间的平衡,抑制植物对镁、钙的吸收,促使出现镁、钙的缺乏症,不仅造成肥料浪费,还会影响产量和品质。

(4)钙　植物从土壤中吸收 $CaCl_2$,$CaSO_4$ 等盐类中的钙离子。植物体内的钙一部分呈离子状态存在,一部分呈难溶盐的形式,还有一部分与有机物相结合。钙在植株中主要分布于老叶或其他老的器官和组织中。

钙是构成细胞壁的一种元素,细胞壁的胞间层是由果胶酸钙组成的。缺钙时,细胞壁形成受阻,影响细胞分裂,或者不能形成新细胞壁,出现多核细胞。钙也是一些活化剂,如由 ATP 水解酶、磷脂水解酶等酶催化的反应都需要钙离子的参与。钙对植物的抗病性有一定作用。据报道,至少有 40 多种水果和蔬菜的生理病害是因低钙引起的。胞质溶胶中的钙与可溶性的蛋白质形成的钙调素在代谢中起着“第二信使”的作用。

植株缺钙时生长受抑制,严重时幼嫩器官(根尖、茎端)溃烂坏死。番茄蒂腐病、莴苣顶枯病、芹菜裂茎病、菠菜黑心病、大白菜干心病等都是缺钙引起的。钙在植物体内难移动,属不易被重复利用元素,因此钙缺素症状首先表现在上部嫩茎幼叶上。

(5)硫　硫主要以 SO_4^{2-} 的形式被植物从土壤中吸收。SO_4^{2-} 进入植物体后,一部分保持不变,大部分被还原成硫,进一步同化为含硫氨基酸,如胱氨酸、半胱氨酸和蛋氨酸等。而这些氨基酸几乎是所有蛋白质的构成分子,因此硫也是细胞质的组成成分。半胱氨酸—胱氨酸系统的变化直接影响细胞的氧化还原电位。硫也是 CoA 的成分之一。氨基酸、脂肪、糖类等的合成,都和 CoA 有密切关系。

硫不足时,蛋白质含量显著减少,叶色黄绿或发红,植株矮小。硫在植物体内不易移动,缺乏时一般在幼叶表现症状。缺硫情况一般在农业上很少遇到,因为土壤中有足够的硫满足植物需要。

(6)镁　镁以离子状态进入植物体,在体内一部分形成有机化合物,一部分仍以离子状态存在。镁主要存在幼嫩器官和组织中,植物成熟时则集中于种子。

镁是叶绿素的组成成分之一,又是 RuBP 羧化酶、5-磷酸核酮糖激酶等酶的活化剂,对光合作用十分重要。镁也是染色体的组成成分。

缺乏镁,叶绿素合成受阻,叶脉仍保持绿色而叶肉变黄,有时呈红紫色。若缺镁严重,则形成褐斑坏死,引起叶片早衰脱落。缺镁症状的特点是从下部叶片开始。

2)微量元素

(1)铁　植物从土壤中主要以 Fe^{2+} 的螯合物被吸收。通常 Fe^{3+} 先吸附在质膜的表面,经 NAD(P)H 还原后转变为 Fe^{2+},Fe^{2+} 再进入细胞内。铁进入植物体内处于被固定状态,不易转移。

铁是许多酶的辅基,如细胞色素、细胞色素氧化酶、过氧化物酶和过氧化氢酶等。它在呼吸电子传递中起重要作用。细胞色素也是光合电子传递链中的成员,光合链中的铁硫蛋白和铁氧还蛋白都是含铁蛋白,它们都参与了光合作用中的电子传递。铁也是固氮酶中铁蛋白和钼铁蛋白的金属成分,在生物固氮中起作用。

缺铁影响叶绿素的形成,华北果树的"黄叶病"就是植物缺铁所致。铁是不易重复利用的元素,因而缺铁最明显的症状是幼芽幼叶缺绿呈金黄,甚至变为黄白色,而下部叶片仍为绿色。土壤中一般不会缺铁,但在碱性土壤或石灰质土壤中,铁易形成不溶性化合物而影响植物对铁的吸收。

(2)铜　铜是某些氧化酶的金属成分,可以影响氧化还原过程。铜又存在于叶绿体的质蓝素中,参与光合电子传递。

缺铜时,叶片生长缓慢,呈蓝绿色,幼叶缺绿,随后发生枯斑,最后死亡脱落。另外可使气孔下形成空腔,使水分过度蒸腾而发生萎蔫。

(3)硼　硼能与游离状态的糖结合,使糖带有极性,从而使糖容易通过质膜,促进运输。硼对植物生殖过程有影响。植株各器官中硼的含量在花中最高。缺硼时,花药和花丝萎缩,绒毡层组织破坏,花粉发育不良。安徽、江苏等省的甘蓝型油菜"花而不实"就是因为植株缺硼的原因。黑龙江省小麦不结实也是由缺硼引起的。硼具有抑制有毒酚类化合物形成的作用,因此缺硼时,植株酚类化合物(如咖啡酸、绿原酸)含量过高,嫩芽和顶芽坏死。

(4)锌　锌以 Zn^{2+} 形式被吸收。锌是碳酸酐酶的成分,此酶存在于原生质和叶绿体中,因此锌与光合、呼吸有关。锌也是谷氨酸脱氢酶及羧肽的组分,在氮代谢中也起一定作用。同时,锌与生长素的合成有关。

缺锌植物失去合成色氨酸的能力,而色氨酸是吲哚乙酸的前身,因此缺锌植物的吲哚乙酸含量低。锌是叶绿素生物合成的必需元素。锌不足时,植株茎部节间短,呈莲丛状,叶小且变形,叶缺绿,出现通常所说的"小叶病"。吉林和云南等省玉米"花白叶病",华北地区果树"小叶病"等都是缺锌的缘故。

(5)锰　锰是糖酵解和三羧酸循环中某些酶的活化剂,因此锰能提高呼吸速率。锰是硝酸还原酶的活化剂,植物缺锰会影响它对硝酸盐的利用。在光合作用方面,水的裂解需要锰参与。缺锰时,叶绿体结构会破坏、解体。

(6)钼　钼是硝酸还原酶的金属成分,起着电子传递作用。钼又是固氮酶中钼铁蛋白的成分,在固氮过程中起作用。因此,钼的生理功能突出表现在氮代谢方面。钼对花生、大豆等豆科植物的增产作用显著。

缺钼时,叶较小,脉间失绿,有坏死斑点,且叶缘焦枯向内卷曲。

(7)氯　氯在光合作用水裂解过程中起着活化剂的作用,促进氧的释放。根和叶的细胞分裂需要氯。缺氯时植株叶小,叶尖干枯、黄化,最终坏死;根生长慢,根尖粗。

当植物缺乏上述必需元素时,植物体内的代谢都会受到影响,进而在植物体外观上呈现可见的症状,产生缺素症。为了便于检索,现将植物缺乏必需矿质元素的主要症状归纳见表6.2。

表6.2　植物缺乏必需矿质元素的病症检索表

检索项	元素
1 较老的器官或组织先出现病症	
2 病症常遍布全株,长期缺乏则茎短而细	
3 基部叶片先缺绿,发黄,变干时呈浅褐色	氮
3 叶常红色或紫色,基部叶发黄,变干暗绿色	磷
2 病症常限于局部,基部叶不干焦但杂色或缺绿	
4 叶脉间或叶缘有坏死斑点,或叶呈卷皱状	钾
4 叶脉间坏死斑点大并蔓延至叶脉,叶厚,茎短	锌
4 叶脉间缺绿(叶脉仍绿)	
5 有坏死斑点	镁
5 有坏死斑点并向幼叶发展,或叶扭曲	钼
5 有坏死斑点,最终呈青铜色	氯
1 较幼嫩的器官或组织先出现病症	
6 顶芽死亡,嫩叶变形或坏死,叶脉间缺绿	
7 嫩叶初期呈典型钩状,后从叶尖和叶缘向内死亡	钙
7 嫩叶基部浅绿,从叶基起枯死,叶扭曲,根尖生长受抑	硼
6 顶芽仍活	
8 嫩叶易萎蔫,叶暗绿色或有坏死斑点	铜
8 嫩叶不萎蔫,叶缺绿	
9 叶脉也缺绿	硫
9 叶脉间缺绿但叶脉仍绿	
10 叶淡黄色或白色,无坏死斑点	铁
10 叶片有小的坏死斑点	锰

需要说明的是,植物缺素时的症状会随植物种类、发育阶段及缺素程度的不同而有不同的表现。此外,同时缺乏数种元素会使病症复杂化。其他环境因素(如各种逆境、土壤pH值)都可能引起植物产生与营养缺乏类似的症状。因此,在判断植物缺乏哪种矿质元素时,应进行综合诊断。

综上所述,每一种矿质元素在植物生命活动中各有特殊作用,不能被其他元素所代替。例如,钙和镁的物理、化学性质很相似,但不能相互代替。不过,这种不能代替性是相对的而不是绝对的。如锰可以部分代替铁,硼能保证亚麻缺铁时叶绿素的合成,较多的铁、镁、钾能克服因缺硼而特有的大麦穗的不育性。可是,我们也不能因此而否定每种必需元素的特殊作用。

6.2 植物对矿质元素的吸收和运输

矿质元素吸收与合理施肥

6.2.1 植物对矿质元素的吸收

植物从外界环境中吸收各种矿质元素是植物维持正常代谢的必要条件。植物吸收矿质元素可以通过叶片,也可以通过根部,但主要是通过根部吸收。

1)植物细胞对矿质元素的吸收

植物细胞对矿物质的吸收,可通过外部环境(如土壤),也可通过植物的内部环境(如细胞周围的组织)。来进行细胞吸收矿质元素的方式主要有被动吸收和主动吸收两种类型。

(1)被动吸收　根细胞对溶质的吸收是顺电化学势梯度进行的,因为这种吸收方式不需要代谢能量,因此称为非代谢性吸收或被动吸收。被动吸收主要是通过扩散作用和协助扩散的方式进行。

①扩散作用　扩散作用是指分子或离子沿着化学势或电化学势梯度转移的现象。电化学势梯度包括化学势梯度和电势梯度两方面,细胞内外的离子扩散决定于这两种梯度的大小,而分子的扩散则决定于化学势梯度或浓度梯度。

典型的植物细胞,在细胞膜的内侧具有较高的负电荷,而在细胞膜的外侧具有较高的正电荷。假设细胞从环境中吸收了较多的阳离子,而致使细胞内该离子浓度较高。按照化学势梯度,细胞内的阳离子应向外扩散;而按电势梯度,由于细胞内有较高的负电荷,则这种阳离子又应该从细胞外向内扩散。那么离子究竟向什么方向扩散呢?这要取决于化学势梯度与电势梯度相对数值的大小。

②协助扩散　协助扩散是小分子物质经膜转运蛋白顺浓度梯度或电化学势梯度跨膜的转运。膜转运蛋白可分为两类:一类是通道蛋白,另一类是载体蛋白。

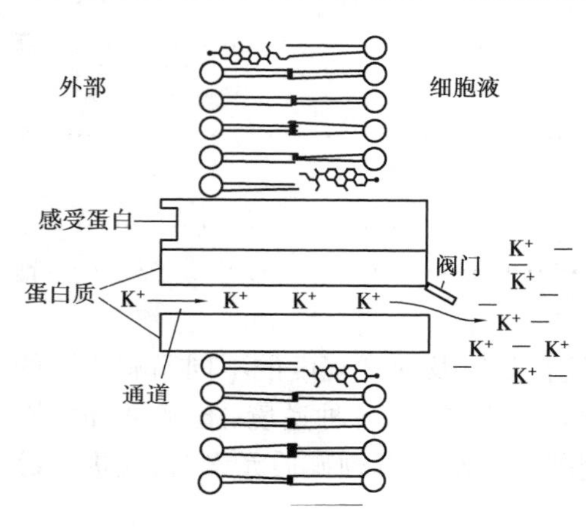

图6.2　离子通道的假想模型

(李合生《现代植物生理》,2007)

离子通道被认为是细胞膜中一类内在蛋白构成的孔道。以化学方式或电学方式激活,控制离子通过细胞膜顺电化学势流动。现已观察到原生质膜中有 K^+,Cl^-,Ca^{2+} 通道。原生质膜中也可能存在着供有机离子通过的通道。从保卫细胞中已鉴定出两种 K^+ 通道:一种是允许 K^+ 外流的通道;另一种则是吸收 K^+ 内流的通道,这两种通道都受膜电位控制。如图6.2所示为假想的离子通道模型。

载体也是一类内部蛋白,由载体转运的物质首先与载体蛋白的活性部位结合,结合后载体蛋白产生构象变化,将被转运物质暴露于膜的另一侧,并释放出去。由载体进行的转运可以是被动的(顺电化学势梯度),也可以是主动的(逆电化学势梯度)。如图6.3

所示是一个通过载体进行被动转运的示意图。

(2)主动吸收 根细胞利用呼吸作用提供的能量逆浓度梯度吸收矿质元素的过程,称为主动吸收。它是根部吸收矿质元素的主要形式。泵运输是主动吸收的主要理论。

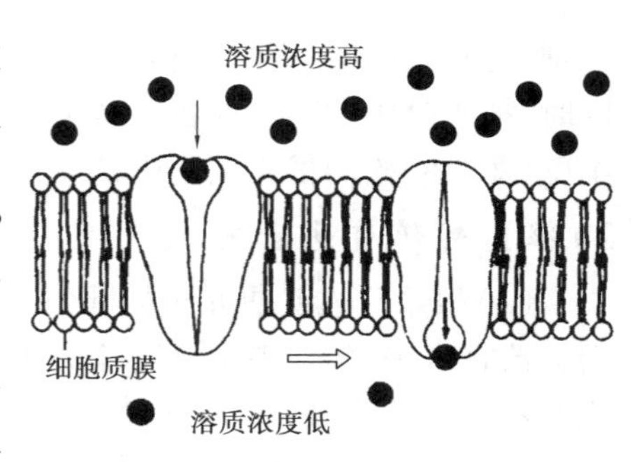

图 6.3 协助扩散简化模型

(王忠《植物生理学》,2000)

泵运输理论认为,质膜上存在着 ATP 酶,它催化 ATP 水解释放能量,驱动离子的转运。植物细胞质膜上的离子泵主要有质子泵和钙泵。

质子泵运输学说认为,植物细胞对离子的吸收和运输是由膜上的生电质子泵推动的。生电质子泵也称为 H^+—泵 ATP 酶或 H^+—ATP 酶。ATP 驱动质膜上的 H^+—ATP 酶将细胞内侧的 H^+ 向细胞外侧泵出,细胞外侧的 H^+ 浓度增加,结果使质膜两侧产生了质子浓度梯度和膜电位梯度,两者合称为电化学势梯度。细胞外侧的阳离子就利用这种跨膜的电化学势梯度经过膜上的通道蛋白进入细胞内;同时,由于质膜外侧的 H^+ 要顺着浓度梯度扩散到质膜内侧,因此质膜外侧的阴离子就与 H^+ 一道经过膜上的载体蛋白同向运输到细胞内。生电质子泵工作的过程,是一种利用能量逆着电化学势梯度转运 H^+ 的过程,它是主动运输的过程,也称为初级主动运输,由它所建立的跨膜电化学势梯度,又促进了细胞对矿质元素的吸收,矿质元素以这种方式进入细胞的过程便是一种间接利用能量的方式,称之为次级主动运输。如图 6.4 所示为质子泵作用的模式图。

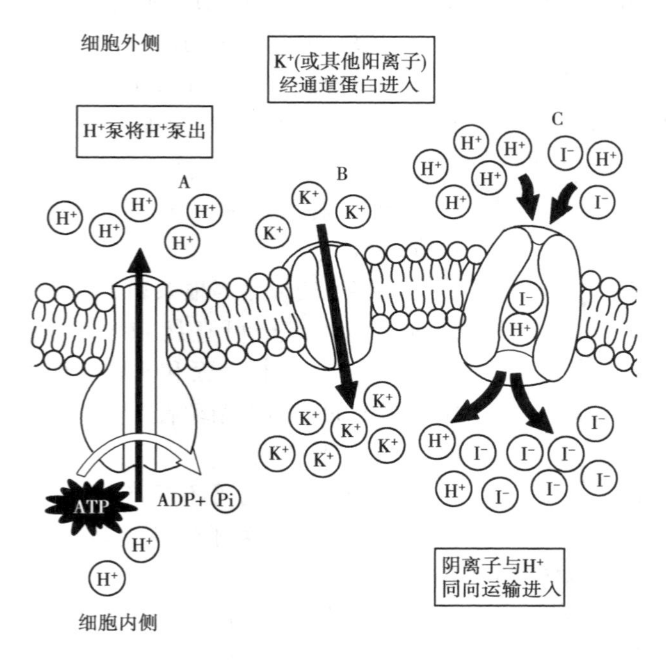

图 6.4 质子泵作用的机制模式图

钙泵也称为 Ca^{2+}—ATP 酶,它催化质膜内侧的 ATP 水解,释放出能量,驱动细胞内的钙离子泵出细胞,由于其活性依赖于 ATP 与 Mg^{2+} 的结合,因此又称为(Ca^{2+},Mg^{2+})—ATP 酶。

除了上述植物细胞对矿物质的选择性吸收的方式外,胞饮作用是植物细胞的非选择性吸收方式。细胞通过膜的内折从外界直接摄取物质进入细胞的过程,称为胞饮作用。当物质吸附在质膜时，质膜内陷，液体和物质便进入，然后质膜内折，逐渐包围着液体和物质，形成小囊泡，并向细胞内部移动。囊泡把物质转移给细胞质。由于胞饮作用是非选择性吸收，它在吸收水分的同时，把水分中的物质如各种盐类和大分子物质甚至病毒一起吸收进来。番茄和南瓜的花粉母细胞、蓖麻和松的根尖细胞中都有胞饮现象。

2）根系对矿质元素的吸收

（1）根系吸收矿质元素的部位　植物细胞对矿质元素的吸收是植物吸收矿质元素的基础，而从器官水平来看，整个植物体对矿质元素的吸收有叶片和根系，根系是植物吸收矿质元素的主要器官。根系吸收矿质元素的情况直接影响着植物的生长发育。关于根系吸收矿质元素的部位，有实验证明：根毛区虽然积累的离子比较少，但该部位的木质部分化完全，吸收的离子能较快地运出。根尖端虽有大量的离子积累，该部位还未分化出输导组织，离子不易运出。综合离子积累和运出的结果，确定根尖的根毛区是吸收矿质的主要部位，这一点和吸收水分基本一致。

（2）根系吸收矿质元素的过程

①离子被吸附在根系细胞的表面　细胞的主要成分是蛋白质，蛋白质是两性电解质，因而可吸附不同的离子。根部细胞呼吸作用放出的二氧化碳和水生成 H_2CO_3，离解成 H^+ 和 HCO_3^-。

$$CO_3 + H_2O = H_2CO_3 \qquad H_2CO_3 = H^+ + HCO_3^-$$

这些离子吸附在根系细胞的表面，并和土壤中的无机离子进行交换，交换的原则是：同电荷等价交换，即阳离子和阳离子交换，阴离子和阴离子交换，其交换方式有以下两种：

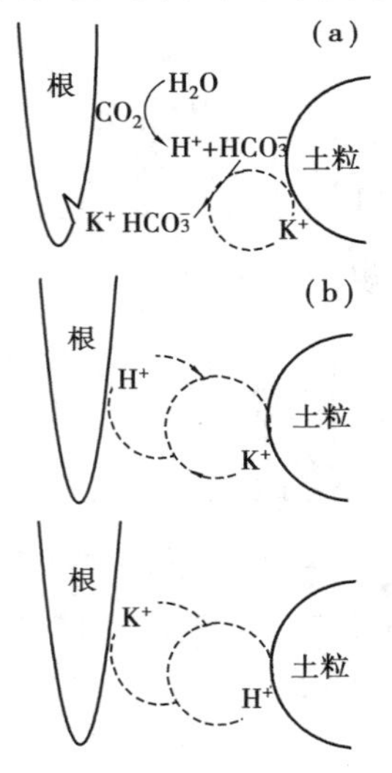

图6.5　根系对离子的吸附

（a）根与土壤溶液的离子交换；

（b）离子的接触交换

a. 根与土壤溶液的离子交换　根呼吸产生的 CO_2 溶于水后可形成 CO_3^{2-}，H^+，HCO_3^- 等离子，这些离子可以和根外土壤溶液中以及土壤胶粒上的一些离子如 K^+，Cl^- 等发生交换，结果土壤溶液中的离子或土壤胶粒上的离子被转移到根表面。如此往复，根系便可不断吸收矿质［图6.5（a）］。

b. 接触交换　当根系和土壤胶粒接触时，土壤颗粒表面所吸附的离子可直接与根表面的离子进行交换［图6.5（b）］。因为根表面和土粒表面所吸附的离子，是在一定吸附力的范围内振动着，当两种离子的振动面部分重合时，便可相互交换。

由于呼吸作用可不断产生 H^+ 和 HCO_3^-，它们与周围溶液土粒的阴阳离子迅速交换，因此，无机盐离子就会被吸附在根的表面。

②离子进入根部导管　离子从根表面进入根导管的途径有质外体和共质体两种（图6.6）。

a. 质外体途径　根部有一个与外界溶液保持扩散平衡、自由出入的外部区域称为质外体，又称为自由空间。各种离子通过扩散作用进入根部自由空间，但是因为内皮层细胞上有凯氏带，离子和水分都不能通过，因此自由空间运输只限于根的内皮层以外，而不能通过中柱鞘。离子和水只有转入共质体后才能进入维管束组织。不过根的幼嫩部分，其内皮层细胞尚未形成凯氏带前，离子和水分可经过质外体到达导管。另外在内皮层中有个别细胞（通道细胞）的胞壁不加厚，也可作为离子和水分的通道。

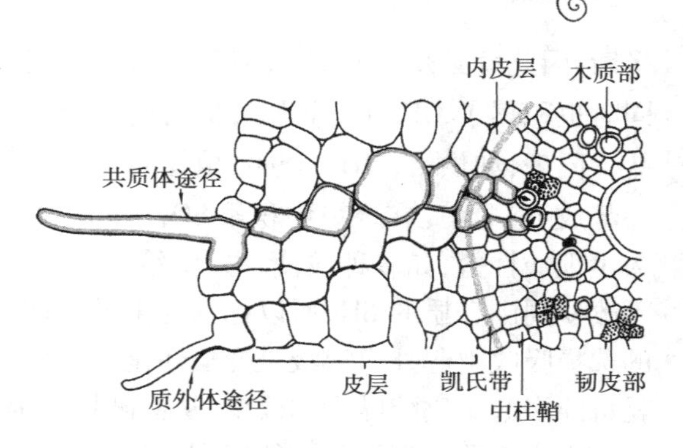

图 6.6　根毛区离子吸收的共质体和质外体途径
（Salisbur Ross，1992）

b. 共质体途径　离子通过自由空间到达原生质表面后，可通过主动吸收或被动吸收的方式进入原生质。在细胞内离子可以通过内质网及胞间连丝从表皮细胞进入木质部薄壁细胞，然后再从木质部薄壁细胞释放到导管中。释放的机理可以是被动的，也可以是主动的，并具有选择性。木质部薄壁细胞质膜上有 ATP 酶，推测这些薄壁细胞在离子运向导管中起积极的作用。离子进入导管后，主要靠水的集流而运到地上器官，其动力为压力梯度，即蒸腾拉力和（或）根压。

（3）植物根系吸收矿质元素的特点

①根系吸收矿质与吸收水分相关联　矿质元素必须溶于水后，才能被植物吸收。过去认为植物吸收矿质是被水分带入植物体的。按照这种观点，水分和盐分进入植物体的数量应该是成正比例的。但后来的大量研究证明，植物吸水和吸收盐分的数量会因植物和环境条件的不同而变化很大。有人用大麦做试验，通过光照来控制蒸腾，然后测定溶液中矿质元素的变化。结果发现，光下比暗中的蒸腾失水大 2.5 倍左右，但矿质吸收并不与水分吸收成比例（表 6.3）。如磷酸根和钾离子在光下比暗中的吸收速度快，而其他无机盐，如 Ca^{2+}，Mg^{2+}，SO_4^{2-}，NO_3^- 等，在光下反而吸收少。

表 6.3　大麦在光和暗中的蒸腾失水与矿质吸收的关系

实验条件	水分消耗/g	Ca^{2+}	K^+	Mg^{2+}	NO_3^-	PO_4^{3-}	SO_4^{2-}
光下	1 090	135	27	175	104	3	187
暗中	435	105	35	113	77	54	115

总之，植物对水分和矿质的吸收既相互关联，又相对独立。前者表现为盐分一定要溶于水中，才能被根系吸收，并随水流进入根部的质外体，且矿质的吸收降低了细胞的渗透势，促进了植物的吸水；后者表现在两者的吸收比例和吸收机理不同：水分吸收主要是以蒸腾作用引起的被动吸水为主，而矿质吸收则是以消耗代谢能的主动吸收为主。另外，两者的分配方向也不同，水分主要被分配到叶片，而矿质主要被分配到当时的生长中心。

②根系对离子吸收具有选择性　离子的选择吸收是指植物对同一溶液中不同离子或同一盐的阳离子和阴离子吸收的比例不同的现象。例如供给 $NaNO_3$，植物对其阴离子（NO_3^-）的吸收大于阳离子（Na^+）。由于植物细胞内总的正负电荷数必须保持

平衡，因此就必须有 OH^- 或 HCO_3^- 排出细胞。植物在选择性吸收 NO_3^- 时，环境中会积累 Na^+，同时也积累了 OH^- 或 HCO_3^-，从而使介质 pH 升高。故称这种盐类为生理碱性盐，如多种硝酸盐。同理，如供给 $(NH_4)_2SO_4$，植物对其阳离子（NH_4^+）的吸收大于阴离子（SO_4^{2-}），根细胞会向外释放 H^+，因此在环境中积累 SO_4^{2-} 的同时，也大量地积累 H^+，使介质 pH 下降，故称这种盐类为生理酸性盐，如多种铵盐。如供给 NH_4NO_3，则会因为根系吸收其阴、阳离子的量很相近，而不改变周围介质的 pH，所以称其为生理中性盐。生理酸性盐和生理碱性盐的概念是根据植物的选择吸收引起外界溶液是变酸还是变碱而定义的。如果在土壤中长期施用某一种化学肥料，就可能引起土壤酸碱度的改变，从而破坏土壤结构，因此施化肥应注意肥料类型的合理搭配，在农业生产上要合理施肥才能起到改良土壤的作用。

③根系吸收单盐会受毒害　某种溶液若只含有一种盐分（即溶液的盐分中的金属离子只有一种），该溶液即被称为单盐溶液。若将植物培养在单盐溶液中，植物不久就会呈现不正常状态，最后死亡。这种现象称为单盐毒害。

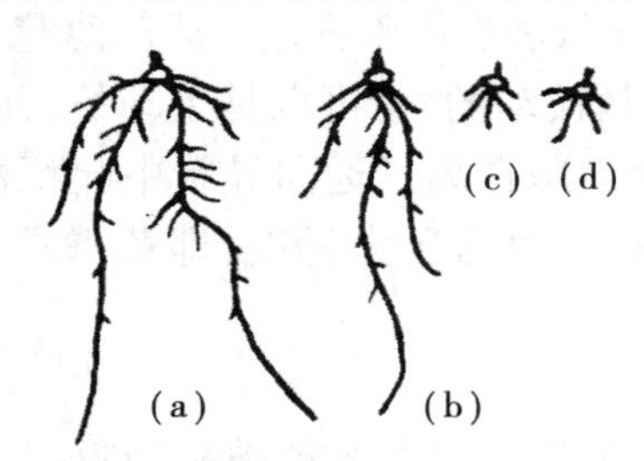

图 6.7　小麦根在单盐溶液和盐类混合中的生长情况
(a) $NaCl + KCl + CaCl_2$；(b) $NaCl + CaCl_2$；
(c) $CaCl_2$；(d) NaCl

在发生单盐毒害的溶液中，加入少量含有其他金属离子的盐类，单盐毒害就减轻或消除，离子间的这种作用称为离子拮抗作用或离子对抗。例如在 NaCl 溶液中加入 $CaCl_2$，在 $CaCl_2$ 溶液中加入 NaCl 和 KCl（图 6.7），就能减轻单盐毒害，如图 6.7 所示中的 (c) 和 (d) 显示了小麦根受单盐毒害的生长情况。金属离子间的拮抗作用因离子而异，钠不能拮抗钾，钡不能拮抗钙，而钠和钾则可以拮抗钙和钡。

把植物必需的矿质元素按一定浓度与比例配成混合溶液，使植物生长良好。这种能使植物生长良好的溶液称为生理平衡溶液。对海藻来说，海水就是生理平衡溶液，对大多数农作物来说，除了盐碱地之外，土壤溶液也比较接近生理平衡溶液，但并非理想的平衡溶液，而施肥的目的就是使土壤中各种矿质元素达到平衡，以利于植物的正常生长发育。在农业生产上，长期大量施用一种单元素肥料，就会影响土壤溶液的平衡，对植物生长不利。

3）植物地上部分对矿质元素的吸收

除根部外，植物的地上部分也可以吸收矿质元素。在农业生产上采用给植物地上部分喷施肥料以补充对矿质元素需要的措施称为根外营养。由于地上部分吸收矿物质的器官是以叶片为主，因此根外营养又称为叶片营养。要使叶片吸收营养元素，首先要保证溶液能很好地吸附在叶面上。有些植物叶片很难附着溶液，有些植物叶片虽附着溶液但不均匀。为了克服这种困难，可在溶液中加入降低表面张力的物质（表面活性剂或沾湿剂），如吐温、三硝基甲苯，或加入适量的洗涤剂。

营养物质可以通过气孔进入叶内，也可以从角质层透入叶内。角质层是多糖和角质（脂类化合物）的混合物，无结构，不易透水，但是角质层有裂缝，呈微细的孔道，可让溶液通过。溶液到达表皮细胞的细胞壁后，进一步经过细胞壁中通道外连丝到达表皮细胞的质膜。在电子显微镜下可以看到，外连丝是表皮细胞的通道，它从角质层的内侧延伸到表皮细胞的质膜。当溶液由外连丝抵达质膜后，就转运到细胞内部，最后到达叶脉韧皮部。

营养元素进入叶片的量与叶片的内外因素有关。嫩叶吸收营养元素比老叶迅速而且量大，这是由于两者的角质层厚度不同和生理活性不同的缘故。由于叶片只能吸收液体，固体物质是不能透入叶片的，因此溶液在叶面上的时间越长，吸收矿物质的数量就越多。凡是影响液体蒸发的外界环境，如风速、气温、大气湿度等，都会影响叶片对营养元素的吸收量。因此，根外追肥的时间以下午 4 时左右为宜，阴天或傍晚最好，但需 24 h 无雨。根外追肥所用肥料的浓度一般在 0.5% ~1.5%，微量元素在 0.1% 左右为宜。

根外追肥的优点是速效、高效、省肥。作物在生育后期根部吸肥能力衰退时，或在作物营养临界期，可采用根外追肥来补充营养。有些肥料（如磷肥）易被土壤固定，采用根外追肥可避免肥料的浪费，且用量少、效果好，因此，在农业生产上经常采用根外施肥方式。喷施杀虫剂（内吸剂）、杀菌剂、植物生长调节剂、除草剂和抗蒸腾剂等，都是根据叶片营养的原理进行的。

6.2.2 矿质元素在植物体内的运输和利用

1）矿质元素在植物体内运输的形式

根部吸收的氮素，大部分在根内转化成有机氮化物再运向地上部分。有机氮化物包括氨基酸（主要有天门冬氨酸、谷氨酸、丙氨酸和蛋氨酸）和酰胺（天冬酰胺和谷氨酰胺），还有少量的氮素以硝酸根的形式向上运输。磷素主要以正磷酸盐的形式运输，也有一些在根部转变为有机磷化物（甘油磷酰胆碱、己糖磷酸酯等）向上运输。硫主要是以硫酸根离子的形式向上运输，少数以蛋氨酸及谷胱甘肽等形式运输。大部分金属元素是以离子形式向上运输。

2）矿质元素在植物体内的运输途径和速度

根部吸收的矿质元素经质外体和共质体进入导管以后，随蒸腾液流上升，或按浓度差而扩散。大量实验证明，根部吸收的矿质元素是通过木质部向上运输的，也可以从木质部横向运输到韧皮部。而叶片吸收的矿质元素向上和向下运输都是通过韧皮部进行的。叶片吸收的矿质元素也可从韧皮部横向运输到木质部，在茎内向上运输是通过韧皮部和木质部。矿质元素在植物体内的运输速度为 30 ~100 cm/h。

3）矿质元素的利用

当矿质元素分布到植物体各部分以后，大部分合成有机物，形成植物结构物质。如氨基酸、蛋白质、叶绿素等。磷合成核酸、磷脂等。有些以离子状态存在，有的作为酶的活化剂和渗透物质。

已参与到植物生命活动中的元素，经过一段时间后，也可以分解并运到其他部位加以重复利用。氮、磷、钾、镁易重复利用，因而缺素症状往往下部老叶先发病；铜、锌有一定程度的重复利用；另外一些元素在细胞中一般形成难溶解的稳定化合物，是不能参与循环的元素，或不可再利用元素，如钙、铁、锰、硼等；它们的缺素症状表现在幼嫩的茎尖和幼叶。可再利用的元素中以氮、磷最典型，不可再利用的元素以钙最为典型。

矿质元素除在植物体内进行运转和分配外，也可从体内排出。在植物衰老时期叶片中的养分可因雨、雪、雾而损失。在热带雨季生长的籼稻生长后期，由于雨水淋洗损失氮素可达吸收氮量的 30%。在植株生长末期，根系也可向土壤中排出矿质元素。被淋洗或排出土壤中的物质，有些可被植物重新吸收。

6.2.3 影响根部吸收矿质元素的条件

1)温度

在一定范围内,根部吸收矿质元素的速率随土壤温度的增高而加快,因为温度影响了根部的呼吸速率,也影响主动吸收。但温度过高(超过 40 ℃),一般作物吸收矿物质元素的速率即下降,这可能是高温使酶钝化,影响根部代谢;高温也使细胞透性增大,矿质元素被动外流,因此根部吸收矿质元素量减少。温度过低时,根吸收矿质元素的数量减少。因为低温时,代谢弱,主动吸收慢,细胞质黏性增大,所以离子移动的速度慢。

2)通气状况

如前所述,根部吸收矿物质与呼吸作用有密切关系。因此,土壤通气状况直接影响根吸收矿物质。试验证明:在一定范围内,氧气供应越好,根系吸收矿质元素就越多。土壤通气良好,除了增加氧气外,还有减少二氧化碳的作用。二氧化碳过多,必然抑制呼吸,影响盐类吸收和其他生理过程。

3)溶液浓度

在外界溶液浓度较低的情况下,随着溶液浓度的增高,根部吸收离子的数量也增多,两者成正比。但是,外界溶液浓度增高到一定程度时,离子吸收速率与溶液浓度便无紧密关系,通常认为是离子载体和通道数量所限。在农业生产上一次施用化学肥料过多,不仅有烧伤作物的弊病,同时根部也吸收不了,造成浪费。

4)氢离子浓度

外界溶液的 pH 值对矿物质吸收有影响。组成细胞质的蛋白质是两性电解质,在弱酸性环境中,氨基酸带正电荷,易于吸附外界溶液中的阴离子;在弱碱性环境中,氨基酸带负电荷,易于吸附外界溶液中的阳离子。

土壤溶液的 pH 值对植物矿质营养的间接影响比上述的直接影响还要大。首先,土壤溶液反应的改变,可以引起溶液中养分的溶解或沉淀。例如,在碱性逐渐加强时,Fe,PO_4^{3-},Ca,Mg,Cu,Zn 等逐渐形成不溶解状态,能被植物利用的量便减少。在酸性环境中,PO_4^{3-},K,Ca,Mg 等易溶解,但植物来不及吸收,易被雨水冲掉,因此酸性的土壤(如红壤)往往缺乏这 4 种元素。在酸性环境中(如咸酸田,一般 pH 值可达 2.5 ~5.0),Al,Fe 和 Mn 等的溶解度加大,植物受害。其次,土壤溶液反应也影响土壤微生物的活动。在酸性反应中,根瘤菌会死亡,固氮菌失去固氮能力;在碱性反应中,对农业有害的细菌如反硝化细菌发育良好,这些变化都是不利于氮素营养的。

一般作物生长发育最适的 pH 值为 6 ~7,但有些作物(如茶、马铃薯、烟草)适于较酸性的环境,有些作物(如甘蔗、甜菜)适于较碱性的环境。栽培作物或溶液培养时应考虑外界溶液的酸度,以获得良好效果。

6.3 氮代谢

植物吸收的矿质养料在植物体内进一步转化为有机物的过程称为矿质养料的同化。

土壤中90%的氮是有机态氮。有机氮化物是由动植物和微生物遗体分解产生,其中一少部分形成氨基酸、尿素被植物直接吸收,而大部分通过氨化作用转变为氨。氨可与土壤中其他物质反应再形成铵盐,或通过硝化作用氧化成亚硝酸盐(NO_2^-)和硝酸盐(NO_3^-)。硝酸盐又可通过反硝化作用形成 N_2 等气体返回到大气中。在大气中有79%的氮气(N_2),但植物不能直接利用,必须将 N_2 转化为结合态氮才能被利用,这个过程主要靠微生物的生物固氮来进行。

6.3.1 硝酸盐的还原

1)植物体内氮素来源

植物的氮源主要是无机氮化物,其中又以铵盐和硝酸盐为主,它们占土壤含量的1% ~ 2%,铵态氮被植物吸收后,可直接用来合成氨基酸。但硝态氮必须要经过代谢还原,转变为氨后才能合成氨基酸和蛋白质等。

2)硝酸盐的还原

大多数植物虽能吸收 NH_4^+,但在一般田间条件下,NO_3^- 是植物吸收的主要形式。NO_3^- 进入细胞后,就被硝酸还原酶和亚硝酸还原酶还原成铵。在此 NO_3^- 还原过程中,每形成一个分子 NH_4^+ 要求供给8个电子。一般认为,硝酸盐还原按以下步骤进行:

$$\underset{\text{硝酸盐}}{\overset{(+5)}{NO_3^-}} \xrightarrow{+2e} \underset{\text{亚硝酸盐}}{\overset{(+3)}{NO_2^-}} \xrightarrow{+2e} \underset{\text{次亚硝酸盐}}{\overset{(+1)}{N_2O_2^{2-}}} \xrightarrow{+2e} \underset{\text{羧氨}}{\overset{(-1)}{[NH_2OH]}} \xrightarrow{+2e} \underset{\text{氨}}{\overset{(-3)}{NH_3}}$$

上式中,圆括号内数字为N的价位数,方括号内的步骤仍未肯定。整个过程是在硝酸还原酶(NR)和亚硝酸还原酶(NiR)的催化诱导下完成。硝酸还原酶(NR)催化硝酸盐还原为亚硝酸盐,亚硝酸还原酶催化亚硝酸盐还原为铵。

6.3.2 植物体内氮代谢的部位与调节

硝酸盐还原为氨的过程在叶和根内都能进行,通常绿色组织中硝酸盐的还原比非绿色组织中更为活跃。在绿叶中硝酸盐的还原是在细胞质中进行的,当硝酸盐被细胞吸收后,细胞质中的硝酸还原酶就利用NADH供氢体将硝酸还原为亚硝酸,而NADH是叶绿体中生成的苹果酸经双羧酸运转器,运送到细胞质,再由苹果酸脱氢酶催化生成的。NO_3^- 还原形成 NO_2^- 后被运到叶绿体,叶绿体内存在的NiR利用光合链提供的还原型Fd作电子供体将 NO_2^- 还原为 NH_4^+。硝酸在叶内的还原过程如图6.8所示。

硝酸盐在根中的还原与叶中基本相同,即硝酸盐通过硝酸运转器进入细胞质,被NR还原

为 NO_2^-,但电子供体 NADH 来源于糖酵解。形成的 NO_2^- 再在前质体被 NiR 还原为 NH_4^+。长期以来对根中存在的 NiR 的电子供体不清楚,但最近已从许多植物根中发现了类似 Fd 的非血红素铁蛋白或 Fd-NADP 还原酶。硝酸在根内的还原过程如图 6.9 所示。

硝酸盐在根部及叶内还原所占的比例受多种因素影响,包括硝酸盐供应水平、植物种类、植物年龄等。一般来说,外部供应硝酸盐水平低时,则根中硝酸盐的还原比例大。木本植物根的硝酸还原能力很强。作物中硝酸盐在根内还原能力依次为:燕麦 > 玉米 > 向日葵 > 大麦 > 油菜。此外,根中硝酸盐的还原比例还随温度和植物年龄的增加而增大。通常白天硝酸还原速度显著较夜间为快,这是因为白天光合作用产生的还原力能促进硝酸盐的还原。

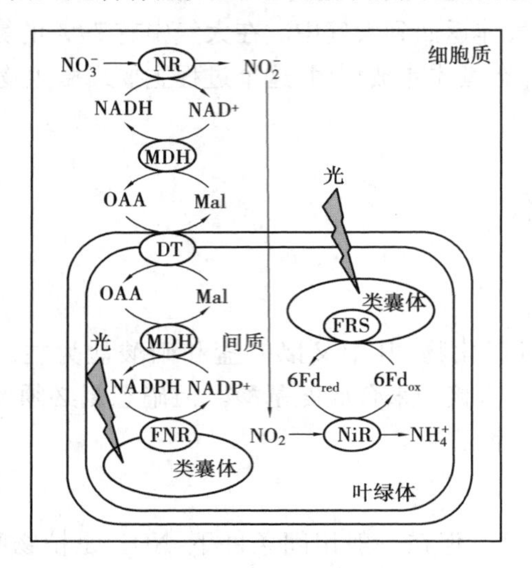

图 6.8 在叶中的硝酸还原(示意图)

DH—双羧酸运转器;FNR—Fd-NADP 还原酶;

Fd—铁氧还蛋白;MDH—苹果酸脱氧酶;FRS—Fd 还原系统

(Robinson,1987)

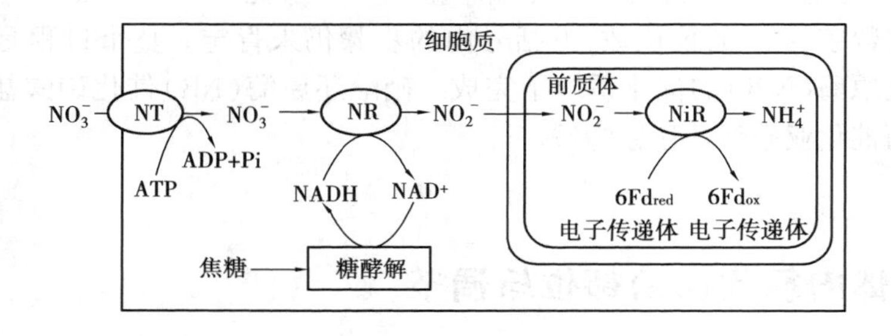

图 6.9 在根中的硝酸还原(示意图)

NT—硝酸运转器;NR—硝酸还原酶;NiR—亚硝酸还原酶

(Robinson,1987)

6.3.3　氨的同化

植物吸收的氨态氮或由硝酸盐还原产生的氨态氮在体内能同化成有机物质。高浓度的氨态氮对植物有毒害作用,能使光合磷酸化或氧化磷酸化解偶联,并能抑制光合作用中水的光解。氨的同化包括谷氨酰胺合成酶途径、谷氨酸合酶途径和谷氨酸脱氢酶途径等途径。

1)谷氨酰胺合成酶途径

在谷氨酰胺合成酶作用下,并以 Mg^{2+},Mn^{2+} 或 Co^{2+} 为辅因子,铵与谷氨酸结合,形成谷氨酰胺。这个过程是在细胞质、根部细胞的质体和叶片细胞的叶绿体中进行的。

$$NH_4^+ + \underset{\text{谷氨酸}}{HOOC-CH(NH_2)-CH_2-CH_2-C(=O)-O^-} \xrightarrow[ATP \rightarrow ADP + Pi]{GS} \underset{\text{谷氨酰胺}}{HOOC-CH(NH_2)-CH_2-CH_2-C(=O)-NH_2} + H_2O$$

2)谷氨酸合酶途径

谷氨酸合酶又称为谷氨酰胺-α-酮戊二酸转氨酶(GOGAT),它有 NADH-GOGAT 和 FdGOGAT两种类型,分别以 $NAD + H^+$ 和还原态的 Fd 为电子供体,催化谷氨酰胺与α-酮戊二酸结合,形成两分子谷氨酸,此酶存在于根部细胞的质体、叶片细胞的叶绿体及正在发育的叶片中的维管束。

$$\underset{\text{谷氨酰胺}}{HOOC-CH(NH_2)-CH_2-CH_2-C(=O)-NH_2} + \underset{\alpha\text{-酮戊二酸}}{HOOC-C(=O)-CH_2-CH_2-C(=O)-O^-} \xrightarrow[NADH+H^+\ \text{或}\ Fd_{red} \rightarrow NAD^+\ \text{或}\ Fd_{ox}]{GOGAT} \underset{\text{谷氨酸}}{HOOC-CH(NH_2)-CH_2-CH_2-C(=O)-O^-} + \underset{\text{谷氨酸}}{HOOC-CH(NH_2)-CH_2-CH_2-C(=O)-O^-}$$

3)谷氨酸脱氢酶途径

铵也可以和α-酮戊二酸结合,在谷氨酸脱氢酶(GDH)作用下,以 $NAD(P)H + H^+$ 为氢供给体,还原为谷氨酸。但是,GDH 对 NH_3 的亲和力很低,只有在体内 NH_3 浓度较高时才起作用。GDH 存在于线粒体和叶绿体中。

植物体内通过氨同化途径形成的谷氨酸和谷氨酰胺可以在细胞质、叶绿体、线粒体、乙醛酸体和过氧化物酶体中通过氨基交换作用形成其他氨基酸或酰胺。例如,谷氨酸与草酰乙酸结合,在天冬氨酸转氨酶(Asp-AT)催化下,形成天冬氨酸;又如,谷氨酰胺与天冬氨酸结合,在天冬酰胺合成酶(AS)作用下,合成天冬酰胺和谷氨酸。

通过以上途径,无机态氮转化为有机态氮,绝大多数合成氨基酸,继而合成蛋白质,有少部分进入核酸等含氮物质代谢,其中谷氨酰胺和天冬酰胺是两种氨的临时储存形式,它们具有储

氨、放氨和解除氨毒的作用。

$$\mathrm{NH_4^+} + \underset{\alpha\text{-酮戊二酸}}{\mathrm{HOOC{-}C({=}O){-}CH_2{-}CH_2{-}C({=}O){-}O^-}} \xrightarrow[\mathrm{NAD(P)H}\ \rightarrow\ \mathrm{NAD(P)^+}]{\mathrm{GDH}} \underset{\text{谷氨酸}}{\mathrm{HOOC{-}HC(NH_2){-}CH_2{-}CH_2{-}C({=}O){-}O^-}} + \mathrm{H_2O}$$

6.3.4 生物固氮

氮气(或游离氮)转变成含氮化合物的过程称为固氮。固氮有自然固氮和工业固氮之分。其中,工业固氮和自然固氮各占全部固氮量(全球每年 2.5×10^{11} kg 左右)的 15% 和 85%。在自然固氮中,有 10% 是通过闪电进行的,而 90% 是由生物固氮完成的。生物固氮,就是某些微生物把大气中的游离氮转化为含氮化合物(NH_3 或 NH_4)的过程。生物固氮的规模非常宏大,它们对农业生产和自然界中氮素平衡都有十分重要的意义。

6.4 合理施肥的生理基础

在农业生产中,土壤中的养分不断被作物吸收,而作物产品大部分被人们利用,农田中的养分会逐渐减少。因此,要想使农作物持续高产,必须补充农田中缺少的养分,这不仅要有足够的肥料,而且还要合理施肥。只有根据作物的吸肥规律,满足作物在不同生育期对肥料的需求,才能使作物高产。

6.4.1 作物的需肥规律

1)不同作物或同一作物的不同品种需肥情况不同

豆科作物如大豆、豌豆、花生等能固定空气中的氮素,故需 K,P 较多,但在根瘤尚未形成的幼苗期也可施少量 N 肥;禾谷类作物如小麦、水稻、玉米等需要氮肥较多,同时又要供给足够的 P,K,以使后期籽粒饱满;叶菜类则要多施 N 肥,使叶片肥大,质地柔嫩;薯类作物和甜菜需要更多的 P,K 和一定量的 N;棉花、油菜等油料作物对 N,P,K 的需求量都很大,要充分供给。另外甜菜、苜蓿、亚麻对硼有特殊要求,而油料作物对 Mg 有特殊需要。同一作物因栽培目的不同,施肥的情况也有所不同。如食用大麦,应在灌浆前后多施 N 肥,使种子中的蛋白质含量增高;酿造啤酒的大麦则应减少后期施 N 肥,否则,蛋白质含量高会影响啤酒品质。

2）不同作物需肥形态不同

如烟草既需铵态氮，也需硝态氮，因为硝态氮能使烟叶形成较多的有机酸，可提高燃烧性。而铵态氮有利于芳香挥发油的形成，增加香味，所以烟草施用 NH_4NO_3 最好。水稻根内缺乏硝酸还原酶，不能还原硝酸，宜用铵态氮而不适宜施用硝态氮。烟草、马铃薯和甜菜等忌氯，因氯可降低烟叶的燃烧性和马铃薯的淀粉含量，所以用草木灰做钾肥比氯化钾效果好。

3）同一作物不同生育期需肥不同

作物生长与矿质元素的吸收并不是均匀一致的，但大致上有一个基本规律，幼苗期需肥量较少，随着幼苗的逐渐长大，吸肥量逐渐增加。一般在开花结实期，吸收肥料达到一生中的高峰期，开花结果以后，随着长势的减弱，吸收量缓慢下降，到成熟期停止吸收。我们把作物对缺乏矿质元素最敏感的时期称为需肥临界期；把施肥营养效果最好的时期称为最高生产效率期（或营养最大效率期）。以收获果实和种子的农作物，营养最大效率期是生殖生长期，需肥临界期是苗期。不同作物生长习性不同，对矿质元素的吸收情况也不同。几种不同作物不同生育期的需肥规律见表6.4。

表6.4　几种不同作物不同生育期的需肥规律

作　物	生育期	N	P_2O_5	K_2O
早稻	移栽—分蘖期	35.5	18.7	21.9
	稻穗分化—出穗期	48.6	57.0	61.9
	结实成熟期	15.9	24.3	16.2
晚稻	移栽—分蘖期	22.3	13.9	20.5
	稻穗分化—出穗期	58.7	47.4	51.8
	结实成熟期	19.0	36.7	27.7
冬小麦	出苗—返青	15.0	7.0	11.0
	返青—拔节	27.0	23.0	32.0
	拔节—开花	42.0	49.0	51.0
	开花—成熟	16.0	21.0	6.0
棉花	出苗—现蕾	8.8	8.1	10.1
	现蕾—棉铃形成	59.6	58.3	63.5
	棉铃形成—成熟	31.6	33.6	26.4
花生	苗期	4.8	9.2	6.7
	开花期	23.5	22.6	22.2
	结荚期	41.9	19.5	66.4
	成熟期	29.7	22.6	4.7

综上所述，不同作物、同一作物的不同品种、不同生育期需肥种类和数量不同，同一作物的同一品种栽培时间不同，需肥规律也有很大区别。如玉米的春播和夏播，春播玉米生育期比较长，夏播玉米而生育期短，仅有90 d左右。春玉米施肥可采用“三攻”追肥法，即攻秆肥、攻穗肥

和攻籽肥。而夏玉米可采用“一炮轰”的施肥方法,即一次性追肥。

6.4.2 合理施肥的生理基础

合理施肥对增产的作用是间接的,它通过改善光合性能,调节植物的代谢和改善土壤环境,从而增加干物质积累而提高产量。

(1)促进光合作用,增加有机营养　合理施肥可增大光合面积,增加叶绿素含量,延长叶片的功能期,提高光合速率,增加有机营养。磷、钾肥能改善光合产物的分配利用,把光合产物迅速运输到结实器官,从而提高经济系数。

(2)调节代谢,协调作物的生长发育　因各种矿质元素对植物生长发育的影响不同,因此,如何根据矿质元素的生理作用和植物的需肥规律,对植物因地、适时、适量地施肥,就可按照人们已定的目标,调节植物生长发育,使作物达到优质、高产的目的。

(3)改善土壤环境,满足植物生长的需要　经常施用有机肥,能改善土壤结构,改善土壤的水、温、气状况,有利于土壤团粒结构的形成。疏松的土壤有利于促进土壤微生物的活动,加速有机质的分解和转化,提高土壤肥力,给根系生长营造一个良好的生活环境,从而提高根系生长和吸收的能力。

6.4.3 合理施肥的指标

要想使作物获得高产,合理施肥是十分重要的,合理施肥是一个比较复杂的问题,必须考虑到作物种类、作物需肥的特点、土壤酸碱度、作物的长相长势、天气状况等多种因素。因此,应在施足基肥的基础上分期追肥,从而满足作物不同生育期对肥料的需要。具体施肥时就要全面掌握土壤肥力,又要分析作物的营养元素含量,作物生长发育状况和生理生化变化等因素,并以此作为合理施肥的依据。

1)土壤营养丰缺指标

土壤肥力是个综合指标,根据中国农业科学院调查,每公顷产 6 ~ 7.5 t 的小麦田,除了具有良好的物理性状外,还要求有机质含量达 1%,总氮含量在 0.06% 以上,速效氮 30 ~ 40 mg/L,速效磷在 20 mg/L 以上,速效钾 30 ~ 40 mg/L。由于各地的土壤、气候、耕作管理水平不同,对作物产量和土壤营养的要求也各异。因此,施肥指标也要因地因作物而异,不能盲目搬用外地经验,只有通过本地的大量试验和调查,才能确定当地土壤的营养丰缺指标。

2)追肥的形态指标

我国农民在看苗管理方面有很丰富的经验,他们能根据作物各生育期的外部形态来判断是否缺肥。这些反映植株需肥情况的外部形态,称为追肥的形态指标。

(1)长相　作物的长势和长相是追肥的形态指标。一般来说,当氮肥充足时,植株生长快,叶大而柔软,株型松散;氮素不足时,植株生长慢,叶短而直,株型紧凑。河南省偃师县岳滩刘应祥等对冬小麦的春季管理,总结出“三个耳朵”的管理经验。小麦叶片有 2/3 下垂,叶片大而薄为“猪耳朵”，是旺苗，要进行控制。叶片浓绿，大小适中，有1/3下垂，称“驴耳朵”，是壮苗的标志。叶片小而直立，不下垂为“马耳朵”，是弱苗的标志，必须水肥促进。广东农民总结出水稻高产的长相是：分蘖期间，叶成“公鸡尾”，叶尾距离大，稻丛似兰花（或水仙花）；拔节期间，叶成“平头”，叶尾距离小，稻丛似“洗锅刷”；孕穗期间，包胎叶挺直，短硬，叶成“竹枪头”，稻丛似“扫帚”。这些经验对合理施肥很有参考价值。

（2）叶色　叶色也是追肥的形态指标之一，因为叶色是反映作物体内营养状况（尤其是氮素水平）最灵敏的指标。功能叶的叶绿素与含氮量变化基本一致。叶色深，则表示氮和叶绿素含量都高。叶色对施肥的反应快，施无机肥料3～5 d，叶色即可反映出来，比生长反应快。如丰产小麦的叶色在返青、拔节、孕穗时呈现出“青、黄、青”的交替变化，如果这些叶色变化发生改变，说明氮素过多或缺乏，必须采取相应的管理措施。

3）追肥的生理指标

植株是否缺肥，可以根据植株内部的生理状况去判断。这种能反映植株需肥情况的生理生化变化，称为施肥的生理指标。施肥的生理指标一般是以功能叶为测定对象。

（1）营养元素　叶片营养元素诊断是研究植物营养状况的有效途径之一。当养分缺乏时，产量甚低；养分适当时，产量最高；养分过剩，产量不但不增加，还会导致贪青晚熟，产生毒害造成浪费。在营养元素缺乏和适当之间有一个临界浓度，临界浓度是获得最高产量的最低养分浓度。不同作物不同生育期各元素的临界浓度（表6.5），可作为合理施肥的依据。

表6.5　几种作物矿质元素的临界浓度（占干重的%）

作　物	测定时期	分析部位	N	P_2O_5	K_2O
春小麦	开花末期	叶子	2.60～3.00	0.52～0.60	2.80～3.00
燕麦	孕穗期	植株	4.25	1.05	4.25
玉米	抽雄	果穗前一叶	3.10	0.72	1.67
花生	开花	叶子	4.00～4.20	0.57	1.20

（2）叶绿素含量　研究指出，南京地区的小麦返青期功能叶的叶绿素含量以占干重的1.7%～2.0%为宜，如果低于1.7%就是缺肥；拔节期以1.2%～1.5%为正常，低于1.1%表示缺肥，高于1.7%则表示太多，要控制拔节肥；孕穗期以2.1%～2.5%为正常。

（3）淀粉含量　水稻体内含氮量与淀粉含量呈负相关，氮不足时，淀粉在叶鞘中积累，鞘内淀粉越多，表示缺氮越严重。测定时，将叶鞘劈开，浸入碘液中，如被染成蓝黑色，颜色深，且占叶鞘面积比例大，表明缺氮，需要追施氮肥。

（4）酰胺含量　作物吸收氮素过多时，能以酰胺的形式将体内过多的氮素储藏起来，以免游离氨毒害植株。研究证实，水稻植株中的天冬酰胺与氮的增加是平行的，天冬酰胺的含量可作为水稻植株氮素状态的良好指标。在幼穗分化期，测定未展开或半展开的顶叶内天冬酰胺的有无，如含有酰胺，表示氮素营养充足；如不含酰胺，说明氮素营养不足，这一指标可作为水稻等作物施用穗肥的依据。

（5）酶活性　作物体内的营养离子常与某些酶结合在一起，当这些离子不足时，酶活性下降。硝态氮和铵态氮的转变是分别由硝酸还原酶和谷氨酸脱氢酶催化的。当这些氮化物不足时，酶的活性也下降；随着氮化物的增多，这两种酶的活性也增强；可是当施肥量超过一定限度时,以上这两种酶的活性就不再增强,而保持一定的水平。因此,可根据作物体内硝酸还原酶和谷氨酸脱氢酶的活性的变化,来确定氮肥的合理用量。

6.4.4 发挥肥效的措施

为了使肥效得到充分发挥,除了合理施肥外,还要注意采取相应的技术措施。

1)以水调肥,肥水配合

水分是矿质的溶剂,缺水会直接影响植株对矿质的吸收和利用。水分通过对生长的影响,间接影响对矿质的利用,水分还能防止肥料过多地“烧苗”,从而改善植物利用矿质的环境条件。因此土壤干旱时施肥效果减小,若在施肥的同时适量灌水,就能大大提高肥料效益。水田施肥后保持水层,有利于土壤氯化细菌的生活繁殖,能使铵态氮显著增多,而且不易流失。这就是以水调肥的道理。相反,也可用控制水分的办法,控制植物对肥料的利用。当肥料过多,特别是氮肥过多,常会造成作物疯长,在这种情况下,可用减少灌水的办法,限制植物对矿质的吸收,从而达到以水控肥的效果。

2)适当深耕,改良土壤环境

适当深耕,并结合深耕增施有机肥料,可以改善土壤理化性质,促进土壤团粒结构的形成。深耕施肥可改善根系生长环境,促进根系生长,扩大对水肥的吸收面积,同时有利于根系对矿质的主动吸收,从而增强对矿质的吸收速率。

3)改善光照条件,提高光合效率

施肥能改善作物光合性能,改善光照条件,提高作物光合效率。因此,合理密植,通风透光,使作物制造更多的有机物质,使肥效得到更好的发挥;反之,密度过大,田间荫蔽,光照不足,影响光合作用,肥水虽足,不但起不到增产的效果,还会造成作物疯长、倒伏、病虫害增多等,导致减产。

4)改进施肥方法,促进作物吸收

改传统的表施为深施,表层施肥肥料氧化剧烈,氮肥易转化,钾肥易流失,碳酸氢铵易挥发,磷素易被土壤固定,从而降低肥效。施肥一大片,不如一条线,一条线不如一个蛋,即撒施不如条施,条施不如穴施,确是经验之谈。据研究,对水稻施用的氮、磷、钾肥有一半以上被浪费掉。深层施肥将肥料施于作物根系附近5~10 cm深的土层,由于肥料深施,挥发少,铵态氮的硝化作用也慢,流失也少。另外,根外施肥也是一种经济用肥的方法。

5)调控土壤微生物的活动,增加施肥效果

土壤中的硝化菌能使 NH_4^+ 氧化为 NO_2^- 和 NO_3^- 而随水流失,而反硝化菌则可使 NH_4^+,NO_3^-,NO_2^- 转化为 N_2 而挥发。将氮肥增效剂2-氯-6-(三氯甲基)-吡啶与氮肥一起施用,可抑制硝化作用而减少氮素的损失。另外,有机肥宜经过腐熟以后再施用,这样可通过微生物的分解而增加有机肥的有效性。

各种作物需肥种类和数量不一样,要想作物高产,必须满足各种养分的平衡供应,平衡施肥对作物高产十分重要。氮、磷、钾等大量元素与微量元素配合施用,可以显著提高施肥效果,是作物获得高产、稳产、优质的有效措施。合理使用植物生长调节剂不但能促进植物生长发育，也有助于作物对肥料的利用，达到高产的目的。

复习思考题

1. 名词解释：必需元素、大量元素、微量元素、水培法、生理碱性盐、生理中性盐、单盐毒害、离子拮抗、离子的主动吸收、离子的被动吸收、氮的同化。

2. 植物必需的矿质元素有哪些？用什么方法、根据什么标准来确定？

3. 试述氮、磷、钾的生理功能及缺素症状，为什么说氮是生命元素？

4. 简述植物主动吸收矿质元素的过程。

5. 什么是生理酸性盐？了解这些在农业生产上有何指导意义？

6. 简要说明氨的同化有哪几种途径。

7. 简述硝态氮进入植物体被还原和合成氨基酸的过程。

8. 说明合理施肥增产的原因。

9. 如何根据植物的形态指标和生理指标进行合理施肥？

10. 简述在施肥过程中发挥肥效的技术措施。

11. 什么是根外追肥？根外追肥要注意哪些问题？

12. 从生理的角度分析，能否将作物一生中所需要的肥料一次施完？为什么？举例说明。

7 光合作用

【理论教学目标】

1. 了解光合作用的概念、意义及特点。
2. 了解光合色素的种类及作用。
3. 理解光合作用的过程机理、光合碳同化的基本途径。
4. 掌握外界条件对光合作用的影响。
5. 掌握提高光能利用率的途径与措施。

【技能实训目标】

1. 学会提取和分离叶绿体色素。
2. 学会叶绿素的定量测定技术和方法。
3. 能运用改良半叶法测定光合速率。

碳素营养是植物的生命基础。植物体的干物质中有90%是有机化合物,而有机化合物中大约45%的物质是碳素,可见碳素是植物体内含量较多的一种元素;碳原子是组成所有有机化合物的主要骨架。碳原子与其他元素有各种不同形式的结合,由此决定了这些化合物的多样性。

按照碳素营养方式的不同,可将植物分为两种:一种只能以现成有机物作为营养,这类植物称为异养植物,如某些微生物和极少数高等植物;另一种是可以利用无机碳化合物作为营养,并且把它合成有机物,这类植物称为自养植物,如绝大多数高等植物和少数微生物。

自养植物吸收 CO_2 并将其转变成为有机物质的过程,称为植物的碳素同化作用。植物碳素同化作用包括细菌光合作用、绿色植物光合作用和化能合成作用3种类型。在这3种类型中,绿色植物的光合作用最广泛,合成的有机物质也最多,与人类的关系最密切,因此,本章重点阐述绿色植物的光合作用。

光合作用的概念、意义、叶绿体及有关色素

7.1 光合作用的概念及其意义

7.1.1 光合作用的概念及其特点

1)光合作用的概念

绿色植物利用光能，将所吸收的二氧化碳和水合成有机物，并放出氧气的过程，称为光合作用。常用下列化学式来表示光合作用的总反应。

$$CO_2 + H_2O \xrightarrow[\text{绿色植物}]{\text{光}} (CH_2O) + O_2 \uparrow$$

式中，(CH_2O)代表碳水化合物，它和氧气是光合作用的产物。

2)光合作用的特点

光合作用有3个突出特点：水被氧化到放出氧气的水平；二氧化碳被还原到合成碳水化合物的程度；光合作用是地球上最重要的、利用光能的化学（氧化还原）反应过程，即发生了光能的吸收、转换与储存。

7.1.2 光合作用的意义

1)蓄积太阳能量

光合作用在将二氧化碳和水合成有机物质的同时，把太阳投射到绿色植物表面的一部分辐射能转换为化学能，储藏在合成的有机物中，因此光合作用是地球上转化太阳能的最主要过程，是我们一切粮食和燃料的最初来源。工、农业动力用的煤炭、石油及天然气等，均是很早以前植物通过光合作用积累的日光能。光合作用是一种最大的转化太阳能的过程。因此可以把绿色植物看成一个巨大的能量转换站。

2)制造有机物

植物通过光合作用，将无机物转变为有机物。地球上的植物每年通过光合作用合成约5×10^{11} t有机物，其数量之大、种类之多，是十分惊人的。人类所需的粮食、蔬菜、水果、纤维、油料、木材及药材等都来自植物光合作用。

3)调节大气成分、带动生态良性循环

在光合作用中，绿色植物不断地从自然界中吸收二氧化碳，同时释放氧气，它是地球上一切需氧过程所必需的氧源。可见绿色植物的光合作用可调节大气成分，使大气成分保持相对稳定，因而人们把绿色植物看成一个自动的空气净化器。此外，由于氧气的释放和积累，一部分氧气转化为臭氧，在大气上层形成一个屏障，它能吸收太阳光中对生物有害的强紫外辐射，对生物起了很好的保护作用。

人类和一切需氧生物的生活、呼吸（生物氧化）就是分解生物体内功能期已过的有机物过程，动植物残体的氧化、燃烧也是分解有机物的过程，这些过程均消耗氧气，释放二氧化碳和水，

将有机物归还大自然。而绿色植物从自然界吸收来的二氧化碳和水合成新的有机物,不仅解决了绿色植物本身的生命活动所需要的营养(补充功能有机物);同时,也维持了非绿色植物、动物和人类的生命,即重建新的生物体。这就带动了自然界生态良性大循环。

由此可知,光合作用是地球上一切生命存在和发展的根本源泉,特别是人类生活和生产的物质来源、能量来源。

7.2 叶绿体和光合色素

植物的光合作用,是在绿色细胞的叶绿体中进行的。叶绿体具有特殊的结构,并含有多种色素,这是和它的光合作用机能相适应的。

7.2.1 叶绿体的形态结构及化学成分

1)叶绿体的形态、大小

高等植物的叶绿体,多数为扁平椭圆形的小颗粒,平均直径 5 ~7 μm,厚 1 ~3 μm,分布在细胞质中,每个绿色细胞含有数十个到数百个。据统计,每平方毫米的蓖麻叶子中叶绿体的数目多达数十万个。因此,叶绿体的总表面积要比叶子面积大得多,这有利于对日光能和空气中二氧化碳的吸收。

2)叶绿体的结构

叶绿体由叶绿体膜、类囊体和基质 3 部分组成(图 7.1)。

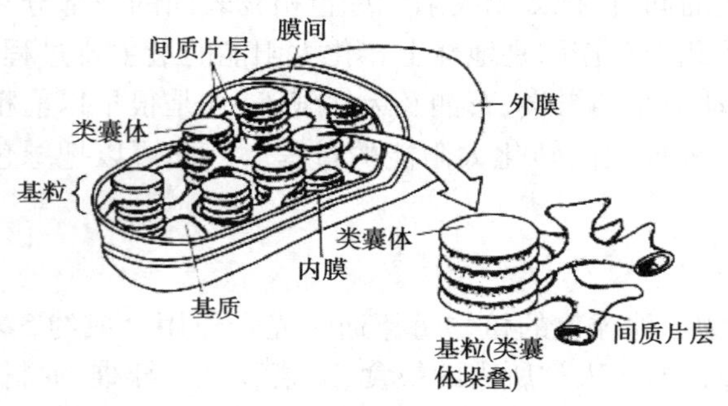

图 7.1 叶绿体超微结构(立体)图解

(沈建忠《植物与植物生理学》,2006)

(1)叶绿体膜 也称为被膜,由两层单位膜构成,外膜透性强,内膜透性差。内外两层膜间有间隙,称为膜间隙。

(2)类囊体 由单位膜形成的扁平小囊,是叶绿体的基本结构单位,内含光合作用色素,是进行光能吸收和转化的场所。类囊体膜的形成大大地增加了膜片层的总面积,利于有效地收集光能、增加光反应界面。高等植物的类囊体有两种:一种较大且彼此不重叠,贯穿在基质中,称为基质类囊体,或称为基质片层、基粒间类囊体;另一种较小,可自身或与基质类囊体重叠组成基粒,称为基粒类囊体。

(3)基质 在叶绿体内膜里面和基粒、基质片层之间充满着水溶性的液体,称为基质。其中含有酶类、无机离子、核糖体、淀粉粒等。它是光合作用中碳同化的场所。

3)叶绿体的化学成分

叶绿体的化学成分非常复杂,据测定,各种物质的含量大致如下:水分约占 90%,干物质约占 10%。在干物质中,蛋白质占 40% ~50%,类脂化合物占 20% ~25%,灰分占 12% ~18%,色素约占 10%。

7.2.2 叶绿体的光合色素及其吸收光谱

1)色素的种类

高等植物叶绿体中主要含有 4 种色素(表 7.1)。

表 7.1 高等植物的叶绿体内色素种类

色素类	色素种	分子式	色素种颜色	色素类颜色
叶绿素	叶绿素 a	$C_{55}H_{72}O_5N_4Mg$	蓝绿色	绿色
	叶绿素 b	$C_{55}H_{70}O_6N_4Mg$	黄绿色	
类胡萝卜素	胡萝卜素	$C_{40}H_{56}$	橙黄色	黄色
	叶黄素	$C_{40}H_{56}O_2$	金黄色	

这 4 种色素都不溶于水,而易溶于酒精、丙酮、石油醚等有机溶剂中,因此可用酒精等有机溶剂来提取。但在不同溶剂中,各种色素的溶解度不同,因此可利用这一特性将 4 种色素分离开来。

2)光合色素分子结构的特点

(1)叶绿素分子结构的特点　叶绿素分子的形状好像一个蝌蚪(图 7.2)。头部是一个卟啉环,环的中央为一镁原子,由于镁原子偏向于带正电荷,与它相邻近的氮原子则偏向于带负电荷,因此有极性,能吸引水分子,使得头部具亲水性。尾部是一条长链状的叶绿醇,它能与脂类化合物结合,因而具有亲脂性。

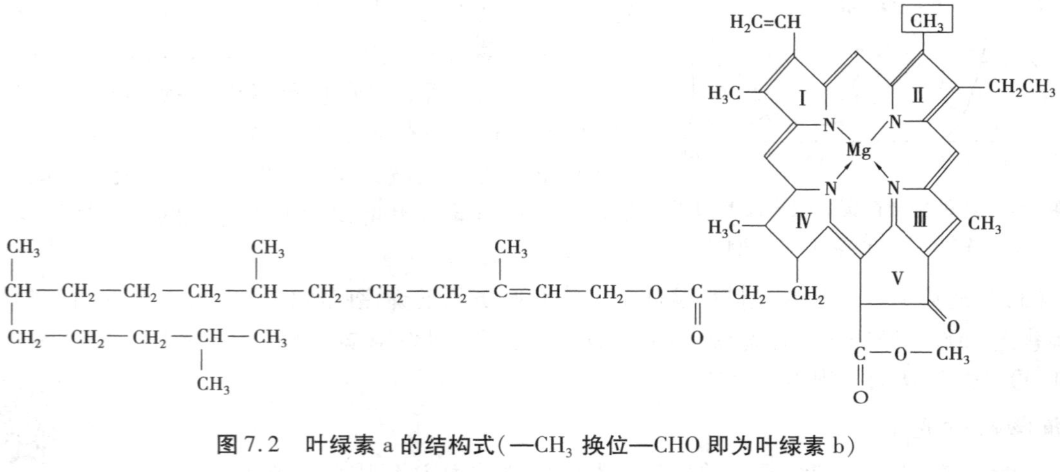

图 7.2 叶绿素 a 的结构式(—CH_3 换位—CHO 即为叶绿素 b)

(陈忠辉《植物与植物生理》,2007)

叶绿素分子的另一结构特点是头部具一系列共轭双键,也就是有一个大 π 键,其中的电子容易被光激发,这是叶绿素分子所以能引起光化学反应的基本特性。

(2)类胡萝卜素分子结构的特点　类胡萝卜素是由 8 个异戊二烯形成的四萜,含有一系列的共轭双键,分子的两端各有一个不饱和的取代的环己烯,即紫罗兰酮环(图 7.3)。

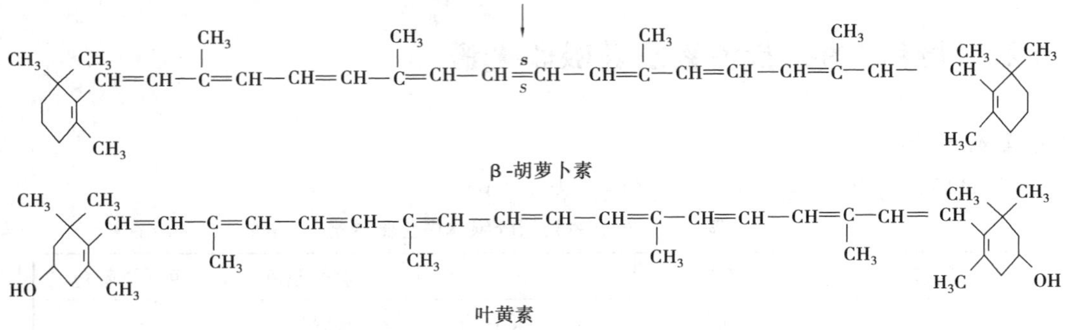

β-胡萝卜素

叶黄素

图 7.3　β-胡萝卜素和叶黄素的分子结构

(陈忠辉《植物与植物生理》,2007)

胡萝卜素是不饱和的碳氢化合物,有 α,β,γ 3 种同分异构体,其中以 β-胡萝卜素在植物体内含量最多。叶黄素是由胡萝卜素衍生的醇类,也称为胡萝卜醇,通常叶片中叶黄素与胡萝卜素的含量之比约为 2∶1。

3)光合(叶绿体)色素的光学特性

(1)光合色素的吸收光谱　让太阳光通过三棱镜,可以看到红、橙、黄、绿、青、蓝、紫 7 种颜色。这 7 色连续的光谱,称为太阳光谱。如果把光合色素的提取液放在太阳光和三棱镜之间,由于一些光被光合色素吸收了,结果通过三棱镜之后形成的光谱便出现一些暗带,这种光谱称为光合色素的吸收光谱。

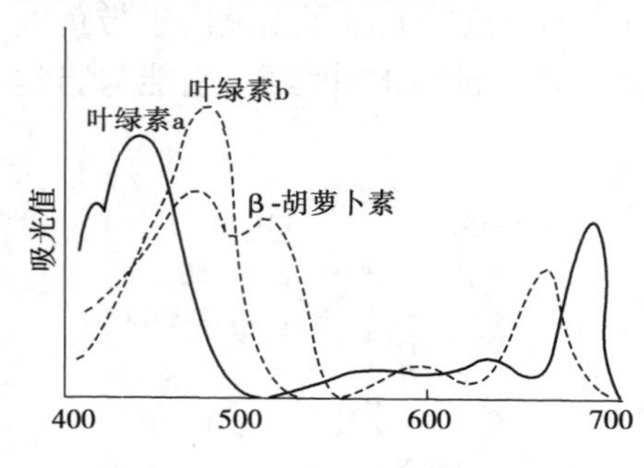

图 7.4　几种光合色素吸收光谱的曲线

(陈忠辉《植物与植物生理》,2007)

(2) 叶绿素的吸收光谱　从叶绿素 a 和叶绿素 b 的吸收光谱可以看到,红光部分呈现一条很宽的暗带,蓝紫光部分也有较宽的暗带,而绿光部分仍是绿的。说明它们吸收红光最多,其次是蓝紫光,而对绿光几乎不吸收。从叶绿素 a 和叶绿素 b 的光谱吸收曲线上,可以看到,两者较为相近,在蓝紫光(430 ~ 450 nm)和红光区(640 ~ 660 nm)都有一个吸收高峰,但叶绿素 a 在红光区的吸收带偏向长波方向,在蓝紫光区的吸收带偏向短波方向。叶绿素 a 和叶绿素 b 对绿光的吸收都很少,故呈绿色(图 7.4)。

(3)类胡萝卜素的吸收光谱　从胡萝卜素和叶黄素的光谱吸收曲线上可以看到,它们只吸收蓝紫光(400 ~ 500 nm),但蓝紫光部分吸收的范围比叶绿素宽一些(图 7.4),它们基本不吸收红、橙、黄光,从而呈现橙黄色或黄色。

4)植物的叶色

一般来说,叶片中叶绿素与类胡萝卜素的比值约为 3∶1,因此正常的叶片总呈现绿色。秋天或在不良的环境中,叶片中的叶绿素较易降解,数量减少,而类胡萝卜素比较稳定,因此叶片呈现黄色。类胡萝卜素总是和叶绿素一起存在于高等植物的叶绿体中,此外也存在于果实、花冠、花粉、柱头等器官的有色体中。一般阳生植物叶片的叶绿素 a/b 比值约为 3∶1，而阴生植物的叶绿素 a/b 比值约为 2.3∶1。叶绿素 b 含量的相对提高就有可能更有效地利用漫射光中较多的蓝紫光，因此叶绿素 b 有阴生叶绿素之称。

太阳光的直射光含红光较多，散射光含蓝紫光较多，因此，植物不但在直射光下可保持较强的光合作用，而且在阴天或背阴处，也可通过吸收蓝紫光进行一定强度的光合作用，这是植物在长期进化过程中形成的一种特性。

7.2.3 叶绿素的合成及其条件

叶绿素和植物体内其他有机物质一样，经常地更新。据测定，菠菜的叶绿素，72 h 后更新 95.8%；烟草的叶绿素，19 d 后更新 50%；不同植物的叶绿素更新速度是不相同的。叶绿素的生物合成过程十分复杂，其中的某些步骤至今尚不完全清楚。叶绿素的形成和解体，与光照、温度、水分和矿质营养的关系极为密切。

1）叶绿素的生物合成

叶绿素的生物合成可分为两个阶段。

（1）与光无关的酶促反应阶段　谷氨酸或 α-酮戊二酸是合成叶绿素的起始物质，它们经一系列有机物和镁等离子的参与及酶的催化，合成出 Mg-原卟啉，再经甲基化反应变为原叶绿酸酯。

（2）与光有关的转化阶段　原叶绿酸酯经光照射加氢变为叶绿酸酯 a，然后与叶绿醇结合即成叶绿素 a。叶绿素 a 氧化即形成叶绿素 b。

2）影响叶绿素合成的外界条件

（1）光照　光是叶绿素形成的必要条件。生长在黑暗中的植物，绝大多数呈黄色，见光后很快转变为绿色，这是由于在黑暗中形成的原叶绿酸酯（无色），在光下被还原成为叶绿酸酯 a，进而与叶绿醇结合转化为叶绿素的缘故。

（2）温度　叶绿素的形成要求一定的温度。早春的作物幼苗和萌发的树木幼芽，常呈黄绿色，就是因为低温影响着叶绿素的形成。一般叶绿素形成的最低温度为 2～4 ℃，最高温度为 40 ℃，最适温度为 26～30 ℃。

（3）水分及氧含量　叶片缺水，不仅叶绿素的形成受阻，而且会加速分解。因此当干旱时叶子会变黄。氧含量不足时，不能合成叶绿素。但一般情况下，地上部不会由于缺氧而影响叶绿素合成。

（4）营养元素　叶绿素的形成必须有一定的营养元素。植物的矿质营养状况，特别是叶片含氮量与叶绿素含量和叶色呈正相关，因为氮是叶绿素的组成元素，缺氮时，叶色浅绿；氮多时，叶色深绿，生产上常以叶色深浅来判断植物的氮素营养状况。另外，植物缺镁、铁、铜、锰、锌等元素时，也表现缺绿。因为镁是叶绿素的组成成分；铁、锰等是形成叶绿素必不可少的条件。此外，叶绿素的形成还受遗传因素控制。如水稻、玉米的白化苗以及花卉中的斑叶不能合成叶绿素。有些病毒也能引起斑叶。

光合作用的机理及影响因素

7.3 光合作用的机理

7.3.1 光合作用的过程

1)光反应、暗反应在叶绿体内的空间位置

光合作用的过程在植物体内是连续进行的,并不是全过程都需要光。为了研究方便,将全过程分为3个步骤:首先是原初反应——光能的吸收传递与转化(光能转化成电能);其次是电子传递与光合磷酸化——电能转化成活跃的化学能(同化力的产生);最后是二氧化碳的同化——活跃的化学能转化成稳定的化学能(碳水化合物的合成)。其中第一、第二步需要在有光的情况下才能进行,一般称为光反应,第三步则在光下或暗中均可进行,为了与光反应相区别,一般称为暗反应。

在绿色细胞内,光合作用各步骤在空间的位置是一定的。原初反应,电子传递与光合磷酸化是在叶绿体内的类囊体上进行,二氧化碳的同化则是在叶绿体的基质中进行,各步骤既有一定的隔离,又有密切联系。

2)原初反应

原初反应是指叶绿素分子被光激发而引起第一个光化学反应的过程。

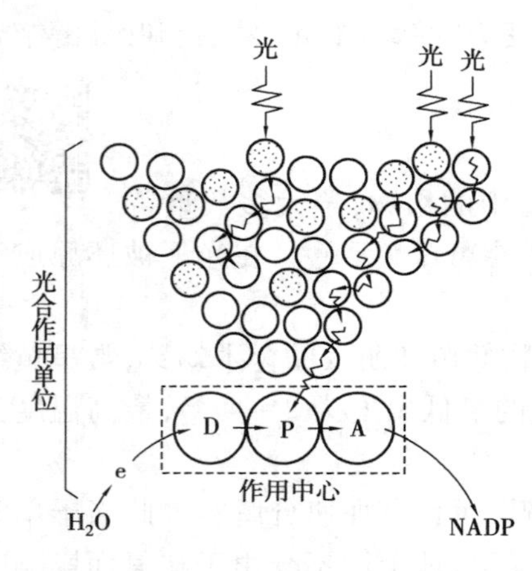

图7.5 光能的吸收与传递

(陈忠辉《植物与植物生理》,2007)

O—“天线色素”;P—作用中心色素分子;D—电子供体;A—电子受体;e—电子

(1)光能的吸收与传递　高等植物体内的4种色素均能吸收光能,但它们并不起光化学反应,而只是把吸收的光能传递到一个中心(P680,P700),即一种特殊状态的叶绿素a。中心以外的所有色素统称为“天线色素”,它们只起吸收光能和传递光能的作用(图7.5)。

(2)光化学反应(光能转化成电能)　能量传到作用中心的色素光系统Ⅱ(需要较短波长的红光680 nm,简称为PSⅡ)和光系统Ⅰ(需要长波红光700 nm,简称为PSⅠ)才起光化学反应,引起电荷分离,把电子交给一个受体(A),再从一个供体(D)取回电子,也就是发生一个还原和氧化的反应。光系统Ⅱ的最终电子供体是水,光系统Ⅰ的最终电子受体是辅酶Ⅱ($NADP^+$),辅酶Ⅱ得到电子并还原成为还原态辅酶Ⅱ($NADPH + H^+$)。这样光能就转变成了电子的能量,储存在还原态的电子受体中(图7.5)。

3)电子传递与光合磷酸化

(1)电子传递系统　关于电子传递系统,当前较公认的是Z形光合链(图7.6)。

光合链是由PSⅡ,PSⅠ和若干电子传递体,按一定的氧化还原电位依次排列而成的体系。在两个光系统之间,有一系列的电子递体,如质体醌(PQ)、细胞色素(Cyt)和质体蓝素(PC)形成电子传递链，有的电子递体在接收和送出电子的同时，还接收和释放氢离子（质子 H^+），因此也是质子传递体如质体醌（$PQ + H^+ + e^- = PQH$）；在“Z”链的起点，水是最终的电子供体；在“Z”链的终点，$NADP^+$ 是电子的最终受体。在整个链的电子传递中，只有两处[P680→(P680)*，P700→(P700)*]是逆氧化还原电位梯度并需光能推动的需能反应，而其余的电子传递过程都是顺着能量的梯度自发进行的。

（2）光合磷酸化作用　光下，在叶绿体膜上，由光推动的光合电子传递放能驱动 ADP 和 Pi（无机磷酸）磷酸化成 ATP 储能的偶联反应，称之为光合磷酸化作用。可见它是与电子传递偶联起来的。由于电子传递方式的不同，光合磷酸化过程主要有两种（图 7.6）。

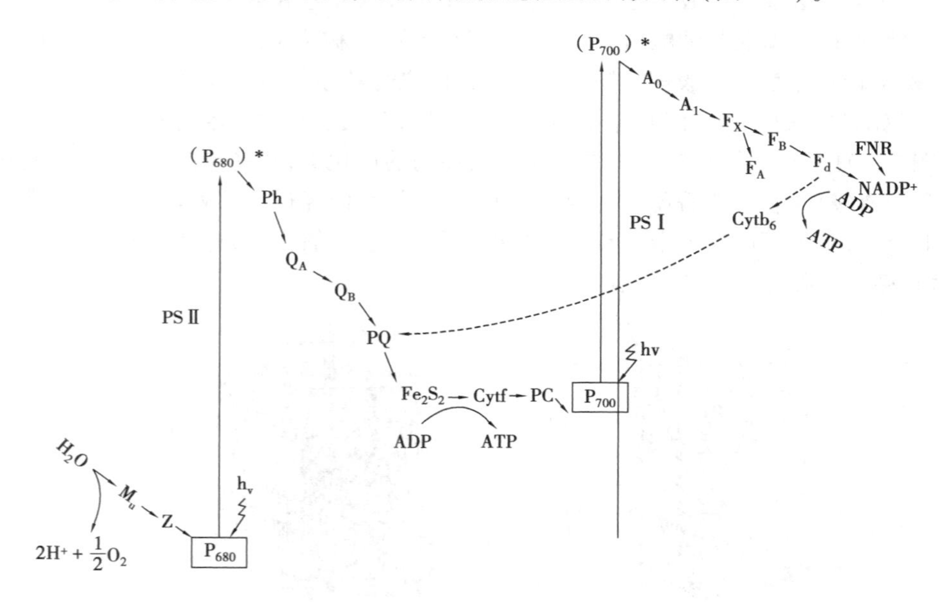

图 7.6　光合作用中的两个光化学反应和电子传递

（沈建忠《植物与植物生理学》，2006）

Q—光系统Ⅱ的电子受体；PQ—质体醌；Cty—细胞色素；PC—质体蓝素；

Fx—光系统Ⅰ的电子受体；Fd—铁氧还蛋白

①环式的光合磷酸化　光合电子只在 PSⅠ光系统中，被光加能推动，经由若干个电子传递体的传递，最后又回到了 PSⅠ光系统中，形成一个循环。伴随着这条环式电子传递途径所偶联的磷酸化作用只产生 ATP，无水的光解、氧气的释放和 NADPH 的形成。它是光合电子传递中产生 ATP 的补充形式，因此只占总量的 30% 左右。

②非环式的光合磷酸化　是与开链式的电子传递方式相偶联的磷酸化过程。水光解产生的电子在 PSⅡ，PSⅠ两个光系统中，经光的两次加能推动，沿着“Z”链途径上的电子传递体，最终到达 $NADP^+$，形成 NADPH。伴随着这条电子传递途径所偶联的磷酸化作用有 ATP 的产生、水的光解、氧气的释放和 NADPH 的形成。它是光合电子传递和产生活化能的主要形式，在通常情况下它占总量的 70% 以上。

在光化学反应和光合磷酸化作用中，形成的还原态辅酶Ⅱ（NADPH）和腺三磷（ATP）均是高能物质，暂时储存着活跃的化学能，在二氧化碳还原同化过程中，提供氢和能量，进而驱动碳素同化，因此统称为“同化力”。

4)光合碳同化

植物在利用光反应中形成的同化力(NADPH 和 ATP),把二氧化碳还原、转化成为稳定的碳水化合物的过程中,进而将活跃的化学能转化成稳定的化学能,称为二氧化碳同化或碳同化。根据碳同化过程中最初产物所含碳原子的数目以及碳代谢的特点,碳同化途径可分多条。这里主要介绍普遍存在的 C_3 和 C_4 途径。其中,C_3 途径是最基本的二氧化碳同化途径,因为只有 C_3 途径具有合成蔗糖、淀粉、脂肪和蛋白质等光合产物的能力,其他途径只起着固定、转运或暂存二氧化碳的作用,不能单独形成光合产物。

(1)C_3 途径　这条途径最早是由卡尔文等提出的,故称为卡尔文循环。由于这条途径中二氧化碳固定后形成的磷酸甘油酸(PGA)为三碳化合物,又称为 C_3 途径(图 7.7)。由于这个循环中的二氧化碳受体是二磷酸核酮糖(RuBP),也谓之为还原的磷酸戊糖途径。

只具有 C_3 循环的植物,称为 C_3 植物,如小麦、棉花、大豆和大多数树木等。

从(图 7.7)中可以看出,空气中的二氧化碳在酶的催化下,与受体二磷酸核酮糖(RuBP)作用,生成两个磷酸甘油酸,然后还原为两个磷酸甘油醛,它们经过一系列转酮、转醛、磷酸化等反应,固定 1 个碳,又重新产生 1 个二磷酸核酮糖,再去结合二氧化碳,这样需要 6 次循环,才能形成 1 个六碳糖。六碳糖再聚合成蔗糖、淀粉等。

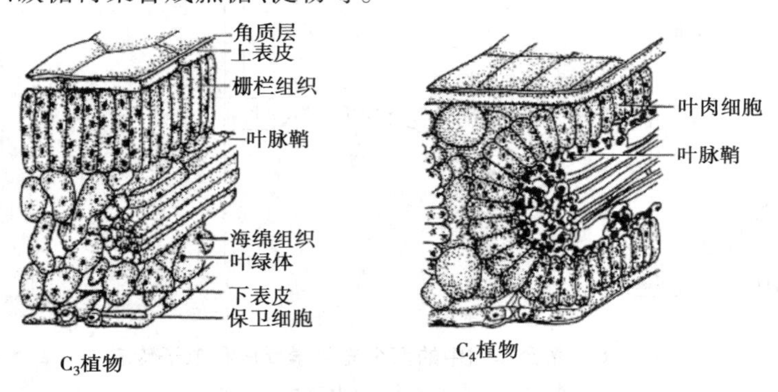

图 7.7　C_4 植物和 C_3 植物叶片解剖结构的比较

(2)C_4 途径(C_4 二羧酸途径)　20 世纪 60 年代中期由哈奇—斯拉克等人发现一些起源于热带的植物如玉米、高粱、甘蔗等,它们固定二氧化碳时其受体是磷酸烯醇式丙酮酸(PEP),最初产物不是磷酸甘油酸,而是草酰乙酸(OAA)等 4 个碳的二羧酸,因此把这一固定二氧化碳的途径,称为 C_4 途径(图 7.9)。而把通过 C_4 途径固定二氧化碳的植物,称为 C_4 植物,这类植物大多起源于热带或亚热带,主要集中于禾本科、莎草科、菊科、苋科、藜科等 20 多个科的 1 300 多种植物中。其中禾本科占 75%,但农作物中却不多,只有玉米、高粱、甘蔗、黍与粟等数种适合于高温、强光与干旱条件下生长的植物。

(3)C_4 植物的光合特征　C_4 植物具有光合效率高,光呼吸很低的特征。经过对大量植物进行测定,结果发现 C_3 植物的光呼吸比一般植物高 3 ~ 5 倍,因而称它为高光呼吸植物;而 C_4 植物的光呼吸仅为 C_3 植物的 2% ~ 5%,故相对地称它为低光呼吸植物。由于 C_4 植物光呼吸很低,因此它的净光合强度比 C_3 植物高得多。C_4 植物的光呼吸很低,净光合强度高的原因是和它的叶片具有特殊结构密切相关的(图 7.7)。

从图 7.7 可以看出,C_3 植物与 C_4 植物叶片的结构有明显的差异。C_4 植物叶片围绕着维管束有两类不同功能的光合细胞紧密排列，内层为维管束鞘细胞，其外为一至数层叶肉细胞，两类细胞之间有许多胞间连丝相连；这些维管束鞘发达并内含大型的叶绿体。而 C_3 植物却无这种结构，维管束鞘细胞小，周围的叶肉细胞排列较松散；只有叶肉细胞内含有叶绿体，因此维管束鞘细胞不积存淀粉。

C_4 植物叶的这种结构特征，使得空气中的二氧化碳在叶肉细胞中，在酶的催化与受体磷酸烯醇式丙酮酸（PEP）作用下，生成草酰乙酸，草酰乙酸在脱氢酶催化下还原为苹果酸（也可在天冬氨酸转氨酶催化下形成天冬氨酸），苹果酸运进维管束鞘细胞经脱羧释放二氧化碳进入卡尔文循环；脱羧后形成的丙酮酸转回到叶肉细胞，再转化为二氧化碳受体 PEP（图 7.9）。

C_4 植物同化二氧化碳的方式实际上是在 C_3 途径的基础上，多一个固定二氧化碳途径，叶肉细胞中的 C_4 途径起到了浓缩二氧化碳（有人称它为二氧化碳泵）的作用，它为维管束鞘中进行的 C_3 途径提供较高浓度的二氧化碳，从而使 C_4 植物同化二氧化碳的能力比 C_3 植物强，二氧化碳补偿点低，光合效率也比较高。

C_4 植物光呼吸很低而净光合强度高的原因有 3 个方面：

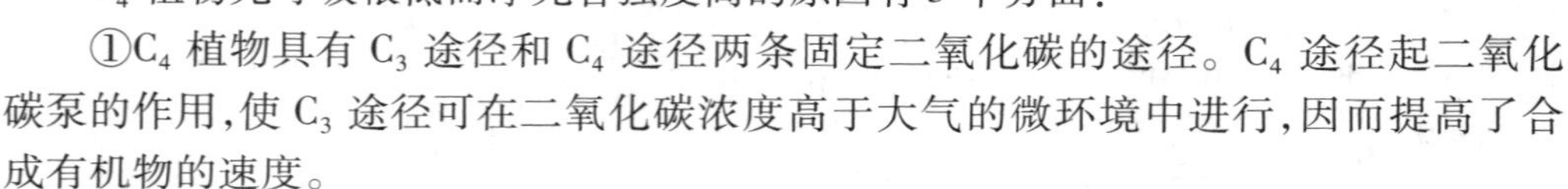

①C_4 植物具有 C_3 途径和 C_4 途径两条固定二氧化碳的途径。C_4 途径起二氧化碳泵的作用，使 C_3 途径可在二氧化碳浓度高于大气的微环境中进行，因而提高了合成有机物的速度。

②C_4 植物光呼吸低。由于维管束鞘细胞内二氧化碳浓度的提高，抑制了光呼吸基质乙醇酸的形成，因此降低了光呼吸，减少了消耗。

③C_4 植物的二氧化碳补偿点比 C_3 植物低。在维管束鞘细胞内伴随着 C_3 途径也进行光呼吸，放出二氧化碳，但由于叶肉细胞排列紧密，放出的二氧化碳也容易被叶肉细胞收集重新利用，因而二氧化碳由气孔放出很少或不放出。

④C_4 植物的耐旱能力比 C_3 植物强。由于 C_4 植物能利用低浓度的二氧化碳，因此即使在外界干旱，气孔关闭时，仍能利用细胞间隙含量极低的二氧化碳，继续生长，而 C_3 植物则不行。因此在干旱环境中，C_4 植物比 C_3 植物生长较好。

⑤C_4 植物固定二氧化碳的能力比 C_3 植物强。C_4 植物的 PEP 羧化酶对二氧化碳的亲和力较 C_3 植物的 RuBP 羧化—加氧酶对二氧化碳的亲和力高 65 倍，因此，C_4 植物的净光合速率比 C_3 植物快得多，尤其是在二氧化碳浓度低的环境下相差更为悬殊。

应当指出，C_4 植物起源于热带，它的高光合效率是与高温，高光照强度的生态环境相适应的，如果在光照强度较弱和天气温和的条件下，其光合效率就有可能赶不上 C_3 植物。

7.3.2　光合作用的生化途径

1）C_3 途径的生化过程

C_3 途径是光合碳代谢中最基本的循环，是所有放氧光合生物所共有的同化二氧化碳的途径，整个循环如图 7.8 所示，由 RuBP 开始至 RuBP 再生结束，共有 14 步反应，均在叶绿体的基质中进行。全过程分为羧化、还原、再生 3 个阶段。

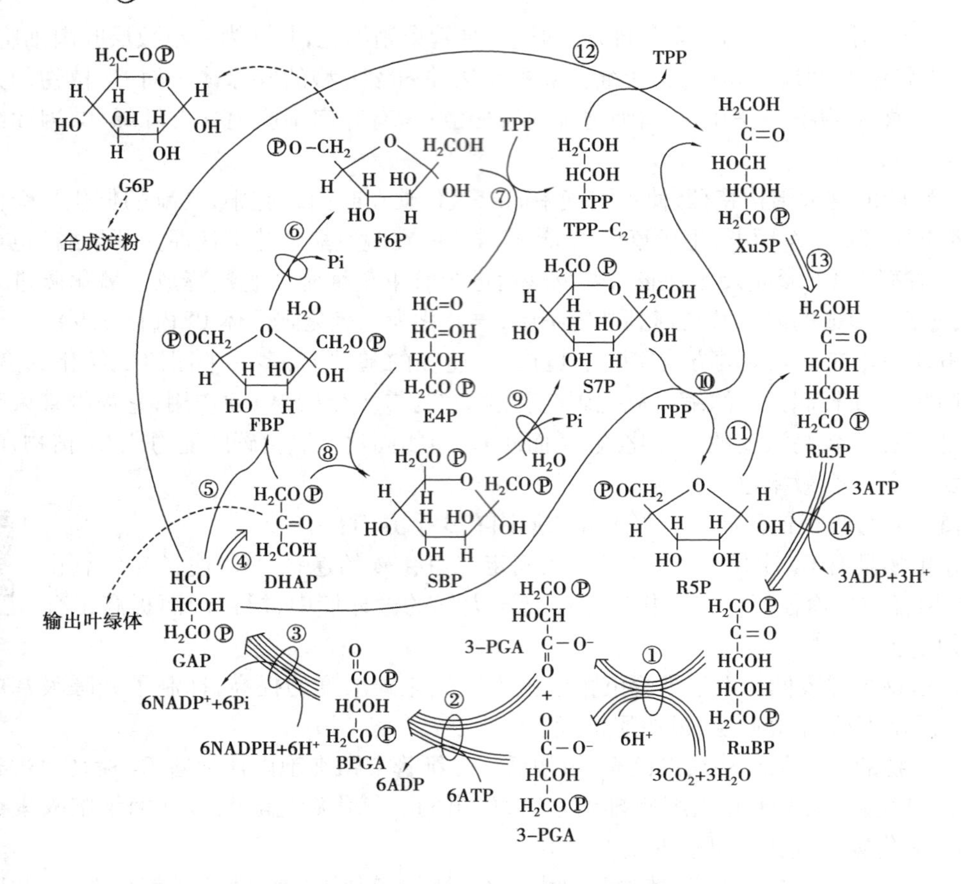

图 7.8　卡尔文循环(光合碳还原循环)

代谢产物名:RuBP. 1,5-二磷酸-核酮糖;PGA. 3-磷酸甘油酸;BPGA. 1,3-二磷酸甘油酸;GAP. 3-磷酸-甘油醛;DHAP. 磷酸二羟丙酮;FBP. 1,6-二磷酸-果糖;F6P. 6-磷酸-果糖;E4P. 4-磷酸-赤藓糖;SBP. 1,7-二磷酸-景天庚酮糖;S7P. 7-磷酸景天庚酮糖;R5P. 5-磷酸-核糖;Xu5P. 5-磷酸-木酮糖;Ru5P. 5-磷酸-核酮糖;G6P. 6-磷酸-葡萄糖;TPP. -焦磷酸硫胺 TPP-C2. TPP 羟基乙醛

参与反应的酶:①二磷酸核酮糖羧化酶/加氧酶;②3-磷酸甘油酸激酶;③$NADP^+$-3-磷酸-甘油醛脱氢酶;④磷酸丙糖异构酶;⑤、⑧醛缩酶;⑥1,6-二磷酸-果糖(酯)酶;⑦、⑩、⑫转酮酶;⑨1,7-二磷酸-景天庚酮糖(酯)酶;⑪5-磷酸-核酮糖表异构酶;⑬5-磷酸-核糖异构酶;⑭5-磷酸-核酮糖激酶

注:实线表示循环中的各反应,虚线表示从循环中输出产物,实线的数目表示循环一周此反应的顺序,有圈的部分表示催化此反应的酶被光活化。

(1)羧化阶段　指进入叶绿体的二氧化碳与受体 1,5 二磷酸核酮糖(RuBP)结合,并水解产生 3-磷酸甘油酸(PGA)的反应过程(图 7.8 中的反应①)。以固定 3 个分子的二氧化碳为例:

$$3RuBP + 3CO_2 + 3H_2O \longrightarrow 6PGA + 6H^+$$

羧化阶段分两步进行,即羧化和水解:在二磷酸核酮糖羧化酶作用下 RuBP 的 C_2 位置上发生羧化反应形成 1, 5-二磷酸-2-羧基-3-酮基阿拉伯糖醇,它是一种与酶结合不稳定的中间产物,被水解后产生 2 mol PGA。

(2)还原阶段　利用同化力将 PGA 还原为 3-磷酸-甘油醛(GAP)的反应过程(图 7.8 中的反应②、③):

$$6PGA + 6ATP + 6NADPH + 6H^+ \longrightarrow 6GAP + 6ADP + 6NADP^+ + 6Pi$$

此阶段有两步反应:磷酸化和还原。磷酸化反应由 PGA 激酶催化,还原反应由 NADP-GAP 脱氢酶催化。羧化反应产生的 PGA 是一种有机酸,要达到糖的能级,必须使用光反应中生成的同化力,ATP 与 NADPH 能使 PGA 的羧基转变成 GAP 的醛基。当二氧化碳被还原为 GAP 时,光合作用的储能过程便基本完成。

(3)再生阶段　由 GAP 重新形成 RuBP 的过程(图 7.8 中的反应④—⑭):

$$5GAP + 3ATP + 2H_2O \longrightarrow 3RuBP + 3ADP + 2Pi + 3H^+$$

这里包括形成磷酸化的 3,4,5,6 和 7 碳糖的一系列反应。最后由 5-磷酸-核酮糖激酶(Ru5PK)催化,消耗 1 mol ATP,再形成 RuBP。

可见,每同化 1 个二氧化碳需要消耗 3 个 ATP 和两个 NADPH,还原 3 个二氧化碳可输出 1 个磷酸丙糖,固定 6 个二氧化碳可形成 1 个磷酸已糖。形成的磷酸丙糖可运出叶绿体,在细胞质中合成蔗糖或参与其他反应;形成的磷酸已糖则留在叶绿体中转化成淀粉而被临时储藏。

2)C_4 途径的生化过程

C_4 途径中的反应虽因植物种类不同而有差异,但基本上可分为羧化、还原或转氨基化、脱羧和受体再生 4 个阶段(图 7.9)。

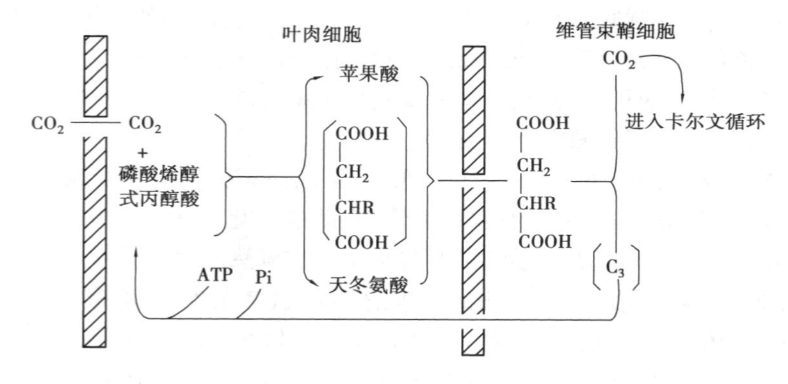

图 7.9　C_4 植物碳同化途径

(1)羧化(固定)阶段　在叶肉细胞质中,由磷酸烯醇式丙酮酸(PEP)羧化酶催化,PEP 与 HCO_3^- 结合,生成草酰乙酸(OAA)。

(2)还原阶段或转氨基阶段　OAA 或者在 NADP-苹果酸脱氢酶作用下被还原为苹果酸(MAL),该反应在叶肉细胞的叶绿体中进行;OAA 或者在天冬氨酸转氨酶催化下,接受谷氨酸的氨基,生成天冬氨酸(ASP),该反应在叶肉细胞的细胞质中进行。

(3)脱羧阶段　已形成的 MAL 和 ASP 由叶肉细胞通过胞间连丝进入维管束鞘细胞中脱羧。脱羧因植物种的不同,脱羧酶系的不同至少有 3 种类型。

①NADP-苹果酸酶类型　在维管束鞘的叶绿体内 MAL 脱羧(并释放二氧化碳)生成丙酮酸,丙酮酸由维管束鞘细胞再返回到叶肉细胞。

②NAD-苹果酸酶类型　进入维管束鞘细胞中的 ASP 先经天冬氨酸转氨酶的作用形成 OAA,后 OAA 再经①的酶的催化生成 MAL,然后,MAL 在此酶的催化下脱羧(并释放二氧化碳)生成丙酮酸。这些过程都在维管束鞘细胞中的线粒体中完成,生成的丙酮酸在细胞质中由丙氨酸氨基转移酶催化下形成丙氨酸,然后进入叶肉细胞。

③PEP羧激酶类型　在维管束鞘细胞内,ASP经天冬氨酸氨基转移酶催化下转氨基后形成OAA, OAA再在PEP羧激酶的催化下脱羧(并释放二氧化碳)变成PEP。生成的PEP可能直接进入叶肉细胞,也可能先转变为丙酮酸,再形成丙氨酸进入叶肉细胞。

上述3种类型反应脱羧释放的二氧化碳都进入维管束鞘细胞的叶绿体中,由C_3途径同化。C_4植物在维管束鞘细胞中均发生脱羧释放二氧化碳反应,使维管束鞘细胞内二氧化碳浓度大大提高,因此C_4途径中的脱羧起着"CO_2泵"作用。C_4植物这种浓缩二氧化碳的效应,提高了RuBP羧化酶的活性,使二氧化碳同化速率提高,进而能抑制光呼吸。

(4)受体再生阶段　返回叶肉细胞的丙酮酸,在磷酸丙酮酸双激酶催化下,再变成PEP,重新作为二氧化碳的受体;进入叶肉细胞的丙氨酸,经过转氨作用转变为丙酮酸,再续上述反应形成PEP。

由于PEP底物再生需消耗两个ATP,这使得C_4植物同化1个二氧化碳需消耗5个ATP与两个NADPH。

3)光呼吸

(1)光呼吸的概念　植物的绿色细胞在光下除进行一般的呼吸外,还进行一种与一般呼吸特性显著不同的呼吸。人们把植物的绿色细胞在照光条件下,由光引起的吸收氧气并放二氧化碳的过程,称为光呼吸。光呼吸是相对于暗呼吸而言的。一般的细胞都有暗呼吸,即通常所说的呼吸作用,它不受光的直接影响,在光下和暗中都可进行。但光呼吸只有在光下才能进行,而且光呼吸是与光合作用密切相关的,它是伴随着光合作用的进行才发生的呼吸。

(2)光呼吸的过程——乙醇酸的氧化途径

①光呼吸基质乙醇酸的产生　光呼吸的呼吸基质是乙醇酸,它是在叶绿体中由二磷酸核酮糖(RuBP)转化而来。RuBP羧化酶具有双重活性,它既能催化RuBP的羧化(即加二氧化碳),又能催化RuBP的加氧。这种酶现称为RuBP羧化酶—加氧酶。它的活性决定于大气中二氧化碳和氧气的相对浓度。在高浓度的二氧化碳及低浓度的氧气条件下,有利于羧化反应,它催化RuBP加二氧化碳,产生2 mol磷酸甘油酸(PGA),参与卡尔文循环,促使光合作用加速,抑制光呼吸;而低浓度的二氧化碳及高浓度的氧气有利于加氧反应,它催化RuBP加氧,使RuBP裂解产生1 mol磷酸甘油酸(PGA)和1 mol磷酸乙醇酸,磷酸乙醇酸加水脱去磷酸便生成光呼吸基质乙醇酸(图7.10)。

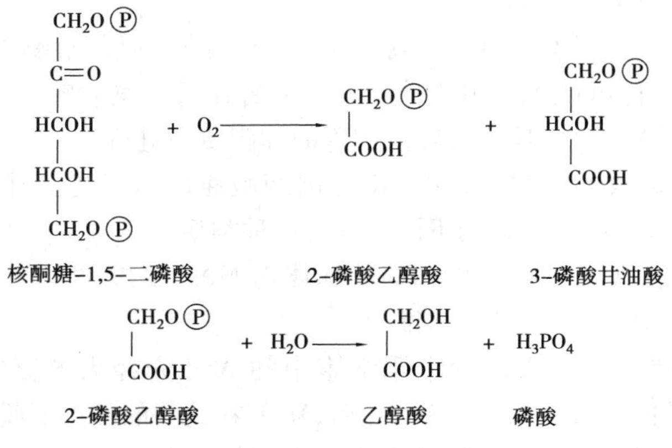

$$\begin{matrix}CH_2O\text{Ⓟ}\\|\\C{=}O\\|\\HCOH\\|\\HCOH\\|\\CH_2O\text{Ⓟ}\end{matrix} + O_2 \longrightarrow \begin{matrix}CH_2O\text{Ⓟ}\\|\\COOH\end{matrix} + \begin{matrix}CH_2O\text{Ⓟ}\\|\\HCOH\\|\\COOH\end{matrix}$$

核酮糖-1,5-二磷酸　　2-磷酸乙醇酸　　3-磷酸甘油酸

$$\begin{matrix}CH_2O\text{Ⓟ}\\|\\COOH\end{matrix} + H_2O \longrightarrow \begin{matrix}CH_2OH\\|\\COOH\end{matrix} + H_3PO_4$$

2-磷酸乙醇酸　　乙醇酸　　磷酸

图7.10　乙醇酸的产生

②光呼吸基质乙醇酸的氧化 乙醇酸是通过光合碳同化循环在叶绿体内形成的，后转移到过氧化体中（图7.11）。在乙醇酸氧化酶作用下，乙醇酸被氧化为乙醛酸和过氧化氢。这一反应以及形成乙醇酸时的加氧反应，就是光呼吸中吸收氧气的反应。乙醛酸在转氨酶作用下，从谷氨酸得到氨基而形成甘氨酸转移到线粒体内，由两分子甘氨酸经甘氨酸脱羧酶作用脱氨基、脱羧基和释放二氧化碳后转变为丝氨酸，又转回到过氧化体。这就是光呼吸中放出二氧化碳的过程。丝氨酸又在过氧化体和叶绿体中得到 NADH 和 ATP 的还原供能，最后转变为3-磷酸甘油酸（PGA），重新参与卡尔文循环。

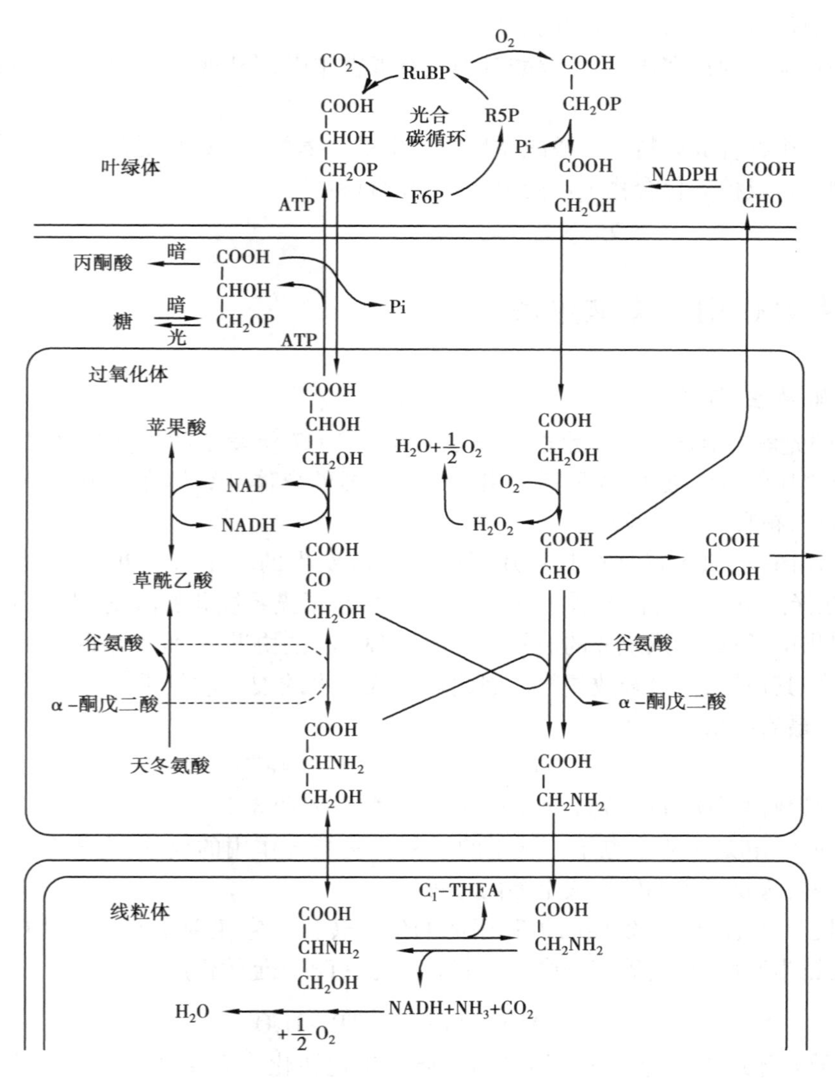

图7.11 乙醇酸循环途径及在细胞内的定位

在整个光呼吸过程中，氧气的吸收发生于叶绿体和过氧化体中，二氧化碳的释放发生在线粒体中。因此，乙醇酸的氧化途径是在叶绿体、过氧化体和线粒体3种细胞器的协同作用下完成的，并且是一个循环过程。

（3）光呼吸的生理意义 光呼吸的生理功能是双刃的。光呼吸在消耗 RuBP，它必然影响光合产物的积累。有人计算,光呼吸能把光合固定的二氧化碳约1/3以上释放掉。光呼吸在高等植物中普遍存在,是不可避免的过程。对植物本身来说,光呼吸又是一种自身防护体系。

①回收碳素　通过乙醇酸循环可回收乙醇酸中的碳素,减少高氧浓度下碳素的浪费。

②维持 C_3 植物光合碳还原循环的运转　在叶片气孔周围二氧化碳浓度低时,光呼吸释放的二氧化碳能被 C_3 途径再度利用,以维持 C_3 循环的运转。

③防止强光对光合机构的破坏　在强光下,光反应中形成的同化力会超过二氧化碳同化的需要,过剩的同化力会对光合膜、光合器官有伤害作用,而光呼吸却可消耗同化力,从而保护叶绿体,免除或减少强光对光合机构的破坏。

④消除对细胞的毒害作用,乙醇酸对细胞有毒害作用,光呼吸则能消除乙醇酸,使细胞免遭毒害。

⑤提供有机物合成原料　乙醇酸循环中产生的甘氨酸、丝氨酸是合成蛋白质所必需的,有的中间产物在合成糖等化合物中可能也是有用的材料。

7.3.3　光合作用的蓄能过程

1)可利用能的生化转化

(1)水的光解与氧的释放　水的光解是希尔于1937年发现的,他将离体的叶绿体加到具有适当氢接受体的水溶液中,光照后放出氧气。这样的离体叶绿体在光下所进行水分解,并放出氧气的反应,被称为希尔反应。

在植物体内,水的光解是在基粒片层的堆叠区发生的。光系统Ⅱ(PSⅡ)的捕光复合体(LHCⅡ)在光照下不断地向光系统Ⅱ提供光能,推动了光系统Ⅱ的激发,进而加速了光系统Ⅱ向光合链提供电子;在光系统Ⅱ的放氧复合体(OECⅡ)的协助下,促使水的光氧化,并把电子送给光系统Ⅱ使其还原,同时释放氧气。因此目前认为水的裂解放氧是一个复杂的动力学过程。综合反应后,最后结果如下式:

$$2H_2O \longrightarrow O_2 + 4H^+ + 4e^-$$

有些实验数据说明,每释放1个氧分子,至少需要吸收8个光量子,光解两个水分子,形成4个氢离子(质子)和送出4个电子。这里的放氧就是光合作用的放氧,电子和氢质子被输送到光合链上传递,这就是光能转变成电能的过程。

(2)伴随环式电子传递发生的可利用能的生化转化　它主要是在基质片层内进行。它在光合演化上较为原始,在高等植物中可能起着补充ATP不足的作用。

$$ADP + Pi \xrightarrow{\text{光}} ATP + H_2O$$

(3)伴随非环式电子传递发生的可利用能的生化转化　它主要是在基粒片层上进行。它在植物可利用能的转化上占主要地位。

$$2NADP^+ + 3ADP + 3Pi \xrightarrow{\text{8个光量子}} 2NADPH + 3ATP + O_2 + 2H^+ + H_2O$$

2)光合作用单位及光合能量转化效率

(1)光合作用单位　原初反应的进行需要由相当多的光合色素分子组成的光合作用单位来完成。那么,光合作用单位该如何划分?它是指每同化1 mol的二氧化碳或释放1 mol的氧气所需光合色素摩尔的数目。可见，它是一个能进行光化学反应的光合机构，这样光合单位就得包括天线色素系统和反应中心。即光合作用单位是指存在于类囊体膜上能进行完整光反应的最小结构单位。由此看来，每释放 1 个氧分子，至少需要吸收 8 个光量子，光解两个水分子，形成 4 个氢离子（质子）和送出 4 个电子，都属于光合作用单位范畴。

（2）光反应中的光能转化效率　光能转化效率是指光合产物中所储存的化学能占光合作用所吸收的有效辐射能的百分率。光反应中，植物把光能转变成化学能储藏在 ATP 和 NADPH 中。每形成 1 mol ATP 需要约 50 kJ 能量，每形成 1 mol NADPH 需要约 220 kJ 能量，在光反应中吸收的能量按 680 nm 波长的光计算，则 8 mol 光量子的能量 E_2 为 1 410 kJ。

如果按非环式电子传递方式：每吸收 8 mol 光量子，形成 2 mol NADPH 和 3 mol ATP 来考虑，8 mol 光量子可转化成的化学能为 E_1，则有：

$$E_1 = 220\ \text{kJ} \times 2 + 50\ \text{kJ} \times 3 = 590\ \text{kJ}$$

能量转化率 =（光反应储存的化学能）/（吸收的光能）$= E_1/E_2 = 590\ \text{kJ}/1\ 410\ \text{kJ} = 42\%$

由此可知，光反应中光能转化效率还是较高的。

（3）C_3 途径中的能量转化效率　以同化 3 个二氧化碳形成 1 个磷酸丙糖为例。在标准状态下每形成 1 mol GAP 储能 1 460 kJ，每水解 1 mol ATP 放能 32 kJ，每氧化 1 mol NADPH 放能 220 kJ，则 C_3 途径的能量转化效率为 91%［1 460/（32 ×9 +220 ×6）］，这是一个很高的值。然而在生理状态下，各种化合物的活度低于 1.0，与上述的标准状态有差异，另外，要维持 C_3 光合还原循环的正常运转，其本身也得消耗能量，因而一般认为，C_3 途径中能量的转化效率在 80% 左右。

7.4 同化产物的运输与分配

同化产物的运输分配及作物产量

高等植物的所有个体都是由根、茎、叶、花、果实和种子等多种器官组成的，这些器官既有分工又相互依存。功能叶是产生同化物的主要器官，所合成的同化物质会不断地向其他器官输送，为它们生长发育提供能量和物质基础或作为储藏物质加以积累。简言之，同化物的运输就是同化物质从植物体的一部分向另一部分的传导。功能叶产生的同化物质，若由于运输不畅或分配不合理，就会影响经济产量的提高，难以实现人们栽培植物的预期目的。因此，掌握、调整植物体内同化物质的运输和分配，对提高作物产量和品质具有实践意义。植物体内的同化物质的运输与分配十分复杂，运输的形式和机理也有许多不同。

7.4.1 光合作用产物

光合作用的产物主要是碳水化合物，包括单糖（葡萄糖、果糖）、双糖（蔗糖）和多糖（淀粉），其中以蔗糖和淀粉最为普遍。有些植物如洋葱、大蒜的光合产物则是葡萄糖和果糖。用示踪原子 ^{14}C 标记的（$^{14}CO_2$）进行实验的结果表明，蛋白质、脂肪和有机酸也都是光合作用的产物。但大多数蛋白质、脂肪和有机酸是通过碳水化合物代谢的中间产物再度合成的。以上述光合产物为基础，通过中间代谢，还可以形成种类繁多的次生产物，例如生长素、维生素、木质素、各种有机酸、植物碱和类萜化合物等。

7.4.2 植物体内同化物的运输

1)同化物的运输系统

在高等植物中,同化物的运输主要采用在细胞内或细胞间进行的短距离运输和通过专门的输导系统进行远距离运输两种形式。木质部和韧皮部都有运输功能。同化物在木质部中运输只能随木质部液流向上作单向移动。在木质部和韧皮部之间,靠维管射线进行少量同化物的横向运输。韧皮部中同化物的运输可上可下,即作双向运输,它是同化物运输的主要途径。

(1)高等植物体的两大运输系统

①共质体 由于胞间连丝的存在,使构成植物体的所有细胞的原生质体联成一个整体,即共质体。在共质体内,水分、矿质、光合产物及各种有机物进行频繁的交流。

②质外体 构成植物体的所有细胞的细胞壁、细胞间隙以及木质部的导管、管胞,彼此连成一体,称为质外体。质外体的基本组成物质是:纤维素、半纤维素、果胶质等。

(2)短距离运输 短距离运输又分为细胞内运输和细胞间运输两部分。

①细胞内运输 细胞内运输主要指细胞内各细胞器间的物质交换。如分子自由运动、分子扩散推动原生质的环流,细胞器膜内外的物质交换,以及囊泡的形成与囊泡内含物的释放等。

②细胞间运输 细胞间运输是指细胞间通过质外体、共质体以及质外体与共质体之间的短距离运输。

a. 质外体运输 物质在质外体中的运输称为质外体运输。由于质外体中液流的阻力小,因此物质在质外体中的运输速度较快。但质外体内没有外围的保护,运输物质容易流向体外,同时运输速率也受外力的影响。

b. 共质体运输 物质在共质体中的运输称为共质体运输。与质外体运输相比,共质体中原生质的黏度大,运输阻力大,但共质体中的物质有质膜的保护,不易流失到体外。一般而言,细胞间的胞间连丝多,孔径大,同化物存在的浓度梯度大,有利于共质体的运输。

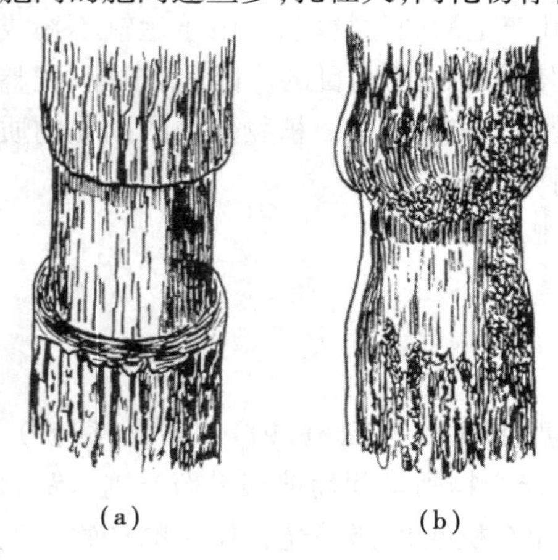

图 7.12 木本枝条的环割
(沈建忠《植物及植物生理学》,2006)
(a)刚环割;(b)环割一段时间后形成瘤状物

c. 质外体与共质体之间的运输 即物质通过质膜的运输。它包括 3 种形式:第一,顺浓度梯度的被动转运。包括自由扩散和通过通道或载体的协助扩散。第二,逆浓度梯度的主动转运。包括一种物质伴随另一种物质进出质膜的伴随运输。第三,以小囊泡方式进出质膜的膜动转运。包括内吞、外排和出胞等。

(3)长距离运输 近代采用示踪原子法,进一步证明同化物是靠韧皮部进行长距离运输的。用$^{14}CO_2$饲喂叶片,进行光合作用后,就发现在叶柄或茎内含^{14}C 的光合产物主要积累在韧皮部。

我国劳动人民很早就会用环剥的方法来提高果树的产量(图 7.12)。环剥就是把植物树干或枝条上形成层以外的组织,主要是将韧皮部剥去一窄圈。

环剥后同化物往下运输的通道被切断,养分就积累在环剥口以上的部分,可以促进花芽和果实的生长。例如,苹果树在开花前于侧枝基部进行环剥,有防止落花落果和增大果实、提高果实含糖量的效果。如果环剥较宽,切口上部组织增生,时间一长就会形成愈伤组织长成瘤状物。果树的高空压条,就是利用这一原理促进不定根的产生。例如,荔枝在扦插前采用环剥,切口上部产生瘤状物后,此时切下进行扦插可大大提高成活率。但是在主干上进行环剥时,如果环剥较宽,当年不能形成愈伤组织,根系就会饥饿至死,这就是所谓的"树怕剥皮"。环割试验用事实证明,韧皮部是植物进行长距离向下运输同化物的主要途径。

2)同化物运输的形式与速度

对韧皮部运输物质的试验证明:韧皮部中运输的物质90%以上是糖,其中以蔗糖为主,此外,还有少量的棉子糖、水苏糖、甘露糖醇或山梨糖醇等。含氮化合物的运输,主要是以氨基酸和酰胺的形式进行。

有机物在韧皮部中的运输速度随植物的种类而异。用放射性同位素示踪法测得:玉米为每小时15~660 cm,向日葵为每小时30~240 cm,甘薯为每小时30~72 cm,榆树为每小时10~120 cm,松树为每小时6~48 cm。一般为每小时65 cm左右。

7.4.3 植物体内同化物的分配

1)源与库的概念及相互转化

(1)代谢源与代谢库的概念　近年来,在研究有机物分配方面提出了"源"与"库"的概念。所谓"源"是指制造养料为其他器官提供营养的部位和器官,主要是成长中的功能叶片,"库"则是消耗养料或储藏养料的部位和器官,如幼嫩的叶、茎、根和花、果、种子等。同化物质的分配运输是一个比较复杂的生理过程,这个生理过程有它的规律性。这个规律在植物外观体现为同化物供求上的两器官(或两部分)的对应关系,那就是"库—源"单位。如菜豆某一复叶的光合同化物主要供给着生此叶的茎及其腋芽;再如结果期的番茄植株,通常每隔三叶着生一果穗,其果穗及其以下三叶便组成一个"库—源"单位。

(2)代谢源与代谢库的相互转化　"源"和"库"的概念是相对的,它随生育期的不同而变化,如幼叶就无养料的输出而是消耗养料的器官,它不是"源"而是"库",但随叶片的成长就会输出有机物,由"库"转变为"源"。"库—源"单位的概念也是相对的,它会随着生长条件而变化,并可人为地改变。如将番茄植株上的某一果穗摘除,该"库—源"单位的3张叶片制造的光合产物也可以向其他果穗输送。

明确"源""库"概念和"库—源"单位,为实际生产中的作物整枝、摘心、疏果等栽培技术奠定了理论基础。

(3)代谢源与代谢库关系的3种类型

①"源"限制型　这是一种"源"小"库"大的类型,叶片产生的同化物满足不了"库"的需要,限制产量形成的主要因素是"源"的供应能力。这一类型的植物,若为棉花、果树等,往往由于"库"数目过多,把"源"的同化物源源不断地调入时,时常导致叶片早衰和花、果实脱落;而水稻等,则结实率低、空壳率高。

②“库”限制型　这是属于“源”大“库”小的类型,限制产量形成的主要因素是“库”的接纳能力。这一类型的作物,单位叶面积的载花量小。因此,结实率高且饱满,但整个产量不一定高。

③“库—源”互作型　这是一种过渡状态的中间类型。不论是定“源”增“库”,还是定“库”增“源”,产量均随之增加。此种类型的产量是由“库”“源”协同调解的,因此,在生产上,要把栽培植物不同时期的叶面积系数的大小,作为高产栽培、合理施肥的重要指标,对制订栽培措施有更大的实践意义。

实践证明,“源”是“库”的供应者,而“库”对“源”具有一定的调解作用,“源”“库”两者相互依赖,相互制约。在实际生产中,必须根据植物生长的特点,以及人们对植物的要求,确定适宜的“源”“库”量。栽培技术上采用去叶、提高二氧化碳浓度、调节光强等处理可以改变“源”的供应能力;而采用去花、疏果、变温,使用呼吸控制剂等处理可以改变“库”的储运能力。

2)同化物质的分配规律

植物体内同化物的分配是动态的,总规律是由“源”到“库”,现归纳为以下 3 点:

(1)优先运向生长中心　生长中心是指正在生长的主要器官或部位,其特点是代谢旺盛,生长快,对养分的吸收能力强。但生长中心往往随植物生育期的不同而变化,因此同化物的分配也相应转移。比如,植物前期以营养生长为主,因此根、茎、叶是生长中心;随着生殖器官的出现,植物的生长由营养生长转入生殖生长,这时生殖器官就成为生长中心,因而也成为分配中心。如禾谷类作物在成熟时几乎有 1/3 ~ 1/2 的同化物集中到籽粒中,而茎秆内剩下的同化物极少。再比如,不同器官吸收养料能力不同,同化物分配中心也发生变化。在营养器官中,茎、叶吸收养料的能力大于根,特别是当光合产物较少时,就常常优先分配到地上器官,很少运至根部,这样会造成根系发育不良;在生殖器官中,果实吸收养料能力大于花,如大豆、棉花等植物开花结实后,当干旱或者光照不足,叶的光合作用降低时,光合产物就优先运入果荚或棉铃中,使花蕾得不到足够的同化物而脱落。

人们在农业生产实践中,对棉花、番茄、果树进行摘心、整枝、修剪等,就是改善光合条件和调整有机养料的分配,提高坐果率和果实产量。

(2)就近供应　叶片所形成的光合产物主要是运至邻近的生长部位。一般来说,植物茎上部叶片光合产物主要供应茎顶端及其上部嫩叶的生长;而下部叶则主要供应根和分蘖的生长;处于中间的叶片,它的光合产物则上下部都供应。当形成果实时,所需的养分主要靠和它最邻近的叶片供应。例如,大豆的叶腋出现豆荚后,这个叶片的光合产物,主要供应这个豆荚,当这个叶片受到损伤,或者光合作用受阻时,这个豆荚就会因得不到养料发生脱落。棉花也类似,如叶片受伤,同节上的蕾铃就容易脱落。因此,保护果枝上的叶片正常地进行光合作用,是防止棉花蕾铃脱落的方法之一。

果树营养枝的光合产物的分配也随距离的加大而减少,因此营养枝在树冠中均匀地配置,对调节营养,均衡树势,保证器官建成,高产稳产,有重要意义。

由于果实的位置在不同植物上不相同,因此对果实产量影响最大的叶位也不一样。例如,稻、麦主要为旗叶(穗下叶),其次为第二叶;玉米为穗位叶,其次为上、下部二片叶;棉、豆类为果实附近的叶片。根据这一规律,要注意保护花、果附近的叶片,并使其有较好的光照条件,促进光合积累以供应较多的同化物。

(3)纵向同侧运输　用放射性同位素^{14}C供给向日葵叶子,发现只有与这叶片处于同一方

向的子实里才有放射性^{14}C，这是由于输导组织纵向分布所致。在纵向运输畅通的情况下，往往只运给同侧的花序或根系；而水和无机盐也是由同一方位的根系供给相同方位的叶片和花序。

总之，同化物分配规律虽很复杂，但其基本原则是：首先，"源"本身制造养料能力要超过其自身的消耗，有多余才能输出；其次，分配到哪里和分配多少，取决于接受器官之间的竞争能力，也就是哪个器官生长势强，以及部位靠近，哪个器官就分配得多。因此在生产管理上，尤其在生殖器官形成时期，要改善田间光照条件和水肥措施，既要保证功能叶高效的光合能力，又要促进接受养料器官的生长优势。近年来用激素类物质如萘乙酸、赤霉素等来处理生殖器官，发现不但可以促进其生长，而且能增强其争夺养料的能力。

3）同化物的分配与再利用

所有生物在其生命活动中，都存在着合成、分解的代谢过程，该过程循环往复，直至生命终止。植物体除了已经构成植物骨架的细胞壁等成分外，其他的各种细胞内含物在该器官或组织衰老时都有可能被再度利用。即被转移到另外一些器官或组织中去。植物种子在适宜的温度、水分、氧气条件下，就能生根、发芽，这一自养阶段的过程就是同化物再分配与再利用的过程。

许多植物的器官衰老时，大量的糖以及可再度利用的矿质元素如氮、磷、钾都要转移到就近新生器官中去。植物在生殖生长时期，营养体细胞内的内含物向生殖器官转移的现象尤为突出。就是在生殖器官内部，许多植物的花在完成受精后，花瓣细胞中的内含物也会大量转移到种子中去，以致花瓣凋谢。另外植物器官在离体后仍能进行同化物的转运。如已收获的洋葱、大白菜等植物，在储藏过程中其磷茎或外叶已枯萎，而新叶甚至新根照常生长。这种同化物质和矿质元素的再度利用是植物体的营养物质在器官间进行再分配、再利用的普遍现象。

细胞内含物质的转移与生产实践密切相关，只要我们明确原理，采取一定的调控手段，就能得到良好的效果。如小麦叶片中细胞内含物过早转移，会引起该叶片的早衰；而过迟转移则会造成贪青迟熟。小麦在灌浆后期，如遇干热风的突然袭击不仅叶片很快失水枯萎，同时该叶片的大量营养物质就不能及时转移到籽粒中去。再如突然的高湿或低温也会发生类似现象。农产品的后熟、催熟、储藏和保鲜等与物质再分配关系同样密切相关。

北方农民在严重霜冻来临之际，把玉米连秆带穗一同拔起并堆在一起，大大减轻植株茎叶的冻害，使茎叶的有机物继续向籽粒转移。这种被人们称为"蹲棵"的措施一般可增产5%～10%。水稻、小麦、芝麻、油菜等收获后堆在一起，并不马上脱粒，对提高粒重效果同样比较明显。

4）同化物质的分配与产量

要达到提高产量的目的，必须促使更多的同化物运往经济器官中去。因而，在栽培上就得设法让栽培植物提高以下3项指标：

（1）源的输出能力　功能叶的光合强度一般与同化产物的输出速率存在着显著的正相关。某些试验表明，随着光合强度的增强，运输速率随之加快。试验还发现，光照强度不仅通过光合作用间接影响光合产物的运输过程，还直接影响光合产物从叶内输出。

（2）库的拉力　输入器官"库"的拉力是指对灌浆物质的吸取能力。据沈允钢试验表明，稻穗是灌浆期间吸取能力最强的输入器官。

（3）输导组织的分布　试验证明，受精后胚囊之所以能成为吸收中心，与囊内激素的含量较多有直接的关系，尤其是生长素含量。同时也证明，与输导组织的分布状况同样有直接的关系。有机物是在筛管内运输的,并由韧皮部薄壁细胞从能量上给予支持,而这些能量来自于呼吸作用。因此,一切不利于输导组织呼吸的因素均会减缓有机物质的运输。

7.4.4 影响和调节同化物运输的环境因素

植物体内同化物质的运输和分配受温度、水分、光照和营养元素等的影响。

1)温度

温度影响同化物的运输速率。不同温度处理植株的试验表明,低温抑制同化物运输,20~30 ℃时的运输量最大,温度再升高,运输又下降。温度也影响同化物的分配方向。例如,当土温高于气温时,光合产物向根部运输的比例大,当气温高于土温时,光合产物向冠部运输比例大。

昼夜温差对同化物分配有很大影响。在生理温度允许的范围内,昼夜温差大有利于同化物向籽粒分配,也有利于块根、块茎的生长。

2)水分

水既是同化物质的运输介质,又是光合作用的原料,因此水分不足必定影响同化物的运输与分配。其原因为:①水分不足,气孔关闭,光合速率降低,使得叶肉细胞内可运态蔗糖浓度降低,结果从源叶输入韧皮部内的同化物质减少。②在缺水条件下,筛管内集流运动的速度降低。

3)营养元素

对同化物运输影响最大的营养元素有氮、磷、钾和硼。

(1)氮　供氮必须适量,使 C/N 比维持在适宜的比例。如氮素过多,导致植物营养生长过于旺盛,光合产物用于生长多,用于茎鞘储藏较少,进而减少再度向籽粒的分配。然而氮素过低,容易引起功能叶片早衰。

(2)磷　磷参与同化物的形成,是光合循环不可缺少的重要元素。它以高能磷酸键形式储存和利用能量,广泛参与植物的代谢,促进光合速度。因此磷有促进同化物质运输的作用。在作物产量形成后期,适当追施磷肥有利于同化物质向经济器官内运输,提高产量。如在棉花开花期喷施磷肥,也能达到减少蕾铃脱落的目的。

(3)钾　对同化物运输与分配的影响表现在两个方面:一是促进碳水化合物的运输;二是促进运入库中的蔗糖转化为淀粉,以利维持韧皮部两端的压力势差。

(4)硼　硼对同化物的运输具有明显的促进作用。一方面,硼能促进蔗糖的合成,提高可运态蔗糖所占比例;另一方面,硼能以硼酸的形式与游离态的糖结合,形成带负电的复合体,容易透过质膜。因此,在作物灌浆期叶面喷施硼肥有利于光合产物输入籽粒,具有增产效果。

7.5 影响光合作用的因素

7.5.1 光合速率

植物的光合作用和其他生命活动一样,也经常受着外界条件和内部因素的影响而不断地发生变化。要了解内、外因素对光合作用影响的程度,就得找一个指标来作为衡量。光合作用的指标是光合速率。光合速率通常是以每小时、每平方分米叶面积所同化的二氧化碳毫克数来表示,即 CO_2 mg/(dm^2·h);或以每平方米叶片每秒钟吸收的二氧化碳微摩尔数来表示,即 CO_2 μmol/(m^2·s)。一般测定光合速率的方法都没有把叶子的呼吸作用考虑在内,因此测定的结果实际是光合作用减去呼吸作用的差数,称为净光合速率。如果要测真正的光合速率,应该把净光合速率加上这段时间内的呼吸速率。即:

真正的光合速率 = 净光合速率 + 呼吸速率

7.5.2　影响光合作用的内部因素

植物叶片的光合能力存在着种和品种、叶龄和叶位等的差异,这些差异归根到底是由其光能吸收传递和转化能力、二氧化碳固定途径、电子传递和光合磷酸化能力及固定二氧化碳的相关酶活力等所决定的。人们可以调整的,在植物体上可以宏观体现的是以下 4 项因素:

(1)叶绿素的含量　叶绿素是光合作用的必需条件。在一定范围内,叶绿素含量越高,光合速率越高。但是当叶绿素含量超过一定限度之后,其含量对光合作用就没有影响了。这是因为叶绿素已经有余,与叶绿素密切相关的光化学反应,已不再是光合作用的限制因子。植物叶中若叶绿素含量有很大富裕,可提高叶的适应性,可充分吸收日光提高光饱和点。因此作物以叶绿素含量较多为健壮。

(2)叶片的发育和结构　叶子在幼嫩的时候,光合速率很低,随着叶子的成长,光合速率不断加强,当叶片衰老变黄时,光合速率则下降。根据这个原则,同一植株不同部位的叶片光合速率,因叶子发育状况不同而呈规律性的变化。

(3)光合产物的积累与输出　光合产物(特别是糖)的积累会使光合作用减弱,反之,光合产物运出则会加强叶片的光合速率。同化物的外运是和生长过程紧密联系的,只有光合作用足够强时,才可能有大量同化物向叶子外面运输,而同化物的外运反过来又会促进光合作用的进行。

(4)不同生育期　一株作物不同生育期的光合速率,从苗期起,随植株的成长而逐渐增强,到现蕾开花期达到最高峰。开花后由于收获器官形成期间,同化物大量外运,从而也促进光合作用进行。到了生育后期,随着植株衰老,光合速率也逐渐下降。由于不同植物的内因各有差别,因此,在相同的外界条件下进行比较,不同植物的光合速率差异很大。

几种栽培作物的光合速率:玉米为 60 mg/(dm^2·h),甘蔗为 49 mg/(dm^2·h),稻、麦等为 20 mg/(dm^2·h)左右。同一作物不同品种之间,光合速率也有差异,例如玉米杂交种的光合速率,显著高于亲本,因此我们应注意选育光合能力较强的品种。

7.5.3　影响光合作用的外界因素

1)光照强度

光是光合作用能量的来源,又是叶绿素形成的条件,光照还影响气孔的开闭,因而影响二氧化碳的进入。此外,光照还能影响大气温度和湿度的变化。因此,光照条件与光合速率关系极为密切。光照强度的单位为勒克斯(lux 简称 lx),可用照度计来测量,一般夏季晴天中午,地面的光照强度约为 10 万 lx,阴天时光照只有 1 ~2 万 lx。

(1)光饱和点　植物在很低的光照强度下就可进行光合作用,但光合速率很低,随着光照的增强,光合速率也增强,达到一定光强时,光合速率便达到最大值。以后,即使继续增加光强,光合速率也不再增加,这种现象称为光饱和现象。开始达到光饱和现象时的光照强度,称为光饱和点(图 7.13)。各种植物的光饱和点不同。

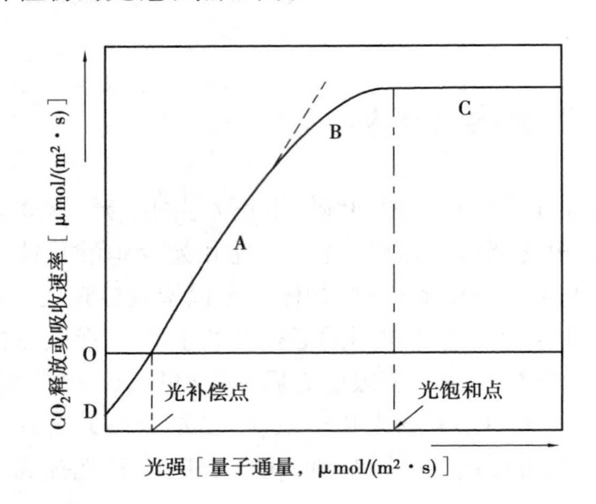

图 7.13　光饱和点和光补偿点示意图

(陈忠辉《植物与植物生理》,2007)

在光饱和点以上的光照植物不能利用,提高植物的光饱和点,是提高光合潜力的一个途径。通过合理密植,加强田间管理,如肥水条件较好,使气孔开度增大,二氧化碳进入叶细胞多;或者增施二氧化碳等是可以提高植物光饱和点的。

光饱和现象产生的原因主要有两个方面:①光合色素和光反应来不及利用过多的光能。②二氧化碳的固定及同化速度较慢,不能与光反应的速度相协调。

(2)光补偿点　当光照强度较高时,植物的光合速率要比呼吸速率高若干倍。当光照强度下降时,光合速率和呼吸速率均随着下降,但光合速率下降得较快。当光照降低到一定数值时,光合吸收的二氧化碳就与呼吸放出的二氧化碳相等,也就是净光合速率等于 0,这时的光照强度称为光补偿点(图 7.13)。在光补偿点时,植物叶内的有机物不但没有积累,相反由于其他器官的呼吸消耗,则对整株植物来说,消耗大于积累,这对植物生长发育非常不利。一般喜光植物的光补偿点为 500 ~1 000 lx,耐阴植物为 100 lx。补偿点的高低对栽培植物很重要。如在温室冬季光照强度很低,尤其是阴天,在这种情况下,为使植物生长良好,就应避免温度过高,以降低光补偿点。大田作物生长后期,下层叶片的光照强度常处于补偿点以下,在生产中常采取整枝,去老叶等措施,以改善光照,减少消耗,增加光合产物的积累。

2)二氧化碳

二氧化碳是光合作用的主要原料。环境中二氧化碳浓度的高低明显影响光合速率。大气中二氧化碳含量约为 0.033%(即 330 μL/L)。

(1)二氧化碳补偿点　二氧化碳补偿点即植物光合作用吸收二氧化碳和呼吸作用放出的

二氧化碳相等时，环境中的二氧化碳浓度。各种植物的二氧化碳补偿点不同，玉米等 C_4 植物为 0～10 μL/L，称为低补偿点植物。小麦等 C_3 植物为 40～100 μL/L，称为高补偿点植物。低补偿点植物在空气二氧化碳浓度很低时均能利用，说明它比高补偿点植物利用二氧化碳能力强。在光饱和点时，二氧化碳低补偿点植物的光合速率可达到高补偿点植物的两倍。

（2）二氧化碳饱和点　当空气中二氧化碳浓度超过二氧化碳补偿点以后，随着二氧化碳浓度的增高，光合速率也不断增强。当二氧化碳浓度增加到一定限度，植物的光合速率便不再增强，这时环境中的二氧化碳浓度为二氧化碳饱和点。各种植物的二氧化碳饱和点，在 5 万～10 万 Lx 条件下，大多为 800～1 800 μL/L。二氧化碳浓度超过饱和点后，将引起气孔保卫细胞原生质中毒、导致气孔开度减小、阻力增大，直至气孔关闭，阻止了二氧化碳向叶肉扩散，从而抑制光合作用。因此，有二氧化碳饱和现象。

植物在光合作用时吸收二氧化碳量是很大的，一般作物每天每平方米叶面积吸收20～30 g 二氧化碳，每天每亩要吸收 40～60 kg 二氧化碳。为此空气必须加速流通。生产上要求田间通风良好，原因之一就是充分利用空气中的二氧化碳。

二氧化碳浓度和光强度对植物光合速率的影响是相互联系的。植物的二氧化碳饱和点是随着光强的增加而提高的；光饱和点也随着二氧化碳浓度的增加而增高。

3）温度

温度对光合碳同化酶系活性的影响甚大，当温度增高时，叶绿体内基质中的酶促反应速度会增强，但同时酶的变性或破坏速度也加快，因此光合碳同化与温度的关系也和任何酶促反应一样，有最高、最低和最适温度。热带植物在低于 5～7 ℃的温度下，即不能进行光合作用，而温带和寒带植物在 0 ℃以下，都能进行光合作用。光合作用的最适度也因植物而不同。C_3 植物一般在 10～35 ℃下可正常进行光合作用，最适温度为 25～30 ℃。到 35 ℃以上时光合作用就开始下降，在 40～50 ℃时光合作用几乎停止。C_4 植物则不同，它们光合作用的最适温度一般在 40 ℃左右。低温之所以影响光合作用，主要是因为酶促反应受到抑制。高温对光合作用的不利影响是多方面的：它可使酶钝化，也可使叶绿体的结构破坏；失水过多，减小气孔开度，二氧化碳向叶肉细胞的供应减少；呼吸最适温高于光合最适温，于是呼吸速率的增加幅度大于光合速率，故较高温度利于呼吸而不利于光合。

昼夜温差对光合净同化率有很大的影响。日光充足的白天温度高，利于光合作用进行；夜间温度相对降低，则降低了呼吸消耗。可见，在植物生长允许的温度范围内，昼夜温差大利于光合积累。

4）水分

叶片接近水分饱和时，才能进行正常的光合作用。而当叶片缺水达 20% 左右时，光合作用受到明显抑制。虽然水是光合作用的原料，但光合作用所利用的水比起植物所吸收的水来，只占极小的比例，不到 1%，因此水分作为光合作用的原料是不会缺乏的。当土壤干旱和大气湿度较低时，就直接影响叶片组织的含水量。叶片组织缺水时，对光合作用的影响是多方面的，表现为：气孔关闭，二氧化碳不能进入叶肉细胞，叶肉细胞内淀粉的水解作用加强，光合产物运出又较缓慢，结果糖分累积，这些都会影响光合作用，使其减弱。小麦在土壤湿度为 1.0% 时，下午就会萎蔫。在这种状态下，整株小麦的光合作用比水分充足时要低 35%～40%。叶片缺水过甚，会显著降低作物的光合速率。

5)矿质元素

矿质元素直接或间接影响光合作用。氮、镁、铁、锰等是叶绿素生物合成所必需的矿质元素,钾、磷等参与碳水化合物代谢,缺乏时便影响糖类的转化和运输,这样也就间接影响了光合作用;同时,磷也参与光合作用中间产物的转化和能量传递,对光合作用的影响很大。在一定范围内,营养元素越多,光合速率就越大。

以上是分别叙述各个因素对光合作用的影响。实际上各个因素对光合作用的影响是相互联系、相互影响的。例如,二氧化碳供应不足时,植物就不能充分利用日光能。

在上述诸因素中,如果某一因素处在最低量下,它就成为当时的限制因素,限制着其他因素发挥作用。当改善这个因素时,就会使光合速率显著提高。例如,在低光强度下,光照不足是限制因素,这时即使增加二氧化碳量光合速率也不会增加。

因此,在分析各种因素对光合作用的影响时,必须考虑多种因素的相互关系和综合影响,并从中找出限制因素,采取有效措施加以解决,以提高植物产量。

6)光合作用的日变化

植物在一天中,随着光照、温度等条件的变化,光合速率也会发生有规律的变化。

(1)无云的晴天　早晨随太阳升起,开始进行光合作用。上午随着光照增强,光合速率也相应增强,中午到达最高点,以后随光照减弱而逐渐下降。至日落后,光合作用停止,一天中光合速率的变化表现为单峰曲线。

(2)炎热的夏季　上午光合速率就可达到最高点,中午由于高温和强光使叶片强烈失水,气孔关闭等原因,光合速率会下降,至下午又出现第二次高峰,但强度不如上午高,因而一天中,光合速率的变化表现为双峰曲线。中午前后,光合速率下降,呈现“午睡”现象。引起光合“午睡”的主要因素是大气干旱和土壤干旱。在干热的中午,叶片蒸腾失水加剧,如此时土壤水分也亏缺,那么植株的失水大于吸水,就会引起萎蔫与气孔开度降低,对二氧化碳的吸收减少。另外,中午及午后的强光、高温、低二氧化碳浓度等条件都会使光呼吸激增,产生光抑制,这些也都会使光合速率在中午或午后降低。

光合“午睡”是植物遇干旱时普遍发生的现象,也是植物对环境缺水的一种适应方式。但是“午睡”造成的损失可达光合生产的30%,甚至更多。因此在生产上应适时灌溉,如果有可能的情况下,中午加以遮阴,或选用抗旱品种,以缓和“午睡”程度,使一天的光合速率均保持较高水平。

(3)多云天气　随着光照强度的不规则变化,光合速率则相应地出现时高时低的现象。

7.6 光合作用与作物产量

7.6.1 作物产量的构成因素

作物一生中由光合作用所合成的有机物质的数量,取决于光合面积、光合速率和光合时间这3个因素。植物的光合产物减去呼吸消耗和脱落(统称为有机物消耗),剩下的干重(包括根、茎、叶、果实、种子等器官)称为生物产量。

$$生物产量=光合面积\times光合速率\times光合时间-有机物消耗$$

在生物产量中，直接作为收获物的，经济价值较高的这部分的产量，如稻麦的籽粒、甘薯的块根、果树的果实、林木的木材等，称为经济产量。经济产量占生物产量的比值，称为经济系数。它们的关系如下：

$$经济产量=经济系数\times生物产量$$

或

$$经济产量=经济系数\times(光合面积\times光合速率\times光合时间-有机物消耗)$$

可见，构成作物经济产量的因素有 5 个：光合面积、光合速率、光合时间、有机物消耗和经济系数。通常把这 5 个因素合称为光合性能。一切农业措施，归根到底，主要是通过协调和改善这 5 个因素而起作用。

显然，经济系数是由光合产物分配到不同器官的比例决定的。一般来说，经济系数是品种比较稳定的一个性状，但栽培条件和管理措施也可改变经济系数。因此，在经济产量形成的关键时期，必须有针对性地加强田间管理，使同化产物尽可能多地输入经济器官储存起来。在农作物栽培中，人们为了提高经济系数，减少倒伏，增加密度，越来越多地采用了半矮秆、矮秆品种。当然矮秆也不是越矮越好，茎秆过矮会恶化叶片的通风透光条件，干物质积累减少，结果经济系数虽然提高了，但经济产量反而下降。

7.6.2　作物对光能的利用

1）光能利用率

光能利用率是指照射到地面上的日光能，被光合作用转变为化学能而储藏于有机物质中的百分数。

到达地面的太阳辐射能中，约有一半为红外线，另一半主要是可见光和少量的紫外线。只有可见光部分对光合作用有效，叶片又只能吸收照射到叶面的可见光大约 85%，相当于全部辐射能的 42.5%，而且大部分用于蒸腾作用或反射出去。根据计算，只有 0.5% ~1% 的辐射能用于光合作用，低产田对光能利用率只达 0.1% ~0.2%（森林植物也只有 0.1%），而亩产千斤以上的丰产田光能利用率也只有 3% 左右（表 7.2）。

表 7.2　大气和地面对太阳光能的分配

<table>
<tr><td rowspan="8">照射到叶面的太阳光</td><td rowspan="5">可见光约 50%</td><td colspan="2">反射 5%</td></tr>
<tr><td colspan="2">透过 2.5%</td></tr>
<tr><td rowspan="3">吸收 42.5%</td><td>蒸腾损失 40%</td></tr>
<tr><td>辐射损失约 2%</td></tr>
<tr><td>光合作用 0.5% ~1%</td></tr>
<tr><td rowspan="3">红外光约 50%</td><td colspan="2">反射 15%</td></tr>
<tr><td colspan="2">透过 12.5%</td></tr>
<tr><td colspan="2">吸收 22.5%（均在蒸腾及辐射中损失）</td></tr>
</table>

植物的光能利用率最大可达多少？据报道：玉米可达4.6%；高粱可达4.5%；大豆可达4.4%；水稻可达3.2%。实际例子告诉我们农业上增产潜力还很大。

2）栽培植物光能利用率不高的原因

（1）漏光的损失　作物生长初期，叶面积小，有很大一部分阳光直接照射到地面上而损失。有人计算过，稻、麦的普通大田，因漏光而损失达50%以上。特别是生产水平低的田块，直到生长后期仍没有封行，漏光损失就更多。这是未照到植株上的漏光，照到植株上的光也有反射和透射的漏光的损失。

（2）光饱和现象的限制　光照强度超过光饱和点以上部分，植物不能利用，C_3 植物对此表现最为明显。

（3）环境条件的影响　干旱、二氧化碳浓度低、缺肥、温度过高或过低、作物生长发育不良，或受病虫危害等，都会使光合能力降低，合成有机物减少；还可使呼吸作用增强和发生脱落，使有机物质消耗增多，从而影响光能利用率。据估计，呼吸消耗一般占光合作用的15%～20%，在不良条件下可达30%～50%或更多。

7.6.3　提高作物光能利用率以提高产量的途径

提高植物光能利用率，其目的是使植物转化更多的光能，成为植物体内可储藏的化学能，即提高产量。因此，在农业生产上，在考虑摆脱栽培植物光能利用率不高的原因的基础上，应尽力调节影响生物产量的几大因素。

1）提高作物群体的净同化率

大田作物是由许许多多个体组成的，但它并不是个体的简单总和，而是具有许多特点的。因此，必须把大田作物作为一个整体来看待，称为作物群体。作物群体比个体能够更充分地利用光能，因为在群体的结构中，叶片彼此交错排列，多层分布，上层叶片漏过的光，下层叶可以利用，各层叶片的透射光和反射光，可以反复吸收利用，光照越强，透射光和反射光也越强，就可使中下层叶子得到更多的光照。所以群体对光能的利用率较高，如水稻群体光饱和点可达 $7\times10^4\sim9\times10^4$ lx。

但群体对光能的利用，与群体的结构特别是叶面积的大小有关。如果作物过度密植，叶片过于郁闭，就会使群体下部光照不足，光合作用下降，而呼吸消耗仍在进行，致使整个群体积累减少。因此，只有在合理密植的情况下，才能使群体净同化率提高。

2）增加光合面积

光合面积是植物的绿色面积，主要是叶面积，它是对产量影响最大、同时又是可控制的一个因子。通过合理密植或改变株型等措施，可增大光合面积。

（1）叶面积系数　体现作物群体光合面积大小的指标是叶面积系数，它为作物的种植密度提供根据。所谓叶面积系数，是指作物叶片总面积与所占土地面积的比值。即：

$$植株叶片总面积 = 叶面积系数 \times 所占土地面积$$

作物的叶面积系数，在一定范围内，数值越大，光合积累有机物越多，产量便越高。但叶面积系数也不能太大，超过一定范围，由于光照条件变坏，反而影响产量。不同作物的最适叶面积系数不同,根据现有资料,各种作物的最大叶面积系数为:水稻7、小麦5、玉米5或大于5。同一作物不同生育期的最适叶面积系数也不同,例如水稻一般品种,生育前期最适叶面积系数是2.5~3.5,中期是4~6,孕穗至抽穗期间是6~8,抽穗以后稳定在4~5,最适叶面积系数不是固定不变的,选择适于密植的品种,最适叶面积系数就有可能提高。

(2)合理密植　合理密植是提高作物产量的重要措施之一,因为只有足够的种植密度才能充分吸收和更好地利用落在地面上的阳光。合理密植的主要原则是处理好群体和个体之间的关系。群体和个体既是统一的,又是矛盾的。当群体生长到后期,矛盾往往更为突出。因此,密植是否合理,关键就看能否改善群体后期的通风透光条件。

密植程度的表示方法有多种,例如,播种量、基本苗数、总分蘖数、总穗数、叶面积系数等。最好的表示方法是叶面积系数,但生产上通常用基本苗数表示。基本苗数也有一定幅度,但随着栽培条件和品种的改进也有增加的趋势。例如稻、麦的密度一般由原来的每亩10多万苗增加到25万苗至30万苗或更多;玉米由每亩1 000多株增加到4 000~5 000株。国外近年育成直立叶杂交玉米,亩保苗16 000~18 000株,亩产可达1 000 kg以上。

(3)改变株型　近年来国内外培育出的水稻、小麦、玉米等高产新品种,大多为矮秆叶挺而厚的。种植此类品种可增加种植密度,提高叶面积系数,并耐肥抗倒伏,因而能提高光能利用率。

3)延长光合时间

(1)提高复种指数(间套复种)　复种指数就是全年内农作物的收获面积占耕地面积的比例。提高复种指数就相当于增加收获面积,能显著提高单位土地面积上作物的产量。

间套复种就是将不同作物,按一定顺序进行交错循环种植,科学搭配,组成一个不同生长周期内,由多种作物参与的、多层次的、合理的复合群体结构。它利用不同农作物生育期长短的时间差和植株高矮的空间差以及不同农作物根系分布的层次差和对土壤条件利用的营养差,在地力、时间、空间和光、热能资源上得到充分利用,有效地提高了光能利用率,从而获得更大的经济效益。

间套复种在我国由来已久。我国农民早就采用玉米与豆类作物进行间作,获得双丰收并能得到肥田的效果。目前,多数人多地少的地区,广泛发展立体高效种植,将间套复种的效应进一步发挥,使由单一作物生长的"一旺",变为多个旺长期,即"春旺""夏旺""秋旺"。如果再加覆盖栽培的"冬旺"就能一年四季常青。立体高效种植已成为广大农民致富的有效途径之一。

(2)延长生育期　这里的延长生育期是指在年度内,延长有限土地内的绿色植物的生长时期。充分利用保护地的生产资源,在不影响耕作制度的前提下,适当延长生育期能提高产量。如在保护地内对番茄、茄子、辣椒等蔬菜和水稻等农作物的提前育苗移栽,而后再在陆地定植,这就是延长生育期的措施之一。再有,不同地区,由于一年中气候不一,有的季节无作物生长,有的存在作物换季空闲,人造林地也有砍伐和重植空闲等,若能正确利用这一空闲,提高光能利用率,则利于提高光合产量。

4)提高光合速率

在已确定了光能利用率的品种的前提下,调控好栽培植物的光、温、水、肥和二氧化碳等条件都可以提高光合速率。

(1)选育光能利用率高的品种　光能利用率高的品种应具有的特征是:生育期比较短、矮秆抗倒、叶片分布合理、叶片较短较直立,耐阴性较强适合密植。

较矮的茎秆可减少呼吸消耗,有利光合产物的积累并使植株重心降低,避免因倒伏而减产。叶片分布合理、叶片较短而较直立,可使群体上下层均匀受光,减少互相遮蔽;直立的叶片还可使叶片双面受光,并使叶面反射出来的光折向群体内部,供给其他叶片吸收;在早晚弱光下,叶片与阳光近于垂直,可充分受光,中午强光时,阳光从上面斜射叶片,可减少强光与高温的不良影响,并使其下部的叶接受更多的光;叶片较短与叶片挺直有关,叶片太长则易下披,使田间光照不良。耐阴性较强就是说光补偿点较低,植株即使在较弱的光下仍然能积累有机物。

高产品种还具有青秆黄熟的特点,即成熟时茎秆不早衰,茎秆及其上层叶片保持绿色的时间较长,就是说光合作用进行的时间较长。据研究,水稻谷粒充实所需的淀粉,仅26%是由抽穗前植株的光合产物提供的,而抽穗以后的光合产物提供了74%,有的品种可达90%。可见生育后期保持茎秆绿色和较大的绿叶面积才有利于高产。

(2)调整栽培环境　植物光合作用的二氧化碳最适浓度为1 000 μL/L(即0.1%)左右,远远超过大气中的正常含量。据报道在温室中把大气二氧化碳浓度提高到900～1 800 μL/L时,黄瓜可增产36%～69%,菜豆增产17%～82%。

目前采取二氧化碳施肥法以增加空气中二氧化碳含量。在温室,二氧化碳施肥可用干冰(固体二氧化碳),它在常温下升华为气态;也可用液化石油气燃烧以增加二氧化碳浓度。在小型温室中,可结合糖化饲料发酵,或用水缸盛着厩肥发酵,通过不时搅拌,即可增加室内二氧化碳浓度。在大型温室中,可取附近工厂烟道排出的废气,只要洗滤去二硫化碳、一氧化碳等有毒物质,就是二氧化碳最经济的来源,同时又减低了空气污染。

在大田中进行二氧化碳施肥,目前采取的办法包括:增施有机肥料,促进微生物活动,分解有机物放出二氧化碳;深施碳酸氢氨肥料,此肥除含氮素外,还含有50%左右的二氧化碳。这些二氧化碳一部分可溶解于土壤溶液中由根部吸收,另一部分可扩散到空气中供叶子吸收;在果树行间铺上稻、麦等茎秆,经微生物分解后可直接增加空气中二氧化碳含量,另有抑制杂草生长,减少地面水分蒸发等作用,使果树产量有所提高。

(3)补充人工光照　在自然光线弱、气温低的季节里,利用人工光照栽培,可增加温室或塑料大棚内的光照强度和室温,以提高作物的光合速率。人工光照栽培(最好用日光灯,因为日光灯的光谱与日光近似)现已广泛应用于蔬菜或瓜果生产。晚秋季节,将露地培育的幼苗移栽到温室中,不仅可使其生长发育良好,还能获得高产,以满足人民淡季对蔬菜、瓜果的需要。

(4)加强田间管理　加强田间管理可给作物创造一个适宜的环境条件,如合理施肥、灌溉、及时中耕除草、防治病虫害等,能提高光合速率,减少呼吸消耗和脱落,并能使光合产物更多地运到产品器官内;整枝、修剪可改善通风透光条件,减少有机物的消耗,调节光合产物的运输,这些措施都有良好的增产效果。

除高等植物外,人们还可利用广阔的海面湖泊,种植海带、紫菜等藻类,以充分利用日光能。

复习思考题

1. 名词解释:光合作用、荧光现象、光合磷酸化、非环式光合磷酸化、C_3 途径、C_4 途径、光合速率、光补偿点、光饱和点、CO_2 饱和点、CO_2 补偿点、代谢源、代谢库、复种指数、光能利用率、经济系数、叶面积指数。

2. 叶绿体色素对光谱的选择吸收具有哪些生物学意义?

3. 说明叶绿体结构与功能的关系。

4. 简述光合作用的概念和意义。在光合作用中叶绿体色素主要吸收什么光? 哪些因素影响叶绿素的合成?

5. 光合作用的光反应阶段分为哪几个步骤? 产生哪些物质? 暗反应阶段分为哪几个途径, 这几个途径各有哪些主要区别?

6. 环式光合磷酸化和非环式光合磷酸化有哪些区别?

7. 什么是光呼吸? 说明光呼吸的代谢过程在植物细胞内的分区定位。

8. 光照强度和 CO_2 补偿点如何影响植物的光合作用?

9. 试述水、气、温度、氮肥对植物光合速率的影响。

10. 何为光能的利用率? 何为间作、套种? 如何提高作物的复种指数?

11. 分析作物光能利用率低的原因,简述在农业生产上如何提高作物的光能利用率。

12. 分析作物"午休"现象产生的原因,如何缓和作物的"午休"现象?

13. 从生理的角度分析:为什么棉花的边行具有边行优势,即边行开花多,结桃大,开花早。

14. 解释以下几种现象:①阴天温室要适当降温;②棉花、玉米打老叶;③要合理密植保持田间通风透光。

8 植物的呼吸作用

【理论教学目标】

1. 理解植物呼吸作用的概念、意义及类型。
2. 理解植物呼吸代谢的主要生化途径。
3. 掌握外界条件对植物呼吸作用的影响。
4. 了解植物呼吸作用的理论在农业生产中的应用。

【技能实训目标】

1. 会用广口瓶和小篮子测定植物某器官的呼吸速率。
2. 初步掌握农产品储藏保鲜的基本方法。

呼吸作用是植物生命活动的基本反应过程,是植物能量代谢的核心和有机物转换的枢纽,对维持植物正常的生命活动起着重要作用。呼吸停止,也就意味着生命的终止。因此,研究植物的呼吸作用,对于调节和控制植物的生长发育、抗病免疫、提高产量、改善品质以及农产品储藏加工等,都具有重要的指导作用。

8.1 呼吸作用的概念、类型及生理意义

8.1.1 呼吸作用的概念

呼吸作用概念、类型与意义

呼吸作用是植物重要的生理活动之一。植物的任何一个生活细胞,任何一个生活时期,都在进行呼吸,一旦呼吸结束,生命也就停止。所谓呼吸,就是生活细胞内的有机物质,在一系列酶的作用下,逐步氧化分解,同时放出能量的过程。在呼吸作用过程中,被氧化分解的物质,称为呼吸基质。农业植物体内许多有机物质,如糖、脂肪、蛋白质等,都可以作为呼吸基质,但是最主要、最直接的呼吸基质是葡萄糖。

8.1.2　呼吸作用的类型

呼吸作用根据是否有氧气参加,可分为有氧呼吸和无氧呼吸两种类型。

1)有氧呼吸

有氧呼吸是指生活细胞在氧气的参与下,在一系列酶的作用下,将有机物彻底氧化降解为二氧化碳和水,并放出全部能量的过程。其特点是有氧气参加,基质降解彻底,放出能量彻底,最终产物为二氧化碳和水。反应式如下:

$$C_6H_{12}O_6 + 6O_2 \longrightarrow 6CO_2 + 6H_2O + 2\ 870\ kJ$$

有氧呼吸是植物进行呼吸的主要形式。在农业生产实践中,常常提到的呼吸作用就是指有氧呼吸,甚至把呼吸看成是有氧呼吸的同义词。

2)无氧呼吸

一般指在无氧条件下如密闭或淹水等,在一些酶的作用下,细胞利用有机物分子内部的氧,无游离氧参加而使某些有机物氧化分解为不彻底的氧化产物,同时释放能量的过程。

无氧呼吸的产物通常有酒精、乳酸。而草酸、苹果酸、酒石酸、柠檬酸等也常是植物无氧呼吸的产物,但最常见的是产生酒精的无氧呼吸。

无氧呼吸对许多微生物来说,是正常生活的一部分。微生物的无氧呼吸称为发酵。

(1)酒精发酵　酵母菌在缺氧的条件下,将糖分解为酒精和二氧化碳,并放出能量的过程,称为酒精发酵。利用酵母菌制酒就是酒精发酵原理的应用。

(2)乳酸发酵　乳酸细菌使糖转化为乳酸,称为乳酸发酵。饲料青储或东北腌酸菜时产生的酸味,就是乳酸细菌进行乳酸发酵的结果。

3)有氧的光呼吸

(在光合作用一章中介绍)

8.1.3　呼吸作用的生理意义

呼吸作用是植物维持正常生命活动不可缺少的生理过程,与植物的生命活动紧密联系在一起,是植物生命存在的标志(图 8.1)。

1)为植物生命活动提供能量

呼吸作用为一切生命活动提供能量。绿色植物细胞可直接利用光能进行光合作用,而其他大部分的生命活动需要能还得靠呼吸分解功能期已过的同化物质来提供。非绿色生物的生命活动需要能全部依赖于呼吸作用。因为呼吸作用在将有机物质进行生物氧化过程中,把其中储存的化学能以可利用能形式,并以不断满足植物体内各种生理过程对能量的需要的速度释放;或以热的形式释放,用来满足植物生长发育的宏观活动、物质转化过程中的分子运动和维持植物体温。

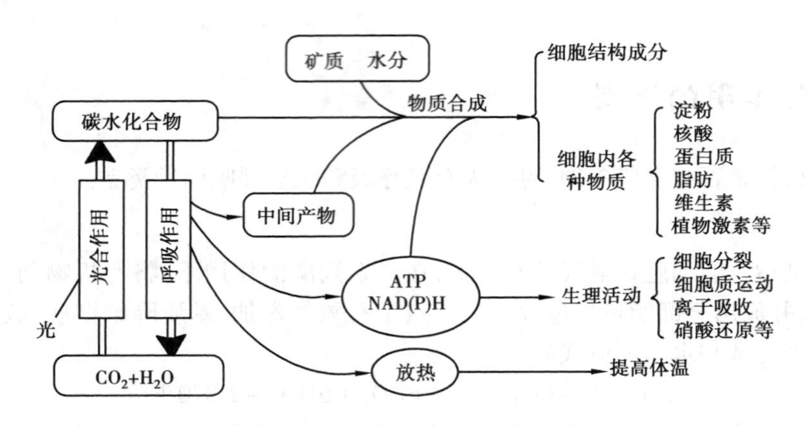

图 8.1 呼吸作用的主要功能示意图

（沈建忠《植物与植物生理》,2006）

2）中间产物参与植物体内的有机物合成

呼吸作用的底物氧化分解经历一系列的中间过程,进而产生一系列的中间产物,这些中间产物不稳定,成为合成各种重要有机物质如蔗糖与淀粉、氨基酸与蛋白质、核苷酸与核酸、脂肪酸与脂肪等的原料。各种物质的代谢也通过这些中间产物建立起了联系。

3）利于植物体抗病免疫

呼吸作用在植物抗病免疫方面有着重要作用。在植物和病原微生物的相互作用中,植物依靠呼吸作用氧化分解病原微生物所分泌的毒素,以消除其毒害。植物受伤或受到病菌侵染时,也通过旺盛的呼吸,促进伤口愈合,增强植物的免疫能力。

尽管呼吸作用对植物的生活是非常重要的,但必须指出:呼吸作用必然引起有机物的消耗。据测定和推算,植物的光合产物有 1/5 ~ 1/3 被呼吸消耗掉,热带的森林甚至达到 3/4。因此,在满足植物生活对能量需求的前提下,设法降低呼吸消耗,已成为当前提高农业产量的重要环节。

8.2 植物呼吸作用的机理

8.2.1 呼吸作用的主要场所——线粒体

植物的呼吸作用主要是在细胞质内线粒体中进行的。由于与能量转换关系更为密切的一些步骤是在线粒体中进行的,因此,常常把线粒体看成是细胞能量供应中心和呼吸作用的主要场所。线粒体普遍存在于植物的生活细胞里。

1）线粒体的形态

线粒体一般呈线状、粒状、杆状。长 1 ~5 μm,直径 0.5 ~1.0 μm。线粒体的形状和大小受环境条件的影响,pH 值、渗透压的不同均可使其发生改变。一般细胞内线粒体的数量为几十至几千个。如玉米根冠细胞有 100 ~3 000 个。细胞生命活动旺盛时线粒体的数量多,衰老、休眠或病态的细胞线粒体数量少。

2)线粒体的结构

在电子显微镜下可见线粒体是由双层膜围成的囊状结构。它由外膜、内膜和基质3部分组成(图8.2)。

(1)外膜　外膜表面光滑,上有小孔,通透性强,有利于线粒体内外物质的交换。

(2)内膜和嵴　线粒体的内膜向内延伸折叠形成片状或管状的嵴(图8.3)。

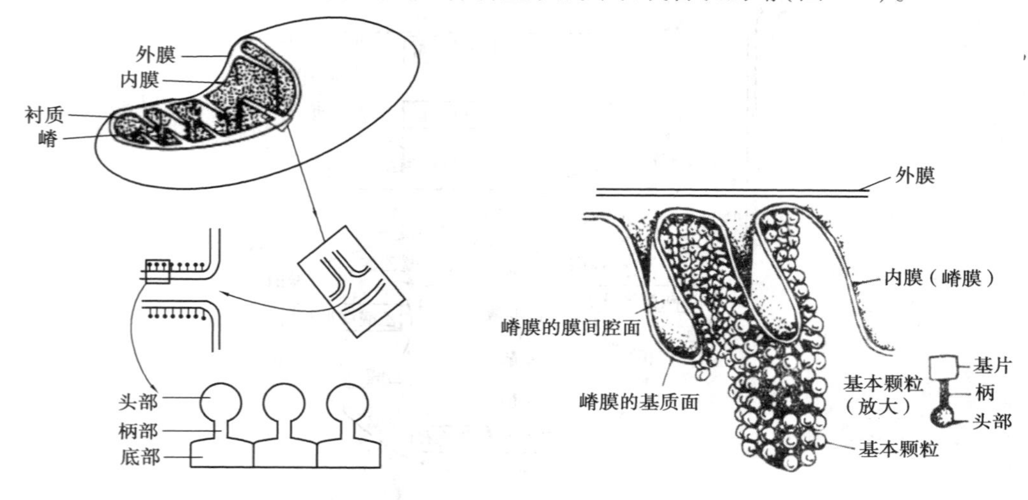

图8.2　线粒体的结构　　图8.3　线粒体的嵴和基粒

内外两层膜之间的空腔6～8 nm,称为膜间隙;嵴内的空腔称为嵴内腔。膜间隙和嵴内腔中充满着液体,其液体内含有可溶性的酶、底物和辅助因子。其中的标志酶是腺苷酸激酶。内膜的透性差,对物质的透过具有高度的选择性,可使酶存留于膜内,保证代谢正常进行。嵴的出现增加了内膜的表面积,有效地增大了酶分子附着的表面。内膜的内表面上附着许多排列规则的基粒,它可分为头部、柄部和基片3部分。它是偶联磷酸化的关键装置。

(3)基质(衬质)　线粒体嵴间也就是线粒体的内部空间称为嵴间腔,其内充满了基质。基质内含有脂类、蛋白质、核糖体及三羧酸循环所需的酶系统。此外,还含有DNA、RNA纤丝及线粒体基因表达的各种酶。

3)线粒体的功能

植物的各种生命活动需要的能量主要依靠线粒体提供。催化这些供能生化过程所需要的各种酶多分布在线粒体中。细胞内的有机物质在线粒体中释放的能量,40%～50%储存在ATP分子中,随时供生命活动的需要;另一部分以热能的形式散失。

植物呼吸代谢途径

8.2.2　呼吸作用的过程

1)高等植物体内呼吸系统综述

呼吸作用也是一个非常复杂的生理过程。在高等植物中存在着多条呼吸代谢的生化途径,当一条途径受阻时,可通过另一条途径进行呼吸,以维持正常的生命活动,这是植物在长期进化过程中,所形成的对多变环境条件适应的现象。在缺氧条件下进行酒精发酵和乳酸发酵,在有氧条件下进行三羧酸循环和磷酸戊糖循环途径,还有脂肪酸氧化分解的乙醛酸循环以及乙醇酸氧化途径等。它们之间的关系如图 8.4 所示。

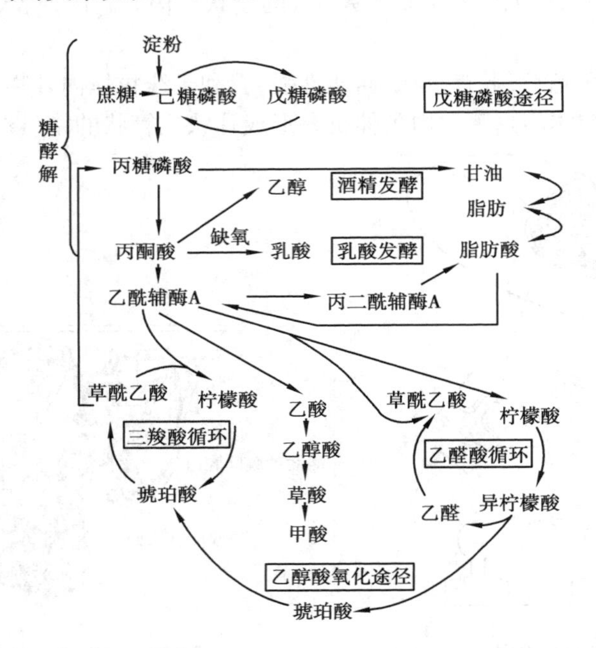

图 8.4 植物体内主要呼吸代谢途径相互关系示意图

(王忠《植物生理学》,2000)

葡萄糖是最主要、最直接的呼吸基质。现以 1 mol 葡萄糖的氧化降解过程为例,简要介绍这几条途径的呼吸降解过程及其相互关系。

2)糖酵解及其意义

(1)糖酵解的生化途径 糖酵解是指己糖降解成丙酮酸的过程(简称 EMP 途径)。即呼吸基质葡萄糖,在一系列酶的作用下,生成丙酮酸,同时释放能量的过程。这个过程不需要游离氧的参与,其氧化作用所需要的氧来自水分子和被氧化的糖分子。

糖酵解途径可分为以下 3 个阶段(图 8.5):

①己糖的活化(①—⑨) 己糖(葡萄糖)经过活化,以提高分子的能量。就是葡萄糖在ATP 和己糖激酶催化下(步骤①、⑤、⑦依降解的底物不同或参加六碳糖的活化,消耗 1 mol 的ATP),磷酸化为6-磷酸-葡萄糖,再经④、⑥步的变位、异构成为6-磷酸-果糖;再经⑧步一次磷酸化,消耗 1 mol 的 ATP,生成 1,6-二磷酸-果糖。

己糖的活化共消耗 2 mol 的 ATP。

②己糖裂解(⑩—⑪) 在⑩步醛缩酶的作用下,1,6-二磷酸-果糖裂解为 3-磷酸甘油醛和磷酸二羟丙酮,两者经⑪步可以互相转化,但最后均转化为 3-磷酸甘油醛,进入氧化阶段。即 1 mol的葡萄糖裂解为 2 mol 磷酸丙糖。

③丙糖氧化阶段(⑫—⑯) 3-磷酸-甘油醛在脱氢酶作用下,经过⑫脱氢并磷酸化成为1,3-二磷酸-甘油酸,这一步就是基质的最初氧化步骤。脱下的一对氢(2H)被辅酶Ⅰ(NAD^+)所接受,生成还原态的辅酶Ⅰ($NADH + H^+$)(H^+游离在介质中)。

随后,1,3-二磷酸-甘油酸在甘油酸激酶作用下经⑬步脱磷酸转化为 3-磷酸-甘油酸, 脱下的磷酸使 ADP 磷酸化为 ATP，从而产生一个高能键。3-磷酸-甘油酸经⑭步变位转变为 2-磷酸-甘油酸，再经⑮步脱水成为磷酸烯醇式丙酮酸。最后，在丙酮酸激酶作用下，磷酸烯醇式丙酮酸经⑯步脱磷酸转变为丙酮酸，脱下的磷酸也使 ADP 磷酸化为 ATP，从而又产生一个高能键。至此，1 mol 葡萄糖经过糖酵解，就分解成为 2 mol 丙酮酸。

归纳糖酵解过程，可以看到（①⑤⑦选一）⑧步骤各消耗了 1 个 ATP；⑬、⑯步骤又各产生 1 个 ATP。由于一个葡萄糖分子能产生 2 mol 3-磷酸-甘油醛，因此，由葡萄糖到丙酮酸净产生了 (4－2＝2) 2 mol ATP；⑬、⑯步骤是在基质（或称底物）氧化时直接发生的 ADP 磷酸化为 ATP 的过程，称为底物水平磷酸化作用。另外，步骤⑫还脱下一对氢（2H），由此产生 1 mol NADH＋H^+。若按 1 mol 葡萄糖计算，则糖酵解共产生 2 mol NADH＋$2H^+$，净得 2 mol 的 ATP。

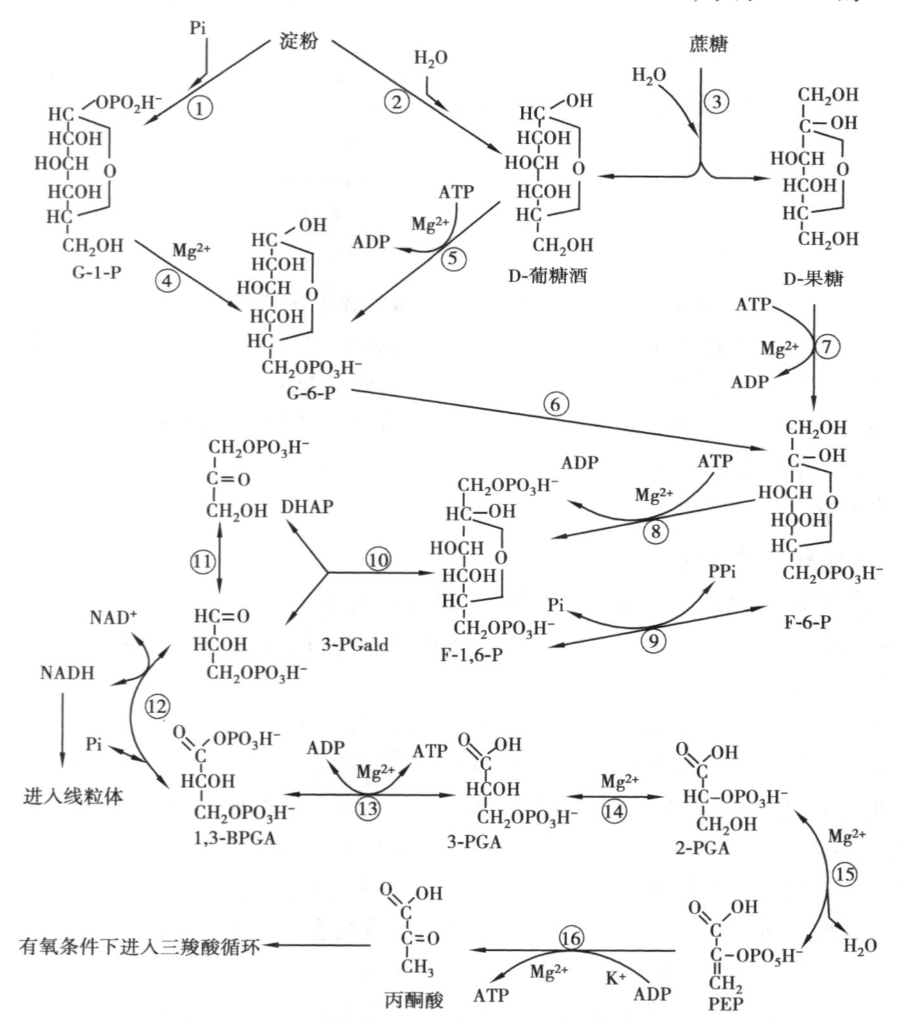

图 8.5　糖酸解途径

（王忠《植物生理学》，2000）

①—淀粉磷酸化酶；②—淀粉酶；③—蔗糖酶；④—磷酸葡萄糖变位酶；⑤—己糖激酶；⑥—磷酸己糖异构酶；⑦—果糖激酶；⑧—ATP-磷酸果糖激酶；⑨—焦磷酸-磷酸果糖激酶；⑩—醛缩酶；⑪—磷酸丙糖异构酶；⑫—3-磷酸甘油醛脱氢酶；⑬—磷酸甘油酸激酶；⑭—磷酸甘油酸变位酶；⑮—烯醇化酶；⑯—丙酮酸激酶

(2)糖酵解的生理意义

①糖酵解普遍存在,产物活跃　糖酵解普遍存在于生物体中,是有氧呼吸和无氧呼吸的共同途径;糖酵解的产物丙酮酸的化学性质十分活跃,可以通过各种代谢途径,生成不同的物质(图8.6)。

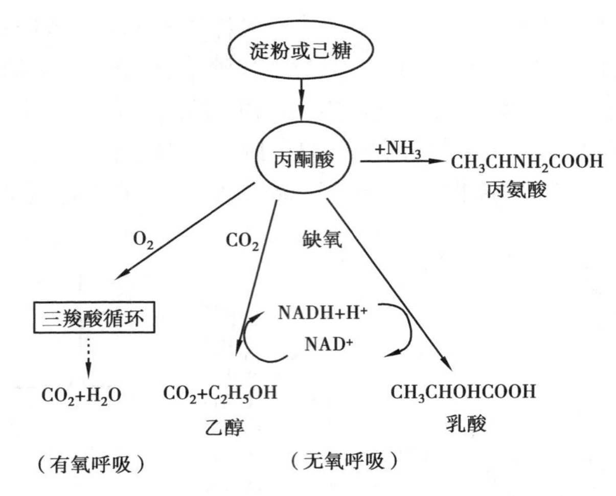

图8.6　丙酮酸在呼吸代谢和物质转化中的作用

②糖酵解是生物体获得能量的主要途径　通过糖酵解,生物体可获得生命活动所需的部分能量。对于厌氧生物来说,糖酵解是糖分解和生物体获得能量的主要方式。

③糖酵解多数反应可逆转　糖酵解途径中,除了由己糖激酶、磷酸果糖激酶、丙酮酸激酶等所催化的反应以外,多数反应均可逆转,这就为糖异生作用提供了基本途径。

3)有氧呼吸系统

(1)三羧酸循环及其特点、意义

①三羧酸循环的生化途径　糖酵解产物丙酮酸,在有氧的条件下,经三羧酸和二羧酸的循环反应,而逐步脱羧、脱氢被彻底氧化分解成二氧化碳和水,同时释放全部能量的过程,称为三羧酸循环(简称TCA)。

TCA循环途径的主要生化转化历程共有9步反应(图8.7)。

a.反应①　丙酮酸在丙酮酸脱氢酶(是一种多酶的复合体)和几种辅助因子的参与下,进行一次氧化脱羧和脱氢,放出1 mol二氧化碳和一对氢(2H),并和辅酶A(CoASH)结合,生成乙酰CoA,这是连接EMP与TCA的纽带。放出的2H经FAD传递后,被NAD^+接受而成NADH。

b.反应②　乙酰CoA($CH_3CO \sim SCoA$)实际上是一个"活化乙酸",含有一个高能键,在它的推动下和在柠檬酸合成酶催化下,乙酰CoA与草酰乙酸缩合生成柠檬酸,并放出CoASH,这步要消耗1 mol水。此反应为放能反应$\Delta E = 32.22$ kJ/mol。

c.反应③　柠檬酸经顺乌头酸酶催化脱水变成顺乌头酸,再加水变成异柠檬酸。

d.反应④　异柠檬酸在异柠檬酸脱氢酶催化下,经脱羧和脱氢,放出1 mol二氧化碳和2H,转变成α-酮戊二酸,放出的2H也被NAD^+所接受而成NADH。

e.反应⑤　α-酮戊二酸在α-酮戊二酸脱氢酶复合体催化下,又经脱羧和脱氢,并和CoA结合生成琥珀酰CoA和NADH,并释放二氧化碳。

f.反应⑥　含有高能硫脂键的琥珀酰CoA在琥珀酸硫激酶催化下,经脱去CoA转变成琥珀酸,同时利用高能硫脂键水解释放出的能量,推动 ADP + Pi 的磷酸化,ADP + Pi 磷酸化缩合出的水,用于硫脂键水解,从而产生 1 mol ATP。该反应是 TCA 循环途径中唯一的一次底物水平磷酸化。

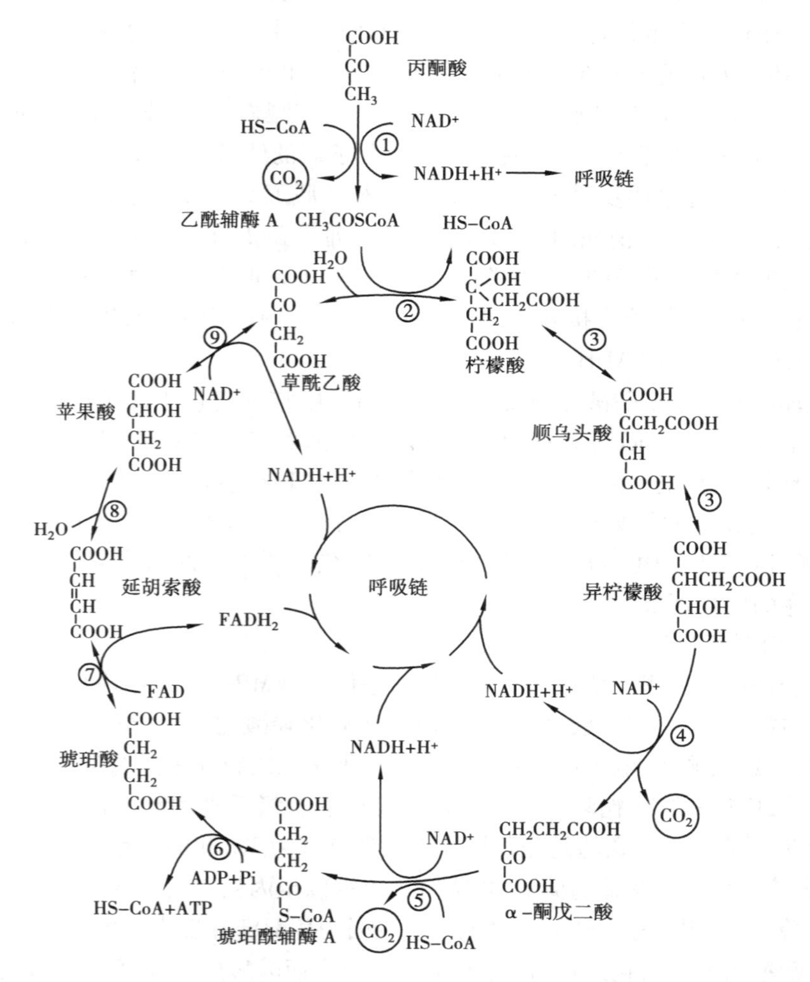

图 8.7　三羧酸循环的反应过程

(王忠《植物生理学》,2000)

①—丙酮酸脱氢酶复合体;②—柠檬酸合成酶或称缩合酶;③—顺乌头酸酶

④—异柠檬酸脱氢酶;⑤—α-酮戊二酸脱氢酶复合体;⑥琥珀酸硫激酶

⑦—琥珀酸脱氢酶;⑧—延胡索酸酶;⑨—苹果酸脱氢酶

注:步骤①、④、⑤为不可逆反应,其余为可逆反应

g. 反应⑦　琥珀酸在琥珀酸脱氢酶催化下,经脱氢生成延胡索酸,这里脱下的 2H 是被 FAD 所接受,生成 $FADH_2$。

h. 反应⑧　延胡索酸经延胡索酸酶催化,加水转变成苹果酸。

i. 反应⑨　苹果酸在苹果酸脱氢酶催化下,脱去 2H 又转变成草酰乙酸,脱下的 2H 被 NAD^+ 所接受,生成 NADH。草酰乙酸又可和乙酰 CoA 结合,从而开始新一轮 TCA 循环。

在三羧酸循环过程中,2 mol 的丙酮酸在有氧的条件下,在一系列酶的作用下,经过 FAD,NAD^+ 脱氢辅酶的脱氢,进一步氧化脱羧并脱氢,逐步放出二氧化碳,这就是呼吸作用放出的二氧化碳。同时释放 2 mol 底物水平的 ATP,8 mol 还原态的辅酶 NADH 和 2 mol $FADH_2$。

②三羧酸循环的特点和生理意义

a. TCA 循环释放二氧化碳中的氧是来自被氧化的底物和被消耗的水　循环每运行一次,丙酮酸的 3 个碳原子便彻底被氧化,放出 3 mol 二氧化碳。由于 1 mol 葡萄糖能产生 2 mol 丙酮酸,因此两个循环就把葡萄糖的 6 个碳原子全部氧化,放出 6 mol 二氧化碳,这就是呼吸作用放出的二氧化碳。当环境中二氧化碳浓度增高时,脱羧反应减慢,呼吸作用便受抑制。

b. TCA 循环水的加入相当于氧,脱下的氢在分子氧的轨道上被氧化　丙酮酸并不是直接和氧结合而氧化,而是通过逐步脱氢而氧化。一次循环脱下 5 对 H 原子,但丙酮酸只含 4 个 H,另外 6 个 H 是从每次循环净消耗的 3 mol 水中来的,即步骤②、⑥、⑧各加进 1 mol 水,其中⑥是由磷酸化时产生的水加进循环的。若由葡萄糖算起,则 1 mol 葡萄糖通过两次三羧酸循环共脱下 10 对 H。脱下的 H 也不能直接和氧结合,其中 8 对被 NAD^+ 所接受,生成 8 mol NADH,两对被 FAD 所接受,生成 2 mol $FADH_2$。

c. TCA 循环中底物水平磷酸化只发生一步　循环中唯一直接生成 ATP 的部位是步骤⑥,它属于底物水平磷酸化,1 mol 葡萄糖通过三羧酸循环则直接生成 2 mol ATP。

d. TCA 循环是糖、脂肪、蛋白质 3 大类物质的共同氧化途径　TCA 循环的起始底物乙酰 CoA,也是这 3 大类物质的代谢产物。三羧酸循环中有许多中间产物,可用于合成体内的其他有机物。因此,通过呼吸作用可以把碳水化合物、脂肪、蛋白质的代谢联系起来,呼吸作用成为植物体内物质代谢的中心环节。

(2)磷酸戊糖循环及其特点和生理意义

①磷酸戊糖循环的过程　植物在正常生长的条件下,EMP—TCA 循环是主要的呼吸降解途径。这一途径包括糖酵解、三羧酸循环、电子传递和氧化磷酸化 3 大过程。其中糖酵解是在细胞质中进行的,三羧酸循环、电子传递和氧化磷酸化则是在线粒体中进行的。在 1954—1955 年间人们研究表明,EMP—TCA 循环途径并不是高等植物有氧呼吸的唯一途径。后经试验发现,与 EMP—TCA 循环途径不一致的是葡萄糖并不预先分解为 2 mol 的丙糖分子,而是磷酸化为磷酸葡萄糖后,直接氧化成磷酸葡萄糖酸,再降解为戊糖以至丙糖。由于在这个循环中,葡萄糖被氧化时产生磷酸戊糖,所以称为磷酸戊糖循环。又因为葡萄糖在反应开始时,直接被氧化脱氢,因此也称为葡萄糖的直接氧化途径(简称 HMP 循环)。而磷酸戊糖途径所占的比例较小(一般小于 30%)。催化磷酸戊糖途径各反应的酶和催化糖酵解各反应的酶都存在于细胞质中,因此两大途径的各过程进行的部位一样都是在细胞质中。

磷酸戊糖循环途径是葡萄糖在细胞质内直接氧化的途径。其主要生化过程如图 8.8 所示。

a. 葡萄糖被活化　葡萄糖在步骤①己糖激酶催化下,预先吸收 1 mol 的 ATP,被磷酸化成 6-磷酸-葡萄糖(被活化)。

b. 脱氢反应　6-磷酸-葡萄糖在步骤②6-磷酸-葡萄糖脱氢酶催化下,转变成 6-磷酸-葡萄糖酸内脂。此酶的脱氢是以 $NADP^+$ 为氢受体,生成 NADPH。

c. 水解反应　6-磷酸-葡萄糖酸内脂在步骤③6-磷酸-葡萄糖酸内脂酶催化下,被水解为 6-磷酸-葡萄糖酸,反应是可逆的。

d. 脱氢脱羧反应　6-磷酸-葡萄糖酸在步骤④磷酸葡萄糖酸脱氢酶催化下,氧化脱羧生成 5-磷酸-核酮糖。这次脱氢也是以 $NADP^+$ 为氢受体,产生 NADPH,并释放二氧化碳。这就是呼吸作用中放出的二氧化碳。

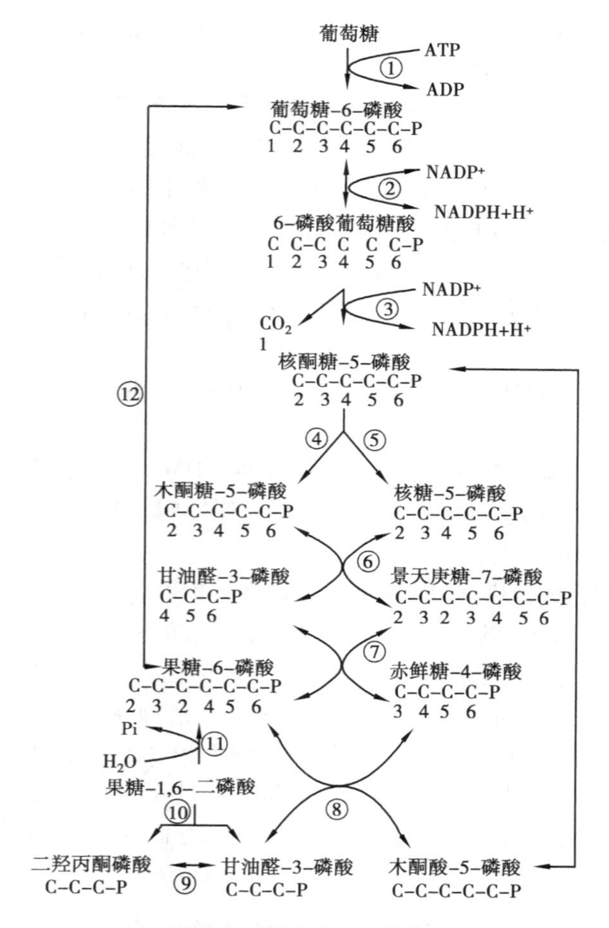

图 8.8 磷酸戊糖途径简图

（萧浪涛《植物生理学》,2004）

①—己糖激酶；②—6-磷酸-葡萄糖脱氢酶；③—6-磷酸-葡萄糖酸内脂酶；
④—磷酸葡萄糖酸脱氢酶；⑤—磷酸核酮糖异构酶；⑥—磷酸核糖异构酶；
⑦—转酮醇酶；⑧—转醛醇酶；⑨—磷酸丙糖异构酶；⑩—醛缩酶；
⑪—磷酸果糖激酶；⑫—磷酸己糖异构酶

e. 分子重组　6 mol 的 5-磷酸-核酮糖，经过一系列糖之间的转化，最终可转变为 5 mol 的 6-磷酸-葡萄糖（步骤⑤—⑫），进而完成了磷酸戊糖循环途径的转化历程。

从整个磷酸戊糖循环途径的转化历程来看，步骤②、④中的辅酶脱下了氢，并共产生 2 mol NADPH 和放出 1 mol 二氧化碳。

在实际降解过程中，1 mol 葡萄糖若彻底氧化分解得需要 6 mol 的葡萄糖同时参加反应，按上述则产生 12 mol NADPH 和 6 mol 二氧化碳。

由磷酸戊糖途径脱下的 NADPH 可以作为生物合成的还原剂。例如，长链脂肪酸和固醇的生物合成以及在形成不饱和脂肪酸的羟基化作用中均以 NADPH 作为还原剂。在一定情况下，NADPH 也可以经过呼吸链传递至游离氧（O_2），生成水，这就是呼吸作用形成的水。在这个传递过程中也发生氧化磷酸化作用，并且从 NADPH 每传递 1 对氢至氧也能产生 3 mol 氧化水平 ATP。

这里生成的 NADPH 和由其进入呼吸链所产生的 ATP，就是呼吸作用所放出的可利用能。

②磷酸戊糖循环的特点和生理意义

a. 它是一条“代行”之路　因为 EMP—TCA 循环中的主要脱氢辅酶是 NAD，而 HMP 循环中的脱氢辅酶则必须是 NADP。两种脱氢辅酶在细胞质中同时存在，则两者的浓度与活性就决定了葡萄糖的降解途径。这两种途径在葡萄糖降解中所占的比例，随植物的种类、器官、年龄和环境而异。如以植物种类来说，HMP 循环途径所占的比例：蓖麻大于玉米；以器官来说，茎大于叶，叶大于根；以年龄来说，在年幼组织中比在年老组织中所占的比例较小。植物干旱或受伤、染病时，HMP 循环途径比例较大。因此当 EMP—TCA 循环途径受阻时，HMP 循环途径可替代正常的有氧呼吸。

b. HMP 循环与 C_3 循环密切相连　HMP 循环中的糖分子重组阶段的中间产物和酶类均与卡尔文循环中的相同。

c. HMP 循环途径的中间产物为生物合成提供原料　HMP 循环途径形成的中间产物在生理活动中十分活跃，与其他代谢建立联系，并沟通各种代谢反应。此外，这一系列中间产物与细胞壁结构物质如木质素的合成有关。

d. HMP 循环为生物合成提供 NADPH 来源　在许多生物合成中以 NADPH 作为还原剂，如非光合细胞的硝酸盐、亚硝酸盐的还原以及氨的同化和脂肪酸和固醇的生物合成等。因此，油料作物在种子成熟期，其代谢途径从以 EMP—TCA 循环途径为主转为以 HMP 循环途径为主。

e. HMP 循环的存在提高了植物的抗病力和适应力　植物在干旱、受伤和染病等逆境条件下，HMP 循环途径十分活跃。研究表明，凡是抗病力强的植物或作物品种，HMP 循环途径较为发达。因此，HMP 循环途径有助于提高植物的抗病力。处于逆境时，内外因素不利于 EMP—TCA 循环途径的循环，但磷酸戊糖途径却依然畅通，甚至还能加强，因而提高了植物的适应力。

4）无氧呼吸（发酵）

无氧呼吸的最初阶段都要经历糖酵解的过程，即呼吸基质葡萄糖经糖酵解转变成丙酮酸，由丙酮酸开始，再沿不同途径进行。

（1）酒精发酵　这是一条无氧呼吸（发酵）的主要途径。水稻浸种催芽时，谷堆内部的谷芽和一般果实所出现的无氧呼吸都属酒精发酵。反应式如下：

$$C_6H_{12}O_6 \longrightarrow 2C_2H_5OH + 2CO_2 + 226\ kJ$$

具体过程是：葡萄糖经糖酵解转变成丙酮酸，丙酮酸脱羧转变成乙醛，乙醛被糖酵解产生的 NADH 还原成为乙醇（酒精）。

（2）乳酸发酵　马铃薯块茎、甜菜肉质根内部出现无氧呼吸的产物是乳酸，称为乳酸发酵。反应式如下：

$$C_6H_{12}O_6 \longrightarrow 2CH_3CHOHCOOH + 197\ kJ$$

具体过程是：葡萄糖经糖酵解转变成丙酮酸后，直接被糖酵解产生的 NADH 还原为乳酸。

无氧呼吸是植物对短暂缺氧的一种适应，但植物不能忍受长期缺氧。无氧呼吸释放的能量很少，转换成 ATP 的数量更少，这样，要维持正常生活所需要的能量，就要消耗大量有机物。同时，酒精和乳酸积累过多时，会使细胞中毒甚至死亡。例如，作物淹水后会进行无氧呼吸，长期淹水会导致作物死亡；种子播种后久雨不晴发生烂种；及种子收获后长期堆放发热，产生酒味，使种子变质等，都是由于长时间无氧呼吸的结果。

但是植物处在短暂无氧环境进行无氧呼吸之后，恢复有氧条件时，将可恢复正常生长。这是由于各种无氧呼吸的产物，在有氧条件时，都可作为有氧呼吸的基质，继续氧化分解，最后生成二氧化碳和水。例如，淹水后的作物若能及时排水方可恢复正常生长；种子收获后，必须晒干扬净并要适时翻仓；水稻浸种催芽的种堆，内部出现酒味时，及时翻到边缘，使其进行有氧呼吸，可使酒精分解而消除酒味。

8.2.3 电子传递与氧化磷酸化

1）生物氧化的概念

在生物体内进行的氧化作用称为生物氧化。也就是在需氧生物中，各种呼吸代谢过程中脱下的氢，最终都传递到氧而被氧化。生物氧化与非生物氧化的化学本质是相同的，都是脱氢、失去电子或与氧直接化合，并释放被氧化物质内部的能量。然而，生物氧化是在生活细胞内，在常温、常压、接近中性的酸碱度和有水的环境下，在一系列酶以及中间传递体的共同作用下逐步完成的，而且能量是按着生物体代谢的需要逐步释放的，其在生物体的宏观表现是生命的存在，即呼吸现象。这就是它与非生物氧化的不同之处。

生物氧化的表现形式之一是电子传递和氧化磷酸化。

2）电子传递系统——呼吸链的概念和组成

HMP 循环产生的 NADPH 的部分，在一定的条件下，才经转氢酶催化生成 NADH，这就是 HMP 循环途径形成的 NADH。HMP 循环途径和 EMP—TCA 循环途径中形成的 NADH 或 FADH，还要经过一系列传递，最后才能和游离氧结合生成水，这就是呼吸作用形成的水。由于氢原子包括质子和电子，氢的传递主要是其电子的传递，因此这个过程称为电子传递。参加传递的物质，有多种氢传递体和电子传递体，它们按照氧化还原电位高低的一定顺序排列在线粒体内膜上，组成电子传递链，一般称这种电子传递链为呼吸链（图 8.9）。

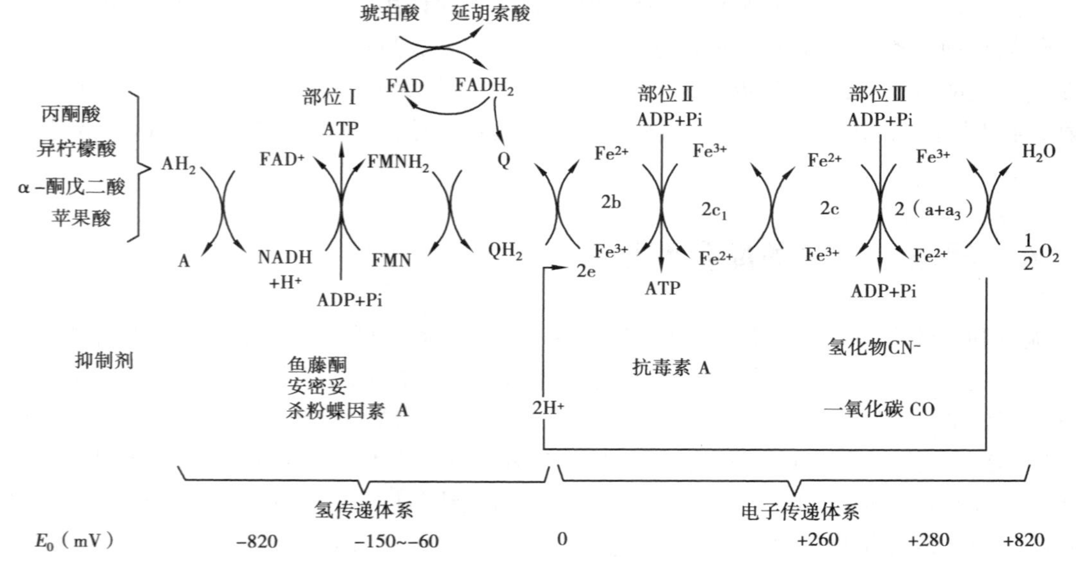

图 8.9 电子传递和氧化磷酸化

（AH_2 代表呼吸代谢中间产物，Q 为辅酶 Q）

最后的电子传递体是 $Cyta_3$，也称为细胞色素氧化酶，因为它能把接收来的电子直接传给游离 O_2，使 O 激活，1 个 O 原子接受两个 e^- 后，它就与介质中的 $2H^+$ 结合生成 1 mol H_2O。

3）氧化磷酸化

（1）氧化磷酸化的概念　在电子传递过程中，有的步骤放出的能量推动 ADP + Pi 磷酸化为 ATP，从而把有机物中的化学能部分地转移到 ATP 中，供生命活动所用。这种伴随由呼吸基质脱下的氢，通过电子传递到达氧的过程所发生的 ADP + Pi 磷酸化为 ATP 的作用，称为氧化磷酸化作用，即呼吸链上电子传递放能与 ADP + Pi 磷酸化成 ATP 储能相偶联的反应。据测定，从 NADH 每传递 1 对 H 到 O_2，能产生 3 mol 氧化水平 ATP；FADH 能产生 2 mol 氧化水平 ATP，这就是呼吸作用所放出的可利用能（图 8.9）。

（2）氧化磷酸化的类型　氧化磷酸化作用是生活细胞中形成 ATP 的主要途径之一。根据生物氧化方式不同，可将氧化磷酸化分为底物水平磷酸化和电子传递系磷酸化。

①底物水平磷酸化　底物水平磷酸化即底物被氧化的过程中，形成了含高能磷酸键的磷酸化合物，如 X ~ P。这个高能化合物所含的能量，可使 ADP 磷酸化形成 ATP。此化合物的能量在酶的催化下，经磷酸化转移到 ADP 上，生成 ATP。X ~ P + ADP ⟶ATP + X。

②氧化水平（电子传递系）磷酸化　电子传递系磷酸化即为通常称为的氧化水平磷酸化。指的是底物脱下的氢，经过呼吸链氧化放能，并伴随着 ADP + Pi 磷酸化生成 ATP 过程，相偶联这一反应。

氧化水平磷酸化中氧化放能与磷酸化储能之间的偶联关系，常用 P/O 这一指标来反应。所谓磷氧比 P/O，是指电子传递链每消耗 1 个氧原子（1/2 氧分子）所用去的无机磷 Pi 或产生的 ATP 的 mol 数。P/O 是线粒体氧化磷酸化活力功能的一个重要指标。在标准图式的呼吸链中，从 NADH 开始氧化到形成水，要经过 3 次 ATP 的形成，因此 P/O 是 3；而 $FADH_2$ 走完呼吸链，只有两次 ATP 的形成，因此 P/O 是 2。

在正常情况下，植物的呼吸作用，总是偶联着磷酸化作用。但当植物处于不良的环境如高温、干旱、缺钾等条件下，磷酸化的偶联将受破坏，这时呼吸虽然增强，但不能形成 ATP，放出的能量均以热能释放掉，这种呼吸称为无效呼吸。植物进行无效呼吸时，体内的有机物质将大量消耗，对积累不利。因此，在农业植物栽培过程中，必须加强田间管理，防止出现这种情况。

8.2.4　呼吸作用中的能量利用效率

能量利用效率是呼吸基质释放的，用于各种生理活动的可利用能占其释放的总能量的比值。ATP 这个可利用能的形成有两种方式：一种是氧化磷酸化；一种是底物磷酸化。而底物磷酸化形成的 ATP 仅占一小部分，大部分 ATP 是通过氧化磷酸化形成的。若按摩尔数计算，1 mol六碳糖通过 EMP—TCA 循环途径和电子传递链被氧化为二氧化碳和水，在糖酵解过程中可形成4 mol ATP 和2 mol NADH，每1 mol NADH 进入线粒体后经氧化磷酸化可形成2 mol ATP（因为 NADH 必须借助其他反应系统，消耗 1 mol ATP 后，才能往返线粒体，所以生成 2 mol ATP）；在 TCA—循环中，可形成 2 mol ATP，8 mol NADH 和 2 mol $FADH_2$。经氧化磷酸化，1 mol NADH 可形成 3 mol ATP，1 mol $FADH_2$ 可形成 2 mol ATP。这样，减去糖酵解反应中用去的

2 mol ATP,那么 1 mol 六碳糖通过 EMP—TCA 循环途径和电子传递链被彻底氧化后最终形成 36 mol ATP。1 mol 六碳糖在 pH 等于 7 的条件下,被彻底氧化释放能量为 2 870 kJ,1 mol ATP 水解为 ADP 释放的能量为 31.8 kJ,36 mol ATP 水解为 ADP 释放的能量则为 1 145 kJ。能量转换率为 40%(1 145 kJ/2 870 kJ),其余的 60% 以热的形式散失。

8.2.5 光合作用与呼吸作用的关系

光合作用与呼吸作用既相互独立又相互依存,推动了体内物质和能量代谢的不断进行,光合作用制造有机物,储藏能量,而呼吸作用则分解有机物,释放能量。光合作用为呼吸作用生产呼吸基质;呼吸作用为光合作用收集能量,保存光合原料(表 8.1)。

表 8.1 光合作用和呼吸作用的主要区别和联系

项目		光合作用	呼吸作用
区别	1. 原料	二氧化碳,水	葡萄糖等有机物,氧
	2. 产物	有机物(主要为碳水化合物),氧	二氧化碳,水
	3. 能量变化	把太阳光能转变为化学能。是储能的过程	把化学能转变为 ATP(另一种化学能),热能是放能过程
	4. 磷酸化形式	光合磷酸化	氧化磷酸化和底物水平磷酸化
	5. 代谢类型	有机物合成作用	有机物降解作用
	6. 反应类型	水被光解,二氧化碳被还原	呼吸底物被氧化、生成水
	7. 进行部位	绿色细胞的叶绿体中、细胞质	活细胞的细胞质和线粒体中
	8. 需要条件	光照下	光照下或黑暗中均可
联系	1. 光合作用为呼吸作用提供原料,呼吸释放的能量可供绿色细胞用 2. 光合释放的氧气可供呼吸利用,呼吸释放的二氧化碳也可作为光合作用的原料 3. 两者有许多共同的中间产物可以交替使用,因而使两个过程有一定联系		

8.3 影响植物呼吸作用的因素

呼吸作用影响因素及呼吸作用与农业生产

呼吸作用是生物有机体内进行的复杂的物质和能量代谢的过程,因而不可避免地要受到各种各样的因素影响,包括来自生物体内部的因素和来自外界环境因素的影响,毫无疑问,外部因素是通过改变内部因素而发生作用。

8.3.1 呼吸作用的生理指标

呼吸作用的主要生理指标由呼吸速率和呼吸商来表示。

1）**呼吸速率及表示单位**

呼吸速率是表示呼吸强弱的定量指标。呼吸速率是指单位时间内、单位植物材料所放出的二氧化碳量或吸收的氧气量。时间单位多用小时表示；气体用毫克，也可用微升、微摩尔表示；植物材料可用干重、鲜重或面积。常用的单位是：CO_2（或 O_2）μmol/[干重 g（或鲜重 100 g）·h]。

究竟采用哪种单位，应根据具体情况，以尽可能反映出呼吸作用的强弱变化为标准。不同种植物，同种植物的不同器官或不同发育时期，呼吸速率不同。通常，花的呼吸速率最高；依次是萌发的种子、分生组织、形成层、嫩叶、幼枝、根尖和幼果等；而处于休眠状态的组织和器官的呼吸速率最低。

2）**呼吸商（简称 RQ）**

呼吸商又称为呼吸系数，指植物组织在一定时间内放出二氧化碳的量与吸收氧气的量之比。它可以反映呼吸底物的性质和氧气供应状况。其计算公式为：

$$RQ = [\text{放出的二氧化碳（体积或 mol）}]/[\text{吸收的氧气（体积或 mol）}]$$

呼吸商数值的大小与许多因素有关，包括底物种类，无氧呼吸的存在与氧化作用是否彻底，是否发生物质的转化、合成与羧化，是否存在其他物质的还原以及某些物理因素如种皮不透气等。其中，底物种类是影响呼吸商最关键的因素。

当呼吸底物为碳水化合物且又被彻底氧化时，其 RQ 为 1，如下式：

$$C_6H_{12}O_6 + 6O_2 \longrightarrow 6CO_2 + 6H_2O, RQ = 6/6 = 1$$

当呼吸底物为脂肪（脂肪酸）、蛋白质等富含氢即还原程度较高的物质时，$RQ < 1$。如棕榈酸被彻底氧化时：

$$C_{16}H_{32}O_2 + 23O_2 \longrightarrow 16CO_2 + 16H_2O, RQ = 16/23 = 0.7$$

若呼吸底物为有机酸等富含氧即氧化程度较高的物质时，$RQ > 1$。如柠檬酸被彻底氧化时：

$$2C_6H_8O_7 + 9O_2 \longrightarrow 12CO_2 + 8H_2O, RQ = 12/9 = 1.33$$

从上面的计算可以看出，呼吸底物性质与呼吸商有密切关系。在发生完全氧化时，呼吸商的大小取决于底物分子中相对含氧量的多少。因此，可以根据呼吸商判断底物的种类。植物体内的呼吸底物是多种多样的，碳水化合物、蛋白质、脂肪或有机酸等都可以被呼吸利用。一般来说，植物呼吸通常先利用碳水化合物，其他物质较后才被利用。

当氧气供应不充足时，无氧呼吸较强，呼吸商增大。

8.3.2 内部因素对呼吸速率的影响

植物的呼吸速率因植物种类、器官、组织及生育期的不同而有很大差异。

1）**植物种类**

不同种类的植物，其代谢类型、内部结构及遗传性不会完全相同，必然造成呼吸速率的差异（表 8.2）。例如，喜光的玉米高于耐阴的蚕豆；柑橘高于苹果；玉米种子比小麦种子高近 10 倍。低等植物的呼吸速率远高于高等植物。总之，生长快的植物高于生长慢的植物；草本植物高于木本植物。

表 8.2 不同植物(组织、器官)的呼吸速率

植物组织	O_2[μmol·干重(g)·h]	植物组织	O_2[mm^3·鲜重(g·h)]
豌豆种子	0.005	仙人掌	6.8
大麦幼苗	70	景天	16.6
甜菜切片	50	云杉	44.1
向日葵植株	60	蚕豆	96.6
番茄根尖	300	茉莉	120.0
细菌	10 000	小麦	251.0

2)器官、组织

同一植物的不同器官,因为代谢不同,组织结构不同,以及与氧气接触程度不同,因此呼吸速率也有很大的差异。在同一植物体上,通常生长旺盛的幼嫩器官(根尖、茎尖、嫩叶等)的呼吸速率高于生长缓慢的年老器官(老根、老茎、老叶);生殖器官高于营养器官;在花中,雌雄蕊的呼吸速率比花被强,雄蕊中又以花粉最强;受伤组织高于正常组织。例如,花的呼吸速率高于叶 3 ~4 倍;雌蕊高于花瓣 18 ~20 倍;芋头的花序开花时呼吸速率增高 23 ~30 倍。

3)生育期

呼吸速率还随生育期的变化而改变。同一植株或植株的同一器官在不同的生长过程中,呼吸速率会有较大的变化。一年生植物初期生长迅速,呼吸速率升高;到一定时期,随着植物生长变慢,呼吸逐渐平稳,有时会有所下降;生长后期开花时又有所升高。植物的叶片幼嫩时呼吸较快,成长后下降;初进衰老时,呼吸又上升,而后渐降;到衰老后期,呼吸速率可下降到极其微弱的程度。也就是说,叶片在功能前期处于生长阶段,呼吸速率在最高峰;进入功能期后降到较高的平稳阶段;而后初进衰老时又略有升高,但远不及功能前期,接下来便随着衰老时间的延续逐渐下降,直至呼吸停止,叶片脱落。许多肉质类果实在成熟之前也有一个呼吸跃变期。因此,呼吸速率强弱在一定程度上可反映出植物不同时期生活力的强弱,但生长健壮时期,呼吸速率并不一定最高。

8.3.3 外界条件对呼吸速率的影响

影响呼吸速率的外部因素很多,主要有以下 5 个方面:

1)温度

温度对呼吸速率的影响,主要是影响呼吸酶的活性。在一定范围内,呼吸速率随温度的增高而加快,超过一定温度,呼吸速率则会随着温度的升高而下降。温度对呼吸作用的影响体现在温度三基点(最高温度、最适温度、最低温度)上。

一般来说,植物的呼吸作用在接近 0 ℃时进行得很慢。大多数温带植物呼吸的最低温度约为 -10 ℃。耐寒植物的越冬器官(如芽及针叶),在 -25 ~ -20 ℃时,仍未停止呼吸。但是,

如果夏季的温度降低到 -5～ -4 ℃,针叶的呼吸便完全停止。可见,呼吸作用的最低温度依植物体的生理状况而有差异。

呼吸作用的最适温度在 25～35 ℃。所谓最适温度是保持植物正常生长过程中,能持续较稳定状态的最高呼吸速率的温度。决定最适温度时,应注意经历时间的长短,一般随着时间的延长其最适温度逐渐下降。呼吸的最适温度比光合生长的最适温度高,因此,呼吸作用的最适温度并不是植物正常健壮生长的最适温度。植物呼吸过强时,消耗大量的有机物质,对生长反而不利。

呼吸作用的最高温度,一般在 35～45 ℃。在较高温度条件下,细胞质将受到破坏,酶的活性也会受影响,因此呼吸作用便急剧下降。

温度每升高 10 ℃所引起的呼吸速率增加的倍数,通常称为温度系数(Q_{10}):

$$Q_{10} = [(t+10)\ ℃\text{时的呼吸速率}]/t\ ℃\text{时的呼吸速率}$$

温度的另一间接效应则是影响氧在水介质中的溶解度,从而影响呼吸速率的变化。

2)水分

植物细胞含水量对呼吸作用的影响很大,因为原生质只有被水饱和时,各种生命活动才能旺盛地进行。在一定范围内,呼吸速率随着组织含水量的增加而升高。

风干的种子不含自由水,呼吸作用极为微弱。当含水量稍微提高一些时,它们的呼吸速率就能增加数倍。到种子充分吸水膨胀时,呼吸速率可比干燥的种子增加几千倍。因此,种子含水量是制约种子呼吸强弱的重要因素。

植物的根、茎、叶和果实等含水量大的器官,会看到相反的情况。当含水量发生微小变动时,对呼吸作用影响不大;当水分严重缺乏时,它们的呼吸作用反而增强。这是由于细胞缺水时,酶的水解活性加强,淀粉水解为可溶性糖,使细胞水势降低,增强保水能力以适应干旱的环境。但是,可溶性糖是呼吸作用的直接基质,于是便引起呼吸作用增强。对于整体植物来说,也有类似的情况,接近萎蔫时,呼吸速率有所增加;如果萎蔫时间较长,细胞含水量则成为呼吸作用的限制因素。

3)氧气

氧气是植物进行正常呼吸的必要因子。它直接参与生物氧化过程,氧气不足,不仅可以影响呼吸速率,而且还决定呼吸代谢的途径(有氧呼吸或无氧呼吸)。

大气中氧含量比较稳定,约为 21%,对于植物的地上器官来说,基本能保证氧的正常供应。当氧含量降低到 20% 以下时,呼吸开始下降。氧含量降低到 5%～8% 时,呼吸作用将显著减弱。但是,不同植物对环境缺氧的反应并不相同。比如,水稻种子萌发时缺氧呼吸本领较强,所需的氧含量仅为小麦种子萌发时需氧量的 1/5。

植物根系虽然能适应较低的氧浓度,但氧含量低于 5%～8% 时,其呼吸速度也将下降。一般通气不良的土壤中氧含量仅为 2%,而且很难透入土壤深层,从而影响根系的正常呼吸和生长。

在农业生产中,作物处于水淹等土壤通气不良条件时,根系则处于缺氧甚至无氧环境。作物长时间地进行无氧呼吸必然导致伤害或死亡。其原因有:

①无氧呼吸产生的乙醇、乳酸会使细胞蛋白质变性而发生毒害作用。

②TCA 循环和电子传递与氧化磷酸化受阻,释放 ATP 能量少,作物为维持正常生命活动而

消耗过多有机物，势必造成体内养料损耗过多。而且许多耗能反应受到限制，如营养元素的吸收，有机物的合成与运输等。

③根对水的透性降低，加上对元素吸收量减少，影响水分吸收。

④中间产物少，严重影响作物体内的物质合成。这些都造成了代谢的不平衡。因此，生产上经常中耕松土、保证良好的通气状况是非常必要的。

4）**二氧化碳**

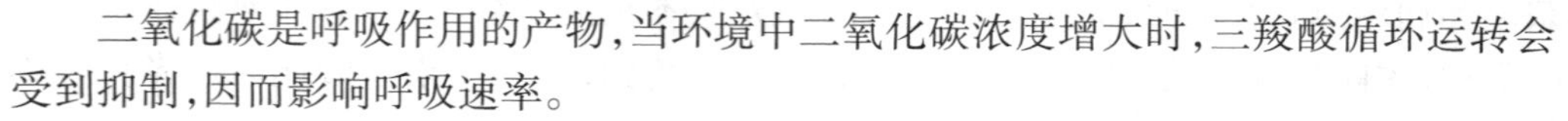

二氧化碳是呼吸作用的产物，当环境中二氧化碳浓度增大时，三羧酸循环运转会受到抑制，因而影响呼吸速率。

当二氧化碳浓度升高到1%以上时，呼吸作用受到明显抑制。土壤中由于根系，特别是土壤微生物的呼吸，会产生大量的二氧化碳。尤其是高温季节有机体呼吸旺盛，如果土壤通气不良，则积累二氧化碳可达4%～10%，甚至更高。适时中耕松土有助于促进土壤和大气的气体交换。豆类等一些作物的种子由于种皮的限制，使呼吸作用释放二氧化碳难以透出，内部聚积高浓度的二氧化碳，抑制呼吸作用。这成为种子休眠的一个原因。

5）**机械损伤**

机械损伤会显著加快组织的呼吸速率。由于正常生活着的细胞有一定的结构，其某些氧化酶与底物是隔开的，机械损伤破坏了原来的间隔，使底物迅速氧化，加快了生物氧化的进程；机械损伤使某些细胞转化为分生组织状态，形成愈伤组去修补伤处，这些分生细胞的呼吸速率当然比原来休眠或成熟组织的呼吸速率快得多。

机械刺激也会引起叶片的呼吸速率发生短时间的波动，因此在测定植物样品的呼吸速率时，要轻拿轻放，避免因机械刺激带来的误差。

影响呼吸作用的外界因素除了上述的之外，呼吸底物（如可溶性糖）的含量、一些矿质元素（如磷、铁、铜等）对呼吸也有影响。此外，病原菌感染可使寄主的磷酸戊糖途径增强，呼吸速率提高。

需要指出的是，以上所讨论的各种影响条件仅仅是就其单一因素而言。实际上，各种因素是相互作用的，植物接受到的最终影响是诸因素综合作用的结果。例如，植物组织含水量的变化对于温度所发生的效应有显著的影响，小麦种子的含水量从14%增至22%时，在同一温度下，呼吸速率相差甚大。一般来说，任何一个因子对于生理活动的影响都通过全部因子的综合效应而反映出来的。当然，就处在某一环境中的植物来说，影响呼吸作用的诸因素中必然有其主导因素。在生产实践中只要善于找出主导因素，采取有效的措施，就会收到预期效果。

8.4　呼吸作用在农业生产中的应用

8.4.1　呼吸作用与作物栽培

哪里有生命活动，哪里就有呼吸。呼吸作用作为植物体内的代谢中心，不仅影响作物的无机营养与有机营养，而且影响物质的吸收、转化、运输与分配，最终影响细胞的分裂、组织的产生、器官的形成和植株的长大。

在作物栽培上，许多措施直接或间接地保证植物呼吸作用正常进行。例如，浸种催芽过程中，每隔一定时间要浇水和翻堆，以供应足够的水分和透气散热，防止因呼吸放热而温度过高，同时避免无氧呼吸的发生。水稻育秧通常采用湿润育秧；早稻育秧在寒潮过后，适时排水，都是使根系得到充分的氧气。水稻的搁田、晒田，旱田作物的中耕松土，黏土的掺沙等，可以改善土壤的通气条件。湖洋田、低洼地的开沟排水，降低地下水位，以增加土壤透气性。有效地抑制无氧呼吸，促进作物根系良好生长发育。

温室栽培和利用薄膜育苗时，应注意解决高温和光照不足的矛盾，适时揭开薄膜通风降温以降低呼吸消耗，才能培育出健壮的幼苗。果树夏剪中去萌蘖，有利于果树的通风透光。通风可以降低果树树冠内温度，控制呼吸，降低耗能。

作物栽培中有许多生理障碍，也是与呼吸有直接关系的。涝害淹死植株，是因为无氧呼吸进行过久，累积酒精而引起中毒。干旱和缺钾能使作物的氧化磷酸化解偶联，导致生长不良甚至死亡。低温导致烂秧，原因是低温破坏线粒体的结构，呼吸"空转"，缺乏能量，引起代谢紊乱。

8.4.2 呼吸作用与农产品储藏

1）呼吸作用与粮食和种子的储藏

粮食和种子储藏的目的：一是使商品粮不发霉变质，不降低商品价值；二是使作为种植资源的种子保持生命活力，尽量延长寿命。

（1）粮食和种子储藏期间的生理变化　粮食的储藏与呼吸作用密切相关，种子是有生命的机体，不断地进行呼吸。当种子的含水量低于一定限度时其呼吸极低，若含水量超过一定限度，则呼吸急剧增强。这是由于含水量少时，种子内的水分都呈束缚水状态存在，它与原生质胶体牢牢地结合在一起，因此，各种代谢活动包括呼吸作用都不活跃；当种子含水量增高超过一定限度时，细胞内就出现了自由水，各种酶的活性大大增高，呼吸作用便急剧增强。

呼吸速率快，引起有机物质大量消耗；呼吸放出的水分，又会使粮堆湿度增大，粮食"出汗"，呼吸加强；呼吸放出的热量，又使粮温升高，反过来又促使呼吸增强，最后导致粮食发热霉变，使储藏种子的质量发生变化，或品质下降，严重时失去利用价值。因此，在储藏过程中必须降低粮食的呼吸速率，确保安全储藏。

（2）粮食和种子储藏的适宜条件　温度、水分、氧气以及微生物和仓虫等外界条件影响种子储藏。一般来说，种子宜储藏在低温、干燥、少氧、通风条件下。水稻种子在 14 ~ 15 ℃库温条件下，储藏 2 ~ 3 年，仍有 80% 以上的发芽率。

试验证明，种子含水量在 4% ~ 14% 时，（在自然条件下风干或在低于 40 ℃条件下风干）每降低 1% 可使种子寿命延长一倍。温度在 0 ~ 50 ℃时，每降低 5 ℃种子（风干后的）寿命延长一倍。例如，葱属的大多数种子，在室温条件下不到 3 年便失去生活力；若将种子含水量降至 6%，储于 5 ℃以下的环境，20 年后仍能萌发。要使种子安全储藏，种子必须呈风干状态，含水量一般在 8% ~ 16%（因种子而异），称为安全含水量，又称临界含水量。当种子含水量超过安全含水量时，呼吸速率急剧上升。可见，在粮食的储藏中，控制水分含量和尽可能地降低储藏温度极为重要，在进仓前一定要晒晾干。

国家规定了入库种子的安全含水量(表 8.3),高于这个标准就不耐储藏。

储藏温度还与种子的安全含水量有关。安全含水量越高,要求储藏的温度越低。不过,种子含水量高而处在低温条件下易受冻害。

储藏期间,必须防治害虫,此外,还要注意应用通风和密闭的方法以减少呼吸作用。通风的目的是散热、散湿。冬季或晚间开仓,西北冷风透入粮堆,降低粮温。密闭方式必须以粮食干燥、无虫为基础。在春末初夏的梅雨季节,进行全面密闭,防止外界潮湿空气侵入。除了水分含量及温度严重影响粮食的储藏外,氧气和二氧化碳浓度也影响种子储藏。种子呼吸吸收氧,放出二氧化碳。若能适当增高二氧化碳含量、降低氧含量,便可减弱呼吸作用,延长储藏时间。近年来,有些部门使用化学保管法,即以磷化氢(H_3P)气体抑制粮食长霉和发热。也有的采用脱氧保管法,即向粮堆内充入低氧含量的空气,降低种子的呼吸速率。也有用充氮保管法保管大米,即抽出粮堆(用塑料密封)的空气,再充入氮气,以抑制大米呼吸,可保持大米的新鲜度。

表 8.3　种子储藏期的安全水分标准

作物种子	储藏安全水分/%	作物种子	储藏安全水分/%
籼稻	13.5	大豆	12
粳稻	14.0	蚕豆	12 ~ 13
小麦	12.0	花生(仁)	8 ~ 9
大麦	13.5	棉子	9 ~ 10
粟	13.5	菜子	9
高粱	13.0	芝麻	7 ~ 8
玉米	13.0	蓖麻	8 ~ 9
荞麦	13.5	向日葵	10 ~ 11

2)呼吸作用与果蔬储藏

肉质果实和蔬菜含水分较多,与粮食和种子储藏的方法有很大的不同。其储藏原则主要是在尽量避免机械损伤的基础上,控制温度、湿度和空气成分,降低呼吸消耗,使肉质果实、蔬菜保持色、香、味等新鲜状态。

(1)肉质果实储藏期间的生理变化　果实生长时期,呼吸作用逐渐降低。但有些果实在生长结束、成熟开始时会出现呼吸突然升高的现象,称为呼吸高峰或呼吸跃变期。有呼吸高峰的果实,如苹果、梨、香蕉、李、番茄、西瓜、草莓等。有些果实没有明显的呼吸高峰,如柑橘、凤梨、葡萄、樱桃、无花果、瓜类等。

呼吸高峰一般在储藏期间发生,但长久留在树上的果实也有呼吸高峰出现。目前一致认为,呼吸高峰的出现与乙烯产生有关。在果实呼吸高峰出现前,均有较多的乙烯生成。一般来说,当果实、蔬菜中乙烯浓度达到 0.1 μL/L 时,便会诱导呼吸高峰的出现。出现呼吸高峰时,呼吸强度可比以前高出 5 倍以上,果实食用的品质最好;过此高峰,品质下降,且逐渐不耐储藏。因此,储藏时应尽量推迟呼吸高峰的出现,发现腐烂果应及时拣出。

(2)肉质果实和蔬菜储藏的适宜条件　果蔬储藏不能干燥,因为干燥会造成皱缩,失去新鲜状态,但柑橘、白菜、菠菜等储藏前可轻度晾晒风干,以降低呼吸和微生物活动。呼吸高峰的出现和温度关系很大。例如，苹果在22.5 ℃储藏时，其呼吸高峰出现早而显著，在10 ℃左右就不那么显著，而在2.5 ℃以下几乎看不出来。因此储藏果实时，一个重要问题就是推迟呼吸高峰的出现，办法之一就是降低温度。

每种果实蔬菜都有其适宜储藏温度。大多数果实储藏温度在0～1 ℃，苹果为0～5 ℃，不可高于6 ℃，橙子、柑橘一般7～9 ℃为宜，梨为10～12 ℃，香蕉要求12～14.5 ℃，荔枝不耐储藏，在0～1 ℃只能储存10～20 d，若改用低温速冻法，使荔枝几分钟之内结冻，则可经久储藏。

储藏期间还要保持一定的湿度，以防止果实萎蔫和皱缩，一般储藏的相对湿度在80%～90%。近年来国外试验成功了高湿储藏法，即利用98%～100%的高湿，降低在低湿（90%～95%）中储藏的甘蓝、胡萝卜、花椰菜、韭菜、马铃薯以及苹果的腐烂率。在高湿中储藏的产品，水分丧失减少，保持了蔬菜的鲜嫩度。特别是对于许多叶菜类，能保持鲜嫩的颜色，并且延长了蔬菜的储藏寿命。

"自体保藏法"是一种简便的果蔬储藏法。由于果实蔬菜本身不断呼吸，放出二氧化碳，在密闭环境里，二氧化碳浓度逐渐增高，抑制呼吸作用（但容器中二氧化碳浓度不能超过10%，否则，果实中毒变坏），可以延长储藏期。如能密封加低温（1～5 ℃），储藏时间更长。自体保藏法现已广泛被利用。例如，四川南充果农将广柑储藏于密闭的土窖中，储藏时间可以达到四五个月之久；哈尔滨等地利用大窖套小窖的办法，使黄瓜储存3个月不脱水、不变质。

3）呼吸作用与块根、块茎的储藏

与果实蔬菜不同的是，块根块茎储藏期间是处于休眠状态而非成熟过程中，它们没有呼吸高峰。但块根块茎一般都是皮薄、水分含量多，储藏时与果实、蔬菜有许多相似之处。如避免机械损伤，需要较低的温度、一定的湿度和气体成分。入窖前要晾1～2 d，稳定呼吸，减少水分含量。甘薯储藏温度为9～14 ℃，最适温度为11～13 ℃。马铃薯在1 ℃以下易受冻变质，4 ℃以上时间长了会发芽产生有毒的龙葵素。2～3 ℃为最适温度。储藏块根块茎的相对湿度以85%～90%为宜，低于80%则失水导致呼吸增强。

空气的控制方面，不要过早封闭窖口。入窖之初，由于气温较高，薯块呼吸旺盛，如果封窖过早，会使窖内缺氧，进行无氧呼吸，大量产生酒精，引起中毒、腐烂。因此，应该适当地通风透气，随着气温的下降，逐步封闭窖口。

8.4.3 呼吸作用与植物抗病

一般情况下，寄主植物受到病原微生物侵染后呼吸速率会增强。这是因为：第一，病原菌本身具有强烈的呼吸作用，致使寄主植物表观呼吸作用上升；第二，病原菌侵染后，寄主植物细胞被破坏，导致底物与酶相互接触，呼吸的生化过程加强；第三，寄主植物被感染后，呼吸途径发生变化，糖酵解——三羧酸循环途径减弱，而磷酸戊糖途径加强。此外，含铜氧化酶类活性升高，例如，棉花感染黄萎病后多酚氧化酶与过氧化物酶的活性增强，小麦感染锈病后多酚氧化酶和抗坏血酸氧化酶的活性提高。有时氧化与磷酸化解偶联，引起感染部位的温度升高。

植物感病后呼吸加强使植物具有一定的抗病力。植物的抗病力与呼吸上升的幅度大小和持续时间的长短密切相关。凡是抗病力强的植株感病后，呼吸速率上升幅度大，持续时间长，抗病力弱的植株则恰好相反。

呼吸速率上升幅度大,持续时间长有利于:①消除毒素。有些病原菌能分泌毒素致使寄主细胞死亡,如番茄枯萎病产生镰刀菌酸,棉花黄萎病产生多酚类物质。寄主植物通过加强呼吸作用,或将毒素氧化分解为二氧化碳和水,或转化为无毒物质。②促进保护圈的形成。有些病原菌只能在活细胞内寄生,在死细胞内则不能生存。抗病力强的植株感病后呼吸剧增,细胞衰死加快,致使病原菌不能发展,而这些死细胞反而成为活细胞和活组织的保护圈。③促进伤口愈合。寄主植物通过提高呼吸速率加快伤口附近形成木栓层,促使伤口愈合,从而限制病情发展。

复习思考题

1. 名词解释:呼吸作用、有氧呼吸、无氧呼吸、糖酵解、三羧酸循环、氧化磷酸化、底物水平磷酸化、呼吸速率、呼吸商、呼吸跃变现象。
2. 简述呼吸作用的类型及其生理意义。
3. 在 EMP 途径中产生的丙酮酸可能进入哪些代谢途径?
4. TCA 途径和 HMP 途径各发生在细胞的哪些部位?各有何生理意义?
5. 植物呼吸代谢途径的多样性表现在哪些方面?呼吸代谢的多条途径有何生物学意义?
6. 解释在水稻催芽时为什么会有烂根现象?如何避免这种现象的发生?
7. 简述 HMP 途径的意义。在什么情况下植物呼吸走 HMP 途径?
8. 呼吸作用和谷物储藏的关系如何?
9. 粮食储藏为什么要晒后热入库?在这种高温下是否影响种子的呼吸速率?
10. 如何协调温度、湿度及气体之间的关系来做好果蔬产品的安全储藏?
11. 果实成熟时为什么会产生呼吸跃变现象?
12. 试从需要原料、产物、需要条件、能量转换、电子传递途径等方面,列表说明光合作用和呼吸作用的区别。
13. 简述植物光合作用和呼吸作用的辩证关系。

9 植物生长物质

【理论教学目标】

1. 了解植物激素和植物生长调节剂的概念以及植物生长物质的常见种类。
2. 了解植物激素的发现过程及其在植物体内的分布与运输。
3. 掌握各种植物激素、植物生长调节剂的主要生理效应。
4. 了解植物激素间的相互关系。

【技能实训目标】

1. 熟知常见植物生长调节剂在农业生产上的实际应用。
2. 掌握常见植物生长调节剂的施用方法及注意事项。

植物的各项生命活动，如种子的萌发、幼苗的生长、开花结果、落叶休眠直至衰老死亡等各个阶段之所以能够有条不紊地进行，除了植物的基因起着决定作用外，植物体内产生的激素也起着重要的调节作用。

植物激素是植物体自身产生的生理活性物质，在极低浓度下（小于 1 mmol 或 1 μmol）就可以对植物的生长发育产生显著的影响，使植物各器官间互通信息、互相协调，从而使整株植物的生长发育进程协调一致。

植物激素在植物体内含量很少，又难以提取，因而不能满足农业生产的需求。随着科学技术的发展和生产需求的推动，现在已经能够人工合成并筛选出许多生理效应与植物激素类似，能够调节植物生长发育的化学物质。为了与内源激素相区别，把人工合成的、在低浓度条件下对植物生长发育具有调控作用的物质称为植物生长调节剂，有时也称外源激素。内源的植物激素和外源的植物生长调节剂统称为植物生长物质。换言之，植物生长物质是指具有调节植物生长发育的微量化学物质，包括植物激素和植物生长调节剂两大类。

植物生长物质在农业、林业、果树和花卉生产上有着十分广泛的应用。已经在种子萌发、植物生长、促进开花座果、防止落花落果、促进插条生根、产生无籽果实、控制性别分化、提高果品蔬菜产量品质、储藏保鲜以及防除杂草等方面发挥了巨大作用。

植物生长物质1

9.1 植物激素

植物激素是指植物体内代谢产生的,并能从产生之处运送到别处,对植物生长发育产生显著作用的微量有机化学物质。

目前得到普遍公认的植物激素包括生长素类、赤霉素类、细胞分裂素类、脱落酸和乙烯5大类。它们具有以下共同特点:第一,内生性。它们天然存在于植物体内,是植物生命活动过程中正常的代谢产物,它们本身也有自己的代谢,经常在代谢中出现或消失,增加或减少。第二,可移动性。它们能从合成器官向其他器官转移,自产生部位转移到作用部位时才有较大的活性,有人认为只有移动的激素分子才有特定的活性,如根切段漂浮在生长素溶液中并不能促进生根,但混在琼脂块中,放在切口处,生长素进入运输系统,就能促进生根。但是,也有些植物激素并不一定需要从合成部位运输到植株的其他部位才能发挥其效应。比如乙烯就可以在其合成的位点发挥效应。第三,非营养物质。它们在体内含量很低,不是提供能量的营养物质,也不是植物体的结构物质。但对代谢过程起极大的调节作用。第四,低浓度下起作用。植物激素在极低的浓度下就有显著的生理效应。第五,双重效应。一些植物激素浓度高低不同对植物的作用也不同,对生长常具有促进和抑制两方面的作用。

近年来,三十烷醇、油菜素内酯、茉莉酸、水杨酸和多胺类等物质已被证明对植物的生长发育具有多方面的调节作用。这些物质虽然还没有被公认为植物激素,但在调节植物生长发育的过程中起着不可忽视的作用。

9.1.1 生长素类

1)生长素的发现

生长素是人们最早发现的植物激素。1872年波兰园艺学家西斯勒克发现,置于水平方向的根因重力影响而弯曲生长,根对重力的感应部分在根尖,而弯曲主要发生在伸长区。由此认为,植株体内可能有一种从根尖向基部传导的刺激性物质,使根的伸长区在上下两侧发生不均匀的生长。1880年英国科学家达尔文(进化论的创立者)父子在研究金丝虉草胚芽鞘向光性运动时发现,在单侧光照射下,胚芽鞘发生向光弯曲,其感受光的部位是胚芽鞘尖,而引起弯曲的部位却是胚芽鞘的伸长区。达尔文父子认为胚芽鞘尖在单侧光的照射下产生了一种物质转移到下方伸长区,导致下方不均衡生长而发生弯曲。他们的发现推动着人们不断为寻找这种物质而进行探索。但当时在欧洲已普遍采用燕麦的胚芽鞘作为生长素研究的材料。1928年荷兰人温特将燕麦胚芽鞘尖切下放于琼脂上1 h,然后移去胚芽鞘尖,把琼脂切成小块放在去顶胚芽鞘上,可引起胚芽鞘的生长。如果放在去顶胚芽鞘的一侧,可诱导出类似的向光性弯曲,从而证明了胚芽鞘产生一种化学物质,这种化学物质可以促进生长,并将这种物质称为生长素。温特在1928年研究出来的生长素生物鉴定方法(又称为燕麦试验法)直到现在仍作为一个经典方法而被采用。因生长素在植物体内含量太低,温特未能分离出生长素的纯结晶。直到1934年荷兰的郭葛等从人尿中提取分离出生长素结晶,并经化学鉴定为吲哚-3-乙酸,简写IAA。此后大量试验证明，吲哚乙酸在高等植物中普遍存在，是植物体内主要的生长素。但在植物体中生长素含量极少，一千万个胚芽鞘中才含有 1 g，一般每克鲜重含 10～100 ng。

除 IAA 外，植物体内还发现有其他几种天然的具有生长素活性的物质，其中一些是吲哚类衍生物，如吲哚-3-丁酸（IBA）、4-氯-吲哚-3-乙酸（4-Cl-IAA）等，另一些是含苯环的芳香酸，如苯乙酸（PAA）。

2）生长素在植物体内的分布与运输

（1）生长素的分布　生长素在植物体内分布很广，几乎各器官都有分布，但大多集中在代谢旺盛的部位。如胚芽鞘、正在生长的茎尖和根尖、正在展开的叶片、幼嫩的果实和种子、受精后的子房、禾谷类的居间分生组织、双子叶植物茎或根的形成层等快速生长的器官。衰老的器官中生长素含量较少。寄生或共生的微生物也可产生生长素，并影响寄主的生长。如豆科植物根瘤的形成就与根瘤菌产生的生长素有关。

（2）生长素的运输　生长素是目前研究较为透彻的一种植物激素，在高等植物体内，生长素的运输存在两种形式：一种是在成熟组织中，生长素可以通过韧皮部进行非极性运输，与同化产物的运输方式相同，沿着植物茎秆进行双向运输，运输方向取决于两端有机物浓度；另一种是仅限于胚芽鞘、幼根、幼芽等幼嫩组织，生长素通过这些组织的薄壁细胞进行短距离单方向的极性运输。所谓极性运输是指生长素只能从植物的形态学上端向形态学下端运输，而不能反向运输。这里的"形态学上端"和"形态学下端"与地理方位上的"上"和"下"无必然联系。对于茎部来说，茎尖为形态学上端，茎的基部为形态学下端（图 9.1）。

茎部生长素的极性运输方向是由茎尖运向茎基部，即向基运输。而植物地下部分生长素的运输情况较为特殊。在根部，生长素的极性运输分为两种方式，即向顶运输和向基运输。一方面，生长素主要通过中柱细胞由根基向根尖运输，即向顶运输；另一方面，在根的表皮细胞部分，生长素由根尖向根基运输，即向基运输。从运输具有极性的角度来说，从根基向根尖运输以及从根尖向根基运输均属于极性运输。生长素是唯一具有极性运输特征的植物激素，植物体内的其他 4 种激素没有极性运输的特点。

生长素的极性运输可通过实验证明（图 9.2）。从植物体上切下一段胚芽鞘，如果让胚芽鞘形态学上端朝上，形态学下端朝下，在形态学上端放一块含有一定量生长素的琼脂块作为生长素的供体，下端放一块不含生长素的空白琼脂块作为生长素的受体，经过一段时间后可从受体块中检测出生长素。相反，如果将胚芽鞘形态学下端朝上，形态学上端朝下，供体放于切段的形态学下端，受体放于切段的形态学上端，则不能在受体块中检测出生长素。

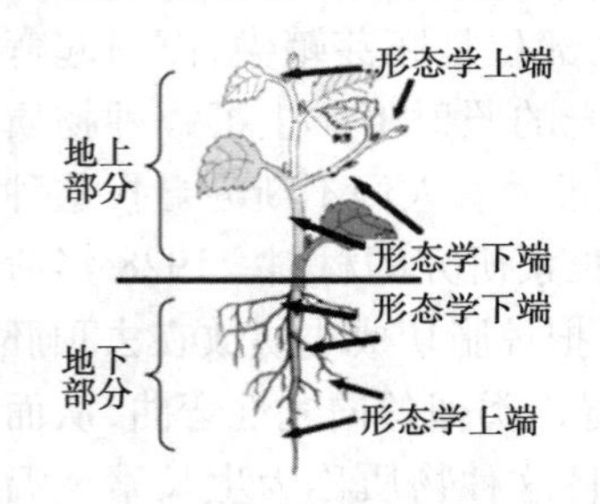

图 9.1　植物形态学上端与形态学下端

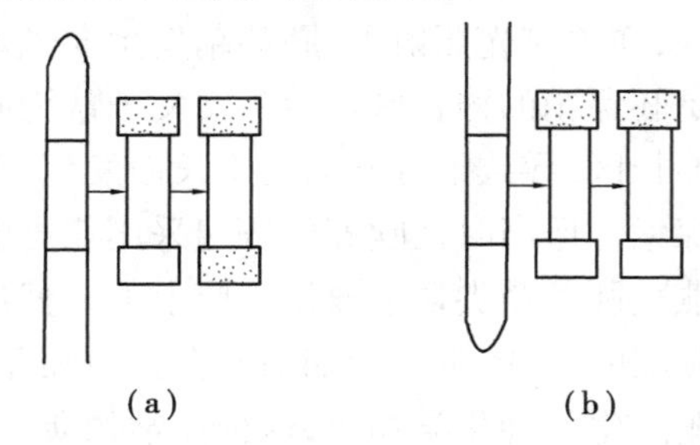

图 9.2　生长素的极性运输

（a）胚芽鞘形态学上端向上；（b）胚芽鞘形态学下端向上

生长素的极性运输为其浓度在植物体内的差异分布提供了可能，而激素浓度的差异分布又为植物的发育和分化提供了必需的基本保障,对发育中胚胎的极性启动和维持起重要作用。如扦插枝条不定根形成时具有极性,就算倒插也不会改变。还有顶端优势的形成,这些现象都与生长素的极性运输有关。对植物茎尖用人工合成的生长素处理时,生长素在植物体内的运输也具有极性。

有实验证明,生长素的极性运输需要消耗能量,在缺氧或呼吸抑制剂存在的条件下,极性运输受到抑制。此外,生长素可以逆浓度梯度运输。因此,生长素的极性运输是一种逆浓度梯度的主动运输过程,凡影响呼吸代谢的因子均影响极性运输的速度。如缺氧会严重地阻碍生长素的极性运输。从种子和叶片运出的生长素可向顶进行非极性运输,非极性运输主要是顺着浓度梯度的被动扩散作用,运输的数量很少。

生长素极性运输的通道,在胚芽鞘内是通过薄壁组织,在叶片中是通过叶脉运输。而非极性运输则是像其他大分子物质一样通过维管束组织的细胞运输。

3)生长素在植物体内的合成与代谢

(1)生长素的存在形式　生长素在植物体内以游离型和束缚型两种形式存在。游离型生长素不与任何物质结合,具有很高的生物活性,是生长素发挥生物效应的存在形式。束缚型生长素可与其他小分子物质结合变成活性极低或暂时无活性的钝化状态,是生长素储藏或运输的存在形式,约占组织中生长素总量的50% ~90%。束缚型生长素也称为结合型生长素,无生理活性,运输也没有极性。种子萌发时所需的生长素就来源于种子成熟时储藏在种子中的结合型生长素。

结合型生长素经水解可变成游离型生长素,又表现出生物活性和极性运输。游离型生长素可与氨基酸、单糖、肌醇结合,形成IAA-葡萄糖、IAA-肌醇及IAA-天冬氨酸等而被钝化。前两者是IAA的暂时储藏形式,而IAA-天冬氨酸是IAA的长期储藏形式。如对植物体施用IAA,则进入植物体内的过量IAA很快形成IAA-天冬氨酸而被钝化。

(2)生长素的生物合成　在多数高等植物中,通常认为生长素生物合成的前体为色氨酸。色氨酸转变为生长素有3条途径。一是吲哚丙酮酸途径:色氨酸侧链经过转氨基作用产生吲哚丙酮酸,再脱羧形成吲哚乙醛,最后脱氢氧化为IAA。二是色胺途径:色氨酸侧链首先脱羧形成色胺,然后加氧转氨生成吲哚乙醛,由此再进一步加水脱氢氧化形成IAA。三为吲哚乙腈途径:色氨酸首先转变为吲哚-3-乙醛肟,进而形成吲哚乙腈,再经腈水解酶作用生成吲哚乙酸即IAA。

植物的茎端分生组织、禾本科植物的胚芽鞘顶端、种子的胚和正在扩展的幼叶等是IAA的主要合成部位。用离体根的组织培养证明根尖也能合成IAA。

(3)生长素的分解代谢　生长素的降解有光氧化降解和酶氧化降解两条途径。

酶氧化降解是生长素的主要降解过程。催化降解的酶是吲哚乙酸氧化酶。生长素的光氧化产物和酶氧化产物相同,均为吲哚醛和亚甲基氧代吲哚及其衍生物。吲哚乙酸氧化酶在植物体内的分布与生长速度有关。一般生长旺盛的部位比衰老组织中少,而茎中又常比根中少。生长素存在光氧化过程,因此在配制IAA溶液或从植物体内提取IAA时要注意光氧化问题。

在田间对植物施用生长素时,上述两种降解过程都会发生,而人工合成的其他生长素类物质,如α-NAA和2,4-D等则不受吲哚乙酸氧化酶的降解作用,能在植物体内保留较长时间,比施用IAA有更大的稳定性和更强的生理活性。因此,在大田中一般不使用IAA而用人工合成的其他生长素类物质来代替。

4)生长素的生理效应

(1)能促进营养器官的伸长生长　植物的营养器官如茎、下胚轴、胚芽鞘、根等,都能够不断地伸长,这是生长素起作用的结果。禾谷类作物水稻、小麦、玉米、高粱在一定的时期拔节,与居间分生组织生长素的活动有关。适宜浓度的生长素对芽、茎、根细胞的伸长有明显的促进作用,从而达到营养器官伸长的效果。生长素促进器官伸长的效应主要是因为它可以促进细胞的伸长。

生长素促进器官伸长的作用有3个特点:

①双重作用　生长素在较低浓度下可促进生长,高浓度时则抑制生长。生长素在一定浓度下,可使芽、茎、根器官的伸长达到最大值,此时为生长最适浓度,高于最适浓度时,促进生长的效应随浓度的增加而逐渐下降。当浓度高到一定值后,生长素不但不能促进生长,反而还有抑制作用(图9.3)。这是由于高浓度的生长素诱导乙烯产生。

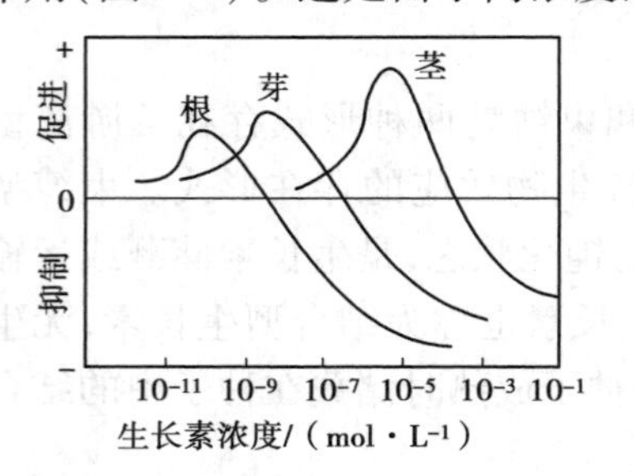

图9.3　植物不同器官对IAA浓度的反应

②不同器官对生长素的敏感程度不同　不同器官对生长素的最适浓度不相同,茎端最高,芽次之,根最低(图9.3)。也就是说,根对生长素最为敏感,浓度稍高就起抑制作用。茎最不敏感,而芽则处于根和茎之间。因此,在使用生长素时必须注意使用的浓度、时期和植物的部位。

不同年龄的细胞对生长素的反应也不同,幼嫩细胞对生长素反应敏感,成熟及衰老的细胞则敏感性下降,如高度木质化和其他分化程度很高的细胞对生长素都不敏感。黄化茎组织比绿色茎组织对生长素更为敏感。

③对离体器官和整株植物效应不同　生长素对离体器官的生长具有明显的促进作用,而对整株植物效果不太明显。

(2)促进器官和组织分化　生长素可诱导植物组织脱分化,产生愈伤组织,再进一步分化出不同器官和组织。如扦插时生长素处理可诱导产生愈伤组织,长出不定根。用生长素类物质促进插条产生不定根的方法已在苗木的无性繁殖上广泛应用。

(3)对养分的调运作用　生长素有很强的吸引与调运养分的作用。根据这一特性,可用生长素促进子房及其周围组织膨大而获得无籽果实。

此外,生长素具有促进果实发育和单性结实、保持顶端优势、影响性别分化等作用。

5)生长素类物质在生产上的应用

生长素类的植物生长调节剂已广泛应用于生产上,主要包括以下7个方面:

(1)促进插条生根　生长素类物质可以促进扦插不易生根的植物插条生根。常用的促进生根的生长素类物质是α-萘乙酸(α-NAA)、2,4-D和吲哚丁酸(IBA),其中吲哚丁酸效果最好,但价格较贵。不同的植物,不同的药剂,使用的浓度均不同。可以把插枝基部浸泡在溶液中,或沾些粉剂在弄湿的插条基部切口上,然后扦插。

(2)促进结实　生长素类物质可以促进座果和诱导单性结实。用10 mL/L的2,4-D溶液喷施番茄、茄子、草莓和西瓜等的花簇,不但产生无籽果实,还可提高座果率、提早结果和增加产量。

(3)延迟器官脱落　很多未成熟的果实常因生长素不足而在基部产生离层导致大量脱落。

用α-NAA或2,4-D喷施棉花,可提高棉花蕾铃内生长素浓度,延迟或阻止离层的形成,防止脱落。在果蔬储藏中,用生长素类物质处理,也可防止落叶、落柄、落果,延长储藏时间。如施用2,4-D可防止花椰菜、大白菜、甘蓝储藏期间的叶片脱落。

(4)促进开花　生长素类物质有促进菠萝开花的作用。试验证明,已达到14个月营养生长期的菠萝植株,用5~10 mg/L的α-NAA或2,4-D处理,两个月后就几乎能100%开花,实现菠萝在一年的任何月份开花。

(5)延长休眠　马铃薯在储藏期间容易发芽,影响食用。用1%萘乙酸甲酯的黏土粉撒布在马铃薯块茎上,然后密闭储藏,可防止在储藏期间发芽。这种处理方法也可用于大蒜的储藏中。

(6)控制瓜类植物性别　生长素类物质可促进黄瓜雌花的分化,使黄瓜结实的节位降低,提早上市增加产量。

(7)防除杂草　超高浓度的2,4-D可作除草剂,具有选择性,专杀双子叶植物杂草,在禾本科作物田间施用的效果好。2,4-D作除草剂使用时,其浓度一般在1 000 mg/L左右。

9.1.2 赤霉素类

1)赤霉素的发现

赤霉素(GA)是1926年日本植物病理学家黑泽英一在从事水稻恶苗病的研究中发现的。患病水稻植株徒长,叶片失绿黄化,极易倒伏死亡。研究发现引起植株不正常生长的物质是由赤霉菌的分泌物引起的,由此称该物质为赤霉素。最早从水稻恶苗病菌培养液中提取的是赤霉酸(GA_3)。到目前为止,已从真菌、藻类、蕨类、裸子植物、被子植物中发现120余种赤霉素,因此,赤霉素是植物激素中种类最多的一类激素,它是指具有赤霉烷骨架,并能刺激细胞分裂和伸长的一类化合物的总称。按赤霉素发现的先后次序将其写为GA_1,GA_2,GA_3,…,GA_{126},其中绝大部分存在于高等植物中,经过化学鉴定的已有50余种。GA_3是生物活性较高的一种,并可以从赤霉菌发酵液中大量提取,因此是目前主要的商品化和农用形式。

2)赤霉素在植物体内的合成部位、运输与存在形式

(1)赤霉素的合成部位　植物体内合成赤霉素的部位是芽、幼叶、幼根、正在发育的种子、萌发的胚等幼嫩组织。一般来说,生殖器官GA的含量比营养器官中高,如果实和种子(未成熟的种子)每克鲜组织含GA数微克,而营养器官每克鲜组织只含1~10 ng。正在发育的种子是GA的丰富来源。在同一种植物中,往往含有几种GA,如南瓜和菜豆分别含有20种与16种。每个器官或者组织都含有两种以上的赤霉素,而且赤霉素的种类、数量和状态都因植物发育时期而异。

(2)赤霉素的运输　GA在植物体内的运输没有极性,合成以后可以作双向运输,嫩叶合成的GA可以通过韧皮部的筛管向下运输,而根尖合成的GA可以沿木质部导管向上运输。其运输速度与光合产物相同,为50~100 cm/h,不同植物间运输速度的差异很大。

(3)赤霉素的存在形式　GA在植物体内有自由型和束缚型两种存在形式。自由型GA具有生物活性。束缚型GA无生物活性,是赤霉素的储藏和运输形式。植物体内的束缚型GA主

要有GA-葡萄糖酯和GA-葡萄糖苷等。植物体内的GA除了可以相互转化外,还可通过结合和降解来消除过量的GA。但GA合成以后在植物体内的降解很慢,却很容易转变成无生物活性的结合态GA,植物主要通过结合的方式来调控GA的量。如在种子成熟时,游离的GA不断转变为结合态的GA而储藏起来;而在种子萌发时,结合态的GA又通过酶促水解转变成自由态的GA发挥其生理调节作用。

3)赤霉素的生理效应

(1)促进茎的伸长生长　赤霉素最显著的生理效应是促进整株植物的生长,尤其对矮生突变品种的效果特别明显。赤霉素这种促进伸长生长的效应是由于它促进了细胞伸长的结果,而对细胞分裂的贡献较小。赤霉素促进生长具有以下特点:

①促进整株植物生长　GA可促进整株植物生长而对离体茎切段的伸长没有明显促进作用,这一点与生长素不同。GA能促进某些植物的矮生品种加速生长,在形态上达到正常植株的高度(图9.4)。矮生植株内源GA的生物合成受阻,使得体内GA含量比正常品种低,因此施用外源GA可以促进矮生植株伸长。

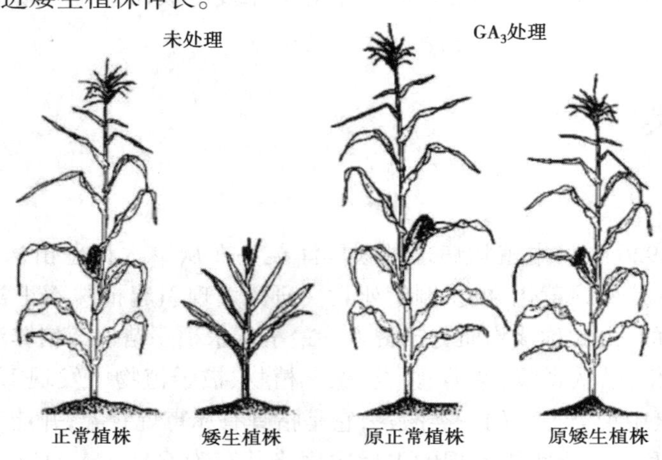

图9.4　GA_3 对矮生玉米的影响

②促进节间的伸长　GA可促进已有的节间伸长,而不是促进节数的增加。生产上,对一些以茎叶为收获目的蔬菜和作物如芹菜、莴苣、韭菜、牧草、茶、麻类等使用赤霉素可以增加长度,获得高产,效果十分明显。

③不存在超最适浓度的抑制作用　即使GA浓度很高,仍可表现出最大的促进效应,这与生长素的情况显著不同。

(2)打破休眠　GA可促进包括营养繁殖器官(块茎、块根、鳞茎等)和种子的发芽。对于刚收获的处于休眠状态的马铃薯块茎,用GA处理可很快解除休眠并开始发芽,满足一年多次种植的需要。对于需光和需低温才能萌发的种子,如莴苣、烟草、紫苏、李和苹果等的种子,使用GA可代替光照和低温,有效打破休眠,促进种子萌发。这是因为GA可诱导α-淀粉酶、蛋白酶和其他许多水解酶的合成,这些酶可催化种子内储藏物质的降解,使储藏物质成为可利用物质以供胚的生长发育所需。同时赤霉素也能促进树木休眠芽的萌发。

(3)促进抽薹开花　日照长短(即光周期)和温度高低是制约某些植物能否开花的关键因子。例如,一些二年生植物,需要一定日数的低温处理(即春化作用)才能开花,否则表现出莲座状生长而不抽薹开花。若对未经春化的作物施用GA,则不经低

温过程也能显著诱导开花。此外,GA也能代替长日照诱导某些长日植物开花,但GA对短日植物的花芽分化无促进作用。如芹菜要求满足低温和长日照两种条件才能抽薹开花,但通过GA处理,便能代替低温和长日照条件而诱导开花。

研究表明,对于花芽已经分化的植物,GA对其开花具有显著的促进作用。如GA能促进甜叶菊、铁树及柏科、杉科植物的开花。

(4)促进雄花分化　对于雌雄同株异花植物,如黄瓜,使用GA后雄花的比例增加。对雌雄异株植物的雌株,如用GA处理,能诱导开雄花。这种情况多用于遗传育种方面。GA在这方面的效应与生长素和乙烯相反。

(5)促进单性结实　因为GA可加强IAA对养分的调运效应,所以赤霉素可以使未受精的子房膨大,发育成为无籽果实。如葡萄花穗开花1周后喷GA,可使果实的无籽率达60%~90%,收割前1~2周处理,还可提高果实甜度。

(6)促进坐果　在开花期使用GA也可以减少脱落,提高坐果率。如用10~20 mg/L的赤霉素花期喷施苹果、梨等果实,可以提高坐果率。

植物生长物质2

9.1.3　细胞分裂素类

1)细胞分裂素的发现

细胞分裂素(CTK)是一类促进细胞分裂的植物激素。1955年斯库格(Skoog)等在研究烟草愈伤组织培养中偶然使用了变质的鲱鱼精子的DNA,发现这种降解的DNA中含有一种促进细胞分裂的物质,它使愈伤组织生长加快,后来从高压灭菌后的DNA中分离出这种活性物质的结晶,它能促进细胞分裂,被命名为激动素,并鉴定出其化学结构为6-呋喃甲基腺嘌呤,同时也人工合成了这种物质。激动素只存在于动物体内,迄今为止在植物体内尚未发现。

尽管植物体内不存在激动素,但实验发现植物体内广泛分布着能促进细胞分裂的物质。1963年首次从未成熟的玉米种子中分离出一种类似于激动素的促进细胞分裂的物质,命名为玉米素。玉米素是最早发现的植物天然细胞分裂素,其生理活性远强于激动素。

1965年斯库格等提议,将来源于植物体内的、生理活性类似于激动素的化合物统称为细胞分裂素。目前在高等植物中至少鉴定出了30多种细胞分裂素。

2)细胞分裂素的分布、运输与代谢

(1)细胞分裂素的分布　细胞分裂素广泛存在于高等植物中,在细菌、真菌中也有细胞分裂素的存在。高等植物的细胞分裂素主要分布在茎尖分生组织、未成熟的种子和膨大期的果实等部位。一般而言,细胞分裂素的含量为1~1 000 ng/g(以鲜重计)。从高等植物中发现的细胞分裂素大多为玉米素或玉米素核苷。

(2)细胞分裂素的运输　细胞分裂素在植物体内的合成部位是根尖,通过木质部的导管向地上部分运输。因而烟草、向日葵等各种植物伤流液中细胞分裂素较多。但随着研究的深入,发现茎端也能合成细胞分裂素。此外,萌发的种子和发育着的果实也可能是细胞分裂素的合成部位。细胞分裂素在植物体内的运输是非极性的,主要以玉米素或玉米素核苷的形式运输。

(3)细胞分裂素的代谢　植物体内游离细胞分裂素一部分来源于tRNA的降解,其中的细

胞分裂素游离出来,但这种方式产生的细胞分裂素较少,不是细胞分裂素合成的主要途径。植物细胞分裂素合成的主要途径是从头合成途径,其关键步骤是异戊烯基焦磷酸和 AMP 在异戊烯基转移酶的催化下,形成异戊烯基腺苷-5′-磷酸盐,进而合成细胞分裂素。

细胞分裂素常常通过糖基化、乙酰基化等方式转化为结合态形式。细胞分裂素结合态形式较为稳定,适于储藏或运输。非结合态和结合态细胞分裂素之间可以互变,来调节植物体内细胞分裂素水平。细胞分裂素氧化酶能对细胞分裂素起钝化作用,防止细胞分裂素积累过多而产生毒害。已在多种植物中发现了细胞分裂素氧化酶的存在。

3)细胞分裂素的生理效应

(1)促进细胞分裂和扩大　细胞分裂素的主要生理功能就是促进细胞分裂。生长素、赤霉素和细胞分裂素都有促进细胞分裂的效应,但各自所起的具体作用不同。细胞分裂包括细胞核分裂和细胞质分裂两个过程,生长素只促进细胞核分裂(因为促进了 DNA 的合成),因此,只有生长素存在时会形成多核细胞;而细胞分裂素主要是对细胞质的分裂起作用,因此只有在生长素存在的前提下,细胞分裂素促进细胞分裂的效应才能表现出来;赤霉素促进细胞分裂主要是缩短了细胞周期中的 G_1 期(DNA 合成准备期)和 S 期(DNA 合成期)的时间,从而加速了细胞分裂。

和生长素促进细胞纵向伸长的效应不同,细胞分裂素还能促进细胞的横向增粗扩大。例如,细胞分裂素可促进一些双子叶植物如菜豆、萝卜的子叶或离体叶圆片扩大。而赤霉素对子叶的扩大没有显著效应,因此这种对子叶扩大的效应可以作为细胞分裂素的一种生物测定方法。

(2)促进芽的分化　促进芽的分化是细胞分裂素重要的生理效应之一。1957 年斯库格等在烟草髓部的组织培养中发现,生长素和激动素(细胞分裂素)浓度的比值对愈伤组织根和芽的分化能起调控作用。当培养基中激动素/生长素的比值高时,有利于诱导芽的形成;两者比值低时有利于根的形成;两者比值处于中间水平时,愈伤组织只生长而不分化。因此,通过调整两者的比值,可诱导愈伤组织形成完整的植株。

(3)延缓衰老　延迟叶片衰老是细胞分裂素特有的作用。离体叶片很快会变黄衰老,但如果在离体叶片上局部涂抹细胞分裂素,其保持鲜绿的时间远远超过未涂抹细胞分裂素的叶片其他部位,说明细胞分裂素有延缓叶片衰老的作用,同时也说明了细胞分裂素在组织中一般不易移动。类似结果在玉米、烟草等植物离体试验中也得到证实。细胞分裂素延迟叶片衰老的主要原因有两个:一是涂上 CTK 后可以从嫩叶或其他部位调运养分,以维持其新鲜度;二是 CTK 还可抑制一些与衰老有关的水解酶如核糖核酸酶、脱氧核糖核酸酶和蛋白酶等的活性,延缓了核酸、蛋白质和叶绿素等的降解,使叶片衰老速度延缓(图 9.5)。

由于 CTK 有保绿及延缓衰老等作用,故可用来处理水果、蔬菜和鲜切花等以保鲜、保绿,防止落果。如用 400 mg/L 的 6-BA(一种人工合成的细胞分裂素)水溶液处理柑橘幼果,可显著防止第一次生理脱落,对照的座果率为 21%,而处理的座果率可达 91%,且处理的果实果梗加粗,果实浓绿,果实个头也比对照显著加大。

(4)促进侧芽发育,解除顶端优势　CTK 能解除由生长素所引起的顶端优势,促进侧芽均等生长。如豌豆幼苗第一片真叶叶腋内的腋芽,一般处于潜伏状态,若将激动素溶液滴在第一片真叶的叶腋部位,腋芽就能生长发育。其原因是 CTK 作用于腋芽后,能加快营养物质向侧芽的运输。这表明 CTK 能够对抗生长素所导致的顶端优势,因此生产上消除顶端优势除了采取摘除顶芽的方法外，也可采用涂抹 CTK 的方法。

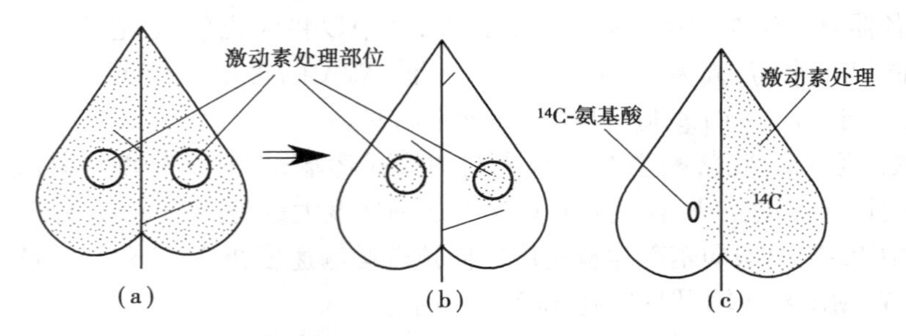

图 9.5　激动素的保绿作用及对物质运输的影响

(a)离体绿色叶片，圆圈部位为激动素处理区；

(b)几天后叶片衰老变黄，但激动素处理区仍保持绿色，黑点表示绿色；

(c)放射性氨基酸被移动到激动素处理的一半叶片，黑点表示^{14}C-氨基酸的部位

此外，CTK 也能促进不定芽的发育，在茎上原来没有芽的地方可诱导出芽来。这在果树栽培上应用比较多。果树越老，离心秃裸现象越严重，侧芽越少，可用适当浓度的 CTK 涂抹在老的树干上，慢慢地老树上就会发出新芽。

(5)打破种子休眠　对于需光种子，如莴苣、烟草等在黑暗中不能萌发，用细胞分裂素可代替光照打破这类种子的休眠，促进萌发。

9.1.4　脱落酸

1)脱落酸的发现

前面讲到的生长素类、赤霉素类、细胞分裂素类是生长促进物质，而脱落酸是生长抑制物质，是人们在研究植物体内与休眠、脱落等生理过程有关的物质时发现的。

1961 年刘(W. C. liu)等在研究棉花幼铃的脱落时，从成熟的干棉壳中分离纯化出了促进脱落的物质，并命名这种物质为脱落素(后来阿迪柯特将其称为脱落素Ⅰ)。1963 年阿迪柯特(F. T. Addicott)等从 225 kg 4 ~7 d 的鲜棉铃中分离纯化出了 9 mg 具有高度活性的促进脱落的物质，命名为脱落素Ⅱ。

在阿迪柯特领导的小组研究棉铃脱落的同时，英国的韦尔林和康福思领导的小组正在进行着木本植物休眠的研究。几乎就在脱落素Ⅱ发现的同时，伊格尔斯 (C. F. Eagles)和韦尔林从桦树叶中提取出了一种能抑制生长并诱导旺盛生长的枝条进入休眠的物质，他们将其命名为休眠素。1965 年康福思等从 28 kg 秋天的干槭树叶中得到了 260 μg 的休眠素纯结晶，通过与脱落素Ⅱ的分子量、红外光谱和熔点等的比较鉴定，确定休眠素和脱落素Ⅱ是同一物质。1967 年在渥太华召开的第 6 届国际生长物质会议上，这种物质正式被定名为脱落酸(abscisic acid, ABA)。

2)脱落酸的分布、运输和代谢

(1)脱落酸的分布　脱落酸存在于全部维管植物中，包括被子植物、裸子植物和蕨类植物。苔类和藻类植物中含有一种化学性质与脱落酸相近的生长抑制剂，称为半月苔酸。此外，在某

些苔藓和藻类中也发现存在有脱落酸。细菌和真菌中无脱落酸。

高等植物各器官和组织中都有脱落酸的存在,其中以将要脱落、衰老或进入休眠的器官和组织中较多,在干旱、水涝、高温等不良环境条件下,ABA 的含量也会迅速增多。水生植物的 ABA 含量很低,一般为 3～5 μg/kg,陆生植物含量高些。

(2)脱落酸的运输　脱落酸主要以游离型的形式运输,也有部分以脱落酸糖苷的形式运输。在植物体内运输速度很快,在茎和叶柄中的运输速度大约是 20 mm/h,属非极性运输,在菜豆的叶柄切段中^{14}C-脱落酸向基部运输速度比向顶端运输速度快 2～3 倍。ABA 既可以在木质部运输,又可以在韧皮部运输,但以韧皮部运输为主。

(3)脱落酸的合成与代谢　脱落酸的生物合成可能有两条途径:一是以甲瓦龙酸为前体的从头合成;另一条是通过类胡萝卜素的氧化而来,即间接合成。通常认为在高等植物中,主要以间接途径合成 ABA。脱落酸的合成部位主要是根冠和萎蔫的叶片,茎、种子、花和果等器官也有合成脱落酸的能力。例如,在菠菜叶肉细胞的细胞质中能合成脱落酸,然后将其运送到细胞各处。

ABA 可与细胞内的单糖或氨基酸以共价键结合而失去活性。结合态的 ABA 可水解重新释放出 ABA。因而结合态 ABA 是 ABA 的储藏形式。但干旱所造成的 ABA 迅速增加并不是来自于结合态 ABA 的水解,而是重新合成的。

脱落酸氧化降解的产物为红花菜豆酸和二氢红花菜豆酸。红花菜豆酸的活性极低,而二氢红花菜豆酸无生理活性。

3)脱落酸的生理效应

(1)促进脱落　器官或组织的脱落与其 ABA 的含量关系十分密切。例如,棉花受精的子房内有一定量的 ABA,受精两天后 ABA 含量会迅速增加,第 5～10 d 的幼铃中 ABA 含量达到最高,而此时也是棉铃生理脱落的高峰期,以后 ABA 含量又下降,40～50 d 棉桃成熟开裂时 ABA 含量又增加,以促进成熟棉铃的开裂。ABA 促进器官脱落主要是促进了离层的形成。将 ABA 涂抹于去除叶片的棉花外植体叶柄切口上,几天后叶柄就开始脱落,此效应十分明显,已被用于脱落酸的生物鉴定。

(2)调节气孔运动　ABA 可引起气孔关闭,降低蒸腾,这是 ABA 最重要的生理效应之一。植物干旱缺水时,体内形成大量 ABA,使保卫细胞中的 K^+ 外渗,造成保卫细胞的水势高于周围细胞的水势,而使得保卫细胞失水从而引起气孔关闭,降低蒸腾强度。1986 年科尼什发现,在水分胁迫条件下,叶片的保卫细胞中 ABA 的含量是正常水分条件下含量的 18 倍。研究同时发现,ABA 还能促进根系的吸水与分泌速率,增加其向地上部分供水量,因此,ABA 是植物体内调节蒸腾的激素,也可作为抗蒸腾剂使用。

(3)促进休眠　ABA 能促进多年生木本植物和种子的休眠,这是它最初也被称为“休眠素”的原因。将 ABA 施用于红醋栗或其他木本植物生长旺盛的小枝上,植株就会出现节间缩短,营养叶变小,顶端分生组织有丝分裂减少,形成休眠芽,引起下部的叶片脱落等休眠的一般症状。在秋天的短日条件下,叶中甲瓦龙酸合成赤霉素的量减少,而合成脱落酸的量不断增加,使芽进入休眠状态以便越冬。种子休眠与种子中存在脱落酸有关,如桃、蔷薇休眠种子的外种皮中存在脱落酸,因此只有通过层积处理,使脱落酸水平降低后,种子才能正常发芽。

(4)增加抗逆性　近年研究发现,干旱、寒冷、高温、盐害、水渍等逆境都能使植株体内 ABA 的含量迅速增加,从而调节植物的生理生化变化,提高抗逆性。如 ABA 可显著降低高温对叶绿体超微结构的破坏,增加叶绿体的热稳定性。同时可诱导某些酶的重新合成而增加植物的抗冷性、抗涝性和抗盐性,因此,人们又把 ABA 称为"应激激素"或"胁迫激素"。

(5)抑制生长　ABA 能抑制整株植物或离体器官的生长,也能抑制种子的萌发。ABA 的抑制效应比植物体内的另一类天然抑制剂——酚要高千倍。酚类物质是通过毒害发挥其抑制效应,是不可逆的。而 ABA 的抑制效应是可逆的,一旦除去 ABA,被抑制的器官仍能恢复生长,种子继续萌发。

除了以上生理作用外,ABA 还有拮抗 GA 的作用。如 GA 可诱导禾谷类种子的糊粉层合成 α-淀粉酶,而 ABA 却抑制这种合成作用。

9.1.5 乙烯

1)乙烯的发现与结构特点

乙烯是植物激素中比较独特的一种,它是分子结构最简单的一种挥发性气体激素。中国古代就发现将果实放在燃烧香烛的房子里可以促进果实的成熟。19 世纪德国人发现在泄露的煤气管道旁的树叶容易脱落。1914 年,德国卡曾斯(Cousins)第一个发现橘子产生的气体能催熟与其混装在一起的香蕉。虽然 1930 年以前人们就已认识到乙烯对植物具有多方面的影响,但直到 1934 年甘恩(Gane)才首先证明植物组织确实能产生乙烯。

1959 年,由于气相色谱技术的应用,伯格(S. P. Burg)等测出了未成熟果实中有极少量的乙烯产生,随着果实的成熟,产生乙烯的量不断增加。此后几年,在乙烯的生物化学和生理学研究方面取得了许多成果,并证明高等植物的各个部位都能产生乙烯,还发现乙烯对许多生理过程,包括从种子萌发到衰老的整个过程都起着重要的调节作用。1965 年在柏格的提议下,乙烯才被公认为是天然的植物激素。

乙烯(ethylene, ETH)是一种不饱和烃,其化学结构为 $CH_2=CH_2$,是各种植物激素中分子结构最简单的一种。乙烯在常温下是气体,分子量为 28,轻于空气。种子植物、蕨类、苔藓、真菌和细菌都可产生乙烯。

2)乙烯的生物合成及其调节

乙烯的生物合成前体为蛋氨酸(甲硫氨酸, Met),其直接前体为 1-氨基环丙烷-1-羧酸(ACC)。蛋氨酸经过蛋氨酸循环,形成 5′-甲硫基腺苷(MTA)和 ACC,前者通过循环再生成蛋氨酸,而 ACC 在 ACC 氧化酶的催化下氧化生成乙烯。在植物的所有活细胞中都能合成乙烯。

乙烯生物合成的调节因素很多,主要包括发育因素和环境因素两方面。

在植物正常生长发育的某些时期,如种子萌发、果实后熟、叶的脱落和花的衰老等阶段都会诱导乙烯的产生。成熟组织释放乙烯的量,一般为每克鲜重 0.01 ~ 10 nL/h。对于具有呼吸跃变的果实,当后熟过程一开始,乙烯就大量产生,这是由于 ACC 合成酶和 ACC 氧化酶的活性急剧增加的结果。

IAA 也可促进乙烯的产生。IAA 诱导乙烯产生是通过诱导 ACC 的产生而发挥作用的,这可能与 IAA 从转录和翻译水平上诱导了 ACC 合成酶的合成有关。

乙烯合成具有自身催化的特点。具有呼吸跃变的果实,其呼吸跃变就是由于跃变前所产生的少量乙烯自身催化而诱导乙烯大量产生的结果。

影响乙烯生物合成的环境条件有 O_2,AVG(氨基乙氧基乙烯基甘氨酸),AOA(氨基氧乙酸),某些无机元素和各种逆境。从 ACC 形成乙烯是一个双底物(O_2 和 ACC)反应的过程,因此缺 O_2 将阻碍乙烯的形成。AVG 和 AOA 能通过抑制 ACC 的生成来抑制乙烯的形成。因此在生产实践中,可用 AVG 和 AOA 来减少果实脱落,抑制果实后熟,延长果实和切花的保存时间。在无机离子中,Co^{2+},Ni^{2+} 和 Ag^{+} 都能抑制乙烯的生成。

各种逆境如低温、干旱、水涝、切割、碰撞、射线、虫害、真菌分泌物、除草剂、O_3、SO_2 和一定量 CO_2 等化学物质均可诱导乙烯的大量产生,这种由于逆境所诱导产生的乙烯称为逆境乙烯或应激乙烯。

水涝诱导乙烯的大量产生是由于在缺 O_2 条件下,根中及地上部分 ACC 合成酶的活性被增加的结果。虽然根中由 ACC 形成乙烯的过程在缺 O_2 条件下受阻,但根中的 ACC 能很快地转运到叶中,在那里大量地形成乙烯。

ACC 除了形成乙烯以外,也可转变为非挥发性的 N-丙二酰-ACC(MACC),此反应是不可逆反应。当 ACC 大量转向 MACC 时,乙烯的生成量则减少,因此 MACC 的形成有调节乙烯生物合成的作用。

3)乙烯在植物体内的分布、运输和代谢

(1)乙烯的分布　乙烯广泛存在于植物的各种组织中,但不同组织,不同器官和同一器官、组织的不同发育时期,乙烯的释放量不同。在老化的组织和器官、逐渐成熟的果实或即将脱落的器官中含量较多。正在分裂生长的幼嫩组织和器官如分生组织、萌发的种子中也有分布。果实成熟时乙烯产生最多,许多果实在成熟时都有爆发式乙烯高峰的出现,并伴随呼吸峰的出现。一般在内源生长素含量较高的部位,产生乙烯较多。另外,逆境条件如干旱、水涝和机械损伤等,都能诱导乙烯的合成。如植物组织在受到机械损害时,非衰老组织也可在 20 ~ 30 min 使乙烯含量成几倍地增加,以后逐渐恢复正常水平。

除高等植物外,蕨类、苔藓也能产生乙烯。土壤中的乙烯来自细菌和真菌的生物合成。一些大肠杆菌和酵母也由蛋氨酸生物合成乙烯。

(2)乙烯的运输　乙烯在植物体内含量非常少,在常温下呈气态,在植物体内运输性较差,短距离运输可以通过细胞间隙进行扩散,扩散的距离非常有限。此外,乙烯还可穿过被电击死了的茎段。这些都证明乙烯的运输是被动的扩散过程,但其生物合成过程一定要在具有完整膜结构的活细胞中才能进行。一般情况下乙烯就在合成部位起作用。

乙烯的直接合成前体 ACC 可溶于水溶液,因而推测 ACC 可能是乙烯在植物体内远距离运输的形式。例如在根系淹水条件下,植物上部叶片会发生乙烯诱导的偏上生长反应,这是因为淹水使根系周围缺氧,根系内产生的大量 ACC 因缺氧而无法生成乙烯,ACC 便通过木质部中的蒸腾流向上运输,运输到地上部分的 ACC 遇到 O_2 即可迅速合成乙烯而发挥作用。

(3)乙烯的代谢　乙烯在植物体内形成以后会转变为 CO_2 和乙烯氧化物等气体代谢产物,也会形成可溶性代谢物,如乙烯乙二醇和乙烯葡萄糖结合体等。乙烯通过代谢或钝化方式除去体内多余乙烯,使其达到适合植物生长发育需要的水平。乙烯形成以后,还需要与金属(可能是一价铜)蛋白质结合,进一步通过代谢后才能发挥生理作用。

4)乙烯的生理效应

(1)改变植物的生长习性　乙烯可以改变植物的生长习性,典型效应是"三重反

应”,即抑制伸长生长(即矮化)、促进增粗生长、引起横向生长(即使地上部分失去负向地性生长)。具体表现为:将黄化豌豆幼苗放在微量乙烯气体中,豌豆幼苗上胚轴会表现出顶端出现弯钩、茎增粗和横向生长。乙烯引起茎的横向生长是由它引起偏上生长所造成的。所谓偏上生长,是指器官的上部生长速度快于下部的现象。乙烯对叶柄也有偏上生长的作用,即植物茎叶部分如果置于乙烯气体环境中,叶柄上侧细胞生长速度大于下侧细胞生长速度,叶柄向下弯曲成水平方向,严重时叶柄呈下垂状(图9.6)。

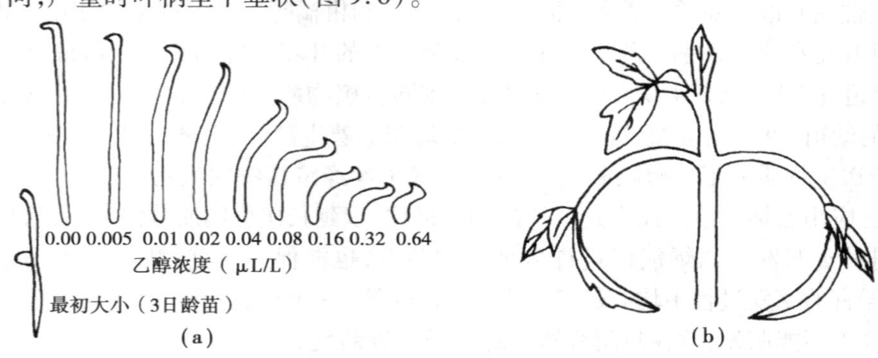

图9.6 乙烯的“三重反应”和偏上生长

(a)不同浓度的乙烯对豌豆幼苗的“三重反应”;(b)番茄叶柄的偏上生长

(2)促进果实成熟 乙烯最显著的生理效应就是能加快果实成熟,因此人们称乙烯为催熟激素。乙烯对果实成熟、棉铃开裂、水稻的灌浆与成熟都有显著的效果。

乙烯促进果实成熟的原因是乙烯可以增加质膜的透性,提高果实内部水解酶的活性,呼吸加强而使果肉有机物急剧变化,最终达到可以食用的程度。如从树上刚摘下来的柿子,虽已成熟,但仍很涩口,不能食用,只有经过后熟才能食用。当封闭储存一段时间后,果实产生的乙烯就不会扩散掉,再加上乙烯自身催化作用,使乙烯的浓度在较短时间内剧增,果实后熟过程加快,一般5 d后就会变软、变甜可以食用。而散放的柿子后熟过程很慢,放置十天半月仍难食用。再如南方的香蕉、芒果,为了便于长途运输,采摘时一般都是七八成熟,用密闭的塑料袋包装可运往各地,在销售前的一定时间内再用乙烯催熟即可。

在实际生活中还有一种现象,一旦箱里出现了一只烂苹果,若不立即清除,它很快会使整箱苹果都烂掉。这是因为腐烂苹果产生的乙烯比正常苹果多,乙烯的自身催化作用可诱发附近的苹果也产生大量乙烯,这样箱内乙烯的浓度会在较短时间内剧增,诱导呼吸跃变发生,加快苹果完熟和储藏物质消耗,进而腐烂。

(3)促进衰老和脱落 乙烯是控制叶片、花、果实脱落的主要激素。乙烯可促进花衰老的调控,施用乙烯可促进花的凋谢,而施用乙烯合成抑制剂可明显延缓衰老。乙烯还可促进多种植物叶片和果实的脱落。其原因是乙烯能促进纤维素酶和果胶酶等细胞壁降解酶的合成,并且促进纤维素酶由原生质体释放到细胞壁中,从而促进细胞衰老和细胞壁的分解,进而产生离层,造成叶片、花或果实的机械脱落。根据乙烯的这一生理作用,农业生产上常用乙烯进行疏花疏果防止大小年出现。

(4)促进开花和雌花分化 乙烯可促进菠萝和其他一些植物开花,使花期一致。乙烯也可以改变花的性别,诱导黄瓜雌花分化,并使雌、雄异花同株的雌花着生节位下降。乙烯在这方面的效应与IAA相似,而与GA相反,现在已经知道IAA增加雌花分化就是由于IAA诱导产生乙烯的结果。

此外,乙烯还有诱导插枝不定根的形成,促进次生物质(如橡胶树的乳胶、漆树的生漆)的分泌,促进种子和芽的萌发,打破顶端优势等生理作用。

5)乙烯在生产上的应用

目前认为,在作物和果蔬上使用乙烯,对人体和环境安全无毒,因此生产上乙烯已被广泛应用(主要是使用乙烯利)。

(1)果实催熟和改善品质　香蕉、番茄、葡萄、苹果和柑橘等果实的催熟常使用乙烯利。

(2)促进开花和改变性别　乙烯可促进菠萝和芒果的开花。施用乙烯利溶液,可促使菠萝开花,其作用超过 NAA 或 2,4-D。乙烯可促进雌雄同株植物雌花的分化。用乙烯利处理黄瓜、葫芦和南瓜的幼苗,可明显增加雌花的数目,降低雌花的着生部位,提早结果和上市。

(3)促进次生物质分泌　橡胶树、漆树和松树等木本经济植物次生物质的分泌受乙烯的影响。生产上已应用乙烯利溶液涂在这些树的割口部位,以延长次生物质分泌时间,增加产量。

(4)促进种子萌发　乙烯能促进许多种子的萌发,也能促进块茎、鳞茎及休眠芽的萌发。在这些休眠器官的萌发过程中均有乙烯产生。Esachi 等(1969)用三叶草种子做实验,发现对照种子放在空气中不能萌发,放在封闭容器中的种子可以萌发,证明种子自身产生的乙烯可促进种子的萌发。

9.1.6　其他植物生长物质

1)油菜素甾体类物质

1970 年美国的 Mitchell 等在研究多种植物花粉中的生理活性物质时,发现油菜花粉中的提取物生理活性最强,能引起菜豆幼苗节间伸长、弯曲、裂开等异常生长反应。1979 年经分离纯化,鉴定为甾醇内酯化合物,定名为油菜素内酯(BR)。此后,从多种植物中不仅分离出油菜素内酯,还纷纷分离鉴定出多种与油菜素内酯结构相似的化合物,并将其中具有生物活性的天然产物统称为油菜素甾体类化合物(BRs),BRs 在植物体内含量极少,但生理活性很强。BRs 广泛存在于植物界中,在植物体各部分都有分布,花粉和未成熟种子中 BRs 含量较高,茎叶中含量较低。目前已经从植物中分离出天然甾类化合物 60 余种,因此被认为是在自然界广泛存在的一大类化合物,按其发现先后分别表示为 BR_1,BR_2 等。

20 世纪 70 年代末,成功地进行了 BRs 的人工合成,用于生理生化及田间试验,其中某些化合物在田间作物试验中已表现出显著的增产效果。

BR 的主要生理效应:一是促进细胞伸长和分裂。用 10 ng/L 油菜素内酯处理菜豆幼苗第二节间,便可引起该节间显著伸长,同时使其节间膨大(使细胞分裂加快),如果用量增加,除了引起节间伸长和膨大外,还可使其发生弯曲甚至开裂。二是促进光合作用。BR 可促进小麦叶 RuBP 羧化酶的活性和叶绿素的含量,促进叶片中光合产物向穗部运输,因此可提高光合速率。三是提高抗逆性。BR 处理对生物膜具有一定的保护作用,使膜在较低温度下仍维持完整性,降低细胞内含物的外渗。水稻幼苗在低温阴雨条件下生长,若用 1×10^{-4} mg/L BR_1 溶液浸根 24 h,则株高、叶数、叶面积、分蘖数、根数都比对照高,且幼苗成活率高、地上部干重显著增多。此外,BR 也可使水稻、茄子、黄瓜幼苗抵抗低温能力增强。BR 还能通过对细胞膜的作用,增强植物对干旱、病害、盐害、除草剂、药害等逆境的抵抗力,因此有人称其为逆境缓和激素。

生产上 BRs 主要应用于增加农作物产量(在低温下增产效果更为显著);提高植物耐冷性、耐盐性和减轻某些农药的药害;提高结实率,增加粒重;提高座果率,促进果实肥大;有些也可用于插枝生根和花卉保鲜。

随着对 BRs 研究的深入以及更有效而成本更低的人工合成类似物的出现,BRs 在农业生产上的应用必将越来越广泛,一些科学家已经提议将油菜素甾体类物质正式列为植物的第六类激素。

2)茉莉酸类

茉莉酸(JA)最早是从一种真菌中分离得到,随后发现其广泛存在于植物界。至今已发现 20 余种茉莉酸类化合物(JAs)存在于植物界。茉莉酸和茉莉酸甲酯(Me-JA)是其中最重要的代表。被子植物中茉莉酸类化合物分布最普遍,裸子植物、蕨类、藓类、真菌和藻类中也有分布。通常 JAs 分布在植物的茎端、嫩叶、未成熟果实等生长部位,生殖器官果实中的含量更为丰富。如蚕豆种子中每克鲜重含 3 100 ng,大豆种子中每克鲜重含 1 260 ng,而营养器官中每克鲜重只含 10 ~ 100 ng。

茉莉酸类物质的生理效应非常广泛,可引起多种形态或生理反应,具有多效性特点。JAs 引起的很多效应与 ABA 的效应相似,但也有独到之处。

JAs 的主要生理效应:一是抑制生长和萌发。JA 能显著抑制水稻幼苗第二叶鞘、莴苣幼苗下胚轴和根的生长以及 GA_3 对它们伸长的诱导作用,Me-JA 可抑制珍珠稗幼苗生长、离体黄瓜子叶鲜重增加,叶绿素的形成以及细胞分裂素诱导的大豆愈伤组织的生长。10 μg/L 和 100 μg/L 的 JA 处理莴苣种子,45 h 后萌发率分别只有对照的 86% 和 63%。茶花粉培养基中外加 JA,则强烈抑制花粉萌发。二是促进生根。Me-JA 能显著促进绿豆下胚轴插条生根,1×10^{-8} ~ 10^{-5} mol/L 处理对不定根数无明显影响,但增加不定根干重;使用 10^{-4} ~ 10^{-3} mol/L 的浓度处理则显著增加胚轴不定根的数量。三是促进衰老。从苦蒿中提取的 Me-JA 能加快燕麦叶片切段叶绿素的降解。在高浓度乙烯利处理后,Me-JA 能非常活跃地促进豇豆叶片离层产生。Me-JA 可使郁金香的叶绿素迅速降解,叶黄化,叶形改变,过氧化物酶同工酶的变化与正常衰老时一样,但进程加快。由于茉莉酸类物质具有抑制生长和促进衰老的作用,有人称其为"死亡激素"。四是抑制花芽分化。烟草培养基中加入 JA 或 Me-JA 则抑制外植体花芽形成。

此外,JAs 还能提高抗性,抑制光和 IAA 诱导的含羞草小叶的运动,抑制红花菜豆培养细胞和根端切段对 ABA 的吸收。JAs 作为生理活性物质,已被第 16 届国际植物生长会议确认为一类新的植物激素。

3)水杨酸

水杨酸(SA)即邻羟基苯甲酸。植物体内的水杨酸除了游离形式之外,还可以以葡萄糖苷的形式存在,也可以以水杨酸甲酯的形式释放到空气中。植物体中 SA 主要分布在产热植物的花序中,如天南星科一种植物的花序,SA 含量达 3 μg/gFW,西番莲花为 1.24 μg/gFW。另外,不产热植物的叶片等部位也有分布,如在水稻、大麦、大豆中均能检测到。

早在 20 世纪 60 年代,就发现 SA 具有多种生理调节作用,如诱导某些植物开花,诱导烟草和黄瓜对病毒、真菌和细菌等病害的抗性。1987 年发现天南星科植物佛焰花序生热效应的原因是 SA 能激活抗氰呼吸。SA 诱导的生热效应是植物对低温环境的一种适应。在寒冷条件下花序产热,保持局部较高温度有利于开花结实,此外,高温可促进花序产生具有臭味的胺类和吲哚类等物质并蒸发,以吸引昆虫传粉。另有试验发现,SA 可显著影响黄瓜性别表达,SA 抑制雌花分化,促进较低节位上分化雄花,并且显著抑制根系发育。SA 还可抑制大豆的顶端生长,促进侧枝生长,增加分枝数量、单株结荚数及单荚重。SA 还被用于切花保鲜、水稻抗寒等方面。

4)多胺

多胺(PA)是一类具有生物活性的低分子量脂肪族含氮碱,目前在植物中发现的多胺有 14 种以上,主要包括腐胺、尸胺、精胺和亚精胺等,以游离或结合的形式存在,主要分布在植物的分生组织,一般细胞分裂最旺盛的地方,多胺生物合成也最活跃。

多胺有刺激细胞分裂、生长,延缓衰老,提高植物抗性等方面的作用。在农业生产上应用多胺可促进苹果花芽分化、受精和增加坐果率等。由于多胺的生理效应浓度高于传统所接受的激素作用浓度,因此不应将其归属于植物激素,而可将其归为植物生长调节剂。

9.1.7 植物激素间的相互关系

植物体内往往是多种植物激素同时存在。在植物生长发育进程中,任何一种生理活动都不是受某种单一激素的调节,而是同时受到多种生长物质的协同调节,起作用的是几种激素间的平衡比例关系。反过来,也不存在哪一种激素只调节一种生理过程的情况。

植物激素之间一方面有相互促进或协调作用,另一方面也存在相互抵消的拮抗作用。常见植物激素之间的相互作用有以下 4 种情况:

1)增效作用

一种激素可加强另一种激素的效应,称为激素的增效作用。如生长素、细胞分裂素和赤霉素对细胞的分裂、生长、维管束分化等的影响表现为相互促进;生长素和赤霉素对促进植物节间的伸长生长表现为相互增效作用;生长素与细胞分裂素的相互增效作用表现为生长素促进细胞核的分裂,而细胞分裂素促进细胞质的分裂,两者共同作用,才能正常完成细胞的分裂;脱落酸促进脱落的效果可因乙烯而得到增强。

2)拮抗作用

拮抗作用指一种激素削弱或抵消另一种激素的生理效应。如赤霉素和脱落酸都来自甲瓦龙酸,且通过同样的代谢途径形成法尼基焦磷酸,在长日照条件形成赤霉素,短日照条件形成脱落酸。因此,夏季日照长,产生赤霉素使植株继续生长;冬季来临前日照时间缩短,则产生脱落酸而使芽进入休眠。类似的情况还有乙烯和多胺,它们有共同的生物合成前体蛋氨酸,因而乙烯诱导的衰老效应可以被多胺所抵消。拮抗作用的例子还有生长素和细胞分裂素对顶端优势的影响,生长素促进顶端优势,细胞分裂素则相反。生长素、细胞分裂素和赤霉素均有促进生长的效应,三者均与脱落酸有拮抗关系,脱落酸可抵消三者的促进效应。

3)协调作用

协调作用指作用效应与两种激素所占比例有关。有些情况下,决定生理效应的不仅是某种激素的绝对含量,其相对含量更有实际意义。如在组织培养中,生长素 IAA 与细胞分裂素 CTK 的比值显著地影响愈伤组织生根或长芽,IAA/CTK 比值高诱导根的分化,IAA/CTK 比值低则诱导芽的分化。而赤霉素 GA 和生长素的比值控制形成层的分化,IAA/GA 比值高,有利于木质部的分化,IAA/GA 比值低则有利于韧皮部的分化。

4)反馈作用

反馈作用指一种激素的作用受另一种激素的调节(促进或抑制)。如乙烯和生长素,生长素促进乙烯的生物合成,乙烯则抑制生长素的合成,或提高生长素氧化酶的活性,或促进生长素的分解,或阻碍生长素的运输,从而降低生长素的水平。

另外,在植物生长发育过程中,不同激素的变化规律不同,但与植物发育过程一致,从而调控其发育过程。例如种子在休眠时 ABA 含量很高,随着休眠期的延长,种子成熟过程中 ABA 的含量逐渐下降,后熟作用时,ABA 水平降到最低,而 GA 水平很高,这时种子打破休眠,在适宜的条件下开始萌发,IAA 水平逐渐增加,GA 含量逐渐增加,促进了种子的萌发和幼苗的生长,接下来随着根系的不断生长,合成的 CTK 运到地上部分,促进茎、叶的生长。因此,植物的生命活动往往是在多种植物激素、多种生理功能的综合作用下进行的,诸多激素的各种生理功能经过相互协调共同调节植物的生长发育进程。

9.2　植物生长调节剂

由于内源植物激素在植物体内含量极微,提取困难,因此在生产上广泛应用受到限制,使得植物生长调节剂在生产上有更实际的意义。目前植物生长调节剂已经广泛应用于大田作物、果树、蔬菜、林木和花卉生产中。同内源植物激素相比较,植物生长调节剂具有以下特点:

①植物生长调节剂都是用人工方法合成的物质,从外部施加给植物,通过根、茎、叶等器官的吸收起调节作用。

②植物生长调节剂不是化学肥料,它不能参与植物体的组成,而只是对植物的生长发育起调节作用,且只需很少量就会产生很显著的效应,浓度略高可能会对植物产生抑制或伤害。

③许多植物生长调节剂有类似于天然植物激素的分子结构和生理效应,也有许多与天然激素的分子结构完全不同,但调节作用非常明显。

④许多植物生长调节剂并不直接对植物的生长发育起调节作用,而是通过影响植物内源激素的分布和浓度,间接地调节植物生长发育。

按照对植物生长发育所起的作用不同,可将植物生长调节剂分为植物生长促进剂、植物生长抑制剂和植物生长延缓剂等类型。

9.2.1　常用植物生长调节剂

1)植物生长促进剂

凡是能够促进细胞分裂、分化和伸长,进而促进植物生长的人工合成的植物生长物质都属于植物生长促进剂。主要包括生长素类、赤霉素类、细胞分裂素类等。

(1)生长素类　人工合成的生长素类植物生长调节剂按其结构主要分为 3 种类型:第一种类型是与生长素结构相似的吲哚衍生物,如吲哚丙酸(IPA)、吲哚丁酸(IBA);第二种类型是萘的衍生物，如α-萘乙酸（α-NAA）、萘乙酸钠、萘乙酰胺；第三种类型是卤代苯的衍生物，如2,4-二氯苯氧乙酸（2,4-D）、2,4,5-三氯苯氧乙酸（2,4,5-T）、对氯苯氧乙酸（防落素）、4-碘苯氧乙酸（增产灵）等。

生长素类调节剂在农业生产上应用最早，使用浓度和用量不同，产生的生理效应也不同。总的表现是：低浓度促进生长，高浓度抑制生长，超高浓度可作除草剂。例如2,4-D在低浓度时，可促进坐果及无籽果实的发育。浓度稍高时会引起植物畸形生长，浓度更高时可能严重影响植物的生长、发育，甚至植株死亡。因此，超高浓度的2,4-D可作为除草剂使用。

①吲哚丁酸　吲哚丁酸主要用于促进插条生根。吲哚丁酸比吲哚乙酸稳定，不易被光分解。吲哚丁酸比萘乙酸安全，不易伤害枝条。吲哚丁酸比2,4-D传导性差，多停留在处理部位，因此使用较广泛。吲哚丁酸促进插条生根作用显著，不定根多而细长，而萘乙酸促进生根少而粗，因此最好将两者混合使用，取长补短。

②萘乙酸　萘乙酸属于广谱型植物生长调节剂，能促进细胞分裂与扩大，诱导不定根形成，提高坐果率，防止落果，改变雌、雄花比例，延长休眠，维持顶端优势等。常见剂型为70%钠盐原粉。与吲哚乙酸相比，萘乙酸性质稳定，价格便宜，而且对人畜低毒。因此萘乙酸在生产上使用较为广泛。在园林植物中的具体应用实例有：

a. 促进生根　将侧柏插枝用200～400 mg/kg萘乙酸浸12 h、仙客来用1～10 mg/kg萘乙酸浸球茎6～12 h均可促进生根；蜡梅插穗基部用100 ppm（即百万分之一）萘乙酸溶液浸泡8 h，可提早10 d左右生根。

b. 减少落花　叶子花、香豌豆、兰花用50 mg/kg萘乙酸在蕾期喷洒离层部，可防止落花。萘乙酸也可以减少秋海棠花的脱落，当花芽在叶腋中出现时，用萘乙酸喷洒，可延长观花时间。

c. 减少落果　盆栽金橘，在幼果期用萘乙酸喷叶和果，可延长挂果期，防止在运输途中落果。又如冬季室内盆栽的冬青，叶片暴露在潮湿的空气中经常脱落，用萘乙酸喷洒叶面，叶片与浆果保留在树枝上的时间将延长，即使叶片发黑也不脱落。

③2,4-D　2,4-D常温下性质稳定，其用途随浓度而易。在较低浓度（0.5～1.0 mg/L）下是植物组织培养的培养基成分之一，是诱导形成愈伤组织最有效的物质。在中等浓度（1～25 mg/L）下可防止落花落果、诱导产生无籽果实和果实保鲜等，2,4-D蘸花是防止番茄落花落果、促进果实发育的常用措施之一；更高浓度（1 000 mg/L）可杀死多种双子叶植物杂草即阔叶杂草。

④防落素　防落素是对氯苯氧乙酸，其主要作用是促进植物生长，防止落花落果，加速果实发育，形成无籽果实，提早成熟，增加产量和改善品质等。常用于番茄保果。

⑤甲萘威（西威因）　甲萘威化学名称是N-甲基-1-萘基氨基甲酸酯。该剂是高效低毒的杀虫剂，同时又是苹果的疏果剂，该剂能干扰生长素等的运输，使生长较弱的幼果得不到充足养分而脱落。

（2）赤霉素类　生产上应用和研究最多的是GA_3，GA_3为固体粉末，难溶于水，而溶于醇、丙酮、冰醋酸等有机溶剂。配制方法与IAA相同，可先用少量的乙醇溶解，再加水稀释定容到所需浓度。另外GA_3在低温和酸性条件下较稳定，遇碱失效，故不能与碱性农药混用。要随配随用，喷施时宜在早晨或傍晚湿度较大时进行。保存在低温、干燥处为宜。

GA_3主要用于促进植物生长发育，提高产量，改善品质；迅速打破种子、块茎、鳞茎等器官的休眠，促进发芽；减少蕾、花及果实的脱落，使二年生的植物在当年开花等。如百合的鳞茎用赤霉素处理,储存6 d后就能发芽;杜鹃、山茶花、牡丹用100 mg/kg赤霉素处理种子就能打破休眠发芽;水仙、郁金香(浸鳞茎)、菊花(喷洒植株2~3次)、山毛榉和龙胆(浸种)等花卉也常常用赤霉素打破休眠,促进萌发。另外,用赤霉素还可促进紫罗兰、山茶花、丁香、郁金香、白芷、天竺葵、石竹、杜鹃、水仙、大丽菊、仙客来、唐菖蒲、秋海棠等植物开花。

(3)细胞分裂素类　常用的细胞分裂素有6-苄基腺嘌呤(6-BA)和激动素(N^6-呋喃甲基腺嘌呤)两种,主要用于植物组织培养、提高坐果率和促进果实生长、花卉及果蔬保鲜等。如6-BA可防止盆栽月季落花;用400 mg/L的6-BA水溶液处理柑橘幼果,明显地防止了第一次生理落果,使坐果率增加了70%,且果实果梗加粗,果色浓绿,果实增大。

2)植物生长抑制剂

植物生长抑制剂可使茎端分生组织的核酸和蛋白质的合成受阻,细胞分裂减慢,使植株矮小。同时还可抑制细胞的伸长与分化,使植物顶端优势丧失。外施植物生长素可逆转这种抑制作用,但外施赤霉素无此效果。天然抑制剂有脱落酸等,人工合成的抑制剂有三碘苯甲酸、青鲜素和整形素等。

(1)三碘苯甲酸(TIBA)　三碘苯甲酸是一种阻止生长素运输的物质,可抑制顶端分生组织,促进腋芽萌发,因此它可促使植株矮化,增加分枝。生产上主要用于大豆,使大豆植株变矮,增加分枝,增加结荚数,防止倒伏,从而提高产量。

(2)马来酰肼(MH)　又称为青鲜素,化学名称是顺丁烯二酰肼。其作用正好和IAA相反,由于其结构与RNA的组成成分尿嘧啶非常相似,因此MH进入植物体后可替代尿嘧啶的位置,破坏了RNA的生物合成,使正常代谢不能进行,从而抑制细胞生长。MH常用于马铃薯和洋葱的储藏,抑制其发芽,还可抑制烟草腋芽生长。据报告MH可能致癌和使动物染色体畸变,应该慎用。

(3)整形素　整形素可溶于乙醇。它具有阻碍IAA极性运输,提高IAA氧化酶活性,拮抗GA的作用,因而抑制茎的伸长,促进腋芽发生,使植株发育成矮小灌木形状,这一特性可用于园林植物的造型艺术上,常用于木本植物;整形素还抑制种子发芽;抑制甘蓝、莴苣的抽薹,促进结球等。

3)植物生长延缓剂

植物生长延缓剂可抑制赤霉素的生物合成,使细胞延长变慢,植物节间缩短。它不影响顶端分生组织生长,因此也不影响细胞数、叶片数和节数,一般也不影响生殖器官发育。植物生长延缓剂的效应可被外施赤霉素所逆转。常见种类有多效唑、烯效唑、矮壮素、缩节胺、B_9等。

(1)CCC　CCC是常用的一种生长延缓剂,俗称矮壮素。它的化学名称是2-氯乙基三甲基氯化铵,不易被土壤吸附或微生物分解,可作土壤施用。CCC抑制GA的生物合成,因此抑制细胞伸长,抑制茎叶生长,但不影响生殖。促使植株矮化,茎秆粗壮,叶色浓绿,提高抗性,抗倒伏。在农业生产上,CCC多用于小麦、水稻、棉花和花生,防止徒长和倒伏。

(2)B_9　B_9(比久)又名丁酰肼,其作用机理是抑制GA生物合成,使植株矮化,叶绿且厚,增强植物的抗逆性,促进果实着色和延长储藏期等。使用B_9可抑制果树新梢生长,代替人工整枝。此外,B_9还能提高花生、大豆的产量。

(3)PP_{333}　PP_{333}俗称多效唑,也称为氯丁唑。可抑制GA的生物合成,减缓细胞的分裂与纵向伸长,使分蘖或分枝增多,茎秆粗壮,叶色浓绿,植株矮化紧凑。PP_{333}对营养生长的抑制能力比B_9和CCC更大。PP_{333}广泛用于果树、花卉、蔬菜和大田作物,效果显著。它主要通过根系吸收,叶吸收量少,作用较小。经过多效唑处理的菊花、月季、天竺葵、一品红以及一些花灌木,株

形明显受到调整,更具观赏价值。如在丁香定植后 1 ~2 d,将 15% 多效唑可湿性粉剂稀释后进行土壤浇灌,每盆 20 mg(有效含量),可使丁香矮化紧凑。

(4)烯效唑　烯效唑又名 S-3307,优康唑,高效唑,属于广谱、高效植物生长调节剂,兼有杀菌及除草的作用。是赤霉素合成抑制剂,具有强烈的抑制细胞伸长的效果,可控制生长、缩短节间、矮化植株、促进侧芽生长及花芽形成、增强抗逆性。其活性比多效唑高 6 ~10 倍,但在土壤中的残留量仅为多效唑的 1/10,对后茬植物影响小。在园林植物中的具体应用方式有:以10 ~200 mg/kg 药液进行喷雾,也可以用 0.1 ~0.2 mg/kg 药液进行喷灌,也可在种植前以 10 ~100 mg/kg 药液浸泡根、球茎、鳞茎数小时,这样可控制株形及花芽分化和开花。

(5)缩节胺　缩节胺又称为 Pix(皮克斯)、助壮素,它与 CCC 相似。生产上主要用于控制棉花徒长,使其节间缩短,叶片变小,并且减少蕾铃脱落,从而增加棉花产量。

4)乙烯释放剂

生产上常用的乙烯释放剂为乙烯利,它是一种水溶性强的酸性液体,使用后可在植物体内释放乙烯而起作用。乙烯利在常温和 $pH < 4$ 的条件下较稳定,当 $pH > 4$ 时,可分解释放出乙烯,pH 值越高,分解越快。

使用乙烯利时必须注意以下 5 个方面:一是乙烯利酸性强,对皮肤、眼睛、黏膜等有刺激作用,应避免与皮肤直接接触;二是乙烯利遇碱、金属、盐类即发生分解,因此不能与碱性农药混用;三是稀释后的乙烯利溶液不易长期保存,尽量随配随用;四是要针对喷施器官或部位,以免对其他部位或器官造成伤害;五是喷施器械要及时清洗,防止腐蚀作用发生。

乙烯利是促进植物成熟的生长调节剂,主要用于促进果实早熟齐熟,增加雌花,提早结果,减少顶端优势,增加有效分蘖,使植株矮壮等。常见剂型为 40% 水剂。

9.2.2　植物生长调节剂在农业上的应用

近年来,植物生长调节剂在农业生产、花卉生产上的应用越来越广泛(表 9.1)。在实际应用中,成功的例子虽然不少,但失败的教训也时有发生,给生产造成损失,对生长调节剂的应用带来了不良影响。究其原因,主要是对生长调节剂的特性认识不足和使用方法不当。植物生长调节剂生理效应的正常发挥受多种因素的影响。植物的种类、品种以及遗传性状不同,作用的器官及发育状况不同,药剂种类、使用目的以及气候条件的不同,都会使植物对生长调节剂的反应表现出较大差异。

表 9.1　常用植物生长调节物质在农业上的应用

目　的	药　剂	对　象	用法用量	效　果
延长休眠	萘乙酸甲酯	马铃薯块茎、胡萝卜	收获后 1% 粉剂混合	延长储藏期
	青鲜素	马铃薯块茎	采收前 2 000 ~3 000 mg/L 喷施	
		洋葱、大蒜鳞茎	采收前两周 2 500 mg/L 喷施	
		胡萝卜	采前 1 ~2 周 2 500 ~5 000 mg/L 喷施	

续表

目　的	药　剂	对　象	用法用量	效　果
打破休眠促进萌发	赤霉素	马铃薯块茎	1.0 mg/L,浸泡 1 h	夏季块茎二季栽培
		葡萄、桃等枝条	1 000 ~ 4 000 mg/L 喷施	打破芽休眠
促进生长增加产量	赤霉素	芹菜等叶菜	采收前 5 ~ 10 d 10 ~ 50 mg/L	增加茎叶产量
	助壮素	禾谷类	20 mg/L 浸种 2 h	分蘖快且多
	矮壮素	禾谷类	0.3% ~ 10% 浸种 12 h	增加分蘖和单株面积
控制生长	矮壮素	小麦	拔节期 3 000 mg/L,喷施	防倒伏、增产等
	多效唑	水稻	一叶一心期 3 00mg/L,喷施	壮秧、有效分蘖增多
		油菜	二叶一心期 100 ~ 200 mg/L,喷施	壮秧、抗性加强、增产
	三碘苯甲酸	大豆	花期 200 ~ 400 mg/L,喷施	控制营养生长、早熟增产
		棉花	始花期 100 ~ 200 mg/L,喷施	控制营养生长减少蕾铃脱落、增产、抗倒伏
	缩节胺	花生	初花期 5 ~ 30 d 1 000 mg/L,喷施	增产
	比久	马铃薯	现蕾至始花期 2 000 ~ 4 000 mg/L,喷施	抑制茎节生长、促进块茎膨大
扦插生根	吲哚乙酸萘乙酸 ABT 生根粉	植物枝条	粉剂或溶液浸泡枝条基部 25 ~ 100 mg/L	加速或增多根的形成
延缓叶片衰老	6-BA	水稻 小麦 芹菜	10 ~ 100 mg/L,喷施 0.05 mg/L,喷施 10 mg/L,喷施	延缓衰老 保绿
调节落叶	乙烯利	棉花	采收前 3 周 800 ~ 1 000 mg/L,喷施	促进落叶
促进花芽分化	乙烯利	凤梨 苹果	灌心 400 ~ 1 000 mg/L,50 mL 200 ~ 900 mg/L,喷施	促进增产
	赤霉素	菊花	100 mg/L,喷施	花芽分化提前
抑制花芽形成	GA_{4+7} GA_3	苹果 葡萄	花芽分化前 2 ~ 6 周 300 mg/L,喷施 花芽分化前 10 ~ 15 mg/L,喷施	大年花芽过多 抑制花芽分化
延迟花	比久	元帅苹果	秋季 400 mg/L,喷施	延迟 4 ~ 5 d
开放	多效唑	水稻	100 ~ 300 mg/L,喷施	延迟 2 ~ 3 d 抽穗
延长花期	多效唑	菊花	500 mg/L,喷施	延长 10 d

续表

目　的	药　剂	对　象	用法用量	效　果
性别分化	乙烯利	黄瓜、南瓜	2～4 叶期 150～200 mg/L,喷施	增加雌花,降低节位,增加早期产量
	赤霉素	黄瓜	2～4 叶期 50 mg/L	促进雄花产生
化学杀雄	乙烯利	小麦	孕穗期 4 000～6 000 mg/L,喷施	雄性不育
	青鲜素	玉米	6～7 叶期 5 00mg/L,喷施,每周 1 次共 3 次	雄蕊被杀死
		棉花	现蕾期开始 50～60 mg/L,每 15～16 d,喷施	雌蕊正常
疏花疏果	NAA 钠盐	鸭梨	局部 40 mg/L,喷施	鸭梨疏花 25%
	乙烯利	梨 苹果	盛花、末花期 240～480 mg/L,喷施 花前 20 d,10 d 250 mg/L,各喷 1 次	
	西维因	苹果	盛花后 10～25 d 0.09%～0.16%	干扰物质转运,使弱果脱落
促花保果	NAA	棉花	开花盛期 10 mg/L,喷施	防止花果脱落
	GA	棉花	开花盛期 20～100 mg/L,喷施	
	6BA	柑橘	幼果 400 mg/L,喷施	
	2,4D	番茄	开花后 1～2 d 10～20 mg/L,浸花 1 s	
		辣椒	20～25 mg/L,毛笔点花	
促进果实成熟	乙烯利	香蕉	1 000 mg/L,浸果一下	促进果实提前成熟
		柿子	500 mg/L,浸果 0.5～1 min	
		番茄 棉花	1 000 mg/L,浸果一下 800～1 200 mg/L,喷施	促进棉铃成熟开裂
延缓果实成熟	2,4-D	柑橙	采前 4 周 70～100 mg/L,喷果	提高呼吸速率,增强抗病性,耐储力
	比久	苹果	采前 45～60 d 500～2 000 mg/L,喷施	抑制乙烯释放,延迟果实成熟
改善品质	增甘膦	甘蔗	采收前 40 d 0.4%	催熟增糖
	GA_{4+7}	元帅苹果	盛花期 40 mg/L,喷施	改善果形指数
	青鲜素	烟草	1 000～2 000 mg/L,喷施	抑制侧芽生长改善品质
	2,4-D	番茄	授粉前 10～25 mg/L,涂抹	果实生长快,无籽果实

续表

目　的	药　剂	对　象	用法用量	效　果
改善品质	防落素	番茄	授粉前 10 ~ 25 mg/L,涂抹	籽果实
	赤霉素	葡萄	花前 10 d 1 000 mg/L,喷施	无籽果实
杀除杂草	2,4-D	双子叶杂草	幼苗 1 000 mg/L,喷施	杀死杂草

1)应用植物生长调节剂的注意事项

为了使植物生长调节剂在施用后获得最大的效益,使用时应注意以下 5 个问题:

①根据生产问题的实际选用恰当的生长调节物质种类。生长调节物质种类很多,每种生长调节物质又有多种效应,且不同生长物质的作用有重叠部分。因此在生产实践中,应根据不同对象(植物或器官)和不同的目的选择合适的药剂种类。如促进插枝生根宜用 NAA 和 IBA;促进长芽则要用 KT 或 6-BA;打破休眠用 GA 等。

②正确选择施用生长调节剂的适宜时期、处理部位和施用方式。多数情况下,植物生长调节物质只在植物生长发育的某一时期,在特定的组织和器官中起作用。而且处理部位不同,施用方式也应不同。

③根据处理对象、药剂种类和生产目的选用合适的剂型、浓度和剂量。生长调节剂的使用浓度范围极大,从 0.1 mg/L 到 5 000 mg/L 都有,这就要视药剂种类和使用目的而异。剂量是指单株或单位面积上的施药量,而实践中常发生只注意浓度而忽略了剂量的偏向。正确的方法应该是先确定剂量,再定浓度,这样才能在保证剂量的前提下确定合适的浓度。浓度不能过大,否则易产生药害;但也不可过小,过小又无药效。

④注意温度、湿度、光照和风雨天气等环境因素对生长调节剂作用效果的影响。应根据不同的天气条件合理选择施用方法。

⑤先试验,再推广。因不同植物对调节剂的敏感程度有很大差异,应先做单株或小面积试验,再做中面积试验,最后才能大面积推广。不可盲目草率,否则一旦造成损失,将难以挽回,甚至不可弥补。

2)植物生长调节剂常见的施用方式

(1)拌种法　拌种法和种衣法主要用于种子处理。用杀菌剂、杀虫剂、微肥等处理种子时,可适当添加植物生长调节剂。拌种法是将药剂与种子混合拌匀,使种子外表沾上药剂,比如用喷雾器将药剂喷洒在种子上,搅拌均匀后播种。

(2)种衣法　种衣法是用专用剂型种衣剂,将其包裹在种子外面,形成有一定厚度的薄膜,除可促进种子萌发外,还可达到防治病虫害、增加矿质营养、调节植株生长的目的。

(3)浸泡法　常用于促进插穗生根、种子处理、储藏保鲜等,如带叶的木本插穗,放在 5 ~ 10 mL/L的吲哚丁酸中,浸泡 12 ~ 24 h 后,直接插入苗床中。也可用快蘸法,将萘乙酸与滑石粉按 1∶1 000 g 混合均匀后,将插条的下部用清水浸湿,然后蘸上少许粉剂扦插于苗床中。

(4)喷洒法　按需要配制成相应浓度溶液喷洒植株,要求液滴细小、均匀,以喷洒部位湿润为度。为了使药剂易于黏附在植株表面,可在药剂中加入少许乳化剂,如洗衣粉或表面活性剂及其他辅助剂,以增加药剂的附着力。喷洒时,要尽量喷在植株中上部枝叶上。

(5)浇灌法　将植物生长调节剂配成水溶液,直接浇灌在土壤中或与肥料等混合施用,使根部充分吸收。如是盆栽花卉,所需要的溶液量依植株和盆的大小而定,一般 9 ~ 12 cm 口径的盆需要 200 ~ 300 mL。

(6)涂抹法　用羊毛脂处理时,将含有药剂的羊毛脂直接涂抹在处理部位,大多涂在伤口处,有利于促进生根,还可涂芽。高空压条切口涂抹法可用于名贵的、难生根花卉的繁殖。方法是在枝条上进行环割,露出韧皮部,将含有生长素类药剂的羊毛脂涂抹在切口处,用苔藓等保持湿润,外面用薄膜包裹,防止水分蒸发。

随着省工、节本、高产、优质的栽培措施的实施,农作物化学调控工程正在不断普及推广。化学调控工程是从种子处理开始到下一代新种子形成的不同发育阶段,适时适量采用一系列的生长调节物质来控制作物生长发育的栽培工程。

合理使用植物生长调节物质,可以对作物的性状进行修饰,如变高秆植物为矮秆植物。还可以改变栽培措施,如通过使用植物生长调节物质使作物矮化,株型紧凑,控制高肥水情况下的徒长,从而达到密播密植,充分发挥肥水效果,高产更高产。此外,生长调节物质能够提高作物的抗逆性,使作物安全度过不良环境或降低受害程度。在许多作物中,已有化学调控工程取得成功的实际例子。

复习思考题

1. 何谓植物生长物质? 植物激素与植物生长调节剂有何区别?
2. 植物激素有哪些特点?
3. 试述 5 大类植物激素的生理功能。
4. 除 5 大类植物激素外,植物体内还有哪些天然的植物生长物质?
5. 试举例说明生长素类物质在生产上的应用。
6. 简述赤霉素的生理作用及其在生产上的应用。
7. 举例说明植物激素间的相互作用。
8. 农业生产上常用的植物生长调节剂有哪些? 应用植物生长调节剂的注意事项有哪些?
9. 植物生长调节剂常用的施用方式有哪些?

10 植物的生长与分化

植物生长与分化

【理论教学目标】

1. 了解植物休眠的概念及生理意义。
2. 掌握种子休眠的主要原因。
3. 掌握种子萌发的过程及影响因素。
4. 理解植物生长、分化和发育的概念。
5. 认识植物营养生长的基本规律。
6. 掌握影响植物生长的主要环境因素。

【技能实训目标】

1. 掌握如何根据需要来打破或延迟种子和芽的休眠方法。
2. 掌握如何根据生产目的不同来调控植物根冠比的措施。
3. 掌握快速测定植物种子生活力的方法。

植物的个体发育是从合子(受精卵)的第一次分裂开始,但由于农业生产多数是从播种开始,因此一般认为植物的个体发育开始于种子萌发,进一步表现为根、茎、叶等营养器官的生长,然后进入生殖生长,最后形成新的种子。新种子形成后,一部分在适宜的条件下可以直接萌发,开始新一轮的个体发育,还有一部分即使在适宜的条件下仍不能萌发,这种现象就是休眠。我们在认识种子的萌发之前先来认识植物的休眠。

10.1 植物的休眠

10.1.1 植物休眠的概念及意义

植物的休眠是被遗传性所固定下来的对外界不良环境条件的一种主动适应,是指植物体或其器官在发育的某个时期,生长和代谢暂时停顿的现象。通常特指由内部生理原因决定,即使外界条件(温度、水分)适宜也不能萌动和生长的现象。

植物生活在一年中气候有冷、热、干、湿明显季节性变化的地带,种子或芽会在不宜生长的季节到来之前进入休眠状态,避免以生命活动旺盛、易受逆境伤害的状态度过寒冷、干旱等严酷时期。因此,对于冬季寒冷的高纬度地区和旱季缺水的低纬度地区,植物的休眠都有重要的适应意义。而在终年湿热的地区,植物一般持续生长不会休眠。生长在温带的落叶阔叶木本植物,冬季停止生长,叶片脱落,有的嫩枝也会脱落,进入休眠状态,如杨、柳、槐、泡桐等冬季都会进入休眠。

10.1.2 植物休眠的类型

休眠有多种类型,温带地区的植物进行冬季休眠,而有些夏季高温干旱的地区,植物则进行夏季休眠,如橡胶草。通常根据休眠的深度和原因,可将休眠分为强迫休眠和生理休眠(深休眠)。强迫休眠是由于不利生长的环境条件引起的休眠,而生理休眠是由于植物内部原因引起的休眠。一般所说的休眠主要是指生理休眠。

休眠有多种形式,一、二年生植物大多以种子为休眠器官;多年生落叶树木以休眠芽过冬;而很多二年生或多年生草本植物则以根状茎、鳞茎、球茎、块根、块茎等延存器官休眠,度过不良环境。

10.1.3 种子休眠

种子休眠是指植物种子脱离母体后即使在适宜的条件下也不能萌发的现象。

1)种子休眠的原因

种子休眠主要是由以下 3 个方面原因引起的:

(1)种皮(果皮)的限制　有些植物的种子,有坚厚的种皮、果皮,或其上附有致密的蜡质和角质,被称为硬实种子、石种子。这类种子往往由于种(果)皮的机械阻力或由于种(果)皮不透水、不透气阻碍胚的生长而呈现休眠,如莲、椰子、苜蓿、紫云英、三叶草等。自然条件下这种原因导致的休眠可通过下列途径解除:氧气氧化种皮的组成物;细菌、真菌、虫类的分解和破坏作用;水浸和冰冻的软化等。

(2)胚未发育成熟　有些外表看似成熟的种子,但种子内部的胚尚未发育成熟,需要从胚乳中摄取养料继续生长发育,直至完全成熟,如银杏种子成熟后从树上落下时还未受精,等到外种皮腐烂,吸水且氧气进入后,种子里的生殖细胞完成分裂,释放出精子后才完成受精。兰花、人参、冬青、当归、白蜡等植物种子胚的体积都很小,结构不完善,必须经过一段时间的继续发育,才达到能够萌发的状态。另一种情况是胚在形态上貌似已发育完全,但生理上还未成熟,必须要通过后熟作用才能萌发。所谓后熟作用是指成熟种子离开母体后,需要经过一系列的生理生化变化后才能完成生理成熟而具备发芽能力的现象。有些蔷薇科和松柏科植物的种子存在后熟作用。

(3)存在抑制萌发的物质　有些种子不能萌发是由于果实或种子中有抑制萌发的物质存在,包括挥发油、植物碱、有机酸、酚等,这些物质存在于子叶(菜豆)、胚乳(鸢尾、莴苣)、果皮

(酸橙)、果肉(苹果、梨、番茄、黄瓜、西瓜、甜瓜)等部分。萌发抑制物质的存在对种子萌发有重要的生物学意义。如生长在沙漠中的某些植物,种子含有这类抑制物质,必须经一定雨量的冲洗,种子才萌发。如果雨量不足,不能完全冲洗掉抑制物,种子就不萌发。这类植物就是依靠种子中的抑制物质使种子只有在外界雨量能满足植物生长时才萌发,巧妙地适应极度干旱的沙漠环境。

2)种子休眠的调控

生产上有时需要解除种子的休眠,有时则需要延长种子的休眠。

(1)种子休眠的解除　造成种子休眠的原因不同,解除休眠的方法也不同,常见方法如下:

①机械破损　适用于有坚硬种皮的种子。可用沙子与种子摩擦、划伤种皮或者去除种皮等方法来促进萌发。如紫云英种子加沙和石子各 1 倍进行摇擦处理,能有效促使萌发。但一定注意不要伤到胚,避免影响以后幼苗的生长。

②清水漂洗　对种子外壳含有萌发抑制物的如西瓜、甜瓜、番茄、辣椒和茄子等,播种前将种子浸泡在水中,反复漂洗(流水更佳),洗掉抑制物,能够提高发芽率。

③层积处理　已知有 100 多种植物,特别是一些木本植物的种子存在后熟作用,如苹果、梨、榛、山毛榉、白桦、赤杨等,它们要求低温、湿润的条件来解除种子的休眠。通常用层积处理,即将种子埋在湿沙中置于 1 ~10 ℃温度中,经 1 ~3 个月的低温处理就能有效解除休眠。在层积处理期间,种子中的抑制物质含量下降,而 GA 和 CTK 的含量增加。一般来说,适当延长低温处理时间,就能促进萌发。

④温水处理　某些种子(如棉花、小麦)经日晒和用 35 ~40 ℃温水处理,可促进萌发。油松、沙棘种子用 70 ℃水浸种 24 h,可增加透性,促进萌发。

⑤化学处理　棉花、刺槐、皂荚、合欢、漆树、国槐等种子均可用浓硫酸处理(2 min ~2 h 后立即用清水漂洗)来增加种皮透性。用 0.1% ~2.0% 过氧化氢溶液浸泡棉籽 24 h,能显著提高发芽率,此方法也适用于玉米、大豆。原因是过氧化氢的分解给种子提供了氧气,促进其呼吸作用。

⑥生长调节剂处理　有多种植物生长物质能打破种子休眠,促进种子萌发,其中 GA 效果最为显著。樟子松、鱼鳞云杉和红皮云杉是北方优良树种,把它们的种子浸在 100 μL/L 的 GA 溶液中一昼夜,不仅可提高发芽势和发芽率,还可促进种苗初期生长。药用植物黄连的种子由于胚未分化成熟,需要低温下 90 d 才能完成分化过程,如果用 5 ℃低温和 10 ~100 μL/L GA 溶液同时处理,只需经 48 h 便可打破种子休眠而发芽。

⑦光照处理　对需光种子进行光照处理可打破休眠,促进萌发。需光种子对光照的要求都不一样。有些种子一次性感光就能萌发。如泡桐浸种后给予 1 000 lx 光照 10 min 就能诱发 30% 种子萌发,8 h 光照萌发率达 80%。有些则需经 7 ~10 d,每天 5 ~10 h 的光照才能萌发,如八宝树、榕树等。藜、莴苣、云杉、水浮莲、芹菜和烟草的某些品种,种子吸胀后照光也可解除休眠。

(2)种子休眠的延长　有些植物的种子有胎萌现象(种子在植株上就能萌发的现象),如水稻、小麦、玉米、大麦、燕麦和油菜等。胎萌会造成严重减产,并影响种子的耐储性。芒果种子胎萌会影响品质。因此防止种子胎萌,延长种子的休眠期,在实践上有重要意义。例如有些品种的小麦、水稻在成熟收获期如遇雨或湿度较大,种子就会在穗上发芽,影响产量和品质,这在南方尤其严重。用 0.01% ~0.5% 青鲜素(MH)水溶液在收获前 20 d 进行喷施,对抑制小麦穗上发芽有显著作用。但经这样处理过的种子，发芽率剧降。再如春花生成熟后，如遇阴雨天土壤湿度大时，花生种子会在土壤中发芽，造成损失。可在种子成熟时喷施 B_9 或 PP_{333} 等植物生长延缓剂，延缓种子萌发。

对于需光种子可用遮光来延长休眠。对于种(果)皮有抑制物的种子，如要延长休眠，收获时可不清洗种子。

10.1.4 芽休眠

芽是很多植物的休眠器官，多数温带木本植物，包括松柏科植物和双子叶植物在年生长周期中明显地出现芽休眠现象。芽休眠不仅发生于植株的顶芽、侧芽，也发生于根茎、球茎、鳞茎、块茎的不定芽，以及水生植物的休眠冬芽中。芽休眠能使植物在恶劣的条件下生存下来。

1) 芽休眠原因

日照长度是诱导和控制芽休眠最重要的因素。对多年生植物而言，一般长日照促进生长，短日照引起生长的停止以及休眠芽的形成。如刺槐、桦树、落叶松幼苗在短日照下经10～14 d即停止生长，进入休眠。短日照和高温可以诱发水生植物，如水车前、水鳖属和狸藻属的冬季休眠芽的形成，而铃兰、洋葱则相反，长日照诱发其休眠，但是梨、苹果和樱桃休眠芽的形成对光照长短不甚敏感。

内源激素中的脱落酸是最早引起芽休眠的物质，如马铃薯块茎上的芽处于休眠时脱落酸含量就会增加。短日照能够诱导芽休眠也是因为短日照促进脱落酸含量增加的缘故。另外，水分和矿质营养的不足，尤其是氮的不足也会加速芽休眠。植物休眠往往是对低温的一种适应，但低温不直接引起休眠，在试验中，低温有破除休眠的作用。

2) 芽休眠的调控

(1) 芽休眠的解除

①低温处理　许多木本植物休眠芽需经历 260～1 000 h 的 0～5 ℃的低温才能解除休眠，将解除芽休眠的植株转移到温暖环境下便能发芽生长。有些休眠植株未经低温处理而给予长日照或连续光照也可解除芽休眠。但北温带大部分木本植物一旦芽休眠被短日照充分诱发，即使再转移到长日照下也不能恢复生长，通常只有靠低温来解除休眠。

②温浴法　把植株整个地上部分或枝条浸入 30～35 ℃温水中 12 h，取出放入温室就能解除芽的休眠。使用此法可使丁香和连翘提早开花。

③乙醚气熏法　把整株植物或离体枝条置于一定量乙醚熏气的密封装置内，保持 1～2 d 即可发芽。例如，在 11 月份将紫丁香、铃兰根茎放在体积为 1 L 的密闭容器中，容器内放有 0.5～0.6 mL 乙醚，1～2 d 后取出，在 15～20 ℃下保持 3～4 周就能长叶开花。

④植物生长调节剂　芽的休眠可被一些植物生长调节剂所打破，GA 效果较好。用 1 000～4 000 μL/LGA 溶液喷施桃树幼苗和葡萄枝条，或用 100～200 μL/L 激动素喷施桃树苗，都可以打破芽的休眠。用 0.5～1.0 μL/LGA 溶液浸马铃薯切块 10～15 min，出芽快而整齐。

(2) 芽休眠的延长　洋葱、大蒜鳞茎及马铃薯块茎等延存器官在长期储藏过程中，芽度过休眠期就会萌发，使商品价值大打折扣。因此，要设法延长芽的休眠。如马铃薯块茎在储藏过程中易出芽，还会产生有毒物质龙葵素，不能食用，可在收获前 2 ~ 3 周，在田间喷施 2 000 ~ 3 000 μL/L青鲜素，或用 1% 萘乙酸钠盐溶液，或萘乙酸甲酯的黏土粉剂均匀撒布在块茎上，可以防止在储藏期间发芽。对洋葱、大蒜等鳞茎类蔬菜也可用类似的方法处理。

10.2 种子的萌发

前面说过，因为农业生产多数是从播种开始，所以通常认为植物的个体发育始于种子的萌发，我们认识植物的生长发育先从种子萌发开始。

10.2.1 种子萌发的过程

在适宜的环境条件下，度过休眠期的种子吸水膨胀，有机物质分解，胚开始生长，胚根(很少情况下是胚芽)突破种皮的过程，称为种子萌发。通常情况，种子萌发可分为吸胀、萌动、发芽 3 个阶段。

种子吸水膨胀是萌发过程的开始。吸胀的结果导致种皮软化，代谢活动加强，启动胚细胞的分裂、伸长与扩大。随着胚的长大，胚根突破种皮，此过程即为萌动(露白或破胸)。当胚根的长度等于种子的长度或者胚芽突破种皮并达到种子长度一半时即为发芽。出芽之后逐渐长成幼苗。种子萌发是利用种子发育过程中自己储存的营养物质进行呼吸作用，使早已形成的胚体由静止状态转变为活跃状态，直到胚芽出土形成绿色的幼苗，然后进行光合作用，自己制造有机物。种子储存的营养物质多则出苗快，整体健壮，因此在生产上选择粒大饱满的种子进行播种，是产生壮苗的基础。

10.2.2 影响种子萌发的环境因素

种子萌发必须具备两方面的条件：一是种子本身具有生活力并完成了休眠；二是有适当的外界条件。种子的生活力是指种子发芽的潜在能力，即发芽力。种子生活力的大小一般通过测定种子的发芽率来反映。有生活力并已解除休眠的种子要正常萌发，还需要有适宜的环境条件，这些条件主要包括充足的水分、适宜的温度和足够的氧气，三者同等重要，缺一不可。有些种子萌发还受光的影响。

(1)水分　水分是种子萌发的先决条件。种子只有吸收一定量的水分才能萌发。风干种子的含水量一般为 5% ~13%，原生质处于凝胶状态，代谢活动缓慢。随着水分的增加，原生质从凝胶状态转变为溶胶状态，种子内部的激素及酶系统也从钝化状态变为活化状态，促进了储藏物质的转化与运输。加之水能膨胀软化种皮，使氧气易于透过，呼吸加强，细胞代谢水平提高。细胞吸水膨胀产生的压力，也有利于胚芽突破种皮。另外，种子萌发过程中胚细胞的分裂与伸长也是在充足的水分供应下进行的。

不同植物种子萌发时的吸水量各不相同。一般种子吸水量达到风干种子质量的 30% ~

70%即可萌发。而蛋白质含量高的种子则需要吸收更多的水,因为蛋白质具有较大的亲水性。例如,水稻种子萌发时要求最低吸水量为风干质量的35% ~40%,小麦为60%,而大豆则要求120%。

种子的吸水速率不仅与种子内储藏物质的种类有关,还受土壤含水量、土壤溶液浓度及土壤温度的影响。土壤含水量小而土温较高时,会使种子已经吸收的水分外渗;土壤水分过多又会造成通气不良,限制种子萌发,甚至使种子腐烂,故播种后如连续下雨则应注意及时排除土壤中过多的水分。

(2)氧气　种子萌发是一个非常活跃的生长过程,需要旺盛的有氧呼吸提供能量。因而环境中氧气的浓度直接影响种子的萌发。环境缺氧(如土壤板结、水分过多、播种太深等),则萌发种子进行无氧呼吸。长时间的无氧呼吸消耗过多的储藏物质,同时产生大量酒精致使种子中毒,不利于种子萌发。

一般种子正常萌发需要空气的含氧量在10%以上,但因种子类型不同,萌发时需氧量也不尽相同。含脂肪较多的种子(如花生、棉花)萌发时,较淀粉种子(如麦类、玉米)需氧量大。若空气含氧量降到5%以下时,多数植物的种子都不能萌发。但也有些植物种子(如马齿苋和黄瓜)在含氧量达到2%时也可萌发。而水稻对缺氧有特殊的适应本领,其种子在淹水的情况下能靠无氧呼吸来萌发。然而即便如此,它的正常萌发还是需要氧气的。缺氧时幼苗生长不正常,芽鞘迅速伸长,而根系生长受阻或不发根。据测定,土壤气体含氧量常在20%以下,并随土层深度和土质黏重程度的增加而逐渐降低。因此,播种时既要注意土壤环境,又要考虑种子自身的特点。含脂肪多的种子宜浅播,淀粉种子可适当深播。土壤水分较多、通气性较差的黏土可适当浅播,而沙性大的土壤可适当深播。为了提高播种质量,生产上常采用深耕松土、精细整地、改良土壤、及时排水等措施来增加土壤中的氧含量。

(3)温度　种子萌发是一系列酶参与下的生理生化过程,而酶的活性受温度影响很大,因此温度也是影响种子萌发的重要因素。温度过高、过低种子均不能萌发。在短时间内使种子萌发达到最高百分率的温度称为最适温度。能使种子萌发的最高温度、最低温度以及最适温度称为种子萌发的温度三基点。种子萌发的温度三基点因植物种类及原产地不同而有很大差异。原产于南方低纬度地区的植物(如水稻、玉米等),温度要求较高;原产于北方高纬度地区的植物(如麦类等)温度要求较低。了解植物种子萌发的最适温度,对于确定播种期具有重要参考价值。春季播种过早常会遇到突然降温天气,造成幼胚不能萌发甚至烂种、烂秧;或因出土时间相应延长,此时气温已高,呼吸加快,储藏物消耗较多致使幼苗弱小,易受病虫害侵袭。一般来说,播种期以稍高于最低温度为宜。近年来,生产上常采用地膜覆盖、温床育苗等措施来控制温度提前播种,收到了较好效果。

自然界中的种子多数是在变温情况下萌发的。实验表明,变温处理(通常低温16 h,高温8 h,变温幅度大于10 ℃)有利于种子萌发,而且还可提高幼苗的抗寒力。

(4)光照　对多数农作物的种子来说,只要满足水分、温度、氧气3个条件就能够萌发,萌发不受有无光照的影响,这类种子称为中光种子。作物种子的这一特性与人类在作物生产中长期选留种子有关。但有些植物,如莴苣、紫苏、胡萝卜、桦木以及多种杂草种子,它们在有光条件下萌发良好,在黑暗中则不能发芽或发芽不好,这类种子称为需光种子。另一类植物如葱、韭菜、苋菜、番茄、茄子、南瓜等,它们在光下萌发不好,在黑暗中反而发芽很好,这类种子称喜暗(或嫌光)种子。有人曾调查过946种植物种子的发芽情况,其中672

种为需光种子,258 种为嫌光种子,18 种为中光种子。种子的需光或嫌光程度又因品种不同而有差异,且还与环境条件的变化以及种子内部的生理状况有关。另外发现 GA 能代替光照使需光种子在暗中发芽,而光照也可提高种子中 GA 的含量。

种子萌发对光的需要有重要的生物学意义,是对植物本身有益的一种特性。因为某些特别小的种子(如鬼针草、毛地黄),如果在土壤深层的黑暗条件下萌发,幼苗出土就需要较长的时间,可能发生在幼苗长出地面前储藏物质已耗尽的情况下。而见光才能萌发的特性,就避免了这种情况的发生,保证种子只能在地表或靠近地表的地方萌发,并迅速转为自养生活。

10.3 植物的生长

10.3.1 植物生长、分化和发育的概念

我们把植物个体经营养生长,然后开花结实直至最终死亡的过程称为生活周期。从整体水平看,植物生活周期包括种子萌发、幼苗生长、营养体生长、花的发育、受精、种子形成、休眠或衰老、死亡等阶段。习惯上把生活周期中呈现的个体及其器官的形态结构的形成过程,称为形态发生或形态建成。伴随着形态建成过程,植物个体经历着量变和质变的过程,即生长和分化的过程。

生长(growth)即植物的组织、器官及整体由于细胞的分裂和伸长而由小变大,在体积上、重量上发生不可逆的增长,主要指量的变化。细胞水平上,生长是通过原生质的增加,细胞的分裂、伸长和扩大来实现的。整株水平上,生长的表现是根、茎、叶、花、果实和种子的体积增大和干重的增加。

分化(differentiation)是指来自同一合子或遗传上同质的细胞转变为形态、机能和化学构成上异质细胞的过程。即植物的差异性生长,是一个质变的过程。如受精卵细胞分裂转变成胚;生长点转变为叶原基、花原基;形成层转变输导组织、机械组织、保护组织。

发育(development)是植物生长和分化的总和,是植物生长分化的动态过程。在发育的基础上,通过细胞分化而形成不同的组织和器官,表现出形态建成的过程。如分化出叶原基到长成成熟叶片的过程即叶的发育;根原基的发生到形成完整的根系即根的发育;茎端的分生组织形成花原基,转变成花蕾,到形成花序,最后花蕾长大即花的发育,而受精的子房膨大,果实形成和成熟则是果实的发育。

总体来说,生长是量变,是基础。分化是局部的质变,往往是通过生长而表现出来的。发育包含了生长和分化,是生长和分化的必然结果,是整体的质变。如花的发育,包括花原基的分化和花器官各部分的生长。发育必须在生长和分化的基础上才能进行,没有生长和分化就没有发育。但生长和分化又受发育的制约,如植物某些部位的生长和分化往往要在通过一定的发育阶段后才能开始。例如,水稻必须生长到一定叶数以后,才能接受光周期诱导(这一特性对同一品种来说是较稳定的);水稻幼穗的分化和生长必须在通过光周期的发育阶段之后才能进行。因此,生长、分化和发育三者相辅相成,密不可分。

10.3.2 植物生长的基本特性

1) 生长大周期与生长曲线

植物的根、茎、叶、种子和果实等器官以及一年生植物的整株植物，在生长过程中生长速率都表现出“慢—快—慢”的基本规律。即开始时生长缓慢，以后逐渐加快，达到最高点以后，生长速率又减慢以至停止。植物体或器官所经历的“慢—快—慢”的整个生长过程，称为生长大周期。如果以植物（或器官）体积对时间作图，可得到植物的生长曲线。生长曲线表示植物在生长周期中的生长变化趋势，一年生植物整株植物的生长曲线通常呈S形（图10.1）。如果用干重、高度、表面积、细胞数或蛋白质含量等参数对时间作图，也可得到类似的S形生长曲线，但是若以生长速率对生长时间作图，则为抛物线（图10.1）。

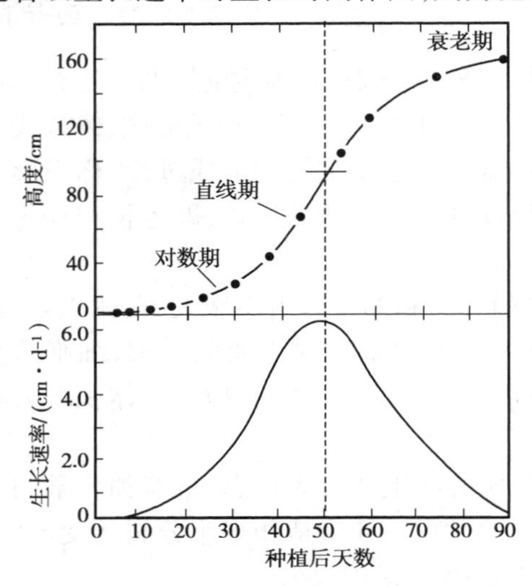

图10.1 玉米的生长曲线
（李合生，2006）

植株或器官的生长表现出S形曲线的原因，与细胞的生长和物质代谢的情况有关。细胞生长包括分生期、伸长期和分化期3个时期，生长速率呈“慢—快—慢”的规律性变化。器官生长初期，细胞主要处于分生期，这时细胞数量虽能迅速增多，但物质积累和体积增大较少，因而表现出生长较慢；到了中期，则转向以细胞伸长和扩大为主，细胞内的RNA、蛋白质等原生质和细胞壁成分合成旺盛，再加上液泡渗透吸水，使细胞体积迅速增大，因而这时是器官体积和重量增加最显著的阶段，也是绝对生长速率最快的时期；到了后期，细胞内RNA、蛋白质合成停止，细胞趋向成熟与衰老，器官的体积和重量增加逐渐减慢，最后停止。另外，从整个植株来看，初期植株幼小，合成干物质少，生长缓慢；中期产生大量绿叶，使光合速率加强，制造大量有机物，干物质急剧增加，生长加快；后期因植物的衰老，光合速率减慢，有机物积累减少，同时还有呼吸消耗，使得干物质非但不增加，甚至还会减少，表现为生长转慢或停止。如图10.1所示的生长曲线是模式化的曲线，由于生长过程的复杂多变，以及环境条件的影响，实际的生长曲线常与此有一定的偏离。

认识生长大周期对农业生产有指导意义。由于植物生长的不可逆性，促进或抑制植物生长必须在生长最快速率到来之前采取措施才有效。如果生长速率已开始下降，器官和株型已形成时才采取措施，往往效果很小甚至不起作用。例如，要控制水稻和小麦的徒长，可在拔节前使用矮壮素或节制水肥供应，如果在拔节后采取相应措施，则达不到目的。这就是农业生产上“不误农时”的道理。另外还应注意，同一植株不同器官，生长大周期的步调并非完全一致，在控制某一器官生长时，要考虑对其他器官的影响。如控制小麦拔节徒长时，拔节水不可浇灌过晚，否则会影响幼穗分化。

2) 植物生长的周期性

植株或器官的生长速率随昼夜或季节变化而发生有规律变化的现象称为植物生长

的周期性。

(1)生长的昼夜周期性　由于影响植物生长的温度、湿度、光强以及植株体内的水分与营养供应在一天中发生有规律的变化,导致植物器官的生长速率也随之呈现明显的昼夜周期性变化。通常把植株或器官的生长速率随昼夜温度变化而发生有规律变化的现象称为温周期现象。

一般来说,越冬植物白天的生长量通常大于夜间,因为此时限制生长的主要因素是温度。但是在温度高、光照强、湿度低的日子里,影响生长的主要因素则是植株的含水量,此时日生长曲线可能会出现两个生长峰,一个在午前,另一个在傍晚。如果夏季白天蒸腾失水强烈造成植株体内的水分亏缺,而夜间温度又比较高,日生长峰会出现在夜间。

(2)生长的季节周期性　一年生、二年生或多年生植物在一年中的生长都会随季节的变化而呈现一定的规律性的变化,即生长的季节周期性。这种生长的季节周期性与温度、光照、水分等因素的季节性变化相适应。如在温带地区,春天温度回升,日照延长,植物的休眠芽开始萌发生长;到了夏天,温度与日照进一步升高和延长,水分较为充足,植株进行旺盛生长;秋天时,气温逐渐下降,日照开始缩短,植株的生长速率下降以致停止,进入休眠状态;到了冬天,植株处于休眠状态。再如多年生木本植物茎横切面上的年轮就是由于形成层生长的季节周期性造成的。

3)植物生长的相关性

植物体是多细胞的有机体,构成植物体的各部分在生长上存在着相互依赖和相互制约的关系,称为生长的相关性。这种相关性是通过植物体内的营养物质和信息物质在各部分之间的相互传递或竞争来实现的。生产上常利用肥水管理,合理密植及修剪、摘心、施用生长物质等措施来调整各部分生长的相互关系,以达到高产优质的目的。

(1)地上部分与地下部分的相关性　虽然植物的地上部分和地下部分处在不同的环境中,但两者之间有维管束的联络,存在着营养物质与信息的大量交换。根部的活动和生长有赖于地上部分所提供的光合产物、生长素、维生素等;而地上部分的生长和活动则需要根系提供水分、矿质、氮素以及根中合成的植物激素(CTK、GA 与 ABA)、氨基酸等。通常所说的“根深叶茂”“本固枝荣”就是指地上部分与地下部分的协调关系。一般来说,根系生长良好,其地上部分的枝叶也较茂盛;同样,地上部分生长良好,也会促进根系的生长。

地上部分与地下部分的生长还存在相互制约的一面,主要表现在它们对水分和营养的竞争上。这种竞争关系可以从根冠比的变化上反映出来。

①根冠比的概念　所谓根冠比是指植物地下部分与地上部分干重或鲜重的比值(R/T),它能反映植物的生长状况,以及环境条件对地上部与地下部生长的不同影响。不同植物有不同的根冠比,同一植物在不同的生育期根冠比也有变化。例如,一般植物在开花结实后,同化物多用于繁殖器官,加上根系逐渐衰老,使根冠比降低;而甘薯、甜菜等作物在生育后期,因大量养分向根部运输,储藏根迅速膨大,根冠比反而增高;多年生植物的根冠比还有明显的季节变化。

②外界因素对根冠比的影响

a. 土壤水分　土壤中常有一定的可用水,因此根系相对不易缺水。而地上部分主要依靠根系供给水分,因此地上部分容易受水分亏缺的影响。土壤水分不足对地上部分的影响比对根系的影响更大,使根冠比增大。反之,若土壤水分过多,氧气含量减小,则不利于根系的活动与生长,使根冠比减小。水稻栽培中的落干烤田以及旱田雨后的排水松土,由于能降低地下水位,增加土中含氧量而有利于根系生长,因而能提高根冠比。大田作物苗期和果蔬育苗中,若想获得壮苗,常采用控水蹲苗的方法使根系向深处发展以提高根冠比。

b. 光照　在一定范围内,光强提高则光合产物增多,这对根与冠的生长都有利。但在强光

下，空气中相对湿度下降，植株地上部蒸腾增加，组织中水势下降，茎叶的生长易受到抑制，因而使根冠比增大；光照不足时，向下输送的光合产物减少，影响根部生长，而对地上部分的生长相对影响较小，因此根冠比降低。

c. 矿质营养　不同营养元素或不同的营养水平，对根冠比的影响有所不同。营养元素少时，首先满足根的生长，使根冠比增大；氮素充足时，大部分氮素与光合产物用于枝叶生长，供应根部的数量相对较少，根冠比降低。磷、钾肥有调节碳水化合物转化和运输的作用，可促进光合产物向根和储藏器官的转移，通常能增加根冠比。

d. 温度　通常根部的活动与生长所需要的温度比地上部分稍低，故在气温低的秋末至早春，植物地上部分的生长处于停滞期，根系仍正常生长，根冠比因而加大；但当气温升高，地上部分生长加快时，根冠比就下降。

e. 修剪与整枝　修剪与整枝去除了部分枝叶和芽，当时效应是增加了根冠比，然而其后效应是减少根冠比。这是因为一方面，修剪和整枝刺激了侧芽和侧枝的生长，使大部分光合产物或储藏物用于新梢生长，削弱了对根系的供应；另一方面，因地上部分减少，留下的叶与芽从根系得到的水分和矿质（特别是氮素）的供应相应地增加，因而地上部分生长要优于地下部分的生长。

f. 中耕与移栽　中耕引起部分断根，降低了根冠比，并暂时抑制了地上部分的生长。但由于断根后地上部分对根系的供应相对增加，土壤又疏松通气，这样为根系生长创造了良好的条件，促进了侧根与新根的生长，因此，其后效应是增加根冠比。苗木、蔬菜移栽时也有暂时伤根，以后又促进发根的类似情况。

g. 生长调节剂　三碘苯甲酸、整形素、矮壮素、缩节胺等生长抑制剂或生长延缓剂对茎的顶端或亚顶端分生组织的细胞分裂和伸长有抑制作用，使节间变短，可增大植物的根冠比。GA、油菜素内酯等生长促进剂，能促进叶菜类如芹菜、菠菜、苋菜等茎叶的生长，降低根冠比而提高产量。

在农业生产上，根据生产目的不同，常通过肥水措施来调控根冠比。如对甘薯、胡萝卜、甜菜、马铃薯等这类以收获地下部分为主的作物，在生长前期应注意氮肥和水分的供应，以增加光合面积，多制造光合产物，中后期则要施用磷、钾肥，并适当控制氮素和水分的供应，以促进光合产物向地下部分的运输和积累。

(2) 主茎与侧枝的相关性　植物的顶芽生长占优势而侧芽生长受抑制的现象，称为顶端优势。除顶芽外，生长中的幼叶、节间、花序等都能抑制其下面侧芽的生长，根尖能抑制侧根的发生和生长，冠果也能抑制边果的生长。

各种植物顶端优势现象的明显程度不尽相同。有些植物的顶端优势非常明显，几乎没有分枝，如向日葵、玉米、高粱、黄麻等；有些木本植物也表现出很强的顶端优势，如雪松、桧柏、水杉等，越靠近顶端的侧枝生长受抑越强，从而形成宝塔形树冠；有些植物的顶端优势不明显，如柳树以及灌木型植物等。同一植物在不同生育期，顶端优势也有变化。如稻、麦在分蘖期顶端优势弱，分蘖节上可多次长出分蘖，进入拔节期后，顶端优势增强，主茎上不再长分蘖；玉米顶芽分化成雄穗后，顶端优势减弱，下部几个节间的腋芽开始分化成雌穗；许多树木在幼龄阶段顶端优势明显，树冠呈圆锥形，成年后顶端优势变弱，树冠变为圆形或平顶。由此可以看出，植物的分枝及其株型在很大程度上受到顶端优势强弱的影响。

生产上有时需要利用和保持顶端优势，如麻类、向日葵、烟草、玉米、甘蔗等作物以及用材树木，需控制其侧枝生长，而使主茎强壮、挺直。有时则需消除顶端优势，以促进多分枝，多开花结果。如番茄打顶后增加分枝，可多开花结果；瓜类摘蔓、果树修剪等均可抑制顶端优势，合理分配养分，提高产量；要想一株菊花能开出足够多的花，就要不断去除主茎顶芽和侧枝顶芽，使其具有足够多的分枝；苗木移栽时的伤根或断根，均可促进侧根生长。

(3)营养生长与生殖生长的相关性　当植物的营养生长进行到一定程度后，就会转入生殖生长，通常以花芽分化作为生殖生长开始的标志。在植物的生长发育进程中，虽然营养生长和生殖生长是两个不同阶段，但彼此不可截然分开，存在着既相互依存又相互制约的关系。

首先，生殖生长必须以营养生长为基础，只有在一定的营养生长的基础上花芽才能正常分化。生殖器官生长所需的养料，大部分是由营养器官供应的，根茎叶生长瘦弱的植株必然导致产量较低。

其次，营养生长与生殖生长之间也存在相互制约的关系。如果营养器官生长过旺，会影响到生殖器官的形成和发育。例如，稻、麦若前期肥水过多，则引起茎叶徒长，延缓幼穗分化，增加空瘪率，若后期肥水过多，则造成贪青迟熟，影响粒重；又如大豆、果树、棉花等，如果枝叶徒长，往往不能正常开花结果，或者导致花果严重脱落。反过来，生殖生长也会抑制营养生长。一次开花植物，营养生长在前，生殖生长在后，一生只开一次花，开花后，营养器官逐渐停止生长，随后衰老死亡。水稻、小麦、玉米、向日葵、竹子等均属此类。多次开花植物如多年生果树等，虽然营养生长和生殖生长交叉进行，但在生殖生长期间，营养生长明显减弱甚至停止生长。如茶树开花结子会引起茶叶产量下降。果树的"大小年"现象就是由于当年开花结果过多而影响来年营养生长进而影响花芽分化的结果，这种现象在肥水不足的情况下更为突出。生殖生长对营养生长的抑制可能是由于花、果是当时的生长中心，对营养物质的竞争力大的缘故。

在协调营养生长和生殖生长的关系方面，生产上积累了很多经验。例如，在果树生产中，大年适当疏花、疏果以使营养上收支平衡，并有积余，以便年年丰产，消除大小年。对于以营养器官为收获对象的植物，如茶树、桑树、麻类及叶菜类，则可通过供应充足的水分，增施氮肥，摘除花芽等措施来促进营养器官的生长，而抑制生殖器官的生长。

4)植物的极性

植物的极性指植物体或植物体的一部分(器官、组织或细胞)在形态结构、生化组成以及生理功能上的不对称性。植物体的极性在受精卵中已形成，并延续给植株。当胚长成新植物体时，仍然明显地表现出极性。植株个体水平的极性表现：植株具有地上部分和地下部分不同的形态特征；器官水平的极性表现：离体器官形态学上端长芽，下端长根。例如，将柳树枝条悬挂在潮湿的空气中，无论如何挂法，其形态学上端总是长芽，下端总是长根，即使上下倒置，这种极性现象也不会改变(图 10.2)。根的切段在再生时也有极性，通常是在近根尖的一端形成根，而在近茎端形成芽。叶片在再生时同样表现出极性。不同器官的极性强弱不同，一般来说，茎 > 根 > 叶。

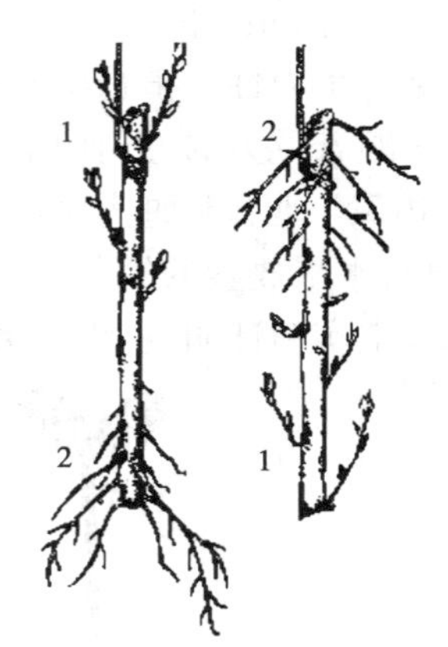

图 10.2　柳树枝条的极性

(萧浪涛《植物生理学》,2003)

1—形态学上端；2—形态学下端

极性产生的原因一般认为与生长素的极性运输有关。由于生长素在茎中的极性运输而使形态学下端 IAA 的含量较大，从而促使下端发根，上端发芽。另外，由于不同器官 IAA 的极性运输强弱不同(茎 > 根 > 叶)，因而不同器官的极性强弱也存在差异。

细胞极性是细胞不均等分裂的基础，而细胞不均等分裂是植物组织极性结构分化产生的基础,是细胞分化的前提。没有极性就没有分化。植物的极性现象在生产实践上具有重要意义。在扦插和组织培养时,都需将形态学的下端向下,上端朝上,避免倒置,否则会影响成活。嫁接时,一般砧木和接穗要在同一方向相接才能成功。

5)生长与运动

植物的运动是指植物的某些器官在空间上进行有限度的位置移动。它不同于动物的整体移动。植物的运动按其与外界刺激的关系可分为向性运动和感性运动;按其运动的机理可分为生长运动和膨压运动。

(1)向性运动　向性运动是指植物器官受到外界环境中单方向的刺激而产生的定向生长运动。根据刺激因素不同,向性运动可分为向光性、向重力性、向化性、向水性等。向性运动一般包括 3 个步骤:感受刺激、信号传导和运动反应。向性运动都是由于器官的不均衡生长引起的,一般是不可逆的。

①向光性　植物感受单方向光信号刺激而发生弯曲的现象,称为向光性。根据植物向光弯曲的部位不同,可将植物向光性分为 3 种类型:正向光性、负向光性和横向光性。茎向光源方向弯曲,称为正向光性,如向日葵的花盘及落花生、棉花等植物的叶片,以及栽培在室内窗台上的花卉等都表现出明显的正向光性;某些植物的根具有背光生长的现象,称为负向光性。如芥菜、常春藤、水稻等的根;叶片通过叶柄扭转使其保持与光照方向基本垂直,称为横向光性。向光性有利于植物吸收更多的光能,是植物器官适应环境的一种生物学特性。

植物向光性是由于向光面和背光面不均等生长引起的。对于不均等生长的原因,有两种对立的看法:一种观点认为,不均等生长是由于生长素分布不均匀引起的。照光后,背光面的生长素较多,向光面的生长素较少,导致背光面生长快,向光弯曲。20 世纪 80 年代以来,许多学者根据大量的实验证据提出另一种观点,认为是抑制物质分布不均匀引起的不均等生长。据测定,照光后背光侧和向光侧的生长素含量差不多;但向光侧的抑制物质比背光侧的多,导致背光面生长快,向光弯曲。

②向重力性　植物受重力的影响保持一定方向生长的特性,称为向重力性(或向地性)。植物根顺着重力的方向向下生长,称为正向重力性;茎背离重力方向向上生长,称为负向重力性(图 10.3);地下匍匐茎垂直于重力方向水平生长,称为横向重力性。作物倒伏后,茎会弯曲向上生长;水平放置的幼苗,一定时间后根向下弯曲、茎向上弯曲等现象,都是植物向重力性的表现。太空实验证明,在无重力作用的条件下,植物的根和茎都不会发生弯曲。

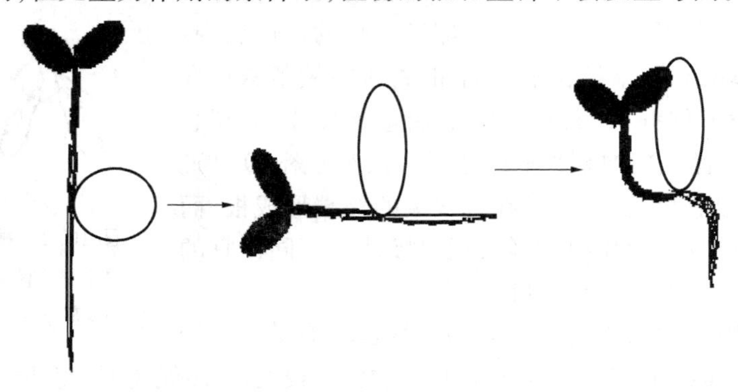

图 10.3　正向地性和负向地性

③向化性和向水性　向化性是由于某些化学物质在植物周围分布不均而引起的向性生长。植物的根总是向着肥料较多的土壤中生长。生产上采用深耕施肥，就是为了使根向深处生长，从而吸收更多的养分。在种植香蕉时常采用以肥引芽的方法，把肥料施在人们希望它长苗的空旷地，以达到调整香蕉植株分布均匀的目的。此外，花粉管的伸长生长总是朝着胚珠的方向进行，也是胚珠细胞分泌的化学物质所引起的向化性生长。

向水性是指当土壤中水分分布不均匀时，根总是趋向较湿润的地方生长的特性。生产上常用根的向水性适当控制水分供应，使作物的根向下深扎。

(2)感性运动　感性运动是指没有一定方向的外界刺激（如光暗转变、温度变化等）引起的运动。根据外界刺激的种类可分为感夜性、感热性、感震性等。有些感性运动是由生长不均匀引起的，如感热性；另一些感性运动则是由细胞膨压的变化引起的，因而也称为紧张性运动或膨胀性运动，这种运动是可逆的，如感震性。

①感夜性　感夜性是指植物接受光暗信号的变化，引起植物叶片或花瓣的开合运动。如一些植物的叶片白天张开，晚上合拢或下垂（如大豆、花生、合欢）；一些植物的花白天开放，晚上闭合（如蒲公英）或晚上开放，白天闭合（如烟草、紫茉莉）。感夜性主要是由昼夜光暗变化引起的叶柄基部细胞发生周期性膨压变化引起的。感夜运动的叶片，其叶枕或小叶基部上下两侧细胞体积、细胞壁薄厚及细胞间隙的大小都不同。当细胞质膜和液泡膜因感受光的刺激而改变其透性时，两侧细胞的膨压变化不同，使叶柄或小叶朝一定方向弯曲。白天叶片合成的生长素向叶柄下侧运输，K^+和Cl^-也运到生长素浓度高的地方，水势下降，水分进入叶枕，细胞膨胀，导致叶片高挺，晚上生长素合成和运输量均减少，进行相反过程，叶片下垂。

②感震性　植物的感震性运动是由于机械刺激而引起的与生长无关的运动。含羞草的叶片运动就是由细胞内膨压的变化而引起的感震性运动。当部分小叶受到震动或其他刺激（如灼烧、骤冷、电流等）时，小叶立刻成对合拢。若刺激较强，则会将刺激迅速传到其他部位，使全株小叶合拢，复叶下垂。经一段时间后，整个植株又恢复原状。

含羞草叶片下垂的机理，是由于复叶叶柄基部的叶枕中细胞紧张度变化引起的。从解剖上看，叶枕上半部细胞壁厚，细胞间隙小。而下半部细胞壁薄，细胞间隙大。受到刺激时，叶枕下部细胞的细胞膜透性很快增加，细胞内水分排入细胞间隙，细胞膨压降低，组织疲软，引起叶柄下垂（图10.4）。小叶的运动机理与此相同，只是小叶叶枕的上半部和下半部组织中细胞的构造正好与复叶叶柄基部叶枕细胞的构造相反。所以当受震膨压改变时，上部组织疲软，小叶即成对合拢起来。

③感热性　由于温度变化而使器官背腹两侧生长不均匀引起的运动，称为感热性运动。例如，番红花和郁金香花的开放与闭合受温度变化的影响。温度升高时花朵开放，温度下降时花瓣合拢。将番红花和郁金香从较冷处移至温暖处后，很快就会开花。花瓣的感热运动是由于花瓣上下组织生长速度不同所致，因此是不可逆的过程。水稻开花也受温度影响，进行人工授粉时，可采用温汤浸花的措施，促使其内稃张开便于授粉。

(3)近似昼夜节奏——生物钟　植物的一些生理活动具有周期性或节奏性，而且这种周期性是一个不受环境条件影响，以近似昼夜周期的节奏（22～28 h）自由运行的过程，称为近似昼夜节律，也称为生物钟。菜豆叶片在白天呈水平方向伸展，而晚间呈下垂状态的运动，就是一种典型的近似昼夜节律。这种周期性运动即使在连续光照或连续黑暗以及恒温的条件下仍能持续进行。其特点是：不受温度的影响，可以自动调整。此外，气孔的开闭、蒸腾速率的变化、膜的透性等也都具有近似昼夜节律的特征。

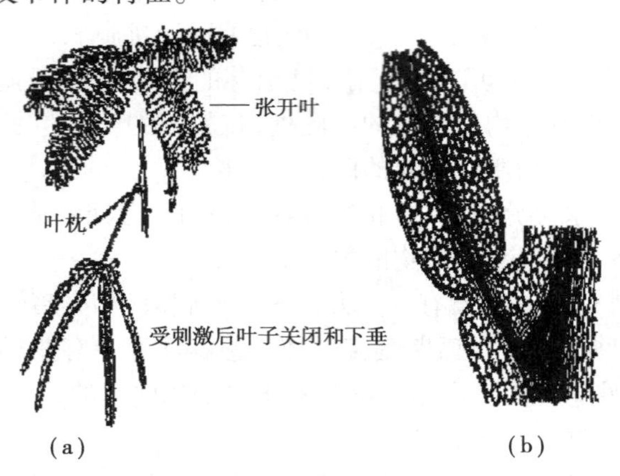

图 10.4 含羞草的感震运动

(a)显示叶片受到刺激后下垂;(b)总叶柄的叶枕结构(未受到刺激)

10.3.3 影响植物生长的环境因素

植物的生长发育是内部因素(包括遗传基因、激素、营养等)和外界环境条件综合作用的结果。自然条件下,环境因素如温度、光照、水分、矿质营养等深刻地影响着植物的生长发育。

1)温度

植物是变温生物,其体温与周围环境的温度相平衡,各器官的温度也受土温、气温、光照、风等影响。温度通过影响酶的活性及各种代谢过程而影响生长。由于温度能影响光合、呼吸、矿质与水分的吸收、物质合成与运输等代谢功能,因此也影响细胞的分裂、伸长、分化以及植物的生长。

植物只有在一定的温度范围下才能正常生长。植物种类不同,生长所要求的温度范围也不同,存在生长温度的三基点,即最低、最适和最高温度。与恒温动物相比,植物生长的温度范围较宽,其生长温度最低与最高点一般可相差 35 ℃。植物生长温度的三基点因植物原产地不同而有很大差异。原产热带或亚热带的植物,温度三基点较高,分别为 10 ℃,30 ~ 35 ℃和 45 ℃左右;原产温带的植物,生长温度三基点稍低,分别为 5 ℃,25 ~ 30 ℃,35 ~ 40 ℃;原产寒带的植物,生长温度三基点更低,如北极的植物在 0 ℃以下仍能生长,最适温度一般不超过 10 ℃。对农作物而言,夏季作物的生长温度三基点较高,冬季作物则较低。同一植物的不同器官,生长温度的三基点也不一样。例如根系能活跃生长的温度范围一般低于地上部分。

生长的最适温度,是指生长最快的温度,但这个温度对植物的健壮生长并不是最适宜的。要培育健壮的植株,温度应该比生长最适温度略低才行,即所谓的"协调最适温度"下进行。因为最适温度下细胞伸长过快,物质消耗也快,其他代谢如细胞壁的纤维素沉积、细胞内含物的积累等就不能与细胞伸长相协调地进行,因而植株比较瘦弱,耐寒性、耐盐性也差。

实验表明,日温较高、夜温较低的周期性温度变化对植物生长有利。因为较低的夜温可使有机物的呼吸消耗减少,有利于光合产物的积累,而且低夜温有利于根的发育,使根冠比提高。

这种昼夜温度周期性变化对植物生长发育的效应，称为温周期现象。因此，在温室或大棚栽培作物时，应注意调节昼夜变温，使植株健壮生长。

2）光照

光对植物生长的作用有两种：间接作用和直接作用。植物通过光合作用制造有机物，为植物生长发育提供必要的物质和能量基础即为间接作用。由于植物必须在较强的光照下生长一定的时间才能合成足够的光合产物供生长需要，因此光合作用对光能的需要是一种高能反应。直接作用是指光对植物形态建成的作用。如光促进需光种子的萌发、幼叶的展开、叶芽与花芽的分化、黄化植株的转绿、叶绿素的形成等。由于光形态建成只需较短时间、较弱的光照就能满足，因此，光形态建成对光的需要是一种低能反应。

光对植物生长发育的直接影响可以从光强和光质两个方面来分析。

（1）光强　光照强度直接影响植物组织的分化。强光中的紫外线能抑制淀粉酶的活性，同时强光使 IAA 氧化酶活性提高，对 IAA 有破坏作用，致使细胞伸长受阻，植株节间短，株高降低，叶片小而厚，株型紧凑，根系发达。弱光有利于细胞伸长，节间伸长，株高增加，致使植株分化推迟，纤维素少，细胞壁薄，机械组织分化较差，茎秆脆弱，易倒伏，叶色浅，叶片大而薄，根系发育不良，植株柔弱，易受病虫害侵袭。倘若植株完全处于黑暗中，只要有足够的养料，也能够生长，而且比在光下长得快，但与正常光照下生长的植株形态有较大的差异。在黑暗中生长的幼苗，茎细长脆弱，机械组织不发达，节间长，茎尖端呈钩状弯曲，侧枝不发育，叶片小且不展开，缺乏叶绿素而呈黄白色，这种幼苗称为黄化苗。在黑暗中生长的植物，不能长成正常形态，而成为黄化苗的现象称为黄化现象。在黑暗中植物器官长得比较快，可以使植物从土壤或黑暗处很快伸到有光处，以利于光合作用的进行，这对植物适应环境具有重要意义。如土壤中的种子萌发后可迅速出土见光进行自养，这对储藏养分少的小粒种子尤为重要。

由于黄化苗的机械组织不发达，植株柔嫩多汁，因此黄化现象被广泛应用于蔬菜栽培中。如用遮光、培土等方法来栽培韭黄、蒜黄、豆芽、葱白等。在日本的水稻机械化育秧中，为了快速培育秧龄短而又有一定株高的小苗或幼苗，通常要在播种后的 2 ~4 d 中，对幼芽（苗）进行遮光处理，使秧苗伸长，以利机械栽插。

（2）光质　不仅光照强度对植物生长发育有很大影响，而且不同波长的光（即光质）对植物生长速度和形态建成也有不同的作用。用波长不同的光照射黑暗中生长的黄化幼苗，结果红光促进叶片伸展，抑制茎的过度伸长，促使黄化苗恢复正常；蓝紫光也抑制生长，使幼苗矮小。这是因为红光提高了生长素氧化酶的活性，降低了生长素的水平；紫外光的抑制作用更强，不仅能提高生长素氧化酶的活性，还能抑制淀粉酶的活性，阻碍淀粉的利用。高山上大气稀薄，紫外光强，因此高山上的植物长得比平原地区矮小。生产上用浅蓝色塑料薄膜覆盖育出的秧苗，比用无色薄膜育出的苗苗壮且分蘖多，主要原因就在于浅蓝色薄膜可吸收大量蓝紫光，既可提高棚内温度，又可抑制秧苗生长，使其矮壮。

3）水分

水是植物生存的一个重要环境条件。原生质的代谢活动，细胞的分裂、生长与分化等都必须在细胞水分接近饱和的情况下才能顺利进行。植物体缺水时，细胞分裂和伸长都受影响，尤其细胞伸长对缺水更为敏感。如小麦、玉米等禾谷类作物若在第一个水分临界期即分蘖末期到抽穗期缺水，将严重影响穗下节间的伸长，而且影响花粉母细胞的正常分裂和花粉形成。由于细胞的伸长较细胞分裂更易受细胞含水量的影响，且在相对含水量稍低于饱和时就不能进行，因此若供水不足，植株的体积增长就会提早停止。在生产上，为提高稻麦的抗倒伏能力，就可采取控制第一、二节间伸长期水分供应的方法，以防止基部节间的过度伸长。水分亏缺还会影响呼吸作用、光合作用等。

土壤水分缺乏时，根生长缓慢且木质化，吸水能力差。土壤水分过多时，通气不良，根短且侧根数增多。若土壤淹水形成缺氧条件，根尖细胞的分裂明显被抑制。大气中水汽含量变动很大，水汽含量（相对湿度）会通过影响蒸腾作用而改变植株的水分状况，从而影响植物生长。

4）矿质营养

植物在其自养生活中，必须从周围环境中吸收无机营养。无机营养中，除了吸收水和二氧化碳外，还需吸收各种矿质元素，以维持正常的生命活动。土壤中含有植物生长必需的矿质元素。这些元素中有些属原生质的基本成分，有些是酶的组成或活化剂，有些能调节原生质膜透性，并参与缓冲体系以及维持细胞的渗透势。植物缺乏这些元素便会引起生理失调，影响生长发育，并出现特定的缺素症状。如植株缺氮表现出老叶发黄，生长缓慢，植株矮小；缺磷老叶叶色暗绿，茎呈红色等。另外，土壤中还存在许多有益元素和有毒元素，有益元素促进植物生长，有毒元素则抑制植物生长。

5）机械刺激

植物生活环境中不可避免地存在很多机械刺激，如风，动物及植物的摩擦，降雨、冰雹对茎叶的冲击，土壤颗粒对根的阻力以及摇晃、震动等。这些机械刺激对植物的生长发育有一定的调节作用。风吹、雨打、摩擦、触摸等机械刺激通常能引起植物特定的反应，主要表现为茎短而粗，并分配较多的物质到根部。田间的植株比温室或大棚中的植株矮壮，原因之一就是田间植株常受到风、雨的机械刺激。生产上还有很多类似现象，如用布条、木棍等刺激番茄幼苗，能使番茄株高降低，节间变短，根冠比增大；用震动刺激黄瓜幼苗，不但株高降低，而且结出的瓜数和瓜重增加；水稻、大麦、玉米等幼苗感受到机械刺激后，株高也显著降低。

机械刺激影响植株生长发育的现象，称为植物的接触形态建成。关于接触形态建成的生理机理，一般认为，机械刺激能使植株产生动作电波，动作电波因能影响质膜透性、物质运输、激素平衡（通常是乙烯增加，生长素、赤霉素活性下降）以及某些基因的活化，从而对植物的生长发育产生影响。

机械刺激能使植株矮化和生长健壮，现已开始用于作物的育苗，如对苗床幼苗用棍棒定时扫荡，培苗密度可以加大而不至徒长，用手捏破植物嫩茎可使茎秆矮化，节间缩短。

6）重力

重力除诱导植物根的正向地性和茎的负向地性生长（见植物的运动）外，还影响植物叶的大小、枝条上下侧的生长量以及瓜果的形状。例如，悬挂在空中的丝瓜因受重力影响要比平躺在地面的长得长、细、直。

7）生物因子

植物个体的生长必然受到与它群生在一起的植物和其他生物的影响。

在寄生情况下，寄生物（可以是动物、植物和微生物）能抑制寄主植物的生长或杀伤甚至杀死寄主植物，如菟丝子寄生在大豆上会严重危害大豆植株的生长。有时则能引起寄主植物不正常的生长，如形成瘤瘿。在共生情况下则共生双方的生长均受到促进，如根瘤菌与豆类的共生。

生物体也可通过改善生态环境来间接影响另一生物体的生长。有两种表现:一是相互竞争,对环境因子光、肥、水的竞争,如高秆植物对短秆植物生长的影响、杂草的滋生蔓延等。二是相生相克,即通过分泌化学物质来促进或抑制周围植物的生长。相生相克也称为他感作用,引起他感作用的化学物质称为他感化合物,它们几乎都是一些分子量较小、结构较简单的植物次生物质。最常见的是酚类和类萜化合物。这些物质对代谢及生长发育均能产生一定的影响。

相生的例子比如豆科植物与禾本科植物混种(小麦和豌豆、玉米和大豆等),豆科植株上的根瘤固定的氮素能供禾本科植物利用,而禾本科植物由根分泌的载铁体(如麦根酸),能结合土壤中的铁供豆科植物利用,使豆类能在缺铁的碱性土壤里生长;因为苜蓿能分泌三十烷醇(植物生长调节物质),所以在种过苜蓿的土壤里种植番茄、黄瓜、莴苣等植物生长良好;洋葱和食用甜菜、马铃薯和菜豆种在一起,有相互促进的作用。

生态系统中的相克现象更为普遍。例如,番茄植株释放鞣酸、香子兰酸、水杨酸等能严重抑制莴苣、茄子种子的萌发和幼苗生长,对玉米、黄瓜、马铃薯等作物的生长也有抑制作用。薄荷叶强烈的香味会抑制蚕豆的生长。多种杂草产生的他感化合物会严重抑制作物生长。例如,苇状羊茅的分泌物影响油菜、红三叶草生长,它的粗提物能抑制菜豆、绿豆的发芽和生长。植物残体也会产生他感物质,如玉米、小麦、燕麦和高粱的残株分解产生的物质会抑制高粱、大豆、向日葵、烟草生长;小麦残株腐烂产生的物质抑制小麦本身生长;水稻秸秆腐烂产生的物质抑制水稻秧苗生长。因此,在作物布局上应合理配置有益的作物,尽量避免与相克的作物为邻,对有自毒作用的作物应避免连作。

水生植物生态系统中也有相生相克现象。中国科学院上海植物生理研究所的科研人员在富营养化的水域中种植凤眼莲,一方面利用凤眼莲快速生长的特点大量吸收水中营养物质;另一方面利用凤眼莲对藻类的相克效应,清除大部分藻类,使水澄清,收到绿化水面和净化水质的效果。

植物的生长是一个非常复杂的过程,影响生长的光照、温度和水分等环境条件对植物的生长除有单独效应外,也有相互影响的交叉作用。植物只有在良好的综合条件下,才能生长健壮。

复习思考题

1. 引起种子休眠的原因有哪些?如何打破种子的休眠?
2. 影响种子萌发的内外因素有哪些?生产上如何创造有利于种子萌发的环境条件?
3. 什么是生长、发育和分化?三者之间有何区别与联系?
4. 植物的生长为何表现出生长大周期的特性?了解植物生长大周期对农业生产有何指导意义?
5. 解释“根深叶茂”“本固枝荣”“旱长根、水长苗”等现象的生理原因。
6. 什么是植物生长的相关性?列举相关性在农业生产上应用的实例。
7. 何谓顶端优势?生产上如何利用顶端优势来提高农作物和果树产量?
8. 为何日温较高、夜温较低的周期性温度变化对植物生长比较有利?
9. 植物生长的最适温度和协调最适温度有何不同?有利于植物健壮生长的温度是什么?
10. 什么是植物的极性?极性现象对生产实践有何指导意义?

11 植物的成花生理

【理论教学目标】

1. 了解春化现象及春化作用的机理。
2. 掌握植物的光周期现象及其类型。
3. 了解植物光周期理论在农业生产中的应用。
4. 了解植物花芽分化的过程及影响花芽分化的因素。

【技能实训目标】

1. 掌握常见作物和蔬菜植物光周期的类型。
2. 学会光周期诱导植物开花的技术和方法。
3. 掌握植物春化作用的处理方法。

高等植物的发育从种子萌发开始，一般要经过幼年期、成熟期、衰老期，最后到死亡，这个过程称为植物的生命周期或称为生活史。因此，高等植物的生命周期可分为两大阶段，即营养生长阶段和生殖生长阶段，其中花芽分化是植物从营养生长转向生殖生长的标志和关键。在植物花芽分化之前一段时期，即使外界条件适宜，生殖生长也不能进行，这段时间称为植物的“幼年期”。已经完成幼年期生长的植物，在适宜的外界条件下就可诱导成花。研究表明，植物开花与温度和日照长度密切相关。

11.1 春化作用

植物成花生理 1

11.1.1 春化作用的概念

低温诱导植物开花的作用称为春化作用。冬性植物适时开花必须经过一段时间的低温诱导。以小麦为例，小麦分为需要秋播的“冬性”品种与适应春播的“春性”品种。冬性品种必须在秋冬季节播种，出苗越冬后，次年夏季才能开花；如果将冬性品种改为春播，则只长茎叶，不能顺利开花结实；而春性品种不需要经过低温过程就可开花结实。在一些高寒地区，因严冬温度太低,无法种植冬小麦。1928 年,苏联科学家李森科把 Gassner 的研究成果应用于农业生产,他将冬性小麦种子用低温处理,然后春播,以解决某些地区冬小麦不能越冬问题,他把这种低温处理措施称为春化,目的是把冬小麦转化为春性小麦。在农业生产中,人们将萌动的冬小麦种子闷在罐中,经过在 0 ~ 5 ℃低温处放置 40 ~ 50 d 以后,就可在春季播种,当年获得收成。现在春化的概念不仅限于种子对低温的要求,也包括成花诱导中植物在其他时期对低温的感受。

1)春化作用的条件

植物通过春化作用一般需要经历一定时间的低温、足够的氧气和养分,如果植物以萌动的种子形式通过春化作用,需要一定的含水量。如冬小麦已萌动的种子,含水量低于 40%,就不能通过春化作用。干种子对低温没有反应,因此,植物不能以干种子形式通过春化。

低温是春化作用的主导因子。植物对低温的要求大致表现为两种类型:一类是相对低温型,即植物开花对低温的要求是相对的,低温处理可促进这类植物开花。一般冬性一年生植物属于此种类型,这类植物在种子吸胀以后,就可感受低温。另一类是绝对低温型,即植物开花对低温的要求是绝对的,若不经低温处理,这类植物则绝对不能开花。一般两年生和多年生植物属于此类,这类植物通常要在营养体达到一定大小时才能感受低温。

通常春化作用的温度为 0 ~ 15 ℃,并需要持续一定时间,不同作物春化作用所需要的温度和时间不同(表 11.1)。如冬小麦、萝卜、油菜等为 0 ~ 5 ℃,春小麦为 5 ~ 15 ℃。一般来讲,植物春化作用需要的温度越低,需求的时间也越长。例如我国北纬 33°以北的冬性小麦,要求 0 ~ 7 ℃的低温,持续 36 ~ 51 d,才能通过春化,而北纬 33°以南的品种,在 0 ~ 12 ℃,经过 12 ~ 26 d,就可通过春化作用。冬性一年生植物(如冬小麦)对低温是一种相对需要,一般适当降低温度或延长春化时间,可缩短种子萌发至开花的时间,如不经历低温,将延迟开花。而一些二年生植物对低温的要求是绝对的,不经历低温就不能开花,如甜菜。

充足的氧气是萌动种子通过春化作用的必需条件。在缺氧条件下,即使水分充足,萌动的种子也不能通过春化。这表明春化作用与有氧呼吸有关,即低温对花原基形成的诱导需要有氧呼吸。完成春化作用还需要足够的养分,将冬小麦种子去掉胚,将胚培养在含蔗糖培养基上,可通过春化作用;反之,培养基中无蔗糖,不能通过春化作用。

表 11.1 不同类型小麦通过春化需要的温度及天数

类 型	春化温度范围/℃	春化天数/d
冬性	0 ~ 3	40 ~ 45
半冬性	3 ~ 6	10 ~ 15
春性	8 ~ 15	5 ~ 8

2)感受春化作用的时期和部位

不同种类的植物,接受低温春化的生长时期不同,大多数植物感受低温的时期为苗期和种子萌发期。

植物春化作用感受低温的部位主要是茎尖端的生长点,也可以是萌发的种子的胚。例如,月见草要在长出 6 ~ 7 片叶后,才能感受低温的诱导。栽植于温室中的芹菜、甜菜、菊花等的茎尖用通有冰水(接近 0 ℃)的管子缠绕处理,而叶保持温暖,能产生春化效果;反之,如叶受低温处理,而茎尖保持温暖,则不能发生春化作用。而萝卜、白菜、冬小麦等种子的萌发期间就可以感受低温。

3）去春化作用和再春化作用

在春化作用结束前，将植物移动到不适宜春化的高温条件下，低温的效应就可以解除，这种现象称为去春化作用。缺 O_2 也有解除春化作用的效应。春化时间进行得越久，去春化越难，如果春化作用已经完成，低温诱导花原基形成的效应就不能被解除。解除春化作用的温度一般为 25 ~ 40 ℃。去春化作用后，再进行低温处理，植物重新获得低温的诱导效应，这种现象称为再春化作用，即解除春化作用的植物，重新通过春化作用。人工低温代替自然低温以满足植物低温要求的处理称为春化处理（图 11.1）。

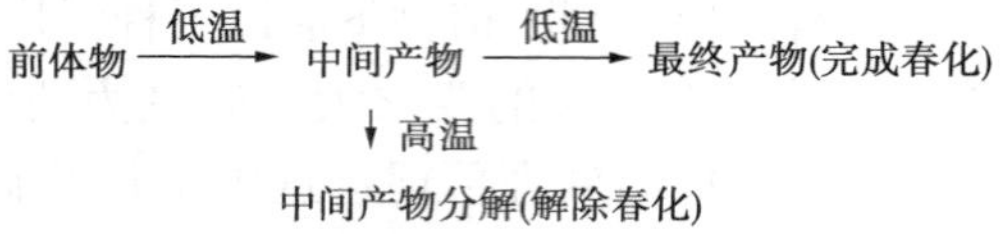

前体物 —低温→ 中间产物 —低温→ 最终产物(完成春化)

↓ 高温

中间产物分解(解除春化)

图 11.1　春化作用和再春化作用

4）春化效应的传递

低温诱导植物成花物质——“春化素”在某些植物中可以传递。如将已通过春化作用的二年生天仙子枝条，嫁接到另一株未经过春化的天仙子枝条上，可使后者开花，甜菜、甘蓝、胡萝卜也有类似的效应。显然，“春化素”可能存在并可在植株间传导，但目前还没有从植物体中分离得到“春化素”。在另一些植物中春化效应却不能传递，如将已经通过春化作用的菊花植株与未春化的植株嫁接，未春化植株不开花；如果将未春化的萝卜植株顶芽嫁接到经过春化的萝卜植株上，未春化的萝卜顶芽长出的枝条不开花。

11.1.2　春化作用的机理

在 20 世纪 80 年代以前，以春化过程中生理代谢变化为主的研究取得了一定进展，先后提出“春化素”“成花素”等概念，但由于“春化素”的分离工作进展不大，使有关春化作用的研究进展缓慢，分子生物技术的引入，为研究春化问题找到了一个突破口。大量研究表明，在一定条件下植物体内某些重要基因按照一定的时空顺序不断解除阻遏而得到程序性表达，最终使植物通过春化，春化作用决定着分化的方向。

任何形态建成，都是以生化反应为基础的，花原基的分化，也一定以相应的生化反应为基础。值得注意的是，春化作用需要的生化反应是一种特殊的生化反应，它进行的条件是低温，这与一般的生化反应不同。春化作用后，质膜透性增大，淀粉水解酶等与呼吸作用有关的酶活性提高，呼吸作用加强。同时，植物的蒸腾作用增强，细胞持水力下降，水分代谢加快，根系吸收阳离子的能力增强，叶绿素含量增多，光合作用增强，积累干物质的速度也随之提高，核酸和蛋白质的合成量增强。如冬小麦在低温处理的初期，呼吸代谢增强，随着低温的延续，冬小麦胚的 RNA 周转速率加快，特别是 mRNA，蛋白质的合成速率加快，而且有新的 mRNA 和新的蛋白质产生。

早在 1937 年，柴拉轩就提出，植物在适宜的光周期诱导下，叶片能产生一种类似激素性质的物质即“成花素”，传递到茎尖端的分生组织，从而引起植物的开花反应。柴拉轩后来的研究

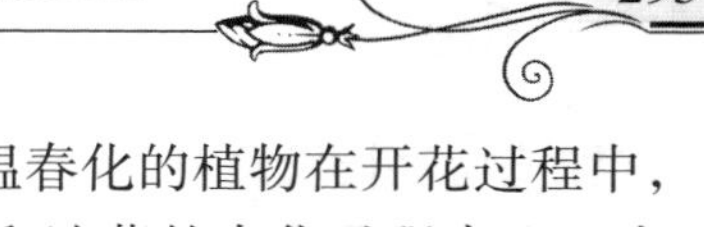

认为赤霉素(GA)是开花素的重要组成部分。研究表明,许多需低温春化的植物在开花过程中,使用 GA 可以部分或全部地替代低温春化作用,在小麦、燕麦、菊花和油菜的春化过程中,GA 含量均升高。

许多学者研究发现,春化作用可以促进植物开花是通过 DNA 甲基化水平的降低而实现的。如用去甲基化试剂(5-氮胞苷)处理冬小麦和拟南芥晚花型突变体可使其开花提前,而春小麦和早花型拟南芥对 5-氮胞苷不敏感。1998 年 Finnegan 等发现拟南芥经一定时间的低温处理后,其 DNA 的甲基化水平大大降低,使营养生长向生殖生长转变。由此可知,春化作用诱导一些特异基因的活化、转录和翻译,从而导致一系列生理生化代谢过程的改变,最终进入花芽分化、开花结实。

人们利用拟南芥、金鱼草等模式植物,获得了多个控制花器官发生的相关基因突变体,这使有关植物发育机理的研究从以生理生化为主转变为以分子生物学及生理遗传学为主,给植物春化研究带来了新的生机,遗传学和分子生物学研究已经明确,在拟南芥中至少有光周期、GA 依赖性、自体开花和春化作用 4 条促使其开花的途径。

11.1.3　春化作用在农业上的应用

(1)指导引种　由于我国各地区气温条件不同,不同地区起源的物种或品种对低温的要求不同,在引种时首先要考虑所引品种的春化特性。例如冬小麦北种南引,由于南方气温偏高,不能满足其对低温的要求,冬小麦只长根、茎、叶,不开花结果。南种北引时,要防止冬季遭受冻害和提早完成春化。

(2)人工春化,加速成花　农业生产中对萌动种子进行低温春化处理早有应用。将萌动种子置于罐中,密封后将其埋入土中,一定时间后取出作为补种使用,称为"闷罐法"。"闷罐法"很早就用于春天补种冬小麦;春小麦经低温处理后,可早熟 5 ~ 10 d,既可避免不良气候(如干热风)的影响,又有利于后季作物的生长。在冬性作物的育种过程中,进行人工春化处理,可在一年培育 3 ~ 4 代冬性作物,加速育种进程。

(3)控制花期　在蔬菜生长中可用解除春化作用的方法抑制开花,如越冬储藏的洋葱鳞茎在春季种植前用高温处理,可防止其生长期抽薹开花,提高鳞茎的产量。在花卉生产中,用低温预先处理,可使秋播的一、二年生改为春播,当年开花。例如,低温处理百合、水仙、石竹、郁金香等可调控花期。

11.2　光周期现象

植物成花生理 2

11.2.1　光周期现象

在一天 24 h 的循环中,白天和黑夜长度总是随着季节不同而发生有规律的交替变化。一天中白天与黑夜的相对长度,称为光周期。光周期能引起植物内部发生生理变化,调控植物的成花、休眠、落叶、茎的伸长、花色素的形成及鳞茎、块茎、球茎等地下储藏器官的形成等过程。

这种植物生长发育对光周期发生反应的现象称为光周期现象。其中研究得比较多的是植物成花的光周期现象。

1)光周期现象的发现

早在1941年,Tournois就发现了蛇麻草和大麻的开花受到日照长度的控制。从1920年开始,美国园艺学家Garner和Allard对日照长短与开花的关系进行了广泛研究,发现了植物的光周期现象。

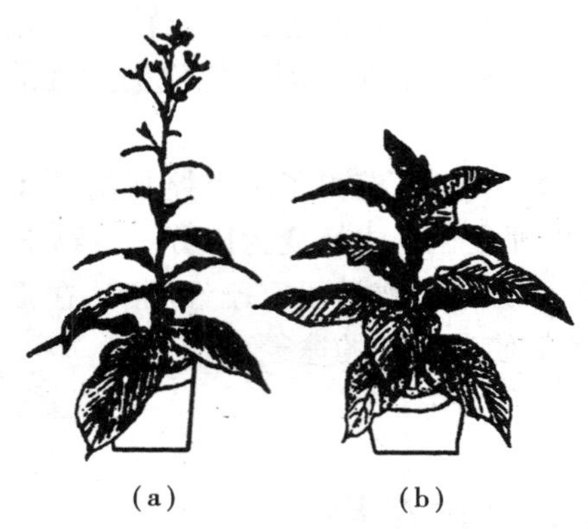

图11.2　美洲烟草的开花试验

(a)在冬季自然日照(短日照)条件下的植株,开花;

(b)在冬季自然日照加上人工日照(长日照)的植株,不开花

自然界中,植物的开花具有明显的季节性。同一品种的植物在同一地区种植时,即使播种时间不同,但开花期却相差不大;在不同纬度地区种植时,开花期也呈现有规律的变化。需春化的植物在完成低温诱导后,也是在适宜的季节才进行花芽分化和开花。

美国园艺学家Garner和Allard观察到美洲烟草在华盛顿附近地区夏季长日照下,株高达3~4 m时仍不开花,但在冬季温室中栽培时,株高不到1 m即可开花,而在冬季温室内补充人工光照延长光照时间后,则烟草保持营养生长状态而不开花(图11.2)。在夏季用黑布遮光人为缩短日照长度后,这种美洲烟草就能开花。上述现象说明植物在特定季节开花,他们认为一定有某个环境因子在控制开花,众所周知,主要的环境因子有温、光、水、气、矿质营养等,而随季节变化的主要因子是温度和光照长度,因此,他们检验了日照长度对烟草开花的影响,结果发现,只有当日照短于14 h时,烟草才开花,否则就不开花。后来又发现许多植物开花需要一定的日照长度,如冬小麦、菠菜、萝卜、豌豆、天仙子等,他们从这些实验中提出美洲烟草的花诱导决定于日照长度的理论。这就是光周期现象的发现。

2)植物对光周期反应的类型

根据植物对光周期的反应不同,可将植物分为3大类。

(1)短日植物(SDP,Short-day plant)　它是指在昼夜周期中日照长度短于某一临界值时才能开花的植物。对于这种植物适当缩短光照,延长黑暗,可提早开花,在临界日长内,延长光照,就延迟开花,如果光照时数大于临界日长,就不进行花芽分化,不开花。短日植物有大豆、高粱、紫苏、晚稻、苍耳、菊、烟草、一品红、黄麻、大麻、落地生根等。

(2)长日植物(LDP,Long-day plant)　它是指在昼夜周期中日照长度大于某一临界值时才能开花的植物。在临界日长以上,延长日照,缩短黑暗,可提早开花,如果日照长度短于临界日

长，就不进行花芽分化，不开花。长日植物包括小麦、大麦、黑麦、燕麦、菠菜、萝卜、甜菜、豌豆、油菜、天仙子、芹菜、洋葱等（表 11.2）。

表 11.2　一些长日植物和短日植物的临界日长

长日植物	24 h 周期中临界日长/h	短日植物	24 h 周期中临界日长/h
木槿	12	落地生根	12
冬小麦	12	菊花	15
甘蔗	12.5	黄花波斯菊	14
天仙子	11.5	二色金光菊	10
红叶紫苏	约 14	高凉菜	12
蝎子掌	13	大豆	
菠菜	13	早熟种	17
白芥菜	14	中熟种	15
甜菜	13～14	晚熟种	13～14
大麦	10～14	苍耳	15.5
燕麦	9	美洲烟草	14
毒麦	11	一品红	12.5
拟南芥	13	裂叶牵牛	14～15

（3）日中性植物（DNP，dau-neutral plant）　它是指在任何日照长度条件下都能开花的植物。这些植物开花对日照长度没有特殊的要求，在任何日照长度下均能开花，因此可四季种植，这种植物开花受自身发育状态的控制。日中性植物包括番茄、四季豆、菜豆、黄瓜、茄子、辣椒、四季花卉等。

植物光周期现象反应类型除上述 3 种典型类型外，还有些植物，花诱导和花形成的两个过程很明显地分开，且要求不同的日照长度，这类植物称为双重日长（dual daylight）类型：一个是长短日植物（Long-short-day plant），如芦荟、茉莉，其成花诱导过程要求长日条件，而花器官形成要求短日条件，即要求夏季长日照和秋季短日照；另一个是短长日植物（Short-long-day plant），如白菜、风铃草，其花诱导需短日照，而花器官形成需要长日照条件，即经历春季短日照后再经历夏季的长日照。

试验表明，长日植物开花所需的日照长度并不一定长于短日植物所需要的日照长度，短日植物和长日植物的划分，是根据它们开花要求的日照长度是大于临界日长，还是短于临界日长，不是日照长度的绝对值。所谓临界日长是指昼夜周期中诱导短日植物开花所需的最长日照或诱导长日植物开花所必需的最短日照。对于长日植物来说，当日长大于其临界日长时，即可诱导开花，且日照越长开花越早，在连续光照下开花最早。而对短日植物而言，日长必须小于其临界日长时才能开花，而日长超过其临界日长时则不能开花。如短日植物大豆变种 Biloxi，临界日长为 14 h，长日植物冬小麦临界长为 12 h，日照长度为 13 h，两种植物都能开花。

此外，有些植物具有非常明确的临界日长，这类植物称为绝对长日植物或绝对短日植物；而有些没有明确的临界日长，称为相对长日植物或相对短日植物。同时，临界日长也会随植物的品种、年龄以及环境条件的改变而发生较大变化。如豌豆、黑麦、苜蓿在较低的夜温下，失去对日照长度的敏感性，成为日中性植物；甜菜在较低温度（10～18 ℃）下，也失去对日长的要求，可在短日（8 h）下开花。短日植物烟草、牵牛和一品红，在高温下为短日植物，可在短日照下开花。

3)光周期诱导的概念

对光周期敏感的植物,植株达到一定生理年龄后,只要经过一定时间适宜的光周期处理,以后即使处在不适宜的光周期条件下,仍然可以长期保持刺激的效果而诱导植物开花,这种现象称为光周期诱导。诱导植物成花所需要的适宜的光周期数(即天数),称为光周期诱导周期数。不同植物通过光周期诱导所需的天数也不同(表11.3),植物通过光周期诱导所需的时间,与植株年龄以及环境条件特别是温度、光强等的变化有关。一般增加光周期诱导的天数,可加速花原基的发育,花数增加。

表11.3　诱导花芽分化所需最少光周期诱导周期数(单位:天)

短日植物	最少短日数	长日植物	最少长日数
菊花	12	油菜	1
裂叶牵牛	1	甜菜(一年生)	13～15
厚叶高凉菜	2	天仙子	2～3
大豆	3	拟南芥	4
苍耳	1	菠菜	1
大麻	4	毒麦	1

4)光周期诱导的特性

(1)光周期诱导的感受部位　植物感受光周期诱导的部位是叶片。

Knott(1934)首先在长日植物菠菜中观察到这种情况。如果只对茎尖进行光周期处理,则植株不开花;只有当叶片暴露在适宜的光周期条件下,才能诱导植株开花。1936年,苏联学者柴拉轩进行了试验:菊花是短日植物,在长日照条件下不开花,柴拉轩将菊的顶端用长日照处理,叶片作短日照处理,菊花开花,反过来将顶端用短日照处理,叶片用长日处理,菊花不开花(图11.3)。由此证明,菊感受短日照诱导的部位是叶片。

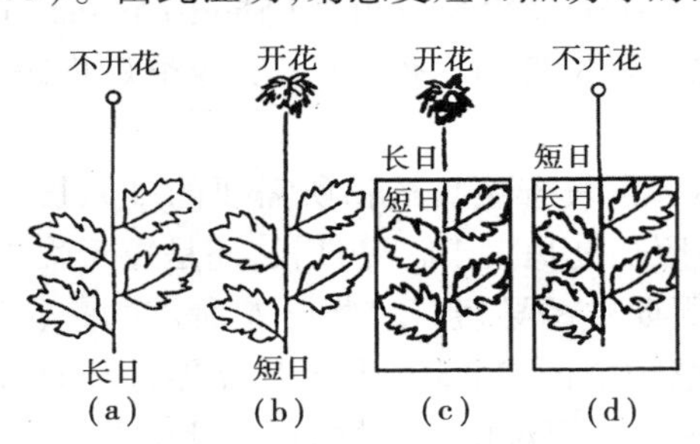

图11.3　叶片和营养芽的光周期处理对菊花开花的影响
(Chailakhyan, 1937)
(a)菊花植株在长日照下,不开花;
(b)整株在短日照下,开花;
(c)叶片在短日照下,开花;(d)叶片在长日照下,不开花

(2)光周期诱导的时期　通常植株长到一定生理年龄后,叶片才能接受光周期的诱导,如苍耳在叶龄为四或五时,才能感受日照。大豆是在子叶伸展期,水稻在七叶期左右,红麻在六叶期。一般植株年龄越大,通过光周期诱导的时间越短。叶片作为感受光周期刺激最有效的部位,其对光周期的敏感性与叶片的发育程度有关,刚刚充分展开的叶片对光周期诱导最敏感,幼叶和老叶的敏感性降低。

(3)光周期刺激的传递　植物感受光周期的刺激的部位是叶片,而对光周期进行反应的部位是生长点,由于光周期的感受单位与反应单位存在距离,在两个部位之间显然存在着某种物质信号传递，嫁接试验也表明存在着这种传递，20 世纪 30 年代，柴拉轩用嫁接试验证实了这种假设：将 5 株苍耳嫁接在一起，只要把一株上的一个叶片置放适宜的光周期（短日照）下进行诱导，其他植株即使处于不适宜的光周期（长日照）下，最后所有植株都能开花（图 11.4）。证实叶片在感受光周期刺激后，产生开花刺激物，并且开花刺激物可以在不同植株间进行传递并发挥作用。将短日植物高凉菜和长日植物八宝嫁接在一起，不管在长日照下，还是短日照下，两种植物都能开花，这说明不同光周期反应类型的植物所产生的开花刺激物的性质可能相同。人们把这种开花刺激物质称为“开花素”。从光周期诱导效应可以传递这方面看，光周期诱导的作用是产生“开花素”。

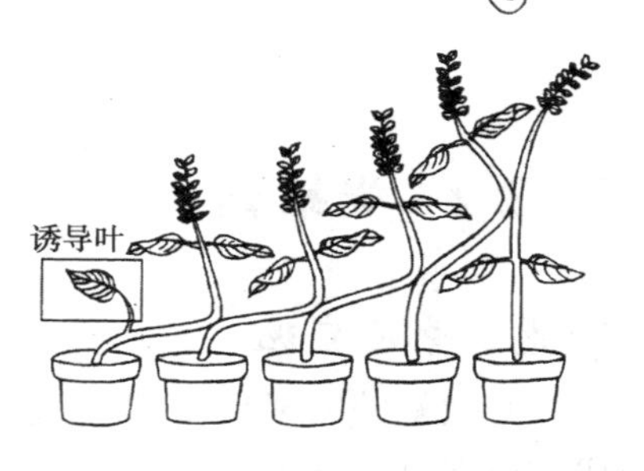

图 11.4　苍耳嫁接实验

5）***暗期在光周期诱导中的作用***

在自然条件下，昼夜变化总是在 24 h 的周期内交替出现，与临界日长相对应的还有临界暗期。所谓临界暗期，是指在昼夜周期中长日植物能够开花的最长暗期长度或短日植物能够开花的最短暗期长度。试验表明，暗期比光期更重要。例如，短日植物苍耳的临界暗期是 8.5 h，只要连续暗期大于 8.5 h 苍耳就能开花，而光期不一定要达到 15.5 h。进行光期与暗期中断试验（图 11.5），也证明了暗期在光周期诱导中的决定作用。由此可知，短日植物即“长夜植物”，长日植物即“短夜植物”。虽然暗期对植物成花反应起着决定性作用，但光期也是不可缺少的条件，因为花的发育需要光合作用提供足够的营养物质。

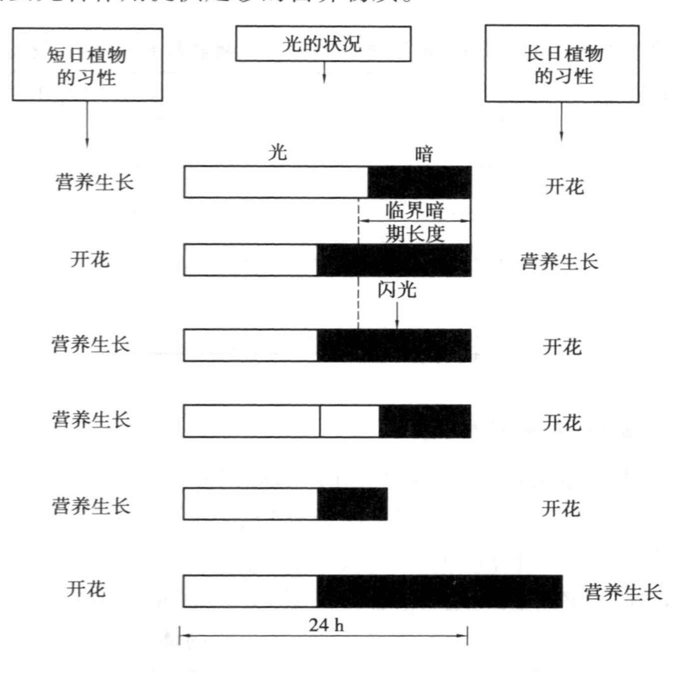

图 11.5　暗期中断对植物开花的影响

11.2.2 光敏素

1)光敏素的发现

光敏素的发现是20世纪植物科学中的一大成就。在中断暗期试验中发现,抑制短日植物成花或促进长日植物成花最有效的是600~660 nm的红光,480 nm蓝光效果很差,绿光无效。但红光中断暗期的效应可被随后照射的远红光(FR)(730 nm)所逆转,而远红光的作用又可被红光逆转,这种相互逆转作用可重复多次,开花反应取决于最后一次光照是红光还是远红光(表11.4)。照射红光促进长日植物开花,抑制短日植物开花,最后一次光照是远红光促进短日植物开花,抑制长日植物开花。人们据此认为,这种吸收红光和远红光并且可以互相转化的光受体是具有两种存在形式的单一色素。1959年证实了这种光受体的存在,并命名为光敏素。

光敏素是一个色素蛋白,由蛋白质和发色团两部分组成。光敏素的红光吸收形式为Pr(蓝绿色),远红光吸收形式为Pfr(黄绿色)。Pr是生理钝化型,比较稳定,Pfr是生理活化型,容易为蛋白酶降解。Pr吸收730 nm远红光转变为Pfr,Pfr吸收660 nm红光转化为Pr,Pfr在黑暗中缓慢转化为Pr,两者的关系表示如下:

$$P_{660}(Pr) \underset{\text{远红光(730 nm)或黑暗}}{\overset{\text{红光(660 nm)或白天}}{\rightleftharpoons}} P_{730}(Pfr) \longrightarrow \text{引起生理反应}$$

暗逆转

表11.4 暗期中断时红光(R)和远红光(FR)对短日植物和长日植物开花的可逆控制

中断暗期(短日长夜)	短日植物	长日植物
R	不开花	开花
R-FR	开花	不开花
R-FR-R	不开花	开花
R-FR-R-FR	开花	不开花
R-FR-R-FR-R	不开花	开花

2)光敏素在植物成花诱导中的作用

光敏素在白天(光期),大部分转变为Pfr,在短时间内Pfr/Pr大,这个过程进行很快,生成的Pfr与日照长短关系很小,在夜晚(暗期),Pfr转变为Pr或分解,Pfr/Pr变小速度却非常慢,常需数小时。因此,在暗期Pfr的水平和Pfr/Pr就决定于暗期的长短,暗期长,Pfr水平低,Pfr/Pr小;暗期短,Pfr的水平就高,Pfr/Pr大。这样,植物根据Pfr(pfr/pr)的数量就可测知暗期的长短。一般认为光敏素在植物成花过程中的作用,不是取决于植物体内光敏素的绝对含量,而是取决于Pfr/Pr的相对比例。低Pfr/Pr值有利于短日植物开花,高Pfr/Pr值有利于长日植物开花。在光期中断和暗期中断试验中,中断光期对Pfr/Pr影响不大,因此不影响开花,而中断暗期,由于Pr转变为Pfr是个非常迅速的过程,就会使Pfr/Pr比值迅速升高,抑制短日植物开花,促进长日植物开花。

高等植物中光敏素除诱导植物的成花反应外,还控制许多生理过程,如种子萌发、叶与茎的伸长、膜透性、向光敏感性、花色素形成、性别表现等,几乎涉及植物发育的各个方面。例如,光敏核不育水稻农垦 58S 的育性转换即由光敏素参与调节。

11.2.3 光周期现象的应用

我国地处北半球,地域广大,夏天越往南,越是日短夜长,而越往北,越是日长夜短(图11.6)。

(1)指导引种　植物光周期现象的形成与原产地和长期所处的生态环境生长季节的光周期有关,是植物系统发育形成的对环境的适应性。一般情况下,原产地在高纬度区(如哈尔滨,北纬 40°左右)的植物多属于长日植物,在低纬度区(如广州,北纬 23°左右)的植物多属于短日植物,在中纬度区(如济南,北纬 36°40′)春末夏初开花的植物多为长日植物,秋季开花的植物多为短日植物。

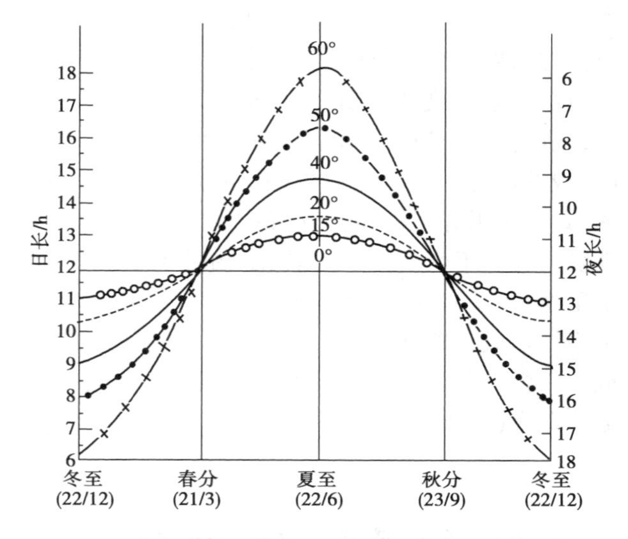

图 11.6　北半球不同纬度地区昼夜长度的季节性变化

跨纬度引种时,必须了解被引植物的光周期特性是否适合引进地区的日照条件,否则会造成开花提早或推迟,而引起减产甚至颗粒无收的后果。

引种一般以同纬度引种为原则。一般来说,短日植物南种北引时,发育延迟,营养期延长,花期推后,应选早熟品种;北种南引时,发育加速,营养期缩短,提早开花,应引晚熟品种,长日植物则相反。

(2)育种　在杂交育种过程中,特别是不同光周期反应类型(地理远缘)的品种之间杂交,经常遇到花期不遇问题,可以通过人工调控光周期使作物提前或延迟开花,使品种间花期一致,以利于杂交授粉。另外,利用我国不同地区光周期特点南北加代繁殖,缩短育种年限,如短日植物水稻和玉米可在海南加代繁育;长日植物小麦夏季在黑龙江、冬季在云南种植,都可满足作物发育对光温的要求,加速育种进程。

(3)促进或延长营养生长　生产上对以收获营养体为主的作物,可通过控制光周期抑制其开花,提高以营养器官为收获物的作物产量。如短日植物烟草,原产热带或亚热带,引种至温带时,可提前至春季播种,利用夏季的长日照及高温多雨的气候条件,促进营养生长,提高烟叶产量。对于短日植物麻类,"南麻北植"可推迟开花,使麻秆生长较长,提高纤维产量和质量。甘蔗为短日植物,临界日长为 10 h,利用暗期光间断处理可抑制甘蔗开花,从而提高产量。

(4)控制花期　在园艺花卉栽培中,已经广泛地利用人工控制光周期的办法来提前或推迟花卉植物开花。例如,菊花是短日植物,在自然条件下秋季开花,如果人工短日照处理,10 d 内就可引起花芽分化,则可提前至夏季开花,满足城市园林美化的需求。而对于某些需长日照的花卉植物，如杜鹃、山茶花等，进行人工延长光照处理，就可提早开花。

11.3 花芽分化

11.3.1 花芽分化的概念

植物由营养生长到生殖生长的转折点是花芽分化。花芽分化是一个高度复杂的生理生化和形态发生过程，是植物体内各种因素共同作用、相互协调的结果。花芽分化是指生长点由叶芽的生理和组织状态转变为花芽的生理和组织状态的过程，此过程可分为3个阶段：第一阶段是成花决定（或成花诱导）。植物感受外界环境信号（如光周期、春化作用等）及自身产生的开花信号，内部生理发生有利于生殖生长的转化，由营养生长转向生殖生长。第二阶段是形成花原基。茎尖端的分生组织形成花器官原基。第三阶段是花器官的形成及发育。花原基进而发育成花各组成部分，形成花器官（图11.7）。

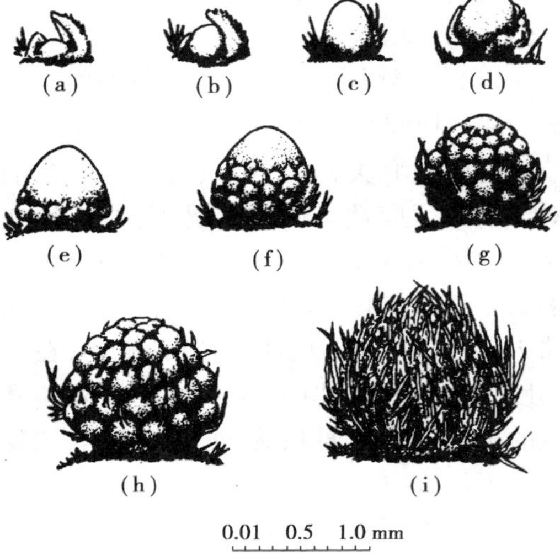

(a) (b) (c) (d) (e) (f) (g) (h) (i)

0.01 0.5 1.0 mm

图11.7 苍耳接受短日诱导后生长锥的变化（Salisbury，1955）

(a)营养阶段；(b)—(i)苍耳接受短日照诱导后生长锥的变化过程

11.3.2 影响花芽分化的因素

植物的花芽分化、开花除了受自身遗传基因的控制之外，还受外界环境条件的影响。例如光、温度、水分、矿质营养、淀粉、蛋白质、核酸、激素和植物生长调节剂等均会影响植物的成花。

(1)光　光不仅提供光合作用所需的能量，还通过光强、光质、光周期来影响植物生长发育。在植物完成光周期诱导的基础上，花器开始分化后，自然光照时间越长、光照强度越大，形成的有机物越多，对开花越有利，成花数量越多，质量越高。如栽种在荫蔽地段的月季、碧桃不开花，栽种在荫蔽地段的葡萄花芽分化少。不同植物对开花要求的最低光照强度也不同，阴生植物比阳生植物开花的最低光照强度要低一些。但是多数栽培植物属于阳生植物，这些植物在稍高于最低光照强度时，花的数少，以后随光照强度的增大而花芽增多，在光照强度较高时，光则不再成为开花的限制因素。

(2)温度　对于需要春化诱导的植物，苗期低温可促进花芽分化。如低温可促进芥蓝花芽分化，随着温度的升高，花芽分化逐渐推迟，分化时的叶位也逐渐升高。

一般来说，低温抑制生殖器官的形成和发育，主要是通过影响植物的光合作用，控制植物体内的一系列物质与能量的合成转化而起作用。花芽分化一般随温度升高而加快，如水稻遇到17 ℃以下的低温，花粉母细胞发育受影响，不能正常分裂，绒毡层细胞肥大，不能为花粉粒供应充足的养分，形成不育花粉。金边瑞香植株在 20 ~ 25 ℃环境中可以完成花芽分化的各个过程，植株在 10 ~ 18 ℃环境中一直处于营养生长状态而不进行花芽分化。甜樱桃在昼夜温度为(24 ±2) ℃/(14 ±2) ℃条件下，花芽分化时间短，不同花序之间发育比较整齐，单花发育需 45 d 左右；在昼夜温度为(17 ±2) ℃/(5 ±2) ℃条件下，花芽分化时间长，不同花之间差别很大，单花发育需 75 d。

(3)水分　雌雄蕊分化期和花粉母细胞及胚囊母细胞减数分裂期，对水分特别敏感，是需水临界期。此期如果土壤水分不足，花器的发育延缓，成花量减少；如果土壤水分过多，枝叶生长就会过于旺盛，花芽分化量相对减少。例如，栽种在高湿条件下的葡萄花芽分化质量下降。但是某些植物，如荔枝、苹果等果树在花器官发生前或发生初期，适量地控制水分，造成短期的干旱，可提高果树的 C/N 值，有利于花芽的发生和发育。

(4)矿质营养　不同种类的矿质营养对花芽分化的影响程度不同。如钾肥对大花蕙兰花芽分化影响最大，氮肥次之，磷肥最小。众所周知，氮肥有利于营养生长，是生殖生长的基础，但氮肥过多，又会引起枝叶徒长，消耗过多的光合产物而抑制花芽分化；磷钾可促进光合产物的转化和运输，促进花芽分化，磷，特别是有机磷在花芽分化中起着重要作用。例如在苹果花芽分化开始前，花芽枝中核蛋白显著高于叶芽枝。生产上，应氮、磷、钾肥及微量元素合理搭配施用，保证花芽分化对矿质营养的需求。除氮、磷、钾外，其他矿质元素也参与调控花芽分化过程。如在柑橘花芽分化期前喷施硼、锌、钼、镁、钙等营养元素，能够促进成花，增加结果母枝的数量。而缺矿物质元素常不利于花芽分化，如缺锌时，苹果、梨花芽分化减少。

(5)营养状况　植物成花过程，还需要营养物质如糖类、蛋白质等，以供应花器官形成时对养分的需要。但根据碳氮比(C/N)假说，决定开花的因素不是这些物质的绝对量，而是其相对比例，高的 C/N 是植株完成花芽形态分化的重要条件之一。如经过春化处理后萝卜在整个花芽分化期内生长点及叶片 C/N 逐渐增大，在现蕾期生长点的 C/N 达到最高。利用环剥、环割、弯枝等措施能使处理部位以上的枝条内糖类含量提高，C/N 值大，促进这些部位花芽分化，提高坐果率；而当过多地施用氮肥时，C/N 值减小，枝条徒长，形成花芽减少。碳氮比理论使农业生产中的许多现象都能获得比较满意的解释，但短日植物在短日照条件下成花加速，而它们体内 C/N 却不一定增加，这与理论不一致。显然，碳氮比假说不能很好地解释植物成花诱导的本质，但碳氮比理论对农业生产实践有一定的指导意义，即通过控制肥水的措施来调节植物体内的 C/N 值，从而适当调节营养生长和生殖生长。

(6)植物生长物质　研究表明，植物成花过程，不仅受环境因素和营养物质如糖类、蛋白质、核酸的影响，同时花芽分化还受内源激素的调控。外施生长调节物质也同样影响花芽的分化和花器官的发育。已知的 5 大类植物激素对植物的成花都有一定作用。

许多长日植物在不利于花芽分化的环境条件下，常呈莲座状，当环境条件适宜时，植物的茎伸长，花芽也随之分化。当外施 GA 时，可促使这些长日植物在短日条件下成花，而且 GA 还可部分或全部代替低温的作用促使多种需低温的长日植物在非诱导条件下，从莲座状生长状态转入抽薹、开花过程。外施 IAA 抑制短日植物成花，如将苍耳插枝浸入 IAA 溶液中，则抑制光周期诱导的成花反应。CTK 影响植物成花因植物种类而异。CTK 能促进藜、紫罗兰、牵牛、浮萍等短日植物成花，也能促进长日植物拟南芥的成花。ABA 可代替短日条件促进少数短日植物如浮萍、黑茶藤草等在长日条件下成花。

但是也有学者认为，植物的成花过程不决定于单一激素，而是受到几种激素以一定的比例在空间上(激素作用的部位)和时间上(花器官诱导与发育时期)的多元调控,在植物成花的不同阶段,可能是不同的激素分别起主导作用。如菊花花芽分化过程中,叶片 GA_3 和 IAA 含量减少, CTK 和 ABA 含量增加,而且 CTK/IAA 和 CTK/GA_3 以及 ABA/IAA 和 ABA/GA_3 比值增加,有利于菊花花芽分化和提早开花。CTK 对藜属植物成花的促进作用,在有 GA 存在时,大大增加;CTK 在促进其花器官的发育中也与生长素具有协同作用。在同一品种、同一树龄、同一枝形条件下,CTK/GA 值越高,成花百分率也越高。在夏季对植物新梢去头,则 GA 和 IAA 减少,CTK 含量增加,调节了内源激素之间的比例关系,促进花芽分化。

除了上述植物激素外,还有其他许多化学物质,如有机酸、多胺等,都影响植物的成花过程,且在不同植物中表现出来的效应也不同,它们对植物成花的影响机制尚不明确。

生产上还可通过外施植物生长延缓剂如 CCC,PP_{333} 等,达到调节生长的目的。例如,外施生长延缓剂能阻碍长日植物菠菜抽薹,却并不影响其成花。

复习思考题

1. 名词解释:春花现象、春化作用、春化阶段、去春化、再春化作用、光周期现象、光周期诱导、光周期后效、临界日长、长日照植物、短日照植物、日中性植物。
2. 植物的春化作用要求的主导因素是什么? 简述植物感受春化作用的时期和部位。
3. 简述春花作用的原理和春化理论在农业上的具体应用。
4. 根据植物对光周期的反应,可以把植物分为哪几种类型?
5. 何为光周期诱导? 说明植物光周期诱导的时期和部位。
6. 何为光敏素? 光敏素是如何诱导植物开花的?
7. 简述光周期理论在农业生产上的应用。
8. 什么是花芽分化? 简述影响植物花芽分化的因素。
9. 在我国的华北地区能否实现小麦一年两熟? 要采取哪些技术措施?
10. 从生理的角度分析“南麻北种”高产的原因。

12 植物的抗逆生理

【理论教学目标】

1. 掌握逆境胁迫与抗逆性的基本概念及类型。
2. 理解逆境对植物的危害机理。
3. 了解提高植物抗逆性的途径。

【技能实训目标】

1. 正确识别植物在逆境条件下所表现的症状。
2. 掌握常用的提高作物抗逆性的技术措施。

自然界的植物都是生活在一定的环境中,不同的地域自然环境差异很大,同一地域的自然环境也处于不断变化中,这种变化必然对植物的生命活动产生一定的影响。植物经过长期的进化一般都能适应这种变化,但如果某种环境因素变化幅度过大时,会超出植物的承受范围而使植物体受到伤害甚,严重时会导致死亡。通过研究对植物生长发育不利的环境因素,并在生产实践中加以适当调控,对于农业生产具有重要意义。

12.1 植物抗逆生理概述

12.1.1 逆境的概念及类型

逆境是对植物生存、生长不利的各种环境因素的总称,又称为胁迫。植物对逆境的抵抗和忍耐能力称为植物的抗逆性,简称抗性。抗性是植物对环境的适应性反应,是逐步形成的,这种适应性形成的过程称为抗性锻炼。通过锻炼可以提高植物对某种逆境的抵抗能力。

不同种类的植物、同一植物的不同器官、同一器官的不同生育期,对同一逆境因子的抗性不同。一般规律是植物代谢越旺盛,抗逆性就越差。如草本植物的抗逆性没有木本植物强,生殖器官的抗逆性不如营养器官。研究植物在逆境下的生理反应,以及植物对不良环境的抵抗能力称为抗逆生理。

逆境从性质上可分为非生物因子（物理因子、化学因子）和生物因子（表 12.1）。

表 12.1 逆境的类型

物理因子	化学因子	生物因子
旱害、涝害	二氧化硫、氯气、氟化物、光化学烟雾等气体污染物	竞争
低温（冷害、冻害）	化肥、农药（除草剂、杀虫剂等）	化感作用
高温（热害）	重金属污染	共生现象的缺乏
辐射（强、弱可见光，红外线、紫外线）	盐碱土	人类活动
离子辐射（α，β，γ，X 射线）	毒素	病虫害（微生物）
机械、声、磁、电等		草害

12.1.2 逆境对植物的伤害

不同的逆境因子（或称为胁迫因子）对植物的伤害方式不同。但总的来讲，通常是首先损伤细胞膜，导致细胞脱水，通透性增大。这种伤害是最早、最直接的，称为原初直接伤害。细胞膜受损伤后会使位于膜上的酶活性紊乱，各种代谢活动无序进行，导致代谢失调，从而影响细胞正常的生命活动，这种伤害称为原初间接伤害。

由于许多胁迫因子是相互关联的，因此当一种胁迫因子产生伤害后，会引起另一种环境因子成为胁迫因子并产生相应的伤害，这种伤害称为次生伤害。当土壤中盐分过多时，除产生盐分胁迫并出现原初直接伤害、原初间接伤害以外，还会使土壤的水势降低，引起水分胁迫，导致根系吸水困难等伤害，这就是盐分胁迫产生的次生伤害。

逆境对植物生命活动的影响主要有以下 4 个方面：

（1）水分代谢失调　多种不同的环境胁迫作用于植物体均能对植物造成水分胁迫，常表现为吸水困难。

（2）光合作用速率降低　在逆境下植物的气孔关闭，光合作用呈下降的趋势，同化产物供应减少。

（3）呼吸速率波动大　在冻害、热害、盐害、涝渍时植物呼吸速率明显下降；冷害、旱害时植物的呼吸速率先上升后下降；植物发生病虫害时植物呼吸速率明显增强。

（4）物质的分解加快　在各种逆境下水解酶的活性增强，植物体内的物质分解大于合成，大量的淀粉、蛋白质等大分子物质被降解，可溶性氮增多。

12.1.3 植物对逆境的适应

虽然植物没有动物那样的运动系统和神经系统，基本上是生长在固定的位置上，更易受到不良环境的影响，但植物仍可以多种方式适应逆境，以完成个体的生长发育全过程。植物适应逆境的方式主要表现在以下 3 个方面：

（1）避逆性　指植物通过各种方式在时间或空间上来避开逆境的干扰，在相对适宜的环境中完成其生活史。这种方式在植物进化上是十分重要的。如生长在热带草原地区的草本植物能在雨季快速生长并完成生活史,以避开旱季对它的影响;阴生植物能避开强光在树阴下正常生长。

(2)御逆性 指植物具有一定的防御环境胁迫的能力,且在逆境条件下仍保持正常状态。如泌盐植物二色补血草能通过盐腺把大量盐分排出体外;一些植物叶表面覆盖着绒毛、蜡质等避免高温、强光、干旱的伤害;仙人掌的肉质茎中储存有大量的水分,并且白天气孔关闭,以应对干旱的环境。

(3)耐逆性 指植物处于不利环境时,通过代谢反应来阻止、降低或修复由逆境造成的损伤,使其仍保持正常的生理活动。例如植物遇到干旱或低温时,细胞内的渗透物质会增加,以提高细胞抗性。

避逆性和御逆性总称为逆境逃避。由于植物通过各种方式摒拒逆境的影响,不利因素并未进入组织,故组织本身通常不会产生相应的反应。耐逆性又被称为逆境忍耐,植物虽经受逆境影响,但它通过生理反应而抵抗逆境,在可忍耐的范围内,逆境所造成的损伤是可逆的,即植物可以恢复正常状态;如果超过其忍耐范围,超出植物自身修复能力,损伤将变成不可逆的,植物将受害甚至死亡。

植物对逆境的抵抗往往具有双重性,即逆境逃避和逆境忍耐可在植物体上同时出现,或在不同部位同时发生。

12.2 低温与高温对植物的影响

植物生长对温度的反应有三基点,即最低温度、最适温度和最高温度。超过最高温度,植物就会遭受热害。低于最低温度,植物将会受到寒害(包括冷害和冻害)。温度胁迫即是指温度过低或过高对植物的影响。

12.2.1 冷害和抗冷性

1)冷害的概念及症状

很多热带和亚热带植物不能经受冰点以上的低温,这种冰点以上低温对植物的危害称为冷害。而植物对冰点以上低温的适应能力称为抗冷性。

在我国,冷害经常发生于早春和晚秋,对作物的危害主要表现在苗期与籽粒或果实成熟期。种子萌发期的冷害,常延迟发芽,降低发芽率,诱发病害。如棉花、大豆种子在吸胀初期对低温十分敏感,低温浸种会完全丧失发芽率。低温下会导致子叶或胚乳营养物质外渗,这为适应低温的病菌提供了养分。苗期冷害主要表现为叶片失绿和萎蔫。水稻、棉花、玉米等春播后,常遭冷害,造成死苗或僵苗不发。作物在减数分裂期和开花期对低温也十分敏感。如水稻减数分裂期遇低温(16 ℃以下),则花粉不育率增加,且随低温时间的延长而危害加剧;开花期温度在20 ℃以下,则延迟开花,或闭花不开,影响授粉受精。晚稻灌浆期遇到寒流会造成籽粒空瘪。10 ℃以下低温会影响多种果树的花芽分化,降低其结实率。果蔬储藏期遇低温,表皮变色,局部坏死，形成凹陷斑点。在我国东北地区冷害是农业生产的限制因子。

2）冷害引起的生理变化

冷害对植物的影响不仅仅表现在叶片变褐、干枯，果皮变色等外部形态上，更重要的是导致细胞在生理生化方面发生变化。如膜的透性增加，选择透性减弱，膜内大量溶质外渗；原生质流动减慢或停止；吸水能力和蒸腾速率明显下降，水分代谢失调；叶绿体分解加速，叶绿素含量下降；呼吸速率大起大落等。

3）提高植物抗冷性的途径

（1）低温锻炼　低温锻炼是很有效的措施，因为植物对低温有一个适应过程。很多植物如预先给予适当的低温锻炼，而后即可抗御更低的温度，否则就会在突然遇到低温时严重受害。春季在温室、温床育苗，进行露天移栽前，必须先降低室温或床温。如番茄苗移出温室前先经1～2 d 10 ℃处理，栽后即可抗5 ℃左右低温；黄瓜苗在经10 ℃锻炼后即可抗3～5 ℃低温。经过低温锻炼的植株，其膜的不饱和脂肪酸含量增加，相对湿度降低，膜透性稳定，细胞内NADPH/NADP 比值和 ATP 含量增高，这些都有利于植物抗冷性的增强。

（2）化学诱导　细胞分裂素、脱落酸和一些植物生长调节剂及其他化学试剂可提高植物的抗冷性。如脱落酸可改变细胞的水分平衡，使低温不至于导致干旱。在水稻苗期，用一定浓度的油菜素内酯浸根24 h，可提高秧苗的抗低温能力。

（3）合理施肥　调节氮磷钾肥的比例，增加磷、钾肥比重能明显提高植物抗冷性。

12.2.2　冻害和抗冻性

1）冻害的概念及症状

冰点以下低温对植物的危害称为冻害。植物对冰点以下低温的适应能力称为抗冻性。在世界上许多地区都会遇到冰点以下的低温，这对多种作物可造成不同程度的冻害，它是农业生产中常见的自然灾害。

冻害发生的温度限度，可因植物种类、生育时期、生理状态、组织器官类型及其经受低温的时间长短而有很大差异。大麦、小麦、燕麦、苜蓿等越冬作物一般可忍耐－12～－7℃的严寒；有些树木，如白桦、网脉柳可以经受－45 ℃的严冬而不死；种子的抗冻性很强，在短时期内可经受－100 ℃以下冷冻而仍保持其发芽能力；某些植物的愈伤组织在液氮下，即在－196 ℃低温下保存4个月仍有活性。

植物受冻害的常见症状有：叶片如烫伤或枝条干枯，组织变软，叶色变为褐色，严重时导致植物死亡。

植物遭受冻害的程度与降温幅度、低温持续时间和温度回升速度有关。降温幅度大、低温持续时间长、温度回升快，受冻害的程度重。

2）结冰对细胞的危害

冻害对植物的伤害主要是组织或细胞结冰引起的。通常在温度缓慢下降时，细胞间隙及细胞壁处的水分结冰（胞间结冰），如果温度快速下降，除存在胞间结冰外，原生质体中的水分也会结冰（胞内结冰）。但胞间结冰和胞内结冰的影响各有特点。

胞间结冰引起植物受害的主要原因如下：

①原生质过度脱水，使蛋白质变性或原生质发生不可逆的凝胶化。由于胞外出现冰晶，于是随冰核的形成，细胞间隙内水蒸气压降低，但胞内含水量较大，蒸气压仍然较高，这个压力差的梯度使胞内水分外溢，而到胞间后水分又结冰，使冰晶越结越大，细胞内水分不断被冰块夺取，终于使原生质发生严重脱水。

②冰晶体对细胞的机械损伤。由于冰晶体的逐渐膨大，它对细胞造成的机械压力会使细胞变形，甚至可能将细胞壁和质膜挤碎，使原生质暴露于胞外而受损伤。同时细胞亚微结构遭受破坏，区域化被打破，酶活动无秩序，影响代谢的正常进行。

③温度回升过快对细胞的损伤。结冰的植物遇气温缓慢回升，对细胞的影响不会太大。若遇温度骤然回升，冰晶迅速融化，细胞壁易于恢复原状，而原生质尚来不及吸水膨胀，有可能被撕裂损伤。例如葱和白菜叶等突然遇高温解冻后，会呈浆状，就是这种原因造成的。

胞内结冰对细胞的危害更为直接。因为原生质是有高度精细结构的组织，冰晶形成以及融化时对质膜与细胞器以及整个细胞质产生破坏作用。胞内结冰常给植物带来致命的机械损伤。

3）提高植物抗冻性的途径

（1）抗冻锻炼　在植物遭遇低温冻害之前，逐步降低温度，使植物提高抗冻的能力。通过锻炼之后，植物的含水量发生变化，自由水减少，束缚水相对增多，原生质的黏度增加、弹性变大，代谢活动减弱；膜不饱和脂肪酸也增多，膜相变的温度降低；同化物特别是糖分的积累明显。整个植株的抗性增强。

（2）化学调控　一些植物生长物质可以用来提高植物的抗冻性。例如，用矮壮素与其他生长延缓剂来提高小麦抗冻性已开始应用于实际。脱落酸可提高植物的抗冻性已得到比较肯定的证明，用化学药物控制生长和抵抗逆境（包括冻害）已成为现代农业的一个重要手段。

（3）农业措施　作物抗冻性的形成是对各种环境条件的综合反应。环境条件如光照、降水、温度变幅等都可影响抗冻性强弱。因此要采取有效农业措施，加强田间管理，防止冻害发生。比如，及时播种、培土、控肥、通气，促进幼苗健壮，防止徒长，增强秧苗素质；寒流霜冻来前实行冬灌、熏烟、盖草，以抵御强寒流袭击；合理施肥，提高钾肥比例，也可用厩肥与绿肥压青，提高越冬或早春作物的御寒能力；早春育秧，采用薄膜苗床、地膜覆盖等对防止冷害和冻害都有很好的效果。

12.2.3　高温对植物的影响

1）热害的概念及症状

由高温引起植物受伤害的现象称为热害。植物对高温胁迫的适应则称为抗热性。产生热害的温度临界值很难界定，因为不同类的植物对高温的忍耐程度有很大差异。根据不同植物对温度的反应，可分为以下 3 类：

（1）喜冷植物　例如某些藻类、细菌和真菌，生长温度为在零上低温（0 ~ 20 ℃），当温度在 15 ~ 20 ℃以上即受高温伤害。

（2）中生植物　绝大部分的植物和农作物，生长温度为 10 ~ 30 ℃，超过 35 ℃就会受伤。

(3)喜温植物　有些植物在45 ℃以上才受伤害，称为适度喜温植物，如某些隐花植物；有些植物则在65～100 ℃才受害，称为极度喜温植物，例如仙人掌能耐60 ℃的高温，而某些细菌在100 ℃的沸水中也不被杀死。

热害的主要症状有：叶片出现明显的水渍状烫伤斑点，叶色变为褐黄色；木本植物树干开裂；浆果灼伤；花序或子房脱落等。在我国许多地方发生的“干热风”，即高温低湿，并伴有一定风力的农业气象灾害性天气，可以认为是高温和干旱相结合对农作物危害的典型事例。

2)热害引起的生理变化

(1)直接伤害引起的生理变化　高温直接影响原生质的结构，在短期(几秒到几十秒)内出现症状，并可从受热部位向非受热部位传递蔓延。其伤害实质较复杂，可能原因如下：

①蛋白质变性。高温破坏蛋白质空间构型，使蛋白质变性。蛋白质变性最初是可逆的，但在持续高温下，很快转变为不可逆的凝聚状态。

②高温能促进膜中的脂类释放出来，形成一些液化的小囊泡，从而破坏了膜的结构，使膜失去半透性和主动吸收的特性，即脂类液化。

(2)间接伤害的机理　间接伤害是指高温导致代谢的异常，渐渐使植物受害，其过程是缓慢的。

①高温常引起植物过度地蒸腾失水，症状同旱害相似，因细胞失水而造成一系列代谢失调，导致生长不良。

②高温下呼吸作用大于光合作用，即消耗多于合成，若高温时间长，植物体就会出现饥饿甚至死亡。

③高温使氧气的溶解度减小，抑制植物的有氧呼吸，同时积累无氧呼吸所产生的有毒物质，如乙醇、乙醛等。如果提高高温时的氧分压，则可显著减轻热害。

3)提高植物抗热性的途径

(1)高温锻炼　如将萌动的种子，在适当的高温下放置一段时间再播种，可明显提高对高温的耐受极限。

(2)改善栽培措施　合理灌溉促进蒸腾作用；高秆作物与矮秆作物间作套种以减轻高温对其中抗热性弱的作物的危害；条件许可时采用遮阳网遮阴；高温季节少施氮肥等。

(3)化学药剂处理　喷施硫酸锌、氯化钙、磷酸二氢钾等可增加生物膜的热稳定性，施用生长素、激动素等植物生长调节物质可防止高温伤害。

12.3　干旱与水涝对植物的影响

水分在植物的生命活动中起着重要作用，细胞中含量最多的物质是水，满足植物对水分的需求是植物生存的先决条件。我国近一半的耕地处于干旱、半干旱地带。随着世界性水资源危机的加剧以及降水分布的不均，研究植物的抗旱和抗涝生理，特别是抗旱生理，更显迫切和重要。

12.3.1　旱害与抗旱性

1)旱害的概念和类型

当植物耗水大于吸水时,就使组织内水分亏缺。过度水分亏缺的现象,称为干旱。旱害则是指土壤水分缺乏或大气相对湿度过低对植物的危害。植物抵抗旱害的能力称为抗旱性。旱害包括大气干旱、土壤干旱和生理干旱3种类型。

(1)大气干旱　是指空气过度干燥、相对湿度过低,使植物蒸腾过强,根系吸水补偿不了失水,从而使植物受到的危害。我国西北、华北地区常有大气干旱发生。

(2)土壤干旱　是指土壤中没有或只有少量的有效水,这将会影响植物吸水,使其水分亏缺引起植物永久萎蔫。

(3)生理干旱　是指土壤水分并不缺乏,只是因为土温过低、土壤溶液浓度过高或积累有毒物质等原因,妨碍根系吸水,造成植物体内水分平衡失调,从而使植物受到的干旱危害。

大气干旱如持续时间较长,必然导致土壤干旱,这两种干旱常同时发生。在自然条件下,干旱常伴随着高温,因此,干旱的伤害可能包括脱水伤害(狭义的旱害)和高温伤害(热害)。

2)旱害引起的生理变化

干旱对植株最直观的影响是引起叶片、幼茎的萎蔫。萎蔫可分为暂时萎蔫和永久萎蔫,两者根本差别在于前者只是叶肉细胞临时水分失调,而后者原生质发生了脱水。原生质脱水是旱害的核心,由此可带来一系列生理生化变化并危及植物。

(1)改变膜的结构及透性　当植物细胞失水时,原生质膜的透性增加,大量的无机离子和氨基酸、可溶性糖等小分子被动向组织外渗漏。细胞溶质渗漏的原因是脱水破坏了原生质膜脂类双分子层的排列所致:正常状态下的膜内脂类分子靠磷脂极性同水分子相互连接,膜内必须有一定的束缚水时才能保持这种膜脂分子的双层排列。而干旱使得细胞严重脱水,膜脂分子结构即发生紊乱,膜因而收缩出现空隙和龟裂,引起膜透性改变(图12.1)。

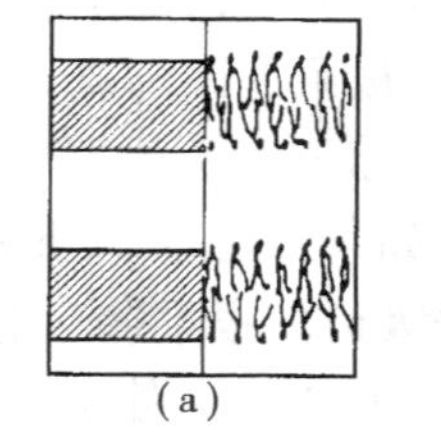
(a)

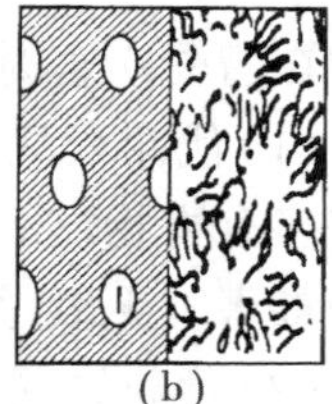
(b)

图12.1　膜内磷质分排列

(a)在细胞正常水分状态系的双分子排列;
(b)脱水膜内磷脂分子呈放射星状排列

(2)破坏了正常代谢过程　细胞脱水对代谢破坏的主要原因是抑制合成代谢而加强了分解代谢,即干旱使合成酶活性降低或失活而使水解酶活性加强。水分不足使光合作用显著下降,直至趋于停止。研究表明:当番茄叶片水势低于 -0.7 MPa 时,光合作用开始下降,当水势达到 -1.4 MPa 时,光合作用几乎为零。

干旱使光合作用受抑制的原因是多方面的,主要由于:水分亏缺后造成气孔关闭,CO_2 的吸收减少;叶绿体片层膜体系结构改变,光系统Ⅱ活性减弱甚至丧失,光合磷酸化解偶联;叶绿素合成速度减慢,光合酶活性降低;水解加强,糖类积累。这些都是导致光合作用下降的原因。

3)提高作物抗旱性的途径

(1)抗旱锻炼　将植物置于干旱条件中,让植物经受干旱锻炼,可提高其对干旱

的适应能力。在农业生产上已经总结出很多锻炼方法。如玉米、棉花、烟草等广泛采用在苗期适当控制水分,抑制生长,以锻炼其适应干旱的能力,称为"蹲苗"。蔬菜移栽前晾几天,让其适当萎蔫后再定植称为"搁苗"。甘薯剪下的茎蔓很少立即扦插,一般要放置阴凉处一段时间,这称为"饿苗"。通过这些措施处理后,植株根系发达,保水能力强,叶绿素含量高,干物质积累多,抗逆能力强。

(2)合理施肥　适当控制氮肥施用量、增加磷钾肥的施用量。磷能促进有机磷化物的合成,提高原生质的水合度,增强细胞的保水能力;钾能降低保卫细胞的渗透势,促进保卫细胞吸水、气孔开放,利于光合作用进行。

(3)生长延缓剂与抗蒸腾剂的使用　脱落酸可使气孔关闭,减少蒸腾失水。矮壮素、B_9 等能增加细胞的保水能力。合理使用抗蒸腾剂也可降低蒸腾失水。河南省科学院生物研究所研制的名称为土温 80 的植物抗蒸腾剂,按一定浓度喷洒在植物叶片上,就能显著降低植物的蒸腾速率,抗旱效果非常显著。

12.3.2　涝害与抗涝性

1)涝害的概念及类型

水分过多对植物产生的伤害称为涝害。涝害一般有两层含义,即湿害和涝害。

(1)湿害　指土壤过湿、在水分处于饱和状态下,土壤含水量超过了田间最大持水量,根系生长在沼泽化的土壤中,这种涝害称为湿害。湿害虽不是典型的涝害,但本质与涝害大体相同,对作物生产有很大影响。

(2)涝害　典型的涝害是指地面积水,淹没了作物的全部或一部分。在低湿、沼泽地带,河边以及发生洪水或暴雨之后,常有涝害发生。涝害会使作物生长不良,甚至死亡。我国几乎每年都有局部的洪涝灾害,而 6—9 月则是涝灾多发时期,给农业生产带来很大损失。

2)涝害引起的生理变化

水分过多对植物的危害,并不在于水分本身,因为植物在营养液中也能生存。核心问题是植物在遭受涝害时,根系周围的氧气含量减少,导致植物的形态、生长和代谢出现异常。

(1)代谢紊乱　水涝缺氧主要限制有氧呼吸,促进无氧呼吸,导致可溶性糖大量分解,并产生许多有害物质。如菜豆淹水 20 h 就会产生大量无氧呼吸产物(乙醇、乳酸等),使代谢紊乱,受到毒害。无氧呼吸还使根系缺乏能量,阻碍矿质元素的正常吸收。

(2)营养失调　水涝缺氧使土壤中的好气性细菌(如氨化细菌、硝化细菌等)的正常生长活动受抑,影响矿质供应;相反,使土壤厌气性细菌,如丁酸细菌等活跃,会增加土壤溶液的酸度,降低其氧化还原势,使土壤内形成大量有害的还原性物质(如 H_2S, Fe^{2+}, Mn^{2+} 等),一些元素如 Mn, Zn, Fe 也易被还原流失,引起植株营养缺乏。

(3)生长受抑　水涝缺氧可降低植物的生长量。玉米在淹水 24 h 后干物质生产降低 57%。受涝的植物生长矮小,叶黄化,根尖变黑,叶柄偏上生长。淹水对种子萌发的抑制作用尤为明显。水稻种子淹没水中使芽鞘伸长,不长根,叶片黄化,必须通气后根才出现。

3)植物的抗涝性

植物对积水或土壤过湿的适应和抵抗能力称为植物的抗涝性。植物抗涝性的强

弱取决于植物对缺氧的耐受能力。许多植物常通过发达的通气组织以提高缺氧部位的氧气浓度，或者转化、忍耐因无氧呼吸而产出的有毒物质的能力较强等，从而能在氧含量较低的环境中正常生活。如和小麦相比，水稻幼根的皮层细胞呈柱状排列，空隙大，而小麦的则为偏斜排列，空隙小(图 12.2)；水稻的根的皮层细胞随着植物生长大量解体，小麦的则变化不大(图 12.3)。另外，水稻体内的乙醇氧化酶的活性高，能减少乙醇的积累。因此水稻的抗涝性较强，属于湿生植物。

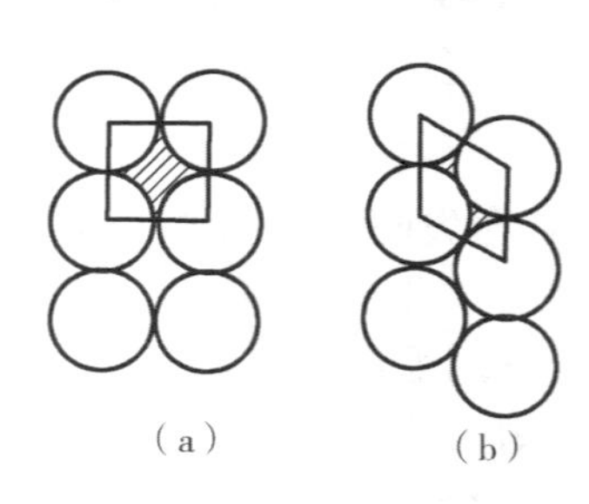

图 12.2　根皮层细胞的排列
(a)柱状排列(水稻)；(b)偏斜状排列(小麦)

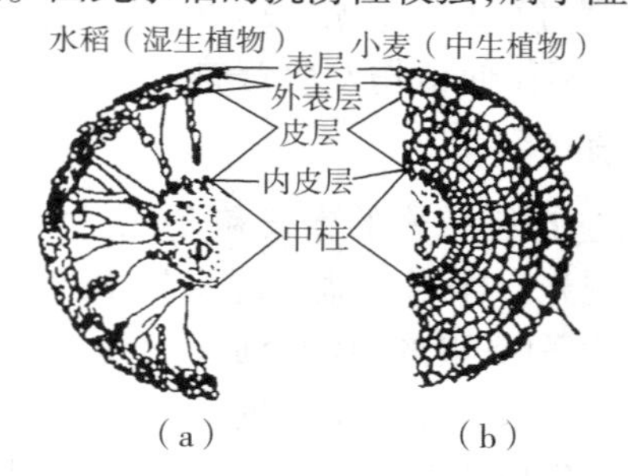

图 12.3　水稻与小麦的根结构
(a)水稻根的结构；(b)小麦根的结构

12.4　盐碱对植物的影响

由于干旱、半干旱地区降雨少而蒸发强，会导致土壤中的盐分随水分蒸发而由土壤中转移到土壤表面，大量施用化肥、使用污水灌溉等都会使土壤中的盐分含量过高，严重时会使土壤盐碱化，导致植物生长不良或无法生长。

12.4.1　盐害与盐碱土

土壤中可溶性盐过多对植物的不利影响称为盐害。植物对盐分过多的适应能力称为抗盐性。

一般在气候干燥、地势低洼、地下水位高的地区，水分蒸发会把地下盐分带到土壤表层(耕作层)，这样易造成土壤盐分过多。海滨地区因土壤蒸发或用咸水灌溉，海水倒灌等因素，可使土壤表层的盐分升高到 1% 以上。盐的种类决定了土壤的性质：若土壤中盐类以碳酸钠和碳酸氢钠为主时，此土壤称为碱土；若以氯化钠和硫酸钠等为主时，则称其为盐土。因盐土和碱土常混合在一起，盐土中常有一定量的碱土，故习惯上把这种土壤称为盐碱土。盐分过多使土壤水势下降，严重地阻碍植物生长发育，这已成为盐碱地区作物高产的限制因子。

12.4.2　盐害引起的生理变化

1)渗透胁迫

由于高浓度的盐分降低了土壤水势，使植物不能吸水，甚至体内水分外渗，因而盐害通常表现为生理干旱，植物生长矮小，叶色暗绿。在大气相对湿度较低的情况下，随蒸腾的加强，盐害更为严重。

2）离子毒害

盐碱土中 Na^+、Cl^-、Mg^{2+}、SO_4^{2-} 等含量过高时，会引起植物体内 K^+、HPO_4^{2-} 或 NO_3^- 的缺乏。Na^+ 浓度过高时，植物对 K^+ 的吸收减少，同时也易发生磷和 Ca^{2+} 的缺素症。植物对离子的不平衡吸收，不仅使植物发生营养失调，抑制了生长，而且还会产生单盐毒害作用。

3）代谢紊乱

盐分胁迫抑制植物的生长和发育，并引起一系列的代谢失调，主要影响以下 4 个方面：

（1）抑制光合作用　盐分过多使 PEP 羧化酶和 RuBP 羧化酶活性降低，叶绿体趋于分解，叶绿素和类胡萝卜素的生物合成受干扰，气孔关闭，光合作用受到抑制。

（2）抑制呼吸作用　低盐时植物呼吸受到促进，而高盐时则受到抑制，氧化磷酸化解偶联。

（3）抑制蛋白质合成　盐分过多会降低植物蛋白质的合成，促进蛋白质分解。例如，蚕豆在盐胁迫下叶内半胱氨酸和蛋氨酸合成减少，从而使蛋白质含量减少。

（4）积累有毒物质　盐胁迫使植物体内积累有毒的代谢产物。如小麦和玉米等在盐胁迫下产生的游离 NH_3 对细胞有毒害作用。

12.4.3 植物的抗盐性及其提高途径

1）植物的抗盐性

植物对盐分过多的适应和抵抗能力称为植物的抗盐性。根据植物抗盐能力的大小，可分为盐生植物和非盐生植物（又称为甜土植物或淡土植物）两类。

盐生植物能在高盐环境中生长，如碱蓬、海蓬子等，一定浓度的氯化钠促进其生长。非盐生植物中有的对盐渍十分敏感，如大豆、玉米、水稻等作物，土壤中氯化钠的浓度达到 10～50 mmol/L 时其生长就被严重抑制，这类植物也称为盐敏感植物；有的非盐生植物能耐受较高的盐浓度，称为耐盐植物，如大麦、甜菜和番茄等。不同类型植物对盐的反应如图 12.4 所示。

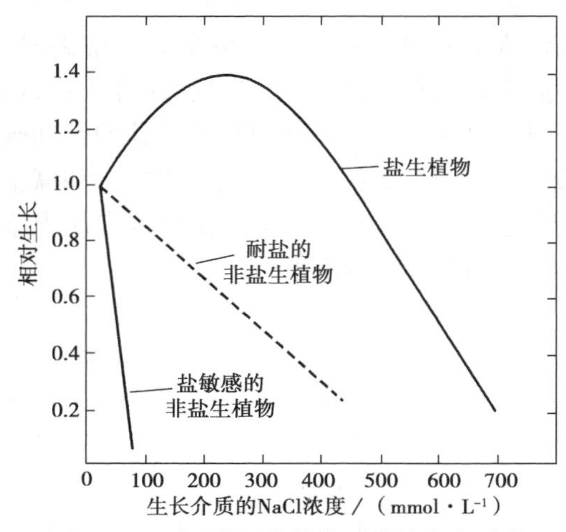

图 12.4　不同类型的植物对盐浓度的反应

2）提高植物抗盐性的途径

（1）抗盐锻炼　如用一定浓度的盐溶液处理种子，可明显提高该种子及其幼苗甚至成体的耐盐性。

（2）使用生长调节剂　如喷施吲哚乙酸或用其浸种，可促进植物暂时性的吸水而提高抗盐性。脱落酸能诱导气孔关闭，减少蒸腾作用和盐的被动吸收，提高作物的抗盐能力。

（3）培育抗盐作物　采用常规或新的育种手段，筛选、培育抗盐新品种或抗盐作物，使其适应盐碱土的环境。

逆境因子中的环境污染和病虫害对植物的危害及植物抗污染、抗病虫害等有关内容更加多样和复杂，在此不再介绍。

许多逆境因子由于相互交叉、相互影响，因此当植物出现逆境伤害的某种具体症状时，常常是几个或多个因子共同作用的结果，但往往是由某个胁迫因子最先引起的、继而又引起其他因子也成为胁迫因子，最终共同作用，使植物受到伤害。植物都能够耐受一定范围内的各种逆境，人们在生产实践中也可采用许多技术措施提高植物的抗逆性。

复习思考题

1. 名词解释：逆境、抗逆性、直接伤害、冻害、冷害、热害、旱害、盐害、生理干旱。
2. 简述冻害发生的生理原因，在农业生产上如何有效预防冻害的发生？
3. 简述冷害发生的生理原因，在农业生产上如何有效预防冷害的发生？
4. 简述高温对植物的伤害，在农业生产上可采用哪些措施来预防或减轻高温的危害？
5. 简述旱害类型及对植物的伤害，以及如何提高植物的抗旱性？
6. 以盐害为例，分析其产生的直接危害、间接危害和次生危害。
7. 什么是盐碱土？ 如何改良盐碱土？
8. 查阅资料，了解相关环境污染的知识，并调查当地环境污染的现状及人们采取的污染防治措施。

13 实验实训

实验实训1　光学显微镜的使用及植物细胞的观察

1.目的

(1)了解光学显微镜(以下简称显微镜)的结构及各部分的作用。

(2)掌握显微镜的使用技术,认识植物细胞的结构。

(3)初步掌握临时装片的制作及生物绘图的基本方法。

2.用品与材料

(1)用品　显微镜、镊子、小剪刀、载玻片、盖玻片、解剖针、培养皿、滴管、吸水纸、碘液、蒸馏水、擦镜纸、二甲苯(有毒)。

(2)材料　洋葱的鳞叶。

3.方法与步骤

1)显微镜的构造和使用

显微镜是人们在观察细胞的外部形态和显微解剖结构时必备的工具,可根据目镜的不同将其分为单目显微镜(图13.1)和双目显微镜(图13.2)两种。单目显微镜一般采用外部光源(自然光或灯光),双目显微镜则一般采用内置光源。两种显微镜的基本结构及原理是相同的。下面以单目显微镜为例介绍显微镜的结构与使用。

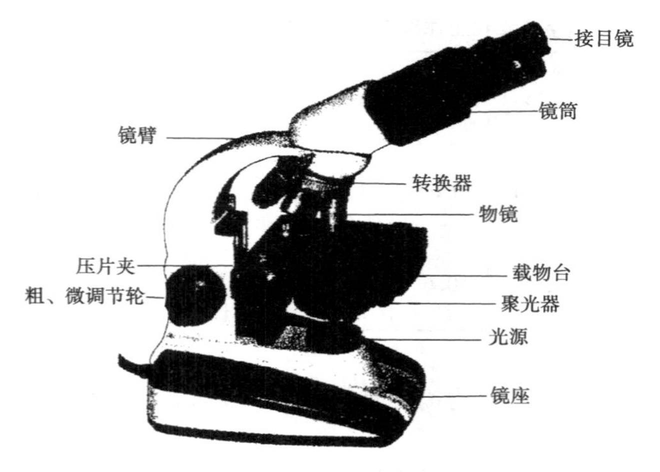

图 13.1 单目显微镜(XSP 型)的构造

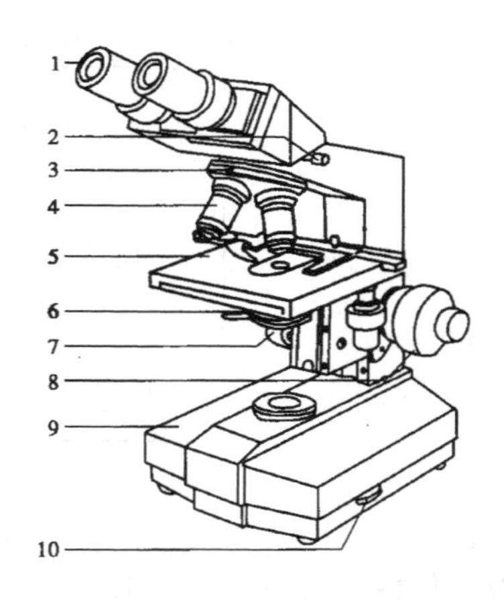

图 13.2 双目显微镜的构造

1—目镜;2—止紧螺钉;3—物镜转换器;
4—物镜;5—载物台;6—聚光器手柄;7—聚光器;
8—调焦装置;9—镜座;10—亮度调节开关

(1)显微镜的结构

①机械部分

a. 镜座 显微镜的底座,一般为长方形,有的呈马蹄形,由金属制成,用于稳固和支持镜体。

b. 镜柱 与镜座相垂直的短柱,上连镜臂、下连镜座,可支持镜臂和载物台。

c. 镜臂 下连镜柱、上连镜筒,整体弯曲,是取放显微镜时手握的部位。

d. 载物台 是镜臂底处向前方伸出的平台,中央有通光孔,通光孔两侧有一固定玻片的金属夹。在显微镜载物台的右下侧有一个推进器,用于前后左右移动玻片。

e. 镜筒 为两个圆形中空的金属圆筒,上端安装目镜,下端连接物镜转换器,可保护成像的光路与亮度。

f. 物镜转换器 它固着在镜筒下端,分两层,上层固着不动,下层可自由转动。转换器上有 3 ~4 个圆孔,用于安装物镜。

g. 调节轮 又叫调焦螺旋,位于镜柱的左右两侧,包括粗调焦螺旋和细调焦螺旋,外圈为粗调,内圈为微调,其作用是调节焦距,以形成清晰的图像。粗调焦螺旋每转动一圈,可使镜筒升降 10 mm,用于低倍物镜下调焦使用;细调焦螺旋每转动一圈,可使镜筒升降 1 mm,用于高倍物镜下调焦使用。

②光学部分

a. 物镜 又叫接物镜,安装在物镜转换器的孔上,一般有 3 个放大倍数不同的物镜,即低倍物镜(4 ×,8 ×或 10 ×),高倍物镜(40 ×或 65 ×)和油浸物镜(90 ×或 100 ×)。油浸物镜一般在观察微生物时使用,植物解剖观察时常用前两种物镜。在物镜上刻有如“40/0. 65”“160/0. 17”的数字,其中 40 表示放大倍数,0. 65 表示镜口率(N. A),160 表示镜筒长度为 160 mm,0. 17表示要求盖玻片的厚度为 0. 17 mm。

在显微观察中,人们把物镜最下面透镜的表面与盖玻片的上表面间的距离称为工作距离。物镜的放大倍数越高,它的工作距离越短(表 13.1)。

表 13.1　不同放大倍数的物镜镜口率和工作距离间的关系

物镜的放大倍数	10 ×	20 ×	40 ×	100 ×
镜口率	0.25	0.50	0.65	1.25
工作距离/mm	6.5	2.0	0.6	0.2

b. 目镜　又叫接目镜，安装在镜筒上端，其作用是使物镜所成的像进一步放大。目镜上面标有放大倍数，如 5 ×，10 ×，15 ×，20 × 等。

显微镜的放大倍数 = 物镜的放大倍数 × 目镜的放大倍数

c. 聚光器　安装在载物台下方的聚光器架上，由聚光镜（几个凹透镜）和虹彩光圈（可变光阑）组成，它可使散射光汇集成束，以增强被检物体的亮度。

d. 亮度调节开关　在显微镜底座的右下方，有一个光线亮度调节开关，插上电源以后，转动开关调节光线的亮度，调整到适合观察图像的亮度为宜。

（2）显微镜的使用方法

a. 取镜　右手握镜臂，左手平托镜座，保持镜体直立，然后轻轻放在实验台沿内 6 ~ 10 cm 的偏左位置处。检查显微镜的各部是否完好，并作好记录。

b. 对光　转动物镜转换器，调节移动载物台，使低倍物镜正对着通光孔，并通过聚光器调整光强，最后可在目镜内看到一个成圆形的清晰明亮视野。

c. 放片　把玻片放到载物台上，使盖玻片朝上并将观察的标本材料居中，用压片夹将玻片固定。

d. 低倍接物镜的使用　两眼从侧面注视物镜，转动粗调焦螺旋，使载物台缓缓上升，让物镜和玻片间的距离最小。然后左眼注视目镜，同时逆时针转动粗调焦螺旋，使载物台缓缓下降。当视野中出现一个模糊的图像时，再通过细调焦螺旋进行微调，直到视野中图像清晰为止。

e. 高倍接物镜的使用　首先在低倍镜下找到所观察的材料后，将其中需要进一步观察的目标移至视野的正中央，然后转动转换器，换高倍物镜观察。此时在视野里可看到一个模糊的、较暗的图像，需要调节细调焦螺旋并增强光的亮度以便看清物像。

f. 使用后的整理　观察结束，须将显微镜擦拭干净：光学部分用擦镜纸，金属部分用干净的绸布或纱布。若镜头有油污，需用擦镜纸蘸少许无水乙醇或二甲苯擦拭。将各部分转回原处：转动粗调焦螺旋使载物台降至最低，取下玻片，然后转动转换器，使两个较长的物镜镜头呈八字形位于通光孔两侧。

g. 实验结束后要认真填写实验记录。显微镜在使用前、后及使用过程中，如有部件的缺损等异常情况，应及时报告教师并如实填写在实验记录本上。将使用记录本放在载物台下面，用防尘罩套好显微镜并按编号放在实验柜里。

2）洋葱鳞叶表皮细胞的观察

（1）临时装片的制作方法　在显微镜下进行植物解剖结构观察时，经常需要制作临时装片。临时装片的制作方法有许多，常用的有：整体装片法（适用于植物形体小或扁平的材料，如单细胞的藻类),撕片法(适用于茎叶表皮容易被撕下的某些植物,如菠菜、天竺葵),涂抹法(适用于极小的植物体,如细菌、酵母、花粉粒等以及离体的细胞后含物,如淀粉粒、晶体等),徒手切片法(适用于制作尚未完全木质化的器官切片,如一、二年生的根、茎、叶或变态的储藏器官切片)。取洋葱鳞叶,用撕片法制成一临时装片,然后进行观察。具体方法如下(图 13.3):

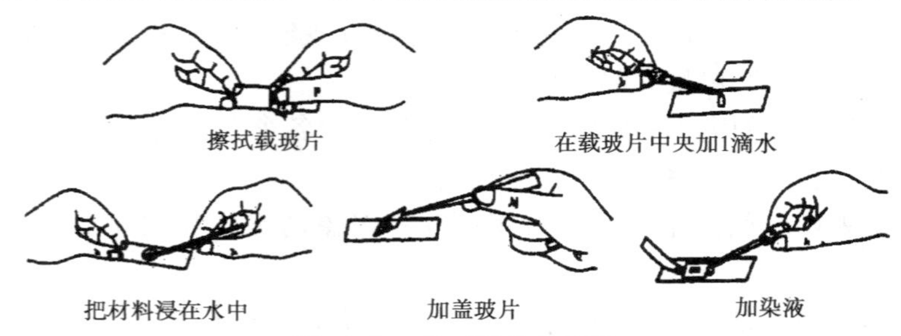

图 13.3 临时装片的制作

①擦拭玻片　载玻片和盖玻片用前均要擦拭干净:用左手拇指和食指夹住玻片的两边,右手拇指和食指衬两层纱布夹住玻片的一半,进行擦拭,然后再擦拭另一半,使整个玻片干净为止。如果玻片太脏,可用纱布蘸水或酒精擦拭,再用干纱布擦干。

②取材　用镊子撕下洋葱鳞片叶的内表皮,剪成长约 5 mm、宽约 3 mm 的小片。

③制作临时装片　在载玻片的中央滴一滴蒸馏水,将剪好的表皮浸入水滴中,并用解剖针挑平,再加盖玻片。加盖玻片时应先使盖玻片的一侧接触水滴,另一侧用解剖针托住慢慢放下,以免产生气泡。如水分过多,可用吸水纸将多余的水分吸去。这样的临时装片就可以在显微镜下进行观察。

④显微观察　将制好的临时装片放在载物台上,先在低倍物镜下观察,当找到许多长形的细胞后,再换用高倍物镜观察细胞的详细结构。

(2)观察洋葱鳞叶表皮细胞　为使表皮细胞观察得更清楚,可用稀碘液对洋葱表皮细胞染色:将一滴稀碘液滴入盖玻片的一侧,同时在另一侧用吸水纸吸引,使碘液扩散到表皮细胞周围,再进行观察,可看到以下部分:

①细胞壁　包在细胞的最外面,是细胞之间的分界线。

②细胞质　幼小细胞的细胞质充满整个细胞,成熟的细胞形成大液泡时,细胞质贴着细胞壁成一薄层。

③细胞核　在细胞质中有一个染色较深的圆球形颗粒,这就是细胞核。

④液泡　在光学显微镜下一般看不到液泡,可把光线调暗一些,观察到细胞内较亮的部分,这就是液泡。幼嫩细胞的液泡小而多,成熟的细胞通常只有一个大液泡,在细胞中所占的比例也较大。

3) 生物绘图法

绘图是描述植物外部形态和内部结构的一种重要的科学记录方法,是学习植物与植物生理必须掌握的技能,总的要求是绘出的图形既要科学、真实,又要形象、美观。生物绘图法的具体要求和方法步骤如下:

(1)绘图要求

①科学、准确,如实反映观察对象的结构特点,突出其主要特征。

②点、线分布均匀,清晰流畅。

③大小、比例适当,布局合理。

④一律用铅笔绘图,图形整洁清晰,除绘图线条外,不留多余痕迹。

⑤标注准确、整齐。

(2)方法与步骤

①观察　绘图前要对显微镜视野中的图像进行认真观察,将正常结构与偶然的、人为的假象区分开,选择有代表性的、典型的部位起稿。

②定位　根据绘图纸的大小和绘图的数目,首先确定各个图形的大小和位置,要注意引线和注字的位置,然后用左眼观察视野,右眼注视图纸绘图。

③勾画轮廓　先用较软的铅笔(HB),将所观察对象的整体和主要部分轻轻描绘在绘图纸上。

④实描　对照所观察的实物,用硬铅笔(3 H)对轮廓图进行修正和补充,之后再将草图擦去。

⑤图形的明暗和浓淡要用圆点表示,不可涂抹。

⑥图形绘好后,要用向右的平行引线标出各部分的名称,并在图的下方注明图的名称。

4.作业

(1)显微镜的结构主要分哪几部分?各部分的作用是什么?

(2)怎样计算显微镜的放大倍数?说明物镜上的数字所表示的含义。

(3)在显微观察的过程中,应注意哪些问题?

(4)绘出洋葱表皮细胞的显微结构图,并注明各部分的名称。

实验实训2　植物质体及淀粉粒的观察

1.目的

(1)能在显微镜下识别叶绿体、有色体及淀粉粒的形态特征。

(2)学会用徒手切片法制作临时装片。

(3)熟练掌握显微镜的使用方法。

2.用品与材料

(1)用品　显微镜、镊子、刀片、小剪刀、载玻片、盖玻片、解剖针、培养皿、滴管、吸水纸、10%的蔗糖溶液、蒸馏水。

（2）材料　新鲜菠菜叶片、紫鸭趾草、红辣椒、马铃薯块茎。

3.方法与步骤

1）叶绿体的观察

用撕片法撕去菠菜上表皮或下表皮，再用刀片刮取少量叶肉，将其放入滴有10%蔗糖溶液的载玻片上，制成临时装片。按照先低倍镜后高倍的顺序观察，可见每个叶肉细胞内含有许多椭圆形颗粒，就是叶绿体。

2）白色体的观察

用撕片法撕取紫鸭跖草叶的下表皮制成临时装片，在显微镜下观察气孔器的副卫细胞，可见其细胞核周围具有一些无色透明、圆球状的颗粒，即为白色体。

3）有色体的观察

用解剖针挑取红辣椒紧靠表皮的少许果肉，制成临时装片，先用低倍镜找到分散的细胞，再用高倍镜进行观察，可见细胞内有大量形状不规则的橙红色颗粒，即为有色体。

4）淀粉粒的观察

（1）用徒手切片法制作马铃薯块茎的临时装片　将马铃薯块茎切成0.5 cm见方、2～3 cm长的小块（以手能捏紧为原则），切面要平。用左手大拇指、食指和中指捏紧材料，将切面露出指尖0.5 cm左右，然后用右手拿刀片，沿左外向右下方快速、均匀地平切材料，将切下的薄片放入盛有蒸馏水的培养皿中，从中选取最透明且完整的薄片，滴水制成临时装片。

（2）将临时装片放在显微镜下按先低倍、后高倍的顺序进行观察，可看到多边形的薄壁细胞中有许多卵形发亮的颗粒，即为淀粉粒。将光线调暗些，同时转动细调焦螺旋，可看到轮纹。

在观察淀粉粒时，也可直接用解剖针刮取少量马铃薯汁液，制成临时装片，观察淀粉粒的形态。

4.作业

绘出菠菜叶肉细胞、紫鸭趾草气孔器、红辣椒果肉细胞、马铃薯块茎薄壁细胞的结构图，分别显示出叶绿体、白色体、有色体、淀粉粒的形态和分布。

实验实训3　植物细胞有丝分裂的观察

1.目的

（1）识别植物细胞有丝分裂的各个时期，进一步理解有丝分裂的特征。
（2）学会根尖培养和根尖压片技术。

2.用品与材料

（1）用品　显微镜、镊子、小剪刀、载玻片、盖玻片、小烧杯、培养皿、滴管、吸水纸、蒸馏水、固定离析液（浓盐酸和95%的酒精按1∶1配制而成）、醋酸洋红染色液。

（2）材料　洋葱根尖纵切永久切片、洋葱。

3.方法与步骤

（1）生根培养　将洋葱鳞茎基部浸入盛有水的培养皿或小烧杯中，在25 ℃左右的环境下培养3～5 d，每天换水，待根尖长到2 cm左右时备用。

（2）材料处理　切取5 mm根尖，放入盛有少许固定离析液的小烧杯中，处理3～5 min（时间过长，会破坏染色体，过短会使细胞分散不好），使细胞离散。然后将根尖取出放入小烧杯中，用蒸馏水浸洗3次，每次3～5 min。

（3）染色压片　切取浸洗过的根的尖端1～2 mm，将其放到载玻片上，用镊子将其轻轻捣碎，滴一滴醋酸洋红染色液染色约5 min，并盖上盖玻片，再用铅笔的橡皮端轻敲盖玻片（不要使盖玻片移动），将根尖压成均匀的薄层。最后用吸水纸吸去多余的染色液。

醋酸洋红染色液的配制方法：取45%的醋酸溶液100 mL，用酒精灯加热至沸腾，约30 s后，移去火苗，缓缓加入1～2 g洋红，再继续加热5 min，冷却过滤后，置于棕色瓶中备用。

（4）显微观察　将制好的切片置于显微镜下，先用低倍镜找到分生组织的各个细胞分裂时期图像，再换用高倍镜详细观察各个时期染色体、纺锤丝、核膜、核仁的变化。也可直接用洋葱根尖纵切永久切片进行观察。

4.作业

（1）绘出洋葱根尖细胞有丝分裂各个时期图像。

(2)细胞有丝分裂过程中染色体、纺锤丝、核膜、核仁各有什么变化规律?
(3)为什么要选取洋葱根尖末端2 mm的部分进行观察?

实验实训4　植物细胞减数分裂的观察

1.目的

(1)掌握减数分裂形成小孢子的过程。
(2)掌握花粉涂片的方法。

2.用品与材料

(1)用品　显微镜、镊子、载玻片、吸水纸、酒精灯、解剖针、恒温水浴箱、45%醋酸洋红溶液、无水乙醇、70%乙醇溶液、氯仿、冰醋酸、1 mo1/L的HCl溶液、蒸馏水。
(2)材料　玉米雄花序(减数分裂期及花粉粒发育期),小麦花序。

3.方法与步骤

1)玉米花粉母细胞减数分裂的观察

(1)取材:当玉米旗叶抽出10 cm左右时,取玉米雄花序待用。
(2)固定:将所选材料放入3∶1的无水乙醇:冰醋酸溶液中,8 h后换入70%乙醇溶液中保存待用。
(3)切片制作及显微观察　用镊子从玉米雄花序上取一朵小花,剥开颖片取出花药,放在载玻片上,用刀片切去花药顶部,用镊子夹住花药在载玻片上涂抹或挤压,使花粉母细胞从花药中溢出后,立即加一滴酸醋洋红,盖上盖玻片,10 min后,置显微镜下观察,可以看到正在减数分裂中的某个时期。

2)小麦花粉母细胞减数分裂的观察

(1)取材　在小麦抽穗前10~15 d观察,当发现小麦旗叶全部抽出,叶环距2~5 cm时,于上午8—10时取材,主要选取麦穗的第1~2朵小花。
(2)固定　将所选材料放入6∶3∶1的乙醇:氯仿:冰醋酸溶液中,固定液应为材料体积大小的10~20倍,若暂时不用可转入70%的乙醇中,置0~3 ℃冰箱中保存。
(3)复染色压片　将固定后的材料从70%乙醇中取出,用蒸馏水洗净,在1 mol/L HCl溶液中 60 ℃恒温下解离 5 ~ 15 mim，用蒸馏水洗净，再用酸醋洋红染色 1 ~ 5 h，进行复染压片。

将染色后的花药挑出一枚置载玻片上，滴一滴 45% 醋酸，切断花药，用解剖针尖移去药壁碎片，盖上盖玻片，用解剖针进行挤压，使花粉母细胞自花药中散出并均匀铺开，将载玻片在酒精灯上来回轻烤几次，再用吸水纸吸去多余染液，用拇指轻压盖玻片（不可移动盖玻片），再从盖玻片边缘滴少许醋酸洋红，使其渗入复染，片刻后吸去染液，再用拇指轻压盖玻片。如果细胞质染色过深，可在盖玻片一边加一滴 45% 醋酸，用吸水纸从另一边吸去多余染液，即可褪去过深的底色。如染色太浅，再在盖玻片四周稍加染液，待渗进后，再烘压，直到染色体着色明显为止。

将压好的切片放在显微镜下观察，根据染色体特征，辨别花粉细胞所处的分裂时期。

4.作业

（1）绘出减数分裂各时期的模式图。

（2）简述制作花粉母细胞减数分裂涂片的方法和过程。

（3）减数分裂分为几个时期？并说明各个时期的主要特点。

实验实训 5　植物组织的观察

1.目的

能够识别各种植物组织，了解组织在植物体内的分布特点。

2.用品与材料

（1）用品　显微镜、南瓜或西瓜茎、培养皿、刀片、马铃薯、萝卜、镊子、解剖针、载玻片、盖玻片、吸水纸等。

（2）材料　南瓜茎或玉米茎纵、横切（永久切片），也可用新鲜材料用徒手切片法制作临时切片。

3.方法与步骤

1）南瓜茎或玉米茎横切面的观察

先在低倍镜下区分茎的各个部分，再用高倍镜观察。自外向内，分清以下组织：

(1)保护组织　最外一层是表皮,细胞较小,排列紧密,外侧壁有角质层和表皮毛。

(2)机械组织　靠近表皮内的几层细胞的壁在角偶处不均匀增厚,细胞内含叶绿体,为厚角组织;厚角组织内侧的几层细胞的壁均匀增厚,为厚壁组织(纤维)。玉米茎中无厚角组织,表皮以内是几层厚壁组织。

(3)薄壁组织　在茎的机械组织以内,可看到许多排列疏松、壁薄、圆形或多边形的细胞,即为组成薄壁组织的细胞。

(4)维管束　南瓜茎的维管束排列成波状的环,玉米茎的维管束散生于薄壁组织之间。先用低倍镜选取其中一个典型的维管束,在高倍镜下观察以下结构:

①维管束鞘　位于每一个维管束的外围,由许多厚壁细胞构成。

②韧皮部　位于维管束的外侧,由筛管和其他组织构成。注意观察筛管的形状和结构。

③形成层　维管束的韧皮部和木质部之间,有几层排列整齐、体积较小的细胞,它们共同构成形成层。玉米的维管束中无形成层。

④木质部　位于维管束的内侧,由导管和其他组织构成。注意观察导管的类型和结构。

2)南瓜茎或玉米茎纵切面的观察

先在低倍镜下区分茎的各个部分,再用高倍镜观察。自外向内,分清以下组织:

(1)表皮　注意观察细胞的形状和长度。

(2)厚角组织和厚壁组织　注意观察细胞的长度、壁的增厚情况。

(3)薄壁组织　注意观察细胞的形状、排列和数目。

(4)筛管　注意观察细胞的形状、筛板的位置和形状。

(5)形成层　注意观察细胞的形状和位置。

(6)导管　注意观察导管细胞壁的增厚情况,区分不同类型的导管。

4.作业

(1)绘几个厚角细胞和厚壁细胞的横切面结构图。

(2)绘出薄壁组织横切面图,说明薄壁组织的分布特点。

(3)绘出几个筛管细胞和导管细胞的纵切面结构图。

实验实训6　根的形态及显微构造的观察

1.目的

(1)能够区分根系类型、识别根尖的各分区。

(2)能够识别双子叶植物和单子叶植物根的结构的各个部分。

(3)了解根瘤与菌根的形态结构。

2.用品与材料

(1)用品　显微镜、载玻片、盖玻片、刀片、镊子、放大镜、擦镜纸、纱布块,蒸馏水等。

(2)材料　蚕豆(或大豆)、玉米(或小麦)等正在生长的根系,洋葱(或玉米)根尖纵切永久制片,水稻或小麦根横切制片,胡萝卜根、蚕豆或棉幼根横切制片,蚕豆老根横切片,椴树根横切片,大豆根瘤切片,竹的幼根或竹菌根切片。

3.方法与步骤

1)观察根系类型及根尖的形态构造

(1)观察根系的类型　取蚕豆(或大豆)、玉米(或小麦)等正在生长的根系,观察直根系和须根系的特点,识别主根、侧根和不定根。

(2)观察根尖的形态构造

①材料的培养　在实验前3~5 d,将洋葱放于盛水的烧杯上,或将玉米(小麦)籽粒浸水吸胀,置于垫有潮湿滤纸或纱布的培养皿内并加盖,以维持一定的湿度(注意不可被水淹没,影响呼吸,导致腐烂)。同时要放到恒温箱中,保持温度为20~25 ℃,待幼根长到2~3 cm时即可作为实验观察材料。

②根尖外部形态观察　取萌发后生长较直的白根,用刀片切下顶端约1.5 cm长的一段,置于干净载玻片上,用肉眼或放大镜观察它的外形和分区:

a.根冠　幼根最先端略为透明部分,呈帽状。

b.分生区　(生长点)　根冠内方,不透明略带黄色的部分。

c.伸长区　位于分生区之后,光滑无根毛略透明的部分。

d.根毛区　位于伸长区之后,密布白色绒毛,即具根毛的部分。

③根尖的内部结构　用压片法将玉米(或洋葱)幼根根尖制成临时玻片,在10×物镜下观察其根尖各部分结构。同时结合洋葱或玉米根尖纵切永久制片,仔细观察根尖各区的结构特点。

2)观察植物根的构造

(1)观察双子叶植物根的初生结构　取大豆或蚕豆、棉花等双子叶植物幼根横切片(或根毛区徒手切片)进行观察。先在低倍镜下观察幼根的横切面,区分表皮、皮层和维管柱3大部分,然后再换高倍镜仔细观察各部分的结构。注意观察表皮上的根毛细胞、内皮层的凯氏带、初生木质部和初生韧皮部的分布及组成等。

(2)观察单子叶植物根的结构　取水稻或小麦老根横切永久制片,从外向内依次观察。注意观察初生木质部辐射角的数目,内皮层细胞的加厚情况,通道细胞的位置和形成层的有无。

(3)观察根的次生构造

4.作业

(1)绘一个根尖的纵切面图,并注明各个区域。
(2)绘蚕豆、大豆或棉花根的初生构造图(绘一个扇面图),并注明各部分名称。
(3)绘出根的次生结构轮廓图,并注明各部分名称。
(4)取大豆幼苗,于根和茎交界处做一徒手切片,观察其结构(选作)。

实验实训7　茎的形态及显微构造的观察

1.目的

(1)了解枝条的外部形态、芽的类型及内部结构。
(2)掌握单子叶植物和双子叶植物茎的解剖构造,并能予以区别。

2.用品与材料

(1)用品　显微镜、刀片、镊子、载玻片等。
(2)材料　带芽的杨树、丁香枝条,银杏枝条;黑藻茎尖纵切或顶芽纵切,或新鲜黑藻茎尖;棉花幼茎横切片,水稻、小麦或玉米茎横切片;双子叶植物茎的次生构造横切片。

3.方法与步骤

1)枝条外形的观察

对照杨树的枝条,识别节、节间、顶芽、侧芽(腋芽)、芽鳞痕、叶痕。并根据芽鳞痕的数目推算枝条生长的年限。对照银杏的枝条区分长枝与短枝。

2)芽的类型及结构的观察

(1)枝芽　取杨树枝条上的芽观察。枝芽较扁小,位于长枝顶端。将枝芽用刀片纵切后,在放大镜下观察,可看到最顶端是一群小而排列紧密的细胞为生长锥,其基部的侧生突起为叶原基,在叶原基的叶腋处又有小突起称为腋芽原基。中央有一个轴称为芽轴,是未发育的茎,其上有幼叶,最外面是芽鳞。

(2)花芽　花芽较大,通常生在短枝上,圆锥形,取杨树的花芽,用刀片纵切置于放大镜下观察,可明显看到花瓣和雄蕊(雌蕊等还小可能看不清)。无顶端分生组织,无叶原基和腋芽原基。

(3)混合芽　丁香的混合芽用刀片纵切,将芽的鳞片剥去,里面是带茸毛的幼叶。用镊子将幼叶去掉,用放大镜观察,可见到大小的等突起,即花器。

3)茎尖构造的观察

取黑藻茎尖纵切片或取新鲜的黑藻茎尖生长点仔细剥去叶片,然后放显微镜下再剥掉剩下的幼叶则可露出生长锥,再进行观察:

(1)生长锥　位于茎尖顶端,注意观察细胞的形态。

(2)叶原基　在茎尖生长锥的稍下方,有许多扁平的突起,通常为1~2层细胞组成。它将来发育成幼叶。

(3)腋芽原基　在生长锥的下部,幼叶叶腋部有圆锥状突起。它将来发育成为枝条。

4)单子叶植物茎的构造观察

取水稻、玉米(或小麦)的茎横切片,分别在低倍镜和高倍镜下观察各部分的结构,注意观察机械组织、维管束的分布、维管束的组成以及两种植物在皮层上的区别。

5)双子叶植物茎的结构观察

(1)双子叶植物茎的初生构造观察　取棉花幼茎横切片,在低倍镜下观察,区分表皮、皮层、维管柱。再转高倍镜下观察各部分的细胞类型及形态。

(2)双子叶植物茎的次生构造观察　取双子叶植物老茎(椴树、棉花等)永久切片,在低倍显微镜下观察,区分周皮、皮层和维管柱。再转高倍镜下观察各部分的细胞类型及形态,注意观察周皮、射线和年轮。

4.作业

(1)绘出枝芽纵切面构造图,并注明各个部分名称。

(2)绘出双子叶植物叶初生构造横切面图,并注明各部分名称。

(3)绘出单子叶植物茎中一个维管束的横切面图,并注明各部分名称。

实验实训8　叶的显微构造的观察

1.目的

在显微镜下识别单、双子叶植物叶横切面的各种结构,理解其结构特点。

2.用品与材料

（1）用品　显微镜、刀片、载玻片、盖玻片、解剖针、吸水纸等。

（2）材料　大豆、棉花、女贞、小麦、水稻、玉米叶和马尾松叶的横切面的永久切片，或用以上植物的新鲜叶片（用徒手切片法制成临时装片）。

3.方法与步骤

（1）双子叶植物叶片的结构观察　取棉叶或女贞叶的横切片，置显微镜下观察，区分表皮、叶肉、叶脉，并观察各部分的详细结构。注意观察角质层、气孔器，叶肉细胞中的栅栏组织和海绵组织的细胞形状及排列方式，观察叶的主脉、侧脉在结构上的差别。

（2）单子叶植物叶片的结构观察　取玉米、小麦、水稻叶的横切片，在显微镜下观察，区分表皮、叶肉、叶脉，并观察各部分的详细结构。注意观察表皮的气孔器、运动细胞、维管束鞘，以及叶肉细胞的排列方式。注意比较玉米和小麦在维管束结构及叶肉细胞分布上的区别。

（3）裸子植物叶的结构观察　用松针叶横切面的永久切片，或用华山松、云南松和马尾松的新鲜针叶做徒手切片。在低倍镜下观察松针叶横切面的形（三角形、半圆形等）。

在高倍镜下，观察表皮、下皮层及气孔器的结构、位置，观察叶肉细胞的形态和排列方式，指出裸子植物的叶与被子植物的叶在结构上的主要区别，并注意观察树脂道的结构、位置。

4.作业

（1）绘出双子叶植物（棉花或女贞）叶的横切面的结构图，并注明各部分的名称。

（2）绘出单子叶植物（水稻或玉米）叶的横切面的结构图，并注明各部分的名称。

（3）绘出裸子植物（马尾松）叶的横切面解剖图，并注明各部分的名称。

实验实训9　植物变态器官的观察

1.目的

（1）了解营养器官变态类型并能准确识别常见的变态器官。

（2）理解变态器官的形态结构与其功能的对应关系。

2.用品与材料

(1)用品　水果刀、砧板、放大镜等。

(2)材料　萝卜和胡萝卜肉质直根,甘薯块根,玉米气生根,菟丝子的寄生根,藕、竹的根状茎,马铃薯块茎,洋葱鳞茎,荸荠球茎,皂角枝刺,南瓜或葡萄卷须,刺槐托叶刺,豌豆叶卷须,仙人掌等。

3.方法与步骤

1)根的变态观察

(1)肉质直根　观察萝卜、胡萝卜由主根和下胚轴部分发育而成的肉质直根,注意侧根着生的位置,区分由主茎和下胚轴发育而来的两部分。然后将萝卜和胡萝卜横切,观察次生木质部和次生韧皮部所占的比例,并比较两者的区别。

(2)块根　观察甘薯的由不定根或侧根膨大发育而成的块根,注意与肉质根有何不同。

(3)气生根　玉米(或高粱)等气生根生于离地面的数节上,后斜生入土,增强植株支持作用。

(4)寄生根　观察菟丝子标本,了解其寄生根的特点及与寄主的关系。

2)茎的变态观察

(1)地下茎变态观察

①根状茎　观察藕、竹(或姜)等根状茎,并区分节、节间与芽。

②块茎　观察马铃薯块茎:外为周皮,其上是否见到皮孔?块茎上有螺旋状排列的“芽眼”,每芽眼中具2~3个腋芽,芽眼侧缘有数个鳞片,即为变态的叶。块茎顶端有顶芽。横剖马铃薯块茎,自外向内可见周皮、皮层、双韧维管束环,中央大部分为髓。

③鳞茎　取洋葱鳞茎纵切,观察顶芽、鳞茎盘、鳞叶、腋芽。鳞茎盘为节间极短的变态茎,其下产生许多不定根。

④球茎　观察荸荠的球茎,区别节、节间、鳞片叶、顶芽和侧芽。

(2)地上茎变态的观察

①茎刺　观察皂角或枸杞、山楂、石榴等植物的刺:它们生于叶腋,有分枝,刺上还可长叶,说明这些刺由枝条变态而来。蔷薇、月季的刺粗短,不分枝,位置不定,属皮刺。

②茎卷须　南瓜、葡萄卷须可分枝,生于叶腋或与叶互生,属茎的变态。

3)叶的变态

(1)叶刺　仙人掌的叶变为刺状。

(2)托叶刺　刺槐叶柄基部有1对由托叶变成的刺。

(3)叶卷须　豌豆复叶顶端的几片小叶转变为卷须。

4.作业

(1)为什么说甘薯是根的变态,马铃薯是茎的变态?
(2)刺槐托叶刺、皂荚的茎刺是根据什么判断的?
(3)分别选根、茎、叶的变态各一种,绘出外形图,并注明各部分的名称。

实验实训 10 花药和子房显微结构的观察

1.目的

观察识别花药和子房的构造特征。

2.用品与材料

显微镜、百合花药和子房横切片。

3.方法与步骤

(1)花药结构的观察 取百合花药横切制片,先在低倍镜下观察。可见花药呈蝶状,有 4 个花粉囊,分左右对称两部分,中间有药隔相连。在药隔处可看到自花丝通入的维管束。换高倍镜仔细观察一个花粉囊的结构,由外至内区分各层:表皮、纤维层、中层与绒毡层。在低倍镜下观察可看到每侧花粉囊间药隔已经消失,形成大室,因此花药在成熟后仅具有左右二室,注意观察在花药两侧之中央,有表皮细胞形成几个大型的唇形细胞,花药由此处开裂,内有许多花粉粒。

(2)子房结构的观察 取棉花或其他植物的子房,徒手切片法制作横切面临时装片在镜下观察,也可取百合子房永久横切片观察。在低倍镜下可看到百合由 3 个心皮围成 3 个子房室,在每个子房室里有两个倒生胚珠,它们背靠背着生在中轴上。

移动载玻片,选择一个完整而清晰的胚珠,进行观察,可以看到胚珠的两层珠被、珠孔、珠柄及珠心等部分,珠心内为胚囊,胚囊内可见到 1,2,4 或 8 个核(成熟的胚囊有 8 个核,由于 8 个核不是分布在一个平面上,因此在切片中,不易全部看到)。

4.作业

(1)绘出花药横切面图,并标注各部分的名称。
(2)绘子房横切面图,标出子房壁、子房室和胚珠,以及珠孔、珠柄、珠心、胚囊等部分。

实验实训11 种子的形态和显微构造的观察

1.目的

通过对一些常见植物种子外形和解剖结构的观察,了解种子的形态特征,掌握不同类型种子的构造。

2.用品与材料

(1)用品 解剖镜、解剖刀、放大镜、解剖针、镊子、游标卡尺、表面皿。
(2)材料 不同类型的植物种子,如菜豆、刺槐、合欢、玉米、小麦、松子、蓖麻等(玉米、小麦籽粒属于果实,但生产、生活中常称种子)。

3.方法与步骤

(1)种子的形态特征观察 取不同类型的植物种子,用放大镜详细观察其外部形态,指出各部分的植物学名称,同时做好记录工作。

表13.2 种子形态记录表

植物名称	种子类型	种子外部形态					备注
		大小/cm	形状	质地	附属物	种脐、种孔	

说明:①种子的大小:大、中粒种子可用游标卡尺或用方格纸直接量数并记载,对特小粒种子可称重记数。
②种子形态:依种子外形差异可分为圆形、卵形、肾形、椭圆形、扁平形、三棱形、扇形等。
③附属物:指种子表面是否有绒毛、种翅、蜡质、角质层、刺、条纹、斑点、疣瘤等。
④种皮质地:有木质、革质、纸质、膜质、骨质等。

(2)种子构造观察　将事先用温水浸泡过的种子取出,从种子中部横切和纵切,详细观察其内部结构,并通过解剖镜对胚的结构作进一步的解剖观察,然后作好记录。

表 13.3　种子解剖特征记录表

植物名称	种　皮		胚　乳		胚		备注
	颜色、质地	厚度/cm	有无胚乳	颜色	颜色	子叶数目	

4.作业

(1)完成所指定的种子外部形态和内部解剖的记载。

(2)绘制所指定种子的外形图和内部构造的纵、横剖面图,并标出各部分的名称。

实验实训 12　植物物候期的观察

1.目的

掌握植物物候期的观察方法,观察记载植物地上器官的生长发育进程。

2.用品与材料

不同时期发芽、开花的多种植物,记录本和观察登记表,铅笔、橡皮等。

3.方法与步骤

1)植物物候期观察要点

一般落叶树可划分为生长期和休眠期,而物候期的观察着重观察生长期的变化。其观察记载的主要内容有:芽萌、展叶、开花、果实成熟、落叶等。一般只抓住几个关键时期。具体到个别树种，物候期还可能会有各种不同的记载方法，甚至在每个物候内也要根据观察要求，分出更细微的物候期。观察时各树种间物候期的划分界线要明确，标准要统一。

(1)叶芽的观察

①观察对象：可选营养枝的顶芽或侧芽作为观察对象。

②观察内容：芽萌动期：芽开始膨大，鳞片已松动露白。开绽期：露出幼叶，鳞片开始脱落。

(2)叶的观察

①展叶期：全树萌发的叶芽中有25%的芽的第一片叶展开。

②叶幕出现期：如梨的成年树，花后，短枝叶丛开始展开，初期叶幕形成。

③叶片生长期：从展叶后到停止生长的期间，要定树、定枝、定期观察。

④叶片变色期：秋季正常生长的植株叶片变黄或变红。

⑤落叶期：全树有5%的叶片正常脱落为落叶始期，25%叶片脱落为落叶盛期，95%叶片脱落为落叶终期。

⑥从芽萌动到落叶为果树的生长期。

(3)花芽及开花期的观察　从芽萌动期到开绽期基本上与叶芽相似。植物花芽物候期观察时还应详细观察以下几个时期：

①花序露出期：花芽裂开后现出花蕾。

②花序伸长期：花序伸长，花梗加长。

③花蕾分离期：鳞片脱落，花蕾分离。

④初花期：开始开花的时期。

⑤盛花期：25%～75%花开，也可记载盛花初期(25%花开)到盛花终期(75%花开)的延续时期。

(4)果实的观察

①幼果出现期：受精后形成幼果。

②生理落果期：幼果变黄、脱落，可有几次落果。

③果实着色期：开始变色。

④果实成熟期：从开始成熟时计算，如苹果种子开始变褐。

2)物候期观察时的注意事项

①选具有代表性、品种纯正、生长健壮的3～5株进行观测。如株间差异大时，应选定具有代表性的植株进行观察。

②每物候期观测的时间，应根据不同时期而定。如春季生长快时，物候期短暂，必要时应每天观察，甚至1 d内观察两次。随着生长的进展，观察间隔时间可长些，隔3～5 d观察一次。到生长后期可7 d或10 d观察一次。

③物候期观察要细致，注意物候的转换期。一般以目测为主，要注意气候变化和管理技术等对物候期变化的影响。观察时应列表注明品种、砧木、树龄、所在地。物候观测应连续数年，总结观察结果得出结论才有指导意义。

④测物候期的同时，要记录气候条件的变化或参照就近气象台站的记录资料，如气温、土温、降水、风、日照情况、大气湿度等。

4.作业

填写植物物候期观察表(表13.4)。

表13.4 植物物候期观察项目表

班级　　　　姓名　　　　观测日期　　　　年　　月　日至　　年　　月　　日

序号	植物名称	萌芽期	叶片定型期	开花期（初花期、盛花期）	结果期	果实成熟期	备　注
1	小麦						
2	棉花						
3	花生						
4	油菜						
5	大白菜						
6	苹果						
7	西府海棠						
8	火棘						
9	棣棠						
10	木瓜						
11	月季						
12	牡丹						
13	黄刺玫						
14	凌霄						
15	桂花						
16	白玉兰						
17	锦葵						
18	凌霄						
19	紫藤						
20	金银花						

实验实训 13　低等植物的观察

1.目的

通过对代表植物的观察，了解藻类、菌类和地衣植物的主要特征，以及它们在植物界进化过程中的地位。

2.用品与材料

(1)用品　显微镜、镊子、解剖针、载玻片、盖玻片、培养皿、纱布、吸水纸等。

(2)材料　颤藻属、衣藻属、水绵属、海带、紫菜；细菌三型永久制片、葡枝根霉、酵母菌（培养或永久制片）、青霉素（生活或永久制片）、伞菌子实体浸制标本、伞菌菌褶永久切片或水装片；地衣（永久切片、同层和异层地衣），地衣标本。

3.方法与步骤

1)藻类植物的观察

(1)颤藻的观察　用解剖针取少量颤藻，放在载玻片中央制成临时装片。在低倍显微镜下观察分枝与否、是否颤动、细胞的形态；在高倍镜下观察细胞是否有核和载色体。

(2)衣藻属的观察　用吸管吸 1 滴含衣藻的水滴，制成临时装片。在低倍镜下可见衣藻不定向游动；高倍镜下可见到薄的细胞壁、载色体、蛋白核、细胞核、伸缩泡和眼点等结构。从盖玻片一侧加 1 滴碘—碘化钾液杀死衣藻，细胞核和蛋白核等看得更清，同时调节光线，可看到藻体前端有两条等长的鞭毛。

(3)水绵属的观察　用解剖针挑取少许水绵的丝状体制成临时装片（可用碘—碘化钾液染色）。在显微镜下，注意观察藻体分枝与否、细胞形态、载色体形态、蛋白核的排列、细胞核及细胞质在细胞中的分布，并注意水绵的梯形接合生殖。

(4)海带的观察　注意观察海带的外形、颜色和固着器、柄、带片等部分的形态。

(5)紫菜的观察　取温水浸泡后的紫菜，观察其外形、颜色、固着器等。

2)菌类植物的观察

(1)细菌的观察　在显微镜下观察细菌三型永久切片，可看到球菌、杆菌、螺旋菌等 3 种基本形态。也可用牙签刮取少量牙垢制成临时装片观察细菌的形态。

(2)葡枝根霉的观察　用解剖针挑取少量生于腐烂馒头上的葡枝根霉菌丝制成临时装片。在显微镜下注意观察假根、葡匐菌丝、直立菌丝、孢子囊、孢囊孢子等形态,同时注意菌丝有无横隔。

(3)酵母菌的观察　用吸管从培养皿中吸少许培养好的酵母液滴,制成临时装片(或用永久切片),观察酵母菌的细胞特点和出芽方式。

(4)青霉菌的观察　用解剖针挑取少量生于腐烂柑橘皮上的青霉菌菌丝,制成临时装片(或用永久切片)。可见青霉是有隔的、多分枝的菌丝体。有些向上生长的菌丝就是分生孢子梗,分枝 3 ~5 次,呈扫帚状。最末一级小枝称为小梗,从小梗上生长出一串分生孢子。

(5)伞菌的观察

①形态　取伞菌的子实体(如蘑菇),注意观察菌盖、菌褶、菌柄的形态、颜色、光泽、鳞片有无等,并注意菌柄上菌环和菌托的有无。

②结构　取伞菌菌褶永久制片或浸制标本进行徒手切片制成临时装片,显微镜下注意一个菌褶的菌髓,位于中央,菌丝交错,排列疏松。并观察两侧的子实层,子实层由担子和侧丝组成,有的种类有囊状体(为大型细胞,从一菌褶直达另一菌褶)。注意观察菌褶断面部分的菌肉、子实层基、子实层、担子、担孢子以及担子和担孢子的数目。

3)地衣的观察

观察壳状、叶状、枝状 3 种地衣的形态。观察地衣的结构(永久切片),区分藻胞层、髓层、和皮层 3 部分。皮层可分为上皮层和下皮层,都由致密交织的菌丝构成;髓层介于上皮层和下皮层之间,是由一些疏松的菌丝和藻细胞构成;藻细胞聚集在下皮层下方称为藻胞层。在下皮层上常产生一些假根状突起,使地衣固着在基质上。

4.作业

(1)绘出水绵丝状体的一段,并标出各部分名称。

(2)绘出匍枝根霉菌丝的一部分,并注明各部分名称。

(3)绘出伞菌(如蘑菇)子实体的外形图,并注明各部分名称。

实验实训 14　植物标本的采集和制作

1.目的

掌握植物标本的采集、压制和腊叶标本的制作方法;掌握植物标本(各种有色果实)的浸渍技术。学会植物分类检索表的使用方法,能借助工具书或检索表正确鉴定自己采集的植物标本。通过分组实训,培养学生的协作能力和团队精神。

2.用品和材料

(1)用品　采集箱和枝剪(图13.4)、高枝剪、小镢头、挖根铲、小锯、采集袋、标本绳、标本夹(图13.5)、放大镜、望远镜、海拔仪、钢卷尺、照相机、水壶、号牌、铅笔、野外记录表、鉴定标签、草纸、绳子、小剪、镊子、瓷盘、广口瓶、台纸、纸条、大针、白线、不干胶或胶水、氯化汞、乙醇、樟脑丸等。

(2)材料　各种带花、果实的草本植物或木本植物植株或枝条,各种有色果实。

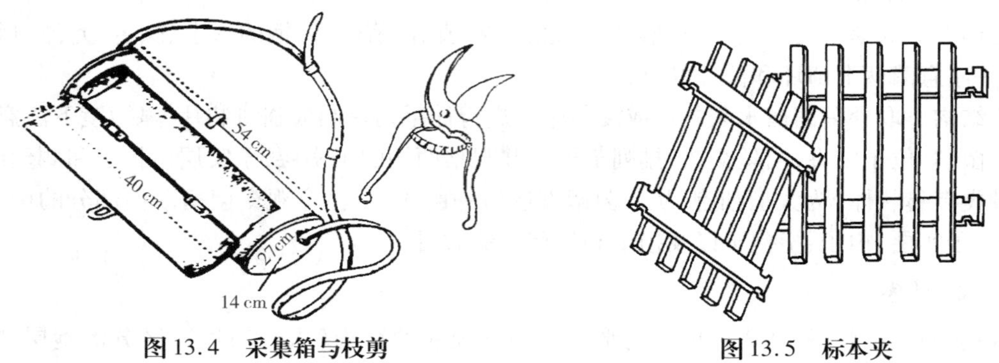

图13.4　采集箱与枝剪

图13.5　标本夹

3.方法与步骤

1)腊叶标本的采集、压制和制作

腊叶标本是在适当的季节,采集全株植物或植物的一部分,经过压制待植物体完全干燥后,装订到台纸上的标本,可长期保存。

(1)标本的选择　采集时应选择有代表性、无病虫的植株或部分。木本或藤本植物可采适当长度(38～45 cm)的带有花、果、叶的枝条(若同株植物有不同叶形的均应采集);草本植物采根、茎、叶、花、果实具全的植株,或有花无果、有果无花的完整植株;蕨类植物采带有孢子囊群的孢子叶;苔藓植物采带有颈卵器及精子器的植株或具有孢子体的植株。

(2)野外记录　野外记录在标本的鉴定中有特殊重要作用,它可补充所采标本的不足,如采集地点、时间,植物的生活环境,植物体各部分的特征:如株高、胸径,树皮颜色、开裂情况,叶、花果的颜色、用途等(表13.5)。

(3)标本编号　在采集记录后应立即进行标本编号,挂上号牌(用硬纸制成)。其号数应与采集记录表上一致。同一标本,一般采集3份,应用同一采集号。

(4)标本的压制　采回的标本应立即进行压制,如停放过久,水分失去,叶、花萎蔫,将无法保持原形而失去保存价值。压制前,首先要对标本进行整理,剪去多余的枝叶,除掉根部污泥杂物,以备压制。压制的具体方法如下:

表 13.5　植物标本采集记录表

植物标本采集记录

采集号________________
地点____________　海拔(米)____________
栖地______________________________________
性状______________________________________
高度________(米)　胸高直径________(米)
茎____
叶____
花____
果实______________________________________
备注______________________________________
土名____________　学名____________
采集人____________　采集日期____________
用途____________________
附录____________________

①将标本夹中的一块夹板作为底板铺上 5 ~6 层草纸,把一份带有号牌的标本展平于草纸上,使标本的叶片展示出正、反两面,其他部分也尽量要有几个不同的观察面。盖上 2 ~3 层草纸,再放另一份标本。放标本时要注意逐个首尾互相交错摆放,以保持整夹标本的平整。依编号按顺序压制。当标本压制到一定高度时,上面多放几层草纸,再盖上另一块夹板,用麻绳捆紧,置于阴凉处存放。要避免放在强光下暴晒,如遇阴雨天即放在通风处。

②有些植物的营养器官肉质多汁,不易压干;有些植物的叶片压干后全部脱落,如柑橘类,需在压制前用沸水烫 1 ~2 min 或用福尔马林液浸泡片刻,将细胞杀死后再进行压制;有些植物有很大的根、地上茎或果实,不宜入标本夹,可挂上号牌另行晒干或晾干,妥善保存或用浸液保存。

③换纸。新压制的标本,每天至少要换 2 ~3 次纸,待标本含水量减少后,可每隔一两天换一次纸,以保持标本青干、不发霉、不发黑、减少变色。一般来说,标本干得越快,原色就保存得越好。为使标本尽快干燥,就必须勤换纸。每次换下来的潮湿纸,要及时晒干或烘干,可以继续使用。开始首次换纸时,要注意结合整形,将卷曲的叶片、花瓣展平。标本上脱落下来的部分,要及时收集装袋,并注上该标本号,与原标本放在一起。

④消毒。标本压干后,用升汞酒精液消毒,以杀死标本上的虫和虫卵。日后可避免虫蛀花和果实。升汞酒精液的配方是:用升汞 1 g,70% 酒精 1 000 mL 配成。消毒方法是:将标本放入盛有消毒液的大型平底瓷盘中,经 10 ~30 s。升汞为剧毒药品,消毒时要特别注意安全。此外,亦可用 DDV、二硫化碳或其他药剂消毒。消毒后的标本,要重新压干,再上台纸。

⑤上台纸。台纸是承托腊叶标本的白色硬纸。台纸一般长约 40 cm,宽约 30 cm,以质密、坚韧、白色为宜。上台纸时,按下列步骤进行:

a. 取一张标本纸平放在桌子上，将标本按自然状态摆在台纸上的适当位置，并进行最后一次整形，剪去过多的枝、叶、果，长于台纸的植株可折曲成 V 形或 N 形。

b. 装订标本时，在根、枝条和叶柄的两侧用扁锥穿通台纸，穿进坚韧的枝条，在台纸背面，将枝条两端用胶水紧贴于台纸上。也可用透明胶或细线固定。用线固定时，线结要打在标本纸的背面，要分段把标本的根、茎、花序或果实固定好，切勿用连线固定。

c. 凡在压制中脱落下来而应保留的叶、花、果，可按其自然着生情况装订在相应位置上或用透明纸装贴于标本纸的一角。

d. 在台纸的右下角贴上鉴定标签。

表 13.6　植物标本鉴定标签

××学院植物标本签	
学名________________	
科名______	中　名______
采集号数____	产　地______
鉴定人______	采集人______
鉴定日期____	采集日期____

按标本号，复写一份采集记录，贴于台纸的左上角，顶端的一边粘住 5 ~ 7 mm，而后在标本表面覆盖一层塑料薄膜，最后用稍厚的纸装一个封面，封面上有“植物标本”字样。并在台纸的右下角贴上鉴定标签（表 13.6）。

（5）标本的保存　上好台纸的腊叶标本，必须妥善保存。一般应按科、属分别放入标本柜中。标本柜以樟木或铁质为最好，柜中应保持干燥，并适当放入樟脑丸等驱虫剂预防虫蛀。此外，还要定期（2 ~ 3 年）以灭害灵等喷射消毒，有消毒室的，也可用熏烟法消毒。无论采用哪种方法消毒，都应注意安全。

2）***植物浸渍标本的制作***

浸制标本是用防腐剂和保色剂将植物标本浸泡到标本瓶中的标本，用以保持植物的原有形状与色泽。这种方法一般用于保存花和果实。

（1）防腐保存法　此法是将福尔马林以蒸馏水或冷开水稀释为 5% ~ 10% 的水溶液，其浓度高低视标本的含水量而定，含水量高的溶液浓度宜高。然后将标本洗净整形，投入该液中。如标本浮于液面而不下沉，可采用玻璃片或瓷器等重物压入液中。福尔马林为比较经济及应用最普遍的防腐剂，此法只适宜保存标本形状，不能保存标本原有色泽。

（2）绿色标本保存法

①将绿色标本洗净整形后，放入 5% 硫酸铜水溶液，浸 1 ~ 3 d，取出用清水漂洗数次，再保存于 5% 福尔马林水溶液中。

②取醋酸铜（或硫酸铜）粉末，徐徐加入 5% 的冰醋酸内，用玻棒搅拌，直至饱和状态，即成原液。将原液用蒸馏水稀释 4 倍，把稀释液和标本同时放入烧杯加热，标本渐变黑色，继续加热，直至变为绿色，立即停止加热，取出标本，用清水漂洗数次后，再放入 5% 的福尔马林液中保存。此法较复杂，但所制标本保色效果好、时间长，适用于保存桃、梨、苹果等绿色植物的果实以及具病毒的茎、叶等。

③取硫酸铜饱和液 700 mL，福尔马林 50 mL，加水至 1 000 mL。将植物标本浸入该液 10 d 左右，取出用清水漂洗数次，再浸入 5% 的福尔马林液中保存。此法适用于体积较大，表面具蜡质且蜡质较多的果蔬、茎、叶标本。

（3）黄色或淡绿色标本保存法

①将标本浸入 0.1% ~ 0.15% 亚硫酸水溶液中，如果实为淡绿色，可在 1 000 mL 的浸液中

加入 50 mL 的 5% 硫酸铜溶液。此法适用于桃、杏等果实。

②将亚硫酸 100 mL 与 800 mL 的水混合，待澄清后再加入 95% 的酒精 100 mL，将标本投入此液保存。如果实为绿色，可在 1 000 mL 浸液中，加入 50 mL 的 5% 硫酸铜溶液。此法适用于梨、葡萄和苹果等果实。

③将亚硫酸 1.5 mL，氧化锌 2 g，水 100 mL 配成浸液。或取亚硫酸 3 mL、甘油 1 mL、水 100 mL，配成浸液。此法适用于柿、柑橘等果实。

（4）黑色、紫色标本保存法

①取福尔马林 45 mL、酒精 280 mL、蒸馏水 2 000 mL 混合，以澄清液保存标本。此法适用于保存深褐色的梨、黑紫色的葡萄、樱桃等果实。

②取福尔马林 50 mL，氯化钠的饱和水溶液 100 mL，蒸馏水 870 mL，将三液混合，沉淀过滤，用滤液保存标本。此法适用于保存红色的樱桃、葡萄、苹果等果实。

（5）红色标本保存法

材料先经固定液浸泡（一般 1 ~3 d），待果皮颜色变为深褐色后，取出移入保存液中。

固定液配方：水 400 mL、福尔马林 4 mL、硼酸 3 g。

保存液配方：0.15% ~0.2% 亚硫酸溶液中加入硼酸少许。

（6）白色标本保存法

取氯化锌 22.5 g，溶于 63 mL 水中，搅拌促其溶解，再加入 85% 酒精 90 mL，取其澄清液作为保存液备用。

保存液配好后放入标本瓶中，把洗净的标本放入其中浸泡，加盖后用溶化的石蜡将瓶口严密封闭。贴上标签（注明标本的科名、学名、中名、产地、采集时间和制作人）。放置阴凉处妥善保存。此法适用于保存白色桃、浅黄色梨和苹果等果实。

实验实训 15　植物细胞的质壁分离及死活鉴定技术

1.目的

学会利用质壁分离现象鉴定细胞死活的原理与操作技术。

2.原理

生活的植物细胞是一个渗透系统。活细胞的原生质及其质膜具有选择透性，原生质层内部含有大液泡，具有一定的渗透势。当细胞处于高渗溶液中时，细胞失水，原生质体随液泡一起收缩，发生质壁分离；其后，将其与清水或低渗溶液接触，或当外面的溶质进入细胞，具有液泡的原质体就会重新吸水而发生质壁分离复原。死细胞由于原生质体失去了选择透性而不能发生质壁分离及质壁分离复原，因此，可用此法鉴定细胞的死活。

3.用品与材料

(1)用品　显微镜、载玻片与盖玻片、尖头镊子、刀片、解剖针及吸水纸等。

(2)材料　洋葱鳞叶，1 mol/L 蔗糖溶液，蒸馏水。

4.方法与步骤

(1)基本形态观察　取带有色素的洋葱鳞叶表皮，放在滴有蒸馏水的载玻片上，制成装片进行观察，并绘图(图 13.6)。

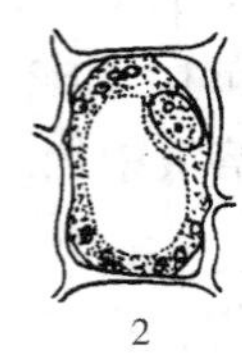

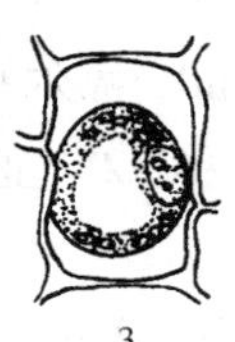

图 13.6　质壁分离及质壁分离的复原

(2)质壁分离　另取与上述表皮相邻的一块表皮，放在滴有 1 mol/L 蔗糖溶液的载玻片上，制成装片观察，可见原生质体缩成一团，完全与细胞壁发生了分离。

(3)质壁分离复原　在上述已发生分离的盖玻片的一侧滴加蒸馏水，另一侧用吸水纸吸引，放置数分钟，再用显微镜观察，可见到原生质体重新紧贴细胞壁。

(4)死细胞的渗透现象　另取带色的洋葱鳞叶表皮一块，用酒精浸泡或加热处理杀死细胞，重复上述操作，显微观察是否有质壁分离现象发生。

5.作业

质壁分离与质壁分离复原现象发生的原因是什么？该现象可用于证明哪些生理问题？

实验实训16　小液流法测定植物组织的水势

1.目的

学会用小液流法测定植物组织的水势。

2.原理

水势梯度是植物组织中水分移动的动力，水分总是顺水势梯度移动。当植物组织与外液接触时，如果植物组织的水势低于外液的渗透势（溶质势），组织吸水，质量增大而使外液浓度变大；反之，则组织失水，质量减小而使外液浓度变小；若两者相等，则水分交换保持动态平衡，组织重量及外液浓度保持不变。根据组织重量和外液浓度的变化情况即可确定与植物组织相同水势的溶液浓度，然后根据公式计算出溶液的渗透势，即为植物组织的水势。溶液渗透势的计算：

$$\Psi_s = -iRTC$$

式中　Ψ_s——溶液的渗透势，MPa；

R——普适气体常量，8.314×10^{-3}(L·MPa)/(mol·K)；

T——热力学温度（即 $273+t$，t 为实验室温度°C），K；

C——溶液的浓度，mol/L；

i——溶液的等渗系数（表13.7）。

3.用品与材料

（1）用品　10 mL 试管（附有软木塞）、指形试管（附有中间插橡皮头弯嘴毛细管的软木塞）、特制试管架、面积 0.5 cm^2 的打孔器、镊子、解剖针、毛细管、移液管及特制木箱（可将上述用具装箱带到田间应用）等。甲烯蓝粉末装于青霉素小瓶中，1 mol/L $CaCl_2$ 溶液（也可用蔗糖溶液）。

（2）材料　新鲜植物叶片

表 13.7 不同物质的量浓度下各种盐的等渗系数(i 值)

电解质	0.02	0.05	0.1	0.2	0.5
$MgCl_2$	2.708	2.667	2.658	2.679	2.896
$MgSO_4$	1.393	1.302	1.212	1.125	—
$CaCl_2$	2.673	2.630	2.601	2.573	2.680
LiCl	1.928	1.912	1.895	1.884	1.927
NaCl	1.921	—	1.872	1.843	—
KCl	1.919	1.885	1.857	1.827	1.784
KNO_3	1.904	1.847	1.748	1.698	1.551

4.方法与步骤

(1)浓度梯度液的配制　取 8 支干洁试管,编号为甲组,按表 13.8 配 0.05 ~ 0.40 mol/L 的等差浓度的 $CaCl_2$ 溶液,并振荡均匀。

表 13.8 $CaCl_2$ 浓度梯度液的配制表

试管号	1	2	3	4	5	6	7	8
溶液浓度/($mol \cdot L^{-1}$)	0.05	0.10	0.15	0.20	0.25	0.30	0.35	0.40
1 mol/L $CaCl_2$溶液体积/mL	0.5	1.0	1.5	2.0	2.5	3.0	3.5	4.0
蒸馏水体积/mL	9.5	9.0	8.5	8.0	7.5	7.0	6.5	6.0

另取 8 支干洁的指形试管,编号为乙组,与甲组各试管对应排列,分别从甲组试管中准确用相应序号的移液管吸取 1 mL 溶液放入相应的乙组指形试管中。

(2)样品水分平衡　选取数片叶子,洗净,擦干,用同一打孔器切取叶圆片若干,混匀,每个指形试管中放 8 ~ 10 片,浸入 $CaCl_2$ 溶液内,塞紧软木塞,平衡 20 ~ 30 min。期间多次摇动试管,以加速水分平衡。到预定时间后,取出叶圆片,用解剖针蘸取少许甲烯蓝粉末,加各指形管中,摇匀,溶液变为浅蓝色。

(3)检测　取干洁的毛细管 8 支,编号,分别吸取少量蓝色溶液,插入相应序号的甲组试管中。将滴管先端插至溶液中间,轻轻压出 1 滴蓝色乙液,然后小心抽出滴管,观察蓝色液滴移动方向,将结果记录在表 13.9 中,找出等渗浓度。如果找不出等渗溶液,小液流一个为上升,另一个为下降,可以取两个浓度的平均值进行计算。

(4)计算　计算被测植物组织水势。

表 13.9 实验现象观察与分析

试管号	1	2	3	4	5	6	7	8
液流方向								
原因								

5.注意事项

①加入指形试管的甲烯蓝粉末不宜过多,以免影响相对密度。
②移液管、胶头毛细吸管要各溶液专用。
③指形管、试管要干洁,不能沾有水滴。
④释放蓝色液滴速率要缓慢,防止冲力过大影响液滴移动方向。
⑤所取材料在植株上的部位要一致,打取叶圆片要避开主脉和伤口。
⑥取材以及打取圆片的过程操作要迅速,以免失水。

6.作业

记录实验结果,分析各种现象发生的原因,计算植物组织的水势。

实验实训 17　快速称重法测定植物蒸腾强度

1.目的

学会用快速称重法测定植物蒸腾强度的操作技术。

2.原理

蒸腾速率是指单位时间、单位面积的叶片所散失的水量。离体的植物叶片,由于蒸腾失水而减轻质量。快速称重法可准确地测出单位时间内单位叶片的质量变化,根据公式算出该植物叶片的蒸腾速率。

3.用品与材料

(1)用品　叶面积仪、分析天平、剪刀、秒表、白纸等。

(2)材料　不同植物(或同一植物不同部位)的新鲜叶片。

4.方法与步骤

①在待测植株上选一枝条(重约 20 g),剪下后立即放在天平上称重,记录起始时间,并把枝条放回到原来环境中。

②过 2 ~5 min 后,取枝条进行第二次称重,准确记录 3 min 或 5 min 内的蒸腾失水量和蒸腾时间。称重时要快,要求两次称的质量变化不超过 1 g,失水量不超过 10% 。

③用叶面积仪(或透明方格纸、质量法)测定枝条上的总叶面积(cm^2),按下面的公式计算蒸腾速率

$$蒸腾速率[g/(m^{-2}\cdot h)] = \frac{蒸腾失水量(g)}{叶面积(m^2)\times 测定时间(h)}$$

④质量法测定叶片面积。选择一张质地均匀的白纸(纸的质量与纸的面积成正比),测定其单位面积的质量(m_1/S_1),将枝条上的叶片的实际大小描在白纸上,并沿线剪下来,然后称其总质量(m),叶的总面积可用下面的公式计算

$$S = \frac{S_1}{m_1}\cdot m$$

⑤不便计算叶面积的针叶树类等植物,可以鲜重为基础计算蒸腾速率。即于第二次称重后摘下针叶,再称枝条重,用第一次称得的重量减去摘叶后的枝条重,即为针叶(蒸腾组织)的原始鲜重,可用下式计算蒸腾速率(每克叶片每小时蒸腾水分的质量)

$$蒸腾速率[mg/(g\cdot h)] = \frac{蒸腾失水量(mg)}{组织鲜重(g)\times 测定时间(h)}$$

表 13.10　蒸腾速率记录表

植物名称	取材部位	重复	开始时间	叶面积/cm^2	测定时间/min	蒸腾水量/g	蒸腾速率	当时天气	备　注

5.作业

记录实验结果,计算植物的蒸腾速率。

实验实训18 植物溶液培养与必需元素缺乏症的观察

1.目的

学习溶液培养技术,了解氮、磷、钾、钙、镁及铁等元素对植物生长发育的重要性。通过对必需元素缺乏症的观察,为作物田间营养诊断提供理论依据。

2.原理

用植物必需的各种矿质元素按一定比例配成培养液,培养植物,可使植物正常生长发育。如果植物缺少某一必需元素,则会表现出缺素症,将所缺元素加入培养液中,缺素症状又可逐渐消失。

3.用品与材料

(1)用品　烧杯、吸量管、量筒、培养瓶(塑料广口瓶或瓷质、玻璃瓶培养缸)、黑色蜡光纸适量、塑料纱网纱布(15 cm×15 cm)、精密 pH 试纸(pH5~6)或广泛 pH 指示剂或酸度计、搪瓷盘(带盖)、粗石英砂适量、陶质花盆、试剂瓶等。

(2)材料　玉米(或番茄、辣椒、向日葵、小麦及蓖麻等)种子。

4.方法与步骤

1)材料准备

(1)种子的选择与处理　精选大小一致、饱满的玉米,番茄或其他材料的种子为试材,用漂白粉溶液或多菌灵乳浊液消毒 30 min,无菌水漂洗数次,35 ℃下催芽 24 h。

(2)培苗　用搪瓷盘装洗净的石英砂或蛭石,将催好的芽和种子均匀放置其中,置温暖处培养,等幼苗长出第一片真叶(如番茄)时移苗。

2)容器的准备

将培养缸(或塑料杯,底侧开孔)洗净,塞上橡皮塞,倒入洗净的石英砂,高度为杯高的4/5。

3)储备液的配制

用蒸馏水按表13.11配制大量元素、微量元素及铁的储备液(药品用分析纯)。用0.1 mol/L HCl,0.1 mol/L NaOH,分析纯度(A.R)药品和无离子水配制大量元素和微量元素储备液。

表13.11 元素储备液配制表

大量元素储备液		微量元素储备液	
药品名称	质量尝试/$(g \cdot L^{-1})$	药品名称	质量浓度/$(g \cdot L^{-1})$
$Ca(NO_3)_2$	100	H_3BO_3	2.86
KH_2PO_4	25	$ZnCl_2$	0.22
$MgSO_4 \cdot 7H_2O$	25	$CuSO_4 \cdot 5H_2O$	0.08
KCl	12	H_2MoO_4	0.02
NaH_2PO_4	25	$MnCl_2$	0.08
NaCl	9		
$CaCl_2$	103		
Fe-EDTA	2 680 mg EDTA于1 L蒸馏水中加热溶解,趁热加入2 g $FeSO_4 \cdot 7H_2O$,并强烈搅拌		

4)培养液的配制

按表13.12的要求将储备液配成完全培养液或缺乏某种元素的培养液。配制时先取蒸馏水900 mL,然后加入储备液,最后配成1 000 mL,以避免产生沉淀,培养液配好后,用稀酸、碱调节到pH值5~6。

表13.12 各种缺素培养液配制表

储备液	每1 000 mL中储备液体积/mL						
	完全	—N	—P	—K	—Ca	—Mg	—Fe
$Ca(NO_3)_2$	10	—	10	10	—	10	10
KNO_3	10	—	10	—	10	10	10
$MgSO_4$	10	10	10	10	10	—	10
KH_2PO_4	10	10	—	—	10	10	10

续表

储备液	每 1 000 mL 中储备液体积/mL						
	完全	—N	—P	—K	—Ca	—Mg	—Fe
Fe-EDTA	10	1	1	1	1	1	—
微量元素	1	1	1	1	1	1	1
$NaNO_3$	1	—	—	10	10	—	—
$MnCl_2$	—	—	—	—	—	—	—
Na_2SO_4	—	—	—	—	—	10	—
$CaCl_2$	—	10	—	—	—	—	—
KCl	—	10	2.5	—	—	—	—

5)培养观察与记载

(1)溶液培养法　选 7 个 1 000 mL 塑料广口瓶(外包黑色蜡光纸或黑纸)或培养缸,分别装入配好的培养液并在液面处做记号,贴上标签,写明日期。

选取大小一致的植株,用泡沫塑料包裹茎部,插入培养缸盖的孔中,每孔一株。将培养缸移到温室中,注意管理并经常观察,用蒸馏水补充缸中失去的水分。每隔一段时间(一周左右,随植株大小而定)更换培养溶液,并测定换出溶液的 pH。植株长大后要通气,通气可用缸打气泵(特别是气温较高时,通气更为重要)。注意记录植株的生长情况、各种元素缺乏症的症状及出现的部位。

(2)砂基培养法　选取已培养好的大小一致的幼苗,用蒸馏水将根系冲洗干净,栽入已做了标记的培养缸中(使上中部砂层间有充足空气,以利根部呼吸)。将幼苗置于温室或阳光充足而温暖的地方培养。

注意:

①pH 值的改变往往造成实验的失败,因此,从实验开始就必须注意保持 pH 为 5 ~ 6,如果变动较大,可用酸、碱进行调节。

②培养期间每隔 1 ~ 3 d 加蒸馏水一次至溶液原高处,及时更换培养液,并且有保证通气良好。

③实验期间随时记录整株、根、茎、叶生长发育的情况、缺乏必需元素时所表现症状及最早出现症状的部位等,把培养结果填入表 13.13。待植株症状表现明显后,各留下一株继续培养,其余各株将缺某种元素培养液换成完全培养液,观察植物症状是否减轻以至消失。各处理植株分别测量根、茎的长度,重量,叶片数目,大小和重量,节数和节间长度,然后在烘箱中烘干,通过组织成分分析,测定植株中的氮、磷、铁、铜等元素的含量。

表 13.13　植物生长状况观察记载表

培养材料______　专业______　班级______　小组______　开始培养时间:______年____月____日

观察日期（日/月）	处　理	植物各部分				
		整个植株的外表	根	茎	叶	观察人
	完全					
	—N					
	—P					
	—K					
	—Ca					
	—Mg					
	—Fe					
	完全					
	—N					
	—P					
	—K					
	—Ca					
	—Mg					
	—Fe					
	完全					
	—N					
	—P					
	—K					
	—Ca					
	—Mg					
	—Fe					

5.作业

(1)你所培养的植株缺素状是否明显？为什么？

(2)根据实验结果描述玉米或番茄等幼苗缺乏大量元素时所表现的典型症状,并分析其原因。

实验实训 19　叶绿素的定量测定

1.目的

学会使用分光光度计测定叶绿素的含量。

2.原理

根据叶绿素对可见光的吸收光谱，利用分光光度计在某一特定波长下测定其光密度，然后用公式计算叶绿素含量。此法不但精确度较高，而且能够在未经分离的情况下分别测出叶绿素 a 和叶绿素 b 的含量。

3.用品及材料

(1)用品　分光光度计、研钵、漏斗、移液管、试管、滤纸、石英砂、碳酸钙、无水乙醇、丙酮、瓷盘、纱布、毛笔等。

(2)材料　新鲜叶片。

4.方法与步骤

①取待测叶片，放入铺有湿纱布的瓷盘带回室内。

②色素提取。叶片表面附有尘土应清洗(或用毛刷刷净)，并吸干表面附着水。用剪刀剪成细条(1～2 mm 宽)或用打孔器(直径 0.5 cm，已知面积)打取圆片，准确称取 0.1 g，放入具塞三角瓶或刻度试管中，加混合液(80% 丙酮与无水乙醇等体积)10 mL 盖塞(刻度试管也需加塞)，在室温下(10～30 ℃)暗处浸泡提取，直至材料变白(因材料不同需 1～8 h)。对于少量样品如需在短时间内测定，则应将三角瓶或试管放在 40～50 ℃ 的水浴中快速提取 20 min 至 1 h 即可变白。在测量大量样品时最好是第一天晚上提取备用，第二天上午测定，这样既省时又安全。

③调试分光光度计。将分光光度计启盖打开，开机预热，并选定 652 nm 波长。在开始测定前，以丙酮-乙醇混合液做空白，调 100% 透光，启盖调零，备用。

④消光值 D_{652} 的测定。待材料变白后，再加入混合液 10 mL 摇匀，取上清液在 652 nm 波长下测定光密度。由于叶绿素 a，b 在 652 nm 处有相同的比吸收系数(均为 34.5)，可在此波长下测定一次光密度(D_{652})而求出叶绿素 a，b 的含量(mg/L)。

⑤C_T 值的计算。按原理中简述的公式计算叶绿素溶液的浓度(mg/L)。

$$C_T = \frac{D_{652} \times 1\,000}{34.5}$$

5.作业

用下列公式计算单位面积叶绿素的含量 Q(mg/m²)。

$$Q = \frac{C_T \times \text{提取液总量(mL)} \times \text{稀释倍数}}{\text{样品面积}(m^2) \times 1\,000}$$

实验实训 20　植物光合速率的测定(改良半叶法)

植物的光合强度的强弱通常用光合速率来表示,光合速率是指植物在单位时间、单位叶面积叶片 CO_2 吸收量或 O_2 的释放量或干物质的积累量。植物光合作用形成的有机物,如果暂时不能运出而积累于叶中,则叶片单位面积干重增加。因此,可用测定单位时间内、单位叶面积的干重增加量来表示植物的光合速率。

1.目的

掌握改良半叶法测定光合速率的方法。

2.原理

选择对称性良好,厚薄均匀一致的叶片,先在它的一侧叶片上切下一定面积,放在潮湿黑暗的环境中,使其不能进行光合作用,仍正常进行呼吸作用,干重减轻;留在植株上的另一半叶片则能正常进行光合。如果用适当的方法阻止叶片光合产物外运,一定时间后,同样面积叶片的干重应有所增加。将两次采下的叶片比较,单位叶面积干重的差值即为该时间范围内光合产物的总积累量(包括呼吸消耗在内)。

3.用品与材料

(1)材料　室外不离体的植物叶片。

(2)用品　分析天平(精度 0.000 1 g)、烘箱、搪瓷盘(带盖)、剪刀、称量皿、刀片、金属模板、纱布、锡纸、三氯乙酸、热水(水温 90 ℃以上)。

4.实验步骤

(1)测定样品的选择 晴天上午8—9点,在室外选定有代表性植株叶片(如叶片在植株上的部位、叶龄、受光条件等)20张(或更多),用小纸牌编号。

(2)叶片基部处理 为了不使选定叶片中光合作用产物向外运输而影响测定结果的准确性,可采用下列方法进行处理:

①可将叶片输导系统的韧皮部破坏。双子叶植物的叶片,可用刀片将叶柄的外皮环割约0.5 cm宽。

②如果是单子叶植物,由于韧皮部和木质部难以分开处理,因此可取两支包好纱布的试管夹放入装满热水(水温90 ℃以上)的热水瓶内,并设法悬挂于瓶口。待烫热以后,取出一支夹子,迅速夹住待测时的叶鞘及其中的茎秆。烫30 s左右取下夹子,重新浸入热水中。再取另一支已烫热的夹子重复处理同一部位。一般经两次浸烫即可达到要求。

③有些植物叶柄木质化程度低,叶柄易被折断,用开水烫,往往难以掌握烫伤的程度,不是烫得不够便是烫得过重而叶片下垂,改变了叶片的角度。因此可改用化学方法环割:选用适当浓度的三氯乙酸,点涂叶柄以阻止光合产物的输出。三氯乙酸是一种强效的蛋白质沉淀剂,渗入叶柄后可将筛管细胞杀死,而起到阻止有机养料运输的作用。三氯乙酸的浓度,视叶柄的幼嫩程度而异。以能明显灼伤叶柄,而又不影响水分供应,不改变叶片角度为宜。一般使用5%三氯乙酸。

为了使烫后或环割等处理后的叶片不致下垂,影响叶片的自然生长角度,可用锡纸或塑料管包围之,使叶片保持原来的着生角度。

(3)剪取样品 叶基部处理完毕后,即可剪取样品,记录时间,开始光合作用测定。一般按编号次序分别剪下对称叶片的一半(主脉不剪下),按编号顺序夹于湿润的纱布中,储于暗处。过4~6 h后,再依次剪下另外半叶,同样按编号夹于湿润纱布中,两次剪叶的速度应尽量保持一致,使各叶片经历相等的照光时数。

(4)称重比较 将各同号叶片之两半对应部位叠在一起,在无粗叶脉处放上已知面积(如棉花可用1.5 cm×2 cm)的金属模板,用刀片沿边切下两个叶块,分别置于照光及暗中的两个称量皿中,80~90 ℃下烘至恒重(约5 h),在分析天平上称重比较。

(5)计算结果 叶片干重差之总和(mg)除以叶面积(换算成dm^2,1 dm^2=100 cm^2)及照光时数,即得光合作用强度,以干物质计,mg/(dm^2·h)表示。

计算公式如下:

$$\text{光合作用强度}=\frac{\text{干重增加总数(mg)}}{\text{切取叶面积总和}(dm^2)\times\text{照光时数(h)}}$$

由于叶内储存的光合作用产物一般为蔗糖和淀粉等,可将干物质重量乘系数1.5便得到CO_2同化量,单位为mg/(dm^2·h)。

注意:

①用开水烫伤叶鞘的目的是阻碍叶片中光合产物的外运。由于水分经木质部导管死细胞运输,因此烫伤处理不会导致叶片失水萎蔫。如果烫伤不彻底,部分有机物仍可外运,测定结果

将偏低。烫伤是否完全,可由被烫部位颜色变化判断。凡具有明显水浸状者,表示烫伤完全。这一步骤是改良半叶法能否成功的关键之一。

②烫伤部位以叶鞘上部靠近叶环处为佳,可以避免光合产物向叶鞘运输造成的误差。但应离开叶环5 mm左右,以免烫伤叶环和叶片。因叶环处烫伤后叶片往往下垂,不能维持原有的角度。因此,需用锡纸或塑料管包围,使其保持原叶片原有的着生角度。

③前后两次采样的叶片切块应尽量选择在叶片的相同位置,因为叶片随部位不同厚度差异很大。

④对于不同的植物,可视其形态或解剖特点采取不同的方法阻止光合产物外运。如有的植物叶片的中脉较粗,用一般开水浸烫法烫不彻底,可用烧至110~120 ℃的石蜡烫伤。有的植物叶柄较细,且维管束散生,用环剥法不易掌握,且环割后叶柄容易折断,可用三氯乙酸点涂杀死筛管活细胞,从而达到阻止有机物外运的目的。但其使用浓度随部位、叶龄而异。

实验实训21 植物呼吸速率的测定(广口瓶法)

1.目的

掌握广口瓶法测定植物呼吸速率的方法。

2.实验原理

在密闭容器中放入萌发的种子(或其他生活组织),呼吸作用消耗容器中的O_2,放出CO_2,而放出的CO_2又为容器中的碱液所吸收,致使容器中气体压力减小,容器内外产生压力差,使得玻璃管内水柱上升。水柱上升的高度,代表容器内外压力差的大小,也代表呼吸作用大小。如果用同一套装置,测定不同的材料,可从水柱上升的高度或玻璃管内水的体积,比较它们的呼吸强度。

3.用品与材料

(1)用品　游标卡尺、天平、广口瓶、橡皮塞、小烧杯、玻璃管、纱布、移液管,10% NaOH溶液,石蜡。

(2)材料　开始萌发的小麦种子。

4.方法与步骤

(1)测定装置的安装　取一广口瓶及配套单孔橡皮塞,在橡皮塞下方钉一金属小弯钩,并将“Π”形玻璃曲管一端插于橡皮塞上,另一端置于加蒸馏水的烧杯中(可加数滴红墨水),广口瓶内加入 20 mL 10% 的 NaOH 溶液。

(2)称取开始萌发的小麦种子数克,用纱布包裹,并用棉线结扎悬挂于广口瓶塞弯钩上。然后盖紧瓶塞,并用熔化的石蜡密封瓶口,记录实验开始的时间。

(3)经一定时间后,测量水柱上升高度。

(4)用下述方法表示呼吸作用强弱。

①以上升水柱的高度表示相对呼吸强度(cm/h)。

②以水柱中上升的水量(mL)表示相对呼吸强度:水柱高(cm)$\times \pi r^2$(cm^2),式中 $\pi=3.141\ 6$,r 为玻璃管内半径,单位为 cm,可用游标卡尺量得。

5.作业

计算小麦种子的呼吸强度。

实验实训 22　植物生长调节剂对植物生根的影响

1.目的

了解植物生长调节剂诱导植物不定根发生的基本原理,探索植物生长调节剂诱导植物不定根发生的调节剂种类和最适合生根的浓度。

2.原理

用植物生长调节剂(生长素类、生长延缓剂等)处理插条,可以促进细胞恢复分裂能力,诱导根源基发生,促进不定根生长。容易生根的植物处理后,发根提早,成活率提高;对木本植物进行插条处理,可提高生根率;移栽的幼苗被生长调节剂处理后,移栽后的成活率提高,根深苗壮。

3.用品与材料

（1）用品　电子天平、烘箱、分光光度计、吲哚丁酸、5% 多效唑原粉、蒸馏水。

（2）材料　杨树、葡萄、月季、菊花。

4.方法与步骤

①配制植物生长调节剂母液。

1 000 mg/L 吲哚丁酸（IPA）溶液：称取 100 mg IPA，加 90% 酒精 0.2 mL 溶解，用蒸馏水定容至 100 mL。1 000 mg/L 多效唑溶液：称取 2 g 5% 多效唑原粉，加水定容至 100 mL。

②配置植物生长调节剂溶液（一般为 500 mg/L 或 1 000 mg/L），然后稀释成 3 ~5 个浓度，如 100 mg/L，200 mg/L，300 mg/L。

③从室外取菊花或其他植物材料，注意插枝的生理状态（如果植物材料是灌木，需注意取材的枝条部位）。从茎顶端或枝条上端向下 10 ~15 cm 处剪去植株地下部分，去除花，保留 1 ~2 片叶片（如果叶片面积较大，可以保留半片叶）。

④将插枝基部 2 ~3 cm 浸泡在植物生长调节剂溶液中，以相同体积水浸泡插条为对照，记录浸泡时间，然后换水。

⑤将插条放置在阳台或走廊的弱光通风处培养（室温为 20 ~35 ℃），培养期间注意加水至原来的高度。

⑥插条用水培养 10 ~20 d 后，统计其基部不定根产生的数目、每个插条的生根数目和生根的范围。而后用刀片切下不定根，每个处理取一部分枝条的根进行根系活力的测定，其余的根在电子天平上称其质量，放在培养皿里，置于烘箱中 60 ~80 ℃烘 2 h，取出，冷却后称重；继续烘干，直到重量不发生变化。

5.需要观测与收集的数据和方法

①插条下端切口明显所需的时间。

②长出幼根所需的时间，幼根的数量、状态（粗壮 细弱），发根部位。

③根系重量和相对含水量（烘干称重法）。

④根系活力的测定（TTC 法）。

6.作业

写一份实验报告。

要求内容完整，实验原始数据准确，归纳总结清晰，表述准确，结果分析符合自己的实际操作过程,客观合理,并能根据自己的实验结果提出改进意见。

实验实训 23　植物春化现象的观察

1.目的

掌握春化现象观察的方法和原理,了解春化现象研究在生产实践中意义。

2.用品与材料

(1)用品　冰箱、解剖镜、镊子、解剖针、载玻片、培养皿等。

(2)材料　冬小麦种子。

3.方法与步骤

①选取一定数量的冬小麦种子(最好用强冬性品种和半冬性品种),分别于播种前 50,40,30,20 和 10 d 吸水萌动,置培养皿内,放在 0～5 ℃的冰箱中进行春化处理。

②于春季(约在 3 月下旬或 4 月上旬)从冰箱中取出经不同天数处理的小麦种子和未经低温处理作为对照的种子,同时播种在花盆或实验地中。

③麦苗生长期间,对各处埋肥水管理条件要一致,随时观察植株生长情况。当春化处理天数最多的麦苗出现拔节时,在各处理中分别取一株麦苗,用解剖针剥出生长锥,并将其切下,放在载玻片上,加 1 滴蒸馏水,然后在解剖镜下观察,并作简图。比较不同处理的生长锥的区别。

④继续观察植株生长情况,直到处理天数最多的麦株开花。将观察情况记入表 13.14。

表 13.14　小麦生长情况记载表

小麦品种名称:　　　　　　春化温度:　　　　　　播种时间:

观察日期	春化天数及植株生育情况记载					
	50	40	30	20	10	未春化

4.作业

(1)按要求撰写实验报告,准确记录观测表。

(2)根据你的观察,强冬性品种和半冬性品种通过春花的时间和对低温的要求有何区别?

参考文献

[1] 陆时万,徐祥生. 植物学[M]. 北京:高等教育出版社, 2002.
[2] 杨悦. 植物学[M]. 北京:中央广播电视大学出版社,2001.
[3] 徐汉卿. 植物学[M]. 北京:中国农业出版社,1995.
[4] 胡宝忠,胡国宣. 植物学[M]. 北京:中国农业出版社,2001.
[5] 张赞平,陈翠云. 植物学[M]. 西安:陕西科学技术出版社,2000.
[6] 陈有民. 园林树木学[M]. 北京:中国林业出版社,1988.
[7] 丁宝章,王遂义. 河南植物志:第一卷[M]. 郑州:河南人民出版社,1978.
[8] 丁宝章,王遂义. 河南植物志:第三卷[M]. 郑州:河南科技出版社,1997.
[9] 李扬汉. 禾本科植物形态与解剖[M]. 上海:上海科技出版社,1979.
[10] 吴人坚. 植物学实验方法[M]. 上海:上海科学技术出版社,1987.
[11] 王灶安. 植物学实验图说[M]. 北京:中国农业出版社,1992.
[12] 贾东坡. 园林植物[M]. 重庆:重庆大学出版社,2012.
[13] 曹慧娟. 植物学[M]. 北京:中国农业大学出版社,2001.
[14] 贺学礼. 植物学[M]. 北京:高等教育出版社, 2005.
[15] 李景侠. 观赏植物学[M]. 北京:中国林业出版社, 1995.
[16] 傅承新. 植物学[M]. 杭州:浙江大学出版社,2002
[17] 方彦. 园林植物学[M]. 北京:中国林业出版社, 1995.
[18] 潘文明. 观赏树木[M]. 北京:中国农业大学出版社,2001.
[19] 丘国金. 园林植物[M]. 北京:中国农业出版社,2001.
[20] 刘仁林. 园林植物学[M]. 北京:中国科技出版社,2003.
[21] 李服. 常见种子植物图说[M]. 郑州:中原农民出版社, 1992.
[22] 郑湘如,王丽. 植物学[M]. 北京:中国农业大学出版社,2007.
[23] 方炎明. 植物学[M]. 北京:中国林业出版社,2006.
[24] 赵建成,李敏. 植物学[M]. 北京:科学出版社,2013.
[25] 胡金良. 植物学[M]. 北京:中国农业大学出版社,2012.
[26] 胡国忠,张有民. 植物学[M]. 北京:中国农业大学出版社,2012.
[27] 王建书. 植物学[M]. 北京:中国农业科学技术出版社,2008.
[28] 许玉风,曲波. 植物学[M]. 北京:中国农业大学出版社,2012.
[29] 赵桂仿. 植物学[M]. 北京:科学出版社,2009.
[30] 卞勇. 植物及植物生理学[M]. 北京:中国农业大学出版社,1999.

[31] 张宝生. 植物生长与环境[M]. 北京:高等教育出版社,2004.
[32] 吴国宜. 植物生长与环境[M]. 北京:中国农业出版社,2001.
[33] 鞠浩荃. 植物及植物生理学[M]. 北京:农业科技出版社,1999.
[34] 陈忠辉. 植物与植物生理学[M]. 北京:农业科技出版社, 2003.
[35] 王衍安. 植物及植物生理实训[M]. 北京:高等教育出版社, 2004.
[36] 张志良. 现代植物生理学实验指导[M]. 3 版. 北京:高等教育出版社,2012.
[37] 北京农业大学. 植物生理学[M]. 北京:人民教育出版社, 1980.
[38] 杨学荣. 植物生理学[M]. 北京:人民教育出版社, 1981.
[39] 潘瑞炽. 植物生理学[M]. 北京:高等教育出版社, 2000.
[40] 赵会杰. 植物生理学[M]. 北京:中国农业科技出版社,1999.
[41] 王忠. 植物生理学[M]. 北京:中国农业科技出版社,1999.
[42] 曾广文. 植物生理学[M]. 成都:成都科技大学出版社,1998.
[43] 周云龙. 植物生理学[M]. 北京:高等教育出版社,1999.
[44] 郑彩霞. 植物生理学[M]. 北京:中国林业出版社,2013.
[45] 王宝三. 植物生理学[M]. 北京:科学出版社,2007.
[46] 郑炳松. 高级植物生理学[M]. 杭州:浙江大学出版社,2012.
[47] 张立军,刘新. 植物生理学[M]. 北京:科学出版社,2007.
[48] 王三根,赵德纲. 植物生理学[M]. 北京:科学出版社,2007.
[49] 郝建军. 植物生理学[M]. 北京:化学工业出版社,2013.
[50] 杨玉珍. 植物生理学[M]. 北京:化学工业出版社,2013.
[51] 蔡永萍. 植物生理学[M]. 北京:中国农业大学出版社,2014.
[52] 武维华. 植物生理学[M]. 北京: 科学出版社,2008.
[53] 王沙生,高荣孚. 植物生理学[M]. 北京:中国林业出版社,1991.
[54] 邹琦. 植物生理学实验指导[M]. 北京:中国农业出版社,2000.
[55] 王英典,刘宁. 植物生物学实验指导[M]. 北京:高等教育出版社,2001.
[56] 赵世杰. 植物生理学实验指导[M]. 北京:中国农业出版社,1998.
[57] 张志良. 植物生理学实验指导[M]. 北京:高等教育出版社,2000.
[58] 汪茅. 植物生物学实验教程[M]. 北京:科学出版社,2003.
[59] 孙奇超,杨延杰,陈宁,等. 萝卜花芽分化进程中形态特征与碳氮比变化的研究[J]. 北方园艺,2010(17):47-49.
[60] 戴良昭,张群,何明忠. 柑桔花芽分化期矿质营养与成花的关系[J]. 中国柑桔,1995,24(3):20-21.
[61] 林贵玉,郑成淑,孙宪芝,等. 光周期对菊花花芽分化和内源激素的影响[J]. 山东农业科学, 2008(1):35-39.
[62] WILSON R N, HECKMAN J W, SOMERVILLE C R. Gibberellin is required for flowering in Arabidopsis thaliana under shortdays[J]. Plant Physiol, 1992(100): 403-408.
[63] WILKOSZ R, SCHLAPPIM. A gene expression screen identifies EARLII as a novel vernalization-responsive gene in Arabidposis thaliana[J]. Plant Mol Biol, 2000(44): 777-787.
[64] HAY RKM, ELLIS R P. The control of flowering in wheat and barley: what recent advances in molecular genetics can reveal[J]. Annals of Botany, 1998(82): 875-882.